ARTHUR LINDER
STATISTISCHE METHODEN

MATHEMATISCHE REIHE

BAND 3

LEHRBÜCHER UND MONOGRAPHIEN

AUS DEM GEBIETE DER EXAKTEN WISSENSCHAFTEN

STATISTISCHE METHODEN

FÜR NATURWISSENSCHAFTER, MEDIZINER UND INGENIEURE

VON

ARTHUR LINDER

Dr. phil., Dr. med. h. c.

Professor für mathematische Statistik an der Universität Genf
und an der Eidgenössischen Technischen Hochschule in Zürich

DRITTE, UMGEARBEITETE UND
STARK ERWEITERTE AUFLAGE

1960

Springer Basel AG

ISBN 978-3-0348-4091-0   ISBN 978-3-0348-4166-5 (eBook)
DOI 10.1007/978-3-0348-4166-5

1. Auflage 1945 · 2. Auflage 1951 · Nachdruck der 2. Auflage 1957 · 3. Auflage 1960

Vom gleichen Verfasser

PLANEN UND AUSWERTEN VON VERSUCHEN

1. Auflage 1953 · 2. Auflage 1959

HANDLICHE SAMMLUNG MATHEMATISCH-STATISTISCHER TAFELN

1. Auflage 1961

VORWORT ZUR DRITTEN AUFLAGE

Die erste Auflage dieses Buches erschien 1945; die neueren Methoden der mathematischen Statistik waren zu jener Zeit im deutschen Sprachgebiet wenig bekannt. Das hat sich seither, und vor allem in den letzten Jahren, stark geändert. Diese Methoden dringen in immer weitere Gebiete der Naturwissenschaften, der Medizin und der Technik ein.

In der ersten Auflage beschränkte ich mich auf die Darstellung einiger Anwendungen der einfachsten mathematisch-statistischen Verfahren und der zugehörigen theoretischen Grundlagen. In der zweiten Auflage, die 1951 erschien, wurden einige Erweiterungen vorgenommen, ohne den Aufbau des Buches zu verändern. Angesichts der unvermindert anhaltenden großen Nachfrage entschloß ich mich, eine dritte Auflage vorzubereiten, in der einmal zahlreiche weitere Anwendungsmöglichkeiten der schon früher angegebenen Verfahren erörtert werden, dazu aber verschiedene vorher nicht beschriebene Methoden neu eingeführt werden. Nach reiflicher Überlegung kam ich zur Überzeugung, daß der Plan der Monographie nicht mehr unverändert beibehalten werden konnte. Wer eine der früheren Auflagen kennt, wird daher feststellen, daß insbesondere der den Anwendungen gewidmete Teil des Buches völlig neu gestaltet wurde. Die theoretischen Begründungen konnten dagegen, abgesehen von einigen Erweiterungen und kleineren Abänderungen, im wesentlichen beibehalten werden.

Der Streuungszerlegung ist jetzt ein breiterer Raum eingeräumt; es wird auch der Fall ungleicher Klassenzahlen behandelt. Die nichtlineare Regression wird besprochen, ebenso die Mitstreuungszerlegung (analysis of covariance). Das Trennverfahren wird nunmehr auch auf den Fall von mehr als zwei Gruppen ausgedehnt. Ein neuer Abschnitt befaßt sich mit dem Schätzen von Parametern nach dem Verfahren der größten Mutmaßlichkeit (maximum likelihood). Im Zusammenhang damit werden auch die Transformationen von Prozentzahlen ausführlich dargelegt.

Herrn Dr. A. KAELIN danke ich für verschiedene Anregungen, ebenso Frl. M. SCHNEEBERGER für ihre Mitarbeit bei der Ausarbeitung des Manuskripts, insbesondere für die sorgfältige Ausführung der Figuren. Sir RONALD FISHER und Dr. F. YATES, sowie dem Verlag OLIVER AND BOYD danke ich für die Erlaubnis zum Abdruck der Tafeln VI, VII, VIII und IX aus den *Statistical Tables for Biological, Agricultural and Medical Research*. In der Tafel der Verteilung von t wurden einige Werte auf Grund der Berechnungen von E. T. FEDERIGHI leicht abgeändert.

Genf, im Februar 1960   A. L.

AUS DEM VORWORT ZUR ERSTEN AUFLAGE

Die vorliegende Monographie ist einerseits für den Praktiker bestimmt, der an Hand von Beispielen angeleitet wird, die statistischen Prüfverfahren anzuwenden. Andererseits besteht unstreitig das Bedürfnis nach einer Darstellung der mathematischen Grundlagen.

Was die mathematische Methode betrifft, benützte ich im wesentlichen die von R. A. FISHER von Anfang an bevorzugte n-dimensionale Geometrie, die nach meinem Gefühl am anschaulichsten und schnellsten zum Ziele führt. Der Mathematiker sei aber ausdrücklich darauf verwiesen, daß z. B. CRAMÉR *(Mathematical methods of statistics)* mit guten Gründen andere Methoden verwendet.

Die dem Buche beigefügten Standardverteilungen wurden auf Grund der Berechnungen von SHEPPARD, KELLEY, R. A. FISHER, S. K. BANERJEE und P. C. MAHALANOBIS zusammengestellt, nachdem wir eine Reihe von Werten selbst berechnet und sämtliche übernommenen sorgfältig nachkontrolliert hatten.

Ein großes Verdienst am Zustandekommen dieses Werkes kommt meinem Lehrer und Freunde FERDINAND GONSETH zu. Meine Kollegen JOHANNA STEIGER-SIMONETT und MAX SCHÜRER machten mich auf Fehler und Ungenauigkeiten aufmerksam, die ich dank ihrer Umsicht ausmerzen konnte. Erstere hat alle Beispiele nachgerechnet, während mir der letztere seine reiche Erfahrung im numerischen Rechnen uneigennützig zur Verfügung stellte. Dafür spreche ich ihnen meinen herzlichsten Dank aus.

Bern, im Juli 1945   A. L.

AUS DEM VORWORT ZUR ZWEITEN AUFLAGE

Besonders zu Dank verpflichtet bin ich Frau Dr. J. STEIGER-SIMONETT, die wiederum die Beispiele nachprüfte, Herrn Prof. P. C. MAHALANOBIS für die Erlaubnis zum Nachdruck der in „Sankhyā" erschienenen Tafeln von F, Herrn Privatdozent W. WEGMÜLLER für seine Mithilfe beim Lesen der Korrekturen und Herrn A. KÄLIN für mannigfache Anregungen bei der Abfassung der neuen Abschnitte und für die sorgfältige Durchsicht einer Korrektur.

Genf, im Februar 1951   A. L.

5   Die Streuungszerlegung

6   Abhängigkeiten zwischen meßbaren Merkmalen

7   **Schätzen von Parametern**

8   **Numerisches Rechnen**

9   **Theoretische Grundlagen**

0 EINLEITUNG UND INHALTSÜBERSICHT

Das Rohmaterial, das wir mittels der statistischen Verfahren zu bearbeiten haben, stammt aus Beobachtungen oder Versuchen. Entweder werden Einheiten *gezählt* oder Größen *gemessen;* die Ergebnisse sind *Häufigkeiten* oder *Meßwerte.*

Wenn wir einen Versuch oder eine Beobachtung unter im wesentlichen gleichbleibenden Bedingungen wiederholen, erhalten wir zwar nicht genau dieselben Werte, aber die Unterschiede werden nur *zufälliger* Art sein, bedingt durch verschiedene Ursachen, von denen jede nur eine kleine, im einzelnen nicht vorauszusehende Wirkung ausübt.

Wir betrachten einerseits die Gesamtheit aller unter den gleichen Bedingungen möglichen Beobachtungsserien oder Versuche, deren Zahl notwendigerweise unendlich groß ist. Die Gesamtheit aller Einzelwerte, die wir bei allen diesen denkbaren Beobachtungen oder Versuchen erhalten, nennen wir die *Grundgesamtheit.* Anderseits haben wir die Ergebnisse einer einzelnen Versuchs- oder Beobachtungsreihe vor uns; diese betrachten wir als eine *Stichprobe* aus der Grundgesamtheit.

Im Kapitel 1 wird dargelegt, wie man zahlenmäßige Ergebnisse, also Stichproben, zweckmäßig *graphisch darstellt* und wie man sie durch einige wenige *Maßzahlen* kennzeichnet, wobei der *Durchschnitt* und die *Streuung* im Vordergrund stehen.

Eine der wichtigsten statistischen Aufgaben besteht darin, aus der Stichprobe auf die Grundgesamtheit zu schließen. Diese Aufgaben werden im Kapitel 2 in ihrer allgemeinen Bedeutung kurz erörtert.

Der Schluß von der Stichprobe auf die Grundgesamtheit nimmt verschiedene Formen an, je nachdem ob es sich bei den Beobachtungsergebnissen um Häufigkeiten oder Meßwerte handelt. Im Kapitel 3 wird zunächst dargelegt, wie man bei *Häufigkeiten* vorgeht. Die als theoretische Grundgesamtheiten in diesem Falle geeigneten Verteilungen (binomische, Poissonsche und negative binomische Verteilung) werden besprochen. Das χ^2-Prüfverfahren wird in den verschiedensten Anwendungsmöglichkeiten geschildert.

Die Ergebnisse von *Messungen* werden in ihrer Beziehung zu bestimmten Grundgesamtheiten im Kapitel 4 einführend behandelt. Zuerst wird dargetan, wie beurteilt werden kann, ob die Stichprobe aus einer *normalen* Grundgesamtheit stammt. Sodann wird gezeigt, wie man die Unterschiede zwischen Durchschnitten und zwischen Streuungen in den allereinfachsten Fällen prüft.

Das Kapitel 5 befaßt sich mit der Beurteilung der Unterschiede zwischen Durchschnitten in verwickelteren Fällen, wobei die wichtigsten Verfahren der *Streuungszerlegung* Schritt für Schritt entwickelt werden. Dabei wird auch erörtert, wie vorzugehen ist, wenn die Anzahl der Werte in den Feldern einer Tafel verschieden ist.

Im Kapitel 6 werden jene Verfahren durchgenommen, die benützt werden, wenn mehrere Größen gegenseitig voneinander abhängen. In 61 werden die Methoden der Regression und der Korrelation erörtert. Für die mehrfache Regression wird ein Rechenverfahren angegeben, das sich gut bewährt hat, sowohl für die mehrfache Regression wie auch für das in 64 besprochene Trennverfahren und für den verallgemeinerten Abstand (65). In 62 wird die „analysis of covariance" (Mitstreuungszerlegung) dargestellt.

Das Kapitel 7 ist den Verfahren der Schätzung gewidmet, insbesondere wird die Methode der größten Mutmaßlichkeit (maximum likelihood) an mehreren Beispielen geschildert. Im Zusammenhang damit werden die Transformationen von Prozentzahlen (Arc sin, Probit, Logit und Loglog) in einheitlicher Darstellung behandelt.

Nach einigen Bemerkungen über das numerische Rechnen (Kapitel 8) folgt im Kapitel 9 die theoretische Begründung der in den vorangehenden Kapiteln in ihren Anwendungen erörterten Verfahren.

Wie aus dieser Inhaltsangabe ersichtlich ist, befassen wir uns ausschließlich mit der *Auswertung* von Beobachtungs- oder Versuchsergebnissen. Wie die Beobachtungen oder die Versuche selbst auszuführen sind, wird nicht besprochen, obschon auch da statistische Gesichtspunkte wichtig sind. Was das Planen von *Versuchen* betrifft, hat R. A. FISHER (1951) in seinem Buche „*The design of experiments*" gezeigt, wie es bei verschiedenen, logisch möglichen Versuchsanordnungen durch die Wahl eines bestimmten Versuchsplanes gelingt, aus einer Mindestzahl von Versuchen ein Höchstmaß von Erkenntnissen herauszuholen. Wir verweisen in dieser Richtung auch auf die Werke von COCHRAN und COX (1957), DAVIES (1956) und LINDER (1959). Die Grundsätze für das Planen von *Beobachtungsserien* wurden im Laufe der letzten Jahre ebenfalls eingehend untersucht; darüber geben die Arbeiten von COCHRAN (1953), DEMING (1950), HANSEN, HURWITZ, MADOW (1953), KELLERER (1953), MAHALANOBIS (1944, 1946), SUKHATMÉ (1954) und YATES (1953) Aufschluß.

Um den Umfang des vorliegenden Buches in angemessenen Grenzen zu halten, wurden verschiedene Methoden nicht dargestellt. Dies ist beispielsweise der Fall für die Methoden der Abnahmeprüfung und der laufenden Qualitätsüberwachung in der Industrie. Auf diese Verfahren konnte umso eher verzichtet werden, als darüber eine reichhaltige Literatur besteht, und zwar jetzt auch in deutscher Sprache.

Auf die sogenannten „nichtparametrischen" Verfahren wird ebenfalls nicht eingegangen. Einige dieser Verfahren sind lediglich Abwandlungen von Methoden, die im Kapitel 3 behandelt werden. In zahlreichen Fällen kann man übrigens die Grundgesamtheit durch einfache Vorkehren in eine normale Verteilung überführen, so daß sich die nichtparametrischen Verfahren, die dann mit einem Informationsverlust verbunden sind, erübrigen.

1 HÄUFIGKEITSVERTEILUNG, DURCHSCHNITT UND STREUUNG

Eine erste Aufgabe der Statistik besteht darin, die Ergebnisse von Beobachtungen derart zusammenzufassen, daß sie auf einfache Art dargestellt werden können. Weiter hat die Statistik zur Aufgabe, diese Ergebnisse in möglichst knapper, aber trotzdem das Wesentliche erfassender Art zahlenmäßig zu kennzeichnen; dies geschieht durch die statistischen Maßzahlen, von denen der Durchschnitt und die Streuung am häufigsten verwendet werden.

11 Häufigkeitsverteilung

Die Beobachtungsergebnisse werden in der Regel in chronologischer Folge in Hefte eingetragen oder sonstwie sorgfältig niedergelegt. Man nennt dieses Rohmaterial der statistischen Bearbeitung die *Urliste*.

In der Regel können die beobachteten Werte als eine *Stichprobe* aufgefaßt werden, die uns Aufschluß geben soll über eine *Grundgesamtheit*, aus der sie entstammen. Die Beziehungen aufzufinden und zu untersuchen, die zwischen Stichprobe und Grundgesamtheit bestehen, ist eine der Hauptaufgaben der Statistik, die in den späteren Kapiteln erörtert wird. Hier betrachten wir vorerst einzig eine Stichprobe, ohne uns um die Grundgesamtheit zu kümmern.

Beispiel 1. Urliste der Gewichte von 100 zweiwöchigen Kücken in g (Institut für Tierzucht an der ETH, Zürich).

107	117	105	106	114	105	113	88	119	116
108	98	104	126	102	100	120	121	87	110
111	114	121	114	104	94	101	94	95	114
101	82	111	108	100	109	92	96	108	108
97	92	112	105	112	100	108	105	97	119
113	102	103	100	94	102	104	110	127	102
109	100	76	101	95	96	118	91	118	107
105	112	92	99	118	100	130	112	110	103
116	115	96	125	97	114	111	101	101	90
122	106	109	116	103	134	86	124	107	107

Wenn wir in dieser Urliste auszählen, wie oft jedes einzelne Gewicht vorkommt, erhalten wir die *Häufigkeitsverteilung*. Das leichteste der 100 Kücken
wiegt 76 g, das schwerste 134 g. Man findet folgende Häufigkeiten:

Gewicht	Häufigkeit	Gewicht	Häufigkeit	Gewicht	Häufigkeit
76	1	96	3	116	3
77	—	97	3	117	1
78	—	98	1	118	3
79	—	99	1	119	2
80	—	100	6	120	1
81	—	101	5	121	2
82	1	102	4	122	1
83	—	103	3	123	—
84	—	104	3	124	1
85	—	105	5	125	1
86	1	106	2	126	1
87	1	107	4	127	1
88	1	108	5	128	—
89	—	109	3	129	—
90	1	110	3	130	1
91	1	111	3	131	—
92	3	112	4	132	—
93	—	113	2	133	—
94	3	114	5	134	1
95	2	115	1		

Diese Häufigkeitsverteilung gibt noch kein einprägsames Bild der Gesamtheit
der Werte der Stichprobe; die Besonderheiten zeigen sich weit besser, wenn wir
Gewichtsklassen von je 5 g bilden. Man kann die neuen Häufigkeiten aus der
vorangehenden Häufigkeitsverteilung durch Addition von je fünf aufeinanderfolgenden Häufigkeiten bilden. Wenn man die neue Häufigkeitsverteilung aus
der Urliste unmittelbar ableiten will, so geschieht dies am einfachsten durch
Stricheln. Ein Wert der Urliste nach dem andern wird auf der entsprechenden

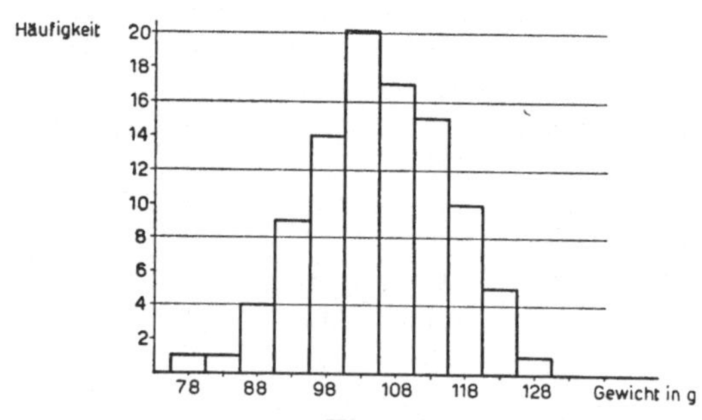

Figur 1
Häufigkeitsverteilung der Gewichte von 100 zweiwöchigen Kücken.

Zeile der nachstehenden Übersicht durch einen Strich vermerkt, was zu folgendem Ergebnis führt:

Gewicht in g	Häufigkeit	
76— 80	I	1
81— 85	I	1
86— 90	IIII	4
91— 95	IIII IIII	9
96—100	IIII IIII IIII	14
101—105	IIII IIII IIII IIII	20
106—110	IIII IIII IIII II	17
111—115	IIII IIII IIII	15
116—120	IIII IIII	10
121—125	IIII	5
126—130	III	3
131—135	I	1
Summe		100

Das Stricheln führt nicht nur rasch und einfach zum Ziel, es bietet zudem den Vorteil einer übersichtlichen Darstellung der Häufigkeitsverteilung.

Die Häufigkeitsverteilung stellt man oft als Rechteckdiagramm dar, was in unserem Fall die Figur 1 ergibt, welche ein übersichtliches, wenn auch wegen der Zusammenfassung in Klassen von je 5 g, etwas schematisiertes Bild der beobachteten Werte bietet.

Eine andere Art der Darstellung, deren Nutzen im Abschnitt 41 ersichtlich wird, bietet die sogenannte *Summenhäufigkeitsverteilung*. Die Summenhäufigkeiten geben an, wieviele der beobachteten Werte kleiner oder gleich einem bestimmten Gewicht sind. Man findet die Summenhäufigkeiten durch fortgesetzte Addition der Häufigkeiten, wie in der folgenden Zusammenstellung:

Gewicht in g	Häufigkeit	Summen-häufigkeit
76— 80	1	1
81— 85	1	2
86— 90	4	6
91— 95	9	15
96—100	14	29
101—105	20	49
106—110	17	66
111—115	15	81
116—120	10	91
121—125	5	96
126—130	3	99
131—135	1	100

Die letzte der Summenhäufigkeiten entspricht selbstverständlich der Gesamtzahl der Beobachtungen.

Die Summenhäufigkeiten lassen sich graphisch darstellen, wie dies die Figur 2 zeigt.

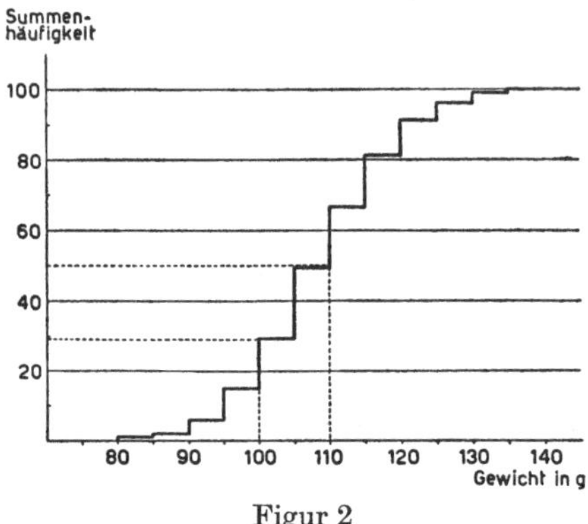

Figur 2
Summenhäufigkeitsverteilung der Gewichte von 100 zweiwöchigen Kücken.

In dieser Figur sind im Grunde nur die linken oberen Ecken von Belang. Man ersieht beispielsweise aus der Figur, daß 29 Kücken ein Gewicht von weniger oder höchstens gleich 100 g aufweisen. Man kann infolgedessen auch einfach diese Punkte aufzeichnen und durch Gerade miteinander verbinden, wie dies in der Figur 16 des Abschnittes 41 geschieht.

12 Durchschnitt und Streuung

Eine Verteilung wie die in Figur 1 dargestellte kann zunächst bezüglich ihrer Lage auf der Abszissenachse durch eine Zahl gekennzeichnet werden, dies geschieht durch die Angabe eines *Mittelwertes*. Sodann kann die Veränderlichkeit zahlenmäßig erfaßt werden; diesem Zweck dienen die *Streuungsmaße*.

Wir geben vorerst die Definition einiger Mittelwerte und Streuungsmaße und zeigen daraufhin, wie man insbesondere den Durchschnitt und die Streuung am einfachsten und sichersten berechnet.

121 Definition von Durchschnitt und Streuung

Veranschaulichen wir uns zunächst die gebräuchlichsten Mittelwerte am Beispiel 1 (Abschnitt 11). Wir denken uns die Kücken vom kleinsten bis zum größten dem Gewicht nach nebeneinanderstehend. Für die Gesamtheit der Gewichte dieser Kücken lassen sich verschiedene Mittelwerte angeben.

Einen ersten Mittelwert erhalten wir, wenn wir das Kücken wiegen, das gleich viel schwerere wie leichtere neben sich stehen hat. Das Gewicht des mittelsten Einzelwertes heißt *Medianwert, Zentralwert* oder *mittelster Wert*. In der Summenhäufigkeitsverteilung läßt sich der Medianwert leicht ermitteln. In der Figur 2 von Abschnitt 11 hat man lediglich vom Ordinatenwert 50,0 aus eine Parallele zur Abszissenachse zu ziehen und vom Schnittpunkt mit der Summenhäufigkeitskurve aus senkrecht auf die Abszissenachse eine Gerade zu fällen. In jenem Beispiel erhält man als Medianwert ein Gewicht von 110 g. Dieser Wert ist nur annähernd richtig, weil die Werte in Klassen von 5 g zusammengefaßt wurden; greift man auf die erste Häufigkeitsverteilung in Abschnitt 11 (S. 16) zurück, so stellt man fest, daß der Medianwert gleich 106 g ist.

Ein weiterer Mittelwert ist der *häufigste Wert*. In unserem Beispiel kommt am häufigsten — nämlich 6mal — das Gewicht 100 g vor.

Am meisten verwendet wird *das arithmetische Mittel* oder der *Durchschnitt*. Aus Gründen, die im Abschnitt 70 erörtert werden, ist der Durchschnitt in den meisten Fällen den übrigen Mittelwerten vorzuziehen.

Wir bezeichnen die Einzelwerte einer Stichprobe mit $x_1, x_2, \ldots x_i, \ldots x_N$, die Summe aller Einzelwerte mit T und den Durchschnitt mit $\bar{x}$. Die Gesamtzahl N der Einzelwerte nennt man auch den *Umfang* der Stichprobe. Der Durchschnitt $\bar{x}$ ist definiert durch

$$\bar{x} = \frac{x_1 + x_2 + \ldots + x_i + \ldots + x_N}{N} = \frac{1}{N} \mathop{S}_{i=1}^{N} x_i = T/N , \tag{1}$$

wobei wir nach dem Vorbild von R. A. FISHER das übliche Summenzeichen Σ durch S ersetzen, sofern es sich um Summen in Stichproben handelt.

Die Veränderlichkeit der Einzelwerte einer Stichprobe kann ebenfalls auf verschiedene Arten gemessen werden. Das einfachste Streuungsmaß ist die *Spannweite* oder *Variationsbreite*, die man erhält, indem man den Unterschied zwischen dem größten und dem kleinsten Einzelwert ermittelt. In unserem Beispiel 1 der Gewichte von 100 Kücken haben wir:

$$
\begin{array}{lr}
\text{Größter Wert} & 134 \\
\text{Kleinster Wert} & 76 \\ \hline
\text{Spannweite} & 58
\end{array}
$$

Die Spannweite ist unter gewissen Voraussetzungen ein nützliches, sehr einfach und rasch berechnetes Streuungsmaß; im allgemeinen ist es nicht sehr zweckmäßig, da es nur auf den beiden äußersten Einzelwerten beruht und alle Zwischenwerte unberücksichtigt bleiben.

Da wir dem Durchschnitt $\bar{x}$ unter den Mittelwerten den Vorzug geben, liegt es nahe, ein Streuungsmaß zu benützen, das auf den Abweichungen $x_i - \bar{x}$ der Einzelwerte vom Durchschnitt beruht. Man könnte versuchen, eine durchschnittliche Summe dieser Abweichungen als Streuungsmaß zu verwenden. Das ist aber nicht angängig, weil die Summe der Abweichungen $x_i - \bar{x}$ gleich Null ist. Dies ist leicht einzusehen. Denken wir uns alle N Abweichungen untereinander aufgeschrieben:

$$x_1 - \bar{x}$$
$$x_2 - \bar{x}$$
$$\ldots$$
$$x_i - \bar{x}$$
$$\ldots$$
$$x_N - \bar{x}$$

Nehmen wir jetzt die Summe der Abweichungen, so wird:

$$S(x_i - \bar{x}) = S x_i - N\bar{x} \,,$$

und da nach der Definition (1) des Durchschnitts

$$S x_i = N\bar{x}$$

ist, so hat man

$$S(x_i - \bar{x}) = 0 \,. \tag{2}$$

Da die Summe der N Abweichungen $x_i - \bar{x}$ gleich Null ist, kann man auch sagen, die N Abweichungen seien nicht voneinander unabhängig. Man kann nur $N - 1$ dieser Abweichungen als voneinander unabhängig ansehen.

Will man demnach auf Grund der Abweichungen der Einzelwerte x_i vom Durchschnitt $\bar{x}$ ein Streuungsmaß berechnen, so darf man nicht einfach die Summe der $x_i - \bar{x}$ nehmen. Ein erster Ausweg besteht darin, die absoluten Beträge der Abweichungen zu summieren, wodurch man die *durchschnittliche Abweichung* erhält, gemäß der Formel

$$\frac{1}{N} \underset{i=1}{\overset{N}{S}} \left| x_i - \bar{x} \right| \,. \tag{3}$$

Statt der Abweichungen vom Durchschnitt, nimmt man in (3) etwa auch die Abweichungen vom Medianwert.

Aus verschiedenen Gründen, auf die wir später eingehen, gibt man einem andern Streuungsmaß, das auf den Quadraten der Abweichungen $x_i - \bar{x}$ beruht, den Vorzug, der sogenannten *Standardabweichung* oder *mittleren quadratischen Abweichung s*.

Das Quadrat der Standardabweichung nennt man die *Streuung* und bezeichnet sie auch mit dem Buchstaben V. Die Definition der Streuung lautet:

$$s^2 = \frac{1}{N-1} \underset{i=1}{\overset{N}{S}} (x_i - \bar{x})^2 \,. \tag{4}$$

Die Streuung s^2 ist demnach der Durchschnitt aus den Quadraten der Abweichungen $x_i - \bar{x}$ der Einzelwerte vom Durchschnitt. Dabei wird durch die Zahl der voneinander unabhängigen Abweichungen dividiert. Diese Zahl $N - 1$ nennt man den *Freiheitsgrad*.

Oft ist es zweckmäßig, für die Summe der Quadrate der Abweichungen ein eigenes Symbol zur Verfügung zu haben; wir bezeichnen sie mit S_{xx}, was man abkürzend auch die *Summe der Quadrate* nennt. Demnach ist

$$S_{xx} = \mathop{S}_{i=1}^{N} (x_i - \bar{x})^2 \tag{5}$$

und somit die Streuung

$$s^2 = S_{xx}/(N-1) . \tag{6}$$

122 Berechnung von Durchschnitt und Streuung

Die Formeln (1) und (6) des vorangehenden Abschnitts können am einfachsten angewandt werden, wenn die Berechnung des Durchschnitts und der Streuung unmittelbar auf Grund der beobachteten Werte x_i erfolgt.

Beispiel 2. Erhöhung der Reißfestigkeit von Haaren nach Panteen-Kur (E. STANGL, 1950).

| Patient | Durchschnittliche Reißfestigkeit von je 10 Haaren, in g | | | x_i^2 | $(x_i + 1)^2$ |
| | vor | nach | Zunahme x_i | | |
	Panteen-Kur				
1	90	95	5	25	36
2	65	60	− 5	25	16
3	58	65	7	49	64
4	86	90	4	16	25
5	55	70	15	225	256
6	73	66	− 7	49	36
7	80	85	5	25	36
8	70	80	10	100	121
9	45	63	18	324	361
10	55	71	16	256	289
Summe	677	745	68	1094	1240

Da in diesem Beispiel

$$T = \mathop{S}_{i=1}^{N} x_i = 68 ,$$

erhalten wir für den Durchschnitt

$$\bar{x} = T/N = 68/10 = 6{,}8 .$$

Um die Streuung s^2 zu erhalten, muß man in erster Linie die Summe der Quadrate S_{xx} berechnen. Zu diesem Zwecke kann man von jedem Einzelwert den soeben erhaltenen Durchschnitt 6,8 subtrahieren, die Differenzen quadrieren und addieren. Dieses Vorgehen ist im allgemeinen umständlich und ungenau. Zweckmäßiger rechnet man nach einer anderen Formel, die aus der Definition von S_{xx} leicht abzuleiten ist. Es ist

$$S_{xx} = \mathop{S}_{i=1}^{N} (x_i - \bar{x})^2 \tag{1}$$

oder

$$S_{xx} = \mathop{S}_{i=1}^{N} (x_i^2 - 2x_i\bar{x} + \bar{x})^2 = \mathop{S}_{i=1}^{N} x_i^2 - 2\bar{x}\mathop{S}_{i=1}^{N} x_i + N\bar{x}^2 \, .$$

Ersetzt man in der letzten Formel Sx_i durch $N\bar{x}$ entsprechend der Formel (1) von 121, so wird

$$S_{xx} = \mathop{S}_{i=1}^{N} x_i^2 - N\bar{x}^2 \, . \tag{1a}$$

Darin können wir $N\bar{x}$ durch T ersetzen und finden

$$S_{xx} = \mathop{S}_{i=1}^{N} x_i^2 - \bar{x}T \, , \tag{1b}$$

und, wenn wir noch $\bar{x}$ durch T/N ersetzen, erhält man

$$S_{xx} = \mathop{S}_{i=1}^{N} x_i^2 - T^2/N \, . \tag{1c}$$

Von diesen drei Formeln ist im allgemeinen (1 c) die zweckmäßigste, da man die Division von T^2 durch N bei der gewünschten Genauigkeit abbrechen kann. Für das Beispiel 2 erhält man

$$
\begin{aligned}
\mathop{S}_{i=1}^{N} x_i^2 &= 1094{,}0 \\
T^2/N = 68^2/10 &= \underline{462{,}4} \\
S_{xx} &= 631{,}6
\end{aligned}
$$

und daraus

$$s^2 = S_{xx}/(N-1) = 631{,}6/9 = 70{,}2 \, .$$

Die Richtigkeit der Berechnung von Sx_i^2 läßt sich durch die folgende Kontrolle nachprüfen. Da

$$(x_i + 1)^2 = x_i^2 + 2x_i + 1$$

ist, hat man

$$\mathop{S}_{i=1}^{N} (x_i + 1)^2 = \mathop{S}_{i=1}^{N} x_i^2 + 2\mathop{S}_{i=1}^{N} x_i + N \, ,$$

oder

$$\mathop{S}_{i=1}^{N} (x_i + 1)^2 = \mathop{S}_{i=1}^{N} x_i^2 + 2T + N \, . \tag{2}$$

In unserem Beispiel 2 hat man

$$1240 = 1094 + 2 \cdot 68 + 10 \, ,$$

was die Richtigkeit der Berechnung gewährleistet.

Benützt man eine Rechenmaschine, so läßt sich S_{xx} auch, wie aus (1 c) ohne weiteres ersichtlich ist, wie folgt berechnen: Nachdem man $S x_i{}^2$ berechnet hat, multipliziert man dies mit N und subtrahiert vom Produkt $N(S x_i{}^2)$ das Quadrat der Summe der Einzelwerte T^2. Die so erhaltene Differenz

$$N(S x_i{}^2) - T^2$$

wird dann durch N dividiert, womit man S_{xx} erhält. Also, in Formeln

$$S_{xx} = [N(S x_i{}^2) - T^2]/N \, . \tag{3}$$

Man braucht bei dieser Berechnung die Teilergebnisse nicht zu löschen und neu in die Maschine zu geben, wodurch vermieden wird, daß sich Fehler einschleichen. Wenn man will, kann man die Teilergebnisse der Berechnung herausschreiben, was im Beispiel 2 so aussieht:

$$
\begin{aligned}
S x_i{}^2 &= 1094 \, , \\
N S x_i{}^2 &= 10940 \, , \\
N S x_i{}^2 - T^2 &= 6316 \, , \\
[N S x_i{}^2 - T^2]/N &= 631{,}6 = S_{xx} \, .
\end{aligned}
$$

In diesem Beispiel 2 sind die Rechnungen sehr einfach und rasch durchzuführen. Wenn dagegen die Einzelwerte groß sind, oder wenn die Urliste viele Einzelwerte umfaßt, muß man andere Wege einschlagen, um die Rechenarbeit in einem erträglichen Rahmen zu halten. Wir besprechen zuerst, wie man vorgeht, wenn die Werte x_i groß sind.

Zu diesem Zwecke betrachten wir gleich einen etwas allgemeineren Fall, indem wir untersuchen, wie sich Durchschnitt und Streuung verändern, wenn man den Maßstab, in dem die Einzelwerte gemessen wurden, in bestimmter Weise verändert. Sehen wir etwa zu, was geschieht, wenn Temperaturen statt in Fahrenheit in Celsiusgraden ausgedrückt werden. Bekanntlich gilt

$$C = \frac{5}{9} (F - 32)$$

oder

$$F = 32 + \frac{9}{5} C \, .$$

Bezeichnen wir die in Celsiusgraden gemessenen Temperaturen mit x und die in Fahrenheit ausgedrückten mit z, so besteht allgemein betrachtet, zwischen x und z die lineare Beziehung

$$z = a + b x \, , \tag{4}$$

wobei a und b Konstante bedeuten.

Wenn N Werte x_i gegeben sind und wir für jeden mittels (4) einen Wert z_i berechnen, welches sind dann die Beziehungen zwischen den Durchschnitten $\bar{x}$ und $\bar{z}$, sowie zwischen den Streuungen $s_x{}^2$ und $s_z{}^2$?

Bilden wir für die N Beziehungen

$$z_i = a + b\,x_i \quad (i = 1, 2, .., N)$$

die Summen, so wird

$$\overset{N}{\underset{i=1}{S}}\, z_i = N\,a + b \overset{N}{\underset{i=1}{S}}\, x_i$$

oder

$$T_z = N\,a + b\,T_x$$

und nach Division durch N

$$\bar{z} = a + b\,\bar{x} \; . \tag{5}$$

Der Übergang von $\bar{x}$ zu $\bar{z}$ geht demnach genau gleich vor sich wie für die einzelnen Werte.

Welche Beziehung besteht zwischen

$$S_{xx} = \overset{N}{\underset{i=1}{S}}\, (x_i - \bar{x})^2 \quad \text{und} \quad S_{zz} = \overset{N}{\underset{i=1}{S}}\, (z_i - \bar{z})^2 \;?$$

Man hat

$$\begin{aligned} z_i &= a + b\,x_i \\ \bar{z} &= a + b\,\bar{x} \\ \hline z_i - \bar{z} &= b\,(x_i - \bar{x}) \end{aligned}$$

und demnach

$$\overset{N}{\underset{i=1}{S}}\, (z_i - \bar{z})^2 = b^2 \overset{N}{\underset{i=1}{S}}\, (x_i - \bar{x})^2$$

oder also

$$S_{zz} = b^2 S_{xx} \tag{6}$$

und somit auch

$$s_z{}^2 = b^2 s_x{}^2 \tag{7}$$

sowie

$$s_z = b\,s_x \; . \tag{8}$$

Aus den letzten drei Formeln geht hervor, daß die Konstante a ohne Einfluß ist auf die Summe der Quadrate und die Streuung. In der Transformation (4) bedeutet a eine Veränderung des Ursprungs, b eine Vergrößerung (oder Verkleinerung) des Maßstabes. Der Wechsel des Ursprungs bleibt somit ohne Einfluß auf die Größe der Streuung, nur die Maßstabsänderung berührt sie.

Wenden wir uns nun dem Fall zu, wo die Einzelwerte x_i groß sind, so daß die Berechnung der $S x_i{}^2$ einen erheblichen Zeitaufwand bedeutet. Um dem entgegenzuwirken, wählt man einen *vorläufigen Durchschnitt D* und berechnet den Durchschnitt und die Streuung gestützt auf die Differenzen $x_i - D$. Den vorläufigen Durchschnitt wählen wir so, daß die Differenzen $x_i - D$ möglichst klein ausfallen. Die Rechenarbeit wird vereinfacht, wenn man D kleiner als den kleinsten Einzelwert wählt, so daß alle Differenzen $x_i - D$ positiv ausfallen. Überdies sollte man diese Differenzen möglichst im Kopf ohne Fehlerrisiko bilden können.

Bezeichnen wir die Abweichungen vom vorläufigen Durchschnitt mit z_i, so ist

$$z_i = x_i - D \tag{9}$$

Nach (5) folgt unmittelbar

$$\bar{z} = \bar{x} - D$$

und

$$\bar{x} = D + \bar{z} \,. \tag{10}$$

Auf Grund von (6) ergibt sich

$$S_{xx} = S_{zz} \,, \tag{11}$$

da $b = 1$ ist.

Beispiel 3. Aus den Angaben von Beispiel 1 (Abschnitt 11, S. 15) ist das Durchschnittsgewicht und die Standardabweichung der Gewichte der 100 zweiwöchigen Kücken zu berechnen.

Das kleinste Gewicht beläuft sich auf 76 g. Wir wählen daher als vorläufigen Durchschnitt

$$D = 70 \,.$$

Die Abweichungen $z_i = x_i - 70$ brauchen wir nicht besonders aufzuschreiben, wir können ohne weiteres ihre Summe und die Summe ihrer Quadrate bilden.

Mit der Rechenmaschine bildet man am besten zuerst die Summe der z_i; man erhält

$$\overset{N}{\underset{i=1}{S}} \, z_i = T_z = 3619$$

und damit den Durchschnitt $\bar{x}$ nach (10)

$$\bar{x} = 70{,}00 + \frac{3619}{100} = 106{,}19 \,.$$

Sodann bildet man die Summe der $z_i{}^2$, wobei man gleichzeitig im Umdrehzählwerk die Summe der z_i nochmals findet. Dies dient als Kontrolle, die besonders wirksam ist bei Rechenmaschinen, die das Quadrat mit einmaliger Einstellung der Zahl zu ermitteln gestatten.

Man findet weiter

$$\overset{N}{\underset{i=1}{S}} \, z_i{}^2 = 142\,173 \,.$$

Nach (11) und (1 c) hat man

$$S z_i{}^2 \qquad\qquad = 142\,173$$
$$T_z{}^2/N = 3619^2/100 = 130\,971{,}61$$
$$S_{zz} = S_{xx} \qquad\qquad = \overline{11\,201{,}39}$$

Somit wird

$$s^2 = \frac{S_{xx}}{N-1} = 11\,201{,}39 : 99 = 113{,}145$$

und die gesuchte Standardabweichung

$$s = 10{,}6\;.$$

Wenn die Angaben in der Form einer Häufigkeitsverteilung vorliegen, oder wenn die Zahl der Einzelwerte groß ist und man daher die Häufigkeitsverteilung ermittelt, geht man zur Berechnung von Durchschnitt und Streuung wie folgt vor.

Wir bezeichnen die vorkommenden Werte mit x_j und die zu diesem Wert gehörende Häufigkeit mit f_j. Schematisch sieht die Häufigkeitsverteilung daher etwa so aus

Werte	Häufigkeiten
x_1	f_1
x_2	f_2
...	...
x_j	f_j
...	...
x_M	f_M
Summe	N

Es seien im ganzen N Einzelwerte vorhanden, die M verschiedene Werte annehmen.

Die Summe T der N Einzelwerte ist in diesem Fall

$$T = \mathop{S}_{j=1}^{M} f_j x_j \tag{12}$$

und die Summe der Quadrate der Einzelwerte wird

$$\mathop{S}_{i=1}^{N} x_i{}^2 = \mathop{S}_{j=1}^{M} f_j x_j{}^2\;. \tag{13}$$

Zu beachten ist, daß wir den Index i für die N Einzelwerte benützen, den Index j dagegen für die M voneinander verschiedenen Werte der Veränderlichen x.

Beispiel 4. Zeitstudie (P. FORNALLAZ, 1940). Zeiten für das Ausführen der gleichen Arbeit.

Das Rechenschema sieht wie folgt aus:

$$x_j = \text{Zeit in } 1/100 \text{ Minuten};$$
$$f_j = \text{Häufigkeit von } x_j.$$

x_j	f_j	$f_j x_j$	$f_j x_j^2$	$(x_j + 1)^2$	$f_j(x_j + 1)^2$
10	2	20	200	121	242
11	24	264	2904	144	3456
12	16	192	2304	169	2704
13	5	65	845	196	980
14	1	14	196	225	225
15	2	30	450	256	512
Summe	50	585	6899	...	8119

Demnach ist

$$T = \underset{j}{S}\, f_j x_j = 585$$

und

$$\bar{x} = \frac{T}{N} = \frac{585}{50} = 11{,}7\,.$$

Weiter hat man

$$\begin{aligned}
\underset{j}{S}\, f_j x_j^2 &= 6899{,}0 \\
T^2/N = 585^2/50 &= 6844{,}5 \\
\hline
S_{xx} &= 54{,}5
\end{aligned}$$

sowie für die Streuung

$$s^2 = \frac{S_{xx}}{N-1} = \frac{54{,}5}{49} = 1{,}112\,.$$

Als Kontrolle hat man auch hier

$$\underset{j}{S}\, f_j(x_j + 1)^2 = \underset{j}{S}\, f_j x_j^2 + 2\,T + N$$

oder

$$8119 = 6899 + 1170 + 50\,.$$

Wenn die Produkte $f_j x_j$ groß werden, wählt man mit Vorteil einen vorläufigen Durchschnitt und benützt gleichzeitig die Häufigkeiten f_j, wie dies im folgenden Beispiel angegeben ist.

Beispiel 5. Radioaktivität von Polonium (RUTHERFORD und GEIGER, 1910).

$$x_j = \text{Szintillationen in je } 7{,}5 \text{ Sekunden};$$
$$f_j = \text{Zahl der Zeitintervalle von } 7{,}5 \text{ Sekunden mit } x_j \text{ Szintillationen};$$
$$D = \text{Vorläufiger Durchschnitt } (= 4).$$

Das Rechenschema sieht hier wie folgt aus:

x_j	$z_j = x_j - D$	f_j	$f_j z_j$	$f_j z_j^2$	$(z_j + 1)^2$	$f_j (z_j + 1)^2$
0	-4	15	-60	240	9	135
1	-3	56	-168	504	4	224
2	-2	106	-212	424	1	106
3	-1	152	$-152 - 592$	152	—	—
4	0	170	—	—	1	170
5	1	122	122	122	4	488
6	2	88	176	352	9	792
7	3	50	150	450	16	800
8	4	17	68	272	25	425
9	5	12	60	300	36	432
10	6	3	18	108	49	147
11	7	—	—	—	64	—
12	8	—	—	—	81	—
13	9	1	$9 + 603$	81	100	100
Summe	...	792	$... + 11$	3005	...	3819

Den vorläufigen Durchschnitt wählen wir in der Klasse mit der größten Häufigkeit f_j. Nach den Formeln (10) und (12) hat man für den Durchschnitt

$$\bar{x} = D + \frac{T_z}{N} = 4{,}000 + \frac{11}{792} = 4{,}000 + 0{,}014 = 4{,}014 \ .$$

Nach den Formeln (11) und (13) bestimmt man die Summe der Quadrate S_{xx} wie folgt:

$$\overset{M}{\underset{j=1}{S}} f_j z_j^2 \qquad\qquad = 3005{,}0000$$

$$T_z^2/N = 11^2/792 = \qquad 0{,}1528$$

$$S_{xx} \qquad\qquad = 3004{,}8472$$

und daraus folgt für die Streuung

$$s^2 = \frac{S_{xx}}{N-1} = \frac{3004{,}8472}{791} = 3{,}799 \ .$$

Schließlich wollen wir noch angeben, wie Durchschnitt und Streuung berechnet werden, wenn die Einzelwerte in M Klassen von der Breite k gruppiert sind. Wir bezeichnen mit x_j die Klassenmitten und mit D einen vorläufigen Durchschnitt, den wir mit einem der x_j zusammenfallen lassen. Die Klassen numerieren wir von D ausgehend und bezeichnen die Nummern mit z_j.

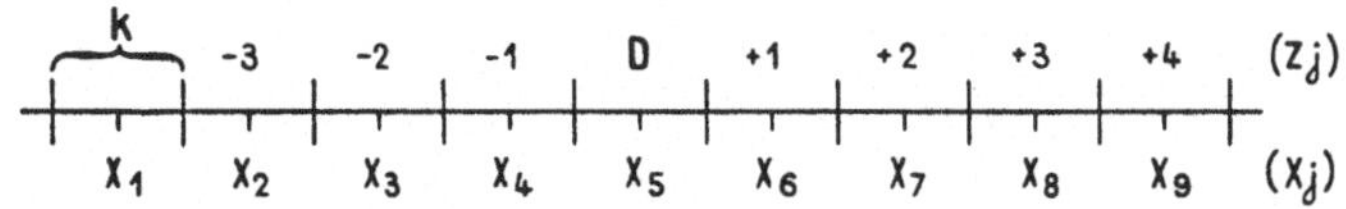

Figur 3
Einteilung in M Klassen von der Breite k.

Wie aus der Figur 3 ersichtlich ist, hat man

$$x_j - D = k z_j \tag{14}$$

oder auch

$$x_j = D + k z_j . \tag{15}$$

Aus der Formel (5) folgt, daß

$$\bar{x} = D + k \bar{z} \tag{16}$$

und aus (6) ergibt sich

$$S_{xx} = k^2 S_{zz} . \tag{17}$$

Beispiel 6. Gewichte von 100 zweiwöchigen Kücken (siehe Beispiel 1).

Wir übernehmen von Seite 17 die Häufigkeitsverteilung mit Klassen von der Breite $k = 5$ g. Damit erhalten wir das nachstehende Rechenschema.

$x_j =$ Klassenmitte in g;
$f_j =$ Zahl der Kücken in der Klasse mit Mitte x_j;
$k =$ Klassenbreite ($= 5$ g);
$D =$ Vorläufiger Durchschnitt ($= 103$);
$z_j =$ Nummer der Klasse, ausgehend von $D = 103$.

x_j	z_j	f_j	$f_j z_j$	$f_j z_j^2$	$(z_j + 1)^2$	$f_j (z_j + 1)^2$
78	-5	1	-5	25	16	16
83	-4	1	-4	16	9	9
88	-3	4	-12	36	4	16
93	-2	9	-18	36	1	9
98	-1	14	$-14 -53$	14	—	—
103	0	20	—	—	1	20
108	1	17	17	17	4	68
113	2	15	30	60	9	135
118	3	10	30	90	16	160
123	4	5	20	80	25	125
128	5	3	15	75	36	108
133	6	1	$6 +118$	36	49	49
Summe		100	$\ldots + 65$	485	$\ldots$	715

Für den Durchschnitt $\bar{x}$ finden wir gemäß der Formel (16):

$$\bar{x} = D + \frac{k T_z}{N} = 103{,}00 + \frac{5 \cdot 65}{100} = 103{,}00 + 3{,}25 = 106{,}25 .$$

Die Berechnungen für die Summe der Quadrate S_{xx} ergeben gemäß der Formel (17)

$$\underset{j}{S}\, f_j z_j{}^2 \qquad\qquad = 485{,}00$$

$$T_z{}^2/N = 65^2/100 = \underline{42{,}25}$$

$$S_{zz} \qquad\qquad\quad = \overline{442{,}75}$$

$$S_{xx} = k^2 S_{zz} = 25 \cdot 442{,}75 = 11\,068{,}75 \;.$$

Für die Streuung s^2 erhält man demnach

$$s^2 = \frac{S_{xx}}{N-1} = \frac{11\,068{,}75}{99} = 111{,}806 \;.$$

Auch hier ist die Kontrolle

$$\underset{j}{S}\, f_j (z_j + 1)^2 = \underset{}{S}\, f_j z_j{}^2 + 2\,T_z + N$$

zu verwenden. Sie ergibt

$$715 = 485 + 2 \cdot 65 + 100$$

und bestätigt die Richtigkeit der Rechnungen.

Im Beispiel 3 (S. 25) berechneten wir den Durchschnitt und die Streuung aus den Einzelwerten und erhielten die genauen Werte

$$x = 106{,}19 \;; \quad s^2 = 113{,}145 \;.$$

Die Ungenauigkeit der im Beispiel 6 berechneten statistischen Maßzahlen rührt davon her, daß die Einzelwerte in Klassen zusammengefaßt wurden. Dies bedeutet, daß man annimmt, alle f_j Werte einer Klasse entsprächen dem Klassenmittel x_j, was in Wirklichkeit nicht zutrifft. Die dadurch bedingte Ungenauigkeit ist beim Durchschnitt kleiner als bei der Streuung. Man kann die Streuung mittels einer von SHEPPARD angegebenen Korrektur teilweise berichtigen. Wir verzichten darauf, diese Korrektur anzuwenden, da man sie meist nicht anwenden darf, nämlich dann nicht, wenn die Streuung in ein Prüfverfahren eingeht.

Wenn die Berechnungen ohne Maschine ausgeführt werden, hält man sich mit Vorteil streng an die soeben vorgeführten Rechenschemas. Falls man über eine Rechenmaschine verfügt, brauchen die Ergebnisse auf den einzelnen Zeilen des Schemas nicht gesondert aufgeschrieben zu werden. Man führt die Operationen nacheinander durch, ohne zwischenhinein die Maschine zu löschen. Im Beispiel 6 etwa würde man die Produkte $f_j z_j$ bilden und nur die Teilsummen -53 und $+118$ notieren. Ebenso würde man mit der Maschine die Produkte $f_j z_j{}^2$ oder $f_j (z_j + 1)^2$ bilden und nur die Endsummen 485 und 715 aufschreiben. Um Irrtümer zu vermeiden, würde man in diesem Falle auch eine Spalte der $z_j{}^2$ vorsehen, die sich beim Rechnen ohne Maschine erübrigt, da in diesem Falle $f_j z_j{}^2$ als Produkt von z_j mit $f_j z_j$ erhalten wird.

13 Orthogonale Vergleiche

Nach der in Abschnitt 121 gegebenen Definition findet man die Streuung s^2 von N Einzelwerten x_i indem man die Summe der Quadrate der Abweichungen $x_i - \bar{x}$ durch den Freiheitsgrad $N - 1$ dividiert. Wir wollen jetzt zeigen, daß die Summe der Quadrate

$$S_{xx} = \mathop{S}_{i=1}^{N} (x_i - \bar{x})^2$$

in gewissen Fällen in $N - 1$ Teile aufgespalten werden kann, von denen jedem eine ganz konkrete Bedeutung zukommen kann. In den folgenden Erörterungen folgen wir im wesentlichen den Darlegungen von MATHER (1946).

Betrachten wir zunächst eine Stichprobe von $N = 2$ Einzelwerten. Der Durchschnitt $\bar{x}$ ist

$$\bar{x} = \frac{x_1 + x_2}{2}$$

und die Summe der Quadrate S_{xx} wird

$$S_{xx} = \left(x_1 - \frac{x_1 + x_2}{2}\right)^2 + \left(x_2 - \frac{x_1 + x_2}{2}\right)^2 = \frac{(x_1 - x_2)^2}{4} + \frac{(x_2 - x_1)^2}{4}$$
$$= \frac{1}{2}(x_1 - x_2)^2 \, .$$

Die Summe der Quadrate mit einem Freiheitsgrad beruht demnach einfach auf dem Unterschied der beiden Einzelwerte.

Berechnen wir eine Summe von Quadraten für eine Stichprobe von $N = 3$ Einzelwerten, x_1, x_2, und x_3, so können wir nach Formel (1 c) von 122 schreiben

$$S_{xx} = x_1{}^2 + x_2{}^2 + x_3{}^2 - \frac{(x_1 + x_2 + x_3)^2}{3} \, .$$

Dieses S_{xx} hat $N - 1 = 2$ Freiheitsgrade. Sehen wir zu, was wir erhalten, wenn wir die vorher berechnete Summe der Quadrate für einen Freiheitsgrad subtrahieren. Man hat

$$x_1{}^2 + x_2{}^2 + x_3{}^2 - \frac{(x_1 + x_2 + x_3)^2}{3} - \frac{(x_1 - x_2)^2}{2}$$

und durch Umformung

$$\frac{1}{6}(x_1{}^2 + x_2{}^2 + 4x_3{}^2 + 2x_1x_2 - 4x_1x_3 - 4x_2x_3)$$

was man auch schreiben kann als

$$\frac{1}{6}(x_1 + x_2 - 2x_3)^2 \, .$$

Demnach ist bei $N = 3$:

$$S_{xx} = \frac{1}{2}(x_1 - x_2)^2 + \frac{1}{6}(x_1 + x_2 - 2x_3)^2 \, .$$

Damit ist die Summe der Quadrate zerlegt in zwei Bestandteile. Der erste entspricht einem Vergleich zwischen x_1 und x_2, der zweite einem Vergleich zwischen der Summe von x_1 und x_2 mit x_3.

Dies ist nicht die einzige Möglichkeit, S_{xx} in zwei Teile aufzuspalten. Man hätte ebensogut zuerst einen Vergleich zwischen x_1 und x_3 und dann zwischen x_2 und $x_1 + x_3$ durchführen können. Eine dritte Möglichkeit würde darin bestehen, zuerst x_2 mit x_3 und dann x_1 mit der Summe $x_2 + x_3$ zu vergleichen. Außer der schon angegebenen, können also noch die beiden folgenden Formeln angeschrieben werden:

$$S_{xx} = \frac{1}{2}(x_1 - x_3)^2 + \frac{1}{6}(x_1 + x_3 - 2x_2)^2 = \frac{1}{2}(x_2 - x_3)^2 + \frac{1}{6}(x_2 + x_3 - 2x_1)^2 \,.$$

Es lassen sich noch viele andere Zerlegungen der Summe der Quadrate in zwei Teile angeben, die aber in der Regel eine weniger einleuchtende Bedeutung haben.

Geht man zu Stichproben mit $N = 4$ über, so kann man die Summe der Quadrate

$$S_{xx} = x_1{}^2 + x_2{}^2 + x_3{}^2 + x_4{}^2 - \frac{(x_1 + x_2 + x_3 + x_4)^2}{4}$$

in *drei* Bestandteile zerlegen, entsprechend den $N - 1 = 3$ Freiheitsgraden. Man findet nämlich für die Differenz von S_{xx} mit $N = 4$ und mit $N = 3$:

$$x_1{}^2 + x_2{}^2 + x_3{}^2 + x_4{}^2 - \frac{(x_1 + x_2 + x_3 + x_4)^2}{4} - x_1{}^2 - x_2{}^2 - x_3{}^2$$

$$+ \frac{(x_1 + x_2 + x_3)^2}{3}$$

$$= \frac{1}{12}[12x_4{}^2 - 3(x_1{}^2 + x_2{}^2 + x_3{}^2 + x_4{}^2 + 2x_1x_2 + 2x_1x_3 + \cdots$$

$$+ 2x_3x_4) + 4(x_1{}^2 + x_2{}^2 + x_3{}^2 + 2x_1x_2 + 2x_1x_3 + 2x_2x_3)]$$

$$= \frac{1}{12}[x_1{}^2 + x_2{}^2 + x_3{}^2 + 9x_4{}^2 + 2(x_1x_2 + x_1x_3 + x_2x_3) - 6x_3x_4]$$

$$= \frac{1}{12}(x_1 + x_2 + x_3 - 3x_4)^2 \,.$$

Somit hat man für $N = 4$:

$$S_{xx} = \frac{1}{2}(x_1 - x_2)^2 + \frac{1}{6}(x_1 + x_2 - 2x_3)^2 + \frac{1}{12}(x_1 + x_2 + x_3 - 3x_4)^2 \,.$$

Man kann weitere 11 Zerlegungen von S_{xx} anschreiben, wenn man die Reihenfolge der 4 Einzelwerte in der vorangehenden Formel verändert.

Eine andere Möglichkeit der Zerlegung von S_{xx} bei 4 Einzelwerten in 3 Teile, ist die folgende:

$$S_{xx} = \frac{1}{2}(x_1 - x_2)^2 + \frac{1}{2}(x_3 - x_4)^2 + \frac{1}{4}(x_1 + x_2 - x_3 - x_4)^2 \,,$$

bestehend aus einem Vergleich zwischen x_1 und x_2, zwischen x_3 und x_4 und zwischen den Summen $x_1 + x_2$ und $x_3 + x_4$. Auch hier lassen sich weitere Möglichkeiten anschreiben, wie zum Beispiel

$$S_{xx} = \frac{1}{2} (x_1 - x_3)^2 + \frac{1}{2} (x_2 - x_4)^2 + \frac{1}{4} (x_1 + x_3 - x_2 - x_4)^2 .$$

Die Richtigkeit dieser Formeln läßt sich durch einfaches Umformen nachprüfen.

Eine weitere, oft benützte Aufteilung ist die folgende:

$$S_{xx} = \frac{1}{4} (x_1 + x_2 - x_3 - x_4)^2 + \frac{1}{4} (x_1 - x_2 + x_3 - x_4)^2$$
$$+ \frac{1}{4} (x_1 - x_2 - x_3 + x_4)^2 ,$$

deren Richtigkeit ebenfalls einfach nachzuprüfen ist.

Die allgemeine Formel, auf der alle die bisher angegebenen Beispiele der Zerlegung einer Summe von Quadraten in Bestandteile entsprechend der Zahl der Freiheitsgrade beruhen, wird im Abschnitt 925 bewiesen. An dieser Stelle wollen wir uns damit begnügen, die Regel anzugeben, die uns zu erkennen gestattet, wann Vergleiche sich so zusammensetzen lassen, daß aus ihnen die Summe der Quadrate abgeleitet werden kann, und welche Formel zu verwenden ist.

Betrachten wir beispielsweise die Formel für S_{xx} etwas näher, die für $N = 4$ gefunden wurde:

$$S_{xx} = \frac{1}{2} (x_1 - x_2)^2 + \frac{1}{6} (x_1 + x_2 - 2x_3)^2 + \frac{1}{12} (x_1 + x_2 + x_3 - 3x_4)^2 .$$

Die Einzelwerte x_i erscheinen in dieser Formel als Vergleiche

$$x_1 - x_2 , \quad x_1 + x_2 - 2x_3 , \quad x_1 + x_2 + x_3 - 3x_4 .$$

Die allgemeine Form dieser Vergleiche ist

$$k_1 x_1 + k_2 x_2 + k_3 x_3 + k_4 x_4 ,$$

wobei die k_i Konstanten sind. Die Werte der Konstanten k_i sind für die drei Vergleiche:

Vergleich	k_1	k_2	k_3	k_4
$x_1 - x_2$	$+1$	-1	0	0
$x_1 + x_2 - 2x_3$	$+1$	$+1$	-2	0
$x_1 + x_2 + x_3 - 3x_4$	$+1$	$+1$	$+1$	-3

Bilden wir die Summe der Quadrate der Konstanten, so finden wir

$$1 + 1 \qquad\quad = 2$$
$$1 + 1 + 4 \quad\ = 6$$
$$1 + 1 + 1 + 9 = 12$$

Das sind aber die Divisoren der drei Glieder im Ausdruck für S_{xx}.

Wir können also den Ausdruck für S_{xx} im obigen Beispiel allgemein auch wie folgt schreiben:

$$S_{xx} = \frac{(k_1 x_1 + k_2 x_2 + k_3 x_3 + k_4 x_4)^2}{k_1^2 + k_2^2 + k_3^2 + k_4^2} + \frac{(l_1 x_1 + l_2 x_2 + l_3 x_3 + l_4 x_4)^2}{l_1^2 + l_2^2 + l_3^2 + l_4^2}$$
$$+ \frac{(m_1 x_1 + m_2 x_2 + m_3 x_3 + m_4 x_4)^2}{m_1^2 + m_2^2 + m_3^2 + m_4^2} \,.$$

Die Koeffizienten k_i, l_i, m_i müssen den folgenden Bedingungen genügen, damit sie eine Zerlegung von

$$S_{xx} = (x_1 - \bar{x})^2 + (x_2 - \bar{x})^2 + (x_3 - \bar{x})^2 + (x_4 - \bar{x})^2$$

ergeben. Es muß sein:

$$
\begin{aligned}
k_1 + k_2 + k_3 + k_4 &= 0 \\
l_1 + l_2 + l_3 + l_4 &= 0 \\
m_1 + m_2 + m_3 + m_4 &= 0
\end{aligned}
$$
1)

und

2)
$$
\begin{aligned}
k_1 l_1 + k_2 l_2 + k_3 l_3 + k_4 l_4 &= 0 \\
k_1 m_1 + k_2 m_2 + k_3 m_3 + k_4 m_4 &= 0 \\
l_1 m_1 + l_2 m_2 + l_3 m_3 + l_4 m_4 &= 0
\end{aligned}
$$

In diesem Falle nennt man die drei Vergleiche

$$
\begin{aligned}
k_1 x_1 + k_2 x_2 + k_3 x_3 + k_4 x_4 \\
l_1 x_1 + l_2 x_2 + l_3 x_3 + l_4 x_4 \\
m_1 x_1 + m_2 x_2 + m_3 x_3 + m_4 x_4
\end{aligned}
$$

gegenseitig *orthogonale Vergleiche*.

In unserem Beispiel haben wir für die drei Vergleiche

$$x_1 - x_2, \quad x_1 + x_2 - 2 x_3, \quad x_1 + x_2 + x_3 - 3 x_4$$

1)
$$
\begin{aligned}
+1 -1 +0 +0 &= 0 \\
+1 +1 -2 +0 &= 0 \\
+1 +1 +1 -3 &= 0
\end{aligned}
$$

2)
$$
\begin{aligned}
(+1)(+1) + (-1)(+1) + \quad (0)(-2) + (0)(0) \quad &= 0 \\
(+1)(+1) + (-1)(+1) + \quad (0)(+1) + (0)(-3) &= 0 \\
(+1)(+1) + (+1)(+1) + (-2)(+1) + (0)(-3) &= 0
\end{aligned}
$$

Die Vergleiche sind demnach orthogonal. Dasselbe kann man für alle andern Vergleiche nachprüfen, die wir in diesem Abschnitt angegeben haben.

Wir werden in späteren Abschnitten — siehe 614.2 und 622 — verschiedentlich orthogonale Vergleiche verwenden.

Orthogonale Vergleiche sind in einem gewissen Sinne auch gegenseitig voneinander *unabhängige* Vergleiche. Nehmen wir nochmals das schon mehrfach herangezogene Beispiel der orthogonalen Vergleiche

$$x_1 - x_2, \quad x_1 + x_2 - 2 x_3, \quad x_1 + x_2 + x_3 - 3 x_4 \,.$$

Erhöht man beispielsweise x_1 um einen bestimmten Betrag d und vermindert x_2 um ebensoviel, so findet man

$$
\begin{aligned}
x_1 + d - (x_2 - d) &= x_1 - x_2 + 2d \\
x_1 + d + x_2 - d - 2x_3 &= x_1 + x_2 - 2x_3 \\
x_1 + d + x_2 - d + x_3 - 3x_4 &= x_1 + x_2 + x_3 - 3x_4
\end{aligned}
$$

Während der zweite und dritte Vergleich durch die Veränderung der Werte x_1 und x_2 nicht berührt werden, erhöht sich die Differenz der beiden ersten Werte um $2d$.

Erhöht man x_1 und x_2 um einen bestimmten Betrag, und vermindert x_3 um denselben Betrag, so bringt dies nur eine Änderung des zweiten Vergleiches mit sich, nicht aber des ersten und dritten Vergleiches.

Addiert man schließlich zu x_1, x_2 und x_3 einen bestimmten Wert und subtrahiert denselben Wert von x_4, so wird dadurch nur der dritte Vergleich verändert, nicht aber der erste und zweite.

In diesem Sinne sind orthogonale Vergleiche auch gegenseitig voneinander unabhängig.

2 SCHÄTZUNGS- UND PRÜFVERFAHREN

20 Stichprobe und Grundgesamtheit

Mit Hilfe der statistischen Verfahren bearbeiten wir *Gesamtheiten von Einzelwerten*, die aus Versuchen, Beobachtungen oder statistischen Erhebungen gewonnen wurden. Den Versuch oder die Beobachtung können wir *wiederholen*; rein theoretisch betrachtet, lassen sich Versuche und Beobachtungen *unendlich oft* wiederholen. Die unendliche Gesamtheit der Ergebnisse dieser Beobachtungen oder Versuche, von denen wir annehmen, sie seien im wesentlichen unter gleichen Bedingungen zustande gekommen, nennen wir die *Grundgesamtheit*.

Der Begriff einer Grundgesamtheit, bestehend aus unendlich vielen Einzelwerten, ist schon deshalb notwendig, weil nur er im allgemeinen es erlaubt, die Wirkung eines Ursachenkomplexes genau und erschöpfend zu erfassen; des weiteren ist er auch dann nicht zu umgehen, wenn die untersuchte Größe kontinuierlich variiert.

Die Ergebnisse von Versuchen und Beobachtungen, die wir auszuwerten haben, betrachten wir stets als eine *Stichprobe* aus der entsprechenden Grundgesamtheit.

Sehr oft darf man annehmen, daß die Elemente der Stichprobe der Grundgesamtheit zufällig entnommen wurden; man spricht in diesem Falle von einer *Zufallsstichprobe*. Stellen wir uns beispielsweise aufeinanderfolgende Messungen derselben Strecke vor. Die Ergebnisse dieser Messungen weichen voneinander ab und ergeben, bei genügender Anzahl, eine Häufigkeitsverteilung. Das Ergebnis einer einzelnen Messung hängt von einer ganzen Reihe von Ursachen ab: Das Meßband kann mehr oder weniger straff angespannt sein, Temperatureinflüsse können es länger oder kürzer machen, die Meßperson kann bei der Ablesung einen kleinen Fehler begehen. Diese Aufzählung ist keineswegs erschöpfend; sie soll bloß andeuten, daß das Meßergebnis von einer ganzen Reihe von Ursachen abhängt, wovon jede für sich eine kleine Abweichung bewirken kann. Die genannten Ursachen lassen sich in ihrer Wirkung bei einer bestimmten Messung nicht voraussehen; sonst ließen sie sich ausschalten. Sie wirken also zufällig, bald nach der einen bald nach der anderen Richtung. Man kann daher in diesem Beispiel, wie in vielen andern sorgfältig durchgeführten Beobachtungen und Versuchen annehmen, daß die Stichprobe der Grundgesamtheit zufällig entnommen wurde.

Dementsprechend werden wir stets annehmen, daß wir es mit Zufallsstichproben zu tun haben. Weiter werden wir auch voraussetzen, daß die Werte voneinander unabhängig seien. Diese Voraussetzung wäre in dem soeben erörterten Beispiel nicht erfüllt, wenn nach großen Meßwerten eher wiederum große Werte folgen würden. Werden alle Einzelwerte einer Stichprobe der unendlichen, unveränderten Grundgesamtheit streng zufällig entnommen, so sind diese Einzelwerte voneinander unabhängig.

Die Grundgesamtheiten, mit denen die mathematische Statistik arbeitet, lassen sich in der Regel durch einige wenige Kennzahlen, die sogenannten *Parameter*, in ihren wesentlichen Zügen beschreiben. Einige Beispiele mögen dies belegen.

Im Geburtenregister einer größeren Stadt folgen sich die beiden Geschlechter in regelloser, zufälliger Folge. Untersuchen wir den Anteil der männlichen Lebendgeborenen über eine längere Zeitspanne, so beobachten wir eine beachtliche Konstanz des Anteils der Knaben. Die Lebendgeborenen können bezüglich der Verteilung auf die beiden Geschlechter als zufällige Stichprobe aus einer Grundgesamtheit betrachtet werden. Die Grundgesamtheit besteht aus zwei Klassen; sie ist gekennzeichnet durch den Anteil der Knaben, der bekanntlich etwas mehr als 51% beträgt.

Das Beispiel 65 in Abschnitt 72 gibt die Verteilung der Bevölkerung auf die Blutgruppen A, B, AB und 0. In diesem Falle besteht die Grundgesamtheit aus vier Klassen; sie wird gekennzeichnet durch vier Anteilsziffern, deren Summe 1 ergibt. In Wirklichkeit genügen zwei Parameter zur Kennzeichnung der Grundgesamtheit.

Wieder eine andere Grundgesamtheit liegt den Zahlen zugrunde, die im Beispiel 5 von Abschnitt 122 vorgeführt werden. Die Zahl der Szintillationen von Polonium, die RUTHERFORD und GEIGER in Intervallen von je 7,5 sec beobachteten, schwankte zwischen 0 und 13. Die Stichprobe ist durch eine Häufigkeitsverteilung gegeben, die zeigt, wie oft 0, 1, 2, ... 13 Szintillationen im angegebenen Zeitintervall vorkommen. Die Zahl der Szintillationen bezeichnen wir als die Veränderliche, und da die Werte sich zufällig folgen, haben wir es mit einer *Zufallsveränderlichen* zu tun, welche die ganzzahligen Werte 0, 1, 2, ... annehmen kann. In der zugehörigen Grundgesamtheit werden die relativen Häufigkeiten festgelegt. In dem hier in Frage stehenden Beispiel folgen diese relativen Häufigkeiten einer sogenannten *Poissonschen Verteilung*, auf die wir in den Abschnitten 32 und 903 näher eingehen. Hier sei lediglich erwähnt, daß ein einziger Parameter diese Verteilung kennzeichnet.

In anderen Fällen kann die Zufallsveränderliche alle Werte innerhalb gewisser Grenzen annehmen; wir sprechen von einer kontinuierlichen Zufallsveränderlichen. Mit einer solchen haben wir es beispielsweise zu tun, wenn eine bestimmte Strecke wiederholt gemessen wird. Wie wir weiter oben sahen, kann bei wiederholter Messung angenommen werden, daß die Meßwerte durch die Wirkung einer beträchtlichen Zahl von Ursachen bedingt sind. Da wir sorgfältiges Arbeiten voraussetzen, muß jede der Ursachen nur eine kleine Wirkung ausüben. Nun läßt sich aber mathematisch zeigen — siehe hierzu den Abschnitt 904 —, daß unter diesen Voraussetzungen die Grundgesamtheit eine *normale Verteilung* ist. Die Eigenschaften der normalen Verteilung betrachten wir im

Abschnitt 41 näher; hier sei nur festgehalten, daß eine normale Grundgesamtheit durch zwei Parameter gekennzeichnet wird, durch den Durchschnitt μ und die Standardabweichung σ.

Aus den soeben erörterten Gründen ist zu verstehen, daß viele Meßgrößen (kontinuierlich variierende Zufallsveränderliche) eine Grundgesamtheit aufweisen, die einer Normalverteilung folgt.

Die wichtigste Aufgabe der mathematischen Statistik besteht darin, von der Stichprobe beobachteter Werte auf die Grundgesamtheit zu schließen. Dabei sind zwei verschiedene Probleme zu unterscheiden. Einerseits kann man auf Grund der beobachteten Werte den oder die Parameter der Grundgesamtheit zu bestimmen suchen; man spricht in diesem Falle vom *Schätzen der Parameter* und von *Schätzungsverfahren*. Andererseits kann man bestimmte Annahmen oder Hypothesen betreffend die Grundgesamtheit mit den beobachteten Werten der Stichprobe in Beziehung setzen, um festzustellen, ob die Beobachtungen der Hypothese widersprechen oder nicht. Man hat es hier mit dem *Prüfen von Hypothesen* und den *Prüfverfahren* zu tun.

21 Schätzen von Parametern

Die mathematischen Grundlagen, auf denen die Schätzungsverfahren beruhen, sind im Abschnitt 94 dargestellt; hier geht es uns nur darum, eine allgemeine Erörterung zu geben, wobei wir der besseren Anschaulichkeit wegen von einem einfachen Beispiel ausgehen.

Ein Bienenforscher hat sich zur Aufgabe gestellt, die Häufigkeit einer Bienenkrankheit — etwa der Milbenkrankheit — festzustellen. Zu diesem Zwecke untersucht er in N Bienenvölkern je 100 Bienen. Die Zahl der von Milben befallenen Bienen beträgt im i. Volk x_i. Wenn wir annehmen, daß die untersuchten Völker im Hinblick auf den Milbenbefall im wesentlichen unter gleichen Bedingungen stehen, können die Verhältnisse schematisch mit einer Urne verglichen werden, in der sich rote und weiße Kugeln in sehr großer Zahl vorfinden. Die untersuchten Bienen eines Volkes entsprechen einer zufällig ausgewählten Stichprobe von 100 Kugeln, die Zahl der durch Milben befallenen entspreche etwa den roten Kugeln in der Stichprobe. Das statistische Problem, das der Bienenforscher zu lösen hat, ist eine Schätzung, nämlich die Schätzung des Anteils der roten Kugeln in der Urne, d. h. in der Grundgesamtheit, wenn wir N Stichproben von je 100 Kugeln gezogen haben, welche $x_1, x_2, \ldots x_N$ rote Kugeln enthielten. Wie schon erwähnt, ist dabei vorausgesetzt, daß die 100 untersuchten Bienen dem Volk zufällig entnommen wurden.

Wie soll der Anteil der roten Kugeln in der Urne geschätzt werden, wenn die Ergebnisse in den Zufallsstichproben $x_1, x_2, \ldots x_N$ lauten? Zunächst muß man sich darüber klar sein, daß es auf diese Frage nicht nur eine einzige, sondern eine Mehrzahl von Antworten gibt. Man kann beispielsweise den Durchschnitt $\bar{x}$

der N Werte bilden. Dieser gibt uns eine erste Schätzung des (prozentualen) Anteils der roten Kugeln in der Urne. Eine zweite mögliche Schätzung erhalten wir durch den Medianwert oder mittelsten Wert. Als drittes können wir etwa den Durchschnitt nicht aller N Werte, sondern nur des kleinsten und größten unter ihnen benützen. Damit ist die Liste der möglichen Schätzungen keineswegs erschöpft, man kann sich unzählige solcher Schätzungen ausdenken.

Die verschiedenen Schätzungen führen im allgemeinen zu verschiedenen Schätzungswerten; es stellt sich daher die Frage, welche Schätzung vorzuziehen sei. Um diese Frage beantworten zu können, muß man sich über die Anforderungen einigen, die eine gute Schätzung aufzuweisen hat. R. A. FISHER (1921 a, 1938 a) nennt in seiner Theorie des statistischen Schätzens drei Kriterien, denen Schätzungen genügen sollten.

In erster Linie sollte eine Schätzung, wenn der Umfang der Stichprobe ins Unendliche wächst, einen Schätzwert ergeben, der mit dem zu schätzenden Parameter der Grundgesamtheit übereinstimmt. Eine Schätzung, die dieser Forderung genügt, sei als *passend* (consistent) bezeichnet. In unserem Beispiel sind sowohl der Durchschnitt als auch der Medianwert passende Schätzungen der gesuchten Häufigkeit. Schätzungen, die nicht passend sind, sollten nicht verwendet werden.

Passende Schätzungen lassen sich in einfacher Weise miteinander vergleichen, wenn wir voraussetzen, daß sie aus großen Stichproben ermittelt werden. Viele Schätzungen sind nämlich normal verteilt, wenn die Stichprobe genügend viele Einzelwerte umfaßt. Das bedeutet folgendes: Entnehmen wir der Grundgesamtheit fortgesetzt in zufälliger Weise große Stichproben von gleichviel Elementen, so ergibt eine Schätzung verschiedene Werte mit Häufigkeiten, die der normalen Verteilung entsprechen. Wie schon in 20 erwähnt wurde, ist eine normale Verteilung durch zwei Parameter, den Durchschnitt μ und die Standardabweichung σ bestimmt (siehe auch Abschnitt 41). Der Durchschnitt μ der Verteilung der Schätzungen ist bei einer passenden Schätzung gleich dem zu schätzenden Parameter der Grundgesamtheit; die Standardabweichung σ gibt uns ein Maß der Ungenauigkeit, welche der Schätzung innewohnt. Eine Schätzung ist um so besser, je kleiner die Standardabweichung σ seiner Verteilung ausfällt. Die beste Schätzung ist jene, deren Verteilung die kleinste Standardabweichung besitzt. Man nennt diese Schätzung *wirksam* (efficient).

In unserem Beispiel kann gezeigt werden, daß der Durchschnitt eine wirksame Schätzung ist. Der Medianwert dagegen ist nicht wirksam, seine Verteilung hat eine größere Standardabweichung als jene des Durchschnitts. Für weitere Erörterungen dieses Sachverhaltes, insbesondere über den sogenannten Wirkungsgrad einer Schätzung, sei auf den Abschnitt 7 verwiesen.

Als drittes fordert R. A. FISHER, daß eine Schätzung *erschöpfend* (sufficient bzw. exhaustive) sei. Dies ist dann der Fall, wenn keine andere Schätzung einen zusätzlichen Aufschluß über den zu schätzenden Parameter zu bringen vermag. Während die beiden ersten Kriterien (passend und wirksam) Eigenschaften von Schätzungen aus großen Stichproben darstellen, handelt es sich beim dritten um eine Eigenschaft für beliebig große oder kleine Stichproben. In diesen allgemeinen Betrachtungen verzichten wir darauf, diese Kriterien näher zu besprechen; dies wird im Abschnitt 7 nachgeholt.

Eine Schätzung, die passend, wirksam und erschöpfend ist, wird man anderen Schätzungen vorziehen. Es stellt sich somit die Frage, ob und wie man eine derartige Schätzung finden kann. Darauf hat R. A. FISHER eine Antwort gegeben, die in sozusagen allen praktisch vorkommenden Fällen zum Ziele führt. Die Fishersche Theorie der größten Mutmaßlichkeit (maximum likelihood) gibt in der Tat wirksame und erschöpfende Schätzungen, vorausgesetzt daß es solche überhaupt gibt, was nicht immer zutrifft. Diese Theorie wird in 94 behandelt und verschiedene Anwendungen sind in 7 beschrieben; wir beschränken uns hier auf ein einfaches Beispiel, an welchem das Wesen der Methode erläutert wird.

Nehmen wir an, der Bienenforscher, von dem schon zu Beginn dieses Abschnittes die Rede war, hätte aus einem Bienenvolk 16 Bienen untersucht, von denen er 5 als milbenkrank erkannte. Wie groß ist der Anteil der milbenkranken Bienen in diesem Volk? Es handelt sich hier darum, den unbekannten Anteil π der milbenkranken Bienen in der als unendlich groß vorausgesetzten Grundgesamtheit zu schätzen. Bevor wir die Fishersche Theorie auf dieses Beispiel anwenden, wollen wir kurz angeben, wie man vorgeht, wenn der Anteil π der milbenkranken Bienen der Grundgesamtheit bekannt ist, und die Wahrscheinlichkeit gesucht wird, daß von 16 zufällig herausgegriffenen Bienen deren 5 Milbenträger sind. Diese Frage ist mittels der binomischen oder Bernoullischen Verteilung — siehe 32 — leicht zu beantworten. Im allgemeinen findet man für die Wahrscheinlichkeit $\varphi(x)$, unter m herausgegriffenen Bienen deren x als Milbenträger zu haben, wenn der Anteil im Volke π ist:

$$\varphi(x) = \binom{m}{x} \pi^x (1 - \pi)^{m-x} . \tag{1}$$

Wählen wir beispielsweise $\pi = 1/4$ und $m = 16$, so erhalten wir mittels dieser Formel

x	$\varphi(x)$	x	$\varphi(x)$	x	$\varphi(x)$
0	0,010023	6	0,110097	12	0,000034
1	0,053454	7	0,052427	13	0,000004
2	0,133635	8	0,019660	14	0,000000
3	0,207876	9	0,005825	15	0,000000
4	0,225199	10	0,001359	16	0,000000
5	0,180159	11	0,000247	Summe = 1,000000	

Diese Wahrscheinlichkeitsverteilung ist in der Figur 4 dargestellt. Der Parameter π der Grundgesamtheit muß bekannt sein, damit die Wahrscheinlichkeit für das Eintreten bestimmter Ergebnisse berechnet werden kann. Wenn also etwa $\pi = 1/4$ ist, können wir angeben, daß eine Wahrscheinlichkeit von 0,18 besteht dafür, unter 16 zufällig herausgegriffenen Bienen 5 milbenkranke zu finden.

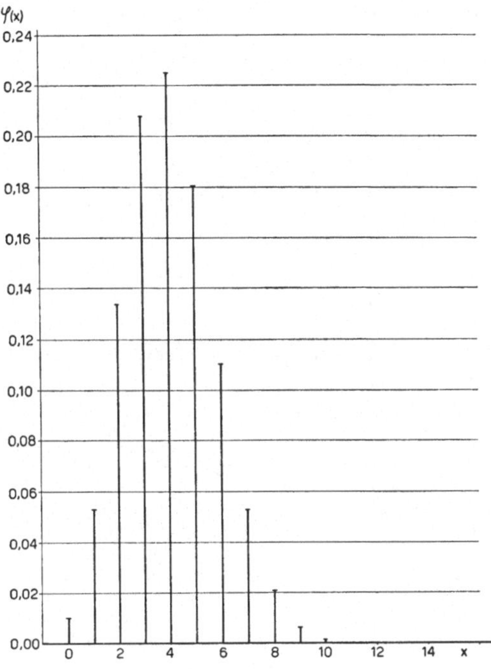

Figur 4
Binomische Verteilung; $m = 16$, $\pi = 1/4$.

In unserem Problem der Schätzung ist aber π nicht bekannt; wie müssen wir hier vorgehen ? Dieselbe Formel (1) führt uns auch in diesem Falle zum Ziel, nur muß sie anders gedeutet und angewandt werden. Soeben haben wir $\varphi(x)$ als eine Wahrscheinlichkeit betrachtet, wobei π bekannt und fest war, x alle Werte zwischen 0 und m annehmen konnte. Nach Fishers Theorie der größten Mutmaßlichkeit müssen wir nunmehr π als Veränderliche betrachten; infolgedessen kann

$$\binom{m}{x} \pi^x (1 - \pi)^{m-x}$$

keine Wahrscheinlichkeit mehr sein. Wir schreiben in diesem Falle

$$L(\pi) = \binom{m}{x} \pi^x (1 - \pi)^{m-x} \tag{2}$$

um anzudeuten, daß wir den Ausdruck rechts als Funktion von π zu betrachten haben, wobei m und x bekannt und fest sind. Wir nennen L die *Mutmaßlichkeit* (likelihood) bezüglich π. Als Anteil der milbenkranken Bienen in der Grundgesamtheit kann π alle Werte zwischen 0 und 1 annehmen.

Die beste Schätzung ergibt sich nach FISHER, wenn man π so bestimmt, daß die Mutmaßlichkeit L den größten Wert annimmt. Setzen wir in (2) für π alle möglichen Werte ein, so finden wir $L(\pi)$ als Funktion von π. Das Ergebnis ist in Figur 5 dargestellt, wenn wir $m = 16$ und $x = 5$ wählen.

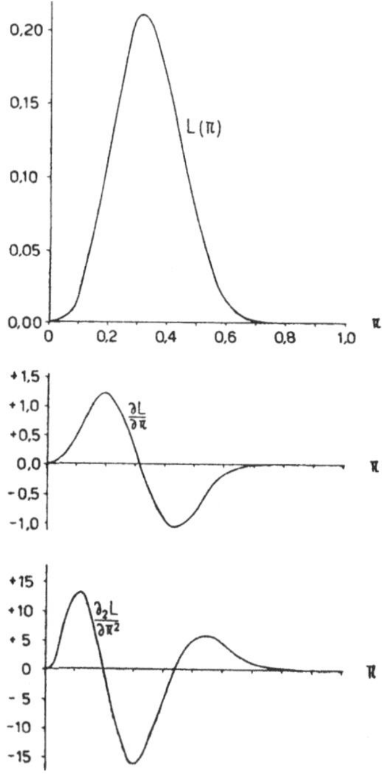

Figur 5

$$\text{Mutmaßlichkeit } L(\pi) = \binom{16}{5} \pi^5 (1 - \pi)^{11}$$

Aus der Figur 5 ist zu ersehen, welcher Wert als beste Schätzung von π nach der größten Mutmaßlichkeit erhalten wird. Die Mutmaßlichkeit erreicht den größten Wert, wenn π gleich 0,3125 ist. Wir werden die Parameter im allgemeinen mit griechischen Buchstaben bezeichnen, ihre Schätzungen mit dem entsprechenden lateinischen Buchstaben. Wenn es sich um Schätzungen handelt, die nach der Methode der größten Mutmaßlichkeit bestimmt wurden, werden wir den Buchstaben mit einem Dach (circonflexe) versehen. In unserem Beispiel ist demnach die Schätzung der unbekannten Häufigkeit der milbenkranken Bienen im Volke

$$\hat{p} = 0{,}3125.$$

Dasselbe finden wir natürlich auch, indem wir den Ausdruck (2) nach π ableiten und das Ergebnis gleich Null setzen. Man findet

$$\frac{dL}{d\pi} = \binom{m}{x} (x - m\pi)\, \pi^{x-1}(1-\pi)^{m-x-1} = 0 \tag{3}$$

Dieser Ausdruck wird Null, wenn einer der drei Faktoren Null wird, die π enthalten. Man hat also

$$x - m\pi \qquad = 0 \tag{4a}$$

$$\pi^{x-1} \qquad = 0 \tag{4b}$$

$$(1 - \pi)^{m-x-1} = 0 \tag{4c}$$

Aus (4b) und (4c) ist ersichtlich, daß sich die Kurve der Mutmaßlichkeit sowohl im Anfangs- als im Endpunkt an die Abszissenachse anschmiegt. Den Höchstwert von L findet man für jenen Wert von π, der die Gleichung (4a) erfüllt, da dort die zweite Ableitung negativ ist; wir nennen ihn $\hat{p}$ und erhalten

$$\hat{p} = x/m \ . \tag{5}$$

Setzen wir in (5) $x = 5$ und $m = 16$, so wird

$$\hat{p} = 5/16 = 0{,}3125$$

wie oben.

Diese Schätzung ist in dem oben besprochenen Sinne die beste, indem sie bei großen Stichproben die genauest mögliche ist. Der Wert einer Schätzung hängt von ihrer Genauigkeit ab; es genügt deshalb nicht, ein Schätzungsverfahren zu verwenden, das genaueste Schätzungen ergibt; man sollte zu jeder Schätzung angeben können, welches ihre Genauigkeit ist. Dies ist ein wesentlicher Bestandteil einer Schätzung. Wendet man die Methode der größten Mutmaßlichkeit an, so läßt sich die Genauigkeit der Schätzung wenigstens für große Stichproben ohne weiteres angeben, wie dies in 7 und 94 gezeigt wird. Hier müssen wir uns mit diesem Hinweis begnügen.

22 Prüfen von Hypothesen

Im vorangehenden Abschnitt haben wir gesehen, wie man von der Stichprobe ausgehend einen Parameter der Grundgesamtheit schätzen kann. Wenden wir uns nun dem zweiten Aufgabenkreis der mathematischen Statistik zu, der darin besteht, festzustellen, ob die Angaben einer Stichprobe mit einer Hypothese verträglich sind oder ihr widersprechen. Ein einfaches Beispiel soll wiederum dazu dienen, die grundlegenden Überlegungen zu entwickeln.

Aus einem Bienenvolk seien 80 Bienen zufällig herausgegriffen worden. Es weisen 33 ein bestimmtes Merkmal auf; bei den übrigen 47 fehlt das Merkmal. Stehen diese Beobachtungen im Einklang mit der Annahme, daß das Merkmal erblich bedingt sei und mit der Wahrscheinlichkeit 1/2 zu erwarten ist?

Vom Standpunkt der mathematischen Statistik aus gesehen, handelt es sich hierbei um folgende Fragestellung. Gegeben ist eine Grundgesamtheit von unendlich vielen Elementen, von denen ein gewisser Anteil ein bestimmtes Merkmal aufweist. Wir entnehmen dieser Grundgesamtheit zufällig eine Stichprobe von 80 Elementen und finden unter ihnen 33, die das betreffende Merkmal aufweisen. Sind diese Beobachtungen mit der Hypothese zu vereinbaren, daß die Hälfte der Elemente in der Grundgesamtheit das Merkmal aufweist? Zu prüfen ist demnach die Hypothese, daß die Häufigkeit der Merkmalsträger in der Grundgesamtheit gleich 1/2 ist.

Um diese Hypothese zu prüfen, untersuchen wir, welche Ergebnisse zu erwarten sind, wenn die Hypothese richtig ist. Dabei müssen wir außer der Hypothese selbst, die den Anteil der Merkmalsträger in der Grundgesamtheit mit 1/2 festlegt, noch einige weitere Annahmen treffen, auf die wir erneut hinweisen wollen. Erstens nehmen wir an, die Grundgesamtheit umfasse unendlich viele Elemente. Zweitens nehmen wir an, die Stichprobe werde streng zufällig der Grundgesamtheit entnommen, also derart, daß jedes Element bei jedem Zug die gleiche Wahrscheinlichkeit hat, in die Stichprobe einbezogen zu werden.

Welche Ergebnisse müssen wir nun erwarten, wenn wir unter diesen Voraussetzungen fortgesetzt Stichproben von 80 Elementen zufällig der Grundgesamtheit entnehmen? Da in der Grundgesamtheit die Hälfte der Elemente das bewußte Merkmal aufweisen, wird man erwarten dürfen, daß unter den Stichproben von 80 Elementen diejenigen am häufigsten auftreten werden, bei denen 40 Elemente das betreffende Merkmal zeigen. Die Wahrscheinlichkeitsrechnung bestätigt diese Voraussage. Berechnen wir nach der schon im vorigen Abschnitt 21 benützten Formel (1) die Wahrscheinlichkeit $\varphi(x)$ dafür, daß x von den 80 Elementen der Stichprobe das Merkmal aufweisen, so erhalten wir die in der folgenden Figur 6 dargestellten Wahrscheinlichkeiten.

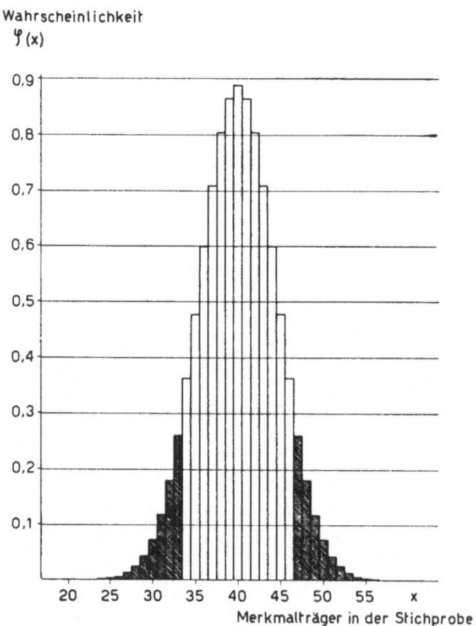

Figur 6

Wahrscheinlichkeiten $\varphi(x) = \binom{m}{x} \pi^x (1 - \pi)^{m-x}$ für $m = 80$, $\pi = 1/2$

Es handelt sich dabei um eine binomische Verteilung mit $\pi = 1/2$ und $m = 80$. Aus theoretischen Überlegungen, wie sie in 902 vorgeführt werden, folgt als Durchschnitt μ der Merkmalshäufigkeiten in allen zufällig herausgegriffenen Stichproben von m Werten.

$$\mu = mp, \tag{1}$$

wofür sich in unserem Beispiel

$$\mu = 80 \cdot 1/2 = 40$$

ergibt. Im Durchschnitt aller zufällig herausgegriffenen Stichproben haben wir demnach 40 Merkmalselemente zu erwarten.

In unserem Beispiel ergab demgegenüber die Beobachtung 33 Merkmalsträger. Die Wahrscheinlichkeit dafür, gerade 33 Merkmalsträger in einer Stichprobe von 80 Elementen zu finden, beläuft sich auf 0,026 362 oder auf rund 1 : 38. Wenn die Hypothese $\pi = 1/2$ zutrifft, wird man also nur in jeder achtunddreißigsten Stichprobe gerade 33 Merkmalsträger erwarten dürfen, also relativ selten. So betrachtet, wird man eher dazu neigen, die Beobachtungen als im Widerspruch zur Hypothese anzusehen.

Ein solcher Schluß wäre indessen voreilig, und zwar aus folgendem Grunde: Das günstigste Ergebnis, das unsere Beobachtungen bei der Hypothese $\pi = 1/2$ zeitigen könnten, wäre, wie wir sahen, daß unter 80 herausgegriffenen Elementen deren 40 das Merkmal aufweisen. Die Wahrscheinlichkeit hierfür ist 0,088 928 oder ungefähr 1 : 11. Wenn wir mehr Bienen untersucht hätten, beispielsweise 800, und es wären davon genau die Hälfte, also 400 Merkmalsträger, so betrüge die Wahrscheinlichkeit für das Auftreten einer solchen Stichprobe bei Voraussetzung des Anteils $\pi = 1/2$ in der Grundgesamtheit nur mehr 0,028 200 oder etwa 1 : 35. Man ersieht daraus, daß diese Wahrscheinlichkeit immer kleiner wird, wenn die Zahl der Beobachtungen zunimmt, obschon wir es mit dem günstigsten Ergebnis zu tun haben, das eintreffen kann, wenn die Hypothese $\pi = 1/2$ richtig ist.

Um die Hypothese besser beurteilen zu können, muß man nicht nur gerade das beobachtete Ergebnis ins Auge fassen, sondern auch alle jene möglichen Ergebnisse, die von dem im Durchschnitt zu erwartenden gleich stark oder stärker abweichen. In unserem Falle bedeutet dies, da im Durchschnitt aller Stichproben 40 Merkmalsträger zu erwarten sind, daß man die Wahrscheinlichkeit für das Eintreffen von 33 oder weniger, sowie 47 oder mehr Merkmalsträgern zu berechnen hat. Diese Wahrscheinlichkeit beläuft sich auf 0,052 724 oder rund 1 : 19.

Hätten wir in unseren Beobachtungen an Stelle von 33 Merkmalsträgern deren 40 gefunden, so müßten wir die Richtigkeit der Hypothese dadurch beurteilen, daß wir die Summe aller überhaupt möglichen Wahrscheinlichkeiten bilden würden, da nunmehr jedes Ergebnis von dem im Durchschnitt zu erwartenden gleichviel oder stärker abweichen würde als das beobachtete. Die Summe aller Wahrscheinlichkeiten ist aber — siehe Abschnitt 32 — gleich 1. Demnach geben Beobachtungen, die dem durchschnittlich zu erwartenden Ergebnis entsprechen, die höchstmögliche Wahrscheinlichkeit.

Was wir bis hierher erörtert haben, läßt sich wie folgt zusammenfassen: Um die Hypothese $\pi = 1/2$ zu prüfen, nehmen wir zunächst einmal an, diese Hypothese treffe zu. Daraufhin können wir die Wahrscheinlichkeiten für jedes mögliche Ergebnis mittels der binomischen Verteilung berechnen. Sodann teilen wir die möglichen Ergebnisse in zwei Gruppen, indem wir einerseits die Ergebnisse betrachten, die bezüglich des im Mittel zu erwartenden Wertes μ gleichviel oder stärker abweichen, und andererseits die Ergebnisse, die weniger stark von μ abweichen als das beobachtete. Für die erste Gruppe bestimmt man die Summe der Wahrscheinlichkeiten: in unserem Beispiel beläuft sich die Wahrscheinlichkeit dafür, daß wir eine ebensogroße oder größere als die beobachtete Abweichung erhalten, auf rund $1:19$. Die einzelnen Wahrscheinlichkeiten und die beiden Gruppen möglicher Ergebnisse sind in der Figur 6 dargestellt.

Wenn sich an Stelle von $1:19$ als Wahrscheinlichkeit ein sehr kleiner Wert, etwa $1:1\,000\,000$ ergeben hätte, so würden wir sagen, das beobachtete Ergebnis stimme mit der Hypothese sehr schlecht überein; wir würden die Hypothese ohne weiteres verwerfen. Wäre dagegen die betreffende Wahrscheinlichkeit größer gewesen als $1:19$, etwa $1:5$, so würden wir sagen, das beobachtete Ergebnis sei mit der Hypothese gut verträglich, wir würden die Hypothese annehmen. Es stellt sich die Frage, bei welcher Wahrscheinlichkeit wir die Hypothese verwerfen, und wo wir sie annehmen sollen. Die Wahl des Trennungsstriches liegt im Ermessen dessen, der die Beobachtungen oder Versuche ausführt und beurteilt. Die Erfahrung hat immerhin gezeigt, daß die Wahl der *Sicherheitsschwelle*, wie diese Grenze genannt werden kann, bei 0,05 oder $1:20$ und 0,01 oder $1:100$ in vielen Anwendungsgebieten zweckmäßig ist.

In unserem Beispiel haben wir festgestellt, daß die Wahrscheinlichkeit, eine ebenso große oder größere als die beobachtete Abweichung zu erhalten, sich unter Voraussetzung der Gültigkeit der Hypothese $\pi = 1/2$ auf $1:19$ beläuft. Diese Wahrscheinlichkeit ist etwas größer als die Sicherheitsschwelle $1:20$ und wir betrachten daher die beobachtete Zahl von 33 Merkmalsträgern als mit der Hypothese vereinbar, daß die Entstehung eines Merkmalsträgers mit einer Wahrscheinlichkeit von 1/2 verbunden sei.

Damit ist nicht etwa gesagt, daß wir die Hypothese als bewiesen betrachten. Grundsätzlich kann eine Hypothese durch neue Tatsachen jederzeit umgestürzt werden. Um eine statistische Hypothese endgültig zu beweisen, müßten wir über unendlich viele Beobachtungen verfügen, was in den Anwendungen meist nicht zutrifft.

Wenn wir die Art der Grundgesamtheit als bekannt annehmen können, und wenn die Beobachtungen zufällig der Grundgesamtheit entnommen sind, genügt die Angabe der Hypothese, um das Prüfverfahren einwandfrei und ohne jede weitere zusätzliche Annahme durchzuführen. Wie mir Professor G. A. BARNARD freundlicherweise mitteilte, dürfte das erste derartige Prüfverfahren von DANIEL BERNOULLI (1752) angegeben worden sein.

Wie J. NEYMAN und E. S. PEARSON (1928) vorgeschlagen haben, kann man

außer und in Ergänzung zur gewählten Hypothese eine oder mehrere Gegen-
hypothesen betrachten. Wenn wir die Hypothese annehmen, so verwerfen wir
damit zwangsläufig die Gegenhypothese. Wenn wir die Hypothese dagegen verwerfen, so bedeutet dies gleichzeitig die Annahme einer Gegenhypothese. Im
Zusammenhang damit betrachtet man zwei Risiken. Das Risiko I. Art besteht
darin, die Hypothese zu verwerfen, wenn sie richtig ist. Das Risiko II. Art
dagegen besteht darin, die Hypothese anzunehmen, wenn sie falsch ist und man
also eine Gegenhypothese hätte annehmen sollen. Das Risiko I. Art entspricht
der Sicherheitsschwelle, da diese gleich der Wahrscheinlichkeit ist, die richtige
Hypothese zu verwerfen.

Betrachten wir etwa folgendes Beispiel. Ein Käufer von Saatkartoffeln untersucht diese auf Virusbefall. Sind weniger als 20% befallen, so sollte ein Preis-
zuschuß ausgerichtet werden; überschreitet der Befall 20%, so wäre ein Preis-
abzug vorzunehmen. Der Natur der Sache nach kann der Virusbefall nur stich-
probenweise geprüft werden. Nehmen wir an, es würden aus jedem Eisenbahn-
wagen 80 Knollen auf Virusbefall untersucht. Wir können die Hypothese
prüfen, im Wagen betrage der Befall 20%. Als Gegenhypothese können wir alle
Befallshäufigkeiten unter und über 20% betrachten.

Das Risiko I. Art, oder anders gesagt, die Sicherheitsschwelle wählen wir bei
5%. Wir erreichen dies dadurch, daß wir die Hypothese verwerfen, wenn unter
den 80 untersuchten Knollen 0 bis 9 oder 24 bis 80 Knollen befallen sind. Wenn
die Zahl der befallenen Knollen zwischen 10 und 23 liegt, nehmen wir die Hypothese an (siehe Figur 7).

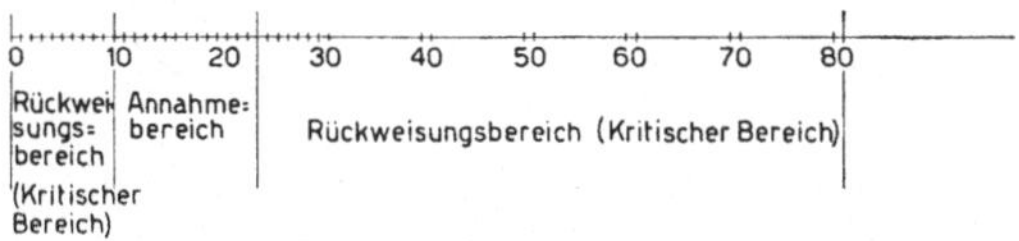

Figur 7
Rückweisungsbereich oder Kritischer Bereich und Annahmebereich

Das Risiko II. Art können wir für jede Gegenhypothese ohne weiteres berechnen. Zu diesem Zwecke ermitteln wir für jede mögliche Befallshäufigkeit
(außer 20%) die Wahrscheinlichkeit, daß die Hypothese verworfen wird. Aus
der Figur 8 ist zu ersehen, wie bei Befallshäufigkeiten von 15% und 35% die
Wahrscheinlichkeit des Verwerfens der Hypothese mittels der binomischen Verteilung bestimmt wird.

In der Figur 9 ist das Ergebnis dieser Berechnungen für alle möglichen Befallshäufigkeiten zusammengestellt. Man erhält damit die Kurve der sogenannten Trennschärfe (power) des Prüfverfahrens. Wir stellen beispielsweise fest,
daß unser, durch den Umfang der Stichprobe (80) und durch den kritischen
Bereich (siehe Figur 7) gegebenes Prüfverfahren, bei einem wirklichen Befall
von 15% in rund 22 von Hundert der Prüfungen die Hypothese verwirft, daß
der Befall 20% betrage. Bei einem wirklichen Befall von 15% wird die Hypo-

these fälschlicherweise in 78 von Hundert der Prüfungen angenommen, was das Risiko II. Art ausmacht.

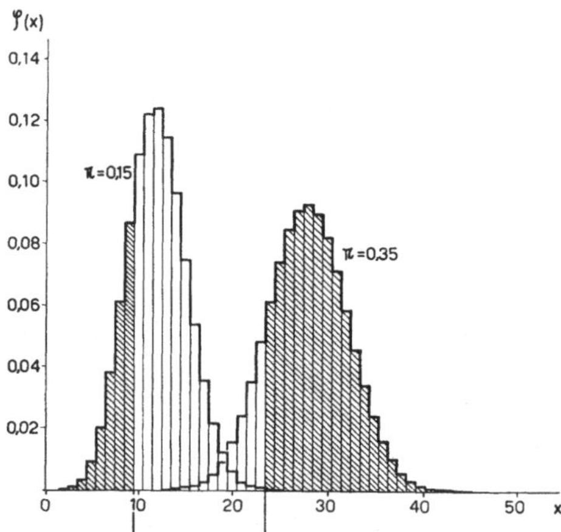

Figur 8

Binomische Verteilungen für $m = 80$, $\pi = 0,15$ und $\pi = 0,35$.

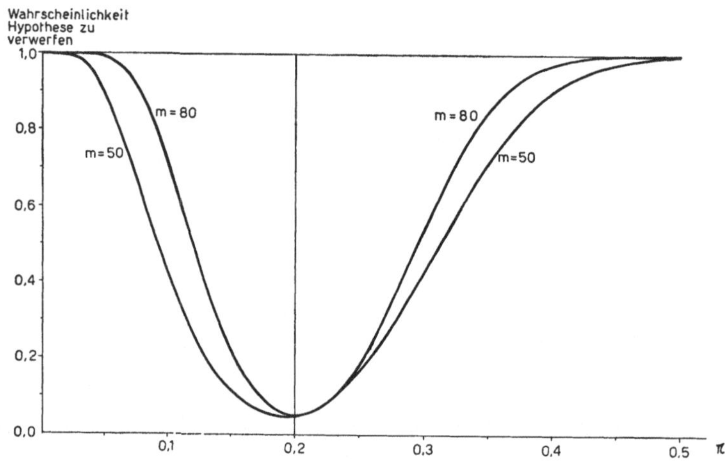

Figur 9

Trennschärfe für $m = 80$ und $m = 50$.

Die Figur 9 enthält gleichzeitig auch die Trennschärfe für $m = 50$, wobei als kritischer Bereich 0—4 und 16—50 gewählt wurde. Mit diesem kritischen Bereich finden wir zur Hypothese $\pi = 0,2$ eine Sicherheitsschwelle oder ein Risiko I. Art von annähernd 0,05. Die Trennschärfe ergibt eine Kurve, die — außer bei $\pi = 0{,}2$ — niedriger liegt als jene für $m = 80$. Durch entsprechende Wahl von m, der Zahl der in die Stichprobe einbezogenen Elemente, kann man demnach das Risiko II. Art nach Wunsch festlegen.

Wie aus dem hier gewählten Beispiel ersichtlich ist, lassen sich die Begriffe des Risikos I. und II. Art und der Trennschärfe in besonders zweckmäßiger Weise anwenden, wenn wir eine Abnahmeprüfung durchzuführen haben. In diesem Falle pflegt man die Kurve der Trennschärfe auch als *Kennlinie* des Abnahmeplanes (operating characteristic) zu bezeichnen. Sie gibt die Wahrscheinlichkeit an, mit der eine Ladung von gegebener Befallshäufigkeit π auf Grund des Abnahmeplanes zurückgewiesen wird. In den in Figur 9 dargestellten Plänen hat man Stichproben von 80 bzw. 50 Knollen, und Annahmebereiche von $10-23$, bzw. $5-15$.

Bis jetzt haben wir stillschweigend vorausgesetzt, daß Abweichungen von der Hypothese sowohl nach unten, als nach oben von Bedeutung seien. Wir wählten infolgedessen den kritischen Bereich möglichst symmetrisch zum Durchschnitt der in allen möglichen Zufallsstichproben sich ergebenden Anteile der Merkmalselemente. Man pflegt in diesem Falle von einem *zweiseitigen* Prüfverfahren zu sprechen.

Im Gegensatz dazu erscheinen uns beim *einseitigen* Prüfverfahren nur Abweichungen von der Hypothese nach einer Seite von Bedeutung. Dies wäre etwa dann der Fall, wenn uns daran liegt festzustellen, ob der Anteil der mit Virus befallenen Knollen in einer Ladung gleich oder größer sei als beispielsweise 20%. Man kann auch hier die Sicherheitsschwelle oder das Risiko I. Art festlegen und einen kritischen Bereich wählen. Gewünscht wird also ein Prüfverfahren, das die Hypothese um so häufiger verwirft, je *kleiner* der wirkliche Anteil virusbefallener Knollen in der Ladung ist. Man wählt daher zweckmäßig den Annahmebereich beispielsweise von 10 bis 80 und den Rückweisungsbereich von 0 bis 9. Es ergibt sich dabei die in der Figur 10 dargestellte Kurve der Trennschärfe. Je niedriger der wirkliche Befall, um so größer wird die Wahrscheinlichkeit, daß wir die Hypothese verwerfen. Das Risiko I. Art (Sicherheitsschwelle) beträgt hier 2,87%. Das Risiko II. Art, die Hypothese anzunehmen, wenn sie falsch ist, nimmt ab, je kleiner der wirkliche Befall wird.

Die in Figur 10 dargestellte Kurve kann auch als Kennlinie des Abnahmeplans betrachtet werden, der darin besteht, 80 Knollen zufällig auszuwählen und die Ladung dann zurückzuweisen, wenn unter den 80 untersuchten Knollen 10 oder mehr virusbefallen sind. Die Kennlinie zeigt unter anderem, daß von 100 Ladungen, die genau 20% virusbefallene Knollen enthalten, deren 3 angenommen werden. Von 100 Ladungen mit einem Befall von 8% werden rund 89 angenommen und 11 zurückgewiesen.

Das Beispiel der Prüfung von Saatkartoffeln auf Virusbefall kann uns weiterhin dienen, zu veranschaulichen, wie die Risiken I. und II. Art in bestimmten Fällen nicht nur als Wahrscheinlichkeiten ausgedrückt, sondern mit wirtschaftlichem Gewinn und Verlust in Beziehung gebracht werden können. Treffen wir nämlich bestimmte Annahmen über die zu erwartenden Ernteerträge und über die Preise, die für Kartoffeln erzielt werden können, sowie über die Verluste, die starker Virusbefall mit sich bringen kann, so sind wir in der Lage, die Zahl der zu prüfenden Knollen so zu bestimmen, daß die zu erwartenden Verluste möglichst klein ausfallen.

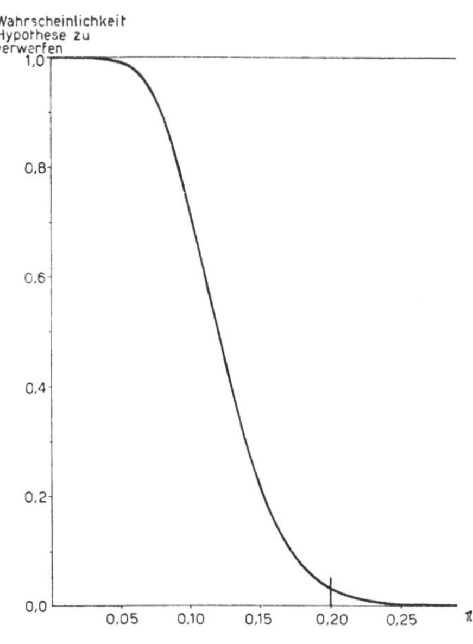

Figur 10

Trennschärfe für einseitiges Prüfverfahren; $m = 80$, Kritischer Bereich 0 — 9.

Ähnliche Überlegungen sind von A. WALD (1950) zu seiner Theorie der *Entscheidungen* ausgebaut worden, für die verschiedentlich ganz allgemeine Bedeutung für die Begründung aller statistischen Verfahren beansprucht wird. So nützlich in Fällen wie dem obenerwähnten diese Verfahren sind, halte ich indessen nicht dafür, daß ihnen eine derart allgemeine Bedeutung zukommt. In der wissenschaftlichen Forschung müssen wir oft Urteile auf Grund zahlenmäßiger Angaben fällen, ohne daß es sich dabei um Entscheidungen handeln kann, die mit bestimmten Gewinnen und Verlusten in Beziehung gebracht werden können.

Was wir hier über das Prüfen von Hypothesen sagten, bezog sich alles auf den einfachst möglichen Fall, bei dem wir es mit zwei Arten von Elementen zu tun hatten. Das Element wies ein bestimmtes Merkmal, beispielsweise Virusbefall, auf oder nicht. Die Überlegungen, die wir durchführten, gelten aber selbstverständlich ganz allgemein; zahlreiche Anwendungen dieser Grundsätze sind in den folgenden Kapiteln zu finden. In diesem Abschnitt möge daher nur noch ein einziges Beispiel Platz finden.

Es seien Beobachtungen oder Messungen gemacht worden, von denen wir annehmen dürfen, daß sie eine Stichprobe aus einer normalen Grundgesamtheit darstellen, wie wir sie im Abschnitt 20 kurz beschrieben haben. Die einzelnen Beobachtungs- oder Meßwerte seien mit x_i bezeichnet und es mögen N solcher Werte bestimmt worden sein. Man nennt N auch den *Umfang* der Stichprobe.

Anderseits sei auf Grund von zahlreichen früheren Messungen, oder durch Vereinbarung, ein Wert μ festgesetzt, von dem die beobachteten Werte nur zufällig abweichen sollen. Es ist zu prüfen, ob die beobachteten Werte wirklich nur zufällig von dem gegebenen Wert μ abweichen.

Als Beispiel möge folgendes dienen: Die Messung des Lichtstromes von fünf Fluoreszenzlampen zu 40 Watt ergab nach hundert Brennstunden die folgenden Werte (in Lumen):

$$2290; 2290; 2278; 2283; 2268.$$

Lassen sich diese Angaben mit der Annahme vereinbaren, daß der Lichtstrom für die unter gleichen Bedingungen hergestellten Fluoreszenzlampen nach hundert Brennstunden 2300 Lumen betrage?

Offenbar handelt es sich auch hier um das Prüfen einer Hypothese. Versuchen wir, diese etwas genauer zu fassen. Wie gesagt nehmen wir an, daß die Beobachtungen eine Stichprobe von N zufällig aus einer normalen Grundgesamtheit entnommenen Werten darstellen. Wenn diese Werte von μ nur zufällig abweichen, so muß μ der Durchschnitt der Grundgesamtheit sein. Es handelt sich also darum zu prüfen, ob die beobachteten Werte x_i aus einer Grundgesamtheit mit dem Durchschnitt μ stammen. Zu beachten ist dabei, daß wir über die Standardabweichung σ dieser Grundgesamtheit nichts aussagen. Es wäre demnach zweckmäßig, wenn die Standardabweichung σ in dem Prüfverfahren nicht verwendet würde. In unserem Beispiel des Lichtstroms bei Fluoreszenzlampen haben wir $N = 5$ und $\mu = 2300$.

In einer berühmten Arbeit, die jeder lesen sollte, der die Geschichte der neueren mathematischen Statistik kennenlernen will, hat der unter dem Pseudonym „*Student*" (1908) schreibende W. S. GOSSET das Verfahren geschaffen, das die genannte Hypothese zu prüfen gestattet. Wir wollen versuchen, dieses Prüfverfahren auf möglichst einfache Art verständlich zu machen. Da wir die beobachteten Werte als Stichprobe aus einer normalen Grundgesamtheit betrachten, geben wir zunächst eine Darstellung der normalen Verteilung, die sich für unsere Zwecke eignet.

Eine anschauliche Vorstellung von der normalen Grundgesamtheit erhalten wir, indem wir uns ein Fächergestell mit gleich breiten Fächern denken, die bis zur Höhe der normalen Verteilung mit Kärtchen gleicher Dicke angefüllt sind, gemäß der Figur 11. Auf alle Kärtchen desselben Faches denken wir uns den Wert x eingetragen, welcher der Mitte des Faches entspricht. Die Gesamtheit der Werte, die auf sämtlichen Kärtchen stehen, kann als eine grobe Annäherung an die normale Grundgesamtheit angesehen werden.

Wir leeren den Inhalt des Fächergestells in eine Urne und mischen die Kärtchen gut durcheinander. Nun ziehen wir „zufällig" eine Karte aus der Urne und schreiben den daraufstehenden Wert in eine Liste ein. „Zufällig" soll bedeuten, daß für jede Karte dieselbe Wahrscheinlichkeit besteht, aus der Urne gezogen zu werden. Nachdem wir die Karte in die Urne zurückgelegt haben, ziehen wir eine zweite und tragen den Wert ebenfalls in die Liste ein. Dieses Spiel setzen wir fort, bis unsere Liste N Werte enthält. Damit haben wir eine zufällig aus

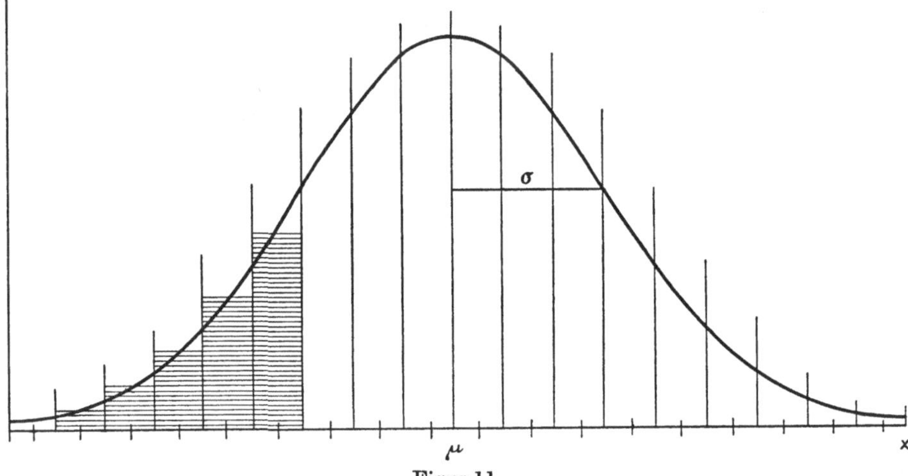

Figur 11
„Normales" Fächergestell.

einer normalen Grundgesamtheit gewählte Stichprobe von N Werten. Wir dürfen annehmen, daß die Beobachtungen, mit denen wir es in unserem Beispiel zu tun haben, im wesentlichen dem soeben skizzierten Schema entsprechen.

Dank diesem Schema können wir ausfindig machen, was herauskommt, wenn wir nicht nur eine, sondern sehr viele Stichproben von N Werten zufällig derselben Grundgesamtheit entnehmen. Man braucht zu diesem Zwecke lediglich eine zweite, eine dritte Stichprobe von je N Werten usw. der Urne zu entnehmen und die Ergebnisse jedesmal in eine Liste einzutragen.

Für jede dieser vielen Stichproben können wir entsprechend den Ausführungen im Kapitel 1 den Durchschnitt $\bar{x}$ und die Standardabweichung s berechnen. Der Durchschnitt $\bar{x}$ gibt uns eine Schätzung von μ, und zwar eine „beste" Schätzung nach den in 21 besprochenen Kriterien, wie wir in 941 noch eingehend zeigen werden. Ebenso ist s^2 eine „beste" Schätzung von σ^2.

Das Prüfverfahren, welches wir suchen, soll zeigen, ob die N Beobachtungen x_i zufällig aus einer Grundgesamtheit mit Durchschnitt μ entnommen worden sein können. Da $\bar{x}$ eine Schätzung von μ ist, liegt es nahe, zur Prüfung der Hypothese von der Differenz $\bar{x} - \mu$ auszugehen. „$Student$" hat gezeigt, daß die Häufigkeitsverteilung von $(\bar{x} - \mu)/s$ einem bestimmten Gesetz folgt. Heute hat sich als Prüfgröße der Ausdruck

$$t = \frac{\bar{x} - \mu}{s} \sqrt{N} \qquad (2)$$

eingebürgert.

Wenn man in dem oben beschriebenen Schema auf jeder Liste — die einer zufälligen Stichprobe von N Werten x_i entspricht — aus den N Werten den Durchschnitt $\bar{x}$, die Standardabweichung s und den Prüfwert t berechnet, so erhalten wir so viele t-Werte, als wir Zufallsstichproben gezogen haben. Viele dieser t-Werte werden sehr klein oder gleich Null sein, da der Stichprobendurchschnitt sehr oft gleich dem Durchschnitt der Grundgesamtheit wird. Große t-Werte sind zwar möglich, werden aber selten sein, da es wenig wahrscheinlich ist, N mal nacheinander entweder sehr kleine Werte von x oder sehr große Werte von x der Urne zu entnehmen. Da die Grundgesamtheit der x-Werte symmetrisch ist, steht zu erwarten, daß auch die Verteilung der t-Werte in allen Zufallsstichproben von N-Werten symmetrisch ausfällt. Die Wahrscheinlichkeit dafür, daß t einen Wert zwischen t und $t + dt$ annimmt, ist gegeben durch

$$\frac{\left(\dfrac{N-2}{2}\right)!}{\left(\dfrac{N-3}{2}\right)!\sqrt{(N-1)\pi}} \cdot \frac{dt}{\left(1 + \dfrac{t^2}{N-1}\right)^{\frac{N-2}{2}}}, \tag{3}$$

wie im Abschnitt 912 gezeigt wird. In dieser Formel kommt σ, die Standardabweichung der Grundgesamtheit, nicht vor; die Verteilung von t hängt demnach nicht von σ ab. Da das t in der Formel (3) im Quadrat vorkommt, ergibt sich für einen positiven und einen gleichgroßen negativen Wert von t dieselbe Wahrscheinlichkeit: die Verteilung von t ist symmetrisch. In der Figur 12 ist die Verteilung von t für $N = 5$ aufgezeichnet.

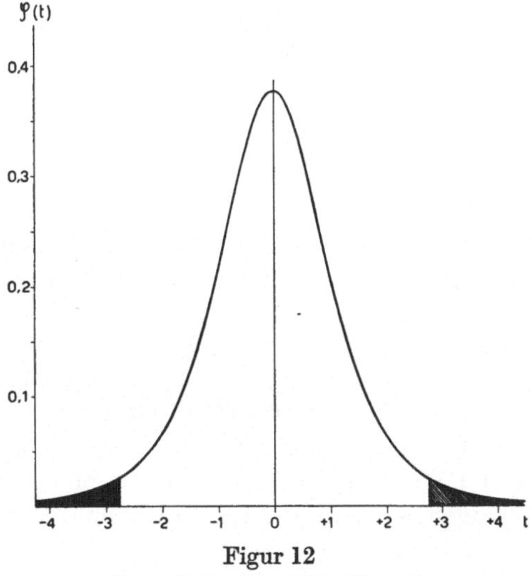

Figur 12
Verteilung von t für $N = 5$.

Wählt man auch hier eine Sicherheitsschwelle, beispielsweise von 0,05, so erhält man zwei symmetrisch gelegene Punkte auf der t-Achse, außerhalb derer die (schraffierte) Fläche 5% der gesamten Fläche unter der Kurve der t-Verteilung ausmacht. Die entsprechenden t-Werte bezeichnen wir mit $\pm t_{0,05}$. In der Figur 12, d. h. für $N = 5$, ist $t_{0,05} = 2{,}776$.

In dem Beispiel, von dessen Erörterung wir ausgegangen sind, kann man nun folgendermaßen vorgehen. Aus den N Werten x_i berechnet man den Durchschnitt $\bar{x}$, und den Prüfwert $t = (\bar{x} - \mu)\sqrt{N}/s$, wo μ den hypothetischen Wert bedeutet, von dem zu prüfen ist, ob er der Durchschnitt der Grundgesamtheit sei, aus dem die Stichprobe der N Werte x_i stamme. Was wir soeben gesehen haben ist, daß die t-Werte gemäß der Formel (3) verteilt sind, wenn die Hypothese zutrifft, wenn also die x_i aus der Grundgesamtheit mit dem Durchschnitt μ stammen.

Wenn die N beobachteten Werte x_i aus einer Grundgesamtheit stammen, deren Durchschnitt stark von μ abweicht, so wird $\bar{x}$ ebenfalls stark von μ abweichen und t wird sehr groß ausfallen (positiv oder negativ). Wir verwerfen die Hypothese, wenn das berechnete t seinem absoluten Betrag nach größer ist als $t_{0,05}$, im andern Fall nehmen wir sie an. Die Hypothese lautete hier ursprünglich dahin, daß die beobachteten Werte x_i aus einer Grundgesamtheit mit dem Durchschnitt μ stammen. Man kann aber die Hypothese auch so fassen, daß man frägt, ob der Durchschnitt $\bar{x}$ vom Wert μ nur zufällig abweiche. Insofern spricht man davon, daß der Unterschied $\bar{x} - \mu$ geprüft werde.

Das Beispiel des Lichtstroms bei Fluoreszenzlampen ergibt:

$$\bar{x} = 2281{,}8 \quad s = 9{,}230 \quad N = 5$$
$$\mu = 2300{,}0$$
$$\overline{\bar{x} - \mu = -18{,}2}$$

$$t = \frac{\bar{x} - \mu}{s}\sqrt{N} = -4{,}409$$

Da, wie erwähnt für $N = 5$ $t_{0,05} = 2{,}776$ beträgt, verwerfen wir die Hypothese. Anders ausgedrückt: Der durchschnittliche Lichtstrom von $2281{,}8$ weicht wesentlich vom Wert $\mu = 2300$ ab.

Die Begriffe der Risiken I. und II. Art, der Trennschärfe und die Theorie der Entscheidungen können selbstverständlich auch im Zusammenhang mit der t-Verteilung benützt werden, wenn die Voraussetzungen dazu erfüllt sind.

23 Vertrauensgrenzen

Will man auf Grund der Angaben einer Stichprobe den Parameter einer Grundgesamtheit schätzen, so benützt man am besten die Methode der größten Mutmaßlichkeit, die uns wirksame und erschöpfende Schätzungen gibt, falls solche vorhanden sind. Obschon man dadurch eine „beste" Schätzung des Parameters erhält, ist diese doch mit einer gewissen Unsicherheit behaftet, da unsere Stichprobe zufällig eine Schätzung ergeben kann, die nahe, oder weiter entfernt von dem zu schätzenden Parameter liegt. Es ist wichtig, sich ein Bild über die Unsicherheit der Schätzung machen zu können. Wie dies bei großen Stichproben vor sich geht, wird im Abschnitt 7 dargelegt. Hier wollen wir kurz andeuten, wie sich die Unsicherheit der Schätzung auch bei kleinen Stichproben durch die Berechnung der sogenannten Vertrauensgrenzen bemessen läßt.

Betrachten wir zunächst den Fall der kontinuierlich veränderlichen Größen, oder also der gemessenen Größen. Wiederum setzen wir voraus, die Grundgesamtheit sei normal verteilt. Die Grundgesamtheit ist demnach in jedem Fall durch zwei Parameter, den Durchschnitt μ und die Standardabweichung σ bestimmt. Aus einer Stichprobe von N Werten x_i können wir diese beiden Parameter schätzen. Die Methode der größten Mutmaßlichkeit zeigt, daß der Durchschnitt $\bar{x}$ der N Werte x_i die beste Schätzung des Parameters μ der Grundgesamtheit darstellt. Wie können wir die Unsicherheit der Schätzung $\bar{x}$ beurteilen?

Als Beispiel nehmen wir nochmals die fünf Meßwerte des Lichtstroms von $N = 5$ Fluoreszenzlampen nach 100 Stunden Brenndauer (siehe Abschnitt 22). Der Durchschnitt $\bar{x} = 2281,8$ Lumen kann als Schätzung des unbekannten Durchschnitts μ der Grundgesamtheit angesehen werden. Die Unsicherheit dieses Durchschnitts ist zu bemessen.

Wie wir in 22 gesehen haben, ist die Größe $t = (\bar{x} - \mu)\sqrt{N}/s$ entsprechend der Formel (3) verteilt, wenn μ der Durchschnitt einer Grundgesamtheit ist und wir $\bar{x}$ und s für N zufällig aus dieser Grundgesamtheit entnommene Einzelwerte x_i berechnen. Die Figur 12 zeigt die Verteilung von t. Auf Grund dieser Verteilung läßt sich die Wahrscheinlichkeit P berechnen, daß t einen bestimmten Wert t_1 überschreitet. Mit zunehmendem t_1 nimmt P ab. In der Formel für t sind N, $\bar{x}$ und s bekannt, μ dagegen ist unbekannt. Aus $t > t_1$ folgt aber $\mu < \bar{x} - st_1/\sqrt{N}$, wobei der zweiten Ungleichung dieselbe Wahrscheinlichkeit P entspricht wie der ersten. Auf diese Art läßt sich eine Wahrscheinlichkeitsverteilung des unbekannten Durchschnitts μ der Grundgesamtheit herleiten. Insbesondere können wir auch Grenzen festlegen, außerhalb deren der Wert μ mit einer Wahrscheinlichkeit von beispielsweise 5 oder 1% zu erwarten ist. Diese Grenzen nennen wir die *Vertrauensgrenzen* (fiducial limits) und bezeichnen sie mit μ_u und μ_o (untere und obere Vertrauensgrenzen). Wir erhalten sie, indem wir beispielsweise für t den Wert $t_{0,05}$ oder $t_{0,01}$ einsetzen.

Für das Beispiel der fünf Lichtstromwerte von Fluoreszenzlampen erhält man für die untere Vertrauensgrenze mit einer Vertrauenswahrscheinlichkeit von 5%:

$$\mu_u = \bar{x} - st_{0,05}/\sqrt{N} = 2281,8 - 9,230 \cdot 2,776/\sqrt{5} = 2281,8 - 11,5 = 2270,3 \,,$$

und entsprechend für die obere Vertrauensgrenze

$$\mu_o = \bar{x} + st_{0,05}/\sqrt{N} = 2281,8 + 11,5 = 2293,3 \,.$$

Zu beachten ist bei dieser Berechnung der Vertrauensgrenzen, daß der Durchschnitt $\bar{x}$ eine erschöpfende Schätzung des Parameters μ der Grundgesamtheit darstellt. Dadurch erhalten die so festgelegten Vertrauensgrenzen eine Vorzugsstellung, da im Durchschnitt $\bar{x}$ alle Aufschlüsse enthalten sind, welche uns die Stichprobe über den Parameter μ liefern kann.

Um die Vertrauensgrenzen (fiducial limits) nach dem soeben erörterten Verfahren ermitteln zu können, muß nicht nur die Schätzung des Parameters erschöpfend sein, es muß weiter diese Schätzung kontinuierlich variieren. Nur dann läßt sich die „Vertrauensverteilung" des Parameters eindeutig bestimmen. Wenn diese Voraussetzung nicht zutrifft, können wir trotzdem die Unsicherheit der Schätzung kennzeichnen, und zwar durch die sogenannten *Mutungsgrenzen* (confidence limits).

Als Beispiel seien die Mutungsgrenzen einer Häufigkeit angeführt. Wenn etwa ein Bienenforscher aus einem Bienenvolk 16 Bienen untersucht und davon 5 oder 31,25% von der Milbenkrankheit befallen sind, so stellt sich die Frage, wie groß der Anteil der erkrankten Bienen im ganzen Volk sei. Wie wir im Abschnitt 21 zeigen, ist das Verhältnis $5/16 = 0,3125$ die beste Schätzung dieses Anteils. Die Formeln für die Berechnung der Mutungsgrenzen finden sich im Abschnitt 713. Man findet diese Grenzen, indem man einerseits die theoretische Häufigkeit π_u des Anteils kranker Bienen im Volk bestimmt, für die man nur in 5% der Stichproben von 16 Stück *mindestens* 5 kranke erhält, anderseits die theoretische Häufigkeit π_o, für die sich in 5% der Stichproben *höchstens* 5 kranke unter 16 Bienen finden. Man nennt π_u die untere, π_o die obere Mutungsgrenze, während die 5% als Mutungswahrscheinlichkeit oder Mutungsschwelle zu bezeichnen ist. In unserem Beispiel erhält man

$$\pi_u = 0,132\,, \quad \pi_o = 0,552\,.$$

In der Figur 13 sind die Mutungsgrenzen, sowie die dazugehörenden theoretischen Verteilungen dargestellt. Die Verteilungen geben die Wahrscheinlichkeit an, mit der N kranke Bienen in einer Stichprobe von 16 zu erwarten sind, wenn der Anteil erkrankter Bienen im Volk π_u oder π_o beträgt.

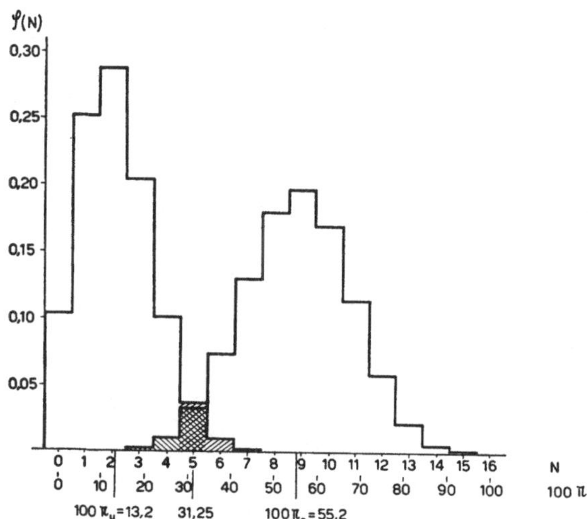

Figur 13

Mutungsgrenzen der Häufigkeit 5/16.

3 BEURTEILEN VON HÄUFIGKEITEN

31 Das Chi-Quadrat-Prüfverfahren

Um die Häufigkeiten einer beobachteten Verteilung mit den unter einer bestimmten Annahme theoretisch zu erwartenden Werten zu vergleichen, bedient man sich des χ^2-Prüfverfahrens.

Die M beobachteten Häufigkeiten seien mit f_j, die theoretisch zu erwartenden Werte mit φ_j bezeichnet. Um zu prüfen, ob die Gesamtheit der Unterschiede

$$d_j = f_j - \varphi_j \qquad\qquad j = 1, 2, \ldots M$$

nur als zufällig oder als wesentlich anzusehen sei, berechnen wir die Größe

$$\chi^2 = \mathop{S}_{j=1}^{M} (d_j^2/\varphi_j) . \tag{1}$$

Den so erhaltenen Wert vergleichen wir mit einem aus der Tafel von χ^2 entnommenen Wert, wobei die Sicherheitsschwelle von z. B. $P = 0{,}05$ gewählt wird. In die Tafel von χ^2 müssen wir mit dem *Freiheitsgrad* n eingehen. Der Freiheitsgrad entspricht der Zahl der Unterschiede d_j, die voneinander linear unabhängig sind. Wir geben anschließend verschiedene Beispiele, aus denen unter anderem auch zu ersehen ist, wie der Freiheitsgrad bestimmt wird.

Beispiel 7. Aus den klassischen Kreuzungsversuchen von GREGOR MENDEL (1865) wählen wir einen heraus um zu zeigen, wie die Annahme geprüft werden kann, daß die beobachteten Häufigkeiten dem Verhältnis $9:3:3:1$ entsprechen.

Merkmal der Erbsen		Theore-tisches Ver-hältnis	Zahl der Pflanzen		$d_j = f_j - \varphi_j$	d_j^2/φ_j
Form	Farbe		beobachtet f_j	theoretisch φ_j		
Rund	Gelb	9/16	315	312,75	$+\,2{,}25$	0,0162
Kantig	Gelb	3/16	101	104,25	$-\,3{,}25$	0,1013
Rund	Grün	3/16	108	104,25	$+\,3{,}75$	0,1349
Kantig	Grün	1/16	32	34,75	$-\,2{,}75$	0,2176
Summe		1	556	556,00	0,00	0,4700

Da die Summe der Unterschiede d_j gleich Null sein muß, besteht zwischen den $M = 4$ Größen eine lineare Beziehung. Anders ausgedrückt: Von den vier Größen d_j könnten deren 3 frei gewählt werden, die vierte ist dann dadurch bestimmt, daß die Summe der d_j gleich Null sein muß. Man hat somit

$$\chi^2 = 0{,}4700 \quad \text{mit} \quad n = 3 \; .$$

Aus der Tafel II entnehmen wir bei $n = 3$ und $P = 0{,}05$

$$\chi^2_{0,05} = 7{,}815 \; .$$

Da das berechnete χ^2 kleiner ist als $\chi^2_{0,05}$ darf man annehmen, daß die beobachteten Häufigkeiten von den beim Verhältnis $9:3:3:1$ zu erwartenden Häufigkeiten nicht wesentlich abweichen.

Besonders häufig hat man Beobachtungen, die in zwei Klassen fallen. Die Formel für χ^2 vereinfacht sich dann erheblich. Wenn wir hierbei die beobachteten Häufigkeiten statt mit f_1 und f_2 mit a und b bezeichnen, und die gesamte Anzahl der beobachteten Werte wie gewohnt mit N, so ist

$$a + b = N \; .$$

Bezeichnen wir weiter das Verhältnis der entsprechenden theoretischen Häufigkeiten mit $1 : \lambda$, so ist also

$$\varphi_1 : \varphi_2 = 1 : \lambda \; .$$

Außerdem ist natürlich

$$\varphi_1 + \varphi_2 = N = a + b$$

und

$$\varphi_1 = \frac{1}{\lambda + 1}\,(a + b)\,, \qquad \varphi_2 = \frac{\lambda}{\lambda + 1}\,(a + b)\,.$$

Für $d_j = f_j - \varphi_j$ findet man

$$d_1 = a - \frac{1}{\lambda + 1}\,(a + b) = \frac{\lambda a + a - a - b}{\lambda + 1} = \frac{\lambda a - b}{\lambda + 1}$$

$$d_2 = b - \frac{\lambda}{\lambda + 1}\,(a + b) = \frac{\lambda b + b - \lambda a - \lambda b}{\lambda + 1} = \frac{-\lambda a + b}{\lambda + 1}\,.$$

Somit ist $d_1 = -\,d_2$, und für χ^2 ergibt sich

$$\chi^2 = \left(\frac{\lambda a - b}{\lambda + 1}\right)^2 \left(\frac{\lambda + 1}{(a + b)} + \frac{\lambda + 1}{(a + b)\lambda}\right) = \frac{(\lambda a - b)^2}{(\lambda + 1)\,(a + b)} \cdot \frac{\lambda + 1}{\lambda}$$

$$\chi^2 = (\lambda a - b)^2 / \lambda (a + b) \; . \tag{2}$$

Besonders nützlich ist diese Formel in genetischen Anwendungen.

Beispiel 8. Entsprechen die Pflanzen mit gelben und grünen Erbsen im Beispiel 7 dem Verhältnis $3:1$?

Man hat

$$a = 140\,, \quad b = 416\,, \quad a + b = 556$$

und

$$\lambda = 3 \; .$$

Somit wird nach Formel (2)

$$\chi^2 = (3 \cdot 140 - 416)^2/3 \cdot 556 = (420 - 416)^2/1668 = 16/1668$$

$$\chi^2 = 0,0096 \ .$$

Der Freiheitsgrad ist hier ebenfalls $n = M - 1$, und da $M = 2$ ist, wird $n = 1$. Aus der Tafel II entnehmen wir bei $P = 0,05$:

$$\chi^2_{0,05} = 3,841 \ .$$

Das berechnete χ^2 ist kleiner als $\chi^2_{0,05}$; die beobachteten Häufigkeiten entsprechen demnach dem Verhältnis $3:1$.

Wenn die Zahl der Beobachtungen nicht groß ist, darf die Formel (2) nicht ohne weiteres verwendet werden; man muß dann die im Abschnitt 33 zu besprechende Korrektur von YATES anwenden. Die Formel (2) ist bei kleineren Beobachtungszahlen zu ersetzen durch

$$\chi^2 = [|\,\lambda a - b\,| - (\lambda + 1)/2]^2/\lambda(a + b) \ . \tag{2a}$$

Für das Beispiel 8 ergäbe sich nach dieser Formel

$$\chi^2 = [|\,3 \cdot 140 - 416\,| - 4/2]^2/3 \cdot 556$$
$$= (|\,420 - 416\,| - 2)^2/1668 = 4/1668 = 0,0024 \ .$$

Dieser Wert von χ^2 ist zwar beträchtlich kleiner als der oben berechnete, führt aber in diesem Beispiel zu keiner anderen Schlußfolgerung.

Die Formeln (2) und (2a) werden besonders häufig benützt im Spezialfall $\lambda = 1$, wo also eine Beobachtung mit gleicher Wahrscheinlichkeit in jede der beiden Klassen fallen kann. Die Formeln lauten dann

$$\chi^2 = (a - b)^2/(a + b) \ , \tag{2b}$$

an Stelle von (2), beziehungsweise

$$\chi^2 = (|\,a - b\,| - 1)^2/(a + b) \ , \tag{2c}$$

an Stelle von (2a).

Die Summe einer Anzahl von χ^2 ergibt ebenfalls eine Größe, die der χ^2-Verteilung folgt, wobei als Freiheitsgrad die Summe der Freiheitsgrade der einzelnen χ^2 zu nehmen ist.

Die Verteilung von χ^2 kann auch verwendet werden, um zu prüfen ob eine Reihe von Verhältnissen homogen ist, ob also die Verhältnisse voneinander nur zufällig abweichen.

Beispiel 9. Häufigkeit der Frostrisse von Eichen nach Hangrichtungen und Durchmesserklassen (H. LAMPRECHT, 1950).

Man kann zunächst für jede Durchmesserklasse prüfen, ob die Frostrisse

Brusthöhen-durchmesser cm	Zahl der Frostrisse		Insgesamt	n	χ^2
	Hang-richtung a	Übrige Richtungen b	N		
22,0—31,9	10	29	39	1	6,158
32,0—41,9	35	92	127	1	26,332
42,0—51,9	54	105	159	1	66,962
52,0—61,9	41	104	145	1	32,994
62,0—71,9	38	70	108	1	50,815
72,0—81,9	18	44	62	1	15,493
82,0—91,9	15	26	41	1	21,746
Summe	...	...	...	7	220,500
...	211	470	681	1	$212,723 = \chi^2_T$
Unterschied	...	...	...	6	$7,777 = \chi^2_H$

hangabwärts häufiger sind als in den übrigen Richtungen. Zu diesem Zwecke wurden die Risse gemäß dem Schema von Figur 14 getrennt für jedes Achtel des Umfanges ausgezählt. Bei gleicher Verteilung der Frostrisse in allen Richtungen müßten die Häufigkeiten hangabwärts sich zu den übrigen verhalten wie 1:7.

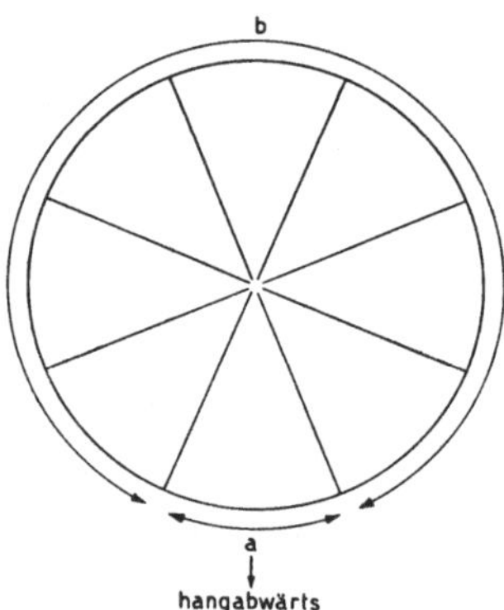

Figur 14
Frostrisse nach Richtungen

Für die erste Durchmesserklasse ergibt sich nach der Formel (2), mit

$$a = 10, \quad b = 29, \quad \lambda = 7:$$
$$\chi^2 = (7 \cdot 10 - 29)^2/7 \cdot 39 = (70 - 29)^2/273 = 41^2/273 = 1681/273 = 6,158 .$$

Die Summe der sieben χ^2, mit je einem Freiheitsgrad, ergibt selbst wieder ein χ^2 mit 7 Freiheitsgraden. Dieses χ^2 läßt sich in zwei Teile zerlegen; der eine ist das χ^2, welches sich auf Grund der Summen von a und b errechnen läßt. Man erhält dafür $\chi_T^2 = 212{,}723$ mit dem Freiheitsgrad $n = 1$. Zieht man dieses χ_T^2 von der Summe der sieben einzelnen χ^2 ab, so erhält man

$$\chi_H^2 = 7{,}777 \quad \text{mit} \quad n = 6\,,$$

und dieses gibt uns an, ob die 7 Häufigkeitspaare unter sich homogen sind.

Da mit $n = 1$ $\chi_{0{,}05}^2 = 3{,}841$ und $\chi_{0{,}01}^2 = 6{,}635$ ist, weicht in allen Durchmesserklassen das beobachtete Verhältnis der Häufigkeiten vom Verhältnis $1:7$ wesentlich ab, und zwar sind die Häufigkeiten in Richtung hangabwärts erheblich höher. Das $\chi_H^2 = 7{,}777$ mit $n = 6$ haben wir zu vergleichen mit einem der Tafel II entnommenen Wert $\chi_{0{,}05}^2 = 12{,}592$. Infolgedessen können die sieben Häufigkeitsverhältnisse als im wesentlichen gleich betrachtet werden.

Im Grunde sollte dieses Verfahren zum Prüfen der Homogenität nicht benützt werden, wenn die beobachteten Verhältnisse stark vom theoretisch vorausgesetzten abweichen. Wie wir in 33 sehen werden, besteht eine andere Möglichkeit, in diesem Falle die Homogenität zu prüfen; dabei wird sich für unser Beispiel ergeben, daß trotzdem das hier beschriebene Verfahren eine befriedigende Annäherung ergab.

Das oben gegebene Verfahren läßt sich unschwer begründen. Wir beschränken uns der Einfachheit halber auf drei Gruppen, da es uns nur um die grundsätzliche Erörterung geht. Entsprechend dem Schema von Beispiel 9 wählen wir folgende Bezeichnungen.

Gruppe	Häufigkeiten			χ^2
1	a_1	b_1	N_1	$\chi_1^2 = (\lambda a_1 - b_1)^2/\lambda N_1$
2	a_2	b_2	N_2	$\chi_2^2 = (\lambda a_2 - b_2)^2/\lambda N_2$
3	a_3	b_3	N_3	$\chi_3^2 = (\lambda a_3 - b_3)^2/\lambda N_3$
Summe	$\ldots$	$\ldots$	$\ldots$	$\chi_1^2 + \chi_2^2 + \chi_3^2$
	a	b	N	$\chi_T^2 = (\lambda a - b)^2/\lambda N$
Unterschied	$\ldots$	$\ldots$	$\ldots$	$\chi_H^2 = \chi_1^2 + \chi_2^2 + \chi_3^2 - \chi_T^2$

Demnach ist

$$\chi_H^2 = [(\lambda a_1 - b_1)^2/\lambda N_1] + [(\lambda a_2 - b_2)^2/\lambda N_2] + [(\lambda a_3 - b_3)^2/\lambda N_3]$$
$$- [(\lambda a_1 - b_1) + (\lambda a_2 - b_2) + (\lambda a_3 - b_3)]^2/\lambda N\,,$$

welcher Ausdruck durch einfache Umformung in die Formel

$$\chi_H^2 = \frac{N_1 N_2 N_3}{\lambda N} \left[\frac{1}{N_3} \left\{ \left(\lambda \frac{a_1}{N_1} - \frac{b_1}{N_1} \right) - \left(\lambda \frac{a_2}{N_2} - \frac{b_2}{N_2} \right) \right\}^2 + \frac{1}{N_2} \left\{ \left(\lambda \frac{a_1}{N_1} - \frac{b_1}{N_1} \right) - \left(\lambda \frac{a_3}{N_3} - \frac{b_3}{N_3} \right) \right\}^2 + \frac{1}{N_1} \left\{ \left(\lambda \frac{a_2}{N_2} - \frac{b_2}{N_2} \right) - \left(\lambda \frac{a_3}{N_3} - \frac{b_3}{N_3} \right) \right\}^2 \right]$$

übergeht. Die Ausdrücke in den geschweiften Klammern sind um so größer, je stärker die Verhältnisse sich von einer Gruppe zur andern unterscheiden. Daß χ_H^2 der Verteilung von χ^2 folgt, wenn die Abweichungen vom theoretischen Verhältnis nur zufälliger Art sind, folgt aus dem in 925 dargelegten allgemeinen Satz.

In 13 wurde gezeigt, wie eine Summe von Quadraten zerlegt werden kann, so daß jedem Freiheitsgrad ein Teil der Summe der Quadrate entspricht. Entsprechendes läßt sich für χ^2 tun, was in gewissen Fällen zu nützlichen Aufteilungen führt. Wir erörtern die Zerlegung zunächst an einem Beispiel und geben anschließend die allgemeinen Bedingungen, unter denen sie gültig ist.

Beispiel 10. Zerlegen von χ^2 aus Beispiel 7.

In Beispiel 7 haben wir $\chi^2 = 0,4700$ mit $n = 3$ berechnet um die Annahme zu prüfen, daß die beobachteten Häufigkeiten im Verhältnis $9:3:3:1$ stehen. Im Beispiel 8 prüften wir, ob das Verhältnis der grünen zu den gelben Erbsen im Verhältnis $1:3$ stehe. Wir erhielten dafür ein $\chi^2 = 0,0096$ mit $n = 1$. Entsprechend kann man prüfen, ob die runden zu den kantigen im Verhältnis $3:1$ stehen. Zu diesem Zwecke wenden wir die Formel (2) an, wobei

$$a = 133, \quad b = 423, \quad \lambda = 3.$$

Man erhält $\chi^2 = (3 \cdot 133 - 423)^2/3 \cdot 556 = (399 - 423)^2/1668$
$$= 24^2/1668 = 576/1668$$
$$\chi^2 = 0,3453 \quad \text{mit} \quad n = 1.$$

Auch dieses χ^2 ist bedeutend kleiner als $\chi_{0,05}^2 = 3,841$ und somit entspricht das beobachtete Verhältnis gut dem theoretischen Verhältnis $3:1$.

Bilden wir die Differenz zwischen dem ersten und den beiden letzten χ^2 so erhalten wir

$$0,4700 - 0,0096 - 0,3453 = 0,1151.$$

Wie in 925 gezeigt wird, handelt es sich bei diesem Wert ebenfalls um ein χ^2, und zwar ist der Freiheitsgrad $n = 1$. Was bedeutet dieses $\chi^2 = 0,1151$, und wie kann man es direkt bestimmen?

Das $\chi^2 = 0,1151$ gibt an, inwieweit das Verhältnis der grünen zu den gelben bei den runden anders ist als bei den kantigen. Anders gesagt kann man damit prüfen, ob das Verhältnis grün zu gelb homogen ist in den beiden Gruppen, die durch die Form der Erbsen bestimmt wird. Noch anders ausgedrückt kann man durch dieses χ^2 feststellen, ob das Merkmal Farbe vom Merkmal der Form unabhängig ist. Da das χ^2 einen Freiheitsgrad $n = 1$ hat, muß der berechnete Wert mit dem aus Tafel II entnommenen Wert $\chi_{0,05}^2 = 3,841$ verglichen werden. Da das berechnete χ^2 kleiner ist als $\chi_{0,05}^2$ darf angenommen werden, daß die beiden Merkmale Form und Farbe voneinander unabhängig sind.

Es bleibt noch zu zeigen, wie das zuletzt ermittelte χ^2 direkt aus den beobachteten Häufigkeiten berechnet werden kann. Was zunächst die beiden χ^2 betrifft, die für das Verhältnis $3:1$ der beiden Merkmale berechnet wurden, so ergibt sich aus der Formel (2), daß das Quadrat im Zähler von χ^2 einen Ausdruck darstellt, den man als eine lineare Funktion der Häufigkeiten, oder als einen Vergleich betrachten kann. Nehmen wir etwa das χ^2 von Beispiel 8, so sehen wir, daß im Zähler

$$3 \cdot 140 - 416$$

oder

$$3(108 + 32) - 1(315 + 101)$$

steht. Dieser „Vergleich" der Häufigkeiten gilt bei der Prüfung des Verhältnisses $3:1$ für die Farbe. Bei der entsprechenden Prüfung für die Form hatten wir im Zähler von χ^2 den Ausdruck

$$3(101 + 32) - 1(315 + 108) \, ,$$

ebenfalls einen „Vergleich" zwischen den vier Häufigkeiten.

Da das χ^2 für die Unabhängigkeit den Unterschied der Verhältnisse bezüglich der Farbe zwischen den beiden Formen zu prüfen gestattet, muß dabei ein Vergleich zwischen

$$3 \cdot 108 - 315$$

und

$$3 \cdot 32 - 101$$

vorgenommen werden, was auf einen Ausdruck von der Form

$$3(3 \cdot 32 - 101) - (3 \cdot 108 - 315)$$

hinausläuft. Dies ist aber gleich

$$9 \cdot 32 - 3 \cdot 101 - 3 \cdot 108 + 315 \, ,$$

so daß man auch schreiben kann

$$3(3 \cdot 32 - 108) - (3 \cdot 101 - 315) \, .$$

Der letzte Vergleich zeigt an, ob das Verhältnis der beiden Formen sich zwischen den beiden Farben verändert. Demnach ist der Vergleich, wie es sein soll, symmetrisch, und es ist gerechtfertigt, von einer Unabhängigkeit zwischen Farbe und Form schlechthin zu sprechen.

Bezeichnen wir wiederum die vier beobachteten Häufigkeiten mit f_j, die Wahrscheinlichkeiten 9/16, 3/16, 3/16, 1/16 mit p_j und die soeben erörterten Faktoren, mit denen die beobachteten Häufigkeiten multipliziert werden, mit k_j, l_j und m_j, so können wir die drei Vergleiche in der folgenden Übersicht zusammenstellen:

Merkmal-kombination	j	p_j	f_j	k_j	l_j	m_j	$p_j k_j$	$p_j l_j$	$p_j m_j$
Rund/Gelb	1	9/16	315	-1	-1	$+1$	$-9/16$	$-9/16$	$+9/16$
Kantig/Gelb	2	3/16	101	-1	$+3$	-3	$-3/16$	$+9/16$	$-9/16$
Rund/Grün	3	3/16	108	$+3$	-1	-3	$+9/16$	$-3/16$	$-9/16$
Kantig/Grün	4	1/16	32	$+3$	$+3$	$+9$	$+3/16$	$+3/16$	$+9/16$
Summe	…	1	556	…	…	…	0	0	0

Zunächst stellen wir fest, daß

$$\mathop{S}_{j}(p_j k_j) = \mathop{S}_{j}(p_j l_j) = \mathop{S}_{j}(p_j m_j) = 0 \ . \tag{3}$$

Sodann sind die Summen der Produkte von je zwei der Koeffizienten mit den p_j gleich Null, was durch Nachrechnen leicht zu bestätigen ist.

$$\mathop{S}_{j}(p_j k_j l_j) = \mathop{S}_{j}(p_j k_j m_j) = \mathop{S}_{j}(p_j l_j m_j) = 0 \ . \tag{4}$$

Die Nenner in den Formeln für χ^2 ergeben sich als

$$N \mathop{S}_{j}(p_j k_j{}^2) \ , \quad N \mathop{S}_{j}(p_j l_j{}^2) \ , \quad N \mathop{S}_{j}(p_j m_j{}^2) \ .$$

Falls die Bedingungen (3) und (4) erfüllt sind, haben wir es mit orthogonalen Vergleichen zu tun und das χ^2 bezüglich des Prüfens von 9:3:3:1 kann in die drei durch die k_j, l_j, m_j gegebenen χ^2 zerlegt werden. Die Koeffizienten m_j erhält man übrigens durch Multiplikation der Koeffizienten k_j und l_j.

Die Ausdrücke im Nenner ergeben

$$N \mathop{S}_{j}(p_j k_j{}^2) = \frac{556}{16}(9 + 3 + 27 + 9) = 556 \cdot 3 = 1668$$

$$N \mathop{S}_{j}(p_j l_j{}^2) = \frac{556}{16}(9 + 27 + 3 + 9) = 556 \cdot 3 = 1668$$

entsprechend der früheren Formel (2). Für das χ^2 betreffend die Unabhängigkeit wird

$$N \mathop{S}_{j}(p_j m_j{}^2) = \frac{556}{16}(9 + 27 + 27 + 81) = 556 \cdot 9 = 5004$$

und für das χ^2 erhält man somit

$$\chi^2 = (9 \cdot 32 - 3 \cdot 101 - 3 \cdot 108 + 315)^2/5004 = 24^2/5004 = 576/5004$$
$$\chi^2 = 0{,}1151 \ ,$$

was mit dem als Differenz erhaltenen Wert übereinstimmt.

32 Binomische, Poissonsche und negative binomische Verteilung

Beobachtete Häufigkeiten können unter bestimmten Voraussetzungen gewissen theoretischen Verteilungen entsprechen. Drei der am häufigsten vorkommenden Verteilungen werden hier an Hand von Beispielen erörtert; die theoretische Ableitung ist im Abschnitt 90 zu finden.

Besteht für das Eintreffen eines bestimmten Merkmals eine feste, unveränderliche Wahrscheinlichkeit, und werden Serien von Beobachtungen unternommen, so ist die Häufigkeit des Merkmals durch die *binomische* oder *Bernoullische Verteilung* gegeben. Nach dieser theoretischen Wahrscheinlichkeitsverteilung beläuft sich die Wahrscheinlichkeit $\varphi(x)$, in einer Serie von m Beobachtungen das in Frage stehende Merkmal $x$mal zu finden, auf

$$\varphi(x) = \binom{m}{x} \pi^x (1 - \pi)^{m-x} , \tag{1}$$

wobei mit π die Wahrscheinlichkeit des Auftretens des Merkmals bei einer einzelnen Beobachtung bezeichnet ist. Wenn man die einzelnen Wahrscheinlichkeiten $\varphi(x)$ zu berechnen hat, bedient man sich vorteilhaft der Rekursionsformel

$$\varphi(x + 1) = \frac{m - x}{x + 1} \cdot \frac{\pi}{1 - \pi} \cdot \varphi(x) . \tag{2}$$

Die unbekannte Wahrscheinlichkeit π läßt sich aus den beobachteten Häufigkeiten einfach bestimmen. Die Übereinstimmung der Beobachtungen mit der theoretischen Verteilung kann ebenfalls mittels χ^2 geprüft werden.

Beispiel 11. Häufigkeit ungerader Zahlen in 1000 Serien von je 10 Zufallszahlen.

Aus einer Tafel von Zufallszahlen (A. LINDER, 1959) wurden 1000 Serien von je 10 Zahlen durchgesehen und die Häufigkeit der ungeraden Zahlen ermittelt. In diesem Beispiel kann angenommen werden, daß $\pi = 1/2$ ist. Die theoretischen Häufigkeiten lassen sich nach den Formeln (5) und (6) berechnen, wobei die Zahl der Beobachtungen in jeder Serie $m = 10$ ist. Man hat demnach gemäß (5)

$$\varphi(0) = (1 - \pi)^{10} = \left(\frac{1}{2}\right)^{10} = 1/1024 .$$

Aus (6) folgt für $\varphi(1)$

$$\varphi(1) = \frac{10}{1} \cdot \varphi(0) = 10/1024 ,$$

für $\varphi(2)$

$$\varphi(2) = \frac{9}{2} \cdot \varphi(1) = 45/1024 ,$$

usw.

Die theoretischen Häufigkeiten folgen aus den Wahrscheinlichkeiten durch Multiplikation mit der Gesamtzahl der Serien $N = 1000$. Allgemein hat man für die theoretischen Häufigkeiten φ_j

$$\varphi_j = N \cdot \varphi(x) . \qquad (j = x + 1) \tag{3}$$

Die beobachteten und die theoretischen Häufigkeiten sind auf Seite 66 zusammengestellt, wobei die nötigen Schritte zur Berechnung von χ^2 ebenfalls angegeben sind.

Der Wert von χ^2 beläuft sich auf

$$\chi^2 = 3{,}8458 .$$

Die Zahl der Klassen beträgt 11, der Freiheitsgrad somit $n = 10$. Aus der Tafel II entnehmen wir $\chi^2_{0,05} = 18{,}307$. Man kann somit feststellen, daß die

Ungerade Zahlen je Serie x	Häufigkeit der Serien mit x ungeraden Zahlen		$d_j = f_j - \varphi_j$	d_j^2/φ_j
	beobachtet f_j	theoretisch φ_j		
0	1	0,98	$+\,0,02$	0,0004
1	6	9,77	$-\,3,77$	1,4547
2	40	43,95	$-\,3,95$	0,3550
3	120	117,19	$+\,2,81$	0,0674
4	196	205,08	$-\,9,08$	0,4020
5	254	246,09	$+\,7,91$	0,2542
6	213	205,08	$+\,7,92$	0,3059
7	117	117,19	$-\,0,19$	0,0003
8	43	43,95	$-\,0,95$	0,0205
9	10	9,77	$+\,0,23$	0,0054
10	—	0,98	$-\,0,98$	0,9800
Summe	1000	1000,03	$-\,0,03$	3,8458

beobachteten Häufigkeiten gut mit der binomischen Verteilung übereinstimmen.

Da die Zufallszahlen so hergestellt werden, daß gerade und ungerade mit gleicher Wahrscheinlichkeit zu erwarten sind, durften wir $\pi = 1/2$ voraussetzen. In anderen Fällen wird man dagegen π aus den beobachteten Werten ermitteln müssen. Dies geschieht am besten so, daß der Durchschnitt $\bar{x}$ der x-Werte durch m dividiert wird. Als Schätzung von π benützt man demzufolge

$$\underset{j}{S}\, f_j x_j)/mN \,,$$

Im Beispiel 11 wäre $\underset{j}{S}\, f_j x_j = 5031$, und da $m = 10$, $N = 1000$ beliefe sich die Schätzung von π auf $0,5031$, was mit dem angenommenen Wert $1/2$ gut übereinstimmt. Berechnet man die theoretischen Häufigkeiten φ_j auf Grund der Schätzung für π, muß man den Freiheitsgrad um 1 vermindern. Hätte man also im Beispiel 11 mit der Schätzung $0,5031$ gerechnet, so hätte man für das damit errechnete χ^2 den Freiheitsgrad $n = 9$ benützen müssen.

Wenn nur wenige Serien von Beobachtungen vorliegen, ist es nicht möglich, die Häufigkeitsverteilung genügend genau aufzustellen; man kann aber trotzdem prüfen, ob den verschiedenen Serien die gleiche Wahrscheinlichkeit für das Auftreten des fraglichen Merkmales zugrundeliegt.

Beispiel 12. Auf 9 Kartoffeläckern wurden je 2000 Stauden untersucht. Dabei betrug die Zahl der virusbefallenen Stauden: 25, 51, 65, 63, 91, 67, 154, 296, 298. (E. KELLER, persönliche Mitteilung.) Darf man annehmen, die Befallswahrscheinlichkeit sei auf allen Feldern dieselbe?

Falls den beobachteten Häufigkeiten x_i dieselbe Wahrscheinlichkeit π für den Virusbefall bei einem Knollen zugrundeliegt, müßten die x_i einer binomischen Verteilung entsprechen; insbesondere würde dann nach Abschnitt 926 der Ausdruck

$$\chi^2 = S(x_i - \bar{x})^2/\bar{x}(1 - p) = S_{xx}/\bar{x}(1 - p) \tag{4}$$

der χ^2-Verteilung folgen mit einem Freiheitsgrad $n = N - 1$, wobei N wie üblich die Zahl der Werte x_i angibt. Die Schätzung p der Wahrscheinlichkeit π erhält man durch

$$p = \bar{x}/m , \tag{5}$$

wobei m die Zahl der auf jedem Acker untersuchten Stauden bedeutet.

Im Beispiel 12 ist $\bar{x} = 1110/9 = 123{,}33$, somit $p = 123{,}33/2000 = 0{,}061\,667$. Für $S(x_i - \bar{x})^2$ findet man $S_{xx} = 87\,426$ und daher

$$\chi^2 = 87\,426/123{,}33\,(1 - 0{,}061\,667)$$
$$\chi^2 = 755{,}5 .$$

Der Freiheitsgrad für dieses χ^2 ist $n = N - 1 = 9 - 1 = 8$. Aus der Tafel II entnehmen wir $\chi^2_{0,001} = 26{,}125$. Das berechnete χ^2 liegt demnach weit außerhalb der Sicherheitsgrenze; der Virusbefall unterscheidet sich wesentlich von einem Feld zum andern.

Wenn in der binomischen Verteilung die Wahrscheinlichkeit π für das Eintreten des in Frage stehenden Merkmals bei einer Beobachtung sehr klein wird, so empfiehlt es sich, die binomische Verteilung durch die *Poissonsche Verteilung* zu ersetzen. In 903 ist der Übergang von der binomischen zur Poissonschen Verteilung abgeleitet; dort wird auch gezeigt, daß die Poissonsche Verteilung unter bestimmten Umständen auch die direkte Lösung von wahrscheinlichkeitstheoretischen Problemen darstellt.

Die Formel für die Poissonsche Verteilung lautet

$$\varphi(x) = e^{-\lambda}\lambda^x/x! \tag{6}$$

Hier kann x die Werte 0, 1, 2, usw. annehmen und λ ist der Parameter der Verteilung, der aus den beobachteten Häufigkeiten geschätzt werden muß. Da die Wahrscheinlichkeit für das Auftreten des fraglichen Merkmals sehr klein ist, müssen zahlreiche Beobachtungen vorliegen, damit wir das Merkmal überhaupt beobachten können.

Die Wahrscheinlichkeiten $\varphi(x)$ dafür, daß das Merkmal in einer langen Serie von Beobachtungen $x$mal auftritt, berechnet man für verschiedene Werte von x zweckmäßig mittels der Rekursionsformel

$$\varphi(x + 1) = \frac{\lambda}{x + 1}\,\varphi(x) , \tag{7}$$

indem man ausgeht von $\varphi(0) = e^{-\lambda}$.

Die beste Schätzung des Parameters λ ist die durchschnittliche Häufigkeit $\bar{x}$. Die Abweichung der beobachteten Häufigkeitsverteilung von der Poissonschen Verteilung prüft man wiederum mittels χ^2. Als Beispiel mögen die folgenden Angaben dienen; man könnte ebensogut die Zahlen von Beispiel 5 verwenden.

Beispiel 13. Häufigkeit der Eigenhemmung bei der Bordet-Wassermann-Reaktion (G. ADE und R. BRUN 1955).

Im Jahre 1952 wurden in der Dermatologischen Klinik der Universität Genf 103 Serien von insgesamt 16185 Seren auf Syphilis untersucht. Die Häufigkeit der Eigenhemmung in Serien von durchschnittlich rund 160 Seren ist nachstehend angegeben:

x	Serien mit						Serien insgesamt
	0	1	2	3	4	5 +	
	Eigenhemmungen						
f_j	49	35	13	5	1	—	103
$x \cdot f_j$	0	35	26	15	4	—	80

Die durchschnittliche Zahl $\bar{x}$ der Eigenhemmungen je Serie beläuft sich auf

$$\bar{x} = 80/103 = 0,7767 \, ,$$

welchen Wert wir als Schätzung von λ benützen. Die theoretischen Häufigkeiten φ_j finden wir gemäß Formel (3). Zunächst hat man

$$\varphi_1 = N \cdot \varphi(0) = 103 \cdot e^{-0,7767}$$

$$\log \varphi_1 = \log 103 - 0,7767 \log e = 2,0128372 - 0,7767 \cdot 0,4342945$$
$$= 1,6755207$$
$$\varphi_1 = 47,3719 \, .$$

Nach der Rekursionsformel (7) ergibt sich für φ_2

$$\varphi_2 = \frac{0,7767}{1} \cdot 47,3719 = 36,7938 \, ,$$

für φ_3

$$\varphi_3 = \frac{0,7767}{2} \cdot 36,7938 = 14,2889 \, ,$$

für φ_4

$$\varphi_4 = \frac{0,7767}{3} \cdot 14,2889 = 3,6994 \, ,$$

für φ_5

$$\varphi_5 = \frac{0,7767}{4} \cdot 3,6994 = 0,7183 \, .$$

Die theoretischen Häufigkeiten φ_1 bis φ_5 ergeben zusammen 102,8723, so daß für φ_6 usw. noch die Häufigkeit 0,1277 verbleibt.

Die Ergebnisse können wir wie folgt zusammenfassen, und gleichzeitig χ^2 berechnen:

Zahl der Eigenhemmungen je Serie x	Häufigkeit der Serien mit x Eigenhemmungen		$d_j = f_j - \varphi_j$	d_j^2/φ_j
	beobachtet f_j	theoretisch φ_j		
0	49	47,37	$+\,1,63$	0,0561
1	35	36,79	$-\,1,79$	0,0871
2	13	14,29	$-\,1,29$	0,1165
3	5	3,70	$+\,1,30$	0,4568
4	1⎫	0,72⎫	$+\,0,15$	0,0265
5 und mehr	—⎭	0,13⎭		
Summe	103	103,00	0,00	0,7430

Wir finden demnach $\chi^2 = 0,7430$. Da wir 5 Klassen haben und der Parameter λ aus den Beobachtungen geschätzt wurde, weist dieses χ^2 einen Freiheitsgrad $n = 3$ auf. Aus der Tafel II entnehmen wir $\chi^2_{0,05} = 7,815$, so daß der berechnete Wert beträchtlich kleiner ist und wir annehmen dürfen, daß die Häufigkeit der Eigenhemmungen einer Poissonschen Verteilung entspricht.

Für die Berechnung von χ^2 wurden die Häufigkeiten mit 4 und mehr Eigenhemmungen je Serie zusammengefaßt. Dies geschah, um die theoretisch zu erwartenden Häufigkeiten in keiner Klasse zu klein werden zu lassen. Nach COCHRAN (1954) sollte die theoretisch zu erwartende Häufigkeit in keiner Klasse kleiner als 1 sein. Mit unserem Beispiel sind wir demnach in dieser Beziehung bis an die Grenze des Zulässigen gegangen.

Wenn die Gesamtzahl der Serien klein ist, in der das fragliche Merkmal beobachtet wurde, kann man prüfen, ob die Streuung den theoretisch zu erwartenden Werten entspricht. Auch diese Prüfung führt auf die χ^2-Prüfverteilung; ihr liegt die in 926 bewiesene Tatsache zugrunde, daß beim Vorliegen einer Poissonschen Verteilung

$$\chi^2 = S(x_i - \bar{x})^2/\bar{x} = S_{xx}/\bar{x}\,, \tag{8}$$

wobei der Freiheitsgrad n um 1 kleiner ist als die Zahl N der Serien, in denen die Häufigkeiten x_i beobachtet wurden.

Beispiel 14. Auf 9 Kartoffeläckern wurden je 40 Serien von 50 Stauden auf Virusbefall untersucht (E. KELLER, persönliche Mitteilung). Es ist für jeden Acker getrennt zu prüfen, ob die Häufigkeit der befallenen Stauden einer Poissonschen Verteilung entspricht.

Aus der Formel (6) folgt bei Beachtung der Formeln

$$\bar{x} = T/N \quad \text{und} \quad S_{xx} = \underset{j}{S} f_j x_j^2 - T^2/N$$

aus Abschnitt 122 für χ^2 der Ausdruck

$$\chi^2 = \frac{\underset{j}{S} f_j x_j^2 - T^2/N}{T/N}$$

Zahl der je Serie befallenen Stauden x_j	Häufigkeit f_j der Serien mit x_j befallenen Stauden								
	1	2	3	4	5	6	7	8	9
0	20	11	9	10	1	8	—	—	—
1	15	15	10	9	7	11	—	—	—
2	5	7	12	13	16	10	11	—	—
3	—	6	6	4	12	8	7	—	—
4	—	1	2	4	4	3	10	1	1
5	—	—	1	—	—	—	6	4	3
6	—	—	—	—	—	—	3	4	7
7	—	—	—	—	—	—	2	13	9
8	—	—	—	—	—	—	—	7	10
9	—	—	—	—	—	—	1	9	6
10	—	—	—	—	—	—	—	2	4
Summe, N	40	40	40	40	40	40	40	40	40
$\underset{j}{S} f_j x_j = T$	25	51	65	63	91	67	154	296	298
$\underset{j}{S} f_j x_j^2$	35	113	169	161	243	171	704	2274	2310

und daraus

$$\chi^2 = [N \underset{j}{S} (f_j x_j^2)/T] - T \; . \tag{9}$$

Nach dieser Formel findet man beispielsweise für den Acker 1:

$$\chi^2 = (40 \cdot 35/25) - 25 = 56 - 25 = 31 \; .$$

Man erhält für die 9 Äcker folgende Werte von χ^2:

Acker	1	2	3	4	5	6	7	8	9
χ^2	31,00	37,63	39,00	39,22	15,81	35,09	28,86	11,30	12,07

Für jedes dieser χ^2 beträgt der Freiheitsgrad $n = 39$. Unsere Tafel II gibt die Sicherheitsgrenzen von χ^2 nur für Freiheitsgrade von 1 bis 30. Für größere Freiheitsgrade kann die Tatsache benützt werden, daß der Ausdruck

$$\sqrt{2\chi^2} - \sqrt{2n-2} = u \tag{10}$$

eine normale zufällige Variable ist mit Durchschnitt 0 und Standardabweichung 1. Für diese Werte u liegen die Sicherheitsgrenzen in der Tafel I vor. Löst man (10) nach χ^2 auf, so hat man

$$\chi^2 = (u^2/2) + u \sqrt{2n-2} + n - 1 \; . \tag{11}$$

Setzen wir in dieser letzten Formel

$$u = u^2_{0,05} = 1{,}959\,564 \; ; \quad n = 39$$

so erhalten wir $\chi^2_{0.05}$ als

$$\chi^2_{0,05} = 57{,}00 \; .$$

Wir stellen somit fest, daß für alle 9 Äcker das berechnete χ^2 kleiner ist als der Wert für $\chi^2_{0,05}$. Demnach darf man annehmen, daß die Häufigkeit des Virusbefalls auf allen 9 Äckern einer Poissonschen Verteilung entspricht. Dies zu wissen kann von Nutzen sein, wenn für die Kontrolle von Saatgut ein Stichprobenplan aufgestellt werden soll, da in diesem Falle die üblichen, auf Poissonschen Verteilungen beruhenden Abnahmepläne anwendbar sind.

In der binomischen Verteilung ist der Durchschnitt μ, wie im Abschnitt 902 gezeigt wird, durch die Formel $\mu = m\pi$ gegeben, die Streuung σ^2 durch $\sigma^2 = m\pi\,(1 - \pi)$. Da π immer kleiner als 1 ist, bleibt die Streuung σ^2 der binomischen Verteilung stets kleiner als der Durchschnitt. Bei der Poissonschen Verteilung hat man $\mu = \lambda$ und $\sigma^2 = \lambda$, der Durchschnitt und die Streuung sind also gleich groß. Manche beobachteten Häufigkeitsverteilungen ergeben dagegen eine Streuung, die bedeutend größer ist als der Durchschnitt. Man kann verschiedene Wahrscheinlichkeitsverteilungen angeben, bei denen die Streuung σ^2 größer ist als der Durchschnitt μ. Eine dieser Verteilungen ist die *Negative binomische* Verteilung, auch *Pascalsche Verteilung* genannt. Wie im Abschnitt 905 gezeigt wird, läßt sie sich aus verschiedenen Voraussetzungen ableiten, unter anderem aus der Annahme, daß in einer Poissonschen Verteilung der Parameter λ selbst entsprechend einer χ^2-Verteilung verteilt sei.

Die Wahrscheinlichkeit $\varphi(x)$, in einer Serie von Beobachtungen das Merkmal $x$mal anzutreffen, ist bei der negativen binomischen Verteilung gegeben durch

$$\varphi(x) = \binom{\varkappa + x - 1}{x}\,\pi^x/(1 + \pi)^{\varkappa + x}\ , \tag{12}$$

mit den zwei Parametern π und $\varkappa$. Der Durchschnitt μ ergibt sich zu $\mu = \varkappa\pi$ und die Streuung σ^2 als $\sigma^2 = \varkappa\pi\,(1 + \pi)$. Da hierbei π positiv ist, wie in 905 gezeigt wird, ist die Streuung σ^2 immer größer als der Durchschnitt μ.

Im Abschnitt 72 werden wir darauf eingehen, wie die Parameter π und $\varkappa$ am zweckmäßigsten geschätzt werden. Hier begnügen wir uns damit, anzugeben, wie die $\varphi(x)$ und die entsprechenden theoretischen Häufigkeiten $N\varphi_x$ berechnet werden und hierauf die Übereinstimmung mit den beobachteten Häufigkeiten f_x geprüft werden kann. Wir benützen auch hier eine Rekursionsformel um die aufeinanderfolgenden theoretischen Häufigkeiten zu bestimmen; sie lautet

$$\varphi(x + 1) = \frac{\varkappa + x}{x + 1}\cdot\frac{\pi}{1 + \pi}\cdot\varphi(x)\ . \tag{13}$$

Beispiel 15. Parasitierung der Eigelege des Heckenwicklers Cacoecia rosana durch Trichogramma cacoeciae (P. GEIER, 1956).

Im Beispiel 67 von Abschnitt 72 wird aus den beobachteten Häufigkeiten der Parameter $\varkappa$ durch $k = 0,472\,788$ und der Parameter π durch $p = 0,965\,739$ geschätzt. Wir bestimmen zunächst $N \cdot \varphi(0) = \varphi_0$ nach der Formel (12):

$$\varphi_0 = 311/(1 + 0,965\,739)^{0,472\,788}$$

oder durch Logarithmieren:

$$\log \varphi_0 = 2{,}4927604 - 0{,}472788 \cdot 0{,}2935258 = 2{,}3539849$$

und daraus:

$$\varphi_0 = 255{,}9357$$

Mittels (17) erhalten wir, da $p/(1 + p) = 0{,}491285$,

$$\varphi_1 = \frac{0{,}472788}{1} \cdot 0{,}491285 \cdot 225{,}9357 = 52{,}4789$$

und weiter

$$\varphi_2 = \frac{1{,}472788}{2} \cdot 0{,}491285 \cdot 52{,}4789 = 18{,}9858 \ .$$

In dieser Weise lassen sich die weiteren theoretischen Häufigkeiten unschwer errechnen. In der nachstehenden Übersicht sind sie den beobachteten Häufigkeiten gegenübergestellt, worauf das χ^2 wie üblich ermittelt werden kann. Dabei bedeutet

$x = $ Zahl der parasitierten Eigelege auf einem Aststück von 50 cm Länge;
$f_x = $ Häufigkeit der Aststücke mit x parasitierten Eigelegen.

x	f_x	φ_x	$d_x = f_x - \varphi_x$	d_x^2/φ_x
0	226	225,94	$+ 0{,}06$	0,0000
1	52	52,48	$- 0{,}48$	0,0044
2	19	18,99	$+ 0{,}01$	0,0000
3	10	7,69	$+ 2{,}31$	0,6939
4	1	3,28	$- 2{,}28$	1,5849
5 und mehr	3	2,62	$+ 0{,}38$	0,0551
Summe	311	311,00	0,00	2,3383

Das berechnete $\chi^2 = 2{,}338$ hat $n = 3$ Freiheitsgrade, da 6 Klassen vorhanden sind, was 5 Freiheitsgrade ergäbe, wovon aber 2 weitere abzuziehen sind, weil die zwei Parameter π und $\varkappa$ aus den beobachteten Häufigkeiten geschätzt wurden.

Für die Berechnung von χ^2 wurden die Häufigkeiten für 5 und mehr zusammengefaßt. Wie COCHRAN (1954) gezeigt hat, sollte die theoretisch zu erwartende Häufigkeit in keiner Klasse kleiner als 1 sein.

33 Unabhängigkeit qualitativer Merkmale

Das χ^2-Prüfverfahren kann auch verwendet werden, wenn es sich darum handelt festzustellen, ob die Verteilung nach einer Merkmalsreihe abhängig ist von der Einteilung nach einer zweiten Merkmalsreihe.

Beispiel 16. Abhängigkeit der Häufigkeit des roten Nackenflecks (Naevus vasculosus nuchae Unna) vom Alter bei 300 weiblichen Personen (R. ZUMKELLER, 1957).

Ausprägung des Merkmals	Häufigkeit f_j in der Altersklasse			Alle Altersklassen
	bis 13	14—50	51 und mehr	
++	8	7	8	23
+	5	8	10	23
+/−	13	12	16	41
−/+	18	15	28	61
−	56	58	38	152
Summe	100	100	100	300

Die Frage, die zu prüfen ist, lautet dahin, ob die Stärke des Merkmals in den drei Altersgruppen verschieden verteilt sei. Es wurden in jeder Altersgruppe 100 Personen untersucht.

Wenn keine Abhängigkeit vom Alter bestünde, müßte die Verteilung in den drei Altersgruppen genau der Verteilung entsprechen, die im ganzen beobachtet wurde. Die beobachteten Häufigkeiten sind demnach mit den theoretisch bei Unabhängigkeit zu erwartenden Häufigkeiten zu vergleichen. Der beobachteten Häufigkeit 7 in der Altersklasse 14—50 und der Klasse ++ entspricht beispielsweise die theoretische Häufigkeit $23 \cdot 100/300 = 7{,}67$.

Ausprägung des Merkmals	Häufigkeit φ_j bei Unabhängigkeit			Alle Altersgruppen	$d_j = f_j - \varphi_j$			d_j^2/φ_j		
	bis 13	14—50	51 u. mehr							
++	7,67	7,67	7,67	23,01	+0,33	−0,67	+ 0,33	0,0142	0,0585	0,0142
+	7,67	7,67	7,67	23,01	−2,67	+0,33	+ 2,33	0,9295	0,0142	0,7078
+/−	13,67	13,67	13,67	41,01	−0,67	−1,67	+ 2,33	0,0328	0,2040	0,3971
−/+	20,33	20,33	20,33	60,99	−2,33	−5,33	+ 7,67	0,2670	1,3974	2,8937
−	50,67	50,67	50,67	152,01	+5,33	+7,33	−12,67	0,5607	1,0604	3,1681
Summe	100,01	100,01	100,01	300,03	− 0,01	− 0,01	− 0,01	1,8042	2,7345	7,1809
									11,7196	

Der Wert $\chi^2 = 11{,}720$ hat $n = 8$ Freiheitsgrade. Im allgemeinen beträgt der Freiheitsgrad n bei z Zeilen und s Spalten $n = (s - 1)\,(z - 1)$. Dies ist die Zahl der Felder einer Tafel, für die man die Häufigkeiten frei wählen kann wenn die Summen der Spalten und der Zeilen gegeben sind. Die Häufigkeiten in den übrigen Feldern lassen sich durch Subtraktion bei gegebenen Randsummen ohne weiteres finden. Mit $n = 8$ findet man aus Tafel II $\chi^2_{0,05} = 15{,}507$. Obschon die d_j eine gewisse Regelmäßigkeit in der Anordnung der Vorzeichen aufweisen, ergibt sich aus dem χ^2-Prüfverfahren, daß die Abweichungen von den bei Unabhängigkeit zu erwartenden theoretischen Häufigkeiten nicht gesichert sind. Man wird also vorderhand annehmen dürfen, daß die Häufigkeit des roten Nackenflecks nicht vom Alter abhängt.

Das soeben geschilderte Verfahren kann, wie wir sehen werden, vereinfacht werden, wenn die Tafel zwei Zeilen oder zwei Spalten aufweist. Der weitere Sonderfall der 2×2-Tafel wird anschließend noch eingehend erörtert.

Für die $2 \times M$-Tafel bezeichnen wir die Häufigkeiten entsprechend dem folgenden Schema:

$$
\begin{array}{cccl}
a_1 & b_1 & N_1 & p_1 = b_1/N_1 \\
a_2 & b_2 & N_2 & p_2 = b_2/N_2 \\
\cdots & \cdots & \cdots & \cdots \\
a_j & b_j & N_j & p_j = b_j/N_j \\
\cdots & \cdots & \cdots & \cdots \\
a_M & b_M & N_M & p_M = b_M/N_M \\
\hline
a & b & N & p = b/N \, .
\end{array}
$$

Dabei ist angenommen, daß b kleiner als a sei.

Zunächst berechnen wir die bei Unabhängigkeit zu erwartenden theoretischen Häufigkeiten. Anstelle von a_j und b_j erhalten wir als theoretische Häufigkeit bei Unabhängigkeit

$$a\, N_j/N \quad \text{und} \quad b\, N_j/N$$

Setzen wir im ersten dieser Ausdrücke $a = N - b$ und schreiben wir weiter $p = b/N$, so wird aus ihnen

$$N_j - p\, N_j \quad \text{und} \quad p\, N_j \, .$$

Für die Differenzen d_j finden wir

$$a_j - N_j + p\, N_j \quad \text{und} \quad b_j - p\, N_j \, .$$

Setzen wir $a_j = N_j - b_j$ so wird aus dem ersten Ausdruck

$$N_j - b_j - N_j + p\, N_j = -\, b_j + p\, N_j \, ,$$

so daß also die beiden Differenzen bis auf das Vorzeichen übereinstimmen. Die Summe der d_j^2/φ_j für die beiden Felder der j. Zeile wird demnach gleich

$$(b_j - p\, N_j)^2 \left\{ \frac{1}{N_j\,(1 - p)} + \frac{1}{N_j\, p} \right\}$$

oder

$$(b_j - p\, N_j)^2 / N_j\, p\, (1 - p) \, .$$

Summieren wir diesen Ausdruck über alle Zeilen, so finden wir

$$\chi^2 = \left\{ \mathop{S}_{j} (b_j^2 / N_j) - 2\,p\, \mathop{S}_{j} (b_j) + p^2 \mathop{S}_{j} (N_j) \right\} / p(1 - p) \,.$$

Da aber $\mathop{S}_{j} b_j = b$, $\mathop{S}_{j} N_j = N$, $b_j/N_j = p_j$, und $b/N = p$, findet man schließ-

lich die von G. W. Snedecor und M. R. Irwin (1933) stammende Formel

$$\chi^2 = \left\{ \mathop{S}_{j} (b_j\,p_j) - b\,p \right\} / p(1 - p) \,. \tag{1}$$

Beispiel 17. 700 Personen wurden auf das Vorhandensein der sogenannten Stählischen Linie der Hornhaut des Auges untersucht. Bestehen Unterschiede in der Häufigkeit des Auftretens der Stählischen Linie in den verschiedenen Altersklassen (F. Marty, 1957)?

Alters-klasse	Zahl der Personen		Unter-suchte	$p_j = b_j/N_j$	$b_j\,p_j$
	ohne	mit			
	Stählischer Linie				
	a_j	b_j	N_j		
0—10	80	0	80	0,00000	0,000000
11—20	75	0	75	0,00000	0,000000
21—30	71	4	75	0,05333	0,213332
31—40	69	6	75	0,08000	0,480000
41—50	92	8	100	0,08000	0,640000
51—60	91	9	100	0,09000	0,810000
61—70	88	12	100	0,12000	1,440000
71—80	63	12	75	0,16000	1,920000
81—90	17	3	20	0,15000	0,450000
Summe	646	54	700	0,077143	4,165722

Mit $p = 0,077\,143$ wird $1 - p = 0,922\,857$ und $p(1 - p) = 0,071\,192$. Demzufolge findet man nach Formel (1)

$$\chi^2 = (5,953\,332 - 4,165\,722)/0,071\,192$$
$$\chi^2 = 25,110 \,.$$

Nach der früher angegebenen allgemeinen Vorschrift ist der Freiheitsgrad für dieses χ^2 gleich dem Produkt der um je 1 verminderten Zahl der Zeilen und Spalten, also hier $n = 8$. In der Tafel II findet man für $n = 8$ den Wert $\chi^2_{0,01} = 20,090$ und $\chi^2_{0,001} = 26,125$. Obschon die Zahl der Personen mit Stählischen Linien klein ist, ergibt die Prüfung doch gesicherte Unterschiede zwischen den Altersklassen. Wie im folgenden Abschnitt dargelegt wird, treten diese Unterschiede noch deutlicher in Erscheinung, wenn wir zusätzliche Annahmen über die Natur der Altersabhängigkeit machen.

Berechnet man das χ^2 nach der Formel (1) für das Beispiel 9 des Abschnitts 31, so erhält man 3,978 im Gegensatz zu dem Wert 7,777, der sich nach dem dort beschriebenen Verfahren ergab. Da der Freiheitsgrad gleich 6 ist, gelangt man in beiden Fällen zum gleichen Schluß, obschon das Verfahren von Abschnitt 31 streng genommen nur angewandt werden darf, wenn das Verhältnis a/b dem theoretischen Verhältnis $1/\lambda$ entspricht.

Besonders einfach wird die Formel für χ^2, wenn die Unabhängigkeit in einer Tafel mit 2 Zeilen und 2 Spalten zu prüfen ist. Für diese 2×2-Tafel oder Vierfeldertafel werden die Häufigkeiten in der Regel dem nachstehenden Schema entsprechend bezeichnet:

Merkmal 1 (Zeile)	Merkmal 2 (Spalte)		Insgesamt
	1	2	
1	a	b	$a + b$
2	c	d	$c + d$
Summe	$a + c$	$b + d$	$N = a + b + c + d$

Bei Unabhängigkeit hätten wir anstelle der beobachteten Häufigkeit a theoretisch die Häufigkeit

$$\frac{(a + b)\,(a + c)}{N}$$

zu erwarten. Der Unterschied d_j zwischen beobachteter und theoretisch zu erwartender Häufigkeit wird

$$a - (a + b)\,(a + c)/N = (ad - bc)/N \;.$$

Wie man leicht nachrechnen kann, erhält man für die drei übrigen Felder der Tafel denselben Wert für d_j, also

$$b - (a + b)\,(b + d)/N = c - (c + d)\,(a + c)/N =$$
$$= d - (c + d)\,(b + d)/N = (ad - bc)/N \;.$$

Daher ergibt sich für χ^2 nach Formel (1) von 31

$$\chi^2 = \frac{(a\,d - b\,c)^2}{N^2} \left\{ \frac{N}{(a + b)\,(a + c)} + \frac{N}{(a + b)\,(b + d)} \right.$$
$$\left. + \frac{N}{(c + d)\,(a + c)} + \frac{N}{(c + d)\,(b + d)} \right\}$$

oder nach einfacher Umformung

$$\chi^2 = (ad - bc)^2\, N/(a + b)\,(c + d)\,(a + c)\,(b + d) \;. \tag{2}$$

Beispiel 18. Ergebnis der Hornhauttransplantation und Blutgruppen (A. FRANCESCHETTI, persönliche Mitteilung).

Es soll abgeklärt werden, ob der Umstand, daß Spender und Patient gleiche oder verschiedene Blutgruppen (A, B, 0) aufweisen, einen Einfluß auf das Ergebnis der Operation ausübt.

Ergebnis der Operation	Spender und Patient haben		Alle Fälle
	gleiche	verschiedene	
	Blutgruppen		
Besserung	15	20	35
Keine Besserung .	16	25	41
Zusammen	31	45	76

Unter den 31 Fällen mit gleicher Blutgruppe wurde durch die Operation bei 15 oder 48,4% eine Besserung erzielt, unter den 45 Fällen mit verschiedener Blutgruppe bei 20 oder 44,4%. Ist dieser Unterschied gesichert?

Wir finden

$$\chi^2 = (15 \cdot 25 - 20 \cdot 16)^2 \, 76/35 \cdot 41 \cdot 31 \cdot 45 = 0{,}115 \, .$$

In der Vierfeldertafel haben wir den Freiheitsgrad $n = 1$, was schon dadurch zum Ausdruck kam, daß alle vier Differenzen d_j zwischen beobachteter und theoretisch zu erwartender Häufigkeit gleich groß sind. Aus der Tafel II entnehmen wir $\chi^2_{0,05} = 3{,}841$. Der berechnete Wert $\chi^2 = 0{,}115$ ist somit niedriger als der Wert $\chi^2_{0,05}$, so daß angenommen werden darf, das Ergebnis der Operation sei unabhängig von dem Umstand, daß Spender und Patient gleiche oder verschiedene Blutgruppen aufweisen.

Wie aus den Ableitungen des Abschnitts 911 hervorgeht, darf die χ^2-Verteilung streng genommen nur dann benützt werden, wenn die Häufigkeiten in jeder Klasse genügend groß sind. Auf diesen Umstand wurde im Abschnitt 32 schon hingewiesen (S. 69). Besondere Vorsicht muß man in dieser Hinsicht walten lassen, wenn der Freiheitsgrad der χ^2-Verteilung $n = 1$ ist. Insbesondere hat F. YATES (1934) gezeigt, wie man bei der Vierfeldertafel den Fehler wenigstens zum Teil beheben kann, der bei kleinen Häufigkeiten mit der Berechnung von χ^2 verbunden ist. Dieser Fehler entsteht im Grunde dadurch, daß die χ^2-Verteilung kontinuierlich ist, während bei kleinen Häufigkeiten eigentlich mit sprunghaft wechselnden Wahrscheinlichkeiten zu rechnen wäre. Deshalb spricht man von der YATESschen Korrektur auch als von der Korrektur für Kontinuität. Eine entsprechende Korrektur hat EGGENBERGER (1893) für die binomische Verteilung angegeben.

Die Korrektur von YATES besteht darin, die Häufigkeiten in der Vierfeldertafel um 1/2 zu erhöhen oder herabzusetzen, und zwar in der Richtung zu den bei Unabhängigkeit theoretisch zu erwartenden Werten. Auf die so veränderten Häufigkeiten wird sodann die Formel (2) angewandt. Man kann sich leicht davon überzeugen, daß dies auf die Benützung der Formel

$$\chi^2 = (|\,ad - bc\,| - N/2)^2 \, N/(a + b)\,(c + d)\,(a + c)\,(b + d) \qquad (3)$$

hinausläuft.

Beispiel 19. Einfluß der begrenzten Möglichkeit der Eiablage auf die Ausbildung der Flügel bei *Trichogramma cacoeciae* Marchal (P. GEIER, persönliche Mitteilung).

Möglichkeit der Eiablage	Zahl der Nachkommen		Insgesamt
	Normale	Verkümmerte	
	Ausbildung der Flügel		
Begrenzt	15	6	21
Unbegrenzt	19	1	20
Summe	34	7	41

Darf man trotz der kleinen Zahl der Tiere annehmen, daß wirklich bei begrenzter Möglichkeit der Eiablage die Flügel öfter verkümmert ausgebildet sind?

Bei Unabhängigkeit wären in jeder Gruppe rund 17 Tiere mit normal und rund 3,5 Tiere mit schlecht ausgebildeten Flügeln zu erwarten. Nach der oben angegebenen Vorschrift wäre demnach die Formel (2) auf die Häufigkeiten

$$\begin{array}{ccc} 15{,}5 & 5{,}5 & 21 \\ 18{,}5 & 1{,}5 & 20 \\ \hline 34 & 7 & 41 \end{array}$$

anzuwenden. Es wird somit

$$\chi^2 = (15{,}5 \cdot 1{,}5 - 18{,}5 \cdot 5{,}5)^2 \, 41/21 \cdot 20 \cdot 34 \cdot 7 =$$
$$= (78{,}5)^2 \cdot 41/99\,960 =$$
$$= 2{,}528 \; .$$

Mit $n = 1$ entnehmen wir der Tafel II den Wert $\chi^2_{0,05} = 3{,}841$. Somit darf man annehmen, daß die Möglichkeit der Eiablage ohne Einfluß ist auf die Ausbildung der Flügel.

Nach der Formel (3) erhielte man im Zähler für χ^2 in der Klammer

$$(\,|\,15 \cdot 1 - 19 \cdot 6\,| - 41/2\,)$$

oder also $(99 - 20{,}5) = 78{,}5$ wie vorhin.

Wendet man die Korrektur von YATES nicht an, so ergibt sich gemäß (2)

$$\chi^2 = (15 \cdot 1 - 19 \cdot 6)^2 \, 41/21 \cdot 20 \cdot 34 \cdot 7$$
$$= 401\,841/99\,960$$
$$= 4{,}020 \; .$$

Dieser Wert liegt knapp außerhalb $\chi^2_{0,05}$. Man käme also in diesem Falle, wenn die Sicherheitsschwelle $P = 0{,}05$ gewählt wird, ohne die YATESsche Korrektur zu einem anderen Schluß als mit dieser Korrektur.

In kritischen Fällen ist es daher nützlich, über ein Verfahren zu verfügen, welches uns eine Vierfeldertafel genau und ohne Bezugnahme auf die χ^2-Verteilung zu beurteilen gestattet. Dieses Verfahren ist von R. A. Fisher (1954a, § 21.02) angegeben worden. Man geht dabei wiederum von der Hypothese aus, die Einteilung nach den Zeilen und jene nach den Spalten seien voneinander unabhängig. Unter dieser Annahme berechnet man mit den gegebenen Häufigkeiten in den Randfeldern die Wahrscheinlichkeit, in den 4 Feldern gerade die beobachteten Häufigkeiten a, b, c und d zu erhalten. Sodann betrachtet man noch jene Häufigkeiten, die man erhielte, wenn die Abweichung von den theoretisch bei Unabhängigkeit zu erwartenden Häufigkeiten in derselben Richtung und größer wäre als für die beobachteten Zahlen. Für jede derartige Konfiguration wird ebenfalls die Wahrscheinlichkeit ermittelt. Schließlich wird die Summe der so bestimmten Wahrscheinlichkeiten berechnet. Man erhält auf diese Art die Wahrscheinlichkeit dafür, daß bei Unabhängigkeit die beobachteten, oder stärker in der gleichen Richtung von den Erwartungswerten abweichende Zahlen erhalten werden.

Beispiel 20. Genaue Berechnung der Wahrscheinlichkeit für das Beispiel 19. Die beobachteten Zahlen lauten im Beispiel 19

$$a = 15 \qquad b = 6$$
$$c = 19 \qquad d = 1$$

und die einzige mögliche Zahlengruppe, für welche die Abweichung von den Erwartungswerten in derselben Richtung liegt und größer wäre, lautet

$$a = 14 \qquad b = 7$$
$$c = 20 \qquad d = 0 \,.$$

Wie im Abschnitt 926 gezeigt wird, berechnet man die Wahrscheinlichkeit für das Auftreten der Zahlen a, b, c, d bei gegebenen Randzahlen $a + b$, $c + d$, $a + c$ und $b + d$ nach der Formel

$$(a + b)! \, (c + d)! \, (a + c)! \, (b + d)!/N! \, a! \, b! \, c! \, d! \,. \tag{4}$$

Die Wahrscheinlichkeit P, die beobachteten oder extremere Zahlenwerte zu erhalten, wird somit gleich der Summe der Ausdrücke (4), in unserem Beispiel also gleich

$$P = \frac{21! \, 20! \, 34! \, 7!}{41!} \left\{ \frac{1}{15! \, 6! \, 19! \, 1!} + \frac{1}{14! \, 7! \, 20! \, 0!} \right\}$$

wofür man auch schreiben kann

$$P = \frac{21! \, 34!}{41! \, 14!} \left\{ \frac{20 \cdot 7}{15} + 1 \right\} = 1054/19721$$

oder $P = 0,0534$ oder annähernd $1 : 19$.

Die so erhaltene Wahrscheinlichkeit kann mit den Wahrscheinlichkeiten verglichen werden, die zu den im Beispiel 19 berechneten χ^2 gehören. Dabei ist indessen zu beachten, daß die Wahrscheinlichkeit P die Abweichungen von den

Erwartungswerten lediglich nach einer Seite hin berücksichtigt. Die χ^2 dagegen berücksichtigen Abweichungen in beiden Richtungen. Um die den χ^2 entsprechenden Wahrscheinlichkeiten mit $P = 0,0534$ vergleichen zu können, müssen wir sie zuerst halbieren.

Das unkorrigierte χ^2 betrug 4,020, das nach Formel (3) mit Korrektur berechnete dagegen 2,528. Da es sich um χ^2 mit einem Freiheitsgrad handelt, ist χ selbst verteilt wie eine normale standardisierte Veränderliche (siehe Abschnitt 914). Wenn wir aus den Werten χ^2 die Wurzel ziehen, so finden wir 2,005 und 1,590 und diese Werte können wir mittels der Tafel der Normalverteilung beurteilen. Wir finden durch Interpolation die Wahrscheinlichkeiten

$$0,0454 \quad \text{und} \quad 0,1118 .$$

Dies sind also die Wahrscheinlichkeiten, die dem unkorrigierten und dem korrigierten χ^2 entsprechen. Wie erwähnt müssen wir diese Wahrscheinlichkeiten halbieren, um sie mit der genauen Wahrscheinlichkeit $P = 0,0534$ vergleichen zu können. Man findet somit

$$0,0227 \quad \text{und} \quad 0,0559 .$$

Daraus ist ersichtlich, daß im Beispiel 19 das nicht korrigierte χ^2 zu groß ist und eine viel zu kleine Wahrscheinlichkeit ergibt. Das korrigierte χ^2 ist dagegen etwas zu klein und gibt eine gegenüber dem richtigen Wert leicht erhöhte Wahrscheinlichkeit.

Bei der Beurteilung der genauen Wahrscheinlichkeit P ist zu beachten, daß sie nur die Abweichungen von den bei Unabhängigkeit zu erwartenden Werten nach einer Richtung mißt. Beurteilt man zum Beispiel das χ^2 mit einer Sicherheitsschwelle von 0,05, so muß die genaue Wahrscheinlichkeit P mit der Sicherheitsschwelle 0,025 in Beziehung gebracht werden. Ebenso müßte χ (korrigiert oder unkorrigiert) in diesem Falle mit der Sicherheitsschwelle 0,025 in Beziehung gesetzt werden, da wir hier ebenfalls nur die Abweichungen nach einer Richtung berücksichtigen.

34 Weitere Anwendungen von Chi-quadrat

Die Verteilung von χ^2 kann in der verschiedensten Weise zum Beurteilen von Häufigkeiten benützt werden. Wir geben hier nur eine kleine Auswahl derartiger Anwendungen; für weitere sei auf die Arbeiten von Cochran (1952, 1954) verwiesen. Im Abschnitt 73 werden einige Aufgaben erörtert, die man ebenfalls mittels der Verteilung von χ^2 behandeln könnte, die aber besser auf andere Art bearbeitet werden.

Der im Beispiel 17 des vorangehenden Abschnitts 33 besprochene Fall, daß eine Häufigkeit mit zunehmendem Alter größer wird, kommt recht oft vor. In derartigen Fällen kann man dann fragen, ob die Zunahme der Häufigkeit regelmäßig ist, anders gesagt, ob die Häufigkeiten in Abhängigkeit vom Alter linear zunehmen. Die Angaben des Beispiels 17 mögen dazu dienen, das Verfahren zu beschreiben.

Beispiel 21. Nehmen die Häufigkeiten in Beispiel 17 (Seite 75) mit steigendem Alter linear zu?

Wir stellen die Zahlen von Beispiel 17 nochmals zusammen und geben dazu auch gleich die nötigen Hilfsberechnungen in Form einer Tafel.

| Alters-gruppe | Bewer-tung x_j | Zahl der Personen | | $100\,p_j =$ $= 100\,y_j/N_j$ | $N_j x_j$ | $N_j x_j^2$ | $y_j p_j$ | $x_j y_j$ |
		unter-sucht N_j	mit Stäh-lischer Linie y_j					
1—10	-4	80	0	0	-320	1280	0	0
11—20	-3	75	0	0	-225	675	0	0
21—30	-2	75	4	5,333	-150	300	0,21332	-8
31—40	-1	75	6	8,000	-75	75	0,48000	-6
41—50	0	100	8	8,000	0	0	0,64000	0
51—60	$+1$	100	9	9,000	$+100$	100	0,81000	$+9$
61—70	$+2$	100	12	12,000	$+200$	400	1,44000	$+24$
71—80	$+3$	75	12	16,000	$+225$	675	1,92000	$+36$
81—90	$+4$	20	3	15,000	$+80$	320	0,45000	$+12$
Summe	...	700	54	...	-165	3825	5,95332	$+67$

Wie im Beispiel 17 berechnet man zuerst das χ^2, um zu prüfen, ob überhaupt die Häufigkeit der Stählischen Linie von einer Altersgruppe zur andern sich verändert; dieses χ^2 bezeichnen wir mit $\chi^2_{\text{insgesamt}}$. Für die Summe der Werte findet man

$$p = 54/700 = 0,077143 \quad \text{und} \quad 1 - p = 0,922857.$$

Nach Formel (1) von 33 wird

$$\chi^2_{\text{insgesamt}} = (5,95332 - 0,077143 \cdot 54)/0,077143 \cdot 0,922857$$
$$= 25,110,$$

mit 8 Freiheitsgraden.

Das $\chi^2_{\text{insgesamt}}$ läßt sich in zwei Anteile zerlegen. Nach der in 611 zu behandelnden Theorie der einfachen linearen Regression kann man einerseits angeben, welcher Anteil auf die als linear ansteigend gedachten Häufigkeiten entfällt. Anderseits entspricht der restliche Anteil den Unterschieden zwischen den beobachteten Häufigkeiten und den als linear ansteigend vorausgesetzten theoretischen Häufigkeiten. Man kann den ersten Anteil kurz als den Anteil „auf der Regressionsgeraden", den zweiten als „Abweichung von der Regressionsgeraden" bezeichnen. Den Anteil auf der Regressionsgeraden berechnet man nach der Formel

$$\chi^2_{\text{Regression}} = S^2_{xy}/p\,(1-p)\,S_{xx}, \tag{1}$$

wobei

$$S_{xy} = S\,x_j\,y_j - T_x\,T_y/N \tag{2}$$

und

$$T_x = S\,N_j\,x_j, \quad T_y = S\,y_j, \tag{3}$$

sowie

$$S_{xx} = S\,N_j\,x_j^2 - T_x^2/N. \tag{4}$$

Da in unserem Beispiel

$$N = 700, \quad T_x = -165, \quad T_y = 54$$

findet man

$$S_{xy} = +67 + 165 \cdot 54/700 = 67 + 12{,}729 = 79{,}729$$
$$S_{xx} = 3825 - 165^2/700 = 3825 - 38{,}893 = 3786{,}107$$

und damit

$$\chi^2_{\text{Regression}} = 79{,}729^2/0{,}077\,143 \cdot 0{,}922\,857 \cdot 3786{,}107$$
$$= 23{,}584.$$

Dieses χ^2 hat einen Freiheitsgrad. Man findet das χ^2 für die Abweichungen von der Regressionsgeraden als Differenz zwischen den beiden soeben berechneten. Die Ergebnisse dieser Berechnungen stellt man wie folgt zusammen.

Anteil	Freiheits-grad	χ^2
Regressionsgerade	1	23,584
Abweichungen von der Regressionsgeraden	7	1,526
Insgesamt	8	25,110

In Ergänzung zu den im vorangehenden Abschnitt im Beispiel 17 gezogenen Schlüssen läßt sich sagen, daß die Zunahme der Häufigkeiten mit steigendem Alter als linear und stark gesichert betrachtet werden darf, da das χ^2 für die Abweichungen weit davon entfernt ist, gesichert zu sein, während das χ^2 für die Regression den Wert $\chi^2_{0,01} = 6{,}635$ übertrifft.

Eine weitere Anwendung der Verteilung von χ^2 ergibt sich, wenn in einer Vierfeldertafel die Häufigkeiten bezüglich der *Symmetrie* zu prüfen sind. Was damit gemeint ist, läßt sich am besten an einem Beispiel beschreiben.

Beispiel 22. Bei 7477 Frauen der Altersgruppe 30—39 wurde die unkorrigierte Sehschärfe beider Augen untersucht. Dabei ergaben sich folgende Verhältnisse (S. BLACK, 1951; A. STUART, 1953):

Zahl der Frauen nach Sehschärfe beider Augen

		Linkes Auge		insgesamt
		gut	schwach	
Rechtes Auge	gut (6/9 oder besser)	3532 (a)	700 (b)	4232
	schwach (6/12 oder schwächer)	597 (c)	2648 (d)	3245
Zusammen		4129	3348	7477

Wenn zwischen dem linken und dem rechten Auge keine Unterschiede in der Sehschärfe bestünden, müßte $b = c = 0$ sein. Dies ist in unserem Beispiel nicht der Fall, was einerseits davon herrühren kann, daß die Bestimmung der Sehschärfe mit Fehlern behaftet ist. Wenn diese Fehler bei beiden Augen in gleicher Weise vorkommen, so wären b und c zwar von Null verschieden, aber sie würden voneinander nicht wesentlich abweichen. Anderseits können einzelne Personen an einem Auge besser sehen als am andern. Die Frage ist, ob öfter das rechte Auge eine höhere Sehschärfe aufweist als das linke, oder umgekehrt. Um dies zu prüfen, haben wir lediglich festzustellen, ob b wesentlich von c abweicht.

Zu diesem Zwecke berechnen wir das χ^2 für den Unterschied zweier Häufigkeiten nach der Formel (2) von 31 mit $\lambda = 1$:

$$\chi^2 = (b - c)^2/(b + c) \tag{5}$$

wofür wir in unserem Beispiel erhalten

$$\chi^2 = (700 - 597)^2/(700 + 597) = 103^2/1297 = 8{,}180,$$

mit einem Freiheitsgrad $n = 1$. Da $\chi^2_{0,01} = 6{,}635$, darf geschlossen werden, es komme bei den untersuchten Frauen häufiger vor, daß die Sehschärfe des rechten Auges gut und die des linken schwach ist, als umgekehrt.

Für Männer wurden nach derselben Quelle folgende Zahlen ermittelt:

$$a = 1543, \quad b = 292, \quad c = 300, \quad d = 1107, \quad N = 3242.$$

Für diese Angaben ergibt sich nach (5) für χ^2 ein Wert $\chi^2 = 0{,}108$. Im Gegensatz zu den Frauen findet sich demnach bei den Männern keine Asymmetrie in den Häufigkeiten der Vierfeldertafel.

Das Verfahren zum Prüfen der Symmetrie läßt sich auf Tafeln mit mehr als zwei Zeilen und Spalten verallgemeinern, wie A. H. BOWKER (1948) gezeigt hat.

Bezeichnet man mit N_{jk} die Häufigkeit in der j. Zeile und k. Spalte, so lautet die verallgemeinerte Formel für das Prüfen der Symmetrie:

$$\chi^2 = \underset{j > k}{S\,S}\, (N_{jk} - N_{kj})^2/(N_{jk} + N_{kj}) \tag{6}$$

mit $M(M - 1)/2$ Freiheitsgraden, wenn M die Zahl der Zeilen (und Spalten) angibt.

Beispiel 23. Bei 150 Personen wurde der Grad des Schwitzens an den Händen und an den Füßen bestimmt, wobei vier Klassen gebildet wurden (R. BRUN und N. GRASSET, 1956).

		Zahl der Personen				
		Schwitzen an den Händen				insgesamt
		1	2	3	4	
Schwitzen an den Füßen	1	6	8	2	0	16
	2	4	12	17	6	39
	3	1	12	22	13	48
	4	0	6	14	27	47
Zusammen		11	38	55	46	150

Setzt man die Zahlen in Formel (6) ein, so erhält man:

$$\chi^2 = \frac{(4-8)^2}{4+8} + \frac{(1-2)^2}{1+2} + \frac{(0-0)^2}{0+0} + \frac{(12-17)^2}{12+17} + \frac{(6-6)^2}{6+6} + \frac{(14-13)^2}{14+13}$$

$$= \frac{16}{12} + \frac{1}{3} + \frac{25}{29} + \frac{1}{27} = 2{,}566$$

Da die Tafel $M = 4$ Zeilen (und Spalten) enthält, beläuft sich der Freiheitsgrad für das χ^2 auf $n = M(M-1)/2 = 6$. Das entsprechende $\chi^2_{0,05}$ beträgt 12,592; wir stellen demnach keinerlei Asymmetrie in den Häufigkeiten fest.

4 BEURTEILEN VON DURCHSCHNITTEN UND STREUUNGEN

Während im Kapitel 3 die Prüfverfahren erörtert wurden, die zum Beurteilen
von Häufigkeiten verwendet werden, gehen wir nun über zu Prüfverfahren, die
bei der Auswertung von Meßwerten benützt werden. Diese Prüfverfahren gehen
von der Voraussetzung aus, daß die Grundgesamtheit eine normale Verteilung
sei (siehe 22). Es empfiehlt sich daher zunächst anzugeben, wie beurteilt werden
kann, ob eine Stichprobe von Meßwerten aus einer normalen Grundgesamtheit
stammt.

41 Die Normalverteilung

Wenn die Meßwerte in der Form einer Häufigkeitsverteilung vorliegen, wie
etwa die Gewichte der Kücken in Beispiel 1 (S. 17), so gibt schon die einfache
Darstellung in der Art von Figur 1 einen Anhaltspunkt dafür, ob es sich um eine
Stichprobe aus einer normalen Grundgesamtheit handeln könne. In erster Linie
erkennt man aus einer solchen Häufigkeitsdarstellung, ob die Verteilung einiger-
maßen symmetrisch sei. Eine durch Stricheln erhaltene Auszählung vermag uns
übrigens darüber schon zu unterrichten (siehe S. 17).

Eine Verteilung kann somit von der Normalverteilung dadurch abweichen,
daß sie unsymmetrisch ist, was im allgemeinen ziemlich leicht zu erkennen ist.
Eine andere Möglichkeit besteht aber darin, daß sie zwar symmetrisch ist, aber
entweder stärker überhöht ist oder flacher verläuft als eine normale Verteilung.
Derartige Abweichungen sind auf Grund einer Häufigkeitsdarstellung nur in
extremeren Fällen ohne weiteres zu ersehen.

Um ein erstes Urteil zu gewinnen, ob eine Häufigkeitsverteilung aus einer
normalen Grundgesamtheit entstammt, zeichnet man zweckmäßig die Summenhäufigkeiten im normalen Wahrscheinlichkeitsnetz auf. Die Verteilung der
Summenhäufigkeiten des Beispiels 1 ist in der Figur 2 (S. 18) dargestellt. Wie das
Wahrscheinlichkeitsnetz zustande kommt, läßt sich an Hand der nachstehenden
schematischen Darstellung verstehen.

In der Figur 15 ist einerseits im rechten oberen Quadranten eine normal verteilte Veränderliche x mit Durchschnitt μ und Standardabweichung σ dargestellt. Im linken unteren Quadranten findet sich die normale standardisierte
Veränderliche u (mit Durchschnitt 0 und Standardabweichung 1). Dem Wert
$x = \mu$ entspricht $u = 0$, dem Wert $x = \mu + \sigma$ entspricht $u = +1$, dem Wert
$x = \mu - \sigma$ entspricht $u = -1$. Die Punkte mit den betreffenden Koordinaten

im rechten unteren Quadranten liegen auf einer Geraden. Im allgemeinen liegen
alle Punkte auf der Geraden, deren Koordinaten x und u gleichen Summenhäufigkeiten P_x und P_u entsprechen.

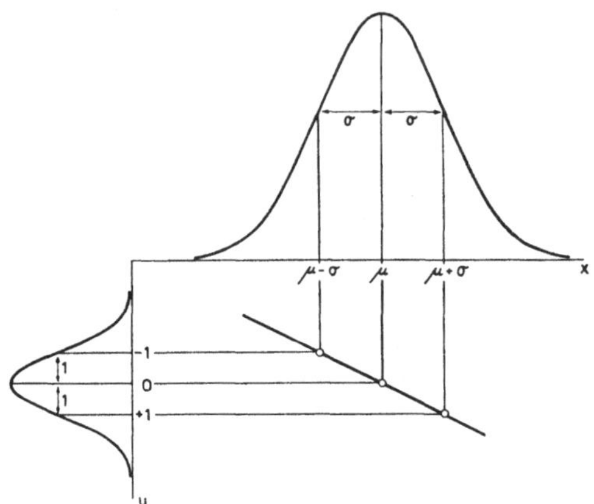

Figur 15
Vergleich einer beliebigen mit der standardisierten Normalverteilung.

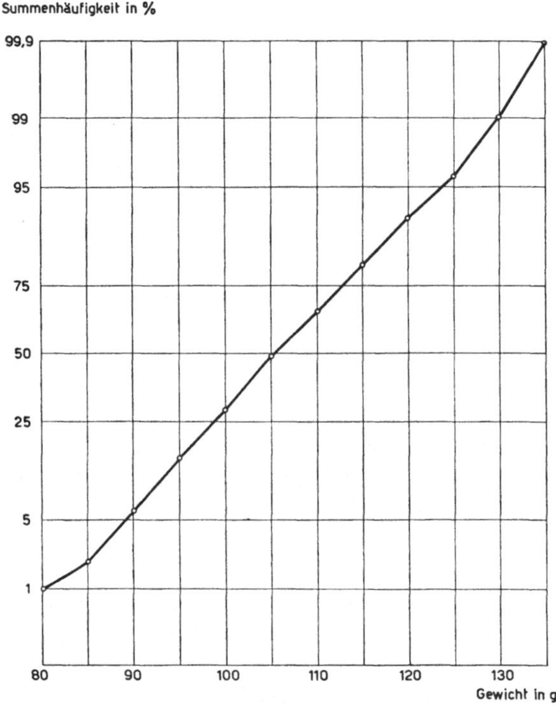

Figur 16
Summenhäufigkeiten der Gewichte zweiwöchiger Kücken im Wahrscheinlichkeitsnetz.

Im normalen Wahrscheinlichkeitsnetz entspricht die Abszisse dem Merkmalwert der beobachteten Größen, die Ordinatenachse dagegen entspricht den Summenhäufigkeiten der normalen Verteilung. Man kann die Einteilung der Ordinate leicht aus der Tafel I der Normalverteilung erhalten, wobei zu beachten ist, daß in der Tafel das P die Fläche außerhalb $+ u$ und $- u$ bedeutet, während im Wahrscheinlichkeitsnetz das P der Fläche außerhalb von $+ u$ oder außerhalb von $- u$ entsprechen muß. Im Wahrscheinlichkeitsnetz ist somit beispielsweise für $P = 0{,}05$ der Wert $u = - 1{,}645$ und für $P = 0{,}80$ das $u = + 0{,}841$. Man kann sich demnach leicht ein Wahrscheinlichkeitsnetz bei Bedarf aufzeichnen; es sind aber auch Wahrscheinlichkeitspapiere im Handel erhältlich.

Beispiel 24. Die Summenhäufigkeiten der Gewichte zweiwöchiger Kücken von Beispiel 1 (S. 17) sind im Wahrscheinlichkeitsnetz aufzutragen.

Wie schon auf Seite 18 erwähnt, sind im Grunde in der Darstellung der Summenhäufigkeiten von Figur 2 lediglich die linken oberen Punkte der Treppenkurve maßgebend. Diese Punkte sind es, die im Wahrscheinlichkeitsnetz in Figur 16 eingetragen werden. Sie liegen sehr schön auf einer Geraden. Man wird also vorläufig annehmen dürfen, daß die Verteilung der Kückengewichte normal sei.

Diesem Urteil darf nicht zuviel Gewicht beigemessen werden. Bei kleinem Umfang der Stichprobe können Abweichungen vom geradlinigen Verlauf auftreten, die nur zufälliger Art sind. Trotzdem kann die Darstellung im Wahrscheinlichkeitsnetz vielfach gute Dienste leisten, wenn sie mit der nötigen Vorsicht gehandhabt wird.

Wenn der Umfang der Stichprobe genügend groß ist, kann man prüfen, ob die beobachtete Verteilung normal sei. Das Verfahren geht auf R. A. FISHER (1954 a) zurück und benützt die dritten und vierten Potenzen der beobachteten Werte. Aus den dritten Potenzen berechnet man eine Größe g_1, die im wesentlichen die Asymmetrie der Verteilung zu beurteilen gestattet. Die vierten Potenzen ergeben ein Maß g_2 dafür, ob eine Verteilung, die zwar symmetrisch ist, stärker überhöht ist als die Normalverteilung oder flacher verläuft.

In diesem Zusammenhang sei daran erinnert, daß der Durchschnitt auf den Beobachtungswerten selbst, die Streuung auf den Quadraten dieser Werte beruht. Um die Abweichung von der Normalität prüfen zu können, muß man die Summen der Beobachtungswerte, die Summen ihrer Quadrate, die Summen der dritten Potenzen und die Summen der vierten Potenzen berechnen. Aus diesen Größen erhält man nach verschiedenen Umformungen die kritischen Werte g_1 und g_2, die für eine normale Verteilung gleich Null sind, und deren Verteilungen in genügend großen, zufällig einer normalen Grundgesamtheit entnommenen Stichproben ebenfalls normal sind. Um diese Formeln in ihrer Struktur möglichst übersichtlich aufbauen zu können, führen wir einige abkürzende Bezeichnungen ein, die wir nur in diesem Abschnitt verwenden werden.

Zunächst bezeichnen wir mit s_1, s_2, s_3 und s_4 die Summen der ersten vier Potenzen der beobachteten Einzelwerte x_i $(i = 1, 2, \ldots N)$. Man hat also:

$$s_1 = S\,(x_i); \quad s_2 = S\,(x_i^2); \quad s_3 = S\,(x_i^3); \quad s_4 = S\,(x_i^4)\,. \tag{1}$$

Sodann berechnet man entsprechend dem Vorgehen bei der Streuung die Summe der Quadrate der Abweichungen der Beobachtungswerte von ihrem Durchschnitt. Die Größe $S\,(x_i - \bar{x})^2$ bezeichneten wir mit S_{xx} (siehe Abschnitt 12); hier wollen wir sie mit S_2 bezeichnen, da die entsprechenden dritten und vierten Potenzen mit S_3 und S_4 benannt werden. Demnach ist

$$S_2 = S\,(x_i - \bar{x})^2; \quad S_3 = S\,(x_i - \bar{x})^3; \quad S_4 = S\,(x_i - \bar{x})^4 \,. \tag{2}$$

Wie in 122 gezeigt wurde, kann man S_{xx}, oder also S_2 aus s_1 und s berechnen. Ebenso können S_3 und S_4 aus den Größen s ermittelt werden; die folgenden Formeln sind leicht herzuleiten:

$$S_2 = s_2 - \frac{s_1}{N} \tag{3.1}$$

$$S_3 = s_3 - \frac{3\,s_2\,s_1}{N} + \frac{2\,s_1^3}{N^2} \tag{3.2}$$

$$S_4 = s_4 - \frac{4\,s_3\,s_1}{N} + \frac{6\,s_2\,s_1^2}{N^2} - \frac{3\,s_1^4}{N^3} \tag{3.3}$$

Weiter haben wir Größen k_1, k_2, k_3 und k_4 zu berechnen, die sogenannten *Kumulanten*, und zwar an Hand der folgenden Formeln:

$$k_1 = s_1/N \tag{4.1}$$

$$k_2 = S_2/(N - 1) \tag{4.2}$$

$$k_3 = N\,S_3/(N - 1)\,(N - 2) \tag{4.3}$$

$$k_4 = \{N\,(N + 1)\,S_4 - 3\,(N - 1)\,S_2^2\} \,/\,(N - 1)\,(N - 2)\,(N - 3). \tag{4.4}$$

Die beiden ersten Kumulanten sind nichts anderes als der Durchschnitt und die Streuung. Für die Größen g_1 und g_2 hat man endlich

$$g_1 = k_3/k_2^{3/2}; \quad g_2 = k_4/k_2^2 \tag{5}$$

Für die Streuung von g_1 hat man den Ausdruck

$$6\,N\,(N - 1)/(N - 2)\,(N + 1)\,(N + 3) \tag{6.1}$$

und für die Streuung von g_2

$$24\,N\,(N - 1)^2/(N - 3)\,(N - 2)\,(N + 3)\,(N + 5) \,. \tag{6.2}$$

Bei der Berechnung der Größen s_1, s_2, s_3, s_4 tut man gut, eine Kontrolle einzuschalten, im Grunde dieselbe, die im Abschnitt 122 schon angegeben ist. Man hat nämlich beispielsweise

$$S\,(x_i + 1)^4 = S\,x_i^4 + 4\,S\,x_i^3 + 6\,S\,x_i^2 + 4\,S\,x_i + N \,.$$

Aus den entsprechenden Formeln für die niedrigeren Potenzen und mit Rücksicht auf die Formeln (1) findet man

$$S\,(x_i + 1) = s_1 + N \tag{7.1}$$

$$S\,(x_i + 1)^2 = s_2 + 2\,s_1 + N \tag{7.2}$$

$$S\,(x_i + 1)^3 = s_3 + 3\,s_2 + 3\,s_1 + N \tag{7.3}$$

$$S\,(x_i + 1)^4 = s_4 + 4\,s_3 + 6\,s_2 + 4\,s_1 + N \tag{7.4}$$

Um die Durchführung des soeben beschriebenen Verfahrens zu beschreiben, wählen wir dieAngaben des Beispiels 1 über die Gewichte zweiwöchiger Kücken. Wir benützen die Angaben in Klassen von je 5 g, wie sie in der Tafel zu Beispiel 6 (S. 29) zusammengestellt sind. Dort wurden schon der Durchschnitt und die Streuung berechnet; der Vollständigkeit halber wiederholen wir hier diese Rechnung nochmals.

Beispiel 25. Prüfen der Abweichung der Verteilung der Gewichte von 100 zweiwöchigen Kücken von der Normalverteilung.

Die Bezeichnungen wurden im Abschnitt 122 eingeführt; wir schreiben

$x_j =$ Klassenmitte in g;
$f_j =$ Zahl der Kücken in der Klasse mit Mitte x_j;
$k =$ Klassenbreite ($= 5$ g);
$D =$ Vorläufiger Durchschnitt ($= 103$ g);
$z_j = x_j - D = x_j - 103$.

Mit diesen Bezeichnungen lassen sich die Rechnungen wie folgt zusammenstellen:

x_j	z_j	f_j	$f_j z_j$	$f_j z_j^2$	$f_j z_j^3$	$f_j z_j^4$	z_j+1	$f_j(z_j+1)$	$f_j(z_j+1)^2$	$f_j(z_j+1)^3$	$f_j(z_j+1)^4$
78	-5	1	$-\ 5$	25	-125	625	-4	$-\ 4$	16	$-\ 64$	256
83	-4	1	$-\ 4$	16	$-\ 64$	256	-3	$-\ 3$	9	$-\ 27$	81
88	-3	4	-12	36	-108	324	-2	$-\ 8$	16	$-\ 32$	64
93	-2	9	-18	36	$-\ 72$	144	-1	$-\ 9$	9	$-\ 9$	9
98	-1	14	-14	14	$-\ 14$	14	0	0	0	0	0
103	0	20	0	0	0	0	$+1$	$+\ 20$	20	$+\ 20$	20
108	$+1$	17	$+17$	17	$+\ 17$	17	$+2$	$+\ 34$	68	$+\ 136$	272
113	$+2$	15	$+30$	60	$+120$	240	$+3$	$+\ 45$	135	$+\ 405$	1215
118	$+3$	10	$+30$	90	$+270$	810	$+4$	$+\ 40$	160	$+\ 640$	2560
123	$+4$	5	$+20$	80	$+320$	1280	$+5$	$+\ 25$	125	$+\ 625$	3125
128	$+5$	3	$+15$	75	$+375$	1875	$+6$	$+\ 18$	108	$+\ 648$	3888
133	$+6$	1	$+\ 6$	36	$+216$	1296	$+7$	$+\ 7$	49	$+\ 343$	2401
Summe	...	100	$+65$	485	$+935$	6881	...	$+165$	715	$+2685$	13891

Die Kontrollen entsprechend den Formeln (7) ergeben:

$$+\ \ \ 165 = +\ 65 + 100$$

$$+\ \ \ 715 = +\ 485 + 2\cdot 65 + 100$$

$$+\ \ 2685 = +\ 935 + 3\cdot 485 + 3\cdot 65 + 100$$

$$+\ 13891 = +\ 6881 + 4\cdot 935 + 6\cdot 485 + 4\cdot 65 + 100$$

Diese Kontrollen gewährleisten die Richtigkeit der Werte

$$s_1 = +65, \; s_2 = +485, \; s_3 = +935, \; s_4 = +6881,$$

wobei lediglich zu beachten ist, daß es sich um Ausdrücke für die Größen z handelt, wobei $z = (x - D)/k = (x - 103)/5$. Um zu den Größen x überzugehen, müßte man $x = 103 + 5\,z$ rechnen

Nach den Formeln (3) finden wir

$$S_2 = +485 - \frac{65^2}{100} = +442{,}75;$$

$$S_3 = +935 - \frac{3 \cdot 485 \cdot 65}{100} + \frac{2 \cdot 65^3}{100^2} = +44{,}175;$$

$$S_4 = +6881 - \frac{4 \cdot 935 \cdot 65}{100} + \frac{6 \cdot 485 \cdot 65^2}{100^2} - \frac{3 \cdot 65^4}{100^3} = +5625{,}923\,125.$$

Weiter berechnen wir die Kumulanten k, nach den Formeln (4):

$$k_1 = +65/100 = +0{,}650\,000;$$
$$k_2 = +442{,}75/99 = +4{,}472\,222;$$
$$k_3 = 100 \cdot 44{,}175/99 \cdot 98 = +0{,}455\,318;$$
$$k_4 = (100 \cdot 101 \cdot 5625{,}923 - 3 \cdot 99 \cdot 442{,}75^2)/99 \cdot 98 \cdot 97 = -1{,}485\,890$$

Nach der ersten der Formeln (5) ergibt sich als Maß der Schiefe g_1 der Wert

$$g_1 = +0{,}455\,318/4{,}472\,222^{\,3/2} = +0{,}048\,143$$

und nach (6.1) die Streuung von g_1 zu

$$6 \cdot 100 \cdot 99/98 \cdot 101 \cdot 103 = 0{,}058\,264\,2\,.$$

Die Standardabweichung von g_1 ist demnach gleich

$$\sqrt{0{,}058\,264\,2} = 0{,}241\,38\,.$$

Da die Standardabweichung von g_1 größer ist als g_1 selbst, darf man annehmen, daß die Verteilung der Gewichte der Kücken symmetrisch ist.

Für die Überhöhung g_2 findet man nach der zweiten Formel (5):

$$g_2 = -1{,}485\,890/4{,}472\,222^2 = -0{,}074\,292,$$

und für die zugehörige Streuung nach (6.2)

$$24 \cdot 100 \cdot 99^2/97 \cdot 98 \cdot 103 \cdot 105 = 0{,}228\,801,$$

sowie für die Standardabweichung von g_1:

$$\sqrt{0{,}228\,801} = 0{,}478\,33\,.$$

Auch für die Überhöhung g_2 ist die Standardabweichung größer als g_2 selbst. Man darf demnach annehmen, daß die Verteilung der Gewichte der Kücken der normalen Verteilung entspricht.

42 Das Prüfen von Durchschnitten

Im Abschnitt 22 haben wir gezeigt, wie man beim Prüfen von Hypothesen vorgeht. Im gleichen Abschnitt haben wir an einem Beispiel dargelegt, wie geprüft werden kann, ob ein Durchschnitt von einem gegebenen Wert wesentlich abweicht. Wir gehen auf diesen Fall im Abschnitt 421 nochmals ein, um dann im Abschnitt 422 zu erörtern, wie der Unterschied zwischen zwei Durchschnitten beurteilt werden kann.

421 Abweichung eines Durchschnitts von seinem theoretischen Wert

Wir gehen von der Voraussetzung aus, es seien N Werte x_i gemessen worden, die eine zufällige Stichprobe aus einer normalen Grundgesamtheit bilden. Die Standardabweichung σ der normalen Grundgesamtheit sei unbekannt; dagegen sei der Durchschnitt μ der Grundgesamtheit gegeben. Wir wollen die Hypothese prüfen, daß die Stichprobe der N Werte x_i aus der Grundgesamtheit mit dem Durchschnitt μ stamme.

Wie schon im Abschnitt 22 erwähnt wurde, betrachten wir die Gesamtheit aller Zufallsstichproben von N Werten aus einer Grundgesamtheit mit dem Durchschnitt μ und einer beliebigen Standardabweichung σ. Denkt man sich für jede dieser Zufallsstichproben den Durchschnitt $\bar{x}$ und die Standardabweichung s der N Einzelwerte x_i berechnet, und den Ausdruck

$$t = (\bar{x} - \mu)\,\sqrt{N}/s \tag{1}$$

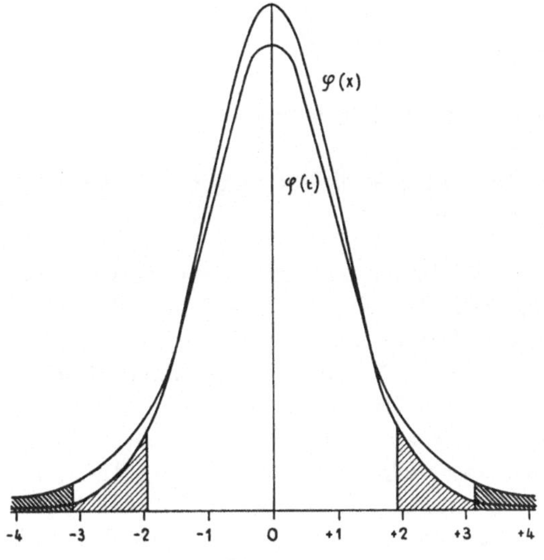

Figur 17

Verteilung von t für $n = 3$ und entsprechende Normalverteilung.

gebildet, so ist die Häufigkeitsverteilung von t durch die Formel (3) von 22 gegeben. Diese Verteilung hängt nur vom Freiheitsgrad $n = N - 1$ der Streuung s^2 ab; sie ist also unabhängig von der Streuung σ^2 der Grundgesamtheit. Die Verteilung von t ist symmetrisch bezüglich $t = 0$; sie ist in Figur 17 dargestellt. Zu jedem Wert t läßt sich die Wahrscheinlichkeit ermitteln, einen kleineren Wert als $-t$ oder einen größeren als $+t$ in allen Zufallsstichproben zu finden. Man könnte für jeden gemäß der Formel (1) auf Grund von Beobachtungen erhaltenen Wert t die Wahrscheinlichkeit berechnen, diesen oder einen, absolut betrachtet, größeren Wert zu finden. Es ist aber nicht nötig, diese Berechnung jedesmal durchzuführen, wenn man für bestimmte Wahrscheinlichkeiten die zugehörigen Werte t in Tafeln zusammenstellt. In der Tafel III sind die Werte von t angegeben, die den Sicherheitsschwellen 0,05, sowie 0,01 und 0,001 entsprechen. Wir bezeichnen diese Werte im folgenden mit $t_{0,05}$ usw.

Beispiel 26. Die im Beispiel 2 angegebenen Zahlen über die Zunahme der Reißfestigkeit der Haare nach einer Panteen-Kur lauten für 10 Personen:

$$+5, \; -5, \; +7, \; +4, \; +15, \; -7, \; +5, \; +10, \; +18, \; +16.$$

Der Durchschnitt dieser Werte beträgt $+6{,}8$. Man hat demnach

$$N = 10, \qquad \bar{x} = 6{,}8$$

und, nach der Berechnung auf Seite 22,

$$s^2 = 70{,}2.$$

Wir wollen prüfen, ob die 10 Werte x_i aus einer Grundgesamtheit stammen, deren Durchschnitt $\mu = 0$ ist. Anders ausgedrückt, wir prüfen die Abweichung des Durchschnitts $\bar{x} = +6{,}8$ von seinem theoretischen Wert $\mu = 0$. Oder noch anders ausgedrückt: sind die beobachteten Zunahmen der Reißfestigkeit mit der Annahme verträglich, daß in Wirklichkeit kein Einfluß der Panteen-Kur vorliegt?

Um diese Hypothese zu prüfen, berechnen wir t nach der Formel (1); wir erhalten

$$t = (\bar{x} - \mu) \; \sqrt{N} / \sqrt{s^2} = (+6{,}8 - 0) \; \sqrt{10} / \sqrt{70{,}2}$$
$$t = +2{,}57.$$

Diesen Wert $t = +2{,}57$ haben wir mit einem Wert aus der Tafel III zu vergleichen. Mit dem Freiheitsgrad $n = N - 1 = 9$ finden wir in Tafel III, bei einer Sicherheitsschwelle von beispielsweise 0,05, den Wert $t_{0,05} = \pm 2{,}262$. Der berechnete Wert $t = +2{,}57$ liegt somit außerhalb der Sicherheitsgrenzen $t_{0,05}$; man kann daher die Hypothese verwerfen. Anders gesagt: der Durchschnitt $\bar{x} = +6{,}8$ weicht wesentlich von dem theoretischen Wert $\mu = 0$ ab. Oder noch anders ausgedrückt: Die beobachteten Zunahmen lassen sich nicht mit der Annahme vereinbaren, daß kein Einfluß der Panteen-Kur vorhanden war. Man darf somit annehmen, daß ein solcher Einfluß wirksam war.

Da in diesem Beispiel ebensogut eine Abnahme als eine Zunahme der Reißfestigkeiten hätte eintreten können, wenden wir das Prüfverfahren zweiseitig an.

422 Unterschied zweier Durchschnitte

Auch für das Prüfen des Unterschiedes $\bar{x}' - \bar{x}''$ zwischen zwei Durchschnitten läßt sich die t-Verteilung benützen. Der Durchschnitt $\bar{x}'$ möge aus N_1 Werten x', der Durchschnitt $\bar{x}''$ aus N_2 Werten x'' berechnet sein.

Wir haben dann eine Streuung zu berechnen nach der Formel

$$s^2 = \frac{1}{N_1 + N_2 - 2}\left[\overset{N_1}{\underset{i=1}{S}}(x_i' - \bar{x}')^2 + \overset{N_2}{\underset{i=1}{S}}(x_i'' - \bar{x}'')^2\right], \tag{1}$$

worauf wir das t bestimmen können

$$t = \frac{\bar{x}' - \bar{x}''}{s}\sqrt{\frac{N_1 N_2}{N_1 + N_2}} . \tag{2}$$

Die Zahl der Freiheitsgrade ist $n = N_1 + N_2 - 2$, da wir zum Berechnen von $\bar{x}'$ und von $\bar{x}''$ zwei lineare Beziehungen benötigen.

Beispiel 27. Wachstumswirkung zweier Vitamine (SCHOPFER und BLUMER, 1943).

Für die Myzeltrockengewichte des Pilzes *Trichophyton album* ergaben sich mit Vitamin B_1 und Vitamin H folgende Werte.

Nummer i	Gewicht in mg		
	Ohne Zusatz x_i'	Mit Zusatz von Vitamin	
		B_1 x_i''	H x_i'''
1	18,0	27,0	21,5
2	14,5	34,0	20,5
3	13,5	20,5	19,0
4	12,5	29,5	24,5
5	23,0	20,0	16,0
6	24,0	28,0	13,0
7	21,0	20,0	20,0
8	17,0	26,5	16,5
9	18,5	22,0	17,5
10	9,5	24,5	19,0
11	14,0	34,0	...
12	...	35,5	...
13	...	19,0	...

Man erhält

$$\bar{x}' = 16{,}86, \quad \bar{x}'' = 26{,}19$$

und nach (1)

$$s^2 = 27{,}86, \quad s = 5{,}278$$

und damit nach Formel (2)

$$t = \frac{26{,}19 - 16{,}86}{5{,}278} \sqrt{\frac{11 \cdot 13}{24}}$$

$$t = 4{,}31$$

$$n = N_1 + N_2 - 2 = 22.$$

In der Tafel III finden wir für $n = 22$

$$\text{zu } P = 0{,}05: \quad t = 2{,}074,$$
$$\text{zu } P = 0{,}01: \quad t = 2{,}819,$$
$$\text{zu } P = 0{,}001: t = 3{,}792.$$

Der Wert $t = 4{,}31$ liegt weit außerhalb der Sicherheitsgrenze. Die Wirkung des Vitamins B_1 kann als gesichert gelten.

Prüfen wir noch den Einfluß des Zusatzes von Vitamin H auf das Wachstum. Wir erhalten für den Unterschied zwischen den Durchschnitten $\bar{x}' = 16{,}86$ und $\bar{x}''' = 18{,}75$ ein

$$t = 1{,}09$$

bei $n = 19$. Aus der Tafel III finden wir für 19 Freiheitsgrade

$$\text{zu } P = 0{,}05: t = 2{,}093.$$

Das berechnete $t = 1{,}09$ liegt somit innerhalb der Sicherheitsgrenze. Demnach muß für das Vitamin H eine bloß zufällige Einwirkung angenommen werden.

Die Formeln dieses Abschnitts dürfen nur angewandt werden, wenn die beiden Stichproben voneinander unabhängig sind. Überdies wird vorausgesetzt, daß die beiden Stichproben aus Grundgesamtheiten stammen, deren Standardabweichungen gleich groß sind. Wenn die Standardabweichungen deutlich voneinander abweichen, muß ein anderes Prüfverfahren verwendet werden, wofür wir auf FISHER und YATES (1957) verweisen.

43 Das Prüfen von Streuungen

Wie beim Prüfen von Durchschnitten werden wir zunächst den Fall betrachten, daß eine einzige Stichprobe von N Werten x_i vorliegt. Die aus diesen N Werten berechnete Streuung s^2 können wir mit einem Wert σ^2 vergleichen, der irgendwie, unabhängig von den Beobachtungen gegeben ist. Sodann behandeln wir die Aufgabe, den Unterschied zweier Streuungen zu prüfen, wobei wir voraussetzen, es seien zwei voneinander unabhängige Gruppen von N_1 und N_2 Werten bestimmt worden.

431 Abweichung einer Streuung von ihrem theoretischen Wert

Es seien N Werte x_i gemessen worden. Wir berechnen aus ihnen die Streuung s^2 nach der Formel

$$s^2 = S\,(x_i - \bar{x})^2/(N-1) = S_{xx}/(N-1). \tag{1}$$

Anderseits möge ein Wert σ^2 gegeben sein. Wir wollen die Hypothese prüfen, es seien die N Werte eine zufällige Stichprobe aus einer normalen Grundgesamtheit mit der Streuung σ^2.

Zu diesem Zwecke stellen wir uns vor, es würden aus einer Grundgesamtheit mit der Streuung σ^2 zufallsmäßig Stichproben des Umfangs N gezogen. Für jede dieser Stichproben werde die Streuung s^2 berechnet. Weiter werde für jede Zufallsstichprobe die Größe

$$\chi^2 = (N-1)\,s^2/\sigma^2 = S_{xx}/\sigma^2 \tag{2}$$

berechnet. In 920 wird gezeigt, daß die Häufigkeitsverteilung dieses Ausdrucks für alle Zufallsstichproben nicht vom Wert der Streuung σ^2 abhängt, sondern lediglich vom Freiheitsgrad $n = N - 1$.

Die Tafel II enthält die Werte χ^2_P; von allen Zufallsstichproben von N Werten ergeben $100 \cdot P$ Prozent ein χ^2, das größer oder gleich χ^2_P ist.

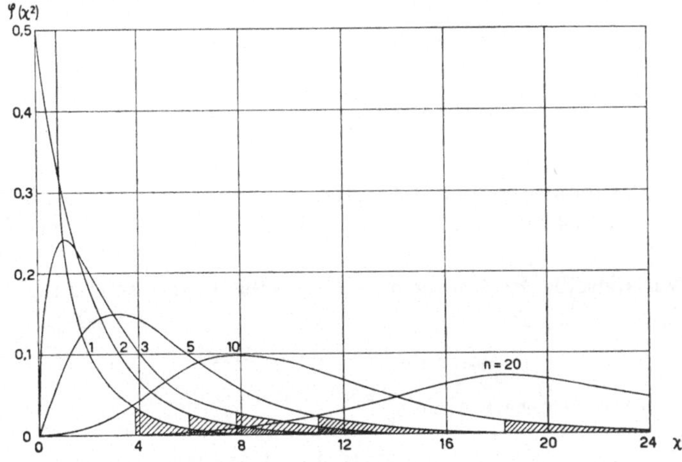

Figur 18

χ^2-Verteilungen für $n = 1, 2, 3, 5, 10$ und 20 mit Sicherheitsgrenzen bei $P = 0,05$

Beispiel 28. Abweichung der Streuung des Wirkungsgrades einer Maschine vom Normalwert der Streuung (F. Rosenfeld, 1939).

Der Wirkungsgrad einer Maschine wurde viermal täglich ermittelt. An 17 Tagen ergaben sich für die vier Messungen folgende Streuungen:

Tag	Standardabweichung s	Streuung s^2	Tag	Standardabweichung s	Streuung s^2
1	5,62	31,58	10	5,32	28,25
2	4,57	20,91	11	5,23	27,34
3	7,59	57,67	12	4,69	22,00
4	5,48	30,00	13	3,70	13,67
5	7,44	55,33	14	5,60	31,34
6	4,51	20,33	15	13,7	187,00
7	1,50	2,25	16	6,86	47,00
8	11,3	127,34	17	3,37	11,34
9	10,4	108,92			

Wir nehmen an, der Normalwert der Streuung belaufe sich auf $\sigma^2 = 27{,}46$.

Von dieser Voraussetzung ausgehend kann man fragen, ob die beobachteten Streuungen wesentlich von $\sigma^2 = 27{,}46$ abweichen. Wenn wir mit der Sicherheitsschwelle $P = 0{,}01$ arbeiten, so erhält man für (2), da $n = N - 1 = 3$, und daher $\chi^2_{0,01} = 11{,}345$:

$$\chi^2_{0,01} = 11{,}345 = (N - 1)\, s^2/\sigma^2 = 3 \cdot s_0^2 \,/27{,}46.$$

Daraus ergibt sich für die Streuung

$$s_0^2 = 11{,}345 \cdot 27{,}46/3 = 103{,}844\,567$$

und für die Standardabweichung

$$s_0 = 10{,}190.$$

In allen Zufallsstichproben von 4 Werten aus einer Grundgesamtheit mit der Streuung $\sigma^2 = 27{,}64$ sind 1 Prozent der Streuungen größer oder gleich $s_0^2 = 103{,}845$.

Führen wir dieselbe Rechnung mit $P = 0{,}99$ durch, so wird $\chi^2_{0,99} = 0{,}115$ und damit

$$\chi^2_{0,99} = 0{,}115 = 3 \cdot s_u^2/27{,}46$$

oder für die untere Grenzstreuung s_u^2

$$s_u^2 = 0{,}115 \cdot 27{,}46/3 = 1{,}052\,633,$$

und die zugehörige Standardabweichung s_u

$$s_u = 1{,}026.$$

In allen Zufallsstichproben von 4 Werten aus einer Grundgesamtheit mit der Streuung $\sigma^2 = 27{,}64$ sind 1 Prozent der Streuungen kleiner oder gleich $s_u^2 = 1{,}053$.

Von den Zufallsstichproben mit 4 Werten aus einer Grundgesamtheit mit der Streuung $\sigma^2 = 27{,}64$ besitzen 98 Prozent eine Streuung zwischen 1,053 und 103,845.

Ein vor allem für die laufende Überwachung der Güte industrieller Erzeugnisse zweckmäßiges Verfahren hat W. A. Shewhart (1931) mit dem sogenannten Kontrollstreifen geschaffen. Im vorliegenden Beispiel handelt es sich um einen Kontrollstreifen für die Standardabweichung s (oder für die Streuung s^2). In der Figur 19 sind die an jedem Tag beobachteten Standardabweichungen als Punkte eingetragen. Der Normalwert zu $\sigma^2 = 27{,}46$ sowie die Grenzwerte $s_u = 1{,}026$ und $s_0 = 10{,}190$ sind als Gerade eingezeichnet. Aus der Figur 19 erkennt man mit einem Blicke, daß die beobachteten Standardabweichungen am 8., 9. und 15. Tag vom Normalwert gesichert abweichen.

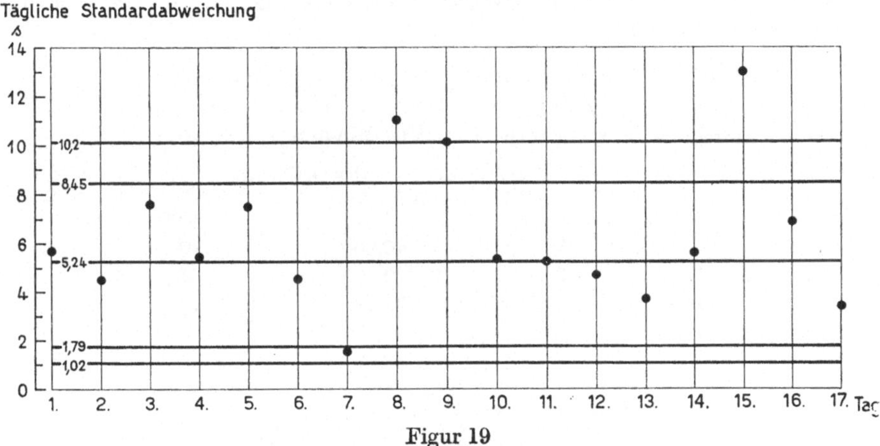

Figur 19
Kontrollstreifen für die Standardabweichung s.

432 Unterschied zweier Streuungen

Aus N_1 beobachteten Werten sei eine Streuung s'^2 berechnet worden und aus einer weiteren Gruppe von N_2 Werten eine Streuung s''^2, wobei s'^2 größer als s''^2 sei. Wie können wir prüfen, ob s'^2 wesentlich größer sei als s''^2? Das Prüfverfahren, das diese Frage beantwortet, wurde von R. A. Fisher (1924 a) entwickelt; ihm liegt der folgende Gedankengang zugrunde.

Geprüft wird die Nullhypothese, daß die Grundgesamtheiten, aus denen die beiden Stichproben stammen, die gleiche Streuung σ^2 aufweisen. Wir denken uns Paare von Stichproben von je N_1 und N_2 Werten zufällig den Grundgesamtheiten entnommen. Für jedes dieser Paare berechnet man die Streuungen s'^2 und s''^2. Man könnte die Unterschiede $s'^2 - s''^2$ untersuchen; Fisher hat aber gefunden, daß man besser die aus N_1 Werten berechnete Streuung s'^2 durch die aus N_2 Werten ermittelte Streuung s''^2 dividiert. Denkt man sich alle Paare von Zufallsstichproben mit N_1 und N_2 Werten, so findet man für jedes solche

Paar ein Verhältnis $F = s'^2/s''^2$ und man kann die Häufigkeitsverteilung von F ermitteln.

Bei den Verteilungen von t und von χ^2 wurden zwei Sicherheits*grenzen* bestimmt, da Abweichungen berechneter Durchschnitte und Streuungen von ihren theoretischen Werten nach oben wie nach unten vorkommen konnten. Für die F-Verteilung kommt dagegen nur ein Sicherheits*punkt* in Betracht, da immer nur gefragt wird, ob s'^2 *größer* sei als s''^2. Die Sicherheitspunkte der F-Verteilung sind in der Tafel IV für verschiedene P, n_1 und n_2 zusammengestellt, wobei n_1 und n_2 die Freiheitsgrade von s'^2 und s''^2 sind.

Wie in späteren Kapiteln dargelegt wird, ergeben sich zahlreiche Anwendungsmöglichkeiten der F-Verteilung. Hier sei daher lediglich ein ganz einfaches Beispiel erörtert.

Beispiel 29. Abhängigkeit der Streuung der Arbeitszeiten von der Arbeitseile (P. FORNALLAZ, 1940).

Aufnahme	Zahl der Messungen N	Durchschnitt x in $^1/_{100}$ Minuten	Streuung s^2
		der Griffzeiten	
1	30	51,97	8,847
2	30	46,80	3,614
3	30	42,43	7,236
4	30	37,53	10,516

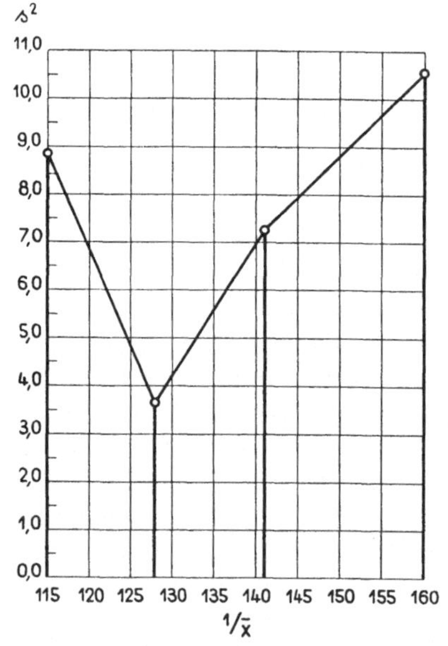

Figur 20

Streuung von Griffzeiten bei verschiedener Arbeitseile

Die Streuung der Griffzeiten nimmt mit zunehmender Arbeitseile zunächst ab, um dann wieder anzusteigen (siehe Figur 20). Kann diese Abnahme und die darauffolgende Zunahme als gesichert betrachtet werden ?

Um die Abnahme der Streuung von der Aufnahme 1 zur Aufnahme 2 zu prüfen, berechnen wir

$$F = 8{,}847/3{,}614 = 2{,}448\,.$$

Dieser Wert von F ist mit dem entsprechenden Sicherheitspunkt aus der Tafel IV zu vergleichen. Die Freiheitsgrade sind $n_1 = 29$ und $n_2 = 29$. Für $P = 0{,}05$ finden wir in der Tafel IV bei $n_1 = 24$ und $n_2 = 29$: $F_{0,05} = 1{,}901$; für $n_1 = \infty$ und $n_2 = 29$: $F_{0,05} = 1{,}638$. Nach der in Abschnitt 82 beschriebenen linearen Interpolation erhalten wir für $n_1 = 29$ und $n_2 = 29$

$$F_{0,05} = 1{,}638 + \frac{24}{29} \cdot 0{,}263 = 1{,}856\,.$$

Mit $P = 0{,}01$ erhalten wir nach demselben Verfahren bei $n_1 = 29$ und $n_2 = 29$

$$F_{0,01} = 2{,}415\,.$$

Das Verhältnis der beiden Streuungen, $F = 2{,}448$ liegt deutlich außerhalb der beiden Sicherheitspunkte. Die Abnahme der Streuungen von der ersten zur zweiten Aufnahme sehen wir als gesichert an.

Für das Verhältnis der dritten zur zweiten Aufnahme erhalten wir

$$F = 7{,}236/3{,}614 = 2{,}002\,,$$

was noch als gesichert angesehen werden darf.

Das Verhältnis der vierten zur dritten Streuung beträgt

$$F = 10{,}516/7{,}236 = 1{,}453\,.$$

Die Zunahme der Streuung von der dritten zur vierten Aufnahme kann nicht als gesichert gelten.

5 DIE STREUUNGSZERLEGUNG

Die Streuungszerlegung kann als eines der allgemeinsten mathematisch-statistischen Verfahren bezeichnet werden. Die im Kapitel 4 besprochenen Methoden lassen sich in der Tat als Sonderfälle der Streuungszerlegung auffassen. Außerdem gibt es aber zahlreiche Probleme, die sich am besten durch die Streuungszerlegung in allgemeinerer Form lösen lassen. Auch dieses statistische Verfahren verdanken wir im wesentlichen R. A. Fisher (1954a).

Im Abschnitt 42 haben wir gezeigt, wie der Unterschied zwischen einem Durchschnitt und seinem theoretischen Wert, sowie der Unterschied zwischen zwei Durchschnitten geprüft werden kann. Wir werden zunächst sehen, daß bei diesen beiden Verfahren der wesentliche Schritt in einer Zerlegung gewisser Streuungen zu finden ist. Gestützt auf diese Erkenntnis wird es dann leicht sein, den allgemeineren Fall des Vergleichs mehrerer Durchschnitte zu behandeln.

Die Streuungszerlegung bildet nicht nur ein wirkungsvolles Hilfsmittel für den Vergleich mehrerer Durchschnitte, sie ist auch dort wertvoll, wo es sich darum handelt, die Anteile bestimmter Ursachen oder Ursachengruppen an der gesamten Streuung von beobachteten Werten auszuscheiden und in ihrer Größe abzuschätzen; diesem Gegenstand wird der Abschnitt 52 gewidmet.

51 Beurteilung der Unterschiede zwischen Durchschnitten

Als einfachsten Fall erörtern wir zuerst das schon in 421 besprochene Problem der Beurteilung des Unterschiedes zwischen einem Durchschnitt und seinem theoretischen Wert von einem etwas anderen Standpunkt aus.

511 Abweichung eines Durchschnitts von seinem theoretischen Wert

Aus einer Stichprobe von N Werten $x_1, x_2, \ldots x_i, \ldots x_N$ ist der Durchschnitt $\bar{x}$ berechnet worden; dieser Durchschnitt sei mit einem theoretischen Wert μ zu vergleichen. Wir prüfen demnach die Hypothese, die Stichprobe sei eine zufällige Stichprobe aus einer normalen Grundgesamtheit mit dem Durchschnitt μ. Die Formel (1) von 421

$$t = \sqrt{N}\,(\bar{x} - \mu)/s$$

gestattet uns zu beurteilen, ob die Abweichung $\bar{x} - \mu$ gesichert von Null verschieden ist. Neben der Abweichung $\bar{x} - \mu$ tritt in der Formel (1) die Streuung s^2 der beobachteten Werte x_i auf. Die Streuung s^2 selbst ist im wesentlichen aufgebaut auf der Summe der Quadrate der Abweichungen der Einzelwerte x_i vom Durchschnitt $\bar{x}$,

$$S_{xx} = \overset{N}{\underset{i=1}{S}}(x_i - \bar{x})^2 .$$

Zwischen der Abweichung $\bar{x} - \mu$ und S_{xx} läßt sich eine einfache Beziehung wie folgt herstellen.

Da

$$x_i - \mu = (x_i - \bar{x}) + (\bar{x} - \mu)$$

und

$$(x_i - \mu)^2 = (x_i - \bar{x})^2 + 2(x_i - \bar{x})(\bar{x} - \mu) + (\bar{x} - \mu)^2$$

hat man

$$S(x_i - \mu)^2 = S(x_i - \bar{x})^2 + 2(\bar{x} - \mu)S(x_i - \bar{x}) + N(\bar{x} - \mu)^2$$

Daraus folgt

$$S(x_i - \mu)^2 = N(\bar{x} - \mu)^2 + S(x_i - \bar{x})^2 . \tag{1}$$

Diese Formel zeigt auf der linken Seite die Summe der Quadrate der Abweichungen der N Einzelwerte x_i vom theoretischen Durchschnitt μ, der grundsätzlich frei gewählt werden kann. Diese Summe der Quadrate hat N Freiheitsgrade, da zwischen den Abweichungen $x_i - \mu$ keinerlei Beziehungen bestehen. Auf der rechten Seite von (1) findet man einerseits $S(x_i - \bar{x})^2 = S_{xx}$, die Summe der Quadrate der Abweichungen der Einzelwerte x_i vom Durchschnitt $\bar{x}$, die bekanntlich (siehe 121) $N - 1$ Freiheitsgrade aufweist. Der Ausdruck $N(\bar{x} - \mu)^2$ kann ebenfalls als eine Summe von Quadraten betrachtet werden, wobei der Freiheitsgrad gleich 1 ist.

Entsprechend der Gleichung (1) für die Summe der Quadrate kann man demnach für die Freiheitsgrade die folgende Beziehung angeben:

$$N = 1 + (N - 1) . \tag{2}$$

Da die Streuung s^2 nach ihrer Definition erhalten wird, indem man $S(x_i - \bar{x})^2$ dividiert durch $N - 1$, kann man nach dem Vorschlag von R. A. FISHER die Streuungszerlegung übersichtlich in folgender Form zusammenstellen.

Streuung	Freiheits-grad	Summe der Quadrate	Durchschnitts-quadrat
Zwischen $\bar{x}$ und μ	1	$N(\bar{x} - \mu)^2$	$N(\bar{x} - \mu)^2$
Rest	$N - 1$	$S(x_i - \bar{x})^2$	s^2
Insgesamt	N	$S(x_i - \mu)^2$	...

In der letzten Spalte ist das Verhältnis der Summe der Quadrate dividiert durch den Freiheitsgrad angegeben. Der Ausdruck $s^2 = S(x_i - \bar{x})^2/(N - 1)$ ist eine Schätzung der Streuung σ^2 der Grundgesamtheit, aus der die Stichprobe nach unseren Annahmen entnommen wurde. Der Ausdruck $N(\bar{x} - \mu)^2$ dagegen kann zwar auch als Schätzung von σ^2 angesehen werden, aber nur wenn die Hypothese zutrifft, daß die Stichprobe aus einer Grundgesamtheit mit dem Durchschnitt μ stammt. Wenn diese Hypothese nicht zutrifft, darf $N(\bar{x} - \mu)^2$ nicht als Schätzung von σ^2 angesehen werden. Daher wurde die letzte Spalte mit „Durchschnittsquadrat" und nicht mit „Streuung" überschrieben.

Vergleichen wir die in der Spalte Durchschnittsquadrat angegebenen Ausdrücke mit der Formel

$$t = \sqrt{N}\,(\bar{x} - \mu)/s$$

so stellen wir unmittelbar fest, daß das Verhältnis der beiden Durchschnittsquadrate

$$N(\bar{x} - \mu)^2/s^2$$

nichts anderes ist als t^2. Die Streuungszerlegung führt also geradewegs zu dem üblichen Prüfverfahren mittels der t-Verteilung. Das t^2 ist aber anderseits nichts anderes als die in 432 eingeführte Größe F mit $n_1 = 1$ und $n_2 = N - 1$.

512 Unterschied zwischen zwei Durchschnitten

Es seien N_1 Werte x_i' und N_2 Werte x_i'' beobachtet worden. Aus der Stichprobe von N_1 Werten ist der Durchschnitt $\bar{x}'$, aus der Stichprobe von N_2 Werten der Durchschnitt $\bar{x}''$ berechnet worden. Zu prüfen ist der Unterschied $\bar{x}' - \bar{x}''$; mit anderen Worten: es ist zu prüfen, ob die beiden Stichproben aus derselben Grundgesamtheit stammen. Diese Frage kann, wie in 422 gezeigt wurde, mittels der Formel

$$t = \frac{\bar{x}' - \bar{x}''}{s}\sqrt{\frac{N_1 N_2}{N_1 + N_2}}$$

beantwortet werden. In dieser Formel wird s gemäß

$$s^2 = [S(x_i' - \bar{x}')^2 + S(x_i'' - \bar{x}'')^2]/(N_1 + N_2 - 2)$$

berechnet.

Den Umfang der vereinigten Stichprobe bezeichnen wir mit N; es ist $N = N_1 + N_2$. Wenn wir ein Element der vereinigten Stichprobe bezeichnen wollen, werden wir x_i schreiben. Der Durchschnitt aus den N Werten x_i sei $\bar{x}$.

Für jede der beiden Stichproben können wir einzeln prüfen, ob sie aus einer Grundgesamtheit mit dem Durchschnitt μ stammt, indem wir gemäß den Ausführungen im Abschnitt 511 für jede der beiden Stichproben die entsprechende Streuungszerlegung durchführen. Wenn man zudem noch die beiden Streuungszerlegungen zusammenzählt, ergibt sich folgendes Bild:

Streuung	1. Stichprobe	2. Stichprobe	Zusammen
	Freiheitsgrad		
Abweichung des Durchschnitts vom theoretischen Wert	1	1	2
Rest	$N_1 - 1$	$N_2 - 1$	$N_1 + N_2 - 2$
Insgesamt	N_1	N_2	$N_1 + N_2$
	Summe der Quadrate		
Abweichung des Durchschnitts vom theoretischen Wert	$N_1(\bar{x}' - \mu)^2$	$N_2(\bar{x}'' - \mu)^2$	$N_1(\bar{x}' - \mu)^2 + N_2(\bar{x}'' - \mu)^2$
Rest	S'_{xx}	S''_{xx}	$S'_{xx} + S''_{xx}$
Insgesamt	$S(x'_i - \mu)^2$	$S(x''_i - \mu)^2$	$S(x_i - \mu)^2$

In dieser Aufstellung bedeuten

$$S'_{xx} = \mathop{S}_{i=1}^{N_1}(x'_i - x')^2 \quad \text{und} \quad S''_{xx} = \mathop{S}_{i=1}^{N_2}(x''_i - x'')^2$$

und in den Summen der letzten Zeile läuft die Summe über i in der letzten Spalte von 1 bis N, in der zweitletzten von 1 bis N_2 und in der drittletzten von 1 bis N_1.

Man kann anderseits die $N = N_1 + N_2$ Werte als eine vereinigte Stichprobe auffassen und fragen, ob ihr Durchschnitt $\bar{x}$ vom theoretischen Wert μ wesentlich abweiche. Auch hier kann eine Streuungszerlegung durchgeführt werden, die sich wie folgt darstellen läßt:

Streuung	Freiheitsgrad	Summe der Quadrate
Abweichung $\bar{x} - \mu$	1	$N(x - \mu)^2$
Rest	$N - 1$	$S(x_i - \bar{x})^2$
Insgesamt	N	$S(x_i - \mu)^2$

Man kann auch hier zur Abkürzung die Bezeichnung

$$S_{xx} = \mathop{S}_{i=1}^{N}(x_i - x)^2$$

wählen.

In dieser Streuungszerlegung befassen wir uns mit der Frage, ob der Durchschnitt $\bar{x}$ der vereinigten Stichprobe vom theoretischen Wert μ wesentlich abweiche. In der vorangehenden Streuungszerlegung dagegen wird gefragt, ob die Durchschnitte $\bar{x}'$ und $\bar{x}''$ der beiden Stichproben vom theoretischen Wert μ abweichen. In beiden Fällen wird dieselbe Summe der Quadrate, nämlich $S(x_i - \mu)^2$ mit $N = N_1 + N_2$ Freiheitsgraden in zwei Teile zerlegt.

Betrachten wir einmal näher den Unterschied der restlichen Streuungen der beiden Streuungszerlegungen, den wir mit D bezeichnen wollen. Es ist

$$D = S_{xx} - (S'_{xx} + S''_{xx}), \tag{1}$$

und da die gleiche Summe der Quadrate in zwei Teile zerlegt wird, muß auch

$$D = N_1(\bar{x}' - \mu)^2 + N_2(\bar{x}'' - \mu)^2 - N(\bar{x} - \mu)^2 \tag{2}$$

sein. Der Freiheitsgrad von D ist gleich 1, wie aus dem Vergleich der beiden Streuungszerlegungen ersichtlich ist. Aus (2) erhält man

$$D = N_1\bar{x}'^2 + N_2\bar{x}''^2 - N\bar{x}^2 - 2\mu(N_1\bar{x}' + N_2\bar{x}'' - N\bar{x}) + \mu^2(N_1 + N_2 - N).$$

Da aber $N_1 + N_2 = N$, sowie

$$N\bar{x} = \mathop{S}_{i=1}^{N} x_i = \mathop{S}_{i=1}^{N_1} x'_i + \mathop{S}_{i=1}^{N_2} x''_i = N_1\bar{x}' + N_2\bar{x}'',$$

fallen die Glieder in μ und μ^2 weg und man findet weiter

$$D = N_1\bar{x}'^2 + N_2\bar{x}''^2 - (N_1 + N_2)\frac{(N_1\bar{x}' + N_2\bar{x}'')^2}{(N_1 + N_2)^2}$$

oder auch

$$D = (N_1^2\bar{x}'^2 + N_1 N_2\bar{x}'^2 + N_1 N_2\bar{x}''^2 + N_2^2\bar{x}''^2 - N_1^2\bar{x}'^2 - 2N_1 N_2\bar{x}'\bar{x}'' - N_2^2\bar{x}''^2)/(N_1 + N_2)$$

und somit

$$D = N_1 N_2(\bar{x}' - \bar{x}'')^2/(N_1 + N_2). \tag{3}$$

Aus dieser Form von D ersieht man, daß D um so größer ist, je stärker $\bar{x}'$ und $\bar{x}''$ voneinander abweichen. Durch Vergleich mit der zu Beginn dieses Abschnitts erwähnten Formel zum Prüfen des Unterschieds zweier Durchschnitte ergibt sich, daß D/s^2 verteilt ist wie t^2 mit $n = N - 2$ oder wie F mit $n_1 = 1$ und $n_2 = N - 2$. Dabei ist s^2 nichts anderes als das Durchschnittsquadrat des Restes in der Streuungszerlegung, welche die Streuungszerlegungen beider Stichproben zusammenfaßt, das heißt

$$s^2 = (S'_{xx} + S''_{xx})/(N_1 + N_2 - 2)$$
$$= \left[\mathop{S}_{i=1}^{N_1}(x'_i - \bar{x}')^2 + \mathop{S}_{i=1}^{N_2}(x''_i - \bar{x}'')^2\right]/(N_1 + N_2 - 2)$$

Setzt man entsprechend unseren früheren Bezeichnungen

$$T_1 = \mathop{S}_{i=1}^{N_1} x'_i, \qquad T_2 = \mathop{S}_{i=1}^{N_2} x''_i, \qquad T = T_1 + T_2 = \mathop{S}_{i=1}^{N} x_i,$$

so kann man für D eine für die numerische Berechnung zweckmäßigere Form finden. Wir gehen dazu aus von der Formel

$$D = N_1 \bar{x}'^2 + N_2 \bar{x}''^2 - N \bar{x}^2$$

und ersetzen darin die Durchschnitte an Hand der Ausdrücke

$$\bar{x}' = T_1/N_1, \qquad \bar{x}'' = T_2/N_2, \qquad \bar{x} = T/N.$$

Dies ergibt

$$D = T_1^2/N_1 + T_2^2/N_2 - T^2/N. \tag{4}$$

Das hier erörterte Verfahren besteht im Grunde aus den folgenden Schritten. Zuerst wird für die vereinigte Stichprobe geprüft, ob der Durchschnitt $\bar{x}$ von seinem theoretischen Wert μ wesentlich abweiche. Die zugehörige Streuungszerlegung ergibt eine restliche Summe der Quadrate S_{xx} mit $N - 1$ Freiheitsgraden. Sodann wird gefragt, ob die Durchschnitte $\bar{x}'$ und $\bar{x}''$ von μ abweichen. In der aus dieser Fragestellung folgenden Streuungszerlegung findet man eine restliche Summe von Quadraten $S'_{xx} + S''_{xx}$ mit $N - 2$ Freiheitsgraden. Der Unterschied $D = S_{xx} - (S'_{xx} + S''_{xx})$ gibt an, um wieviel die restliche Summe der Quadrate sich verringert, wenn man einerseits die beiden Stichproben vereinigt und sie anderseits auseinanderhält. Schließlich wird die Summe der Quadrate D, die den Freiheitsgrad 1 hat, mit der restlichen Streuung $s^2 = (S'_{xx} + S''_{xx})/(N_1 + N_2 - 2)$ verglichen, die man die Streuung innerhalb der beiden Stichproben nennen kann. Dabei wird die Verteilung F mit $n_1 = 1$ und $n_2 = N - 2$ benützt.

Das ganze soeben erörterte Verfahren kann wie folgt zusammengefaßt werden:

Streuung	Freiheits-grad	Summe der Quadrate	Durch-schnitts-quadrat
Zwischen $\bar{x}'$ und $\bar{x}''$	1	$N_1 N_2 (\bar{x}' - \bar{x}'')^2/(N_1 + N_2)$	D
Innerhalb der beiden einzelnen Stichproben	$N - 2$	$S'_{xx} + S''_{xx}$	s^2
Innerhalb der vereinigten Stichprobe	$N - 1$	S_{xx}	...
Zwischen $\bar{x}$ und μ	1	$N(\bar{x} - \mu)^2$	...
Insgesamt	N	$S(x_i - \mu)^2$	...

Da der Wert μ für die Frage nach dem Unterschied zwischen $\bar{x}'$ und $\bar{x}''$ belanglos ist, kann man ihn beliebig wählen; sehr oft wird man $\mu = 0$ setzen. Die beiden letzten Zeilen der obigen Streuungszerlegung werden damit zu an sich unwichtigen Rechengrößen, die wir in der Folge einfach z. B. mit T^2/N und

$S x_i^2$ bezeichnen werden. Wir benützen die Zahlen des Beispiels 27 in Abschnitt 422, um die Anwendung der Streuungszerlegung vorzuführen.

Beispiel 30. Auf Grund der Angaben des Beispiels 27 ist der Unterschied der Durchschnitte $\bar{x}' = 16{,}86$ und $\bar{x}'' = 18{,}75$ zu prüfen (Unterschied der Myzeltrockengewichte eines Pilzes ohne und mit Vitamin H).

Aus den Zahlen von Seite 93 erhält man

$$N_1 = 11 \quad T_1 = S x_i' = 185{,}5 \quad S x_i'^2 = 3\,336{,}25$$
$$N_2 = 10 \quad T_2 = S x_i'' = 187{,}5 \quad S x_i''^2 = 3\,608{,}25$$
$$N = 21 \quad T = S x_i = 373{,}0 \quad S x_i^2 = 6\,944{,}50$$

Daraus ermittelt man

$$N \bar{x}^2 = T^2/N = 373{,}0^2/21 = 6\,625{,}190$$

und

$$D = T_1^2/N_1 + T_2^2/N_2 - T^2/N = 185{,}5^2/11 + 187{,}5^2/10 - 6\,625{,}190$$
$$D = 18{,}640.$$

Damit ergibt sich nachstehende Streuungszerlegung:

Streuung	Freiheits-grad	Summe der Quadrate	Durch-schnitts-quadrat
Zwischen x' und x''	1	18,640	18,640
Innerhalb beider Stichproben	19	300,670	15,825
Insgesamt	20	319,310	...
T^2/N	1	6 625,190	...
$S x_i^2$	21	6 944,500	...

Das Verhältnis $F = 18{,}640/15{,}825 = 1{,}178$ entspricht der F-Verteilung mit $n_1 = 1$ und $n_2 = 19$, wenn beide Stichproben aus derselben Grundgesamtheit stammen. Aus der Tafel IV findet man mit $n_1 = 1$, $n_2 = 19$: $F_{0,05} = 4{,}381$. Es ergibt sich derselbe Schluß wie in 422: die Abweichung zwischen den beiden Durchschnitten ist lediglich zufälliger Art.

513 Unterschiede zwischen mehreren Durchschnitten

Wenn statt zweier Gruppen von Werten deren M gegeben sind, und die Durchschnitte dieser Gruppen untereinander zu vergleichen sind, könnte man daran denken, das im Abschnitt 512 besprochene Verfahren anzuwenden und immer je zwei Durchschnitte miteinander zu vergleichen. Der Nachteil dieses Vorgehens besteht darin, daß bei kleinem Umfang der einzelnen Gruppen die Zahl der Freiheitsgrade für das s^2 niedrig ist und damit der Vergleich recht unsicher werden kann. Diesem Übelstand kann man dadurch begegnen, daß das s^2 auf Grund der Streuung innerhalb aller M Gruppen berechnet wird.

Die Streuungszerlegung erhalten wir durch ein ähnliches Vorgehen wie im Abschnitt 512. Zunächst müssen wir aber die Bezeichnungen etwas abändern, um sie den veränderten Verhältnissen anzupassen.

Es seien M Stichproben gegeben, und zwar mit $N_1, N_2, \ldots N_j, \ldots N_M$ Werten. Da wir wie üblich annehmen, es seien im ganzen N Werte beobachtet worden, besteht die Beziehung

$$\mathop{S}_{j=1}^{M} N_j = N. \tag{1}$$

Den i. Wert in der j. Gruppe bezeichnen wir mit x_{ji}. Die Summe der N_j Werte der j. Gruppe sei T_j, die Summe aller N Werte T; man hat also

$$\mathop{S}_{i=1}^{N_j} x_{ji} = T_j; \qquad \mathop{S}_{j=1}^{M} \mathop{S}_{i=1}^{N_j} x_{ji} = \mathop{S}_{j=1}^{M} T_j = T. \tag{2}$$

Der Durchschnitt $\bar{x}_j$ der N_j Werte x_{ji} in der j. Gruppe ist demnach gegeben durch

$$\bar{x}_j = (\mathop{S}_{i=1}^{N_j} x_{ji})/N_j = T_j/N_j, \tag{3}$$

der Gesamtdurchschnitt $\bar{x}$ aller N Werte durch

$$x = (\mathop{S}_{j=1}^{M} \mathop{S}_{i=1}^{N_j} x_{ji})/N = (\mathop{S}_{j=1}^{M} T_j)/N = T/N, \tag{4}$$

woraus auch die Beziehung folgt

$$N\,x = \mathop{S}_{j=1}^{M} N_j\,x_j. \tag{5}$$

Für jeden der M Durchschnitte $\bar{x}_j$ können wir prüfen, ob er vom Durchschnitt μ der Grundgesamtheit zufällig abweiche, und zwar nehmen wir dazu die nachstehende Streuungszerlegung vor:

Streuung	Freiheits-grad	Summe der Quadrate
Zwischen $\bar{x}_j$ und μ	1	$N_j(\bar{x}_j - \mu)^2$
Rest	$N_j - 1$	S_{xx}^j
Insgesamt	N_j	$\mathop{S}_{i=1}^{N_j} (x_{ji} - \mu)^2$

Dabei bedeutet

$$S'_{xx} = \mathop{S}_{i=1}^{N_j} (x_{ji} - \bar{x}_j)^2 \tag{6}$$

die Summe der Quadrate „innerhalb der j. Gruppe".

Wenn man in den M Streuungszerlegungen, von denen wir die j-te hingeschrieben haben, sowohl die Freiheitsgrade, als auch die Summen der Quadrate in jeder Zeile zusammenzählt, so findet man

Streuung	Freiheitsgrad	Summe der Quadrate
Zwischen $\bar{x}_j$ und μ	M	$\mathop{S}_{j=1}^{M} N_j (\bar{x}_j - \mu)^2$
Rest	$N - M$	$\mathop{S}_{j=1}^{M} S'_{xx}$
Insgesamt	N	$\mathop{S}_{j=1}^{M} \mathop{S}_{i=1}^{N_j} (x_{ji} - \mu)^2$

Man kann auch alle N Werte zu einer Stichprobe vereinigen und prüfen, ob der Gesamtdurchschnitt $\bar{x}$ wesentlich von μ abweiche. Dies geschieht mittels der Streuungszerlegung

Streuung	Freiheitsgrad	Summe der Quadrate
Zwischen $\bar{x}$ und μ	1	$N(\bar{x} - \mu)^2$
Rest	$N - 1$	S_{xx}
Insgesamt	N	$\mathop{S}_{j=1}^{M} \mathop{S}_{i=1}^{N_j} (x_{ji} - \mu)^2$

In den beiden vorangehenden Streuungszerlegungen wird dieselbe Summe der Quadrate von N Freiheitsgraden auf zwei verschiedene Arten in zwei Teile zerlegt. In der ersten der beiden Zerlegungen wird untersucht, ob die M Durchschnitte $\bar{x}_j$ vom Wert μ abweichen; in der zweiten, ob der Gesamtdurchschnitt $\bar{x}$ von μ wesentlich abweiche. Die restliche Summe der Quadrate vermindert sich beim Übergang von der zweiten zur ersten Streuungszerlegung um

$$D = S_{xx} - \mathop{S}_{j=1}^{M} (S'_{xx}) = \mathop{S}_{j=1}^{M} N_j (\bar{x}_j - \mu)^2 - N(\bar{x} - \mu)^2. \tag{7}$$

Durch Ausrechnen erkennt man, daß die Glieder in μ wegfallen, und man schreiben kann

$$D = \mathop{S}_{j=1}^{M} N_j \bar{x}_j^2 - N \bar{x}^2. \tag{8}$$

Dies läßt sich auch schreiben als

$$D = \mathop{S}_{j=1}^{M} N_j\, \bar{x}_j^2 - 2\,N\,\bar{x}^2 + N\,\bar{x}^2;$$

woraus bei Berücksichtigung von (1) folgt:

$$D = \mathop{S}_{j=1}^{M} N_j\, (\bar{x}_j - \bar{x})^2, \tag{9}$$

was man als Summe der Quadrate „zwischen den Gruppen" bezeichnen kann. Je stärker die Gruppendurchschnitte $\bar{x}_j$ voneinander abweichen, um so größer ist die Summe der Quadrate zwischen den Gruppen D.

Für die Summe der Quadrate

$$\mathop{S}_{j=1}^{M} (S_{xx}^{j}) = \mathop{S}_{j=1}^{M}\ \mathop{S}_{i=1}^{N_j} (x_{ji} - \bar{x}_j)^2$$

benützt man den Ausdruck: Summe der Quadrate „innerhalb der Gruppen".

Die vorangehenden Betrachtungen lassen sich in der nachstehenden Streuungszerlegung zusammenfassen:

Streuung	Freiheits-grad	Summe der Quadrate
Zwischen Gruppen	$M-1$	$\mathop{S}_{j=1}^{M} N_j(\bar{x}_j - \bar{x})^2$
Innerhalb Gruppen	$N-M$	$\mathop{S}_{j=1}^{M} (S_{xx}^{j})$
Innerhalb der ver-einigten Stichprobe	$N-1$	S_{xx}
Zwischen $\bar{x}$ und μ	1	$N(\bar{x}-\mu)^2$
Insgesamt	N	$\mathop{S}_{j=1}^{M}\ \mathop{S}_{i=1}^{N_j} (x_{ji}-\mu)^2$

Zu dieser Streuungszerlegung ist zu bemerken, daß der Wert μ belanglos ist für den Vergleich der Durchschnitte $\bar{x}_j$ untereinander. Sodann ergibt sich unter Berücksichtigung von (3) und (4) aus (8) eine praktische Formel zur numerischen Bestimmung der Summe der Quadrate D zwischen den Gruppen:

$$D = \mathop{S}_{j=1}^{M} (T_j^2/N_j) - T^2/N. \tag{10}$$

Weiter ist zu beachten, daß das Verhältnis des Durchschnittsquadrates „zwischen den Gruppen" zu dem „innerhalb der Gruppen" verteilt ist wie F mit $n_1 = M-1$ und $n_2 = N-M$ Freiheitsgraden, sofern alle M Stichproben aus derselben normalen Grundgesamtheit zufällig entnommen sind. Durch Vergleich des berechneten F zu dem der Tafel IV entnommenen Wert $F_{0,05}$ läßt sich entscheiden, ob die Durchschnitte $\bar{x}_j$ voneinander wesentlich abweichen.

Der Wert von μ spielt für die Beurteilung der Unterschiede zwischen den Durchschnitten keine Rolle; er kann somit beliebig gewählt werden; am besten setzt man $\mu = 0$ und erhält dann für die Summe der Quadrate in der letzten und vorletzten Zeile der Streuungszerlegung $SS\ x_{ji}^2$ und $N\ \bar{x}^2 = T^2/N$.

Ein einfaches Beispiel mag das Vorgehen veranschaulichen:

Beispiel 31. Endgewichte von Ratten nach 60 Tagen Versuchsdauer mit sieben Futterarten (CL. PETITPIERRE, persönliche Mitteilung).

Endgewichte von 41 Ratten in Gramm

	I	II	III	IV	V	VI	VII	
	119	123	130	144	159	139	156	
	90	121	163	172	172	146	183	
	102	159	159	165	210	161	146	
	85	138	140	143	171	149	169	
	113	178	121	179	232	124	147	
	136	138	142	146	190	137	...	
Summe	645	857	855	949	1134	856	801	6097
Durchschnitt	107,5	142,8	142,5	158,2	189,0	142,7	160,2	148,7

In erster Linie ist S_{xx} zu berechnen. Wählen wir den vorläufigen Durchschnitt $= 100$, so wird

$$z = x - 100,$$

und

$$S_{xx} = S_{zz} = S z_i^2 - T_z^2/N.$$

Da $N = 41$, $T_z = 1997$ und $S\,z_i^2 = 131\,429$, wird

$$S_{xx} = 131\,429 - 1997^2/41 = 34\,160{,}488.$$

Für die Summe der Quadrate zwischen den Gruppen D findet man nach Formel (10):

$$D = (45^2 + 257^2 + 255^2 + 349^2 + 534^2 + 256^2)/6 + 301^2/5 - 1997^2/41$$
$$= 21\,783{,}688.$$

Die Summe der Quadrate innerhalb der Gruppen ergibt sich als Differenz zwischen den beiden soeben berechneten Größen:

$$34\,160{,}488 - 21\,783{,}688 = 12\,376{,}800.$$

Die Streuungszerlegung — ohne die beiden letzten Zeilen, die lediglich der Erläuterung dienten — sieht demnach so aus:

Streuung	Freiheits-grad	Summe der Quadrate	Durch-schnitts-quadrat
Zwischen Gruppen	6	21 783,688	3 630,615
Innerhalb Gruppen	34	12 376,800	364,024
Insgesamt	40	34 160,488	...

Daraus erhält man für das Verhältnis der Durchschnittsquadrate F

$$F = 3\,630{,}615/364{,}024 = 9{,}97\,.$$

In der Tafel IV findet man für $n_1 = 6$, $n_2 = 30$: $F_{0,001} = 5{,}122$, für $n_1 = 6$, $n_2 = 40$: $F_{0,001} = 4{,}731$. Das berechnete F liegt demnach weit außerhalb der Sicherheitspunkte. Es bestehen also wesentliche Unterschiede zwischen den sieben Durchschnitten.

Um zu beurteilen, welche Durchschnitte voneinander gesichert abweichen, kann man den t-Test verwenden, wie er in 422 beschrieben wurde.

Demnach können wir den Unterschied zweier Durchschnitte mittels der Formel

$$t = \frac{x' - \bar{x}''}{s} \sqrt{\frac{N_1 N_2}{N_1 + N_2}} \tag{11}$$

prüfen. Dabei werden wir

$$s^2 = DQ \text{ (innerhalb der Gruppen)}$$

setzen. Hat man innerhalb jeder Gruppe gleichviel Einzelwerte, so vereinfacht sich die Formel, indem $N_2 = N_1$ und damit

$$t = \frac{\bar{x}' - \bar{x}''}{s\sqrt{2}} \sqrt{N_1} \tag{12}$$

wird. In (11) wie in (12) ist für die t-Verteilung der Freiheitsgrad innerhalb der Gruppen maßgebend.

Um beispielsweise zu prüfen, ob der Unterschied zwischen den Futtergruppen IV und V gesichert ist, haben wir in (12)

$$\bar{x}' = 189{,}0\,, \quad \bar{x}'' = 158{,}2\,, \quad s = \sqrt{364{,}024}\,, \quad N_1 = 6$$

einzusetzen und erhalten

$$t = 2{,}80\,,$$

während mit $n = 34$ ein $t_{0,01} = 2{,}73$ aus der Tafel der Verteilung von t zu entnehmen ist. Der Unterschied zwischen den beiden Gruppen ist somit gesichert.

514 Doppelte Streuungszerlegung

Wenn die Versuchs- oder Beobachtungsergebnisse nach zwei Richtungen gruppiert werden können, genügt die einfache Streuungszerlegung nicht mehr; es stellen sich in diesem Falle besondere Probleme, die wir zunächst in 514.1 für den einfachen Fall besprechen, in welchem in jedem Fach der Tafel gleichviele Werte vorkommen. Der Fall ungleicher Häufigkeiten wird in 514.2 erörtert.

514.1 Gleiche Häufigkeiten

Das folgende Beispiel möge dazu dienen, die Methoden der doppelten Streuungszerlegung zu behandeln.

Beispiel 32. Nadelgewichte in 1/100 g von je 20 dreiwöchigen Föhrensämlingen bei verschiedener Belichtungsdauer und aus verschiedenen Herkunftsorten (R. KARSCHON, 1949).

Herkunftsort	Kurztag	Langtag	Dauer-licht	Summe	Durch-schnitt
Taglieda . . .	25	42	62		
	25	38	55		
	50	80	117	247	41,2
Pfyn	45	62	80		
	42	58	75		
	87	120	155	362	60,3
Rheinau . . .	50	52	88		
	50	62	95		
	100	114	183	397	66,2
Summe	237	314	455	1006	...
Durchschnitt .	39,5	52,3	75,8	...	55,9

Die Frage, die wir im Zusammenhang mit den Zahlen dieses Beispiels stellen, lautet wie folgt: Bestehen Unterschiede in den Nadelgewichten zwischen den drei Belichtungsdauern und zwischen den drei Herkunftsorten? Ist der Unterschied in der Wirkung der Belichtungsdauer derselbe für alle drei Herkunftsorte?

Voraussetzung für die Anwendbarkeit der Streuungszerlegung und des darauf aufgebauten Prüfverfahrens ist hier, daß

a) die beiden Werte in jeder der neun Belichtungsdauer-Herkunft-Klassen als Stichprobe aus einer normalen Grundgesamtheit mit dem Durchschnitt

$$\mu + \beta_j + \gamma_k$$

angesehen werden können (β_1 = Kurztag, β_2 = Langtag, β_3 = Dauerlicht; γ_1 = Taglieda, γ_2 = Pfyn, γ_3 = Rheinau);

b) die Streuung σ^2 in jeder dieser Grundgesamtheiten dieselbe sei; und

c) die einzelnen Beobachtungen voneinander stochastisch unabhängig seien.

Wie die Figur 21 zeigt, ergibt der Langtag durchwegs ein höheres Gewicht als der Kurztag, und das Dauerlicht wieder ein höheres Gewicht als der Langtag.

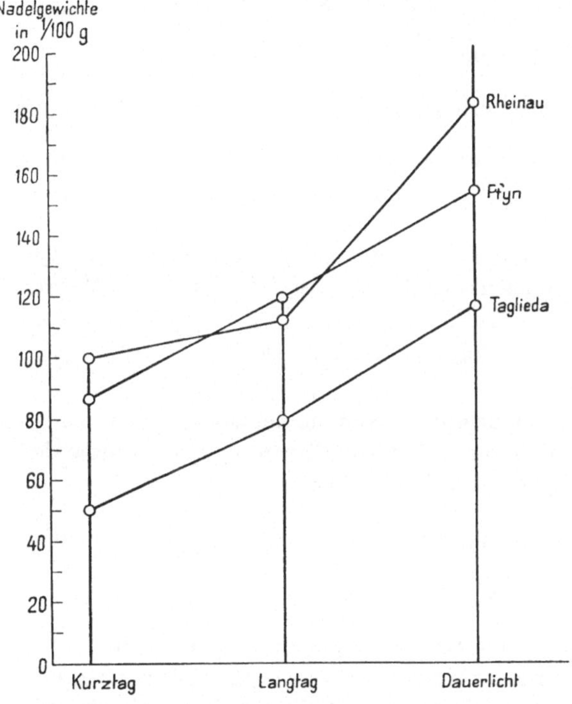

Figur 21

Nadelgewichte von Föhrensämlingen nach Belichtungsdauern und Herkunftsorten.

Die Unterschiede sind für jeden der drei Orte nahezu gleich groß mit einer Ausnahme bei Rheinau, die aber, wie zu zeigen sein wird, den Rahmen des Zufälligen nicht überschreitet.

Man kann zunächst für die 18 Werte mittels einer einfachen Streuungszerlegung die Streuung *innerhalb* der neun Belichtungsdauer-Herkunftsort-Klassen und *zwischen* diesen Klassen ermitteln. Man findet:

Streuung	Freiheits-grad	Summe der Quadrate	Durchschnitts-quadrat
Zwischen den B-H-Klassen	8	6 309,778	788,722
Innerhalb der B-H-Klassen . . .	9	132,000	14,667
Insgesamt	17	6 441,778	...

Am besten berechnet man die drei Summen der Quadrate wie folgt:

$$SQ \text{ (insgesamt)} = 25^2 + 25^2 + 42^2 + 38^2 + \cdots + 88^2 + 95^2 - 1006^2/18$$
$$= 6441{,}778;$$

$$SQ \text{ (zwischen Klassen)} = (50^2 + 80^2 + \cdots + 114^2 + 183^2)/2 - 1006^2/18$$
$$= 6309{,}778.$$

In der Regel pflegt man

$$SQ \text{ (innerhalb)} = SQ \text{ (insgesamt)} - SQ \text{ (zwischen)}$$

zu rechnen. Zu Kontrollzwecken müssen in diesen Fällen die Rechnungen wiederholt werden; am besten läßt man sie durch verschiedene Personen ausführen.

Im vorliegenden Beispiel kann indessen die Summe der Quadrate innerhalb der neun Klassen leicht ermittelt werden, weil mit zwei Werten

$$(y_1 - \bar{y})^2 + (y_2 - \bar{y})^2 = \frac{(y_1 - y_2)^2}{2} \tag{1}$$

ist. Man braucht somit nur die Summe der Quadrate der Differenzen der beiden Werte jeder Klasse durch 2 zu dividieren, um die Summe der Quadrate innerhalb der neun Klassen zu finden. Also:

$$SQ \text{ (innerhalb)} = [(25 - 25)^2 + (42 - 38)^2 + (62 - 55)^2 + \cdots + (88 - 95)^2]/2$$
$$= 132{,}000.$$

Zwischen den neun Klassen ergeben sich 8 Freiheitsgrade. Zwischen den beiden Werten in jeder Klasse hat man je einen Freiheitsgrad, im ganzen innerhalb der Klassen 9 Freiheitsgrade. Zwischen allen 18 Werten sind es 17 Freiheitsgrade.

Wie aus dem Vergleich der Durchschnittsquadrate in der obigen Streuungszerlegung sofort erkennbar ist, sind die Unterschiede zwischen den Klassen stark gesichert. Handelt es sich dabei um Unterschiede zwischen den Belichtungsdauern oder zwischen den Herkunftsorten oder um regellose Unterschiede zwischen einzelnen der neun Klassen?

Entsprechend dem in 513 erörterten Verfahren kann man die Summe der Quadrate sowohl zwischen den Belichtungsdauern als auch zwischen den Herkunftsorten bestimmen.

$$SQ \text{ (Belichtungsdauer)} = (237^2 + 314^2 + 455^2)/6 - 1006^2/18 = 4074{,}111,$$

$$SQ \text{ (Herkunftsorte)} = (247^2 + 362^2 + 397^2)/6 - 1006^2/18 = 2052{,}778.$$

Zu jeder der beiden Summe der Quadrate gehören zwei Freiheitsgrade.

Die Summen der soeben gefundenen Summe der Quadrate und Freiheitsgrade ergeben nicht, wie man meinen könnte, die Summe der Quadrate zwischen den Belichtungsdauer-Herkunftsort-Klassen. Man hat nämlich

Streuung	Freiheits-grade	Summe der Quadrate
Belichtungsdauer . .	2	4 074,111
Herkunftsorte	2	2 052,778
Zusammen	4	6 126,889
Zwischen B-H-Klassen	8	6 309,778
Unterschied	4	182,889

Dieser „Unterschied" mit 4 Freiheitsgraden und einer Summe der Quadrate von 182,889 erweist sich als das Neue an der doppelten Streuungszerlegung im Vergleich zur einfachen. Seine Bedeutung wird uns durch die algebraische Darstellung der verschiedenen Summen der Quadrate erschlossen. Wir wollen sie dadurch vereinfachen, daß wir in jeder Klasse statt zwei nur einen Einzelwert betrachten. Wir werden der Einfachheit halber auch von Zeilen und Spalten sprechen statt von Gruppen der Belichtungsdauern und Herkunftsorte. Wir gehen von nachstehendem Schema aus.

Zeile	Einzelwerte Spalte					Durch-schnitt
	1	2	. . . k	. . .	s	
1	y_{11}	y_{12}	$\cdots$ y_{1k}	$\cdots$	y_{1s}	$\bar{y}_{1\cdot}$
2	y_{21}	y_{22}	$\cdots$ y_{2k}	$\cdots$	y_{2s}	$\bar{y}_{2\cdot}$
.	.	.	.		.	.
.	.	.	.		.	.
.	.	.	.		.	.
j	y_{j1}	y_{j2}	$\cdots$ y_{jk}	$\cdots$	y_{js}	$\bar{y}_{j\cdot}$
.	.	.	.		.	.
.	.	.	.		.	.
.	.	.	.		.	.
z	y_{z1}	y_{z2}	$\cdots$ y_{zk}	$\cdots$	y_{zs}	$\bar{y}_{z\cdot}$
Durchschnitt	$\bar{y}_{\cdot 1}$	$\bar{y}_{\cdot 2}$	$\cdots$ $\bar{y}_{\cdot k}$	$\cdots$	$\bar{y}_{\cdot s}$	$\bar{y}$

Dabei sind die Durchschnitte durch die Beziehungen

$$\left. \begin{aligned} s\,\bar{y}_{j\cdot} &= \mathop{S}_{k=1}^{s} y_{jk}, \qquad z\,\bar{y}_{\cdot k} = \mathop{S}_{j=1}^{z} y_{jk} \\ N\,\bar{y} &= \mathop{S}_{j=1}^{z} \mathop{S}_{k=1}^{s} y_{jk}, \qquad N = s\,z \end{aligned} \right\} \tag{2}$$

bestimmt. Außerdem kann man die Summen der Quadrate zwischen den Spalten, zwischen den Zeilen und insgesamt wie folgt bilden:

$$SQ\ (\text{insgesamt}) = \mathop{S}_{j}\ \mathop{S}_{k} (y_{jk} - \bar{y})^2, \tag{3a}$$

$$SQ\ (\text{Spalten}) \quad = z\ \mathop{S}_{k} (\bar{y}_{.k} - \bar{y})^2, \tag{3b}$$

$$SQ\ (\text{Zeilen}) \quad = s\ \mathop{S}_{j} (\bar{y}_{j.} - \bar{y})^2. \tag{3c}$$

Die zwischen den so definierten Summen der Quadrate bestehenden Beziehungen finden wir unschwer, wenn wir an Stelle von

$$y_{jk} - \bar{y}$$

in (3a) den gleichwertigen Ausdruck

$$(y_{jk} - \bar{y}_{j.} - \bar{y}_{.k} + \bar{y}) + (\bar{y}_{j.} - \bar{y}) + (\bar{y}_{.k} - \bar{y})$$

setzen. Man hat

$$SQ\ (\text{insgesamt}) = \mathop{S}_{j}\ \mathop{S}_{k} (y_{jk} - \bar{y}_{j.} - \bar{y}_{.k} + \bar{y})^2 + \mathop{S}_{j}\ \mathop{S}_{k} (\bar{y}_{j.} - \bar{y})^2 + \mathop{S}_{j}\ \mathop{S}_{k} (\bar{y}_{.k} - \bar{y})^2$$

$$+ 2 \mathop{S}_{j}\ \mathop{S}_{k} (y_{jk} - \bar{y}_{j.} - \bar{y}_{.k} + \bar{y})(\bar{y}_{j.} - \bar{y})$$

$$+ 2 \mathop{S}_{j}\ \mathop{S}_{k} (y_{jk} - \bar{y}_{.j} - \bar{y}_{.k} + \bar{y})(\bar{y}_{.k} - \bar{y})$$

$$+ 2 \mathop{S}_{j}\ \mathop{S}_{k} (\bar{y}_{j.} - \bar{y})(\bar{y}_{.k} - \bar{y}).$$

Es ist aber

$$\mathop{S}_{j}\ \mathop{S}_{k} (\bar{y}_{j.} - \bar{y})^2 = s\ \mathop{S}_{j} (\bar{y}_{j.} - \bar{y})^2 = SQ\ (\text{Zeilen})$$

und entsprechend

$$\mathop{S}_{j}\ \mathop{S}_{k} (\bar{y}_{.k} - \bar{y})^2 = z\ \mathop{S}_{k} (\bar{y}_{.k} - \bar{y})^2 = SQ\ (\text{Spalten}).$$

Ferner ist beispielsweise

$$\mathop{S}_{j}\ \mathop{S}_{k} (y_{jk} - \bar{y}_{j.} - \bar{y}_{.k} + \bar{y})(\bar{y}_{j.} - \bar{y}) = \mathop{S}_{j} (\bar{y}_{j.} - \bar{y}) \left\{ \mathop{S}_{k} (y_{jk} - \bar{y}_{j.} - \bar{y}_{.k} + \bar{y}) \right\}.$$

Nach den Formeln (2) wird

$$\mathop{S}_{k} (y_{jk} - \bar{y}_{j.} - \bar{y}_{.k} + \bar{y}) = s\ \bar{y}_{j.} - s\bar{y}_{j.} - s\ \bar{y} + s\ \bar{y} = 0,$$

und das entsprechende Doppelprodukt fällt weg; dasselbe läßt sich ebenso für die beiden übrigen Summen von Doppelprodukten zeigen. Somit ist

$$SQ\ (\text{insgesamt}) = SQ\ (\text{Spalten}) + SQ\ (\text{Zeilen}) + \mathop{S}_{j}\ \mathop{S}_{k} (\bar{y}_{jk} - \bar{y}_{j.} - \bar{y}_{.k} + \bar{y})^2. \tag{4}$$

Die Summe der Quadrate, die wir als „Unterschied" bezeichneten, ist demnach
eine Summe von Quadraten von Ausdrücken der Form

$$y_{jk} - \bar{y}_{j.} - \bar{y}_{.k} + \bar{y},$$

die wir auch als

$$(y_{jk} - \bar{y}_{j.}) - (\bar{y}_{.k} - \bar{y}) = (y_{jk} - \bar{y}_{.k}) - (\bar{y}_{j.} - \bar{y}) \tag{5}$$

schreiben können.

Wenn

$$y_{jk} - \bar{y}_{j.} = \bar{y}_{.k} - \bar{y} \tag{6a}$$

oder, was dasselbe ist,

$$y_{jk} - \bar{y}_{.k} = \bar{y}_{j.} - \bar{y}, \tag{6b}$$

verschwindet das dritte Glied in (4). Dieses Glied mißt also die Unterschiede der
Abweichungen der Einzelwerte vom Zeilendurchschnitt gegenüber den Abweichungen des entsprechenden Spaltendurchschnitts vom Gesamtdurchschnitt.

Wenn in unserem Beispiel die Belichtungsdauer für die Sämlinge aus den
verschiedenen Herkunftsorten in gleicher Weise wirksam ist, wird der „Unterschied" klein sein. Wenn die Wirkung dagegen von einem Herkunftsort zum
andern wechselt, wird die Summe der Quadrate jenes Unterschieds groß ausfallen. Es ist daher berechtigt, von einer *Wechselwirkung* zwischen Belichtungsdauer und Herkunftsort zu sprechen. Man pflegt dies symbolisch als die Wechselwirkung B · H zu bezeichnen. Der Freiheitsgrad für die Wechselwirkung ist
gleich dem Produkt der Freiheitsgrade der beiden beteiligten Gruppierungen.

Für das Beispiel 32 können wir die ganze Streuungszerlegung zusammenfassend wie folgt darstellen:

Streuung	Freiheits-grad	Summe der Quadrate	Durchschnitts-quadrat
Belichtungsdauer . . .	2	4074,111	2037,056
Herkunftsorte . .	2	2052,778	1026,389
Wechselwirkung B · H .	4	182,889	45,722
Rest	9	132,000	14,667
Insgesamt	17	6441,778	...

In erster Linie kann man prüfen, ob die Wechselwirkung B · H gesichert ist.
Man berechnet

$$F = \frac{45,722}{14,667} = 3,117;$$

mit $n_1 = 4$ und $n_2 = 9$ findet man $F_{0,05} = 3,633$. Die Belichtungsdauern ergeben
demnach für jeden der drei Herkunftsorte im wesentlichen dieselben Unterschiede der Gewichte der Sämlinge; die Voraussetzung der Additivität der Wirkungen von Belichtungsdauer und Herkunftsort ist erfüllt.

Man kann unter diesen Umständen eine neue Reststreuung bilden.

Streuung	Freiheits-grad	Summe der Quadrate	Durchschnitts-quadrat
Wechselwirkung B · H .	4	182,889	...
Rest	9	132,000	...
Zusammen	13	314,889	24,222

Den Einfluß der Belichtungsdauer prüfen wir mittels

$$F = \frac{2037,056}{24,222} = 84,1 \, ,$$

welcher Wert bei $n_1 = 2$, $n_2 = 13$ mit $F_{0,01} = 6,701$ zu vergleichen ist. Wenn die Belichtungsdauer ohne jeden Einfluß wäre, müßte das Verhältnis F der Verteilung von F mit $n_1 = 2$ und $n_2 = 13$ folgen. Da der berechnete Wert $F = 84,1$ den Wert $F_{0,01} = 6,701$ weit überschreitet, ist die Annahme widerlegt, daß zwischen Kurztag, Langtag und Dauerlicht keine Unterschiede bestehen. Wie in 513 kann man mittels des t-Tests die durch die Belichtungsdauern bewirkten Unterschiede im einzelnen prüfen.

Über die Wirkung der Herkunftsorte gibt die Berechnung von

$$F = \frac{1026,389}{24,222} = 42,4$$

und der Vergleich mit $F_{0,01} = 6,701$ ($n_1 = 2$, $n_2 = 13$) Aufschluß. Auch hier ergeben sich wesentliche Unterschiede.

Wenn das Durchschnittsquadrat für die Wechselwirkung wesentlich größer wäre als die Reststreuung, müßte der Einfluß der Belichtungsdauer für jeden Herkunftsort einzeln untersucht werden. Immerhin könnte zu diesem Zwecke die restliche Streuung unverändert beibehalten werden, vorausgesetzt, daß die restlichen Streuungen innerhalb der verschiedenen Herkunftsorte nicht wesentlich voneinander abweichen.

Andererseits könnte man allerdings die Unterschiede zwischen den Belichtungsdauern prüfen, indem man das Durchschnittsquadrat zwischen den Belichtungsdauern mit demjenigen der Wechselwirkung vergleicht. Dabei darf indessen nicht übersehen werden, daß dieses Vorgehen nur als Annäherung betrachtet werden dürfte, da ja nach unserer Annahme der Einfluß der Belichtungsdauer von Ort zu Ort verschieden wäre.

Die beiden Gruppierungen in einer doppelten Streuungszerlegung — in unserem Falle die Belichtungsdauer und der Herkunftsort — werden etwa auch als „Faktoren" bezeichnet.

514.2 Ungleiche Häufigkeiten

Die in 514.1 erörterte Streuungszerlegung kann nicht durchgeführt werden. wenn die Anzahlen der Werte in den einzelnen Fächern der Tafel ungleich sind, Das im folgenden angegebene Verfahren stammt von W. L. STEVENS (1948). Wir behandeln es zunächst am einfachen Beispiel einer doppelten Streuungszerlegung, worauf im Abschnitt 515.2 der allgemeinere Fall besprochen wird.

Beispiel 33. Unterschiede der Stammhöhe von 40—49 jährigen Personen nach Geschlecht und Rasse (R. LANG, 1960).

| Rasse | Anzahl der Personen | | Stammhöhe in cm (− 50) | | | |
| | | | Summen | | Durchschnitte | |
	Männer	Frauen	Männer	Frauen	Männer	Frauen
Walser	$N_{11} = 70$	$N_{21} = 53$	2639	1810	37,7	34,2
Romanen	$N_{12} = 38$	$N_{22} = 17$	1478	595	38,9	35,0
Zusammen	$N_{1.} = 108$	$N_{2.} = 70$	4117	2405	38,1	34,4

Wie ein Blick auf die Durchschnitte lehrt, ist die Stammhöhe bei den Männern rund 3,5 bis 4 cm größer als bei den Frauen, bei den Romanen um rund 1 cm größer als bei den Walsern. Den Geschlechtsunterschied wird man ohne weiteres als gesichert ansehen dürfen. Für den Rassenunterschied kann erst eine statistische Beurteilung zeigen, ob er als gesichert gelten darf.

Nimmt man an, der Geschlechtsunterschied sei für beide Rassen und der Rassenunterschied in beiden Geschlechtern gleich groß, so lassen sich die Durchschnitte der vier Grundgesamtheiten in die folgenden einfachen Formeln fassen, wobei wir in Klammern noch die Bezeichnungen für die Einzelwerte beifügen.

| | Durchschnitte der Grundgesamtheiten (Einzelwerte) | | | |
	Männer		Frauen	
Walser	$\alpha + \beta$	(x_{11i})	α	(x_{21k})
Romanen	$\alpha + \beta + \gamma$	(x_{12j})	$\alpha + \gamma$	(x_{22l})

Dabei bezeichnet γ den Einfluß der Rasse, β den des Geschlechts. Um die Schätzungen von α, β und γ zu finden, verlangen wir, daß die Summe der Quadrate der Abweichungen der Einzelwerte von den Durchschnitten der Grundgesamtheit ein Minimum sei; also

$$\underset{i}{S}\,(x_{11i} - \alpha - \beta)^2 + \underset{j}{S}\,(x_{12j} - \alpha - \beta - \gamma)^2 + \underset{k}{S}\,(x_{21k} - \alpha)^2 + \underset{l}{S}\,(x_{22l} - \alpha - \gamma)^2$$
$$= \text{Minimum.} \tag{1}$$

Die Ableitung nach α ergibt, gleich Null gesetzt:

$$T_{11} - N_{11}(\alpha + \beta) + T_{12} - N_{12}(\alpha + \beta + \gamma) + T_{21} - N_{21}(\alpha) + T_{22} -$$
$$- N_{22}(\alpha + \gamma) = 0;$$

entsprechend ergeben die Ableitungen nach β und nach γ:

$$T_{11} - N_{11}(\alpha + \beta) + T_{12} - N_{12}(\alpha + \beta + \gamma) = 0$$
$$T_{12} - N_{12}(\alpha + \beta + \gamma) + T_{22} - N_{22}(\alpha + \gamma) = 0 .$$

In diesen Gleichungen bedeuten

$$T_{11} = \underset{i}{S}\, x_{11i}, \quad T_{12} = \underset{j}{S}\, x_{12j}, \quad T_{21} = \underset{k}{S}\, x_{21k}, \quad T_{22} = \underset{l}{S}\, x_{22l} .$$

Die Gleichungen lassen sich in die folgende Form bringen:

$$N\alpha + N_{1.}\beta + N_{.2}\gamma = T \tag{2a}$$

$$N_{1.}\alpha + N_{1.}\beta + N_{12}\gamma = T_{1.} \tag{2b}$$

$$N_{.2}\alpha + N_{12}\beta + N_{.2}\gamma = T_{.2} \tag{2c}$$

Für die numerische Auflösung empfiehlt es sich, diese Gleichungen noch etwas umzuformen. Man erhält ein Verfahren zur Bestimmung der Unbekannten, das sich ohne Schwierigkeit auf weit verwickeltere Fälle verallgemeinern läßt.

Wir übernehmen (2b) unverändert und fügen dazu eine Gleichung, die man als Differenz von (2a) und (2b) erhält. Ebenso kann man (2c) unverändert hinsetzen und dazu die Differenz zwischen (2a) und (2c).

$$N_{1.}\alpha + N_{1.}\beta + N_{12}\gamma = T_{1.} \tag{3a}$$

$$N_{2.}\alpha \qquad\qquad + N_{22}\gamma = T_{2.} \tag{3b}$$

$$N_{.2}\alpha + N_{12}\beta + N_{.2}\gamma = T_{.2} \tag{4a}$$

$$N_{.1}\alpha + N_{11}\beta \qquad\quad = T_{.1} \tag{4b}$$

Dividiert man (3a) durch $N_{1.}$ und (3b) durch $N_{2.}$, so erhält man auf der rechten Seite der Gleichungen $\bar{x}_{1.}$ und $\bar{x}_{2.}$, und der Unterschied $\bar{x}_{1.} - \bar{x}_{2.}$ ist offensichtlich eine angenäherte Bestimmung von β, die wir mit b_1 bezeichnen.

Die Gleichungen (4a) und (4b) können wir auch so schreiben:

$$N_{.1}\alpha \qquad\quad = T_{.1} - N_{11}\beta$$
$$N_{.2}\alpha + N_{.2}\gamma = T_{.2} - N_{12}\beta .$$

Setzt man darin für β den vorhin erhaltenen Näherungswert b_1 ein und dividiert die erste Gleichung durch $N_{.1}$, die zweite durch $N_{.2}$, so ergibt die Differenz der rechten Seiten eine Näherung c_1 von γ.

Schreibt man weiter die Gleichungen (3a) und (3b) in der Form

$$N_{1.}\alpha + N_{1.}(\beta - b_1) = T_{1.} - N_{1.}b_1 - N_{12}\gamma$$
$$N_{2.}\alpha \qquad\qquad = T_{2.} \qquad\qquad - N_{22}\gamma$$

und setzt darin an Stelle von γ die Näherung c_1 ein, so findet man nach Division der ersten Gleichung durch N_1. und der zweiten durch N_2. und durch Subtraktion der zweiten Gleichung von der ersten eine zweite Näherung b_2, die zu der ersten hinzukommt.

Dieses Verfahren führt man solange fort, bis die Bestimmung von β und γ genügend genau erscheint. Aus (2a) läßt sich dann auch eine Schätzung a von α ermitteln. In der nachstehenden Übersicht sind für das Beispiel 33 die Berechnungen nach einem Schema durchgeführt, das ebenfalls von STEVENS angegeben wurde.

In diesem Schema sind unter (1) die Häufigkeiten nach dem Geschlecht und der Rasse zusammengestellt. In (2) sind die Summen der um 50 cm verminderten Stammhöhen nach Geschlecht und Rasse zusammengezogen.

Damit die Schätzungen rasch dem Endwert zustreben, beginnt man zweckmäßig mit dem Faktor, welcher die größten Unterschiede zeigt. In unserem Beispiel ist der Geschlechtsunterschied stärker; die Rechnung beginnt daher in (2) mit der Ermittlung eines ersten Geschlechtsunterschiedes, der 3,8 beträgt.

Der nächste Schritt besteht darin, die Totale für (3) zu ermitteln. Es werden

$$4117 + 108\,(-3{,}8) = 3\,706{,}6;$$

$$2405 + 70\,(0{,}0) = 2\,405{,}0;$$

$$4449 + 70\,(-3{,}8) + 53\,(0{,}0) = 4\,183{,}0$$

$$2073 + 38\,(-3{,}8) + 17\,(0{,}0) = 1\,928{,}6$$

Als Probe für die Richtigkeit der Rechnungen stellt man fest, daß

$$3\,706{,}6 + 2\,405{,}0 = 4\,183{,}0 + 1\,928{,}6 = 6\,111{,}6.$$

In (3) berechnet man den Unterschied zwischen den Rassen, der 1,057 beträgt.

Rechenschema zur Anpassung der Konstanten.

Geschlecht			Rasse		
(1) Zusammensetzung der Häufigkeiten					
Männer 108 = 70 + 38			Walser 123 = 70 + 53		
Frauen 70 = 53 + 17			Romanen 55 = 38 + 17		
Totale	Durchschnitte		Totale	Durchschnitte	
(2) Ursprüngliche Totale. Erste Anpassung für Geschlecht.					
4117	38,120	− 3,8	4449		
2405	34,357	0,0	2073		
6522			6522		
(3) Bereinigte Totale. Erste Anpassung für Rasse.					
3706,6			4183,0	34,008	0,000
2405,0			1928,6	35,065	− 1,057
6111,6			6111,6		

Geschlecht		Rasse	
Totale	Durchschnitte	Totale	Durchschnitte
(4) Bereinigte Totale. Zweite Anpassung für Geschlecht.			
3666,434 33,948 + 0,152		4183,000	
2387,031 34,100 0,000		1870,465	
6053,465		6053,465	
(5) Bereinigte Totale. Zweite Anpassung für Rasse.			
3682,850		4193,640 34,095 0,000	
2387,031		1876,241 34,113 − 0,018	
6069,881		6069,881	
(6) Bereinigte Totale. Letzte Anpassung für Geschlecht und Rasse.			
3682,166 34,0941 + 0,0020		4193,640 34,0946 0,0000	
2386,725 34,0961 0,0000		1875,251 34,0955 − 0,0009	
6068,891		6068,891	
(7) Bereinigtes Gesamttotal. Berechnung der gemeinsamen Konstanten.			
Gesamttotal (von 6) 6068,8910			
Bereinigung für Geschlecht + 0,2160			
Bereinigung für Rasse − 0,0495			
Endgültiges Gesamttotal 6069,0575			
Gemeinsame Konstante 6069,0575 : 178 = 34,095829			

Dies ist der erste Näherungswert von γ. Die Totale in (4) werden mittels der ersten Näherung von γ wie folgt erhalten.

$$3706,6 + \ \ 70\,(0,000) + 38\,(-1,057) = 3666,434$$
$$2405,0 + \ \ 53\,(0,000) + 17\,(-1,057) = 2387,031$$
$$4183,0 + 123\,(0,000) \qquad\qquad\quad = 4183,000$$
$$1928,6 \qquad\qquad\quad + 55\,(-1,057) = 1870,465$$

Auch hier gilt die Probe

$$3666,434 + 2387,031 = 4183,000 + 1870,465 = 6053,465.$$

Der Unterschied der Durchschnitte in (4) gibt eine zusätzliche Näherung für den Geschlechtsunterschied β.

Als zusätzliche Näherung für γ erhält man unter (5) einen Wert von 0,018. Diese und die unter (4) erhaltene sind schon so klein, daß die Rechnung nach (5) abgebrochen werden kann. Wenn eine höhere Genauigkeit gewünscht würde, könnten weitere Näherungen angeschlossen werden.

Mit dem Unterschied 0,018 werden die Totale ein letztes Mal neu berechnet und in (6) eingetragen. Die Durchschnitte in (6) ergeben eine letzte zusätzliche Näherung für β als auch für γ.

Es bleibt noch die Schätzung von α zu finden, was in (7) geschieht, indem mit den in (6) erhaltenen letzten Näherungen das Gesamttotal aus (6) bereinigt wird. Man rechnet

$$108 \, (+ 0{,}0020) + 70 \, (\quad 0{,}0000) = + 0{,}2160$$
$$123 \, (\quad 0{,}0000) + 55 \, (- 0{,}0009) = - 0{,}0495$$

und findet damit die endgültige Gesamtsumme, aus welcher der endgültige Gesamtdurchschnitt $+ 34{,}095\,829$ hervorgeht, der einen Schätzungswert von α darstellt.

Für die Konstanten β und γ erhält man Schätzungswerte, indem man die in den einzelnen Schritten gefundenen Werte zusammenzählt, wie dies die folgende Zusammenstellung zeigt:

	Erste	Zweite	Dritte	Summe	Schätzung der Konstanten	Totale
	Anpassung					
Geschlecht M	$-3{,}8$	$+0{,}152$	$+0{,}0020$	$-3{,}6460$	$+\;3{,}6460$	4117
F	$0{,}0$	$0{,}000$	$0{,}0000$	$0{,}0000$	$0{,}0000$	2405
Rasse W	$0{,}000$	$0{,}000$	$0{,}0000$	$0{,}0000$	$0{,}0000$	4449
R	$-1{,}057$	$-0{,}018$	$-0{,}0009$	$-1{,}0759$	$+\;1{,}0759$	2073
Gemeinsame Konstante					$+\,34{,}095829$	6522

Die Schätzungen a, b und c von α, β und γ lauten demnach:

$$a = + 34{,}096 \quad b = + 3{,}646 \quad c = + 1{,}076$$

Daraus ergeben sich die geschätzten Durchschnittswerte.

	Männer	Frauen
Walser	$a + b \quad = 37{,}742$	$a \quad = 34{,}096$
Romanen	$a + b + c = 38{,}818$	$a + c = 35{,}172$

Demgegenüber lauteten die aus den gemessenen Stammhöhen $(- 50 \text{ cm})$ berechneten Durchschnitte

	Männer	Frauen
Walser	$\bar{x}_{11} = 37{,}7$	$\bar{x}_{21} = 34{,}2$
Romanen	$\bar{x}_{12} = 38{,}9$	$\bar{x}_{22} = 35{,}0$

Die Berechnungen der geschätzten Durchschnitte gingen von der Annahme aus, daß Rasse und Geschlecht voneinander unabhängig wirken. Die gute Übereinstimmung zwischen den auf Grund dieser Annahme geschätzten und den berechneten Durchschnitten läßt vermuten, daß die Annahme richtig ist. Um dies zu prüfen, und um gleichzeitig auch zu beurteilen, ob die Konstanten wesentlich von Null abweichen, benützen wir wiederum das Verfahren der Streuungszerlegung.

In erster Linie können wir die Summe der Quadrate zwischen den 178 Einzelwerten in zwei Teile zerlegen, von denen der eine die Summe der Quadrate zwischen den vier Gruppen, der zweite die Summe der Quadrate innerhalb der Gruppen angibt. Die Summe der Quadrate zwischen den Gruppen läßt sich weiter in zwei Teile aufspalten, wovon einer die Summe der Quadrate darstellt, die den Schätzungswerten der Konstanten entspricht. Diese Summe der Quadrate mißt den Einfluß von Geschlecht und Rasse, ohne daß es vorerst möglich wäre, die beiden Einflüsse einzeln zu betrachten. Sie hat zwei Freiheitsgrade, da es sich um zwei Faktoren mit je zwei Klassen handelt. Der restliche Teil der Summe der Quadrate zwischen den Gruppen weist einen einzigen Freiheitsgrad auf; er mißt die Wechselwirkung zwischen Geschlecht und Rasse.

Die Summe der Quadrate der 178 Einzelwerte — es handelt sich dabei immer um die Stammhöhen, von denen 50 cm abgezogen wurden — beläuft sich auf 241 436. Subtrahieren wir davon $T^2/N = 6522^2/178 = 238\,969{,}011$, so ergibt sich die Summe der Quadrate insgesamt als $2\,466{,}989$.

Die Summe der Quadrate zwischen den Gruppen erhält man nach der üblichen Formel

$$\frac{T_{11}^2}{N_{11}} + \frac{T_{12}^2}{N_{12}} + \frac{T_{21}^2}{N_{21}} + \frac{T_{22}^2}{N_{22}} - \frac{T^2}{N} = 645{,}917$$

Die Summe der Quadrate innerhalb der Gruppen folgt durch Subtraktion in üblicher Weise:

$$2\,466{,}989 - 645{,}917 = 1\,821{,}072\,.$$

Die Summe der Quadrate bezüglich der Konstanten ergibt sich nach den Ausführungen über die Regressionsrechnung (siehe die Abschnitte 613 und 924, sowie LINDER, 1959, § 631), indem man von der Summe der Produkte zwischen Konstanten und zugehörigen Totalen den Wert T^2/N subtrahiert. Also in unserem Beispiel:

$4117\,(+3{,}6460) + 2405\,(0{,}0000) + 4449\,(0{,}0000) + 2073\,(+1{,}0759) +$

$+\,6522\,(+34{,}095\,829) - 238\,969{,}011$

$= 644{,}908\,.$

Demnach läßt sich die Streuungszerlegung wie folgt zusammenstellen:

Streuung	Freiheits-grad	Summe der Quadrate	Durchschnitts-quadrat	F
Konstante (Geschl., Rasse)	2	644,908	322,454	31,164
Wechselwirkung	1	1,009	1,009	. . .
Zwischen Gruppen	3	645,917	. . .	. . .
Innerhalb Gruppen	176	1821,072	10,347	. . .
Insgesamt	179	2466,989	. . .	. . .

Das Durchschnittsquadrat für die Konstanten gibt an, daß eine stark gesicherte Wirkung des Geschlechts, oder der Rasse, oder beider zusammen, besteht. Die Wechselwirkung zwischen Geschlecht und Rasse ist nicht gesichert.

Aus der Größe des Geschlechtsunterschiedes darf man ohne weiteres schließen, daß dieser gesichert ist; ob auch der Rassenunterschied auf einen wesentlichen Einfluß zurückgeht, ersehen wir, wenn wir zu der obigen Streuungszerlegung ergänzend eine zweite ausführen, in der wir annehmen, es sei nur das Geschlecht von Belang, wo wir also als Durchschnitte der Grundgesamtheit haben:

	Männer	Frauen
Walser	$\alpha + \beta$	α
Romanen	$\alpha + \beta$	α

Wir haben es mit einer einfachen Streuungszerlegung zu tun, in der lediglich eine Einteilung nach dem Geschlecht beibehalten wird. Die Summe der Quadrate für die Konstanten ist dann gegeben durch

$$\frac{T_{1.}^2}{N_{1.}} + \frac{T_{2.}^2}{N_{2.}} - \frac{T^2}{N} = \frac{4117^2}{108} + \frac{2405^2}{70} - \frac{6522^2}{178} = 601{,}481\,.$$

Die Streuungszerlegung zwischen den Gruppen, auf die es allein ankommt, lautet demnach:

Streuung	Freiheits-grad	Summe der Quadrate	Durchschnitts-quadrat
Konstante (Geschlecht)	1	601,481	601,481
Rest	2	44,436	22,218
Zwischen Gruppen	3	645,917	...

Aus dieser Streuungszerlegung entnehmen wir zunächst, daß das Durchschnittsquadrat für den Geschlechtsunterschied jenen innerhalb der Gruppen bei weitem übertrifft. Es ist also — woran von Anfang an nicht zu zweifeln war — der Geschlechtsunterschied sehr stark gesichert; eine feinere Untersuchung erübrigt sich.

Zur Beurteilung des Rassenunterschiedes vergleichen wir die Summe der Quadrate für die Konstanten in den beiden Streuungszerlegungen. Man hat

Streuung	Freiheits-grad	Summe der Quadrate
Konstante: Geschlecht, Rasse	2	644,908
Konstante: Geschlecht	1	601,481
Unterschied: Rasse	1	43,427

Dieser Unterschied ist mit dem Durchschnittsquadrat innerhalb der Gruppen zu vergleichen, wofür man erhält

$$F = 43{,}427 : 10{,}347 = 4{,}197 \, ,$$

was mit $n_1 = 1$ und $n_2 = 176$ einen bei $P = 0{,}05$ gesicherten Wert ergibt.

Die auf Seite 123 aus den Schätzungswerten a, b, c berechneten Durchschnitte stellen somit die zweckmäßigste Art dar, die Beobachtungen zusammenzufassen.

515 Mehrfache Streuungszerlegung

Die in 513 und 514 angegebenen Verfahren lassen sich ohne weiteres verallgemeinern. Eine unendliche Vielfalt von Problemen kann durch die mehrfache Streuungszerlegung auf das zweckmäßigste untersucht werden. In allen Fällen müssen die Voraussetzungen, die in 513 und 514 genannt wurden, passend verallgemeinert werden.

Entsprechend dem Vorgehen in 514 behandeln wir zuerst den Fall gleicher Häufigkeiten in 515.1 und anschließend in 515.2 den Fall ungleicher Häufigkeiten.

515.1 Gleiche Häufigkeiten

Wir besprechen an einem Beispiel eine dreifache Streuungszerlegung, ohne dabei die notwendigen Voraussetzungen anzugeben. Wer die hier gegebenen einfachen Beispiele nachrechnet, wird leicht imstande sein, auch verwickeltere Streuungszerlegungen durchzuführen.

Beispiel 34. Erweichungsgrad von Teig aus Weizenmehl in 10 Konsistenzeinheiten nach Sorte, Anbauort und Erntejahr (S. WAGNER, 1941).

In erster Linie ermitteln wir die Summe der Quadrate und den Freiheitsgrad insgesamt. Da die Angaben für 6 Weizensorten, 5 Anbauorte und 3 Erntejahre vorliegen, hat man im ganzen 90 Einzelwerte und damit 89 Freiheitsgrade. Für die Summe der Quadrate findet man

$$SQ \text{ (insgesamt)} = 11^2 + 8^2 + 10^2 + \cdots + 7^2 + 7^2 + 9^2 - 746^2/90 = 552{,}489 \, .$$

Als zweites ermitteln wir die Summe der Quadrate bezüglich der Sorten, der Anbauorte und der Ernten sowie die entsprechenden Freiheitsgrade. Man hat

	Summe der Quadrate	Freiheitsgrad
Sorte	$(166^2 + 121^2 + \cdots + 99^2 + 139^2)/15 - 746^2/90 = 249{,}822$	5
Anbauort	$(138^2 + 155^2 + \cdots + 142^2 + 164^2)/18 - 746^2/90 = 24{,}156$	4
Ernte	$(273^2 + 251^2 + 222^2)/30 - 746^2/90 = 43{,}622$	2

Anbauort	Ernte	Sorte						Summe
		A	B	C	D	E	F	
Kloten	1935	11	8	10	6	9	9	53
	1936	11	6	7	7	7	8	46
	1937	11	8	6	2	4	8	39
	S	33	22	23	15	20	25	138
Hallau	1935	11	10	10	8	8	12	59
	1936	12	9	8	4	7	10	50
	1937	9	6	9	5	8	9	46
	S	32	25	27	17	23	31	155
Wildegg. . . .	1935	11	8	9	6	5	10	49
	1936	11	7	9	6	8	11	52
	1937	7	5	10	8	8	8	46
	S	29	20	28	20	21	29	147
Langenthal . .	1935	12	9	10	9	7	9	56
	1936	10	7	6	6	5	7	41
	1937	11	6	7	6	6	9	45
	S	33	22	23	21	18	25	142
Frienisberg . .	1935	14	8	12	6	6	10	56
	1936	15	16	12	5	4	10	62
	1937	10	8	5	7	7	9	46
	S	39	32	29	18	17	29	164
Zusammen . .	1935	59	43	51	35	35	50	273
	1936	59	45	42	28	31	46	251
	1937	48	33	37	28	33	43	222
	S	166	121	130	91	99	139	746

Bis jetzt haben wir lediglich die in 513 entwickelten Verfahren angewandt. Nach 514 lassen sich aber auch die Wechselwirkungen Sorte · Anbauort, Sorte · Ernte und Anbauort · Ernte zahlenmäßig erfassen.

Wechselwirkung Sorte · Anbauort (S · A).

Um die SQ(S · A) zu ermitteln, gehen wir von den Summenzeilen für jeden Anbauort aus. Man berechnet zunächst

$$(33^2 + 22^2 + 23^2 + \cdots + 18^2 + 17^2 + 29^2)/3 - 746^2/90 = 332{,}489 \, .$$

Dies ist eine Summe von Quadraten, die nach 514.1 zerlegt werden kann in eine SQ(Sorten), eine SQ(Anbauorte) und eine SQ(Sorten · Anbauorte). Der Divisor 3 rührt davon her, daß die Werte 33, 22, ..., 17, 29 die Summe von je drei Einzelwerten darstellen. Die SQ(Sorten) und die SQ(Anbauorte) haben wir oben ermittelt; wir finden demnach

$$SQ(\text{Sorte} \cdot \text{Anbauort}) = 332{,}489 - 249{,}822 - 24{,}156 = 58{,}511 \ .$$

Den Freiheitsgrad erhält man als Produkt $5 \cdot 4 = 20$.
   Wechselwirkung Sorte · Ernte (S · E).
   Zunächst ist aus der Summentafel am Fuß von Beispiel 34

$$(59^2 + 43^2 + \cdots + 33^2 + 43^2)/5 - 746^2/90 = 315{,}689$$

zu rechnen und darauf

$$SQ(\text{Sorten} \cdot \text{Ernten}) = 315{,}689 - 249{,}822 - 43{,}622 = 22{,}245 \ .$$

Der entsprechende Freiheitsgrad ist $5 \cdot 2 = 10$.
   Wechselwirkung Anbauort · Ernte (A · E).
   Aus der Summenspalte rechts außen wird

$$(53^2 + 46^2 + \cdots + 62^2 + 46^2)/6 - 746^2/90 = 100{,}156$$

und damit

$$SQ(\text{Anbauort} \cdot \text{Ernte}) = 100{,}156 - 24{,}156 - 43{,}622 = 32{,}378 \ .$$

Der zugehörige Freiheitsgrad beträgt $4 \cdot 2 = 8$.
   Die ganze Streuungszerlegung sieht damit so aus:

Streuung	Freiheits-grad	Summe der Quadrate	Durchschnitts-quadrat
Sorten	5	249,822	49,964
Anbauorte . .	4	24,156	6,039
Ernten	2	43,622	21,811
S · A	20	58,511	2,926
S · E	10	22,245	2,224
A · E	8	32,378	4,047
Rest	40	121,755	3,044
Insgesamt . . .	89	552,489	. . .

Aus den Ausführungen in 514.1 wird man schließen dürfen, daß die restliche Summe der Quadrate, die in der obigen Zusammenstellung als Differenz zwischen der Summe der Quadrate insgesamt und den übrigen SQ berechnet wurde, die Wechselwirkung Sorten · Anbauorte · Ernten darstellt. Dies wird durch eine algebraische Betrachtung, entsprechend der in 514.1 angegebenen, bestätigt. Die restliche Summe der Quadrate wird durch Glieder aufgebaut, welche die folgende Struktur besitzen:

$$y_{sae} - \bar{y}_{sa.} - \bar{y}_{s.e} - \bar{y}_{.ae} + \bar{y}_{s..} + \bar{y}_{.a.} + \bar{y}_{..e} - \bar{y} , \tag{1}$$

was man auch in der Form

$$\{(y_{sae} - \bar{y}_{sa.}) - (\bar{y}_{s.e} - \bar{y}_{s..})\} - \{(\bar{y}_{.ae} - \bar{y}_{.a.}) - (\bar{y}_{..e} - \bar{y})\} \tag{2}$$

schreiben kann, wodurch die Bedeutung der Quadratsumme als Wechselwirkung $S \cdot A \cdot E$ deutlich hervortritt. Die Bezeichnungen lassen sich durch Vergleich mit jenen in 514.1 leicht verstehen; $\bar{y}$ bedeutet den Gesamtdurchschnitt, $\bar{y}_{s..}$ den Durchschnitt für die Sorte s, $\bar{y}_{sa.}$ den Durchschnitt für die Sorte s und den Anbauort a, y_{sae} den Wert für die Sorte s, den Anbauort a und die Ernte e.

Im Beispiel 32 war es möglich, zu prüfen, ob die Wechselwirkung zwischen Herkunftsort und Belichtungsdauer gesicherte Unterschiede hervorrief, weil zu jedem Herkunftsort und jeder Belichtungsdauer zwei Einzelwerte gehörten, zwischen denen eine weder durch den Herkunftsort noch durch die Belichtungsdauer beeinflußte Streuung berechnet werden konnte. Im Beispiel 34 kann dagegen nicht geprüft werden, ob die Wechselwirkung Sorte · Anbauort · Ernte gesichert sei, weil für jede Sorte an jedem Anbauort und bei jeder Ernte nur ein Einzelwert vorliegt.

Mittels der F-Verteilung können wir prüfen, ob die Wechselwirkung $A \cdot E$ gesichert ist gegenüber der Wechselwirkung $S \cdot A \cdot E$. Es ist

$$F = \frac{4{,}047}{3{,}044} = 1{,}3 ,$$

und wenn die Wechselwirkung $A \cdot E$ keine besonderen Unterschiede erzeugen würde, müßte dieses F der Verteilung von R. A. FISHER mit $n_1 = 8$ und $n_2 = 40$ folgen. Für diese Freiheitsgrade ist $F_{0,05} = 2{,}180$, so daß die Annahme bestätigt wird, daß die Wechselwirkung $A \cdot E$ nicht wesentlich stärker ist als die Wechselwirkung $S \cdot A \cdot E$. Dasselbe läßt sich für $S \cdot A$ und $S \cdot E$ nachweisen.

Man kann hier also die genannten Gruppen von Streuungsursachen vereinigen.

Streuung	Freiheits-grade	Summe der Quadrate	Durchschnitts-quadrate
S · A	20	58,511	. . .
S · E	10	22,245	. . .
A · E	8	32,378	. . .
Rest (S · A · E).	40	121,755	. . .
Zusammen . .	78	234,889	3,011

Um festzustellen, ob zwischen den Sorten wesentliche Unterschiede bestehen, berechnen wir

$$F = \frac{49{,}964}{3{,}011} = 16{,}594 ,$$

was zu vergleichen ist mit einem F auf Grund von $n_1 = 5$ und $n_2 = 78$. Mit diesen Freiheitsgraden findet man

$$F_{0,01} = 3{,}25 \,,$$

so daß stark gesicherte Unterschiede zwischen den Sorten bestehen.

Um festzustellen, für welche Sorten der Erweichungsgrad des Teiges wesentlich verschieden ist, können wir die Formel (12) von 513 benützen. Man müßte zu diesem Zwecke die Durchschnitte für alle sechs Sorten berechnen. Statt dessen kann man aber die Formel (12) von 513 so umformen, daß sie für die Summen gilt. In der Tat ist ja

$$\bar{y}' = Sy'/N_1 \quad \text{und} \quad \bar{y}'' = Sy''/N_2 \,.$$

Wenn wir also in jener Formel die Durchschnitte durch die Summen ersetzen, wobei wir die soeben angegebenen Beziehungen berücksichtigen, so erhalten wir

$$t = \frac{S\,y' - S\,y''}{s\,\sqrt{2\,N_1}} \,. \tag{3}$$

Man wird in unserem Beispiel

$$s^2 = 3{,}011 \quad \text{und} \quad n = 78$$

haben, und für $N_1 = N_2$ müssen wir die Zahl der Werte setzen, die für jede Sorte zur Verfügung steht, also

$$N_1 = N_2 = 15 \,.$$

Ein Unterschied ist dann gesichert, wenn das berechnete t größer ist als $t_{0,01} = 2{,}640$; er ist als zufällig zu betrachten, wenn das berechnete t kleiner ist als $t_{0,05} = 1{,}991$. Statt dies für jedes Paar von Sorten nachzurechnen, können wir in (3) die Werte $t_{0,05} = 1{,}991$ und $t_{0,01} = 2{,}640$ einsetzen und die zugehörigen Unterschiede der Summen ausrechnen; man findet

$$(S\,y' - S\,y'')_{0,05} = s\,\sqrt{2\,N_1}\,t_{0,05} = \sqrt{2 \cdot 15 \cdot 3{,}011} \cdot 1{,}991 = 18{,}9 \,,$$

und

$$(S\,y' - S\,y'')_{0,01} = s\,\sqrt{2\,N_1}\,t_{0,01} = \sqrt{2 \cdot 15 \cdot 3{,}011} \cdot 2{,}640 = 25{,}1 \,.$$

Unterschiede zwischen zwei Sorten, die kleiner als 19 sind, werden wir als zufällig, solche die größer als 25 sind, als gesichert ansehen. Beispielsweise hat die Sorte A einen wesentlich größeren Erweichungsgrad als die Sorte B ($S\,y' - S\,y'' = 45$). Der Unterschied zwischen B und C dagegen ist bloß zufällig ($S\,y' - S\,y'' = 9$).

515.2 Ungleiche Häufigkeiten

In 515.1 wurde die mehrfache Streuungszerlegung behandelt, wenn die Zahl der Angaben in jedem Fach der Tafel gleich groß ist; im Gegensatz dazu werden wir hier erörtern, wie man vorgehen muß, wenn die Anzahl der Werte von Fach zu Fach verschieden groß ist. Das in 514.2 benützte Verfahren bewährt sich auch hier.

Wir besprechen das Verfahren an einem Beispiel, wobei es sich um die anthropometrischen Messungen handelt, von denen ein Teil im Beispiel 33 des Abschnittes 514.2 benützt wurde. Für den einfachen Fall der doppelten Streuungszerlegung gaben wir die Ableitung der Rechenvorschriften; bei der nun folgenden mehrfachen Streuungszerlegung begnügen wir uns damit, das Rechenverfahren anzugeben; die theoretische Begründung ist grundsätzlich dieselbe, doch werden die Formeln schwerfälliger, während die Rechenvorschriften leicht zu handhaben sind.

Beispiel 35. Unterschiede der Stammhöhe nach Geschlecht, Rasse und Altersklassen (R. LANG, 1960).

Alters-klasse	Anzahl der Personen				Summen der Stammhöhe (-50cm)			
	Männer		Frauen		Männer		Frauen	
	Walser	Roman.	Walser	Roman.	Walser	Roman.	Walser	Roman.
20—29	32	7	40	15	1255	286	1405	541
30—39	58	15	43	22	2300	607	1516	795
40—49	70	38	53	17	2639	1478	1810	595
50—59	52	23	54	17	1946	866	1826	563
60—69	37	6	27	2	1310	239	870	62
Total	249	89	217	73	9450	3476	7427	2556

Aus diesen Angaben erhalten wir die Durchschnitte der Stammhöhen:

Alters-klasse	Männer		Frauen	
	Walser	Romanen	Walser	Romanen
20—29	89,2	90,9	85,1	86,1
30—39	89,7	90,5	85,3	86,1
40—49	87,7	88,9	84,2	85,0
50—59	87,4	87,7	83,8	83,1
60—69	85,4	89,8	82,2	81,0

Der Unterschied zwischen Männern und Frauen ist deutlich ausgeprägt; zwischen Walsern und Romanen ist er dagegen nicht so eindeutig. Mit zunehmendem Alter scheint die Stammhöhe abzunehmen, allerdings nicht regelmäßig.

Um den Einfluß des Geschlechts, der Rasse und des Alters klar erfassen und die Unterschiede statistisch beurteilen zu können, nehmen wir zunächst an, daß die drei Faktoren voneinander unabhängig wirken. Mit diesen Voraussetzungen berechnen wir vorerst die Konstanten für den Einfluß von Geschlecht, Rasse und Altersklasse. Das Rechenschema ist eine einfache Erweiterung des Schemas von Abschnitt 514.2.

Rechenschema zur Anpassung der Konstanten

Geschlecht	Rasse	Alter

(1) Zusammensetzung der Anzahlen.

Geschlecht	Rasse	Alter
Rasse Alter	Alter Geschlecht	Geschlecht Rasse
$M\ 338 = 249 + 89 = 39 + 73 +$ $+ 108 + 75 + 43$ $F\ 290 = 217 + 73 = 55 + 65 +$ $+ 70 + 71 + 29$	$W\ 466 = 72 + 101 + 123 +$ $+ 106 + 64 = 249 + 217$ $R\ 162 = 22 + 37 + 55 + 40 +$ $+ 8 = 89 + 73$	$2\quad 94 =\ \ 39 + 55 =\ \ 72 + 22$ $3\ 138 =\ \ 73 + 65 = 101 + 37$ $4\ 178 = 108 + 70 = 123 + 55$ $5\ 146 =\ \ 75 + 71 = 106 + 40$ $6\quad 72 =\ \ 43 + 29 =\ \ 64 +\ \ 8$

Geschlecht			Rasse			Alter		
Totale	Durchschnitte		Totale	Durchschnitte		Totale	Durchschnitte	

(2) Ursprüngliche Totale. Erste Anpassung für Geschlecht.

Totale	Durchschnitt	Korr.	Totale	Durchschnitt	Korr.	Totale	Durchschnitt	Korr.
12 926	38,24	− 3,82	16 877			3 487		
						5 218		
						6 522		
9 983	34,42	0,00	6 032			5 201		
						2 481		
———			———			———		
22 909			22 909			22 909		

(3) Bereinigte Totale. Erste Anpassung für Rasse.

Totale	Durchschnitt	Korr.	Totale	Durchschnitt	Korr.	Totale	Durchschnitt	Korr.
						3 338,02		
11 634,84			15 925,82	34,18	+ 0,96	4 939,14		
						6 109,44		
9 983,00			5 692,02	35,14	0,00	4 914,50		
						2 316,74		
———			———			———		
21 617,84			21 617,84			21 617,84		

(4) Bereinigte Totale. Erste Anpassung für Alter.

Totale	Durchschnitt	Korr.	Totale	Durchschnitt	Korr.	Totale	Durchschnitt	Korr.
						3 407,14	36,25	+ 0,24
11 873,88			16 373,18			5 036,10	36,49	0,00
						6 227,52	34,99	+ 1,50
10 191,32			5 692,02			5 016,26	34,36	+ 2,13
						2 378,18	33,03	+ 3,46
———			———			———		
22 065,20			22 065,20			22 065,20		

(5) Bereinigte Totale. Zweite Anpassung für Geschlecht.

Totale	Durchschnitt	Korr.	Totale	Durchschnitt	Korr.	Totale	Durchschnitt	Korr.
						3 429,70		
12 353,77	36,55	− 0,13	17 022,18			5 036,10		
						6 494,52		
10 561,09	36,42	0,00	5 892,68			5 327,24		
						2 627,30		
———			———			———		
22 914,86			22 914,86			22 914,86		

(6) Bereinigte Totale. Zweite Anpassung für Rasse.

Totale	Durchschnitt	Korr.	Totale	Durchschnitt	Korr.	Totale	Durchschnitt	Korr.
						3 424,63		
12 309,83			16 989,81	36,46	− 0,16	5 026,61		
						6 480,48		
10 561,09			5 881,11	36,30	0,00	5 317,49		
						2 621,71		
———			———			———		
22 870,92			22 870,92			22 870,92		

(7) Bereinigte Totale. Zweite Anpassung für Alter.

Totale	Durchschnitt	Korr.	Totale	Durchschnitt	Korr.	Totale	Durchschnitt	Korr.
						3 413,11	36,31	0,00
12 269,99			16 915,25			5 010,45	36,31	0,00
						6 460,80	36,30	+ 0,01
10 526,37			5 881,11			5 300,53	36,30	+ 0,01
						2 611,47	36,27	+ 0,04
———			———			———		
22 796,36			22 796,36			22 796,36		

(8) Bereinigte Totale. Letzte Anpassung für Geschlecht, Rasse und Alter.

Totale	Durchschnitt	Korr.	Totale	Durchschnitt	Korr.	Totale	Durchschnitt	Korr.
						3 413,11	36,310	+ 0,005
12 273,54	36,312	− 0,006	16 920,10	36,309	+ 0,002	5 010,45	36,308	+ 0,007
						6 462,58	36,307	+ 0,008
10 528,94	36,306	0,000	5 882,38	36,311	0,000	5 301,99	36,315	0,000
						2 614,35	36,310	+ 0,005
———			———			———		
22 802,48			22 802,48			22 802,48		

(9) Bereinigtes Gesamttotal. Berechnung der gemeinsamen Konstanten.

Gesamttotal (von 8)	22 802,480
Bereinigung für Geschlecht	− 2,028
Bereinigung für Rasse	+ 0,932
Bereinigung für Alter	+ 3,220
Endgültiges Gesamttotal	22 804,604

Gemeinsame Konstante $22\,804{,}604 : 628 = 36{,}313\,063$

Unter (1) sind die Häufigkeiten in den einzelnen Gruppen zusammengestellt. Die eigentlichen Berechnungen beginnen unter (2), indem der Unterschied der Durchschnitte für Männer und Frauen bestimmt wird. Im übrigen sind in (2) die Totale der Stammhöhen (— 50) nach Geschlecht, Rasse und Alter eingesetzt. Den Kreis der Anpassung der Konstanten beginnen wir mit dem Geschlechtsunterschied, der am deutlichsten ausgeprägt ist. Es empfiehlt sich, mit dem stärksten Unterschied zu beginnen, da dann die Anpassungen am raschesten durchgeführt sind.

Unter (3) sind die Totale mittels des in (2) berechneten Geschlechtsunterschiedes bereinigt. Sodann wird eine erste Anpassung für die Rasse vorgenommen. Unter (4) sind die Totale angegeben, welche mittels der in (3) berechneten Rassenunterschiede bereinigt wurden. In (4) wird die erste Anpassung für die Unterschiede zwischen Altersklassen durchgeführt, die dann zur Bereinigung der Totale in (5) benützt wird.

In (5) beginnen die zweiten Anpassungen, indem wiederum eine Anpassung für das Geschlecht ermittelt wird. Die zweite Folge der Anpassung geht von (5) über (6) bis (7), wobei durchwegs die Größe der Anpassungen bedeutend kleiner ist als in der ersten Folge. Unter (8) wird eine letzte Anpassung für alle drei Faktoren Geschlecht, Rasse und Alter gleichzeitig durchgeführt, wobei drei Stellen nach dem Komma berücksichtigt werden. Die Abnahme der Anpassungen ist derart ausgeprägt, daß sich weitere Anpassungen erübrigen.

Die Schätzungen der Konstanten erhalten wir auch hier, indem wir die in den einzelnen Schritten gefundenen Anpassungen zusammenzählen und daraufhin das Vorzeichen umkehren. Dies geschieht in der folgenden Zusammenstellung:

		Anpassung			Summe	Schätzung der Konstanten	Totale
		Erste	Zweite	Letzte			
Geschlecht	M	— 3,82	— 0,13	— 0,006	— 3,956	+ 3,956	12926
	F	0,00	0,00	0,000	0,000	0,000	9983
Rasse	W	+ 0,96	— 0,16	+ 0,002	+ 0,802	— 0,802	16877
	R	0,00	0,00	0,000	0,000	0,000	6032
Alter	2	+ 0,24	0,00	+ 0,005	+ 0,245	— 0,245	3487
	3	0,00	0,00	+ 0,007	+ 0,007	— 0,007	5218
	4	+ 1,50	+ 0,01	+ 0,008	+ 1,518	— 1,518	6522
	5	+ 2,13	+ 0,01	0,000	+ 2,140	— 2,140	5201
	6	+ 3,46	+ 0,04	+ 0,005	+ 3,505	— 3,505	2481
Gemeinsame Konstante						+ 36,313063	22909

Was läßt sich nun über diese Konstanten aussagen? Weichen sie nur zufällig von Null ab, oder sind die entsprechenden Wirkungen als gesichert anzusehen? Darüber gibt die Streuungszerlegung Aufschluß.

Als erstes können wir die Summe der Quadrate insgesamt berechnen. Die Summe der Quadrate der 628 einzelnen Stammhöhen, von denen jeweils 50 cm abgezogen wurden, beläuft sich auf 844 587. Das Total der 628 Werte beträgt, wie unter (1) angegeben 22 909. Die Summe der Quadrate insgesamt erhält man demnach als

$$SQ\,(\text{insgesamt}) = 844\,587 - 22\,909^2/628 = 8\,882{,}731 \, .$$

Weiter können wir die Summe der Quadrate zwischen und innerhalb der 20 Gruppen berechnen, die durch Geschlecht, Rasse und Alter gebildet werden. Für die Summe der Quadrate zwischen den Gruppen findet man nach den Angaben in der Tafel auf Seite 131:

$$SQ\,(\text{zwischen Gruppen}) = \frac{1255^2}{32} + \frac{2300^2}{58} + \cdots + \frac{563^2}{17} + \frac{62^2}{2} - \frac{22\,909^2}{628}$$
$$= 3\,304{,}161 \, .$$

Für die Summe der Quadrate innerhalb der Gruppen erhält man in der üblichen Weise

$$SQ\,(\text{innerhalb Gruppen}) = 8\,882{,}731 - 3\,304{,}161 = 5\,578{,}570 \, .$$

Die Summe der Quadrate zwischen den Gruppen, die 19 Freiheitsgrade aufweist, läßt sich in zwei Teile zerlegen, einen ersten für die Hauptwirkungen der Faktoren Geschlecht, Rasse und Alter, und einen zweiten für die Wechselwirkungen zwischen diesen Faktoren. Die erste Summe der Quadrate umfaßt 6 Freiheitsgrade, je 1 für Geschlecht und Rasse und 4 für das Alter. Die zweite Summe der Quadrate entspricht 13 Freiheitsgraden, nämlich 1 für die Wechselwirkung GR und je 4 für die Wechselwirkungen GA, RA und GRA. Die Summe der Quadrate für die Hauptwirkungen mit 6 Freiheitsgraden erhält man als Summe der Produkte der Schätzungen mit den entsprechenden Totalen, wovon T^2/N zu subtrahieren ist; also:

$$(+ 3{,}956) \cdot 12\,926 + (0{,}000) \cdot 9983 + \cdots + (- 3{,}505) \cdot 2481 +$$
$$+ (+ 36{,}313\,063) \cdot 22\,909 - 22\,909^2/628 = 3\,172{,}868 \, .$$

Die Summe der Quadrate für die Wechselwirkungen findet man als Differenz der Summe der Quadrate zwischen den Gruppen und der soeben ermittelten.

$$SQ\,(\text{Wechselwirkungen}) = 3\,304{,}161 - 3\,172{,}868 = 131{,}293 \, .$$

Damit haben wir alle Elemente der Streuungszerlegung, die sich wie folgt darstellt:

Streuung	Freiheits-grad	Summe der Quadrate	Durchschnitts-quadrat	F
Faktoren (G, R, A)	6	3172,868	528,811	57,636
Wechselwirkungen	13	131,293	10,099	1,101
Zwischen Gruppen	19	3304,161	. . .	. . .
Innerhalb Gruppen	608	5578,570	9,175	. . .
Insgesamt	627	8882,731	. . .	. . .

Aus dieser Streuungszerlegung lassen sich die Wirkungen der drei Faktoren nicht einzeln, sondern nur gesamthaft beurteilen. Dasselbe gilt für die Wechselwirkungen. Trotz dieser Einschränkung gibt die Streuungszerlegung nützliche Anhaltspunkte; sie zeigt einen ausgesprochenen Einfluß der Hauptwirkungen der Faktoren, während die Wechselwirkungen ohne Belang zu sein scheinen. Aus letzterem darf somit geschlossen werden, daß die Annahme der Unabhängigkeit der Faktoren zutrifft.

Es stellt sich jetzt die Frage, welcher der drei Faktoren Geschlecht, Rasse und Alter, gesicherte Wirkungen ergibt. Um darüber Aufschluß zu erhalten, betrachten wir zunächst den Faktor, der die deutlichste Wirkung erzeugt, nämlich das Geschlecht. Um den Einfluß des Geschlechts statistisch beurteilen zu können, führen wir eine neue Anpassung von Konstanten durch, wobei das Geschlecht außer Acht gelassen wird, also die Angaben für beide Geschlechter durchgehend zusammengeworfen werden. Es ist also lediglich für Rasse und Altersklassen eine Anpassung der Konstanten vorzunehmen. Die Einzelheiten der Rechnungen übergehen wir. Das Ergebnis lautet wie folgt:

		Schätzung der Konstanten	Totale
Rasse	W	− 0,856	16877
	R	0,000	6032
Alter	2	+ 2,506	3487
	3	+ 3,193	5218
	4	+ 1,987	6522
	5	+ 1,000	5201
	6	− 0,025	2481
Gemeinsame Konstante		+ 35,244923	22909

Die zugehörige Streuungszerlegung ergibt folgendes Bild:

Streuung	Freiheitsgrad	Summe der Quadrate	Durchschnittsquadrat
Faktoren (R, A)	5	774,409	154,822
Wechselwirkung $(R \cdot A)$	4	97,952	24,488
Zwischen Gruppen	9	872,361	. . .
Innerhalb Gruppen	618	8010,370	12,962
Insgesamt	627	8882,731	. . .

Ihren vollen Wert gewinnt diese Streuungszerlegung, wenn wir sie mit derjenigen von Seite 134 verbinden. In der Tat läßt sich jene Streuungszerlegung mit Hilfe der soeben gefundenen ausführlicher so darstellen:

Streuung	Freiheits-grad	Summe der Quadrate	Durchschnitts-quadrat	F
Faktoren: Geschlecht	1	2398,459	2398,459	261,412
Rasse, Alter	5	774,409	154,882	16,881
Wechsel- GR, GA, GRA	9	33,341	3,705	...
wirkungen: RA	4	97,952	24,488	2,669
Zwischen Gruppen	19	3304,161	...	...
Innerhalb Gruppen	608	5578,570	9,175	...
Insgesamt	627	8882,731	...	...

Aus den Durchschnittsquadraten und den entsprechenden Werten F kann geschlossen werden, daß der Einfluß des Geschlechts, wie zu erwarten war, sehr stark gesichert ist. Auch die Wechselwirkung von Rasse und Alter ist gesichert, allerdings knapp.

Während das Ergebnis für das Geschlecht vorauszusehen war, kann für die Rasse nicht von vorneherein angenommen werden, daß der Unterschied von 0,8 cm zwischen Walsern und Romanen gesichert ist. Um diese Frage abzuklären, passen wir erneut Konstanten an, diesmal unter Vernachlässigung der Einteilung in Walser und Romanen. Hier sei ebenfalls nur das Ergebnis angeführt:

		Schätzung der Konstanten	Totale
Geschlecht	M	+ 3,973	12926
	F	0,000	9983
Alter	2	+ 3,362	3487
	3	+ 3,625	5218
	4	+ 2,145	6522
	5	+ 1,497	5201
	6	0,000	2481
Gemeinsame Konstante		+ 32,085152	22909

Die zugehörige Streuungszerlegung können wir in Verbindung mit derjenigen von Seite 134 aufstellen wie auf Seite 137 oben.

Die Wirkung der Rasse ist stark gesichert. Zwischen Geschlecht und Alter besteht keine Wechselwirkung.

Aus den beiden letzten Streuungszerlegungen lassen sich schon indirekt Schlüsse ziehen auf die Unterschiede zwischen den Altersklassen. Eine einwandfreie Beurteilung ergibt aber erst die Anpassung der Konstanten bei Ver-

Streuung	Freiheits-grad	Summe der Quadrate	Durch-schnitts-quadrat	F
Faktoren: Rasse	1	72,743	72,743	7.928
Geschlecht, Alter	5	3 100,125	620,025	...
Wechsel- GR, RA, GRA	9	127,039	14,115	1,538
wirkungen GA	4	4,254	1,064	...
Zwischen Gruppen	19	3 304,161	...	...
Innerhalb Gruppen	608	5 578,570	9,175	...
Insgesamt	627	8 882,731	...	...

nachlässigung der Altersgruppierung und die daran anschließende Streuungszerlegung, die wie folgt aussieht:

Streuung	Freiheits-grad	Summe der Quadrate	Durch-schnitts-quadrat	F
Faktoren: Alter	4	786,157	196,539	21,421
Geschlecht, Rasse	2	2 386,711	...	...
Wechsel- GA, RA, GRA	12	128,335	...	...
wirkungen GR	1	2,958	2,958	...
Zwischen Gruppen	19	3 304,161	...	...
Innerhalb Gruppen	608	5 578,570	9,175	...
Insgesamt	627	8 882,731	...	...

Auch der dritte Faktor, das Alter, erweist sich somit als gesichert.

Zusammenfassend läßt sich demnach feststellen, daß die Stammhöhe der
Frauen um 4,0 cm kleiner ist als die der Männer, daß die Romanen eine um
0,8 cm größere Stammhöhe aufweisen als die Walser, und daß die Stammhöhe
in der Altersgruppe 30—39 am höchsten ist und bis zur Altersgruppe 60—69
um 3,5 cm abnimmt. Ausgehend von den Schätzungen der Konstanten auf
Seite 133 kann die mittlere Stammhöhe etwa eines 40—49 jährigen, männlichen
Walsers auf

$$50,000 + 36,313 + 3,956 - 0,802 - 1,518 = 87,949$$

oder 87,9 cm veranschlagt werden. Berechnet man für jede der 20 Gruppen den
entsprechenden Wert, so lassen sich die Ergebnisse unserer Berechnungen in den
folgenden Zahlen zusammenfassen:

Alters-klasse	Durch Anpassung der Konstanten erhaltene Stammhöhen, cm			
	Männer		Frauen	
	Walser	Romanen	Walser	Romanen
20—39	89,2	90,0	85,3	86,1
30—39	89,5	90,3	85,5	86,3
40—49	87,9	88,8	84,0	84,8
50—59	87,3	88,1	83,4	84,2
60—69	86,0	86,8	82,0	82,8

Diese Zahlen können allerdings nur dann als maßgebend betrachtet werden, wenn man die Wechselwirkung zwischen Rasse und Alter, die sich als knapp gesichert herausgestellt hatte, vernachlässigt. Will man diese Wechselwirkung berücksichtigen, so bietet dies keine Schwierigkeit. Man muß in diesem Falle lediglich die Konstanten derart anpassen, daß man die Kombinationen zwischen Rasse und Alter als einen Faktor, das Geschlecht als zweiten Faktor betrachtet.

52 Bestimmung von Streuungskomponenten

Die Streuungszerlegung dient, wie in 51 erörtert wurde, einerseits dazu, festzustellen, ob Durchschnitte voneinander abweichen. Anderseits kann sie auch benützt werden, wenn es gilt, die Streuung nach verschiedenen Ursachengruppen auszugliedern. In 521 behandeln wir zunächst die einfache Streuungszerlegung.

521 Einfache Streuungszerlegung

Wir gehen aus von denselben Bezeichnungen, wie wir sie in 513 eingeführt haben. Es seien demnach N Werte gemessen worden, die in M Gruppen geordnet sind. Den i. Wert der j. Gruppe bezeichnen wir mit x_{ji}, den Durchschnitt der N_j Werte der j. Gruppe mit $\bar{x}_j$ und den Gesamtdurchschnitt aller N Werte mit $\bar{x}$. Die gesamte Summe der Quadrate

$$S_{xx} = \underset{j}{S}\ \underset{i}{S}\ (x_{ji} - \bar{x})^2 \tag{1}$$

läßt sich in eine Summe der Quadrate zwischen den Gruppen und eine solche innerhalb der Gruppen zerlegen, gemäß der Beziehung

$$S_{xx} = \underset{j}{S}\ N_j\ (\bar{x}_j - \bar{x})^2 + \underset{j}{S}\ (S_{xx}^j), \tag{2}$$

wobei

$$S'_{xx} = \underset{i}{S}\,(x_{ji} - \bar{x}_j)^2. \tag{3}$$

Die gesamte Summe der Quadrate hat $N - 1$ Freiheitsgrade, jene zwischen den Gruppen $M - 1$ und die Summe der Quadrate innerhalb der Gruppen $N - M$.

Die Annahmen, unter denen die weiteren Berechnungen erfolgen, lauten dahin, daß die Einzelwerte innerhalb jeder Gruppe aus einer normalen Grundgesamtheit stammen, daß aber weiter auch die einzelnen Gruppen Werte darstellen, die ebenfalls einer normalen Grundgesamtheit entstammen. Etwas genauer ausgedrückt: die Werte x_{ji} denken wir uns wie folgt zusammengesetzt:

$$x_{ji} = \alpha + \beta_j + \gamma_{ji}\,, \tag{4}$$

wobei α eine Konstante, β_j eine normal verteilte zufällige Größe mit Durchschnitt 0 und Standardabweichung σ_1, γ_{ji} ebenfalls normal zufällig verteilt ist mit Durchschnitt 0 und Standardabweichung σ_0. Wie in 933 gezeigt wird, ergibt sich als Erwartungswert für das Durchschnittsquadrat innerhalb der Gruppen der Wert σ_0^2. Für das Durchschnittsquadrat zwischen den Gruppen erhält man als Erwartungswert

$$\sigma_0^2 + \frac{N - (S\,N_j^2)/N}{M - 1}\,\sigma_1^2. \tag{5}$$

Diese Formel läßt sich erheblich vereinfachen, wenn die Anzahl der Einzelwerte in jeder der M Gruppen gleich groß ist. Nennen wir diese Anzahl N_0, so wird

$$N_j = N_0 \quad (j = 1, 2, \ldots M)$$

sowie

$$N = M \cdot N_0$$

und

$$\underset{j}{S}\,N_j^2 = M \cdot N_0^2,$$

und weiter

$$(\underset{j}{S}\,N_j^2)/N = M \cdot N_0^2/N = N_0.$$

Daraus folgt

$$N - (\underset{j}{S}\,N_j^2)/N = N - N_0 = M\,N_0 - N_0$$

$$= N_0\,(M - 1),$$

so daß an Stelle von (5) der Erwartungswert für das Durchschnittsquadrat zwischen den Gruppen gleich

$$\sigma_0^2 + N_0\,\sigma_1 \tag{6}$$

wird.

Man nennt σ_0^2 und σ_1^2 die Streuungskomponenten. Aus der Streuungszerlegung lassen sich Schätzungen der Streuungskomponenten ermitteln, die wir mit s_0^2 und s_1^2 bezeichnen.

Die Schätzung s_0^2 von σ_0^2 ist gleich dem Durchschnittsquadrat innerhalb der

Gruppen. Die Schätzung s_1^2 von σ_1^2 findet man, wenn in jeder Gruppe gleichviel Werte vorhanden sind, indem man

$$s_0^2 + N_0\, s_1^2$$

dem Durchschnittsquadrat zwischen den Gruppen gleichsetzt und für s_0^2 das Durchschnittsquadrat innerhalb der Gruppen einsetzt.

Das folgende, einfache Beispiel zeigt, wie man im einzelnen vorgeht.

Beispiel 36. Ausscheidungswerte der 17-Hydroxy-corticosteroide in mg je 24 Stunden von 16 Frauen im Alter zwischen 20 und 36 Jahren (R. BORTH, persönliche Mitteilung).

An Stelle der Ausscheidungswerte x pflegt man die Werte $z = 100 \log (1 + x)$ zu benützen (BORTH, LINDER und RIONDEL, 1957).

Person	Bestimmung		T_j	Person	Bestimmung		T_j
j	1	2		j	1	2	
1	101	91	192	9	115	111	226
2	90	86	176	10	70	81	151
3	90	103	193	11	78	89	167
4	69	80	149	12	76	79	155
5	106	110	216	13	109	115	224
6	90	94	184	14	102	88	190
7	72	74	146	15	107	109	216
8	86	86	172	16	101	101	202
	...	,..	...		...	...	2959

Für jede Person könnte man beliebig viele Bestimmungen ausführen; die zwei Bestimmungen sind eine Stichprobe aus einer theoretisch unendlichen Grundgesamtheit. Das σ_0 gibt die Standardabweichung der Bestimmungsmethode an. Man darf annehmen, daß σ_0 für alle Personen gleich groß ist. Die 16 Personen können als eine Stichprobe aus einer unendlichen Personengesamtheit aufgefaßt werden. Das σ_1 mißt die Veränderlichkeit zwischen den (transformierten) Ausscheidungswerten, die von den Unterschieden zwischen den Personen herrühren.

Entsprechend den zu Beginn dieses Abschnittes eingeführten Bezeichnungen haben wir in diesem Beispiel

Zahl der Gruppen (Personen)	$M = 16$
Zahl der Einzelwerte (Bestimmungen) in jeder Gruppe	$N_0 = 2$
Gesamtzahl aller Werte	$N = 32$

Die Streuungszerlegung ergibt nach dem in 513 beschriebenen Verfahren folgendes Bild:

Streuung	Freiheits-grad	Summe der Quadrate	Durch-schnitts-quadrat	Erwartungs-wert
Zwischen Personen	15	5499,5	366,6	$\sigma_0^2 + N_0\,\sigma_1^2$
Bestimmungen innerhalb Personen	16	472,5	29,5	σ_0^2
Insgesamt	31	5972,0	...	...

Die Schätzung s_0^2 der Streuungskomponente σ_0^2 wird somit

$$s_0^2 = 29,5,$$

und für die Schätzung s_1^2 von σ_1^2 findet man

$$s_0^2 + 2\,s_1^2 = 366,6$$

und daher

$$s_1^2 = \frac{366,6 - 29,5}{2} = 168,6.$$

Diese Streuungskomponenten sind unter anderem von Nutzen, wenn man feststellen möchte, welches das zweckmäßigste Verhältnis zwischen der Zahl M der Personen und der Zahl N_0 der Bestimmungen je Person ist. Die Aufgabe, diese Zahlen zu ermitteln, stellt sich, wenn der durchschnittliche Ausscheidungswert für eine bestimmte Grundgesamtheit von Personen bei gegebenem Aufwand möglichst genau zu bestimmen ist. In diesem Fall wäre der Erwartungswert der Streuung des Durchschnitts gegeben durch

$$(\sigma_0^2 + N_0\,\sigma_1^2)/N = \frac{\sigma_0{}^2}{M \cdot N_0} + \frac{\sigma_1{}^2}{M}. \tag{7}$$

Für die Kosten der Untersuchungen können wir folgende Annahmen treffen, die in der Regel den Tatsachen gut entsprechen. Wir bezeichnen mit K die Gesamtkosten für die $N = M \cdot N_0$ Bestimmungen; zudem seien k die festen Kosten, die unabhängig von der Anzahl der Untersuchungen anfallen; k_1 seien die Kosten, die durch den Einbezug einer Person, k_0 die Kosten, welche eine einzelne Bestimmung verursacht. Die Gesamtkosten K setzen sich demnach wie folgt zusammen:

$$K = k + M\,(k_1 + N_0\,k_0). \tag{8}$$

Gegeben seien also Schätzungen s_0^2 und s_1^2, sowie der gesamte Aufwand K und die Kostenelemente k, k_0, k_1. Gesucht sind N_0 und M, so daß (7) möglichst klein wird und die Gesamtkosten K betragen. Wenn wir (7) mit $K - k$ multiplizieren, so erhalten wir

$$\left(\frac{\sigma_0{}^2}{M \cdot N_0} + \frac{\sigma_1{}^2}{M}\right)(M\,k_1 + M\,N_0\,k_0), \tag{9}$$

und dieser Ausdruck soll möglichst klein gemacht werden. A. STUART (1954) hat darauf hingewiesen, daß hier der Satz von Cauchy benützt werden kann, der besagt, daß

$$(a_1^2 + a_2^2)\,(b_1^2 + b_2^2) \tag{10}$$

zum Minimum wird, wenn

$$a_1/b_1 = a_2/b_2. \tag{11}$$

Setzen wir $\sigma_0^2/M\,N_0 = a_1^2$, $\sigma_1^2/M = a_2^2$, $M\,N_0\,k_0 = b_1^2$ und $M\,k_1 = b_2^2$, so wird aus der Bedingung (11)

$$\sigma_0^2/M^2\,N_0^2\,k_0 = \sigma_1^2/M^2\,k_1$$

oder

$$N_0 = \frac{\sigma_0}{\sigma_1}\,\sqrt{\frac{k_1}{k_0}}\,. \tag{12}$$

Und schließlich wird aus (8)

$$M = (K - k)/(k_1 + N_0\,k_0). \tag{13}$$

Im Beispiel 36 hatten wir $s_0^2 = 29{,}5$ und $s_1^2 = 168{,}6$ erhalten. Infolgedessen wird

$$s_0/s_1 = 0{,}418\,.$$

Das Kostenverhältnis k_1/k_0 müßte schon recht groß sein, damit es sich lohnen würde, zwei oder mehr Bestimmungen je Person auszuführen.

Wenn dagegen die Streuungskomponenten s_1 zwischen den Gruppen im Verhältnis zur Streuungskomponente s_0 innerhalb der Gruppen klein ist, und wenn dazu noch die Kosten k_1 größer sind als k_0, so kann es sehr wohl vorkommen, daß man mit Vorteil mehrere Werte innerhalb jeder Gruppe wählt.

522 Hierarchische Streuungszerlegung

Eine hierarchische Einteilung liegt dann vor, wenn etwa im vorangehenden Beispiel die Personen aus verschiedenen Landesteilen stammen würden. Man könnte dann Unterschiede zwischen den Landesteilen, zwischen den Personen innerhalb der Landesteile, und endlich zwischen den Bestimmungen innerhalb der Personen ins Auge fassen.

Die Formeln für die Berechnung der Streuungskomponenten sind einfach, wenn die Zahl der Werte auf jeder Stufe für jede Gruppe gleich groß ist, etwa nach folgendem Schema.

Stufe	Elemente	Anzahl	
0	Bestimmungen	N_0	für jede Person;
1	Personen	N_1	für jeden Landesteil;
2	Landesteile	N_2	.

Insgesamt hätten wir $N = N_0 N_1 N_2$ Bestimmungen. Die Streuungszerlegung gestaltet sich wie folgt:

Streuung	Freiheitsgrad	Erwartungswert der Durchschnittsquadrate
Zwischen Elementen 2. Stufe	$N_2 - 1$	$\sigma_0^2 + N_0 \sigma_1^2 + N_0 N_1 \sigma_2^2$
Zwischen Elementen 1. Stufe	$N_2(N_1 - 1)$	$\sigma_0^2 + N_0 \sigma_1^2$
Zwischen Elementen 0. Stufe	$N_1 N_2(N_0 - 1)$	σ_0^2
Insgesamt	$N_0 N_1 N_2 - 1$	$\cdots$

Nachstehendes Beispiel zeigt, wie man bei der Berechnung vorzugehen hat.

Beispiel 37. Wassergehalt von Käse (J. M. CAMERON, 1951)

Der durchschnittliche Wassergehalt von Käse wurde derart bestimmt, daß aus 3 verschiedenen Losen je 2 Käse und aus jedem der Käse je 2 Proben ausgewählt wurden. Um die Rechnungen zu vereinfachen, geben wir nicht den Wassergehalt x in %, sondern $z = 100 \, (x - 35{,}00)$

Käse	Bestimmung	Einzelwerte aus Los		
		1	2	3
1	1	402	74	202
	2	379	41	100
Totale für Käse 1		781	115	302
2	1	396	58	70
	2	401	52	104
Totale für Käse 2		797	110	174
Totale für Los		1 578	225	476
Gesamttotal		$\cdots$	$\cdots$	2 279

Wir betrachten die 3 Lose als eine zufällige Stichprobe aus einer sehr großen Grundgesamtheit von Losen; ebenso werden wir annehmen, jedes Los umfasse eine große Zahl von Laiben, und schließlich könnte aus jedem Käse eine sehr große Zahl von Proben entnommen werden.

Für die Streuungszerlegung findet man zunächst die Summe der Quadrate insgesamt:

$$402^2 + 379^2 + \cdots + 70^2 + 104^2 - 2279^2/12 = 269\,786{,}916.$$

Für die Summe der Quadrate zwischen den Losen findet man

$$(1578^2 + 225^2 + 476^2)/4 - 2279^2/12 = 259\,001{,}167.$$

Weiter berechnen wir die Summe der Quadrate zwischen den Käsen innerhalb der Lose:

$$(781^2 + 797^2 + \cdots + 174^2)/2 - 2279^2/12 - 259\,001{,}167 = 4\,166{,}250,$$

was man auch erhalten könnte gemäß Abschnitt 514.1 durch

$$[(781 - 797)^2 + (115 - 110)^2 + (302 - 174)^2]/4.$$

Endlich ist noch die Summe der Quadrate zwischen den Proben innerhalb der Käse zu ermitteln. Dies geschieht entweder gemäß

$$269\,786{,}917 - 259\,001{,}167 - 4\,166{,}250 = 6\,619{,}500$$

oder aus

$$[(402 - 379)^2 + (396 - 401)^2 + \cdots + (70 - 104)^2]/2$$

Die Streuungszerlegung sieht demnach so aus:

Streuung	Freiheits-grad	Summe der Quadrate	Durch-schnitts-quadrat	Erwartungswerte
Zwischen Losen	2	259 001	129 500	$\sigma_0^2 + 2\,\sigma_1^2 + 4\,\sigma_2^2$
Zwischen Käsen	3	4 166	1 389	$\sigma_0^2 + 2\,\sigma_1^2$
Zwischen Proben	6	6 620	1 103	σ_0^2
Insgesamt	11	269 787	...	

Man findet daher

$$
\begin{aligned}
s_0^2 &= 1\,103 \\
s_1^2 &= (1\,389 - 1\,103)/2 = 143 \\
s_2^2 &= (129\,500 - 1\,389)/4 = 32\,028
\end{aligned}
$$

Auch wenn bei der kleinen Anzahl von Werten die Streuungskomponenten nicht besonders genau bestimmt sind, so ersieht man doch, daß die Unterschiede zwischen den Losen stark ins Gewicht fallen.

523 Mehrfache Streuungszerlegung

Die Berechnung der Streuungskomponenten läßt sich in allgemeineren Streuungszerlegungen unschwer durchführen, vorausgesetzt, daß alle in Betracht fallenden Einflüsse als Zufallsstichproben aus unendlichen Grundgesamtheiten angesehen werden können. Wir erörtern hier nur noch ein Beispiel, aus dem die allgemeinen Regeln leicht ersichtlich sind, an die man sich zu halten hat.

Beispiel 38. Reizschwellen des Patellarsehnenreflexes bei 6 Personen, gemessen an 7 Tagen (GRANDJEAN und LINDER, 1947).

Die Meßwerte x, die üblicherweise in cm je g gemessen werden, wurden logarithmiert entsprechend der Formel

$$z = 100\,(\log x) - 200.$$

Von jeder der 6 Personen wurden an jedem der 7 Tage mehrere Messungen kurz aufeinanderfolgend genommen, von denen wir nur 4 berücksichtigen, um nicht eine zu umfangreiche Tafel zu erhalten.

Man darf voraussetzen, daß die 6 Personen eine zufällige Stichprobe aus einer theoretisch unendlich großen Personengesamtheit bilden, ebenso die 7 Tage eine Stichprobe aus einer unendlichen Grundgesamtheit, und schließlich sind auch die vier Meßwerte eine Stichprobe aus einer theoretisch unendlich großen Gesamtheit.

Person	Tag							
	1	2	3	4	5	6	7	
A	76	93	66	54	25	54	66	
	76	85	93	54	54	66	66	
	85	66	76	66	41	66	66	
	76	76	85	66	41	54	66	
	313	320	320	240	161	240	264	1858
B	76	76	66	100	76	85	85	
	76	76	66	113	76	85	76	
	85	85	66	119	76	76	66	
	76	85	62	93	76	76	76	
	313	322	260	425	304	322	303	2249
C	113	76	100	113	119	113	113	
	100	85	107	113	130	113	113	
	113	76	107	100	100	113	113	
	107	54	93	125	113	119	113	
	433	291	407	451	462	458	452	2954
D	76	6	25	6	25	25	5	
	66	6	6	6	25	25	25	
	66	41	6	6	25	25	5	
	66	6	6	25	25	25	5	
	274	59	43	43	100	100	40	659
E	76	93	66	41	5	25	5	
	66	100	76	54	25	41	25	
	66	93	54	54	25	54	5	
	66	93	93	76	25	41	5	
	274	379	289	225	80	161	40	1448
F	134	113	107	107	5	66	76	
	100	113	113	119	41	66	66	
	134	139	119	66	54	85	76	
	113	125	119	66	54	85	76	
	481	490	458	358	154	302	294	2537
	2088	1861	1777	1742	1261	1583	1393	11705

Die Streuungszerlegung läßt sich nach den in Abschnitt 515.1 erörterten Regeln durchführen. Man erhält

Streuung	Freiheits-grad	Summe der Quadrate	Durch-schnitts-quadrat	Erwartungswert
Zwischen Tagen	6	19974	3329	$\sigma_M^2 + 4\,\sigma_{TP}^2 + 24\,\sigma_T^2$
Zwischen Personen	5	120326	24065	$\sigma_M^2 + 4\,\sigma_{TP}^2 + 28\,\sigma_P^2$
Wechselwirkung				
$\quad$ T · P	30	49554	1652	$\sigma_M^2 + 4\,\sigma_{TP}^2$
Meßwerte	126	14147	112	σ_M^2
Insgesamt	167	204001	...	

Die Faktoren für die Streuungskomponenten im Erwartungswert des Durchschnittsquadrates erhält man durch die Überlegung, daß die Totale, aus denen die Wechselwirkung $T \cdot P$ bestimmt wird, 4 Einzelwerte enthalten, die Personentotale 28 und die Tagestotale 24 Einzelwerte.

Die Schätzungen der Streuungskomponenten lauten demnach

$$
\begin{aligned}
s_M^2 &&&= 112 \\
s_{TP}^2 &= (1652 - 112)/4 && = 385 \\
s_P^2 &= (24065 - 1652)/28 &&= 800 \\
s_T^2 &= (3329 - 1652)/24 && = 70
\end{aligned}
$$

Bemerkenswert ist die hohe Streuungskomponente für die Wechselwirkung zwischen Personen und Tagen; am größten ist die Streuungskomponente für die Personen. Die Streuungskomponenten leisten nützliche Dienste, wenn neue Versuche geplant werden müssen. Es sind dabei ähnliche Überlegungen anzustellen, wie im Abschnitt 521.

6 ABHÄNGIGKEITEN ZWISCHEN MESSBAREN MERKMALEN

Im Kapitel 3 wurde gezeigt, wie Abhängigkeiten bei qualitativen Merkmalen mittels χ^2 untersucht werden können. Bei quantitativen — oder meßbaren — Merkmalen kommt man ebenfalls oft in die Lage, Abhängigkeiten zu untersuchen. Je nach der Frage, die zu beantworten ist, muß man zu verschiedenen Verfahren greifen, die wir in diesem Kapitel erläutern werden. Als erstes wenden wir uns in 61 den Verfahren der Regressions- und der Korrelationsrechnung zu.

61 Regression und Korrelation

Die Abhängigkeit zwischen meßbaren Merkmalen kann verschiedener Art sein; wir beschränken uns hier darauf, zwei Möglichkeiten zu erörtern.

In erster Linie können sich Abhängigkeiten in *Versuchen* ergeben; so etwa, wenn der Bremsweg von Automobilen in Abhängigkeit von der Fahrgeschwindigkeit untersucht wird. Man kann in diesem Falle die Geschwindigkeit als die *unabhängige*, den Bremsweg als die *abhängige* Veränderliche bezeichnen. Wenn Versuche angestellt werden, so ergeben sich für eine bestimmte Geschwindigkeit verschiedene Bremswege; zu jeder Geschwindigkeit kann man sich eine Grundgesamtheit von Bremswegen vorstellen. Die Durchschnitte dieser Grundgesamtheiten liegen auf einer Kurve, die man die Regressionslinie nennt. In unserem Beispiel gibt die Regressionslinie die Gesetzmäßigkeit dafür, wie der Bremsweg von der Geschwindigkeit abhängt. Wenn man die Regressionslinie bestimmen will, genügt es, zu einer gewissen Anzahl von willkürlich ausgewählten Geschwindigkeiten die Bremswege durch Versuche festzustellen. Die Form der Regressionslinie zwischen Bremsweg und Geschwindigkeit wird nicht verfälscht dadurch, daß wir einzelne Geschwindigkeiten nicht in den Versuch einbeziehen. Wenn man dagegen gewisse Werte des Bremsweges ausschaltet, so verändert man damit im allgemeinen gleichzeitig die Form der Regressionslinie. Es ist also in einem derartigen Versuch darauf zu achten, daß nicht etwa alle kurzen Bremswege weggelassen werden, denn dadurch würde die Form der Regressionslinie abgeändert.

Abhängigkeiten von der soeben erwähnten Art findet man ebenfalls, wenn man beispielsweise die Abhängigkeit der Körpermaße vom Alter untersucht.

Einer anderen Art von Abhängigkeiten begegnet man in den verschiedensten Gebieten, wo Beobachtungen gemacht werden, bei denen mehrere Merkmale gemessen werden. Als Beispiel diene etwa die Abhängigkeit, die zwischen Körpergröße und Gewicht gleichaltriger Personen besteht. In diesem Falle stellt man zunächst fest, daß große Personen in der Regel schwer sind, kleine dagegen leicht. Es besteht also offensichtlich eine Abhängigkeit, die sich auch darin zeigt, daß kleine Personen selten sehr schwer, oder große Personen selten sehr leicht sind. Aber diese Abhängigkeit unterscheidet sich von der vorhin erörterten. Zunächst ist nicht auszumachen, ob das Gewicht oder die Körpergröße die unabhängige Veränderliche ist. Beide Merkmale sind gleichwertig; man kann nicht die eine als ursächlich für die andere ansehen. In einem derartigen Beispiel kann man die Regression der Körpergröße bezogen auf das Gewicht berechnen, aber ebensogut die Regression des Gewichtes bezüglich der Körpergröße. Die erste würde man benützen, wenn man vom Gewicht auf die Körpergröße schließen will, die zweite, wenn aus der Körpergröße auf das Gewicht geschlossen werden soll. Beide Schlußweisen sind möglich und können berechtigt sein. Des weiteren unterscheidet sich diese Art der Abhängigkeitsbeziehung von der erstgenannten dadurch, daß jede Willkür in der Auswahl der Werte die wirkliche Beziehung verfälscht. Um die Beziehungen dieser Art erschöpfend zu beschreiben, genügt eine einzelne Regressionslinie nicht; wie wir in 612 zeigen, muß die Beschreibung zum mindesten durch die Berechnung der Bestimmtheit oder Korrelation ergänzt werden.

Im Abschnitt 611 behandeln wir zunächst Abhängigkeiten der erstgenannten Art, wo die Regressionslinie im Vordergrund der Untersuchungen steht; dabei beschränken wir uns auf die Beziehung der abhängigen zu einer einzigen unabhängigen Veränderlichen — der Fall mehrerer Veränderlicher wird in 613 erörtert. Wir betrachten in 611 nur die lineare Regression, wo die Regressionslinie also eine Gerade ist; die nichtlineare Regression folgt in 614.

611 Einfache lineare Regression

611.1 Grundbegriffe

Die Verfahren der einfachen linearen Regression besprechen wir an Hand eines Beispiels.

Beispiel 39. Abhängigkeit des Bremsweges von Automobilen von der Fahrgeschwindigkeit (M. EZEKIEL, 1930).

In der folgenden Zusammenstellung bedeuten:

x_j = Geschwindigkeit (Meilen/Stunde);

y_{ji} = Bremsweg (Fuß);

N_j = Anzahl gemessener Bremswege bei Geschwindigkeit x_j;

$T_j = Sy_{ji}$ = Summe der Bremswege bei Geschwindigkeit x_j;

$\bar{y}_j = T_j/N_j$ = Durchschnittlicher Bremsweg bei Geschwindigkeit x_j.

x_j	N_j	y_{ji}					T_j	$\bar{y}_j$
4	2	2	10				12	6,00
7	2	4	22				26	13,00
8	1	16					16	16,00
9	1	10					10	10,00
10	3	18	26	34			78	26,00
11	2	17	28				45	22,50
12	4	14	20	24	28		86	21,50
13	4	26	34	34	46		140	35,00
14	4	26	36	60	80		202	50,50
15	3	20	26	54			100	33,33
16	2	32	40				72	36,00
17	3	32	40	50			122	40,67
18	4	42	56	76	84		258	64,50
19	3	36	46	68			150	50,00
20	5	32	48	52	56	64	252	50,40
22	1	66					66	66,00
23	1	54					54	54,00
24	4	70	92	93	120		375	93,75
25	1	85					85	85,00
Summe	50	…					2 149	42,98

Wie aus den durchschnittlichen Bremswegen in der letzten Spalte hervorgeht, nimmt der Bremsweg mit steigender Geschwindigkeit zu. Man kann sich zunächst fragen, ob die Unterschiede zwischen diesen Durchschnitten gesichert seien. Dies erkennen wir mittels einer einfachen Streuungszerlegung, wie sie im Abschnitt 513 angegeben wurde, ohne Schwierigkeit. Man erhält:

Streuung	Freiheitsgrad	Summe der Quadrate	Durchschnittsquadrat
Zwischen Geschwindigkeiten	18	25 774,2	1431,9
Zwischen Bremswegen bei gleicher Geschwindigkeit	31	6 764,8	218,2
Insgesamt	49	32 539,0	…

Der Unterschied zwischen den Durchschnitten ist stark gesichert, da die Bremswege zwischen den Geschwindigkeiten sehr viel stärker streuen als bei gleicher Geschwindigkeit.

Das Durchschnittsquadrat 218,2 gibt an, wie stark die Bremswege bei gleicher Geschwindigkeit noch variieren. Die Unterschiede der Bremswege bei gleicher Geschwindigkeit lassen sich leicht erklären, sie rühren davon her, daß Wagen mit ungleich gut wirkenden Bremsen verwendet wurden, daß verschiedene Fahrer beobachtet wurden, die ungleich rasch und kräftig bremsten.

Man könnte die Streuung des Bremsweges bei gleicher Geschwindigkeit als störend empfinden und versuchen, ein „einheitlicheres" Zahlenbild zu erhalten, indem man 50 Versuche mit einem einzigen Automobil und immer mit dem gleichen Fahrer anstellen würde. Möglicherweise würde dadurch die Streuung der Bremswege bei gleicher Geschwindigkeit etwas vermindert; dem steht als entschiedener Nachteil gegenüber, daß dann die Zahlenwerte nur noch etwas über dieses eine Fahrzeug und diesen einen Fahrer aussagen würden. Was aber gesucht wird, ist die allgemeine Beziehung zwischen Geschwindigkeit und Bremsweg, und darüber können nur mit verschiedenen Fahrern und Fahrzeugen gewonnene Zahlen Aufschluß geben. Die Streuungen der Bremswege bei gleicher Geschwindigkeit sind nicht störend, sie liegen vielmehr im Wesen der Sache.

Wenn man das Verfahren der linearen Regression anwenden will, müßte man annehmen, daß die zu den verschiedenen Geschwindigkeiten gehörenden durchschnittlichen Bremswege, abgesehen von zufälligen Abweichungen, auf einer Geraden liegen. Um zu entscheiden, ob dies zulässig ist, kann man die Durchschnitte der Bremswege wie in der Figur 22 auftragen und durch einen Streckenzug verbinden.

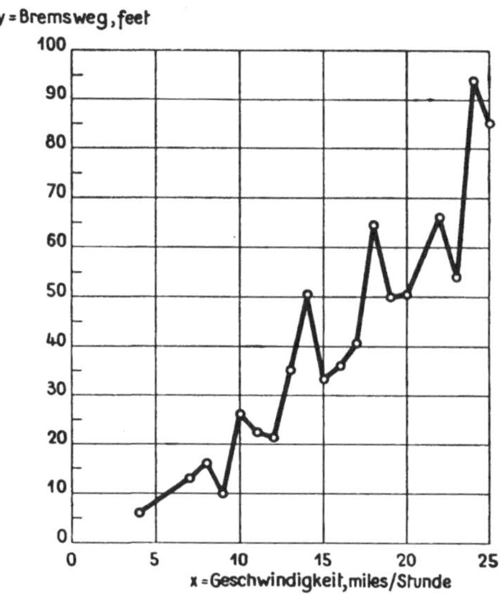

Figur 22
Durchschnittliche Bremswege in Abhängigkeit von der Fahrgeschwindigkeit.

Die Figur zeigt, daß die beobachteten Durchschnitte der Bremswege, abgesehen von den unvermeidlichen Unregelmäßigkeiten, nahezu auf einer Geraden liegen.

Im vorliegenden Beispiel braucht man sich indessen nicht auf diesen äußerlichen Grund zu verlassen. Die Mechanik lehrt uns, daß der Bremsweg wächst wie das Quadrat der Geschwindigkeit. Dazu kommt, daß der Fahrer in der Regel im Versuch, in welchem ihm bei der gewünschten Geschwindigkeit das Signal zum Bremsen gegeben wird, zwischen Signal und Beginn der Bremsung eine kurze Zeitspanne verstreichen läßt. Der Bremsweg wird dadurch um eine Strecke vergrößert, die mit der Geschwindigkeit wächst. Aus theoretischen Gründen sollten somit die durchschnittlichen Bremswege auf einer Kurve zweiten Grades liegen.

Wir werden trotzdem zunächst einmal eine Gerade als Regressionslinie wählen; im Abschnitt 614 wird dann gezeigt, wie man bei diesem Beispiel eine Kurve zweiten Grades als Regressionslinie berechnen könnte.

Die Gleichung der Regressionsgeraden schreiben wir in der Form

$$Y = a + b\,x, \tag{1}$$

wobei x die Geschwindigkeit, Y den Regressionswert für den Bremsweg bedeutet. Es handelt sich darum, die Größen a und b so zu bestimmen, daß die durchschnittlichen Bremswege $\bar{y}_j$ möglichst wenig von den entsprechenden Regressionswerten Y_j abweichen. Zu diesem Zwecke fordern wir, daß

$$\mathop{S}\limits_{j} N_j\,(\bar{y}_j - Y_j)^2 = \text{Minimum.} \tag{2}$$

Der Faktor N_j ist nötig, um die ungleiche Zahl der Einzelwerte zu berücksichtigen, aus denen die Durchschnitte $\bar{y}_j$ berechnet wurden.

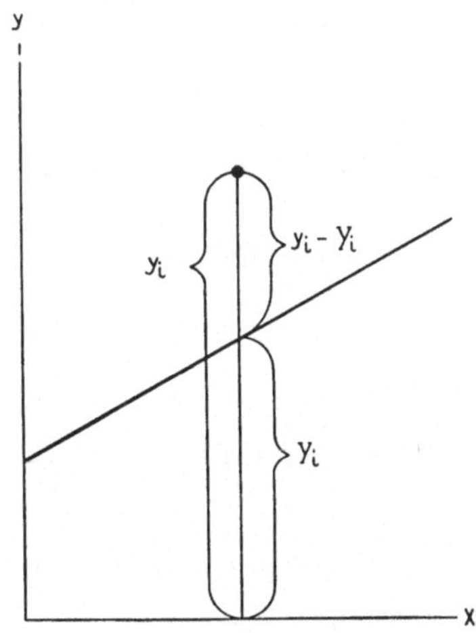

Figur 23
Bestimmung der Regressionsgeraden.

Wenn wir in (2) Y_j gemäß (1) durch $a + b\,x_j$ ersetzen, so wird

$$\mathop{S}\limits_{j} N_j\,(\bar{y}_j - a - b\,x_j)^2 = \text{Minimum.}$$

Indem wir den Ausdruck nach a und nach b ableiten und das Ergebnis gleich

Null setzen, finden wir die Bestimmungsgleichungen für jene Werte von a und b, welche die Summe der Quadrate der Abweichungen $\bar{y}_j - Y_j$ zum Minimum machen. Man erhält

$$\frac{\partial}{\partial a}\left[\underset{j}{S}\, N_j\,(\bar{y}_j - a - b\,x_j)^2\right] = -2\,\underset{j}{S}\, N_j\,(\bar{y}_j - a - b\,x_j) = 0$$

$$\frac{\partial}{\partial b}\left[\underset{j}{S}\, N_j\,(\bar{y}_j - a - b\,x_j)^2\right] = -2\,\underset{j}{S}\, N_j\,x_j\,(\bar{y}_j - a - b\,x_j) = 0\,.$$

Für die Gesamtzahl der beobachteten Werte N gilt

$$N = \underset{j}{S}\, N_j$$

und für die Gesamtsumme T_x der Werte x und die Gesamtsumme T_y der y

$$T_x = \underset{j}{S}\, N_j\,x_j;\quad T_y = \underset{j}{S}\, N_j\,\bar{y}_j = \underset{j}{S}\,\underset{i}{S}\, y_{ji} = \underset{j}{S}\, T_j\,.$$

Man kann die beiden Gleichungen auch schreiben als

$$\underset{j}{S}\,(N_j\,\bar{y}_j) - a\,\underset{j}{S}\,(N_j) - b\,\underset{j}{S}\,(N_j\,x_j) = 0$$

$$\underset{j}{S}\,(N_j\,x_j\,\bar{y}_j) - a\,\underset{j}{S}\,(N_j\,x_j) - b\,\underset{j}{S}\,(N_j\,x_j^2) = 0$$

oder,

$$a\,N + b\,T_x = T_y$$

$$a\,T_x + b\,\underset{j}{S}\,(N_j\,x_j^2) = \underset{j}{S}\, N_j\,x_j\,\bar{y}_j\,.$$

Aus der ersten Gleichung folgt nach Division durch N:

$$a = \bar{y} - b\,\bar{x}\,.$$

Somit kann (1) auch in der Form

$$Y = \bar{y} + b\,(x - \bar{x}) \tag{3}$$

geschrieben werden.

Multipliziert man die erste Gleichung mit T_x, die zweite mit N und subtrahiert die erste von der zweiten, so ergibt sich

$$b = \frac{N\,\underset{j}{S}\, N_j\,x_j\,\bar{y}_j - T_x\,T_y}{N\,\underset{j}{S}\, N_j\,x_j^2 - T_x^2}\,. \tag{4}$$

Man nennt b den *Regressionskoeffizienten*.

Da $N_j\,\bar{y}_j = \underset{j}{S}\, y_{ji}$ ist, kann der Zähler in (4) auch in die Form

$$N\,\underset{j}{S}\,\underset{i}{S}\, x_j\,y_{ji} - T_x\,T_y \tag{5}$$

gebracht werden, was nichts anderes ist als

$$N \underset{j}{S} \underset{i}{S} (x_j - \bar{x})(y_{ji} - \bar{y}) = N S_{xy}. \tag{5a}$$

Diese Formel für S_{xy} ist entsprechend aufgebaut, wie jene für S_{xx}, die im Abschnitt 121 eingeführt wurde.

Der Nenner in (4) ist nichts anderes als $N S_{xx}$. Demnach kann der Regressionskoeffizient auch einfach in der Form

$$b = S_{xy}/S_{xx} \tag{6}$$

geschrieben werden.

Um die Werte von a und b zu bestimmen, haben wir in (2) gefordert, daß die *Durchschnitte* $\bar{y}_j$ der Bremswege möglichst wenig von den Regressionswerten Y_j abweichen. Statt dessen könnte man a und b so bestimmen, daß die *Einzelwerte* y_{ji} möglichst wenig von den Regressionswerten Y_j abweichen. In diesem Falle verlangt man, daß

$$\underset{j}{S} \underset{i}{S} (y_{ji} - Y_j)^2 = \text{Minimum}.$$

Geht man gleich vor, wie wir dies soeben angegeben haben, so stellt man fest, daß man für a und b dieselben Werte erhält. Ob man also von den Durchschnitten $\bar{y}_j$ oder von den Einzelwerten y_{ji} ausgeht, kommt aufs gleiche hinaus.

611.2 Berechnung der Regressionsgeraden

Bei der Berechnung von S_{xy} und S_{xx} geht man am besten nach dem folgenden Schema (siehe Seite 154) vor, in welchem gleichzeitig die Ermittlung von S_{xx}, S_{xy} und S_{yy} vorbereitet wird. Das S_{yy} haben wir allerdings in der Streuungszerlegung auf Seite 149 schon angegeben; in der Regel wird man diese Streuungszerlegung gleichzeitig mit der Berechnung der Regressionsgeraden durchführen. Die Spalten $Q_i = x_i + y_i$ und $Q_i^2 = (x_i + y_i)^2$ dienen der Kontrolle, da

x_i	y_i	$Q_i = x_i + y_i$	x_i^2	$x_i y_i$	y_i^2	Q_i^2
4	2	6	16	8	4	36
4	10	14	16	40	100	196
7	4	11	49	28	16	121
7	22	29	49	154	484	841
8	16	24	64	128	256	576
9	10	19	81	90	100	361
10	18	29	100	180	324	784
10	26	36	100	260	676	1296
10	34	44	100	340	1156	1936
11	17	28	121	187	289	784
11	28	39	121	308	784	1521
12	14	26	144	168	196	676
12	20	32	144	240	400	1024
12	24	36	144	288	576	1296
12	28	40	144	336	784	1600
13	26	39	169	338	676	1521
13	34	47	169	442	1156	2209
13	34	47	169	442	1156	2209
13	46	59	169	598	2116	3481
14	26	40	196	364	676	1600
14	36	50	196	504	1296	2500
14	60	74	196	840	3600	5476
14	80	94	196	1120	6400	8836
15	20	35	225	300	400	1225
15	26	41	225	390	676	1681
15	54	69	225	810	2916	4761
16	32	48	256	512	1024	2304
16	40	56	256	640	1600	3136
17	32	49	289	544	1024	2401
17	40	57	289	680	1600	3249
17	50	67	289	850	2500	4489
18	42	60	324	756	1764	3600
18	56	74	324	1008	3136	5476
18	76	94	324	1368	5776	8836
18	84	102	324	1512	7056	10404
19	36	55	361	684	1296	3025
19	46	65	361	874	2116	4225
19	68	87	361	1292	4624	7569
20	32	52	400	640	1024	2704
20	48	68	400	960	2304	4624
20	52	72	400	1040	2704	5184
20	56	76	400	1120	3136	5776
20	64	84	400	1280	4096	7056
22	66	88	484	1452	4356	7744
23	54	77	529	1242	2916	5929
24	70	94	576	1680	4900	8836
24	92	116	576	2208	8464	13456
24	93	117	576	2232	8649	13689
24	120	144	576	2880	14400	20736
25	85	110	625	2125	7225	12100
770	2149	2919	13228	38482	124903	215095

$$\mathop{S}_{i} (x_i + y_i)^2 = \mathop{S}_{i} x_i^2 + 2 \mathop{S}_{i} x_i y_i + S y_i^2$$

In der Tat ist

$$215095 = 13228 + 2 \cdot 38482 + 124903.$$

Aus dem Schema entnehmen wir

$$T_x = 770; \qquad T_y = 2149$$

und daraus

$$x = 15{,}40; \qquad \bar{y} = 42{,}98.$$

Weiter erhält man für $N\, S_{xx}$

$$
\begin{aligned}
N \cdot (S\, x_i^2) &= 50 \cdot 13228 = 661400 \\
T_x^2 &= 770^2 = 592900 \\
N \cdot S_{xx} & = \underline{68500} \\[4pt]
S_{xx} &= 68500 : 50 = 1370
\end{aligned}
$$

und für S_{xy}

$$
\begin{aligned}
N\,(S\, x_i y_i) &= 50 \cdot 38482 = 1924100 \\
T_x \cdot T_y &= 770 \cdot 2149 = 1654730 \\
N \cdot S_{xy} & = \underline{269370} \\[4pt]
S_{xy} &= 269370 : 50 = 5387{,}40
\end{aligned}
$$

Man hat demnach für den Regressionskoeffizienten

$$b = 5387{,}40/1370 = 3{,}9324$$

und die Regressionsgleichung lautet daher

$$Y = 42{,}98 + 3{,}9324\,(x - 15{,}40)$$

oder

$$Y = -17{,}58 + 3{,}9324\,x.$$

Will man die Regressionsgerade zeichnen, so genügt es, zwei ihrer Punkte zu bestimmen. In unserem Beispiel findet man etwa

$$x = 10 : Y = 21{,}74$$
$$x = 20 : Y = 61{,}07$$

Der Regressionskoeffizient b gibt an, um wieviel y im Durchschnitt zunimmt, wenn x um 1 wächst. Nimmt in unserem Beispiel die Geschwindigkeit um 1 Meile/Stunde zu, so steigt der Bremsweg durchschnittlich um 3,93 Fuß.

Der Umstand, daß für $x = 0$ der Regressionswert $Y = -17{,}58$, also negativ wird, muß allein schon zur Vorsicht in der Benützung der Ergebnisse der Regressionsrechnung mahnen. Auf jeden Fall ist zu beachten, daß die Regressionsgleichung nur für den Bereich zwischen $x = 4$ und $x = 25$ gilt.

611.3 Linearität der Regression

Nachdem die Regressionsgerade so bestimmt wurde, daß die Summe der Quadrate der Abweichungen der Durchschnitte $\bar{y}_j$ von den Regressionswerten Y_j möglichst klein wird, kann man sich fragen, welchen Anteil diese Summe der Quadrate, also

$$\underset{j}{S}\, N_j\, (\bar{y}_j - Y_j)^2$$

an der Summe der Quadrate zwischen den Geschwindigkeiten ausmacht.

Die Streuungszerlegung auf Seite 149 kann in Formeln wie folgt geschrieben werden:

$$\underset{j}{S}\, \underset{i}{S}\, (y_{ji} - \bar{y})^2 = \underset{j}{S}\, N_j\, (\bar{y}_j - \bar{y})^2 + \underset{j}{S}\, \underset{i}{S}\, (y_{ji} - \bar{y}_j)^2. \tag{1}$$

Auf der linken Seite von (1) haben wir die Summe der Quadrate insgesamt. Das erste Glied der rechten Seite stellt die Summe der Quadrate zwischen den Geschwindigkeiten dar, das zweite Glied die Summe der Quadrate zwischen den Bremswegen bei gleicher Geschwindigkeit.

Wenn M die Anzahl der voneinander verschiedenen Geschwindigkeiten bezeichnet, so hat die Summe der Quadrate zwischen den Geschwindigkeiten $M - 1$ Freiheitsgrade, die Summe der Quadrate zwischen den Bremswegen bei gleicher Geschwindigkeit deren $N - M$. Die Summe der Quadrate zwischen den Geschwindigkeiten läßt sich wie folgt in zwei Teile zerlegen:

$$\underset{j}{S}\, N_j\, (\bar{y}_j - \bar{y})^2 = \underset{j}{S}\, N_j\, (\bar{y}_j - Y_j)^2 + \underset{j}{S}\, N_j\, (Y_j - \bar{y})^2, \tag{2}$$

wobei das erste Glied rechts die Summe der Quadrate der Abweichungen der Durchschnitte $\bar{y}_j$ von den Regressionswerten Y_j darstellt, das zweite Glied die Summe der Quadrate der Abweichungen der Regressionswerte vom Gesamtdurchschnitt $\bar{y}$. Man kann auch kürzer das erste Glied als die Summe der Quadrate der Durchschnitte um die Regressionsgerade, das zweite als die Summe der Quadrate der Regressionswerte bezeichnen.

Die Richtigkeit von (2) ergibt sich ohne weiteres, wenn man bedenkt, daß die linke Seite auch geschrieben werden kann als

$$\underset{j}{S}\, N_j\, [(\bar{y}_j - Y_j) + (Y_j - \bar{y})]^2,$$

welcher Ausdruck gleich ist

$$\underset{j}{S}\, N_j\, (\bar{y}_j - Y_j)^2 + \underset{j}{S}\, N_j\, (Y_j - \bar{y})^2 + 2 \underset{j}{S}\, N_j\, (\bar{y}_j - Y_j)\, (Y_j - \bar{y}). \tag{3}$$

Die beiden ersten Glieder entsprechen der rechten Seite von (2). Aus Formel (3) von 611.1 folgt

$$\bar{y}_j - Y_j = \bar{y}_j - \bar{y} - b\,(x_j - \bar{x}) \quad \text{und} \quad Y_j - \bar{y} = b\,(x_j - \bar{x}),$$

so daß man für das dritte Glied in (3) hat

$$\underset{j}{S} N_j\,(\bar{y}_j - Y_j)\,(Y_j - \bar{y}) = \underset{j}{S} N_j\,[\bar{y}_j - \bar{y} - b\,(x_j - \bar{x})]\,b\,(x_j - \bar{x})$$

$$= b\,\underset{j}{S} N_j\,(x_j - \bar{x})\,(\bar{y}_j - \bar{y}) - b^2\,\underset{j}{S} N_j\,(x_j - \bar{x})^2$$

$$= b\,S_{xy} - b^2\,S_{xx}\,.$$

Da aber $b = S_{xy}/S_{xx}$, ist

$$b\,S_{xy} = S_{xy}^2/S_{xx} = b^2\,S_{xx}\,,$$

so daß das dritte Glied in (3) gleich Null ist, womit die Richtigkeit von (2) nachgewiesen ist.

Das zweite Glied auf der rechten Seite von (2) kann durch Einsetzen von

$$Y_j - \bar{y} = b\,(x_j - \bar{x})$$

wie folgt umgeformt werden:

$$\underset{j}{S} N_j\,(Y_j - \bar{y})^2 = b^2\,\underset{j}{S} N_j\,(x_j - \bar{x})^2$$

$$= b^2\,S_{xx}$$

und daraus folgt, wie wir soeben sahen,

$$\underset{j}{S} N_j\,(Y_j - \bar{y})^2 = S_{xy}^2/S_{xx}\,. \tag{4}$$

Betrachtet man nur derartige Stichproben, für die S_{xx} dem Wert gleich ist, der aus den Beobachtungen errechnet wird, so hängt die Summe der Quadrate auf der Regressionsgeraden einzig von b ab, sie hat daher nur einen Freiheitsgrad. Da die linke Seite von (2) eine Summe von Quadraten mit dem Freiheitsgrad $M - 1$ ist, hat die Summe der Quadrate der Abweichungen der Durchschnitte von der Regressionsgeraden den Freiheitsgrad $M - 2$.

Die gesamte Streuungszerlegung läßt sich demnach so zusammenstellen:

Streuung	Freiheitsgrad	Summe der Quadrate
Auf der Regression	1	$\underset{j}{S} N_j(Y_j - \bar{y})^2 = S_{xy}^2/S_{xx}$
Durchschnitte um Regression	$M - 2$	$\underset{j}{S} N_j(\bar{y}_j - Y_j)^2$
Zwischen Durchschnitten	$M - 1$	$\underset{j}{S} N_j(\bar{y}_j - \bar{y})^2 = \underset{j}{S}\left(\dfrac{T_j^2}{N_j}\right) - \dfrac{T^2}{N}$
Einzelwerte innerhalb gleicher x_j	$N - M$	$\underset{j}{S}\,\underset{i}{S}\,(y_{ji} - \bar{y}_j)^2$
Insgesamt	$N - 1$	$S\,S\,(y_{ji} - \bar{y})^2 = S\,S\,(y_{ji}^2) - \dfrac{T^2}{N}$

Für das Beispiel 39 haben wir den unteren Teil dieser Streuungszerlegung schon auf Seite 149 angegeben. Wir benötigen noch

$$\mathop{S}_{j} N_j \, (Y_j - \bar{y})^2 = S_{xy}^2 / S_{xx} = 5387{,}4^2 : 1370{,}0 = 21\,185{,}5\;,$$

worauf für die Summe der Quadrate um die Regression folgt:

$$\mathop{S}_{j} N_j \, (\bar{y}_j - Y_j)^2 = 25\,774{,}2 - 21\,185{,}5 = 4588{,}7\;.$$

Die gesamte Streuungszerlegung sieht damit so aus:

Streuung	Freiheits-grad	Summe der Quadrate	Durch-schnitts-quadrat
Auf der Regression	1	21 185,5	21 185,5
Durchschnitte um Regression	17	4 588,7	269,9
Zwischen Geschwindigkeiten	18	25 774,2	...
Bremswege bei gleicher Geschwindigkeit	31	6 764,8	218,2
Insgesamt	49	32 539,0	...

Die Streuungszerlegung läßt erkennen, daß die Summe der Quadrate auf der Regression einen sehr beträchtlichen Teil der Summe der Quadrate zwischen den Geschwindigkeiten auf sich vereinigt.

Das Durchschnittsquadrat bezüglich der Abweichungen der Durchschnitte von der Regressionsgeraden ist nicht viel größer als das Durchschnittsquadrat für die Unterschiede zwischen den Bremswegen bei gleicher Geschwindigkeit.

Wenn in der Grundgesamtheit die Regression geradlinig ist, so sind die Abweichungen der y_{ji} um die Durchschnitte $\bar{y}_j$, wie auch die Abweichungen der Durchschnitte $\bar{y}_j$ von den Regressionswerten Y_j zufällig verteilt. Wenn wir weiter voraussetzen, daß die zu einem Wert x_j gehörenden Werte y_{ji} in der Grundgesamtheit normal verteilt sind, wobei die Streuung dieser Verteilungen für alle Werte von x_j dieselbe ist, so sind die beiden Durchschnittsquadrate Schätzungen dieser Streuung, und ihr Verhältnis folgt der F-Verteilung.

Wenn der so berechnete Wert F größer ist als beispielsweise $F_{0,05}$, dann ist die lineare Regression nicht am Platze.

In unserem Beispiel wird das Verhältnis F der beiden Durchschnittsquadrate

$$F = 269{,}9 : 218{,}2 = 1{,}24\;.$$

Ein Blick in die Tafel IV zeigt, daß mit $n_1 = 17$ und $n_2 = 31$ das berechnete F kleiner ist als $F_{0,05}$. Die Beobachtungen des Beispiels 39 stehen nicht im Widerspruch zur Annahme, daß die Regressionslinie eine Gerade sei. Damit ist nicht etwa gesagt, daß eine Gerade die einzige Regressionslinie sei, die mit den Beobachtungen verträglich ist.

611.4 Prüfen der Regressionskoeffizienten. Vertrauensgrenzen

Wenn die Regression als linear betrachtet werden darf, kann man die Streuung der Durchschnitte um die Regression und jene der Einzelwerte innerhalb der Geschwindigkeiten zusammenfassen. An Stelle der Streuungszerlegung von Seite 158 ergibt sich dann die nachstehende Aufstellung:

Streuung	Freiheits-grad	Summe der Quadrate	Durch-schnitts-quadrat
Auf der Regression	1	21 185,5	21 185,5
Einzelwerte um Regression	48	11 353,5	236,5
Insgesamt	49	32 539,0	...

In Formeln sieht die Streuungszerlegung für die Summen der Quadrate wie folgt aus:

$$\underset{j\;i}{S\,S}\,(y_{ji} - \bar{y})^2 = \underset{j}{S}\,N_j\,(Y_j - \bar{y})^2 + \underset{j\;i}{S\,S}\,(y_{ji} - Y_j)^2 \,. \tag{1}$$

Die Richtigkeit dieser Formel läßt sich in genau derselben Weise beweisen, wie die Formel (2) von 611.3.

Das Durchschnittsquadrat der Abweichungen der Einzelwerte von den Regressionswerten ist eine Schätzung der entsprechenden Streuung der Grundgesamtheit. Wenn der Regressionskoeffizient β der Grundgesamtheit gleich Null ist, und wenn die Einzelwerte y normal verteilt sind, so ist das Verhältnis der Durchschnittsquadrate „auf der Regression" und „um die Regression" verteilt wie F, mit $n_1 = 1$, $n_2 = N - 2$. Wenn wir das Verhältnis der Durchschnittsquadrate bilden, können wir somit die Hypothese prüfen, ob der Regressionskoeffizient β der Grundgesamtheit gleich Null sei. In unserem Beispiel 39 wird

$$F = 21\,185,5 : 236,5 = 89,6$$

während mit $n_1 = 1$, $n_2 = 48$

$$F_{0,05} = 4,040$$

ist. Man wird daher die Hypothese verwerfen müssen, daß $\beta = 0$ sei.

Bezeichnen wir das Durchschnittsquadrat der Einzelwerte um die Regression mit s^2 und berücksichtigen wir die schon hergeleitete Formel

$$\underset{j}{S}\,N_j\,(Y_j - \bar{y})^2 = b^2\,S_{xx} \,,$$

so läßt sich das Verhältnis der Durchschnittsquadrate schreiben als

$$F = b^2\,S_{xx}/s^2 \tag{2}$$

oder, da mit $n_1 = 1$ das F gleich t^2 gesetzt werden kann:

$$t = b \, \sqrt{S_{xx}}/s \, . \tag{2a}$$

Wie in 923 gezeigt wird, kann man diese Formel auch benützen, wenn die Abweichung eines berechneten Regressionskoeffizienten b von einem beliebigen theoretischen Wert β — nicht nur von $\beta = 0$ — geprüft werden soll. Die Formel lautet allgemein

$$t = \frac{b - \beta}{s} \, \sqrt{S_{xx}} \, . \tag{2b}$$

Die Regressionsgleichung kann benützt werden, um zu einer gegebenen Geschwindigkeit den im Mittel zu erwartenden Bremsweg anzugeben. Aus der Regressionsgleichung

$$Y = -\,17{,}58 + 3{,}9324\,x$$

erhält man beispielsweise zu einer Geschwindigkeit von $x = 20{,}4$ Meilen/Stunde einen Regressionswert $Y = 62{,}64$ Fuß. Das ist der Bremsweg, der im Mittel bei der angegebenen Geschwindigkeit zu erwarten ist.

Da unsere 50 Beobachtungswerte lediglich eine Stichprobe darstellen, ist der berechnete Wert mit einer gewissen Unsicherheit behaftet. Wie im Abschnitt 923 bewiesen wird, beträgt die Streuung des Regressionswertes Y, der zum Wert x gehört,

$$s^2 \left(\frac{1}{N} + \frac{(x - \bar{x})^2}{S_{xx}} \right) \tag{3}$$

und die Vertrauensgrenzen von Y lauten daher

$$Y \pm t_{0{,}05} \cdot s \, \sqrt{\frac{1}{N} + \frac{(x - \bar{x})^2}{S_{xx}}} \, , \tag{4}$$

wenn wir etwa eine Sicherheitsschwelle $P = 0{,}05$ wählen. Der Freiheitsgrad von t ist $n = N - 2$. Für $x = 20{,}4$ findet man

$$62{,}64 \pm 6{,}05 = 56{,}59 \ldots\ldots 68{,}69 \, ,$$

so daß der Regressionswert mit einer beträchtlichen Unsicherheit behaftet ist. In der Figur 24 sind die Vertrauensgrenzen für alle Regressionswerte im Bereich der Geschwindigkeiten zwischen 4 und 25 Meilen/Stunde eingezeichnet.

Wenn man die Vertrauensgrenzen für einen einzelnen Bremsweg berechnen wollte, müßte man an Stelle der in (3) gegebenen Streuung des Regressionswertes die Streuung eines Einzelwertes in Betracht ziehen, die gegeben ist durch

$$s^2 \left(1 + \frac{1}{N} + \frac{(x - \bar{x})^2}{S_{xx}} \right) . \tag{5}$$

Man könnte die Angaben des Beispiels 39 auch benützen, um aus dem Bremsweg auf die Geschwindigkeit zu schließen. Nur nebenbei sei hier darauf hingewiesen, daß die Angaben aus der Zeit stammen, in der Vierradbremsen noch nicht allgemein eingeführt waren.

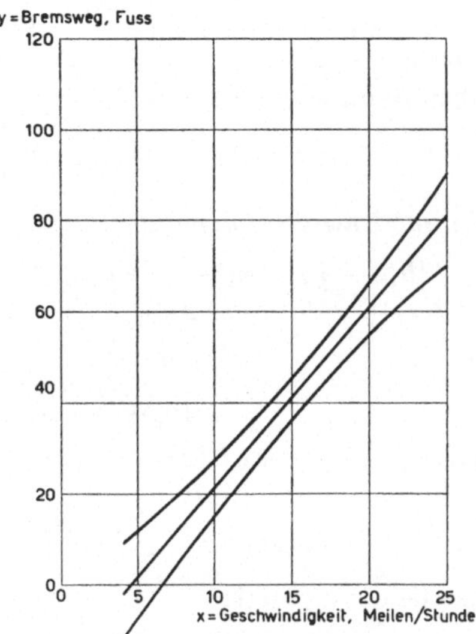

Figur 24
Regressionsgerade mit Vertrauensgrenzen

Auf Grund der Regressionsgleichung läßt sich ohne weiteres die Geschwindigkeit angeben, die zu einem bestimmten Bremsweg $y = c$ gehört. Man braucht
lediglich die Regressionsgleichung (3) von 611.1 nach x aufzulösen und an
Stelle von Y den Wert c einzusetzen. Man erhält

$$x = \bar{x} + (c - \bar{y})/b , \tag{6}$$

und wenn beispielsweise der Bremsweg $c = 60$ Fuß gegeben ist, erhält man
für die Geschwindigkeit x

$$x = 15{,}40 + (60 - 42{,}98)/3{,}9324 = 19{,}73 \text{ Meilen/Stunde} .$$

Zu diesem Wert können die Vertrauensgrenzen nach einem von E. C. Fieller (1944) gegebenen Verfahren berechnet werden. Setzen wir in der Regressionsgleichung (3) an Stelle von Y den gegebenen Wert c des Bremsweges, so
wird

$$c = \bar{y} + b(x - \bar{x}) .$$

Wir können

$$c - \bar{y} - b(x - \bar{x}) = Z \tag{7}$$

setzen. Da c eine Konstante ist, deren Streuung gleich Null ist, findet man für
die Streuung von Z denselben Ausdruck wie in (3). Dividiert man Z^2 durch die
Streuung von Z, so erhält man eine Größe, die wie F verteilt ist, mit $n_1 = 1$
und $n_2 = N - 2$, also

$$F = [c - \bar{y} - b(x - \bar{x})]^2/s^2 \left(\frac{1}{N} + \frac{(x - \bar{x})^2}{S_{xx}} \right) \tag{8}$$

Die Vertrauensgrenzen des nach (6) berechneten Wertes x erhalten wir aus (8), wenn wir darin für F beispielsweise $F_{0,05}$ setzen, da alle übrigen Größen bekannt sind. Wir schreiben dann an Stelle von (8)

$$[c - \bar{y} - b(x - \bar{x})]^2 = F_{0,05}\, s^2 \left(\frac{1}{N} + \frac{(x - \bar{x})^2}{S_{xx}} \right)$$

und erhalten daraus die quadratische Gleichung in x:

$$(b^2 - s^2 F_{0,05}/S_{xx})\, x^2 - 2\,[b(c - \bar{y}) + \bar{x}(b^2 - s^2 F_{0,05}/S_{xx})]\, x +$$
$$+ (c - \bar{y})(c - \bar{y} + 2\,b\,\bar{x}) + \bar{x}^2(b^2 - s^2 F_{0,05}/S_{xx}) - s^2 F_{0,05}/N = 0 . \qquad (9)$$

Setzt man darin

$$c = 60 , \quad \bar{x} = 15,40 , \quad \bar{y} = 42,98 , \quad b = 3,9324 ,$$
$$s^2 = 236,533 , \quad F_{0,05} = 4,040\ (n_1 = 1 , \quad n_2 = 48) ,$$

so ergibt sich

$$14,766\, x^2 - 2\,(294,330) \cdot x + 5833,165 = 0$$

und die Wurzeln dieser Gleichung sind

$$x_1 = 18,42 \quad \text{und} \quad x_2 = 21,44 .$$

Dies sind die Vertrauensgrenzen für die Geschwindigkeit 19,73, die zum Bremsweg $c = 60$ gehört, wenn man den Bremsweg dem Regressionswert gleichsetzt.

611.5 Vergleich von zwei Regressionsgeraden

Das erste, was beim Vergleich von zwei Regressionsgeraden untersucht wird, ist die *Parallelität*. Wenn die beiden Geraden parallel sind, kann ihr Abstand von Bedeutung sein; wenn sie nicht parallel sind, wird man gelegentlich ihren Schnittpunkt bestimmen wollen.

Wir erörtern zunächst an Hand eines Beispiels, wie man prüfen kann, ob zwei Regressionsgerade parallel sind.

Beispiel 40. Verhältnis des Gonadotrophingehaltes zweier Harnextrakte (R. Borth, persönliche Mitteilung).

Die Wirkung wurde für jede der beiden Proben bei je drei Dosen auf je fünf Mäusen festgestellt. Gemessen wurden die Uterusgewichte in mg je 100 g Körpergewicht.

	Probe 1			Probe 2		
Dosis in mg	0,5	1,0	2,0	1,0	2,0	4,0
	83	560	710	164	150	487
Wirkungen y	84	268	516	255	350	525
	90	372	620	64	275	585
	84	247	510	95	122	600
	75	185	650	154	410	715
T_j	416	1632	3006	732	1307	2912
$\bar{y}_j$	83,2	326,4	601,2	146,4	261,4	582,4

In derartigen Versuchen pflegen die Wirkungen linear mit dem Logarithmus der Dosis anzusteigen. Um die Berechnungen zu vereinfachen, benützen wir für beide Proben an Stelle der Dosiswerte die Werte x_j gemäß der Beziehung

Dosis in mg;	Probe 1:	0,5	1,0	2,0
	Probe 2:	1,0	2,0	4,0
log Dosis	Probe 1:	$-0{,}3010$	$0{,}0000$	$+0{,}3010$
	Probe 2:	$0{,}0000$	$+0{,}3010$	$+0{,}6020$
Werte x_j	Probe 1:	-1	0	$+1$
	Probe 2:	-1	0	$+1$

Der Gehalt der Probe 2 ist bedeutend niedriger als jener der Probe 1, da die Dosis von 4 mg bei der Probe 2 durchschnittlich kaum die Wirkung der Dosis von 2 mg bei Probe 1 erreicht. Um das Verhältnis der Gehalte zu berechnen, und dessen Vertrauensgrenzen angeben zu können, berechnen wir zunächst die Regressionsgeraden mit den soeben angegebenen Werten der unabhängigen Variabeln x.

In beiden Proben sind die Anzahlen der Werte zu jeder Dosis $N_j = 5$ und die Gesamtzahl der Werte $N = 15$. Die Summe der x_j beträgt in beiden Proben

$$T_x = 5(-1) + 5(0) + 5(+1) = 0$$

während die Summe der y-Werte

$$T'_y = 5054 \quad \text{und} \quad T''_y = 4951$$

betragen. Nach den Formeln von 611.2 berechnen wir die Summe der Quadrate S_{xx}, S_{yy}, und die Summe der Produkte S_{xy}, wobei wie bei den T_y ein $'$ auf die erste, das $''$ auf die zweite Probe hinweist.

Da die T_y gleich Null sind, ist das S_{xx} gleich $\underset{j}{S}\, N_j\, x_j{}^2$ und S_{xy} gleich $\underset{j}{S}\, N_j\, \bar{y}_j\, x_j$ oder auch gleich $\underset{j}{S}\, T_j\, x_j$. Somit wird

$$S'_{xx} = S''_{xx} = 5(-1)^2 + 5(+1)^2 = 10\,,$$

$$S'_{xy} = 416(-1) + 1632(0) + 3006(+1) = 2590\,,$$

$$S''_{xy} = 732(-1) + 1307(0) + 2912(+1) = 2180$$

und daraus findet man für die Regressionskoeffizienten, die für die Parallelität maßgebend sind:

$$b_1 = 259{,}0\,; \quad b_2 = 218{,}0\,.$$

Für die S_{yy} erhält man

$$S'_{yy} = 788\,263\,; \quad S''_{yy} = 624\,451$$

und man kann die Linearität der Regression wie in 611.3 prüfen. Man findet für die beiden Proben folgende Streuungszerlegungen.

Streuung	Freiheits-grad	Summe der Quadrate		Durchschnitts-quadrat	
		Probe 1	Probe 2	Probe 1	Probe 2
Auf der Regressionsgeraden	1	670810	475240	...	...
Durchschnitte um Regression	1	832	35363	832	35363
Zwischen Dosen	2	671642	510603	...	...
Innerhalb Dosen	12	116621	113848	9718	9487
Insgesamt	14	788263	624451	...	...

Für die erste Probe darf die Regression ohne weiteres als linear angesehen werden; für die zweite Probe ergibt sich

$$F = 35363 : 9487 = 3{,}728 \, ,$$

was mit $F_{0,05} = 4{,}747$ bei $n_1 = 1$, $n_2 = 12$ zu vergleichen ist. Auch in der Probe 2 kann demnach die Annahme der Linearität als erfüllt angesehen werden.

Um die Parallelität zu prüfen, haben wir den Unterschied der beiden Regressionskoeffizienten zu prüfen. Dies läßt sich ähnlich durchführen wie die in Abschnitt 512 erörterte Prüfung des Unterschieds zweier Durchschnitte. Wir gehen auch hier so vor, daß sich das Verfahren auf die Parallelität mehrerer Regressionsgeraden verallgemeinern läßt.

In erster Linie prüfen wir für jede der Proben, ob der Regressionskoeffizient wesentlich von Null abweicht. Dies geschieht nach dem in Abschnitt 611.4 beschriebenen Verfahren, das darauf hinausläuft, die obige Streuungszerlegung wie folgt zusammenzufassen:

Streuung	Frei-heits-grad	Summe der Quadrate		Durchschnitts-quadrat	
		Probe 1	Probe 2	Probe 1	Probe 2
Auf der Regressionsgeraden	1	670810	475240	670810	475240
Einzelwerte um Regression	13	117453	149211	9035	11478
Insgesamt	14	788263	624451	...	...

In beiden Proben weichen die Regressionskoeffizienten wesentlich von Null ab; das Durchschnittsquadrat auf der Regression übertrifft das Durchschnittsquadrat um die Regression bei weitem.

Bilden wir die Summe der Quadrate und der Produkte innerhalb der beiden Proben, und bezeichnen wir diese mit S_{xx}, S_{xy} und S_{yy}, so ist also

$$S'_{xx} + S''_{xx} = S_{xx}; \quad S'_{xy} + S''_{xy} = S_{xy}; \quad S'_{yy} + S''_{yy} = S_{yy} \, . \tag{1}$$

Wir können auch einen gemeinsamen Regressionskoeffizienten b definieren durch

$$b = S_{xy}/S_{xx} \,, \tag{2}$$

der nach (1) gleich ist

$$b = (S'_{xy} + S''_{xy})/(S'_{xx} + S''_{xx}) \,.$$

Da aber andererseits

$$b_1 = S'_{xy}/S'_{xx} \quad \text{und} \quad b_2 = S''_{xy}/S''_{xx}$$

können wir für b auch schreiben

$$b = (b_1 S'_{xx} + b_2 S''_{xx})/(S'_{xx} + S''_{xx}) \,, \tag{3}$$

woraus ersichtlich ist, daß der durch (2) definierte Regressionskoeffizient der gewogene Durchschnitt der Regressionskoeffizienten b_1 und b_2 ist, wobei als Gewichte die S'_{xx} und S''_{xx} auftreten.

Die Summe der Quadrate der Regressionswerte läßt sich allgemein in der Form geben (siehe 611.3)

$$\mathop{S}_{j} N_j (Y_j - \bar{y})^2 = b^2 S_{xx}$$

und die folgenden Formeln geben die oben berechneten Streuungszerlegungen, wobei noch einige weitere Schritte angegeben sind, die für das Prüfen des Unterschiedes $b_1 - b_2$ notwendig sind.

Probe	Insgesamt		Auf der Regression	Einzelwerte um Regression	
	Formel	Freiheitsgrad		Formel	Freiheitsgrad
1	S'_{yy}	$N_1 - 1$	$b_1^2 S'_{xx}$	$S'_{yy} - b_1^2 S'_{xx}$	$N_1 - 2$
2	S''_{yy}	$N_2 - 1$	$b_2^2 S''_{xx}$	$S''_{yy} - b_2^2 S''_{xx}$	$N_2 - 2$
Summe	...	...	...	$S'_{yy} + S''_{yy} - b_1^2 S'_{xx} - b_2^2 S''_{xx}$	$N_1 + N_2 - 4$
Gemeinsam	S_{yy}	$N_1 + N_2 - 2$	$b^2 S_{xx}$	$S_{yy} - b^2 S_{xx}$	$N_1 + N_2 - 3$

Der Ausdruck $S_{yy} - b^2 S_{xx}$ gibt die Summe der Quadrate der Abweichungen der Einzelwerte von zwei Regressionsgeraden mit dem *gemeinsamen* Regressionskoeffizienten b. Der Ausdruck

$$S'_{yy} + S''_{yy} - b_1^2 S'_{xx} - b_2^2 S''_{xx} = S_{yy} - b_1^2 S'_{xx} - b_2^2 S''_{xx}$$

gibt die Summe der Quadrate der Abweichungen der Einzelwerte von zwei Regressionsgeraden mit *verschiedenen* Regressionskoeffizienten b_1 und b_2. Der Unterschied D der beiden Ausdrücke gibt an, um wieviel sich die Summe der Quadrate um die Regression vermindert, wenn man von zwei Regressionsgeraden mit gemeinsamem Regressionskoeffizienten b zu solchen mit verschiedenen Regressionskoeffizienten b_1 und b_2 übergeht. Für die Differenz D findet man

$$D = S_{yy} - b^2 S_{xx} - (S_{yy} - b_1^2 S'_{xx} - b_2^2 S''_{xx}) = b_1^2 S'_{xx} + b_2^2 S''_{xx} - b^2 S_{xx}$$

oder, wenn man b gemäß (3) ersetzt:

$$D = b_1^2 S'_{xx} + b_2^2 S''_{xx} - (b_1 S'_{xx} + b_2 S''_{xx})^2/(S'_{xx} + S''_{xx})$$

wofür man erhält

$$D = (b_1 - b_2)^2 S'_{xx} S''_{xx}/(S'_{xx} + S''_{xx}) \ . \tag{4}$$

Die Differenz D, deren Freiheitsgrad gleich 1 ist, mißt also in der Tat den Unterschied zwischen b_1 und b_2. Wenn die Regressionskoeffizienten β_1 und β_2 der Grundgesamtheiten gleich sind, und wenn zudem die Verteilungen der Einzelwerte um die Regressionen für jedes x_j normal sind mit überall gleicher Streuung σ^2, so ist das Verhältnis von D zu

$$(S'_{yy} + S''_{yy} - b_1^2 S'_{xx} - b_2^2 S''_{xx})/(N_1 + N_2 - 4)$$

verteilt wie F mit $n_1 = 1$, $n_2 = N_1 + N_2 - 4$.

Für das Beispiel 40 können wir das Prüfen der Parallelität, oder, was dasselbe bedeutet, des Unterschiedes der beiden Regressionskoeffizienten wie folgt vornehmen.

Probe	Insgesamt		Auf der Regression Summe der Quadrate	Einzelwerte um die Regression		
	Freiheitsgrad	Summe der Quadrate		Summe der Quadrate	Freiheitsgrad	Durchschnittsquadrat
1	14	788 263	670 810	117 453	13	...
2	14	624 451	475 240	149 211	13	...
Summe	...	...	...	266 664	26	10 256
Gemeinsam	28	1 412 714	1 137 645	275 069	27	...
Unterschied	...	...	...	8 405	1	8 405

Für die gemeinsame Regression muß die Summe der Quadrate nach der Formel

$$S_{xy}^2/S_{xx} = (S'_{xy} + S''_{xy})^2/(S'_{xx} + S''_{xx}) = 4770^2/20 = 1\,137\,645$$

berechnet werden.

Das D ist mit 8405 kleiner als das Durchschnittsquadrat der Einzelwerte um die beiden verschiedenen Regressionsgeraden; da der Wert F kleiner als 1 ist, braucht man $F_{0,05}$ gar nicht erst nachzuschlagen, die beiden Regressionen dürfen ohne weiteres als parallel angesehen werden; die Regressionskoeffizienten $b_1 = 259$ und $b_2 = 218$ können durch den gemeinsamen Regressionskoeffizienten

$$b = (S'_{xy} + S''_{xy})/(S'_{xx} + S''_{xx}) =$$
$$= (2590 + 2180)/(10 + 10) = 4770/20 = 238{,}5$$

ersetzt werden.

Da im Beispiel 40 die beiden Regressionen als linear und zueinander parallel angesehen werden dürfen, sind die Voraussetzungen erfüllt, um das Gehaltsverhältnis der beiden Proben zu bestimmen. Da die unabhängige Veränderliche x gleich dem Logarithmus der Dosis gewählt wurde, kann man aus dem Abstand M in der Richtung der x-Achse (siehe Figur 25) auf das Gehaltsverhältnis R schließen. Dabei ist allerdings zu berücksichtigen, daß die Einheit k der Veränderlichen x so gewählt wurde, daß $k = 0{,}3010$ ist. Zudem muß beachtet werden, daß der Ursprung der unabhängigen Veränderlichen in der Probe 1 mit $\log(1{,}0) = 0{,}0$, in der Probe 2 mit $\log(2{,}0) = 0{,}3010$ zusammenfällt; den Unterschied der beiden willkürlich gleich Null gesetzten Werte bezeichnen wir mit d; in unserem Fall ist also $d = 0{,}3010$. Das Gehaltsverhältnis R ergibt sich aus

$$\log R = k \cdot M + d \,. \tag{5}$$

Um M zu berechnen, entnehmen wir der Figur 25, daß

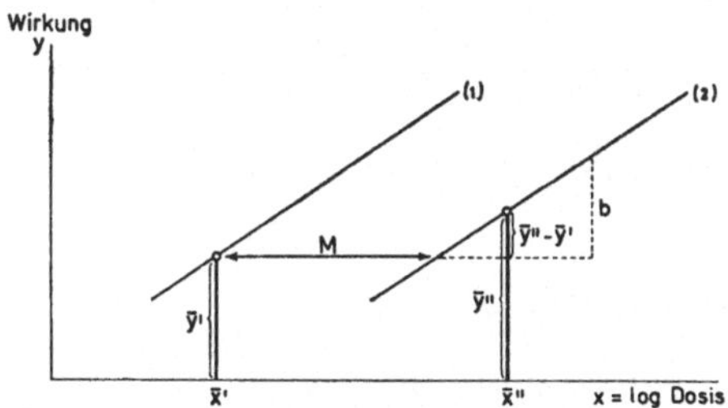

Figur 25
Abstand M zwischen zwei Regressionsgeraden.

$$M = \bar{x}'' - \bar{x}' - (\bar{y}'' - \bar{y}')/b \,. \tag{6}$$

Im Beispiel 40 richteten wir es so ein, daß $\bar{x}' = \bar{x}'' = 0$, so daß

$$M = (\bar{y}' - \bar{y}'')/b \,.$$

Für $\bar{y}'$ und $\bar{y}''$ ergibt sich

$$\bar{y}' = T'_y/N_1 = 5054/15 = 336{,}933$$
$$\bar{y}'' = T''_y/N_2 = 4951/15 = 330{,}067$$
$$\bar{y}' - \bar{y}'' = \quad 6{,}866$$

und weiter

$$M = 6{,}866/238{,}5 = 0{,}0288$$

woraus nach (5)

$$\log R = 0{,}3010 \cdot 0{,}0288 + 0{,}3010 = 0{,}3097 \, .$$

Das Gehaltsverhältnis R beträgt demnach $R = 2{,}04$; das bedeutet, daß der Gehalt der Probe 1 das 2,04fache des Gehaltes der Probe 2 ausmacht.

Um die Vertrauensgrenzen von R zu finden, ermitteln wir die Vertrauensgrenzen von M, des Abstandes der beiden Regressionsgeraden mit x_j als unabhängiger und y als abhängiger Veränderlichen. Dies können wir wiederum nach dem Verfahren von FIELLER tun, indem wir den Ausdruck M von (6) in die Form

$$z = (\bar{y}'' - \bar{y}') - b(\bar{x}'' - \bar{x}') + bM \tag{7}$$

bringen und die Streuung von z berechnen, die gleich

$$s^2 \left(\frac{1}{N_1} + \frac{1}{N_2} + (M + \bar{x}' - \bar{x}'')^2/S_{xx} \right) \tag{8}$$

ist, wobei s^2 das Durchschnittsquadrat der Einzelwerte um die Regressionsgeraden ist, im Beispiel 40 also gleich 10256 mit 26 Freiheitsgraden. Bilden wir das Verhältnis von z^2 zur Streuung von z, so erhalten wir eine Größe, die wie F verteilt ist mit $n_1 = 1$, $n_2 = N_1 + N_2 - 4$. Setzen wir an Stelle von F beispielsweise $F_{0,05}$, so erhalten wir

$$z^2 - s^2 F_{0,05} \left(\frac{1}{N_1} + \frac{1}{N_2} + (M + \bar{x}' - \bar{x}'')^2/S_{xx} \right) = 0$$

und setzt man darin für z den Ausdruck (7) ein und ordnet die Formeln etwas um, so findet man

$$M^2(b^2 - s^2 F_{0,05}/S_{xx}) + 2M\left[b(\bar{y}'' - \bar{y}') - (\bar{x}'' - \bar{x}')(b^2 - s^2 F_{0,05}/S_{xx}) \right] +$$
$$+ (\bar{y}'' - \bar{y}')^2 - 2b(\bar{x}'' - \bar{x}')(\bar{y}'' - \bar{y}') - s^2 F_{0,05} \left(\frac{1}{N_1} + \frac{1}{N_2} \right) +$$
$$+ (\bar{x}'' - \bar{x}')^2 (b^2 - s^2 F_{0,05}/S_{xx}) = 0 \, . \tag{9}$$

Die Wurzeln M_1 und M_2 dieser Gleichung geben die Vertrauensgrenzen von M.

Im Beispiel 40 sind $\bar{x}' = \bar{x}'' = 0$ und die Formel (9) vereinfacht sich beträchtlich, da alle Glieder wegfallen, die $(\bar{x}'' - \bar{x}')$ als Faktor enthalten. Im übrigen ist

$$n_1 = 1 \, , \quad n_2 = 26 \, ; \quad F_{0,05} = 4{,}225 \, ; \quad s^2 = 10256 \, ; \quad N_1 = N_2 = 15$$

und damit findet man für (9)

$$54716 \, M^2 - 2(1637{,}5) \, M - 5730{,}6 = 0 \, .$$

Die Wurzeln dieser Gleichung sind

$$M_1 = -0{,}2951 \quad \text{und} \quad M_2 = +0{,}3549$$

und nach (5) wird

$$\log R_1 = 0{,}3010(-0{,}2951) + 0{,}3010 = +0{,}2122 \, ,$$
$$\log R_2 = 0{,}3010(+0{,}3549) + 0{,}3010 = +0{,}4079 \, ,$$

so daß die Vertrauensgrenzen für das Gehaltsverhältnis $R = 2{,}04$ mit

$$R_1 = 1{,}63 \quad \text{und} \quad R_2 = 2{,}56$$

bestimmt sind, bei einer Schwelle von $P = 0{,}05$.

Wenn die beiden Geraden nicht parallel sind, kann gelegentlich die Frage auftreten, bei welchem Wert der unabhängigen Veränderlichen sich die Geraden schneiden, und welches die Vertrauensgrenzen dieses Wertes sind. Auch hier läßt sich das Verfahren von E. C. FIELLER vorteilhaft verwenden. Die beiden Regressionsgeraden seien in der Form

$$Y' = \bar{y}' + b_1(x - \bar{x}')$$

und

$$Y'' = \bar{y}'' + b_2(x - \bar{x}'')$$

gegeben. Für den Schnittpunkt ist $Y' = Y''$ oder

$$\bar{y}' + b_1(x - \bar{x}') = \bar{y}'' + b_2(x - \bar{x}'') \, , \tag{10}$$

woraus

$$x = -\,(\bar{y}' - \bar{y}'' - b_1\,\bar{x}' + b_2\,\bar{x}'')/(b_1 - b_2) \tag{11}$$

folgt.

Um die Vertrauensgrenzen für x zu finden, setzen wir für den Unterschied der Ausdrücke links und rechts in (10)

$$z = \bar{y}' - \bar{y}'' + b_1(x - \bar{x}') - b_2(x - \bar{x}'') \, . \tag{12}$$

Für die Streuung von z findet man

$$s^2\left[\frac{1}{N_1} + \frac{1}{N_2} + \frac{(x - \bar{x}')^2}{S'_{xx}} + \frac{(x - \bar{x}'')^2}{S''_{xx}}\right] , \tag{13}$$

und da das Verhältnis von z^2 zu der Streuung von z verteilt ist wie F mit $n_1 = 1$ und n_2 gleich dem Freiheitsgrad von s^2, ergibt sich eine quadratische Gleichung für x, aus der die Vertrauensgrenzen von (11) als Lösungen bestimmt werden können. Das s^2 in (13) ist die gemeinsame Streuung um die beiden Regressionsgeraden. Die quadratische Gleichung für x lautet

$$x^2\left[(b_1 - b_2)^2 - s^2 F\left(\frac{1}{S'_{xx}} + \frac{1}{S''_{xx}}\right)\right] +$$
$$+ 2\,x\left[(b_1 - b_2)\,(\bar{y}' - \bar{y}'' - b_1\,\bar{x}' + b_2\,\bar{x}'') + s^2 F\left(\frac{\bar{x}'}{S'_{xx}} + \frac{\bar{x}''}{S''_{xx}}\right)\right] +$$
$$+ (\bar{y}' - \bar{y}'' - b_1\,\bar{x}' + b_2\,\bar{x}'')^2 - s^2 F\left(\frac{1}{N_1} + \frac{1}{N_2} + \frac{\bar{x}'^2}{S'_{xx}} + \frac{\bar{x}''^2}{S''_{xx}}\right) = 0 \, . \tag{14}$$

Beispiel 41. Bestimmung des Alters, in dem die Mädchen schwerer werden als die Knaben (K. MÜLLY, 1933).

Für die Kinder zwischen 7 und 13 Jahren erhält man lineare Regressionen, wenn man statt der Gewichte deren Logarithmen in Abhängigkeit vom Alter betrachtet. Die Messungen erstrecken sich auf 4021 Knaben und 4054 Mädchen, für welche die Regressionsgeraden durch folgende Angaben berechnet werden können

Geschlecht	Anzahl N	Durchschnitte		Regressions-koeffizient b	Summe der Quadrate, Alter S_{xx}
		Alter (Jahre)	Log Gewicht $\bar{y}$		
Knaben	4021	9,934220	0,475915	0,038394	11447,851
Mädchen	4054	9,924766	0,480231	0,045824	11818,554

Die Streuung um die Regressionsgeraden beläuft sich auf $s^2 = 0,003825$ mit 8071 Freiheitsgraden. Zu diesem Freiheitsgrad erhält man für F

$$F_{0,05} = 3,841 \quad \text{und} \quad F_{0,05} \cdot s^2 = 0,014695 \,.$$

Die für die Aufstellung der Gleichung (14) benötigten Werte lauten

$$b_1 - b_2 \qquad\qquad\qquad -0,007430\,,$$

$$\bar{y}' - \bar{y}'' - b_1 \bar{x}' + b_2 \bar{x}'' \qquad\qquad +0,069858\,,$$

$$\frac{1}{S'_{xx}} + \frac{1}{S''_{xx}} \qquad\qquad +0,000171965\,,$$

$$\frac{\bar{x}'}{S'_{xx}} + \frac{\bar{x}''}{S''_{xx}} \qquad\qquad +0,001707542\,,$$

$$\frac{1}{N_1} + \frac{1}{N_2} + \frac{\bar{x}'^2}{S'_{xx}} + \frac{\bar{x}''^2}{S''_{xx}} \qquad\qquad +0,017450520$$

und damit wird für (14)

$$0,000052678\, x^2 - 2\,(0,000493953)\, x + 0,004623705 = 0\,.$$

Die Wurzeln dieser Gleichung ergeben sich als

$$x = \left(+0,000493953 \pm \sqrt{0,000000000422034}\right)/0,000052678$$

oder als

$$x_1 = 8,987 \quad \text{und} \quad x_2 = 9,767\,.$$

Nach (11) ergibt sich als das gesuchte Alter der Wert

$$x = -(\bar{y}' - \bar{y}'' - b_1 \bar{x}' + b_2 \bar{x}'')/(b_1 - b_2)$$
$$= 9,402\,.$$

Das Ergebnis der Berechnungen kann also wie folgt angegeben werden. Das Alter, bei dem die Mädchen schwerer werden als die Knaben, liegt bei 9,4 Jahren, mit Vertrauensgrenzen von 9,0 und 9,8 Jahren.

612 Einfache lineare Korrelation

Der Abschnitt 611 war den Verfahren gewidmet, die verwendet werden, wenn eindeutig feststeht, welche Veränderliche als unabhängig, und welche als abhängig zu betrachten ist. Dort konnten die Fragen mittels der *Regressionsrechnung* beantwortet werden: die Regressionsgerade gab an, wie die abhängige Veränderliche sich bezüglich der unabhängigen Veränderlichen verhielt.

Wenn indessen beide Veränderliche gleichwertig sind, wie etwa bei der Untersuchung der Beziehungen zwischen Brustumfang und Körpergröße, sind die Verfahren der Regressionsrechnung zwar ebenfalls anwendbar, sie ergeben aber nicht ausreichende Aufschlüsse und müssen durch die Berechnung der *Bestimmtheit* oder des *Korrelationskoeffizienten* ergänzt werden.

612.1 Begriffe und Berechnungen

Die erste Voraussetzung, die erfüllt sein muß, wenn man die im folgenden zu besprechenden Methoden anwenden will, ist die, daß die Regression geradlinig sein soll. Da beide Veränderliche gleichwertig sind, können wir zwei Regressionen bestimmen, und diese sollen Gerade sein, was nötigenfalls nach dem in 611.3 angegebenen Verfahren geprüft werden kann. Die Verfahren der einfachen linearen Korrelation werden allerdings manchmal auch angewandt, wenn die Voraussetzung der Linearität nicht zutrifft; dagegen ist nichts einzuwenden, sofern dabei beachtet wird, daß die Ergebnisse nur eine erste Annäherung darstellen.

Betrachten wir etwa die Abhängigkeit, die zwischen dem Körpergewicht und der Körpergröße von Knaben eines bestimmten Alters bestehen. Es mögen die Gewichte x und die Körpergrößen y von N Knaben ermittelt worden sein. Wenn man wissen will, wie sich die Körpergrößen y in Abhängigkeit vom Gewicht x verändert, so kann man nach 611.1 die Regressionsgerade

$$Y = \bar{y} + b_{y \cdot x} (x - \bar{x}) \tag{1}$$

berechnen. Mittels dieser Regressionsgleichung kann man vom Gewicht auf die Körpergröße schließen. Will man dagegen umgekehrt von der Körpergröße auf das Gewicht schließen, so muß man eine Regressionsgleichung

$$X = \bar{x} + b_{x \cdot y} (y - \bar{y}) \tag{2}$$

berechnen. Der Regressionskoeffizient $b_{y \cdot x}$, der angibt, wie die Körpergröße y im Mittel mit dem Gewicht x sich verändert, ist im allgemeinen verschieden vom Regressionskoeffizienten $b_{x \cdot y}$, der zeigt, wie das Gewicht in Abhängigkeit von der Körpergröße sich verändert.

Zu den Regressionsgeraden (1) und (2) gehört je eine Streuungszerlegung, entsprechend den Ausführungen in 611.3 und 611.4. In der Tat läßt sich die gesamte Summe der Quadrate der y in zwei Teile aufspalten, wovon der erste die Veränderlichkeit der Regressionswerte, der zweite diejenige der Einzelwerte um die Regressionsgerade mißt. Dasselbe läßt sich für die Werte x tun. Formelmäßig sieht dies — zunächst für die Regressionsgerade (1) — so aus:

Streuung	Freiheits- grad	Summe der Quadrate
Regressionswerte	1	$S_{xy}^2/S_{xx} = S_{yy}(S_{xy}^2/S_{xx}S_{yy})$
Einzelwerte um Regression	$N-2$	$S_{yy} - S_{xy}^2/S_{xx} = S_{yy}(1 - S_{xy}^2/S_{xx}S_{yy})$
Insgesamt	$N-1$	$S_{yy} = S_{yy}$

Wie aus dieser Streuungszerlegung ersichtlich ist, spielt der Ausdruck

$$B = S_{xy}^2/S_{xx}\,S_{yy}, \tag{3}$$

den wir als das *Bestimmtheitsmaß* bezeichnen, eine wichtige Rolle. Man sieht daß die Summe der Quadrate insgesamt, S_{yy}, im Verhältnis von B zu $1 - B$ in die Summe der Quadrate der Regressionswerte und der Einzelwerte um die Regression aufgeteilt wird.

Die Regressionsgerade (2) bestimmt man auf gleiche Art wie (1), nur mit dem Unterschied, daß nicht

$$S\,(y - Y)^2$$

sondern

$$S\,(x - X)^2$$

zum Minimum gemacht wird. Man schließt daraus ohne weiteres, daß an die Stelle von

$$b_{y\cdot x} = S_{xy}/S_{xx}$$

die Formel

$$b_{x\cdot y} = S_{xy}/S_{yy}$$

tritt, und daß an Stelle der oben gegebenen Streuungszerlegung die folgende angeschrieben werden kann.

Streuung	Freiheits- grad	Summe der Quadrate
Regressionswerte	1	$S_{xy}^2/S_{yy} = S_{xx}(S_{xy}^2/S_{xx}S_{yy})$
Einzelwerte um Regression	$N-2$	$S_{xx} - S_{xy}^2/S_{yy} = S_{xx}(1 - S_{xy}^2/S_{xx}S_{yy})$
Insgesamt	$N-1$	$S_{xx} = S_{xx}$

Auch hier tritt wieder das Bestimmtheitsmaß B mit derselben Bedeutung auf wie vorhin.

Für beide Veränderliche gibt somit das Bestimmtheitsmaß B den Anteil der

Summe der Quadrate an, die aus Unterschieden in der anderen Veränderlichen erklärt werden kann. Je enger der lineare Zusammenhang der beiden Veränderlichen, um so größer ist das Bestimmtheitsmaß B. Dieses kann alle Werte zwischen Null und 1 annehmen.

Wenn $B = 0$ ist, so muß $S_{xy} = 0$ sein, und somit $b_{x \cdot y} = b_{y \cdot x} = 0$. Die Regressionsgeraden verlaufen parallel zu den entsprechenden Koordinatenachsen. Es besteht keinerlei lineare Abhängigkeit zwischen den beiden Veränderlichen.

Ist $B = 1$, so wird $S_{xy}^2 / S_{xx} S_{yy} = 1$ oder

$$S_{xy}/S_{xx} = S_{yy}/S_{xy}$$

oder aber

$$b_{y \cdot x} = 1/b_{x \cdot y}.$$

Die beiden Regressionsgeraden fallen zusammen. Da zudem die Summe der Quadrate der Einzelwerte um die Regression $S(y - Y)^2$ gleich Null wird, sind alle y gleich Y; alle Punkte liegen demnach auf der Regressionsgeraden. Mit $B = 1$ haben wir somit eine strenge lineare funktionale Beziehung.

Das Bestimmtheitsmaß B hängt eng zusammen mit dem *Korrelationskoeffizienten* r, indem

$$B = r^2. \tag{4}$$

Der Korrelationskoeffizient r kann Werte annehmen zwischen -1 und $+1$. Sein Vorzeichen entspricht dem Vorzeichen von S_{xy}, oder also von $b_{y \cdot x}$ oder von $b_{x \cdot y}$.

Wenn zu jedem Wert x der einen Veränderlichen die andere Veränderliche y normal verteilt ist mit einer Streuung σ^2 der Grundgesamtheit, wobei das σ^2 für jedes x gleich groß ist, und wenn dies auch für die x zutrifft, für jeden Wert von y, so sprechen wir von einer *zweidimensionalen normalen Verteilung*. Dabei ist ebenfalls vorausgesetzt, daß die Regressionen linear sind. Wie im Abschnitt 925 zu ersehen ist, liegen in diesem Falle die Punkte mit gleicher Häufigkeit auf Ellipsen, die gleichgerichtet und ähnlich sind.

Der Mittelpunkt dieser Ellipsen hat die Koordinaten $\bar{x}$ und $\bar{y}$. Bezeichnen wir mit u und v die Achsen eines Koordinatensystems, das seinen Ursprung im Mittelpunkt der Ellipsen hat, und dessen Koordinatenachsen mit den Achsen der Ellipsen zusammenfallen, so kann der Winkel α zwischen den Achsen x und u berechnet werden aus

$$\operatorname{tg} 2\,\alpha = 2\,S_{xy}/(S_{xx} - S_{yy}). \tag{5a}$$

und

$$\operatorname{tg} \alpha = (S_{yy} - S_{xx} \pm \sqrt{4\,S_{xy}^2 + (S_{xx} - S_{yy})^2})/2\,S_{xy} \tag{5b}$$

Die Gleichungen der Ellipsen sind gegeben durch

$$(u/a)^2 + (v/b)^2 = \chi_P^2, \tag{6}$$

wobei χ^2 mit $n = 2$ Freiheitsgraden zu nehmen ist, und die Anzahl der

Punkte außerhalb dieser Ellipse $N \cdot P$ ist. Die Achsen a und b der Ellipsen werden aus den Beziehungen

$$(a + b)^2 = (S_{xx} + S_{yy} + 2\sqrt{S_{xx}\,S_{yy} - S_{xy}^2})/(N - 1) \qquad (7\,\mathrm{a})$$

$$(a - b)^2 = (S_{xx} + S_{yy} - 2\sqrt{S_{xx}\,S_{yy} - S_{xy}^2})/(N - 1) \qquad (7\,\mathrm{b})$$

bestimmt.

Beispiel 42. Abhängigkeit zwischen dem Logarithmus des Gewichts und der Körpergröße von 9jährigen Knaben (K. MÜLLY, 1933).

In der Tafel auf S. 178/179 sind die Angaben für 765 Schüler der Stadt Bern zusammengestellt. Damit die oben genannten Voraussetzungen zutreffen, müßten die Gewichte und Körpergrößen aus einer zweidimensionalen normalen Grundgesamtheit stammen. Wenn dies für zwei Veränderliche zutrifft, dann sind die Verteilungen der beiden Veränderlichen, einzeln betrachtet, ebenfalls normal. In den Figuren 26 und 27 sind die Summenhäufigkeiten der Körpergrößen und der Gewichte für mehrere Jahrgänge von Schülern im normalen Wahrscheinlichkeitsnetz dargestellt.

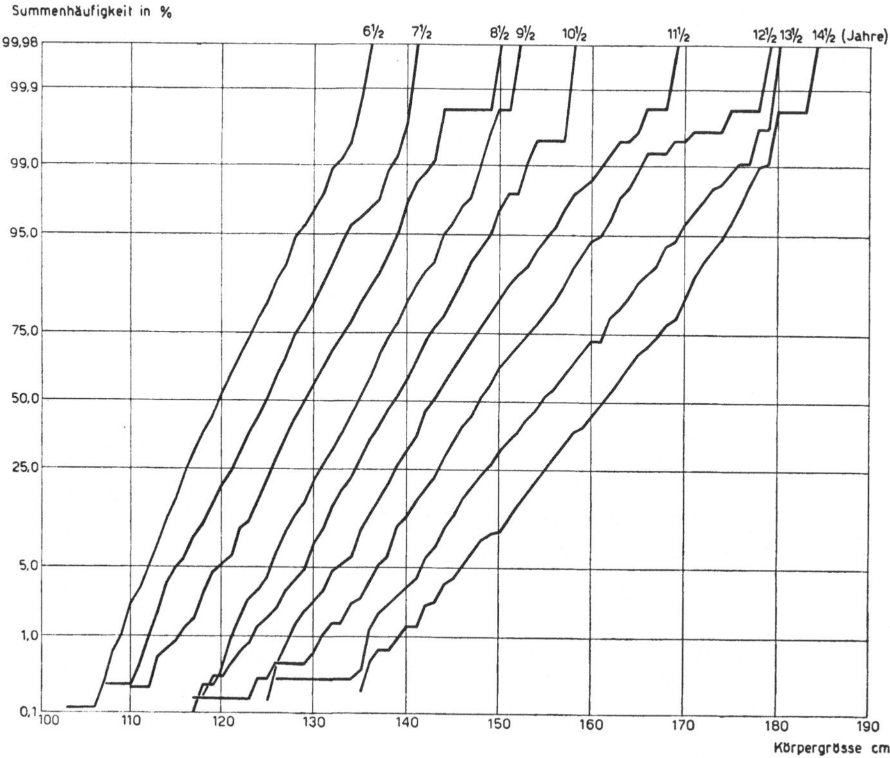

Figur 26
Summenhäufigkeit der Körpergrößen im Wahrscheinlichkeitsnetz.

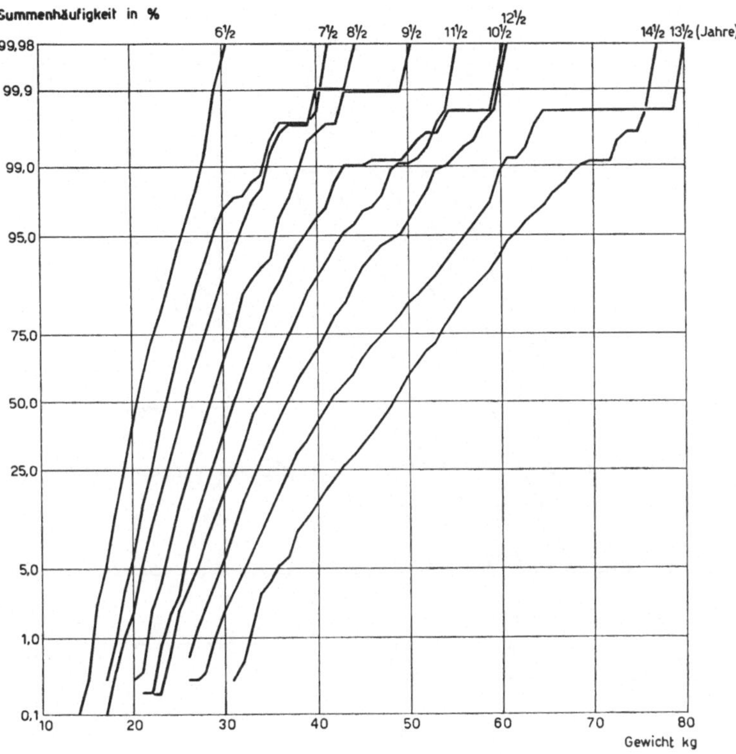

Figur 27

Summenhäufigkeit der Gewichte im Wahrscheinlichkeitsnetz.

Man ersieht unmittelbar aus der Figur 26, daß die Körpergrößen ohne weiteres als normal verteilt angesehen werden dürfen. Aus der Figur 27 geht hervor, daß dies dagegen für die Gewichte nicht zutrifft, da für diese die Punkte nicht auf Geraden liegen. Nimmt man aber an Stelle der Gewichte deren Logarithmen und trägt nun die Summenhäufigkeitskurve im Wahrscheinlichkeitsnetz auf, wie dies die Figur 28 zeigt, so liegen nunmehr die Punkte mit guter Annäherung auf Geraden.

Man darf demnach annehmen, daß die Logarithmen der Gewichte und die Körpergrößen sich verhalten wie wenn sie aus einer zweidimensionalen normalen Grundgesamtheit stammen würden. Wir werden noch weitere Anhaltspunkte finden, die diese Annahme bestätigen.

Um die Regressionsgeraden und das Bestimmtheitsmaß ermitteln zu können, hat man S_{xx}, S_{xy} und S_{yy} zu berechnen. Diesem Zwecke dient das folgende Rechenschema, in welchem mit x die Werte 100 (log Gewicht − 1,000) und mit y die um 100 cm verminderte Körpergröße bezeichnet sind. Die y_l sind wie gewohnt die Klassenmitten.

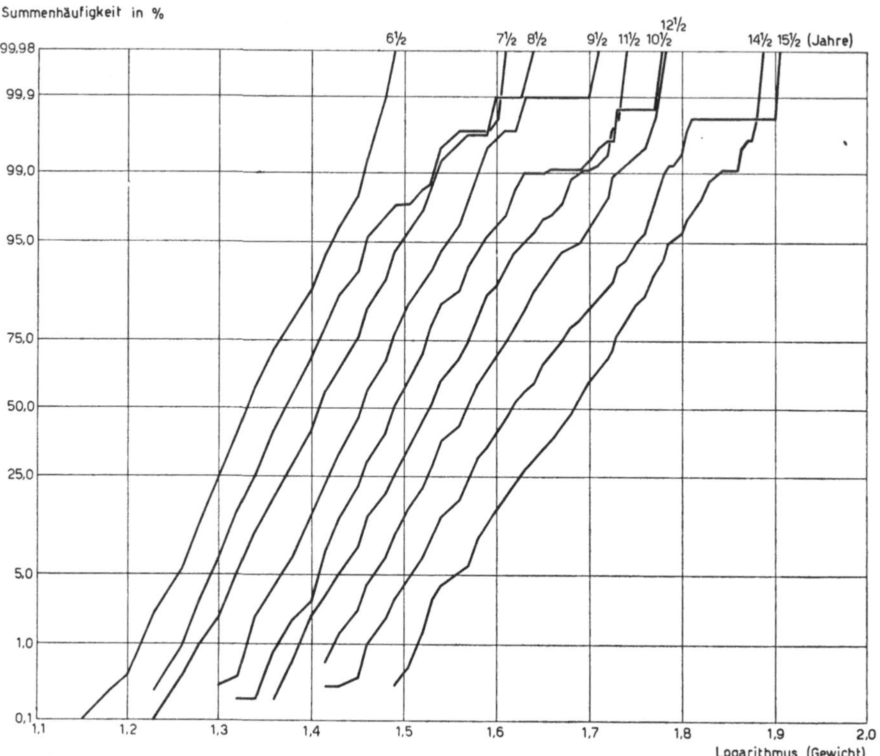

Figur 28
Summenhäufigkeit der Logarithmen der Gewichte im Wahrscheinlichkeitsnetz.

Aus den Totalen erhält man die Durchschnitte:

$$\bar{x} = 35\,303{,}1/765 = 46{,}148; \; \bar{y} = 26\,769{,}5/765 = 34{,}993.$$

Für die Summen der Quadrate wird:

$$S_{xx} = 1\,650\,715{,}63 - 35\,303{,}1^2/765 = 21\,553{,}709$$
$$S_{yy} = 961\,295{,}25 - 26\,769{,}5^2/765 = 24\,555{,}210.$$

Die Summe der Produkte S_{xy} ist gleich

$$\underset{j}{S}\, x_j \left(\underset{l}{S}\, f_{jl}\, y_l\right) = \underset{l}{S}\, y_l \left(\underset{j}{S}\, f_{jl}\, x_j\right),$$

was eine nützliche Kontrolle ergibt. Man erhält

$$S_{xy} = 1\,252\,775{,}85 - 35\,303{,}1 \cdot 26\,769{,}5/765 = 17\,421{,}163.$$

Für die Regressionskoeffizienten erhält man somit

$$b_{y \cdot x} = S_{xy}/S_{xx} = 17\,421{,}163/21\,553{,}709 = 0{,}8083,$$
$$b_{x \cdot y} = S_{xy}/S_{yy} = 17\,421{,}163/24\,555{,}210 = 0{,}7095.$$

Die beiden Regressionsgleichungen lauten demnach

$$Y = \bar{y} + b_{y \cdot x}\,(x - \bar{x}) = 34{,}993 + 0{,}8083\,(x - 46{,}148)$$

oder

$$Y = -2{,}308 + 0{,}8083\,x$$

und

$$X = \bar{x} + b_{x \cdot y}\,(y - \bar{y}) = 46{,}148 + 0{,}7095\,(y - 34{,}993)$$

oder

$$X = 21{,}320 + 0{,}7095\,y.$$

Die beiden Regressionsgeraden sind in der Figur 29 dargestellt, zusammen mit den Durchschnitten der einen Veränderlichen für jeden Wert der anderen. Wie aus der Figur 29 hervorgeht, können die Regressionen der Körpergrößen bezüglich der Logarithmen der Gewichte und jene der Logarithmen der Gewichte bezüglich der Körpergrößen als linear betrachtet werden.

Die Linearität der Regressionen kann nötigenfalls auch nach den Verfahren von Abschnitt 611.3 geprüft werden.

Das Bestimmtheitsmaß ergibt sich in unserem Beispiel zu

$$B = S_{xy}^{2}/S_{xx}\,S_{yy} = 303\,496\,923{,}757/529\,255\,850{,}774 = 0{,}573.$$

Dieses Ergebnis läßt sich wie folgt deuten: Von der Variabilität der Körpergrößen lassen sich 57,3% durch die lineare Regression auf Unterschiede im

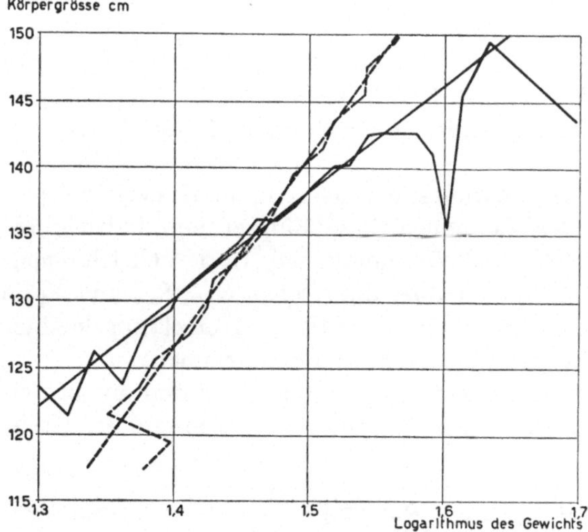

Figur 29

Regressionsgerade und Durchschnitte für die Abhängigkeit zwischen dem Logarithmus der Gewichte und der Körpergröße.

Verteilung von 765 9½ jährigen Schülern nach Körpergröße und Log. Gewicht

100 (Logarithmus Gewicht − 1,000)	Körpergröße, cm								
	117,5	119,5	121,5	123,5	125,5	127,5	129,5	131,5	133,5
30,1			1		1				
32,2			1		—				
34,2			2	1	4	3	—	2	
36,2	1	—	4	3	3	3	—	—	
38,0	—	—	1	5	6	3	6	6	2
39,8	1	1	1	2	6	10	16	7	6
41,5	—	—	—	—	5	14	14	18	7
43,1					2	4	13	14	17
44,7					—	5	8	15	23
46,2					—	1	5	8	13
47,7					1	1	2	4	20
49,1						—	3	4	7
50,5						2	1	—	5
51,9									2
53,1									—
54,4									—
55,6									—
56,8									1
58,0									
59,1									
60,2									
61,3									
63,3									
69,9									
$f \cdot \imath$	2	1	10	11	28	46	68	78	103

Gewicht zurückführen. Man kann auch umgekehrt sagen, daß von der Variabilität der Log-Gewichte sich 57,3% aus Unterschieden in den Körpergrößen erklären lassen. Dabei ist aber zu beachten, daß diese Beziehung durchaus nicht ursächlicher Art ist.

In gewissen Fällen kann es nützlich sein, die Kurven gleicher Häufigkeit aufzuzeichnen. In der Tat geben diese Ellipsen ein eindrückliches Bild der Beziehungen zwischen zwei Veränderlichen. In den Gleichungen (5), (6) und (7) wurden der Einfachheit halber die Größen S_{xx}, S_{xy} und S_{yy} eingeführt; man hätte die Formeln aber auch mit Hilfe des Korrelationskoeffizienten r und der Standardabweichungen s_x und s_y schreiben können.

Um den Winkel α zwischen der x-Achse und den mit beiden Ellipsenachsen zusammenfallenden neuen Koordinatenachsen zu ermitteln, bestimmt man aus (5b)

$$\operatorname{tg} \alpha = (S_{yy} - S_{xx} \pm \sqrt{4\,S_{xy}^2 + (S_{xx} - S_{yy})^2})/2\,S_{xy}$$

und erhält dafür die beiden Werte

$$+1,090 \quad \text{und} \quad -0,918$$

Fortsetzung

100 (Logarithmus Gewicht — 1,000)	Körpergröße, cm									$f_j.$
	135,5	137,5	139,5	141,5	143,5	145,5	147,5	149,5	151,5	
30,1										2
32,2										1
34,2										12
36,2										14
38,2	1									30
39,2	5	1								56
41,5	3	3								64
43,1	10	8	4							72
44,7	22	16	8	1	1					99
46,2	18	20	11	8	2					86
47,7	21	16	11	3	3	—	1			83
49,1	9	18	17	4	4	—	—			66
50,5	8	17	10	13	8	3	1			68
51,9	4	4	6	3	3	2	1	1		26
53,4	2	3	5	5	2	—	3	—		20
54,1	1	3	4	3	4	3	2	2		22
55,6	2	—	3	4	2	4	2	1		18
56,8	—	1	—	3	1	1	1	—	1	9
58,0	1	1	1	2	1	—	2	1		9
59,1	1	1	—	—	1	—	1	—		4
60,2	1				—	—		—		1
61,3					—	1		—		1
63,3					—			1		1
69,9					1					1
$f.l$	109	112	80	49	33	14	14	6	1	765

Für die Ausdrücke (7 a) und (7 b) ergibt sich

$$(a + b)^2 = (S_{xx} + S_{yy} + 2\sqrt{S_{xx}\,S_{yy} - S_{xy}^2})/(N - 1)$$
$$= 99{,}685\,171 = (9{,}984)^2$$

$$(a - b)^2 = (S_{xx} + S_{yy} - 2\sqrt{S_{xx}\,S_{yy} - S_{xy}^2})/(N - 1)$$
$$= 21{,}018\,324 = (4{,}585)^2$$

Damit werden die Hauptachsenlängen a und b bestimmt zu

$$a = 7{,}284 \quad \text{und} \quad b = 2{,}670.$$

Die Gleichung der Ellipse gleicher Häufigkeit, außerhalb derer ein Anteil P der beobachteten Werte liegt, lautet nach (6):

$$(u/7{,}284)^2 + (v/2{,}670)^2 = \chi_P^2.$$

Dabei sind u und v die Koordinaten, die den Hauptachsen entsprechen, und χ_P^2 ist mit dem Freiheitsgrad $n = 2$ zu nehmen.

x_j	$f_j.$	$x_j f_j.$	$x_j^2 f_j.$	$\underset{l}{S} y_l f_{jl}$	$x_j \underset{l}{S} y_l f_{jl}$
30,1	2	60,2	1812,02	47,0	1414,70
32,2	1	32,2	1036,84	21,5	692,30
34,2	12	410,4	14035,68	314,0	10738,80
36,2	14	506,8	18346,16	333,0	12054,60
38,0	30	1140,0	43320,00	843,0	32034,00
39,8	56	2228,8	88706,24	1642,0	65351,60
41,5	64	2656,0	110224,00	1946,0	80759,00
43,1	72	3103,2	133747,92	2368,0	102060,80
44,7	99	4425,3	197810,91	3398,5	151912,95
46,2	86	3973,2	183561,84	3105,0	143451,00
47,7	83	3959,1	188849,07	2990,5	142646,85
50,5	68	3434,0	173417,00	2640,0	133320,00
51,9	26	1349,4	70033,86	1039,0	53924,10
53,1	20	1062,0	56392,20	818,0	43435,80
55,6	18	1000,8	55644,48	769,0	42756,40
56,8	9	511,2	29036,16	383,5	21782,80
58,0	9	522,0	30276,00	383,5	22243,00
59,1	4	236,4	13971,24	164,0	9692,40
60,2	1	60,2	3624,04	35,5	2137,10
61,3	1	61,3	3757,69	45,5	2789,15
63,3	1	63,3	4006,89	49,5	3133,35
69,9	1	69,9	4886,01	43,5	3040,65
Summe	765	35303,1	1650715,63	26769,5	1252775,85

$$x = 100 \cdot (\log \text{Gewicht} - 1{,}000) \qquad y = \text{Körpergröße in cm} - 100{,}0$$

y_l	$f._l$	$y_l f._l$	$y_l^2 f._l$	$\underset{j}{S} x_j f_{jl}$	$y_l \underset{l}{S} x_j f_{jl}$
17,5	2	35,0	612,50	76,0	1330,00
19,5	1	19,5	380,25	39,8	776,10
21,5	10	215,0	4622,50	353,3	7595,95
23,5	11	258,5	6074,75	412,4	9691,40
25,5	28	714,0	18207,00	1083,7	27634,35
27,5	46	1265,0	34787,50	1895,0	52112,50
29,5	68	2006,0	59177,00	2887,9	85193,05
31,5	78	2457,0	77395,50	3362,7	105610,05
33,5	103	3450,5	115591,75	4677,5	156696,25
35,5	109	3869,5	137367,25	5111,8	181468,90
37,5	112	4200,0	157500,00	5357,8	200917,50
39,5	80	3160,0	124820,00	3921,9	154915,05
41,5	49	2033,5	84390,25	2503,5	103895,25
43,5	33	1435,5	62444,25	1715,1	74606,85
45,4	14	637,0	28983,50	759,0	34534,50
49,5	6	297,0	14701,50	337,6	16711,20
51,5	1	51,5	2652,25	56,8	2925,20
Summe	765	26769,5	961295,25	35303,1	1252775,85

Man kann für verschiedene Werte von P aus der Tafel II mit $n = 2$ die χ_P^2 herausschreiben und findet damit die Ellipsenachsen. Wählen wir etwa $P = 0,05$ und $P = 0,50$, so finden wir

$$\chi_{0,05}^2 = 5,991 \quad \text{und} \quad \chi_{0,50}^2 = 1,386$$

und daraus

$$\chi_{0,05} = 2,448 \quad \text{und} \quad \chi_{0,50} = 1,177 \, .$$

Damit ergeben sich die Achsen dieser beiden Ellipsen zu

P	Kurze	Lange
	Achse	
0,05	6,5	17,8
0,50	3,1	8,6

In der Figur 30 sind die beiden Ellipsen eingezeichnet, wie auch die Ellipsenachsen und die beiden Regressionsgeraden. Außerdem wurden die Punkte angegeben, die außerhalb der äußeren Ellipse liegen. Für diese ist $P = 0,05$; theoretisch müßten daher $765/20 = 38,25$ Punkte außerhalb liegen. In Wirklichkeit sind es 41, was dem Erwartungswert gut entspricht.

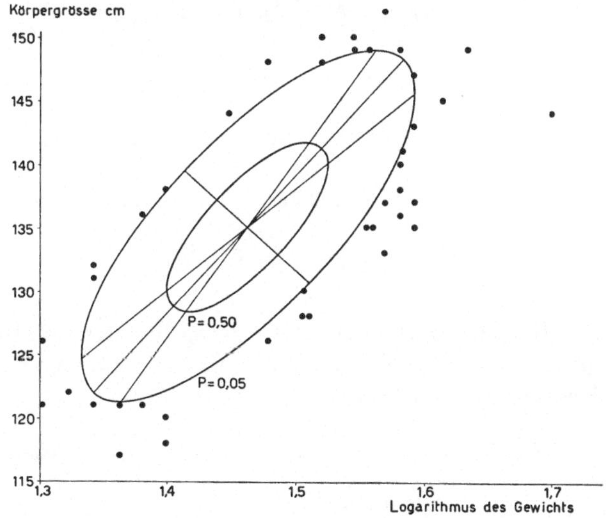

Figur 30

Ellipsen gleicher Häufigkeit für die Abhängigkeit zwischen dem Logarithmus des Gewichtes und der Körpergröße.

612.2 Beurteilen der Korrelation

Wenn ein Bestimmtheitsmaß oder ein Korrelationskoeffizient berechnet worden ist, wird man sich in erster Linie fragen, ob er wesentlich von Null verschieden sei. Für das Bestimmtheitsmaß B läßt sich das entsprechende Prüfverfahren ohne weiteres aus der Streuungszerlegung ableiten. Die Streuungszerlegung der y-Werte läßt sich folgendermaßen darstellen.

Streuung	Freiheits-grad	Summe der Quadrate	Durchschnitts-quadrat
Regressionswerte	1	$B S_{yy}$	$B S_{yy}$
Einzelwerte um Regression .	$N-2$	$(1-B) S_{yy}$	$(1-B) S_{yy}/(N-2)$
Insgesamt	$N-1$	S_{yy}	. . .

Wenn keine Abhängigkeit der y-Werte von den x-Werten vorliegt, so muß das Durchschnittsquadrat der Regressionswerte eine Schätzung der Streuung σ_y^2 sein; dasselbe gilt aber unter der Voraussetzung fehlender Abhängigkeit von dem Durchschnittsquadrat der Einzelwerte um die Regression. Infolgedessen ist das Verhältnis der beiden Durchschnittsquadrate wie F verteilt, mit $n_1 = 1$, $n_2 = N - 2$, also:

$$F = B S_{yy} (N-2)/(1-B) S_{yy}$$

oder

$$F = (N-2) B/(1-B). \tag{1}$$

Dieselbe Formel erhält man, wenn man von der Streuungszerlegung der x-Werte ausgeht.

Setzt man in (1) $B = r^2$, und berücksichtigt man, daß $F = t^2$ für $n_1 = 1$, so wird

$$t = r \sqrt{N-2}/\sqrt{1-r^2} \tag{2}$$

mit $n = N - 2$.

Die Formel (1) für das Prüfen der Abweichung des Bestimmtheitsmaßes B von Null entspricht genau der Formel (2 a) von 611.4 für das Prüfen des Regressionskoeffizienten. Dies ist leicht nachzuweisen. Man hat

$$B = S_{xy}^2/S_{xx} S_{yy} = S_{xx} S_{xy}^2/S_{xx}^2 S_{yy} = S_{xx} b_{y \cdot x}^2/S_{yy};$$

setzt man dies in (1) ein, so findet man

$$F = (N-2) S_{xx} b_{y \cdot x}^2/S_{yy} (1 - S_{xy}^2/S_{xx} S_{yy})$$
$$= (N-2) S_{xx} b_{y \cdot x}^2/(S_{yy} - S_{xy}^2/S_{xx}).$$

Im Abschnitt 611.4 hatten wir aber

$$(S_{yy} - S_{xy}^2/S_{xx})/(N-2) = s^2$$

gesetzt, so daß wir finden:

$$F = b_{y \cdot x}^2 \, S_{xx}/s^2 \, ,$$

was nichts anderes als die Formel (2 a) von 611.4 ist.

Ob man also die Abweichung eines Bestimmtheitsmaßes B oder eines Regressionskoeffizienten b von Null prüft, kommt auf das gleiche hinaus. Die Prüfung des Bestimmtheitsmaßes wird durch die Tafel V erheblich vereinfacht. Setzt man in (1) für F den Wert F_P ein, der zur Sicherheitsschwelle P gehört, so wird

$$F_P = (N - 2) \, B/(1 - B)$$

und daraus kann man B berechnen als

$$B = F_P/(F_P + N - 2). \tag{3}$$

Ein Bestimmtheitsmaß B, das kleiner ist als (3), weicht nur zufällig von Null ab; ist dagegen B größer als (3), so ist die Abweichung gesichert. In der Tafel V sind unter $p = 1$ die nach (3) berechneten Sicherheitspunkte zur Sicherheitsschwelle P angegeben.

Beispiel 43. Weicht das im Abschnitt 612.1 für das Beispiel 42 berechnete Bestimmtheitsmaß $B = 0{,}573$ wesentlich von Null ab ?

In der Tafel V finden wir den benötigten Freiheitsgrad $n = N - 2 = 763$ zwar nicht; da bei $n = 120$ der Sicherheitspunkt bei $P = 0{,}001$ sich auf $0{,}0866$ beläuft, kann das Bestimmtheitsmaß $B = 0{,}573$ ohne weiteres als von Null wesentlich verschieden betrachtet werden.

Der *Unterschied zwischen zwei Bestimmtheitsmaßen* läßt sich am besten prüfen, indem man zu den entsprechenden Korrelationskoeffizienten übergeht, und den Unterschied zwischen diesen beurteilt. Nach R. A. Fisher (1954 a) berechnet man zunächst für jeden der beiden Korrelationskoeffizienten eine Größe z gemäß der Formel

$$z = [ln \, (1 + r) - ln \, (1 - r)]/2 \, . \tag{4}$$

Die Größe z ist normal verteilt mit der Streuung

$$s_z^2 = 1/(N - 3) \tag{5}$$

so daß also

$$u = z/s_z \tag{6}$$

normal verteilt ist mit der Streuung 1.

Der Unterschied zweier Größen z ist ebenfalls normal verteilt und die Streuung dieser Verteilung läßt sich als Summe der nach (5) berechneten Einzelstreuungen bestimmen.

Beispiel 44. Abhängigkeit der Brinellhärte von Blockstahl vom Kohlenstoffgehalt (aus dem Arbeitsgebiet der Zentralstelle für statistische Forschung der Firma Gebrüder Sulzer, Aktiengesellschaft, Winterthur).

Ofen	Anzahl Proben N	Bestimmtheitsmaß B	Korrelationskoeffizient r
1	454	0,0795	0,282
2	96	0,0276	0,166

Ist der Unterschied zwischen den beiden Korrelationskoeffizienten gesichert?
Zu $r = 0{,}282$ finden wir gemäß (4) $z' = 0{,}2899$ und für $r = 0{,}166$, $z'' = 0{,}1676$.
Die weiteren Rechnungen können wir übersichtlich zusammenstellen.

Ofen	r	z	$N-3$	$\dfrac{1}{N-3}$
1	0,282	0,2899	451	0,00221729
2	0,166	0,1676	93	0,01075269
Unterschied $z' - z''$		0,1223	Summe, s_d^2	0,01296998

Die Verteilung des Unterschiedes $z' - z''$ hat eine mittlere Standardabweichung

$$s_d = 0{,}11389.$$

Der Wert

$$u = (z' - z'')/s_d = 0{,}1223/0{,}11389 \sim 1{,}1$$

zeigt, daß nach Tafel I in rund 27 von hundert Fällen ein Unterschied in der Größe von $z' - z'' = 0{,}1223$ oder mehr zufällig zu erwarten ist. Der Unterschied ist nicht gesichert; die Abhängigkeit der Brinellhärte vom Kohlenstoffgehalt erscheint in den beiden Öfen als nicht wesentlich verschieden.

Ab und zu kann es aufschlußreich sein, verschiedene Abhängigkeiten der gleichen Art mittels der in Figur 30 gegebenen Darstellung anschaulich zu machen.

Beispiel 45. Abhängigkeit zwischen Brustumfang und Körpergröße bei 15- bis 18 jährigen Gymnasiasten (H. BALLMER, 1939).

Die folgenden Angaben beziehen sich auf Schüler des Städtischen Gymnasiums Bern in den Jahren 1932—36.

Alter	Anzahl Werte	Durchschnitte		Standardabweichungen		Bestimmtheitsmaß
		Brustumfang	Körpergröße	Brustumfang	Körpergröße	
15	218	75,4	168,3	4,4	7,5	0,38
16	198	78,3	172,0	4,1	6,7	0,22
17	218	79,8	173,8	4,0	6,1	0,15
18	132	81,0	174,1	4,0	5,6	0,14

Die Durchschnitte nehmen mit zunehmendem Alter zu, die Standardabweichungen und das Bestimmtheitsmaß dagegen nehmen ab. Wir sehen davon
ab, zu prüfen, ob die Unterschiede gesichert seien; wir wollen lediglich zeigen,
wie sich die Veränderungen der Maßzahlen auf Ellipsen gleicher Häufigkeit
auswirken. Im Abschnitt 612.1 wurde gezeigt, wie diese Ellipsen bestimmt
werden können. Am einfachsten geschieht dies wiederum auf Grund der
Formeln (5), (6) und (7) jenes Abschnittes. Allerdings muß man zu diesem
Zwecke zunächst aus den Standardabweichungen die S_{xx} und S_{yy} und in Verbindung mit den Bestimmtheitsmaßen die S_{xy} berechnen. Wir geben lediglich
in der Figur 31 die Ergebnisse, indem wir für jedes der vier Alter die Ellipsen
aufzeichnen, außerhalb welcher 5 Prozent der Werte liegen.

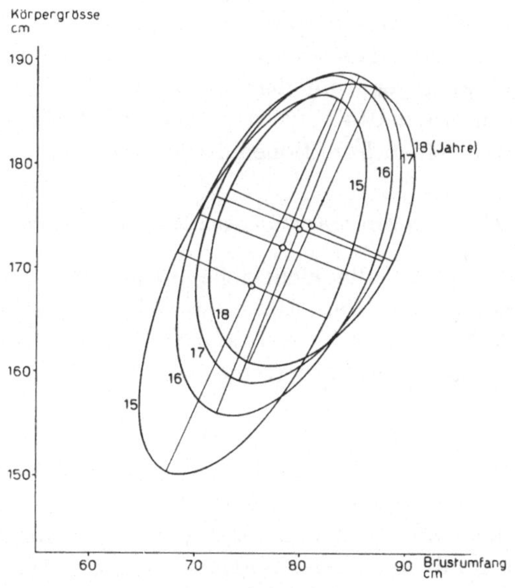

Figur 31

Ellipsen gleicher Häufigkeit für die Abhängigkeit zwischen Brustumfang und Körpergröße
für vier Altersjahre; $P = 0{,}05$.

Entsprechend der Abnahme des Bestimmtheitsmaßes mit steigendem Alter
werden die Ellipsen mit zunehmendem Alter breiter und kürzer. Die Darstellung zeigt in einfacher aber eindrücklicher Art, wie sich die Abhängigkeit
zwischen Brustumfang und Körpergröße mit dem Alter verändert.

613 Mehrfache lineare Regression

Wenn eine Veränderliche nicht nur von einer, sondern von zwei oder mehr
Veränderlichen abhängt, ergeben sich einige Fragen, die bei der einfachen Regression nicht auftreten. Wie dort muß man zwischen Regression und Kor-

relation unterscheiden, wobei die Regression der allgemeinere Begriff ist. In allen Fällen wird sich die Streuungszerlegung wiederum als wichtiges Hilfsmittel bewähren.

Wir erörtern zunächst in 613.1 die Grundbegriffe, berechnen die Regressionsgleichung, führen die Streuungszerlegung durch und sehen, was aus ihr geschlossen werden kann.

Falls mehrere unabhängige Veränderliche vorliegen, stellt sich die Frage, ob nicht die eine oder andere weggelassen werden darf; wie dies beurteilt werden kann, zeigen wir im Abschnitt 613.2.

Die Bezeichnung „unabhängige" Veränderliche bedeutet lediglich, daß es sich um eine Veränderliche handelt, deren Einfluß auf die „abhängige" Veränderliche zu untersuchen ist. Die verschiedenen „unabhängigen" Veränderlichen können gegenseitig voneinander abhängig sein; die zu erörternden Verfahren berücksichtigen sowohl diese gegenseitigen Abhängigkeiten zwischen den „unabhängigen" als auch jene mit der „abhängigen" Veränderlichen. In gewissen Anwendungen, wie in 614.1, werden sogar „unabhängige" Veränderliche benützt, von denen die einen Funktionen der andern sind.

613.1 Regressionsgleichung und Streuungszerlegung

Zunächst besprechen wir die mehrfache lineare Regression bei *zwei* unabhängigen Veränderlichen; der Einbezug weiterer Veränderlicher bringt grundsätzlich nichts Neues, nur der Aufwand an Rechenarbeit nimmt erheblich zu. Es empfiehlt sich auch hier, die verschiedenen Verfahren an Hand eines Beispiels zu entwickeln.

Beispiel 46. Abhängigkeit des Endgewichts von 35 Ratten vom Anfangsgewicht und vom Futterverzehr (Institut für Haustierernährung an der Eidgenössischen Technischen Hochschule, Zürich).

Wir bezeichnen das Anfangsgewicht mit x_1, den Verzehr an Futtertrockensubstanz in 28 Tagen mit x_2 und das Endgewicht mit y. Die verschiedenen beobachteten Anfangsgewichte wären demnach mit $x_{11}, x_{12}, \ldots x_{1i}, \ldots x_{1N}$ zu bezeichnen. Wir werden aber in der Folge den Index weglassen, der die verschiedenen Beobachtungen kennzeichnet.

Wie gewohnt, bringen wir die beobachteten Werte durch passende Umformungen in eine für das Rechnen geeignete Form. Die Angaben für die erste Ratte lauteten in diesem Beispiel:

Anfangsgewicht = 55,8 g; Futterverzehr = 298,2 g; Endgewicht = 114,8 g.

Wie eine Durchsicht der Zahlen ergab, lagen alle Anfangsgewichte zwischen 30 und 70 g, der Futterverzehr bewegte sich zwischen 200 und 360 g, die Endgewichte zwischen 100 und 150 g. Dementsprechend wählten wir folgende Umformungen:

$$x_1 = 10 \,(\text{Anfangsgewicht} - 30{,}0)$$
$$x_2 = \text{Futterverzehr} - 200$$
$$y = 10 \,(\text{Endgewicht} - 100{,}0)$$

Der Futterverzehr wurde auf ganze Gramm aufgerundet. Damit ergaben sich folgende Zahlen, denen in der vierten Spalte die Quersummen $Q = x_1 + x_2 + y$ beigefügt sind, die zu Kontrollzwecken gute Dienste leisten.

x_1	x_2	y	Q	x_1	x_2	y	Q
258	98	148	504	107	80	45	232
158	116	97	371	64	83	40	187
181	104	113	398	169	105	202	476
133	99	260	492	122	96	205	423
201	153	447	801	134	90	189	413
101	98	210	409	150	24	264	438
171	103	252	526	138	153	254	545
210	112	137	459	178	82	94	354
237	133	385	755	204	88	212	504
112	80	58	250	79	66	92	237
102	87	177	366	160	118	411	689
164	138	400	702	128	135	313	576
159	98	171	428	207	104	285	596
80	102	30	212	296	96	388	780
260	155	373	788	138	92	90	320
24	107	97	228	354	120	137	611
75	142	363	580	93	105	162	360
159	110	212	481				

Um uns ein vorläufiges Bild der Beziehungen zu verschaffen, die zwischen den drei Größenreihen bestehen, berechnen wir zunächst die einfachen linearen Regressionen. Wie hängt das Endgewicht vom Anfangsgewicht ab, wie vom Futterverzehr, und wie beeinflußt das Anfangsgewicht den Futterverzehr?

Wir berechnen zuerst die Totale und die Durchschnitte, wobei zur Kontrolle dasselbe für Q gemacht wird. Die Totale von x_1 und x_2 bezeichnen wir mit T_1 und T_2.

$$\begin{aligned}
T_1 &= 5506 & \bar{x}_1 &= 157{,}314 \\
T_2 &= 3672 & \bar{x}_2 &= 104{,}914 \\
T_y &= \underline{7313} & \bar{y} &= 208{,}943 \\
T_Q &= \overline{16491} & \bar{Q} &= 471{,}171
\end{aligned}$$

Als zweites sind die Summen der Quadrate und der Produkte zu ermitteln, wie dies im Abschnitt 611.2 angegeben wurde. Da wir jetzt mehrere unabhängige Veränderliche haben, kommen wir mit den Bezeichnungen S_{xx} und S_{xy} nicht mehr aus; wir benützen an deren Stelle:

$$S_{11} = \mathop{S}_{i=1}^{N} (x_{1i} - \bar{x}_1)^2, \quad S_{12} = \mathop{S}_{i=1}^{N} (x_{1i} - \bar{x}_1)(x_{2i} - \bar{x}_2)$$

$$S_{1y} = \mathop{S}_{i=1}^{N} (x_{1i} - \bar{x}_1)(y_i - \bar{y}), \text{ usw.}$$

Für die Summe der Quadrate und der Produkte finden wir — siehe auch 81

$$S_{11} = 160\,013{,}543 \qquad S_{1y} = 101\,647{,}628$$
$$S_{12} = 15\,375{,}943 \qquad S_{2y} = 57\,427{,}829$$
$$S_{22} = 23\,554{,}743 \qquad S_{yy} = 478\,577{,}886$$

Die Richtigkeit dieser Werte prüft man auf Grund der Beziehung

$$S_{QQ} = S_{11} + S_{22} + S_{yy} + 2\,(S_{12} + S_{1y} + S_{2y})\,.$$

In unserem Beispiel erhalten wir $S_{QQ} = 1\,011\,048{,}971$, womit die oben angegebenen Summen der Quadrate und der Produkte als richtig erwiesen sind.

Die drei einfachen Regressionsgleichungen, die auf die vorhin gestellten Fragen antworten, lauten:

$$Y \;= 208{,}943 + 0{,}635\,(x_1 - 157{,}314) = 109{,}049 + 0{,}635\,x_1$$
$$Y \;= 208{,}943 + 2{,}438\,(x_2 - 104{,}914) = -46{,}837 + 2{,}438\,x_2$$
$$X_2 = 104{,}914 + 0{,}0961\,(x_1 - 157{,}314) = 89{,}796 + 0{,}0961\,x_1\,.$$

Bedenkt man die Umformungen, die wir vorgenommen haben, und bezeichnen wir Endgewicht, Anfangsgewicht und Futterverzehr mit e, a und f, so finden wir die Regressionsgleichungen

$$E = 91{,}855 + 0{,}635\,a\,,$$
$$E = 46{,}556 + 0{,}244\,f\,,$$
$$F = 260{,}966 + 0{,}961\,a\,.$$

Wenn das Anfangsgewicht um 1 g zunimmt, steigt das Endgewicht durchschnittlich um 0,635 g, der Futterverzehr um 0,961 g. Bei Zunahme des Futterverzehrs um 1 g wächst das Endgewicht im Durchschnitt um 0,244 g.

Diese einfachen Regressionskoeffizienten geben kein einwandfreies Bild der Abhängigkeit der Endgewichte von Anfangsgewicht und Futterverzehr. In der Tat wird beispielsweise die Regression zwischen Endgewicht und Futterverzehr durch die Abhängigkeit dieser beiden Veränderlichen vom Anfangsgewicht beeinflußt. Bevor wir diese Frage behandeln, wollen wir noch die Streuungszerlegungen angeben, die zu den beiden ersten soeben berechneten Regressionsgleichungen gehören.

Streuung	Freiheits-grad	Summe der Quadrate Abhängigkeit von	
		Anfangsgewicht	Futterverzehr
Regressionswerte	1	64 571	140 012
Einzelwerte um Regression . .	33	414 007	338 566
Insgesamt	34	478 578	478 578

Ohne weiter auf das Ergebnis der Streuungszerlegung einzutreten, stellen wir lediglich fest, daß die Abhängigkeit der Endgewichte vom Futterverzehr enger ist als vom Anfangsgewicht. Wir werden weiter unten auf die beiden Streuungszerlegungen zurückgreifen.

Das Verfahren der mehrfachen Regression ergibt sich, wenn man fragt, wie das Endgewicht *gleichzeitig* von Anfangsgewicht und Futterverzehr abhängt, wobei wir immer voraussetzen, daß die Beziehung eine lineare sei. Wir setzen also eine Gleichung von der Form

$$Y = a + b_1 x_1 + b_2 x_2 \tag{1}$$

an. Entsprechend dem Vorgehen im Falle der einfachen Regression fordern wir auch hier, daß die Summe der Quadrate der Abweichungen zwischen den beobachteten Werten y_i und den entsprechenden Regressionswerten Y_i ein Minimum sei, in Formeln:

$$\overset{N}{\underset{i=1}{S}} (y_i - Y_i)^2 = \text{Minimum}. \tag{2}$$

Ersetzen wir in (2) Y durch den Ausdruck von (1), so erhalten wir

$$S\,(y - a - b_1 x_1 - b_2 x_2)^2 = \text{Minimum}. \tag{3}$$

Es handelt sich darum, die a, b_1 und b_2 bei gegebenen Beobachtungswerten y, x_1, x_2 so zu wählen, daß die Summe der Quadrate ein Minimum wird. Durch Ableiten von (3) nach a, b_1 und b_2 finden wir drei Gleichungen. Nachdem wir die erste durch N dividiert haben, lauten sie wie folgt:

$$\bar{y} - a \quad\ - b_1 \bar{x}_1 \quad\ - b_2 \bar{x}_2 \quad\ = 0, \tag{4a}$$

$$S\,x_1 y - a\,T_1 - b_1 S\,x_1^2 \quad\ - b_2 S\,x_1 x_2 = 0, \tag{4b}$$

$$S\,x_2 y - a\,T_2 - b_1 S\,x_1 x_2 - b_2 S\,x_2^2 \quad\ = 0. \tag{4c}$$

Aus (4a) ergibt sich

$$a = \bar{y} - b_1 \bar{x}_1 - b_2 \bar{x}_2 \tag{5}$$

und damit

$$Y = \bar{y} + b_1 (x_1 - \bar{x}_1) + b_2 (x_2 - \bar{x}_2). \tag{6}$$

Multiplizieren wir (4a) mit T_1 und subtrahieren das Ergebnis von (4b), so finden wir

$$b_1 S_{11} + b_2 S_{12} = S_{1y}. \tag{7a}$$

Entsprechend finden wir aus (4a) und (4c)

$$b_1 S_{12} + b_2 S_{22} = S_{2y}. \tag{7b}$$

Für b_1 und b_2 erhält man aus (7a) und (7b)

$$b_1 = (S_{22} S_{1y} - S_{12} S_{2y})/(S_{11} S_{22} - S_{12}^2), \tag{8a}$$

$$b_2 = (S_{11} S_{2y} - S_{12} S_{1y})/(S_{11} S_{22} - S_{12}^2). \tag{8b}$$

Wir nennen (1) und (6) die Gleichungen der mehrfachen (multiplen) Regression, sowie b_1 und b_2 die mehrfachen (multiplen) Regressionskoeffizienten.

Alle für die Berechnung der mehrfachen Regressionsgleichung notwendigen Größen haben wir für das Beispiel 46 schon berechnet. Die Gleichung (6) lautet für dieses Beispiel

$$Y = 208{,}943 + 0{,}4278\,(x_1 - 157{,}314) + 2{,}159\,(x_2 - 104{,}914)$$

oder

$$Y = -84{,}865 + 0{,}4278\,x_1 + 2{,}159\,x_2.$$

Wenn wir auch hier zu den ursprünglichen Einheiten zurückgehen, so wird

$$E = 35{,}4995 + 0{,}4278\,a + 0{,}2159\,f.$$

Die mehrfachen Regressionskoeffizienten haben folgende Bedeutung. Der erste gibt an, daß einer Zunahme des Anfangsgewichtes um 1 g im Mittel eine Zunahme des Endgewichtes um 0,4278 g entspricht, *wenn dabei der Futterverzehr als konstant vorausgesetzt wird.* Der zweite Regressionskoeffizient zeigt, daß bei *konstantem Anfangsgewicht* die Erhöhung des Futterverzehrs um 1 g einer Erhöhung des Endgewichts um 0,2159 g entspricht.

Demgegenüber ergab der einfache (totale) Regressionskoeffizient bei einer Zunahme des Anfangsgewichts um 1 g eine Zunahme des Endgewichts um 0,635 g. Der Einfluß des Anfangsgewichts auf das Endgewicht erscheint somit durch den einfachen Regressionskoeffizienten zu groß, und zwar ist daran die gegenseitige Abhängigkeit zwischen Anfangsgewicht und Futterverzehr sowie zwischen Futterverzehr und Endgewicht schuld.

Für die Abhängigkeit zwischen Endgewicht und Futterverzehr ergab sich nach dem Verfahren der einfachen Regression ein Regressionskoeffizient von 0,244, während der entsprechende mehrfache Regressionskoeffizient 0,2159 beträgt. Der Unterschied ist hier kleiner als für die Regressionskoeffizienten, welche den Zusammenhang zwischen Anfangsgewicht und Endgewicht angeben. Man kann daraus schließen, daß die Abhängigkeit des Endgewichtes vom Futterverzehr enger ist als vom Anfangsgewicht. Genaueren Aufschluß hierüber geben die Streuungszerlegungen, die wir nunmehr erörtern wollen.

Wie in der einfachen Regression beruht auch in der mehrfachen Regression die Streuungszerlegung auf der Beziehung

$$\mathop{S}_{i=1}^{N}(y_i - \bar{y}) = \mathop{S}_{i=1}^{N}(Y_i - \bar{y})^2 + \mathop{S}_{i=1}^{N}(y_i - Y_i)^2, \tag{9}$$

wobei Y durch (6) gegeben ist. Die Richtigkeit von (9) beweist man wie folgt. Es ist

$$S\,(y_i - \bar{y})^2 = S\,(y_i - Y_i + Y_i - \bar{y})^2$$
$$= S\,(y_i - Y_i)^2 + S\,(Y_i - \bar{y})^2 + 2\,S\,(y_i - Y_i)\,(Y_i - \bar{y}),$$

und daraus folgt (9) unmittelbar, wenn gezeigt werden kann, daß das Doppelprodukt in der letzten Formel gleich Null ist. Aus (6) folgt

$$y - Y = y - \bar{y} - b_1\,(x_1 - \bar{x}_1) - b_2\,(x_2 - \bar{x}_2)$$

und

$$Y - \bar{y} = b_1 (x_1 - \bar{x}_1) + b_2 (x_2 - \bar{x}_2)$$

und für $S (y - Y) (Y - \bar{y})$ ergibt sich

$$S (y - Y) (Y - \bar{y}) = b_1 (S_{1y} - b_1 S_{11} - b_2 S_{12})$$
$$+ b_2 (S_{2y} - b_1 S_{12} - b_2 S_{22}).$$

Die Klammerausdrücke auf der rechten Seite sind aber nach (7a) und (7b) gleich Null, woraus die Richtigkeit von (9) folgt.

Um die Summe der Quadrate der Regressionswerte $S(Y - \bar{y})^2$ zu berechnen, greifen wir auf die vorletzte Beziehung zurück und erhalten

$$S(Y - \bar{y})^2 = b_1(b_1 S_{11} + b_2 S_{12}) + b_2(b_2 S_{12} + b_2 S_{22})$$

was nach (7) auch als

$$S(Y - \bar{y})^2 = b_1 S_{1y} + b_2 S_{2y} \tag{10}$$

geschrieben werden kann. Diese Summe der Quadrate hat 2 Freiheitsgrade und die Summe der Quadrat der Einzelwerte um die Regression

$$S(y - Y)^2 = S_{yy} - b_1 S_{1y} - b_2 S_{2y} \tag{11}$$

hat dementsprechend $N - 3$ Freiheitsgrade.

Für das Beispiel 46 erhält man

$$S(Y - \bar{y})^2 = (0{,}427\,801) (101\,647{,}628) + (2{,}158\,799) (57\,427{,}829) = 167\,460{,}095$$

so daß die Streuungszerlegung wie folgt aussieht:

Streuung	Freiheits-grad	Summe der Quadrate	Durchschnitts-quadrat
Regressionswerte	2	167 460	83 730
Einzelwerte um Regression . .	32	311 118	9 722
Insgesamt.	34	478 578	. . .

Das Verhältnis

$$F = 83\,730 : 9722 = 8{,}612$$

zeigt, daß die mehrfache lineare Regression gut gesichert ist.

Besonders aufschlußreich wird die obige Streuungszerlegung, wenn wir sie mit jenen von Seite 188 in Verbindung setzen.

Betrachten wir zunächst die Streuungszerlegung für die Regressionsgerade bezüglich x_1 (Anfangsgewicht). Die Summe der Quadrate der Regressionswerte beläuft sich auf 64 571. Sie bildet einen Teil der Summe der Quadrate der Regressionswerte der mehrfachen Regression, die 167 460 beträgt. Der Unterschied zwischen diesen Zahlen gibt an, um wieviel die Summe der Quadrate der Regressionswerte erhöht wurde durch den Einbezug der Veränderlichen x_2 (Futterverzehr). Man kann dies in der nachstehenden Streuungszerlegung einzeln angeben.

Streuung	Freiheits-grad	Summe der Quadrate	Durchschnitts-quadrat	F
Bezüglich x_1 (Anfangsgewicht)	1	64571	64571	6,642*
Zusätzlich bezüglich x_2 (Futterverzehr)	1	102889	102889	10,583**
Bezüglich x_1 und x_2 Einzelwerte	2	167460	. . .	. . .
um Regression	32	311118	9722	. . .
Insgesamt	34	478578	. . .	. . .

Aus der Streuungszerlegung geht hervor, daß der Einbezug des Futterverzehrs in die Regression einen sehr wesentlichen Beitrag zur Summe der Quadrate erbringt. Wie im nächsten Abschnitt gezeigt wird, prüft der Wert $F = 10,583$ die Hypothese, daß der mehrfache Regressionskoeffizient b_2 von Null wesentlich abweicht.

Der Wert $F = 6,642$ dagegen prüft die Hypothese, daß der einfache Regressionskoeffizient zwischen Anfangsgewicht und Endgewicht von Null abweicht. Um den entsprechenden multiplen Regressionskoeffizienten (b_1) zu prüfen, müssen wir noch folgende Streuungszerlegung zusammenstellen, in der die Summe der Quadrate bezüglich x_2 von Seite 188 übernommen ist.

Streuung	Freiheits-grad	Summe der Quadrate	Durchschnitts-quadrat	F
Bezüglich x_2 (Futterverzehr)	1	140012	140012	14,402***
Zusätzlich bezüglich x_1 (Anfangsgewicht)	1	27448	27448	2,823
Bezüglich x_1 und x_2 Einzelwerte	2	167460	. . .	. . .
um Regression	32	311118	9722	. . .
Insgesamt	34	478578	. . .	. . .

Für den multiplen Regressionskoeffizienten b_1 ergibt sich, daß er nicht gesichert von Null abweicht. Der Einbezug des Anfangsgewichtes in die Regression erhöht die Summe der Quadrate für die Regressionswerte nicht wesentlich. Wenn in der ersten Streuungszerlegung für das Anfangsgewicht ein ge-

sicherter Anteil an der Summe der Quadrate hervorgeht, so rührt dies vom
Einfluß her, der zwischen Anfangsgewicht und Futterverzehr, sowie Futterverzehr und Endgewicht besteht.

613.2 *Multiplikatoren und Vertrauensgrenzen*

Das soeben besprochene Prüfverfahren für die Koeffizienten der mehrfachen
Regression kann auch auf den Fall verallgemeinert werden, wo nicht die Abweichung von Null, sondern von einem beliebigen Wert zu prüfen ist. Zu
diesem Zwecke benötigt man die sogenannten *Multiplikatoren*, die auch in
anderer Hinsicht sehr nützlich sind, wie im Abschnitt 613.3 noch gezeigt wird.
Wir erörtern die Eigenschaften der Multiplikatoren für die Regression mit *drei*
unabhängigen Veränderlichen.

Die Regressionsgleichung für 3 unabhängige Veränderliche x_1, x_2 und x_3,
sowie die abhängige Veränderliche y schreiben wir in Anlehnung an 613.1 als

$$Y = a + b_1 x_1 + b_2 x_2 + b_3 x_3 \, . \tag{1}$$

Wenn N Werte x_{1t}, x_{2t}, x_{3t}, y_t gegeben sind, können wir die Werte a, b_1, b_2, b_3,
durch die Bedingung

$$S(y_t - Y_t)^2 = S(y - a - b_1 x_1 - b_2 x_2 - b_3 x_3)^2 = \text{Minimum}$$

bestimmen. Dies ergibt einerseits

$$a = \bar{y} - b_1 \bar{x}_1 - b_2 \bar{x}_2 - b_3 \bar{x}_3 \tag{2}$$

und damit

$$Y = \bar{y} + b_1(x_1 - \bar{x}_1) + b_2(x_2 - \bar{x}_2) + b_3(x_3 - \bar{x}_3) \, , \tag{3}$$

sowie drei Gleichungen zur Bestimmung von b_1, b_2 und b_3, nämlich

$$b_1 S_{11} + b_2 S_{12} + b_3 S_{13} = S_{1y} \, , \tag{4a}$$

$$b_1 S_{21} + b_2 S_{22} + b_3 S_{23} = S_{2y} \, , \tag{4b}$$

$$b_1 S_{31} + b_2 S_{32} + b_3 S_{33} = S_{3y} \, . \tag{4c}$$

Statt die Gleichungen (4) aufzulösen, kann man die folgenden drei Gleichungs-
systeme aufstellen, in denen die c_{jk} die sogenannten Multiplikatoren sind.

$$c_{11} S_{11} + c_{12} S_{12} + c_{13} S_{13} = 1 \, , \tag{5a.a}$$

$$c_{11} S_{21} + c_{12} S_{22} + c_{13} S_{23} = 0 \, , \tag{5a.b}$$

$$c_{11} S_{31} + c_{12} S_{32} + c_{13} S_{33} = 0 \, , \tag{5a.c}$$

$$c_{21} S_{11} + c_{22} S_{12} + c_{23} S_{13} = 0 \, , \tag{5b.a}$$

$$c_{21} S_{21} + c_{22} S_{22} + c_{23} S_{23} = 1 \, , \tag{5b.b}$$

$$c_{21}\,S_{31} + c_{22}\,S_{32} + c_{23}\,S_{33} = 0\,, \tag{5b.c}$$

$$c_{31}\,S_{11} + c_{32}\,S_{12} + c_{33}\,S_{13} = 0\,, \tag{5c.a}$$

$$c_{31}\,S_{21} + c_{32}\,S_{22} + c_{33}\,S_{23} = 0\,, \tag{5c.b}$$

$$c_{31}\,S_{31} + c_{32}\,S_{32} + c_{33}\,S_{33} = 1\,. \tag{5c.c}$$

Da $S_{jk} = S(x_j - \bar{x}_j)\,(x_k - \bar{x}_k) = S_{kj}$ ergibt sich auch für die Multiplikatoren

$$c_{jk} = c_{kj} \tag{6}$$

und wenn man die Lösungen der Gleichungen (4) und (5) in Determinantenform aufschreibt, so findet man

$$b_1 = c_{11}\,S_{1y} + c_{12}\,S_{2y} + c_{13}\,S_{3y}\,, \tag{7a}$$

$$b_2 = c_{21}\,S_{1y} + c_{22}\,S_{2y} + c_{23}\,S_{3y}\,, \tag{7b}$$

$$b_3 = c_{31}\,S_{1y} + c_{32}\,S_{2y} + c_{33}\,S_{3y}\,. \tag{7c}$$

Für die Summe der Quadrate der Regressionswerte hat man

$$S(Y - \bar{y})^2 = S[b_1(x_1 - \bar{x}_1) + b_2(x_2 - \bar{x}_2) + b_3(x_3 - \bar{x}_3)]^2\,,$$

was im Blick auf (4) den Ausdruck

$$S(Y - \bar{y})^2 = b_1\,S_{1y} + b_2\,S_{2y} + b_3\,S_{3y} \tag{8}$$

ergibt.

Wir wollen zunächst die Formel angeben, die dem Prüfverfahren zugrunde-liegt, mittels dessen wir im Abschnitt 613.1 geprüft haben, ob ein Regressions-koeffizient von Null abweicht. Wenn man an Hand derselben Beobachtungen, statt der drei unabhängigen Veränderlichen x_1, x_2 und x_3, nur deren zwei, etwa x_1 und x_2, berücksichtigt, so findet man eine Regressionsgleichung, deren Größen wir zum Unterschied mit denen in (3) mit einem Stern versehen wollen.

$$Y = \bar{y} + b_1^*(x_1 - \bar{x}_1) + b_2^*(x_2 - \bar{x}_2)\,.$$

Die b_1^*, b_2^* sind aus den Gleichungen

$$b_1^*\,S_{11} + b_2^*\,S_{12} = S_{1y} \tag{9a}$$

$$b_1^*\,S_{21} + b_2^*\,S_{22} = S_{2y} \tag{9b}$$

zu berechnen. Anderseits findet man durch Subtraktion der Gleichungen (9) von den entsprechenden Gleichungen (4):

$$(b_1 - b_1^*)\,S_{11} + (b_2 - b_2^*)\,S_{12} = -\,b_3\,S_{13} \tag{10a}$$

$$(b_1 - b_1^*)\,S_{21} + (b_2 - b_2^*)\,S_{22} = -\,b_3\,S_{23} \tag{10b}$$

Vergleicht man die Lösungen der Gleichungen (5c.a) und (5c.b) mit denen von (10), so ergibt sich

$$b_1 - b_1^* = b_3\, c_{13}/c_{33}\,, \tag{11a}$$

$$b_2 - b_2^* = b_3\, c_{23}/c_{33}\,. \tag{11b}$$

Für die Regressionsgleichung mit den beiden unabhängigen Veränderlichen x_1 und x_2 lautet die Summe der Quadrate der Regressionswerte

$$S(Y - \bar{y})^2 = b_1^*\, S_{1y} + b_2^*\, S_{2y}\,. \tag{12}$$

Diese Summe der Quadrate hat 2 Freiheitsgrade, während jene in (8) deren 3 aufweist. Der Unterschied zwischen (8) und (12) gibt an, um wieviel die Summe der Quadrate auf der Regression durch den Einbezug der Veränderlichen x_3 zunimmt; dies ist die Summe der Quadrate, die wir in 613.1 benützen; man erhält dafür

$$D = b_1\, S_{1y} + b_2\, S_{2y} + b_3\, S_{3y} - b_1^*\, S_{1y} - b_2^*\, S_{2y}$$
$$= (b_1 - b_1^*)\, S_{1y} + (b_2 - b_2^*)\, S_{2y} + b_3\, S_{3y}\,,$$

oder, bei Benützung der Beziehungen (11):

$$D = b_3(c_{13}\, S_{1y} + c_{23}\, S_{2y} + c_{33}\, S_{3y})/c_{33}\,,$$

was infolge von (7c) auch in der Form

$$D = b_3^2/c_{33} \tag{13}$$

geschrieben werden kann. Bezeichnet man mit s^2 das Durchschnittsquadrat der Einzelwerte um die Regression, dann ist

$$F = D/s^2 = b_3^2/c_{33}\, s^2 \tag{14}$$

verteilt wie F mit $n_1 = 1$ und $n_2 = N - p - 1$, wo p die Zahl der unabhängigen Veränderlichen angibt, dies unter der Voraussetzung, daß β_3, der Regressionskoeffizient der Grundgesamtheit, gleich Null ist.

Im Abschnitt 924 wird gezeigt, daß die Abweichung des berechneten Regressionskoeffizienten b_3 von einem theoretischen Wert β_3 nach derselben Formel

$$F = (b_3 - \beta_3)^2/c_{33}\, s^2 \tag{15}$$

geprüft werden kann, wobei ebenfalls $n_1 = 1$, $n_2 = N - p - 1$. Dies kann auch in der Form

$$t = (b_3 - \beta_3)/s\, \sqrt{c_{33}} \tag{16}$$

geschrieben werden, wobei die t-Verteilung mit $n = N - p - 1$ zu benützen ist.

Die Formel (16) kann auch benützt werden, um für b_3 Vertrauensgrenzen zu berechnen; man löst (16) nach b_3 auf und setzt für t darin die Werte $+t_{0,05}$ und $-t_{0,05}$ ein, wenn eine Schwelle von 5% gewählt wurde.

Man kann auch für die nach (3) berechneten Regressionswerte Vertrauensgrenzen berechnen. Entsprechend der Formel (3) von 611.4 hat man für die Streuung s_Y^2 des Regressionswertes Y den Ausdruck

$$s_Y^2 = s^2 \left[\frac{1}{N} + c_{11}(x_1 - \bar{x}_1)^2 + c_{22}(x_2 - \bar{x}_2)^2 + c_{33}(x_3 - \bar{x}_3)^2 + \right.$$

$$+ 2\,c_{12}(x_1 - \bar{x}_1)(x_2 - \bar{x}_2) + 2\,c_{13}(x_1 - \bar{x}_1)(x_3 - \bar{x}_3) +$$

$$\left. + 2\,c_{23}(x_2 - \bar{x}_2)(c_3 - \bar{x}_3) \right], \tag{17}$$

so daß die Vertrauensgrenzen von Y nach der Formel

$$Y \pm t_{0,05} \cdot s_Y \tag{18}$$

berechnet werden können.

Will man die Vertrauensgrenzen nicht für den Regressionswert Y, sondern für einen Einzelwert y berechnen, so muß man in der eckigen Klammer von (17) den Wert 1 hinzufügen (siehe auch (5) in Abschnitt 611.4).

613.3 Berechnungsschema für die mehrfache Regression

Mit mehr als drei unabhängigen Veränderlichen werden die Rechnungen zur Bestimmung der Regressionskoeffizienten und der Multiplikatoren ziemlich langwierig. Schon aus diesem Grund empfiehlt es sich, die Rechnungen nach einem festen Schema durchzuführen. Das Rechenschema sollte in erster Linie möglichst leicht zu handhaben sein. Sodann sollte es gestatten, bei jedem Schritt eine Probe durchzuführen, damit nicht Rechenfehler unentdeckt bleiben.

Das Rechenschema sollte weiter so beschaffen sein, daß aus ihm unmittelbar die Summen der Quadrate für die Streuungszerlegungen hervorgehen. Dies ist besonders bei mehreren unabhängigen Veränderlichen wichtig, damit sogleich zu ersehen ist, welche Veränderliche allenfalls weggelassen werden können. Aus dem Schema sollten die Regressionskoeffizienten entnommen werden können, wenn eine oder mehrere Veränderliche fallengelassen werden.

Endlich wäre es erwünscht, das Schema so erweitern zu können, daß auf Wunsch auch die Multiplikatoren ohne Schwierigkeit ermittelt werden können.

Das Schema, welches wir im folgenden begründen und benützen, entspricht allen diesen Anforderungen. Ein weiterer Vorteil besteht darin, daß es für die Berechnungen des Trennverfahrens und des verallgemeinerten Abstandes unverändert übernommen werden kann, wie in den Abschnitten 64 und 65 gezeigt wird. Im wesentlichen wird dieses Schema unter anderem bei C. R. RAO (1952) verwendet.

Wir geben zunächst das Schema in Formeln (S. 198/199), und zwar für 3 unabhängige Veränderliche. Damit läßt sich der Aufbau des Schemas in genügender Allgemeinheit darstellen, ohne daß dabei die Formeln zu unübersichtlich werden.

Die Zeilen 01, 02 und 03 enthalten die Summen der Quadrate und der Produkte, wobei die Eintragungen unterhalb der Diagonale nicht nötig sind, weil $S_{jk} = S_{kj}$. In der Zeile 10 werden die Werte eingetragen, die man erhält, wenn die Elemente der Zeile 01 durch S_{11} dividiert werden. In der letzten Spalte ergibt sich der einfache Regressionskoeffizient S_{1y}/S_{11} für y bezüglich x_1.

Die Werte der Zeile 11 findet man, indem man von den Werten der Zeile 02 das Produkt von (S_{12}/S_{11}) mit den Werten der Zeile 01 subtrahiert. In der Spalte 2 erhält man auf diese Art

$$S_{22} - (S_{12}/S_{11})\, S_{12} = (S_{11}\, S_{22} - S_{12}^2)/S_{11} \, . \tag{1}$$

Entsprechend den Gleichungen (9) von 613.2 können wir für die beiden unabhängigen Veränderlichen x_1 und x_2 die Multiplikatoren c_{11}^*, c_{12}^*, c_{22}^* durch die folgenden Gleichungen definieren:

$$c_{11}^*\, S_{11} + c_{12}^*\, S_{12} = 1 \, , \tag{2a.a}$$

$$c_{11}^*\, S_{12} + c_{12}^*\, S_{22} = 0 \tag{2a.b}$$

und

$$c_{12}^*\, S_{11} + c_{22}^*\, S_{12} = 0 \, , \tag{2b.a}$$

$$c_{12}^*\, S_{12} + c_{22}^*\, S_{22} = 1 \tag{2b.b}$$

aus denen man erhält

$$c_{11}^* = S_{22}/(S_{11}\, S_{22} - S_{12}^2) \, , \tag{3a}$$

$$c_{12}^* = - S_{12}/(S_{11}\, S_{22} - S_{12}^2) \, , \tag{3b}$$

$$c_{22}^* = S_{11}/(S_{11}\, S_{22} - S_{12}^2) \, . \tag{3c}$$

Der durch (1) gegebene Ausdruck ist somit $1/c_{22}^*$.

In der letzten Spalte erhält man in Zeile 11 den Ausdruck

$$S_{2y} - (S_{12}/S_{11})\, S_{1y} = (S_{11}\, S_{2y} - S_{12}\, S_{1y})/S_{11} \tag{4}$$

der gleich b_2^*/c_{22}^* ist, wie ein Vergleich der Lösungen von Formel (9) des Abschnitts 613.2 mit der Formel (3c) ergibt.

Die Zeilen 12 und 13 erhält man auf ähnliche Art wie 11. In der Spalte 1 werden in den Zeilen 11, 12 und 13 die Werte aus Zeile 10 eingetragen. Diese Werte werden eingerahmt.

Der Wert $- S_{1y}^2/S_{11}$ in Zeile 13 entspricht der (negativen) Summe der Quadrate der Regressionswerte für die einfache Regression von y bezüglich x_1.

Zeile 20 erhält man aus den Werten der Zeile 11 durch Division mit $(1/c_{22}^*)$. In der ersten Spalte wird

$$\begin{aligned}
(S_{12}/S_{11}) : (1/c_{22}^*) &= (S_{12}/S_{11}) \cdot S_{11}/(S_{11}\, S_{22} - S_{12}^2) \\
&= S_{12}/(S_{11}\, S_{22} - S_{12}^2) \\
&= - c_{12}^* \, .
\end{aligned}$$

Rechenschema für die mehrfache Regression

Zeile	Vorgang	1	2
01	$\ldots$	S_{11}	S_{12}
02	$\ldots$	$\ldots$	S_{22}
03	$\ldots$	$\ldots$	$\ldots$
04	$\ldots$	$\ldots$	$\ldots$
10	$(01):S_{11}$	1	S_{12}/S_{11}
11	$(02) - (S_{12}/S_{11})\,(01)$	S_{12}/S_{11}	$1/c_{22}^{*}$
12	$(03) - (S_{13}/S_{11})\,(01)$	S_{13}/S_{11}	$\ldots$
13	$(04) - (S_{1y}/S_{11})\,(01)$	S_{1y}/S_{11}	$\ldots$
20	$(11):(1/c_{22}^{*})$	$-c_{12}^{*}$	1
21	$(12) - (-c_{23}/c_{33})\,(11)$	$-c_{13}/c_{33}$	$-c_{23}/c_{33}$
22	$(13) - (b_{2}^{*})\,(11)$	b_{1}^{*}	b_{2}^{*}
30	$(21):(1/c_{33})$	$-c_{13}$	$-c_{23}$
31	$(22) - (b_{3})\,(21)$	b_{1}	b_{2}
30'	$\ldots$	c_{13}	c_{23}
21'	$\ldots$	c_{12}^{*}	c_{22}^{*}
20'	$(21') - (-c_{23}/c_{33})\,(30')$	c_{12}	c_{22}
11'	$\ldots$	$1/S_{11}$	$\ldots$
10'	$(11') - (S_{12}/S_{11})\,(20')$		
	$- (S_{13}/S_{11})\,(30')$	c_{11}	$\ldots$

In der Spalte 3 hat man

$$[(S_{11} S_{23} - S_{12} S_{13})/S_{11}] : (1/c_{22}^{*}) = (S_{11} S_{23} - S_{12} S_{13})/(S_{11} S_{22} - S_{12}^{2}).$$

Nun ergibt sich aber aus den Gleichungen (5 b) von 613.2

$$c_{23} = \begin{vmatrix} S_{11} & S_{12} & 0 \\ S_{21} & S_{22} & 1 \\ S_{31} & S_{32} & 0 \end{vmatrix} : \begin{vmatrix} S_{11} & S_{12} & S_{13} \\ S_{21} & S_{22} & S_{23} \\ S_{31} & S_{32} & S_{33} \end{vmatrix}$$

und entsprechend aus (5 c) von 613.2

$$c_{33} = \begin{vmatrix} S_{11} & S_{12} & 0 \\ S_{21} & S_{22} & 0 \\ S_{31} & S_{32} & 1 \end{vmatrix} : \begin{vmatrix} S_{11} & S_{12} & S_{13} \\ S_{21} & S_{22} & S_{23} \\ S_{31} & S_{32} & S_{33} \end{vmatrix}$$

so daß $c_{23}/c_{33} = -(S_{11} S_{32} - S_{31} S_{12})/(S_{11} S_{22} - S_{12}^{2})$
und wegen der Symmetrie $S_{jk} = S_{kj}$ wird

$$(S_{11} S_{23} - S_{12} S_{13})/(S_{11} S_{22} - S_{12}^{2}) = -c_{23}/c_{33}.$$

In den Zeilen 21 und 22 sind die Werte der Spalte 2 unverändert aus der

Rechenschema (Fortsetzung)

Zeile	3	4
01	S_{13}	S_{1y}
02	S_{23}	S_{2y}
03	S_{33}	S_{3y}
04	$\ldots$	0
10	S_{13}/S_{11}	S_{1y}/S_{11}
11	$(S_{11}S_{23} - S_{12}S_{13})/S_{11}$	b_2^*/c_{22}^*
12	$(S_{11}S_{33} - S_{13}^2)/S_{11}$	$(S_{11}S_{3y} - S_{1y}S_{13})/S_{11}$
13	$\ldots$	$-S_{1y}^2/S_{11}$
20	$-c_{23}/c_{33}$	b_2^*
21	$1/c_{33}$	b_3/c_{33}
22	$\ldots$	$-(b_1^* S_{1y} + b_2^* S_{2y})$
30	1	b_3
31	b_3	$-(b_1 S_{1y} + b_2 S_{2y} + b_3 S_{3y})$
30'	c_{33}	$\ldots$
21'	$\ldots$	$\ldots$
20'	$\ldots$	$\ldots$
11'	$\ldots$	$\ldots$
10'		
	$\ldots$	$\ldots$

Zeile 20 übernommen; sie sind durch gestrichelte Linien eingerahmt. Was den ersten Wert in Zeile 21 betrifft, wird er wie folgt erhalten:

$$(S_{13}/S_{11}) - (-c_{23}/c_{33})\,(S_{12}/S_{11}) = (c_{32}\,S_{12} + c_{33}\,S_{13})/c_{33}\,S_{11}.$$

Aus der Gleichung (5 c. a) in 613.2 folgt dafür

$$(c_{32}\,S_{12} + c_{33}\,S_{13})/c_{33}\,S_{11} = -c_{31}\,S_{11}/c_{33}\,S_{11} = -c_{13}/c_{33}.$$

Für den Wert in Spalte 3 von Zeile 21 wird

$$[(S_{11}\,S_{33} - S_{13}^2)/S_{11}] - (-c_{23}/c_{33})\,[(S_{11}\,S_{23} - S_{12}\,S_{13})/S_{11}] =$$
$$= [c_{33}\,S_{11}\,S_{33} - c_{33}\,S_{13}^2 + c_{23}\,S_{11}\,S_{23} - c_{23}\,S_{12}\,S_{13}]/c_{33}\,S_{11} =$$
$$= [S_{11}(c_{23}\,S_{23} + c_{33}\,S_{33}) - S_{13}(c_{23}\,S_{12} + c_{33}\,S_{13})]/c_{33}\,S_{11}.$$

Aus den Gleichungen (5 c.c) und (5 c.a) in 613.2 lassen sich die runden Klammern ersetzen; der letzte Ausdruck wird

$$[S_{11}(1 - c_{13}\,S_{13}) - S_{13}(-c_{13}\,S_{11})]/c_{33}\,S_{11} = 1/c_{33}.$$

In der letzten Spalte der Zeile 21 erhält man für

$$[(S_{11}\,S_{3y} - S_{1y}\,S_{13})/S_{11}] + (c_{23}/c_{33})\,(b_2^*/c_{22}^*),$$

indem man für b_2^*/c_{22}^* den Ausdruck (4) einsetzt und aus (5 c.a) und (7 c) von 613.2 entsprechende Größen einsetzt, den Wert b_3/c_{33}.

In der gleichen Art lassen sich die weiteren Zeilen des Schemas nachrechnen; die Ausdrücke können auf Grund der Formeln in 613.2 ohne Schwierigkeiten bestätigt werden.

Wir werden nun an einem Beispiel zeigen, wie das Rechenschema praktisch verwendet werden kann. Jedes Beispiel hat seine Besonderheiten; es kann sich daher im folgenden nur darum handeln, einige Hinweise zu geben, wie man vorgehen kann. Selbstverständlich gilt auch hier, daß unser Augenmerk den statistischen Fragen gilt; die technologischen Gesichtspunkte lassen wir sozusagen vollständig außer acht.

Beispiel 47. Abhängigkeit der Biegezugfestigkeit 7tägiger Normenmörtelprismen von den mineralogischen Komponenten des Klinkers, der für die Herstellung des verwendeten Zementes gebraucht wurde *(Technische Stelle Holderbank)*.

Die mineralogischen Komponenten, die im folgenden untersucht werden, sind

    1. Trikalziumsilikat ($3\,CaO \cdot SiO_2$)

    2. Dikalziumsilikat ($2\,CaO \cdot SiO_2$)

    3. Trikalziumaluminat ($3\,CaO \cdot Al_2O_3$)

    4. Tetrakalziumaluminatferrit ($4\,CaO \cdot Al_2O_3 \cdot Fe_2O_3$)

    5. Kalksättigung ($CaO \cdot 100/(2{,}8\,SiO_2 + 1{,}18\,Al_2O_3 + {}$

        $+\ 0{,}65\,Fe_2O_3))$.

Als abhängige Veränderliche y betrachten wir den Logarithmus der Biegezugfestigkeit, den wir mit 1 000 multiplizieren. Die Summen der Produkte und der Quadrate, deren Berechnung im Abschnitt 81 erörtert wird, lauten wie folgt:

	x_1	x_2	x_3	x_4	x_5	y
x_1	1049,7980	− 1044,6370	− 167,1910	130,4390	396,3580	1820,090
x_2		1190,5855	130,8365	− 221,1885	− 465,3820	−2 794,385
x_3			112,8495	− 60,9055	− 33,7160	230,045
x_4				143,1495	83,4840	684,395
x_5					204,1680	1 136,540
y						21 516,950

Man könnte mit diesen Werten ohne weiteres in das Rechenschema eingehen; um die Genauigkeit besser einhalten zu können, empfiehlt indessen B. WOOLF (1951), dafür zu sorgen, daß die Summen der Quadrate Werte zwischen 0,5 und

2,0 aufweisen. Man versucht zunächst, dies durch Verschieben des Kommas zu erreichen. Werden alle Werte mit demselben Faktor multipliziert, so bleiben die Lösungen des Gleichungssystems unverändert.

Wenn man alle Summen der Quadrate und Summen der Produkte durch 1000 dividiert, so liegen die Summen der Quadrate zwischen rund 0,1 und 1,2. Die Summe der Quadrate für die abhängige Veränderliche braucht dabei nicht berücksichtigt zu werden. Damit auch S_{33}, S_{44} und S_{55} in den erwünschten Bereich fallen, kann man diese Veränderlichen mit einem gewissen Faktor multiplizieren.

Multipliziert man beispielsweise S_{31}, S_{32}, S_{34} und S_{35} mit einer Konstanten k und S_{33} mit k^2, so wird man einen Regressionskoeffizienten erhalten, der gleich b_3/k ist.

Wenn man also für die Veränderlichen x_3, x_4 und x_5 einen Faktor $k = 3$ anwendet, so muß man die erhaltenen Regressionskoeffizienten mit $k = 3$ multiplizieren. Dabei sind natürlich auch S_{3y}, S_{2y} und S_{5y} mit $k = 3$ zu multiplizieren.

Es bleibt noch die Reihenfolge der unabhängigen Veränderlichen festzulegen. Da das Rechenschema die Regressionskoeffizienten für jeden Schritt des Hinzufügens einer unabhängigen Veränderlichen gibt, empfiehlt es sich, schon zum vorneherein zu versuchen, an erster Stelle die mutmaßlich wichtigeren Veränderlichen zu stellen, und die weniger wichtigen ans Ende zu nehmen.

Ein vorläufiges Urteil über die Wichtigkeit der unabhängigen Veränderlichen geben die Summen der Quadrate für die einfachen Regressionen. Man findet sie gemäß Abschnitt 611.2 wie folgt.

Veränderliche	Summe der Quadrate der Regressionswerte
x_1	$(1,820090)^2/1,049798 = 3,156$
x_2	$(-2,794385)^2/1,190586 = 6,559$
x_3	$(0,690135)^2/1,015646 = 0,469$
x_4	$(2,053185)^2/1,288346 = 3,272$
x_5	$(3,409620)^2/1,837512 = 6,327$

Man darf annehmen, daß die Veränderliche x_3 wenig wichtig ist. An erster Stelle stehen offenbar x_2 und x_5. Allerdings muß dabei beachtet werden, daß die Abhängigkeit zwischen x_2 und x_5 sehr eng ist. Auf Grund dieser Umstände scheint es geraten, versuchsweise die Reihenfolge x_2, x_1, x_3, x_4, x_5 zu wählen, und die Veränderlichen in dieser Reihenfolge im Rechenschema zu benützen.

Um den Übergang von den ursprünglichen Summen der Quadrate und Produkte zu den im Rechenschema verwendeten unmißverständlich klarzustellen, schreiben wir zunächst die durch 1000 dividierten Werte in der soeben erörterten Reihenfolge auf:

Rechenschema für Regression mit 5 unabhängigen Veränderlichen

	x_2	x_1	x_3	x_4
01	1,190586	− 1,044637	0,392510	− 0,663566
02		1,049798	− 0,501573	0,391317
03			1,015646	− 0,548150
04				1,288346
05				
06				
10	1	− 0,877415	0,329678	− 0,557344
11	− 0,877415	0,133218	− 0,157179	− 0,190906
12	0,329678		0,886244	− 0,329387
13	− 0,557344			0,918511
14	− 1,172655			
15	− 2,347068			
20	− 6,586310	1	− 1,179863	− 1,433035
21	− 0,705551	− 1,179863	0,700794	− 0,554630
22	− 1,814710	− 1,433035		0,644936
23	− 1,409268	− 0,269671		
24	− 6,507936	− 4,742189		
30	− 1,006788	− 1,683609	1	− 0,791431
31	− 2,373105	− 2,366815	− 0,791431	0,205985
32	− 1,294043	− 0,076985	0,163312	
33	− 5,636049	− 3,284169	1,235754	
40	− 11,520765	− 11,490229	− 3,842177	1
41	− 1,152131	0,064550	0,210640	0.059800
42	− 2,458345	− 0,114888	2,295519	1,339049
50	− 6,729816	0,377049	1,230388	0,349303
51	− 3,774139	− 0,041169	2,536081	1,407344
50′	6,729816	− 0,377049	− 1,230388	− 0,349303
41′	11,520765	11,490229	3,842177	4,854722
40′	11,118322	11,512777	3,915754	4,875610
31′	1,006788	1,683609	1,426953	
30′	8,707113	10,856754	4,726939	
21′	6,586310	7,506493		
20′	34,607291	36,712509		
11′	0,839923			
10′	42,422818			

Summe der Quadrate und Produkte (dividiert durch 1000)

	x_2	x_1	x_3	x_4	x_5	y
x_2	1,1905855	− 1,0446370	0,1308365	− 0,2211885	− 0,4653820	− 2,794385
x_1	...	1,0497980	− 0,1671910	0,1304390	0,3963580	1,820090
x_3	...	...	0,1128495	− 0,0609055	− 0,0337160	0,230045
x_4	...	...	...	0,1431495	0,0834840	0,684395
x_5	...	...	...	...	0,2041680	1,136540

Die Faktoren, mit denen diese Summen von Quadraten und Produkten zu

Rechenschema (Fortsetzung)

x_5	y	Q	Probe
− 1,396146	− 2,794385	− 4,315638	…
1,189074	1,820090	2,904069	…
− 0,303444	0,690135	0,745124	…
0,751356	2,053185	3,272488	…
1,837512	3,409620	5,487972	…
	0,000000	5,178645	…
− 1,172655	− 2,347068	…	− 3,624804
− 0,035925	− 0,631745	− 1,759952	− 0,882537
0,156835	1,611382	2,497573	2,167895
− 0,026778	0,495751	0,309847	0,867193
0,200314	0,132770	− 0,745439	0,427218
	− 6,558612	− 7,297522	− 4,950451
− 0,269671	− 4,742189	…	− 13,211067
0,114448	0,866009	− 0,758793	0,421071
− 0,078260	− 0,409562	− 3,645261	− 2,212226
0,190626	− 0,037593	− 1,489718	− 1,220047
	− 9,554466	− 20,385737	− 15,643547
0,163312	1,235754	…	− 1,082762
0,012318	0,275824	− 5,037224	− 4,245793
0,171935	− 0,179023	− 1,202486	− 1,365798
	− 10,624640	− 18,212303	− 19,448056
0,059800	1,339049	…	− 24,454322
0,171198	− 0,195517	− 0,841460	− 0,901260
	− 10,993982	− 10,128164	− 11,467213
1	− 1,142052	…	− 4,915128
− 1,142052	− 11,217273	− 12,231208	− 11,089155
5,841190			

multiplizieren sind, haben wir oben festgelegt; sie sind nachstehend noch zusammengestellt:

	x_2 (1)	x_1 (1)	x_3 (3)	x_4 (3)	x_5 (3)	y (1)
x_2 (1)	1	1	3	3	3	1
x_1 (1)	…	1	3	3	3	1
x_3 (3)	…	…	9	9	9	3
x_4 (3)	…	…	…	9	9	3
x_5 (3)	…	…	…	…	9	3

Durch Multiplikation ergeben sich die in den Zeilen 01 bis 05 des Rechenschemas eingetragenen Werte.

Das Rechenschema enthält außer den Summen der Produkte und der Quadrate eine mit Q bezeichnete Spalte, in welche die Quersummen eingesetzt werden. Es ist beispielsweise

$$-0,663566 + 0,391317 - 0,548150 + 1,288346 + 0,751356 + 2,053185 =$$
$$= 3,272488.$$

Mit den so erhaltenen Zahlen werden alle Rechnungen vorgenommen, die für die vorangehenden Spalten vorgesehen sind. Man hat zum Beispiel zu rechnen

$$3,272488 - (-0,557344)\,(-4,315638) = 0,867193,$$

und diese Zahl ist in die letzte, mit „Probe" überschriebene Spalte einzusetzen. Bildet man die Summe

$$-0,190906 - 0,329387 + 0,918511 - 0,026778 + 0,495751 = 0,867191,$$

so muß diese, abgesehen von Rundungsfehlern, mit der vorher gefundenen Zahl übereinstimmen. Bildet man schließlich noch

$$0,867191 - 0,557344 = 0,309847,$$

so ist die Spalte Q vorbereitet, um bei der nächsten Runde zur Kontrolle zu dienen.

Das Verfahren erlaubt demnach, in jeder Zeile sogleich die Richtigkeit der Rechnungen zu gewährleisten; dies sollte jedesmal durch ein Zeichen $(\sqrt{\,})$ angegeben werden.

Was nun die Ergebnisse der Rechnungen betrifft, so ist zunächst auf die Wichtigkeit der einzelnen unabhängigen Veränderlichen einzugehen. In der Spalte y bedeutet die unterste Zahl (Zeile 51), mit umgekehrtem Vorzeichen, also 11,217273, die Summe der Quadrate der Regressionswerte, wenn alle 5 Veränderlichen in die Regression einbezogen werden. Man kann demnach eine Streuungszerlegung wie folgt aufstellen:

Streuung	Freiheitsgrad	Summe der Quadrate	Durchschnittsquadrat
Regressionswerte	5	11,217273	2,243455
Einzelwerte um Regression . .	14	10,299677	0,735691
Insgesamt	19	21,516950	. . .

Daraus ergibt sich $F = 2,243455/0,735691 = 3,049$ was zu vergleichen ist mit einem Tafelwert bei $n_1 = 5$, $n_2 = 14$, der für $P = 0,05$ gleich $F_{0,05} = 2,958$ ist, so daß die Regression knapp gesichert ist.

Sieht man zu, wie die Summe der Quadrate der Regressionswerte abnimmt, wenn die verschiedenen unabhängigen Veränderlichen aus der Regression weggelassen werden, so stellt man fest, daß durch das Wegfallen von x_5 und von x_4 nur ein Rückgang von 11,217 auf 10,625 eintritt. Demgegenüber ist der Einfluß von x_3 und gar jener von x_2 und x_1 ganz erheblich.

Berücksichtigt man die unabhängigen Veränderlichen x_1, x_2 und x_3, so sieht die Streuungszerlegung wie folgt aus:

Streuung	Freiheitsgrad	Summe der Quadrate	Durchschnittsquadrat
Regressionswerte	3	10,624 640	3,541 547
Einzelwerte um Regression . .	16	10,892 310	0,680 769
Insgesamt	19	21,516 950	. . .

Das Verhältnis der Durchschnittsquadrate beläuft sich hier auf $F = 5{,}202$ und der Tafelwert auf $F_{0,05} = 3{,}239$. Das Verhältnis $F = 5{,}202$ kommt nahe an den Wert $F_{0,01} = 5{,}292$ heran. Unter diesen Umständen dürfte es sich empfehlen, die Veränderlichen x_4 und x_5 nicht zu berücksichtigen und sich mit einer Regression zu begnügen, in der x_1, x_2 und x_3 verwendet werden.

Vorerst soll aber noch gezeigt werden, wie man weiter vorginge, wenn alle 5 unabhängigen Veränderlichen berücksichtigt würden. In diesem Falle findet man in der Zeile 51 die Regressionskoeffizienten. Allerdings ist zu berücksichtigen, daß die Summe der Produkte bezüglich der Veränderlichen x_3, x_4 und x_5 mit $k = 3$ multipliziert wurden. Um die richtigen Regressionswerte zu erhalten, sind die Werte bezüglich der drei Veränderlichen ebenfalls mit $k = 3$ zu multiplizieren. Man hat demnach:

$$b_1 = -0{,}041\,169, \quad b_2 = -3{,}774\,139, \quad b_3 = +7{,}608\,243,$$
$$b_4 = +4{,}222\,032, \quad b_5 = -3{,}426\,156.$$

Man kann sich leicht überzeugen, daß diese Werte richtig sind, indem man entsprechend den Gleichungen (4) in 613.2 die Summe der Produkte $\underset{j}{S}(b_j\,S_{kj})$ bildet, wobei die S_{ky} herauskommen müssen. Also beispielsweise

$$(-0{,}041\,169)\,(1\,049{,}798) + (-3{,}774\,139)\,(-1\,044{,}637) + (7{,}608\,243)\cdot$$
$$\cdot\,(-167{,}191) + (4{,}222\,032)\,(130{,}439) + (-3{,}426\,156)\,(396{,}358) = 1\,820{,}090\,.$$

Der Vollständigkeit halber ist im Schema auch angegeben, wie die Multiplikatoren c_{jk} ermittelt werden können. Auch für diese Berechnungen läßt sich jede Zeile sogleich auf ihre Richtigkeit nachprüfen.

In der Zeile 50' sind zunächst die Werte aus der Zeile 50 mit umgekehrtem Vorzeichen eingesetzt. Den Wert in der Spalte x_5 erhält man als $1/0{,}171\,198$. Die Gesamtheit der Werte in Zeile 50' prüft man auf Grund der Beziehungen (5) von 613.2. Es muß z. B.

$$(6{,}729\,816)\,(1{,}190\,586) + (-0{,}377\,049)\,(-1{,}044\,637) + (-1{,}230\,388)\cdot$$
$$\cdot\,(0{,}392\,510) + (-0{,}349\,303)\,(-0{,}663\,566) + (5{,}841\,190)\,(-1{,}396\,146)$$

gleich Null sein; die Rechnung ergibt $-0{,}000004$. In der Zeile 30' hat man, um noch ein Beispiel zu nennen:

$$(8{,}707113)\,(0{,}392510) + (10{,}856754)\,(-0{,}501573) + (4{,}726939)\,(1{,}015646) +$$

$$+ (3{,}915754)\,(-0{,}548150) + (-1{,}230388)\,(-0{,}303444) = 1{,}000004,$$

an Stelle von 1.

Will man die zu den ursprünglichen Veränderlichen gehörigen Multiplikatoren erhalten, ist zu bedenken, daß die Summen der Produkte und Quadrate im Rechenschema $1/1000$ der ursprünglichen sind und daß weiter jene, die x_3, x_2 und x_5 enthalten, mit $k = 3$ multipliziert worden waren. Dementsprechend müssen alle Multiplikatoren ebenfalls durch 1000 dividiert, und jene, die sich auf die Veränderlichen x_3, x_4 und x_5 beziehen, mit 3 (beziehungsweise mit 9) multipliziert werden. Die Multiplikatoren c_{jk} lauten demnach

	1	2	3	4	5
1	0,036 712 509	0,034 607 291	0,032 570 262	0,034 538 331	$-$ 0,001 131 147
2		0,042 422 818	0,026 121 339	0,033 354 966	0,620 189 448
3			0,042 542 451	0,035 241 786	$-$ 0,011 073 492
4				0,043 880 490	$-$ 0,003 143 729
5					0,052 570 710

Die Multiplikatoren kann man beispielsweise verwenden, wenn man mittels der Formel (17) von 613.2 Vertrauensgrenzen für den Regressionswert Y berechnen will, worauf wir hier indessen nicht eingehen wollen.

Läßt man die Veränderlichen x_4 und x_5 fallen, so können die Regressionskoeffizienten für die verbleibenden unabhängigen Veränderlichen x_1, x_2 und x_3 in Zeile 33 gefunden werden als

$$b_1 = -3{,}284169, \quad b_2 = -5{,}636049, \quad b_3 = +1{,}235754.$$

Die Regressionsgleichung kann demnach ohne weiteres angeschrieben werden. Da es uns hier vor allem darum zu tun war, die schrittweise Berechnung der Regressionskoeffizienten für die mehrfache lineare Regression zu erörtern, behandeln wir das Beispiel nicht weiter.

614 Nichtlineare Regression

Der in 611 besprochene Fall der einfachen *linearen* Regression ist der einfachste und genügt in zahlreichen Fällen um die Beobachtungen zweckentsprechend auszuwerten. Gelegentlich läßt sich eine nichtlineare Beziehung durch eine passende Transformation in eine lineare Regression überführen; besonders nützlich in dieser Hinsicht erweist sich der Übergang zu Logarithmen, wie etwa im Beispiel 40 des Abschnitts 611.5. Dort, wie auch in 611.3, wurde zugleich angegeben, wie man vorgehen kann, um die Linearität der Regression zu prüfen.

Manchmal empfiehlt es sich, statt der linearen Gleichung

$$Y = a + b\,x$$

eine Gleichung zweiten Grades

$$Y = a + b\,x + c\,x^2$$

oder eine solche p. Grades

$$Y = a + b\,x + c\,x^2 + \cdots + k\,x^p$$

zu benützen.

614.1 Mittels mehrfacher linearer Regression

In gewissen Fällen bietet es keine besondere Schwierigkeit, den Grad der nichtlinearen Regression zum voraus richtig zu bestimmen; wenn es sich um eine Kurve niedrigen Grades handelt, läßt sich dann die Regression nach den in 613 erörterten Verfahren der mehrfachen linearen Regression in einfacher Weise bestimmen. Das folgende Beispiel soll dies veranschaulichen.

Beispiel 48. Potentialdifferenz zwischen einer Antimon- und einer Wasserstoffelektrode in Lösungen mit verschiedener Wasserstoffionenkonzentration (HOVORKA und CHAPMAN, 1941).

Zu sieben Wasserstoffionenkonzentrationen wurden je zwei Bestimmungen der Potentialdifferenz gemacht, die in der nachstehenden Übersicht zusammengestellt sind.

pH	Potentialdifferenz in Millivolt	
x_j	y_{j1}	y_{j2}
2,2	255,38	255,34
3,0	255,12	255,12
4,2	255,09	255,10
5,0	255,01	255,00
6,0	255,61	255,41
6,8	255,91	255,74
8,0	256,71	256,72

Trägt man die Werte in ein Koordinatensystem ein, wie dies in Figur 32 geschieht, so erkennt man ohne weiteres, daß sich die Werte y als eine Kurve zweiten Grades darstellen lassen. Die Regressionsgleichung würde demnach lauten

$$Y = a + b\,x + c\,x^2.$$

Statt dessen schreiben wir eine Regressionsgleichung

$$Y = \bar{y} + b_1(x_1 - \bar{x}_1) + b_2(x_2 - \bar{x}_2)$$

auf, in der $x_1 = x$ und $x_2 = x^2$ bedeuten sollen. Die Regressionskoeffizienten b_1 und b_2 sind nach den Formeln (8) von 613.1 zu berechnen. Zu diesem Zwecke benötigen wir die Ausdrücke

$$S_{11} = S(x - \bar{x})^2, \quad S_{12} = S(x - \bar{x})(x^2 - \overline{x^2}), \quad S_{22} = S(x^2 - \overline{x^2})^2,$$
$$S_{1y} = S(x - \bar{x})(y - \bar{y}), \quad S_{2y} = S(x^2 - \overline{x^2})(y - \bar{y}).$$

Wir geben lediglich die Ergebnisse der Rechnungen; erwähnt sei einzig, daß es sich lohnt, für die y einen vorläufigen Durchschnitt (255,00) zu benützen. Es wird

$$\bar{x}_1 = \bar{x} = 5,028\,571, \quad \bar{x}_2 = \overline{x^2} = 28,960\,000, \quad \bar{y} = 255,518\,571$$
$$S_{11} = 51,4286, \quad S_{12} = 526,6286, \quad S_{22} = 5399,9232$$
$$S_{1y} = 11,424\,57, \quad S_{2y} = 131,5328, \quad S_{yy} = 4,340\,571.$$

Daraus findet man für die Regressionskoeffizienten b_1 und b_2:

$$b_1 = -0,854\,716 \quad b_2 = 0,106\,595$$

und damit für die Regressionsgleichung

$$Y = 255,518\,571 - 0,854\,716(x - 5,028\,571) + 0,106\,595(x^2 - 28,960\,000)$$

oder

$$Y = 256,729\,605 - 0,854\,716\,x + 0,106\,595\,x^2.$$

Um festzustellen, ob diese Regressionsgleichung mit den beobachteten Werten gut im Einklang steht, berechnen wir nach der Formel (10) von 613.1 die Summe der Quadrate der Regressionswerte; man findet

$$\begin{aligned}
S(Y_i - \bar{y})^2 &= b_1 S_{1y} + b_2 S_{2y}\\
&= (-0,854\,716)(11,424\,57) + (0,106\,595)(131,5328)\\
&= 4,255\,976.
\end{aligned}$$

Zudem berechnen wir die Summe der Quadrate zwischen den sieben Klassen, die durch die verschiedenen pH-Werte gebildet werden, und die Summe der Quadrate innerhalb dieser Klassen. Damit ergibt sich die nachstehende Streuungszerlegung.

Streuung	Freiheits-grad	Summe der Quadrate	Durch-schnitts-quadrat
Regressionswerte	2	4,255 976	2,127 988
Durchschnitte um Regression	4	0,049 195	0,012 299
Zwischen pH-Klassen	6	4,305 171	...
Innerhalb pH-Klassen	7	0,035 400	0,005 057
Insgesamt	13	4,340 571	...

Daraus kann ein Verhältnis der Durchschnittsquadrate

$$F = 0{,}012\,299 : 0{,}005\,057 = 2{,}432$$

berechnet werden. Da mit $n_1 = 4$, $n_2 = 7$ ein $F_{0,05} = 4{,}121$ aus der Tafel IV zu entnehmen ist, darf man annehmen, die berechnete Regressionskurve sei mit den beobachteten Werten gut verträglich.

Berechnet man aus der Regressionsgleichung die Regressionswerte Y_j, die zu den beobachteten pH-Werten gehören, so ergibt sich die folgende Übersicht, in der gleichzeitig die Abweichungen der beobachteten Werte y_{ji} von den Regressionswerten Y_j angegeben sind.

| pH | Potentialdifferenz | | |
| | Regressions-wert | Abweichungen | |
x_j	Y_j	$y_{j1} - Y_j$	$y_{j2} - Y_j$
2,2	255,365	$+\,0{,}015$	$-\,0{,}025$
3,0	255,125	$-\,0{,}005$	$-\,0{,}005$
4,2	255,020	$+\,0{,}070$	$+\,0{,}080$
5,0	255,121	$-\,0{,}111$	$-\,0{,}121$
6,0	255,439	$+\,0{,}171$	$-\,0{,}029$
6,8	255,846	$+\,0{,}064$	$-\,0{,}106$
8,0	256,714	$-\,0{,}004$	$+\,0{,}006$

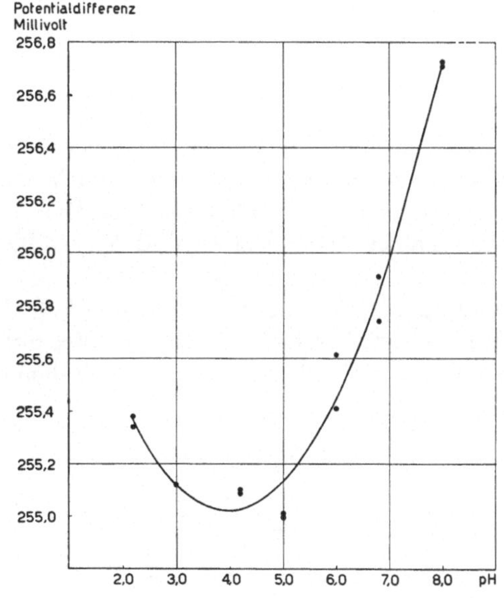

Figur 32

Abhängigkeit der Potentialdifferenz von der Wasserstoffionenkonzentration.

Die Figur 32 zeigt ebenfalls die gute Übereinstimmung zwischen den beobachteten Werten und der Regressionskurve.

Die Summe der Abweichungen $(y_{ji} - Y_j)$ ist gleich Null, wie es sein muß. Bildet man die Summe der Quadrate dieser Abweichungen, so erhält man

$$S(y_i - Y_i)^2 = 0{,}084\,628,$$

wogegen sich aus der Streuungszerlegung für denselben Ausdruck

$$S(y_i - Y_i)^2 = 0{,}049\,195 + 0{,}035\,400 = 0{,}084\,595$$

ergibt, was mit Rücksicht auf die Rundungsfehler als eine befriedigende Übereinstimmung betrachtet werden darf.

Wenn eine Kurve zweiten Grades die beobachteten Werte richtig wiedergibt, kann es vorkommen, daß der Wert von x zu bestimmen ist, für den Y ein Minimum (oder Maximum) ist. Man erhält das Minimum aus der Regressionsgleichung durch Ableiten nach x und Nullsetzen und findet

$$-0{,}854\,716 + 2\,(0{,}106\,595)\,x = 0,$$

oder also

$$x = 0{,}854\,716/0{,}213\,190 = 4{,}009.$$

Die Vertrauensgrenzen dieses Minimums lassen sich nach dem Verfahren von FIELLER ermitteln (siehe z. B. LINDER, 1954).

Wie in 611.1 erwähnt wurde, kann das Beispiel der Bremswege ebenfalls nach den soeben besprochenen Methoden ausgewertet werden.

614.2 Mittels orthogonaler Polynome

Wenn der Grad der nichtlinearen Regression nicht zum vorneherein abgeschätzt werden kann, wendet man mit Vorteil die Methode an, die R. A. FISHER im § 28 der ,,Statistical Methods for Research Workers" angibt und für die in den ,,Statistical Tables" von FISHER und YATES Tafeln bereitgestellt sind.

Da für die Anwendung des Verfahrens Tafeln unerläßlich sind, sobald der Grad der Regression höher ist, beschränken wir uns hier auf die Beschreibung des Verfahrens bis zum dritten Grad, was in gewissen Fällen genügt.

Anstatt der Gleichung

$$Y = a + b\,x + c\,x^2 + d\,x^3$$

setzen wir

$$Y = b_0 + b_1\,\xi_1 + b_2\,\xi_2 + b_3\,\xi_3, \tag{1}$$

wobei die ξ Funktionen ersten, zweiten und dritten Grades in x sind. Die ξ werden so gewählt, daß sie gegenseitig orthogonal sind. Sie müssen somit den in 13 angegebenen Bedingungen entsprechen.

Wenn die unabhängige Veränderliche x alle ganzzahligen Werte zwischen 1 und N annimmt, so können die Funktionen ξ wie folgt definiert werden:

$$\xi_1 = x - \bar{x} \tag{2a}$$

$$\xi_2 = (x - \bar{x})^2 - (N^2 - 1)/12 \tag{2b}$$

$$\xi_3 = (x - \bar{x})^3 - (3\,N^2 - 7)\,(x - \bar{x})/20 \tag{2c}$$

Als Beispiel berechnen wir die ξ für $N = 4$. Man hat in diesem Falle, da $\bar{x} = (N + 1)/2 = 2{,}5$

	$x_1 = 1$	$x_2 = 2$	$x = 3$	$x_4 = 4$
$\xi_{1i} = x_i - \bar{x}$	$-3/2$	$-1/2$	$+1/2$	$+3/2$
$\xi_{2i} = (x_i - \bar{x})^2 - 5/4$	$+1$	-1	-1	$+1$
$\xi_{3i} = (x_i - \bar{x})^3 - 41\,(x_i - \bar{x})/20$	$-3/10$	$+9/10$	$-9/10$	$+3/10$

Die Bedingungen der Orthogonalität sind erfüllt, indem erstens

$$\mathop{S}_{i} \xi_{1i} = 0, \quad \mathop{S}_{i} \xi_{2i} = 0, \quad \mathop{S}_{i} \xi_{3i} = 0$$

und zweitens

$$\mathop{S}_{i} \xi_{1i}\,\xi_{2i} = \left(-\frac{3}{2}\right)(+1) + \left(-\frac{1}{2}\right)(-1) + \left(+\frac{1}{2}\right)(-1) + \left(+\frac{3}{2}\right)(+1) = 0$$

$$\mathop{S}_{i} \xi_{1i}\,\xi_{3i} = 0, \quad \mathop{S}_{i} \xi_{2i}\,\xi_{3i} = 0$$

sind.

Um mit den ξ besser rechnen zu können, richtet man es so ein, daß sie ganzzahlig und dazu so klein als möglich werden. In unserem Beispiel erhält man

$$\xi_1' = 2\,\xi_1, \quad \xi_2' = \xi_2, \quad \xi_3' = \frac{10}{3}\,\xi_3.$$

Bezeichnen wir die Faktoren mit λ, so haben wir also in unserem Beispiel

$$\lambda_1 = 2, \lambda_2 = 1, \quad \lambda_3 = 10/3.$$

Die Regressionskoeffizienten b_1, b_2 und b_3 und die Konstante b_0 sind durch folgende Ausdrücke gegeben:

$$b_0 = \mathop{S}_{i} y_i / N = \bar{y}, \tag{3a}$$

$$b_1 = (\mathop{S}_{i} \xi_{1i}' y_i) / \mathop{S}_{i} (\xi_{1i}')^2, \tag{3b}$$

$$b_2 = (\mathop{S}_{i} \xi_{2i}' y_i) / \mathop{S}_{i} (\xi_{2i}')^2, \tag{3c}$$

$$b_3 = (\mathop{S}_{i} \xi_{3i}' y_i) / \mathop{S}_{i} (\xi_{3i}')^2. \tag{3d}$$

Da die ξ', wie die ξ, gegenseitig orthogonal sind, kann man die zu jedem Regressionskoeffizienten gehörige Summe der Quadrate berechnen. Sie lautet für b_1:

$$(\mathop{S}_{i} \xi_{1i}' y_i)^2 / \mathop{S}_{i} (\xi_1')^2 \tag{4a}$$

und entsprechend für b_2 und b_3.

Die in den Formeln (3) und (4) auftretenden Ausdrücke $\underset{i}{S}\,(\xi'_{1i})^2$ sind in den Tafeln von FISHER und YATES ebenfalls angegeben. Für 4, 5 und 6 Werte von x sehen die Angaben in den genannten Tafeln wie folgt aus:

	$N = 3$		$N = 4$			$N = 5$			
	ξ'_1	ξ'_2	ξ'_1	ξ'_2	ξ'_3	ξ'_1	ξ'_2	ξ'_3	ξ'_4
$x_1 = 1$	-1	$+1$	-3	$+1$	-1	-2	$+2$	-1	$+1$
$x_2 = 2$	0	-2	-1	-1	$+3$	-1	-1	$+2$	-4
$x_3 = 3$	$+1$	$+1$	$+1$	-1	-3	0	-2	0	$+6$
$x_4 = 4$	…	…	$+3$	$+1$	$+1$	$+1$	-1	-2	-4
$x_5 = 5$	…	…	…	…	…	$+2$	$+2$	$+1$	$+1$
$\underset{i}{S}(\xi_i')^2$	2	6	20	4	20	10	14	10	70
λ	1	3	2	1	$10/3$	1	1	$5/6$	$35/12$

Ein kleines Zahlenbeispiel soll zeigen, wie man im einzelnen vorgeht. Es seien die vier Wertepaare

$$x_1 = \quad 1 \qquad x_2 = \quad 2 \qquad x_3 = \quad 3 \qquad x_4 = \quad 4$$
$$y_1 = 1261 \qquad y_. = 1281 \qquad y_3 = 1064 \qquad y_1 = 723$$

gegeben. An diese Werte soll eine Funktion dritten Grades in x angepaßt werden.

Nach den Beziehungen (3) erhält man

$$b_0 = +4329/\,4 = +1082{,}25$$
$$b_1 = -1831/20 = -\quad 91{,}55$$
$$b_2 = -\quad 361/\,4 = -\quad 90.25$$
$$b_3 = +\quad 113/20 = +\quad 5{,}65$$

Für b_1 ist beispielsweise

$$(-3)\,(1261) + (-1)\,(1281) + (+1)\,(1064) + (+3)\,(723) = -1831$$

und für $\underset{i}{S}\,(\xi_i')^2$ findet man in der Tafel den Wert 20.

Nun ist

$$Y = b_0 + b_1\,\xi'_1 + b_2\,\xi'_2 + b_3\,\xi'_3 \tag{5}$$

oder also

$$Y = 1082{,}25 - 91{,}55\,\xi'_1 - 90{,}25\,\xi'_2 + 5{,}65\,\xi'_3.$$

Da für $x = 1: \xi'_1 = -3, \xi'_2 = +1, \xi'_3 = -1$, erhält man für Y_1

$$Y_1 = 1082{,}25 + 3 \cdot 91{,}55 - 90{,}25 - 5{,}65 = 1261{,}00$$

und entsprechend für Y_2, Y_3 und Y_4 die Ausgangswerte y_2, y_3 und y_4. Dies

war zu erwarten, da eine Kurve dritten Grades an vier Punkte genau angepaßt
werden kann.

Nach den Formeln (4) erhält man die Summen der Quadrate für jeden der drei
Regressionskoeffizienten, dem wir noch die übliche Summe der Quadrate für
den Durchschnitt (T_y^2/N) beifügen:

Summe der Quadrate

	Summe der Quadrate
für $\bar{y}$ (b_0): $4\,329^2/4$	$4\,685\,060{,}25$
für b_1 : $1\,831^2/20$	$167\,628{,}05$
für b_2 : $361^2/4$	$32\,580{,}25$
für b_3 : $113^2/20$	$638{,}45$
Summe	$4\,885\,907{,}00$.

Die Summe entspricht, wie es sein soll, der $\underset{i}{S}\, y_i^2$. Von der Summe der Quadrate
um den Durchschnitt

$$S\,(y_i - \bar{y})^2 = 4\,885\,907{,}00 - 4\,685\,060{,}25 = 200\,846{,}75$$

entfällt der weitaus größte Teil auf die lineare Regression, ein kleinerer Teil
zusätzlich auf die quadratische, und nur ein unbedeutender Teil auf die kubische.

Will man die Regressionsgleichung in den ursprünglichen Einheiten von x
ausdrücken, so muß man zunächst in der Gleichung (5) die ξ_i' durch $\lambda\,\xi_i$ ersetzen.
Das ergibt

$$\xi_1' = 2\,\xi_1, \quad \xi_2' = 1 \cdot \xi_2, \quad \xi_3' = 10\,\xi_3/3$$

und somit

$$Y = 1\,082{,}25 - 183{,}10\,\xi_1 - 90{,}25\,\xi_2 + 18{,}83\,\xi_3.$$

An Hand der Beziehungen (2) kann man sodann auf die Werte x zurückgehen.
Man erhält

$$Y = 1\,082{,}25 - (90{,}25)\,(16 - 1)/12$$
$$+\,[-183{,}10 - 18{,}83\,(3 \cdot 16 - 7)/20]\,(x - 2{,}5)$$
$$+\,(-90{,}25)\,(x - 2{,}5)^2 + 18{,}83\,(x - 2{,}5)^3$$

oder

$$Y = 1\,195{,}06 - 221{,}70\,(x - 2{,}5) - 90{,}25\,(x - 2{,}5)^2 + 18{,}83\,(x - 2{,}5)^3.$$

Setzt man hier $x_1 = 1$ ein, so erhält man $1\,260{,}996$, also, von Rundungsfehlern
abgesehen, den Wert y_1. Entsprechendes gilt, wenn man einen der andern drei
Werte von x einsetzt.

Das soeben erörterte Verfahren läßt sich unschwer auf zwei oder mehr Veränderliche verallgemeinern. Man kann es dann mit Vorteil benützen, wenn ein
Versuch mit mehreren Faktoren durchgeführt wurde, bei dem jeder Faktor auf
verschiedenen Stufen eingestellt werden kann.

Betrachten wir etwa die Ergebnisse eines Versuches mit zwei Faktoren zu je
vier Stufen. Die beiden Faktoren entsprechen zwei unabhängigen Veränder-

lichen x_1 und x_2, welche beide die Werte 1, 2, 3 und 4 annehmen; wir bezeichnen die einzelnen Werte allgemein mit x_{1j} und x_{2k}. Die 16 Werte der abhängigen Veränderlichen seien mit y_i bezeichnet.

Entsprechend den Formeln (2) können wir die x_1 und x_2 durch ξ und η ersetzen, indem wir folgende Beziehungen benützen, in der M die Anzahl der Werte bedeutet, welche die x_1 und x_2 annehmen können.

$$\xi_1 = x_1 - \bar{x}_1 \qquad\qquad \eta_1 = x_2 - \bar{x}_2 \qquad\qquad (6\,\text{a})$$

$$\xi_2 = (x_1 - \bar{x}_1)^2 - (M^2 - 1)/12 \qquad \eta_2 = (x_2 - \bar{x}_2)^2 - (M^2 - 1)/12 \qquad (6\,\text{b})$$

$$\xi_3 = (x_1 - \bar{x}_1)^3 \qquad\qquad \eta_3 = (x_2 - \bar{x}_2)^3$$
$$- (3\,M^2 - 7)\,(x_1 - \bar{x}_1)/20 \qquad\qquad - (3\,M^2 - 7)\,(x_2 - \bar{x}_2)/20\,. \qquad (6\,\text{c})$$

Mit $M = 4$ wird

$$\xi_1 = x_1 - \bar{x}_1 \qquad\qquad \eta_1 = x_2 - \bar{x}_2$$

$$\xi_2 = (x_1 - \bar{x}_1)^2 - 5/4 \qquad\qquad \eta_2 = (x_2 - \bar{x}_2)^2 - 5/4$$

$$\xi_3 = (x_1 - \bar{x}_1)^3 - 41\,(x_1 - \bar{x}_1)/20 \qquad \eta_3 = (x_2 - \bar{x}_2)^3 - 41\,(x_2 - \bar{x}_2)/20\,.$$

Auch hier gehen wir zu Größen ξ' und η' über, indem wir setzen

$$\xi_1' = 2\,\xi_1\,, \quad \xi_2' = 1 \cdot \xi_2\,, \quad \xi_3' = 10\,\xi_3/3\,, \qquad (7\,\text{a})$$

$$\eta_1' = 2\,\eta_1\,, \quad \eta_2' = 1 \cdot \eta_2\,, \quad \eta_3' = 10\,\eta_3/3\,. \qquad (7\,\text{b})$$

Die Regressionsgleichung, welche die Beziehung zwischen der abhängigen Veränderlichen y und den unabhängigen Veränderlichen x_1 und x_2 angibt, kann jetzt neben Gliedern verschiedenen Grades von x_1 allein und von x_2 allein auch Glieder enthalten, in denen x_1 und x_2 als Produkt vorkommen. Man kann beispielsweise eine Regressionsgleichung von der Form

$$Y = b_{00} + b_{10}\,\xi_1 + b_{01}\,\eta_1 + b_{20}\,\xi_1^2 + b_{02}\,\eta_2^2 + b_{11}\,\xi_1\,\eta_1$$

erhalten.

Die Koeffizienten b_{jk} berechnet man nach der Formel

$$b_{jk} = \left(\underset{i}{S}\, \xi_{ji}'\, \eta_{ki}'\, y_i \right) \big/ \underset{i}{S}\,(\xi_{ji}'\, \eta_{ki}')^2 \qquad (8)$$

wobei $\xi_{0i}' = 1$, $\eta_{0i}' = 1$ zu setzen ist. Die Summe der Quadrate, die dem Regressionskoeffizienten b_{jk} entspricht, berechnet man nach der Formel

$$\left(\underset{i}{S}\, \xi_{ji}'\, \eta_{ki}'\, y_i \right)^2 \big/ \underset{i}{S}\,(\xi_{ji}'\, \eta_{ki}')^2\,, \qquad (9\,\text{a})$$

oder der gleichwertigen

$$b_{jk}\, \underset{i}{S}\,(\xi_{ji}'\, \eta_{ki}'\, y_i)\,. \qquad (9\,\text{b})$$

Endlich ist noch wie üblich $b_{00} = T/N$, und die entsprechende Summe der Quadrate T^2/N.

Beispiel 49. Abhängigkeit der Filtrationsrate von der Länge der Spülperiode und von der Dauer der Rückspülzeit (R. SAEMANN, 1959).

Die 16 Versuche, die sich bei vier Periodenlängen und vier Rückspülzeiten ergeben, wurden zeitlich in zufälliger Reihenfolge durchgeführt. Die Längen der Spülperioden betrugen 0,50, 0,75, 1,00 und 1,25 Minuten, die Rückspülzeiten 0,5, 1,0, 1,5 und 2,0 Sekunden. Die Zeitabstände wurden somit gleichmäßig gewählt und daher kann das Verfahren der orthogonalen Polynome ohne weiteres verwendet werden. Die Filtrationsrate ist in Liter je Minute gemessen. Die Versuchsergebnisse lauten folgendermaßen:

Perioden-länge in min	x_1	Rückspülzeit in sec			
		0,5 $x_2 = 1$	1,0 $x_2 = 2$	1,5 $x_2 = 3$	2,0 $x_2 = 4$
0,50	1	1,261	1,281	1,064	0,723
0,75	2	1,131	1,146	1,026	0,848
1,00	3	0,816	1,026	1,021	0,910
1,25	4	0,700	0,721	0,777	0,683

Die Auswertung soll uns die Gleichung ergeben, welche die Filtrationsrate in Funktion der Periodenlänge und der Rückspülzeit ausdrückt. Man kann die Regressionskoeffizienten nach Formel (8) berechnen und die zugehörigen Summen der Quadrate nach Formel (9).

Am besten geht man nach einem Schema vor, indem man die linearen, quadratischen und kubischen Komponenten für jede Zeile und Spalte der Filtrationsraten ausrechnet. Das Schema ist auf S. 216/217 angegeben, wobei auch die ξ_j' und η_k' gemäß der Aufstellung auf Seite 212 beigefügt sind.

In diesem Schema wurde beispielsweise berechnet

$$(-3)\,1,261 + (-1)\,1,281 + (+1)\,1,064 + (+3)\,0,723 = -1,831 .$$

Ebenso erhielt man für die zweite, dritte und vierte Zeile

$$-0,969 , \quad +0,277 \quad \text{und} \quad +0,005 .$$

Rechnet man noch für die Summenzeile mit denselben Koeffizienten η_1', so wird

$$(-3)\,3,908 + (-1)\,4,174 + (+1)\,3,888 + (+3)\,3,164 = -2,518$$

und man hat als Probe

$$-1,831 - 0,969 + 0,277 + 0,005 = -2,518 .$$

Auf diese Art findet man zunächst

$$S_i\, \xi_{1i}'\, y_i = -4,722 , \quad S_i\, \xi_{2i}'\, y_i = -0,714 , \quad S_i\, \xi_{3i}'\, y_i = -0,314 ,$$

$$S_i\, \eta_{1i}'\, y_i = -2,518 , \quad S_i\, \eta_{2i}'\, y_i = -0,990 , \quad S_i\, \eta_{3i}'\, y_i = +0,114 .$$

			η_1'	-3	-1	$+1$	$+3$
			η_2'	$+1$	-1	-1	$+1$
			η_3'	-1	$+3$	-3	$+1$
ξ_1'	ξ_2'	ξ_3'					
-3	$+1$	-1		1,261	1,281	1,064	0,723
-1	-1	$+3$		1,131	1,146	1,026	0,848
$+1$	-1	-3		0,816	1,026	1,021	0,910
$+3$	$+1$	$+1$		0,700	0,721	0,777	0,683
Summe				3,908	4,174	3,888	3,164
$S\,\xi_{1i}'y_i$				$-1,998$	$-1,800$	$-0,866$	$-0,058$
$S\,\xi_{2i}'y_i$				$+0,014$	$-0,170$	$-0,260$	$-0,352$
$S\,\xi_{3i}'y_i$				$+0,384$	$-0,200$	$-0,272$	$-0,226$

Dies sind die Ausdrücke, welche man benötigt um die b_{j0} und b_{0k} zu berechnen. Will man nach Formel (8) beispielsweise b_{32} berechnen, so hat man zuerst

$$\underset{i}{S}\,(\xi_{3i}'\,\eta_{2i}'\,y_i)$$

zu ermitteln. In unserem Schema finden wir diesen Ausdruck, indem wir rechnen

$$(+1)\,(+0,384) + (-1)\,(-0,200) + (-1)\,(-0,272) + (+1)\,(-0,226) =$$
$$= +\,0,630$$

oder, was zur Probe ebenfalls berechnet werden sollte:

$$(-1)\,(-0,361) + (+3)\,(-0,193) + (-3)\,(-0,321) + (+1)\,(-0,115) =$$
$$= +\,0,630 \,.$$

Sowohl in (8) wie in (9a) kommen im Nenner die Ausdrücke

$$\underset{i}{S}\,(\xi_{ji}'\,\eta_{ki}')^2$$

vor. Es ist beispielsweise

$$\underset{i}{S}\,(\xi_{1i}'\,\eta_{3i}')^2 = [(-3)^2 + (-1)^2 + (+1)^2 + (+3)^2]\,[(-1)^2 + (+3)^2 +$$
$$+ (-3)^2 + (+1)^2] = 400 \,.$$

Die Regressionskoeffizienten — die wir zwar nicht alle benötigen werden — und die Summe der Quadrate sind nachstehend zusammengestellt.

Die Summe der Quadrate, die dem einzelnen Regressionskoeffizienten entspricht, gibt uns einen Anhaltspunkt darüber, welche Glieder in der Regressionsgleichung berücksichtigt werden müssen. Bei einer ersten Durchsicht wird man außer b_{00} etwa b_{10}, b_{20}, b_{01}, b_{02} und b_{11} als Regressionskoeffizienten festhalten,

Summe	$S\,\eta'_{1i}y_i$	$S\,\eta'_{2i}y_i$	$S\,\eta'_{3i}y_i$
4,329	$-1,831$	$-0,361$	$+0,113$
4,151	$-0,969$	$-0,193$	$+0,077$
3,773	$+0,277$	$-0,321$	$+0,109$
2,881	$+0,005$	$-0,115$	$-0,185$
15,134	$-2,518$	$-0,990$	$+0,114$
$-4,722$	$+6,754$	$+0,610$	$-0,862$
$-0,714$	$-1,134$	$+0,038$	$-0,258$
$-0,314$	$-1,902$	$+0,630$	$-0,394$

	Regressionskoeffizient	Freiheitsgrad	Summe der Quadrate
b_{10}	$-4,722/\ 80 = -0,059\,025$	1	$0,278\,716\,05^*$
b_{20}	$-0,714/\ 16 = -0,044\,625$	1	$0,031\,862\,25^*$
b_{30}	$-0,314/\ 80 = -0,003\,925$	1	$0,001\,232\,45$
b_{01}	$-2,518/\ 80 = -0,031\,475$	1	$0,079\,254\,05^*$
b_{02}	$-0,990/\ 16 = -0,061\,875$	1	$0,061\,256\,25^*$
b_{03}	$+0,114/\ 80 = +0,001\,425$	1	$0,000\,162\,45$
b_{11}	$+6,754/400 = +0,016\,885$	1	$0,114\,041\,29^*$
b_{12}	$+0,610/\ 80 = +0,007\,625$	1	$0,004\,651\,25$
b_{13}	$-0,862/400 = -0,002\,155$	1	$0,001\,857\,61$
b_{21}	$-1,134/\ 80 = -0,014\,175$	1	$0,016\,074\,45^*$
b_{22}	$+0,038/\ 16 = -0,002\,375$	1	$0,000\,902\,50$
b_{23}	$-0,258/\ 80 = -0,003\,225$	1	$0,000\,832\,05$
b_{31}	$-1,902/400 = -0,004\,755$	1	$0,009\,044\,01$
b_{32}	$+0,630/\ 80 = +0,007\,875$	1	$0,004\,961\,25$
b_{33}	$-0,394/400 = -0,000\,985$	1	$0,000\,388\,09$
Summe	…	15	$0,604\,423\,75$
b_{00}	$+15,134/\ 16 = +0,945\,875$	1	$14,314\,872\,25$
Sy^2	…	16	$14,919\,296\,00$

die einzubeziehen sind. Weiter könnten noch b_{21} und b_{31} in Betracht fallen. Wir haben uns entschlossen b_{21} zu berücksichtigen, da b_{20}, b_{01} und b_{11} in der Formel vorkommen. Dagegen verzichten wir auf b_{31}, da auch sonst kein Regressionskoeffizient mit einer Komponente dritten Grades von Bedeutung ist. Damit sind sieben Regressionskoeffizienten in die Regressionsgleichung einbezogen.

Die Summe der Quadrate, die den neun übrigen Regressionskoeffizienten entsprechen, können wir zusammenzählen und als Summe der Quadrate um die Regression betrachten. Man erhält

Streuung	Freiheitsgrad	Summe der Quadrate	Durchschnittsquadrat
Auf der Regression	6	0,581 204 34	0,0969
Um die Regression	9	0,023 219 41	0,0026
Insgesamt	15	0,604 423 75	. . .

Der Gesamtheit der sechs Regressionskoeffizienten entspricht ein Durchschnittsquadrat, das wesentlich größer ist als das Durchschnittsquadrat um die Regression. Da die Regression aus orthogonalen Funktionen aufgebaut wurde, dürfen wir auch die einzelnen b_{jk} prüfen, indem wir die entsprechende Summe der Quadrate, die gleich dem Durchschnittsquadrat ist, durch das Durchschnittsquadrat um die Regression dividieren. Die einbezogenen b_{jk} stellen sich bei dieser Prüfung alle als gesichert heraus. Die Regressionsgleichung lautet, in den ξ' und η' ausgedrückt

$$Y = 0{,}945\,875\,\xi'_0\,\eta'_0 - 0{,}059\,025\,\xi'_1\,\eta'_0 - 0{,}044\,625\,\xi'_2\,\eta'_0$$
$$- 0{,}031\,475\,\xi'_0\,\eta'_1 - 0{,}061\,875\,\xi'_0\,\eta'_2$$
$$+ 0{,}016\,885\,\xi'_1\,\eta'_1 - 0{,}014\,175\,\xi'_2\,\eta'_1\,.$$

Aus der Regressionsgleichung läßt sich zu jedem y_i das entsprechende Y_i berechnen. Dem beobachteten Wert 1,261 entspricht ein theoretischer Wert Y, den man aus der Regressionsgleichung erhält, indem man für die $\xi_j{}'$ und $\eta_k{}'$ die folgenden Werte einsetzt:

$$\xi'_0 = +1\,, \quad \xi'_1 = -3\,, \quad \xi'_2 = +1\,,$$
$$\eta'_0 = +1\,, \quad \eta'_1 = -3\,, \quad \eta'_2 = +1\,.$$

Man hat demnach

$$Y = 0{,}945\,875 + 3\,(0{,}059\,025) - 0{,}044\,625$$
$$+ 3\,(0{,}031\,475) - 0{,}061\,875$$
$$+ 9\,(0{,}016\,885) + 3\,(0{,}014\,175) = 1{,}305\,365\,.$$

In dieser Weise wurden die theoretischen Werte Y berechnet, denen wir die Unterschiede $d_i = Y_i - y_i$ gegenüberstellen, wobei wir uns auf drei Stellen nach dem Komma beschränken.

Berechnete Werte Y_i				Unterschiede $d_i = Y_i - y_i$			
1,305	1,237	1,044	0,728	+ 0,044	− 0,044	− 0,020	+ 0,005
1,090	1,146	1,077	0,885	− 0,041	0,000	+ 0,051	+ 0,037
0,871	0,994	0,993	0,868	+ 0,055	− 0,032	− 0,028	− 0,042
0,647	0,781	0,791	0,677	− 0,053	+ 0,060	+ 0,014	− 0,006

Der Umstand, daß die positiven und negativen Differenzen nicht eine Regelmäßigkeit in ihrer Verteilung erkennen lassen, kann als Bestätigung der

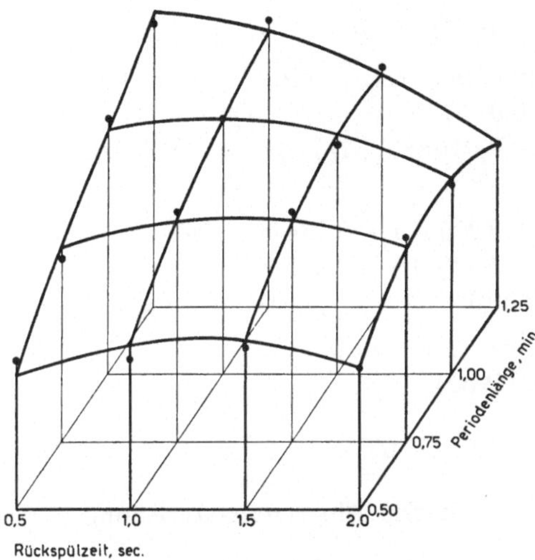

Figur 33
Abhängigkeit der Filtrationsrate von Periodenlänge und Rückspülzeit.

Richtigkeit der gewählten Regressionsgleichung aufgefaßt werden. Für ein gegenteiliges Beispiel sei auf eine Arbeit von H. C. HAMAKER (1955) verwiesen.

Die Summe der d_i ist gleich Null. Bildet man die Summe der Quadrate der Abweichungen der beobachteten von den theoretisch berechneten Werten so findet man

$$\underset{i}{S}\,d_i^2 = \underset{i}{S}\,(y_i - Y_i)^2 = 0{,}023\,186\,,$$

was mit der Summe der Quadrate um die Regression, die 0,023 219 beträgt, angesichts der Rundungsfehler genügend gut übereinstimmt.

Um von der Regressionsgleichung in $\xi_j{'}$, $\eta_k{'}$ auf die ursprünglichen Veränderlichen Periodenlänge (p) und Rückspülzeit (r) zurückzugehen, müssen wir bedenken, daß nach den Formeln (6) und (7)

$$\xi_1' = 2\,\xi_1 = 2\,(x_1 - \bar{x}_1) \qquad\qquad \eta_1' = 2\,\eta_1 = 2\,(x_2 - \bar{x}_2)$$
$$\xi_2' = \ \ \xi_2 = (x_1 - \bar{x}_1)^2 - 5/4 \qquad \eta_2' = \ \ \eta_2 = (x_2 - \bar{x}_2)^2 - 5/4\,.$$

Außerdem war $\xi_0' = \eta_0' = +\,1$ und weiter

$$x_1 = 4\,p - 1\,, \quad x_2 = 2\,r\,.$$

Man hat demnach

$$\xi_1' = \ \ 8\,(p - \bar{p}) \qquad\qquad \eta_1' = 4\,(r - \bar{r})\,,$$
$$\xi_2' = 16\,(p - \bar{p})^2 - 5/4 \qquad \eta_2' = 4\,(r - \bar{r})^2 - 5/4\,.$$

In unserem Versuch ist $\bar{p} = 0{,}875$ min und $\bar{r} = 1{,}25$ sec. Wenn wir die Abweichungen von diesen Werten

$$p - \bar{p} = \Delta p \,, \quad r - \bar{r} = \Delta r$$

nennen, so erhalten wir für die Regressionsgleichung

$$Y = 0{,}945\,875 - 8\,(0{,}059\,035)\,\Delta p - [16\,(\Delta p)^2 - 5/4]\,(0{,}044\,625)$$
$$- 4\,(0{,}031\,475)\,\Delta r - [4\,(\Delta r)^2 - 5/4]\,(0{,}061\,875)$$
$$+ 8{,}4\,(0{,}016\,885)\,(\Delta p)\,(\Delta r) - 4\,[16\,(\Delta p)^2\,5/4]\,(0{,}014\,175)\,\Delta r$$

oder

$$Y = 1{,}079\,000 - 0{,}472\,200\,\Delta p - 0{,}714\,000\,(\Delta p)^2$$
$$- 0{,}055\,025\,\Delta r - 0{,}247\,500\,(\Delta r)^2$$
$$+ 0{,}540\,320\,(\Delta p)\,(\Delta r) - 0{,}907\,200\,(\Delta p)^2\,(\Delta r)\,.$$

Weitere nützliche Regressionsverfahren finden sich bei W. L. STEVENS (1951) und P. K. LORAINE (1952).

62 Die Mitstreuungszerlegung

In der Mitstreuungszerlegung (analysis of covariance) werden die Streuungszerlegung und die Regressionsrechnung miteinander in ein Verfahren vereinigt.

Die Mitstreuungszerlegung wird vor allem benützt, um festzustellen, wie eine oder mehrere unabhängige Veränderliche sich auf die Unterschiede zwischen den Durchschnitten einer abhängigen Veränderlichen auswirken. Sie kann aber auch dazu dienen die Unterschiede zwischen mehreren Regressionskoeffizienten zu beurteilen. Wir behandeln zunächst diese Frage des Parallelismus zwischen Regressionen.

621 Vergleich mehrerer Regressionskoeffizienten

Es seien N Wertepaare x, y beobachtet, die in M Gruppen fallen. Für die x sowohl wie für die y können wir die Streuungen insgesamt, in jeder der M Gruppen, innerhalb und zwischen den Gruppen berechnen, wie dies in 513 erörtert wurde. Man kann dieselben Berechnungen auch für die Produkte xy ausführen.

In der j. Gruppe sei das i. Wertepaar mit x_{ji}, y_{ji} bezeichnet. Die Totale der N_j Werte in der j. Gruppe seien

$$T_{xj} = \underset{i}{S}\, x_{ji}, \quad T_{yj} = \underset{i}{S}\, y_{ji},$$

die Gruppendurchschnitte

$$\bar{x}_j = T_{xj}/N_j, \quad \bar{y}_j = T_{yj}/N_j$$

und die Gesamttotale aller N Werte

$$T_x = \underset{j}{S}\,\underset{i}{S}\, x_{ji} = \underset{j}{S}\, T_{xj}, \quad T_y = \underset{j}{S}\,\underset{i}{S}\, y_{ji} = \underset{j}{S}\, T_{yj},$$

sowie die Gesamtdurchschnitte

$$\bar{x} = T_x/N, \quad \bar{y} = T_y/N.$$

Für die Summen der Quadrate und Produkte innerhalb der j. Gruppe schreiben wir

$$A_j = \underset{i}{S}\,(x_{ji} - \bar{x}_j)^2, \tag{1a}$$

$$B_j = \underset{i}{S}\,(x_{ji} - \bar{x}_j)\,(y_{ji} - \bar{y}_j), \tag{1b}$$

$$C_j = \underset{i}{S}\,(y_{ji} - \bar{y}_j)^2, \tag{1c}$$

da die üblichen Ausdrücke S_{xx}, S_{xy}, S_{yy} zu schwerfällig werden.
Für die Summen der Quadrate und Produkte insgesamt benützen wir die Beziehungen

$$A = \underset{j}{S}\,\underset{i}{S}(x_{ji} - \bar{x})^2, \quad B = \underset{j}{S}\,\underset{i}{S}(x_{ji} - \bar{x})\,(y_{ji} - \bar{y}), \quad C = \underset{j}{S}\,\underset{i}{S}(y_{ji} - \bar{y})^2 \tag{2}$$

Schließlich seien die Summen der Quadrate und der Produkte innerhalb der Gruppen mit A_I, B_I, C_I und jene zwischen den Gruppen mit A_Z, B_Z, C_Z bezeichnet.

Man hat entsprechend den Definitionen in 513:

$$A_I = \underset{j}{S}\,A_j = \underset{j}{S}\,\underset{i}{S}(x_{ji} - \bar{x}_j)^2 \tag{3a}$$

$$B_I = \underset{j}{S}\,B_j = \underset{j}{S}\,\underset{i}{S}(x_{ji} - \bar{x}_j)\,(y_{ji} - \bar{y}_j) \tag{3b}$$

$$C_I = \underset{j}{S}\,C_j = \underset{j}{S}\,\underset{i}{S}(y_{ji} - \bar{y}_j)^2 \tag{3c}$$

und

$$A_Z = A - A_I = \underset{j}{S}\,N_j(\bar{x}_j - \bar{x})^2 \tag{4a}$$

$$B_Z = B - B_I = \underset{j}{S}\,N_j(\bar{x}_j - \bar{x})\,(\bar{y}_j - \bar{y}) \tag{4b}$$

$$C_Z = C - C_I = \underset{j}{S}\,N_j(\bar{y}_j - \bar{y})^2 \tag{4c}$$

Die Rechenformeln sind in 513 ebenfalls angegeben; jene für die Summen der Produkte lassen sich unschwer ableiten; man findet

$$B_j = [N_j(\underset{i}{S}\,x_{ji}\,y_{ji}) - T_{xj}\,T_{yj}]/N_j, \tag{5a}$$

$$B = [N(\underset{j}{S}\,\underset{i}{S}\,x_{ji}\,y_{ji}) - T_x\,T_y]/N, \tag{5b}$$

$$B_Z = \underset{j}{S}(T_{xj}\,T_{yj}/N_j) - T_x\,T_y/N. \tag{5c}$$

Wie in 611.4 gezeigt wurde, läßt sich die Summe der Quadrate für die abhängige Veränderliche (S_{yy}) in zwei Teile zerlegen, wovon der eine (S_{xy}^2/S_{xx}) die

Variabilität der y darstellt, die durch lineare Regression auf Unterschiede in den x zurückgeführt werden kann, während der Rest $(S_{yy} - S^2_{xy}/S_{xx})$ die Variabilität der y-Werte um die Regressionsgerade darstellt. Der Ausdruck S^2_{xy}/S_{xx} kann auch als $b\,S_{xy}$ geschrieben werden. Man kann für jede der oben angegebenen Summen der Quadrate der y die soeben erwähnte Summe der Quadrate um die Regressionsgerade berechnen.

In der nachstehenden Übersicht stellen wir die verschiedenen Ausdrücke, die in der Mitstreuungszerlegung wichtig sind, zusammen, wobei die Regressionskoeffizienten

$$b_j = B_j/A_j; \quad b = B/A; \quad b_I = B_I/A_I; \quad b_Z = B_Z/A_Z \tag{6}$$

benützt werden.

Gruppe	Anzahl Werte	S_{xx}	S_{xy}	S_{yy}	Freiheits-grad	$S_{yy} - b S_{xy}$	Freiheits-grad
1	N_1	A_1	B_1	C_1	$N_1 - 1$	$C_1 - b_1 B_1$	$N_1 - 2$
2	N_2	A_2	B_2	C_2	$N_2 - 1$	$C_2 - b_2 B_2$	$N_2 - 2$
...	...	...	...	...	...	...	...
j	N_j	A_j	B_j	C_j	$N_j - 1$	$C_j - b_j B_j$	$N_j - 2$
...	...	...	...	...	...	...	...
Innerhalb	...	A_I	B_I	C_I	$N - M$	$C_I - b_I B_I$	$N - M - 1$
Zwischen	...	A_Z	B_Z	C_Z	$M - 1$	$C_Z - b_Z B_Z$	$M - 2$
Insgesamt	N	A	B	C	$N - 1$	$C - b B$	$N - 2$

Nach diesen Vorbereitungen können wir nun untersuchen, wie geprüft werden kann, ob die $b_1, b_2, \ldots b_j, \ldots b_M$ wesentlich voneinander abweichen. Das Verfahren ergibt sich als Verallgemeinerung der in 611.5 beschriebenen Prüfung des Unterschiedes zweier Regressionskoeffizienten.

Zunächst sehen wir uns den Regressionskoeffizienten b_I innerhalb der Gruppen etwas näher an. Man hat

$$b_I = B_I/A_I = (\underset{j}{S}\,B_j)/(\underset{j}{S}\,A_j)$$

und, da $b_j = B_j/A_j$, also $B_j = b_j A_j$, wird

$$b_I = (\underset{j}{S}\,b_j A_j)/(\underset{j}{S}\,A_j) = (A_1 b_1 + A_2 b_2 + \cdots)/(A_1 + A_2 + \cdots). \tag{7}$$

Der Regressionskoeffizient innerhalb der Gruppen b_I ist demnach der gewogene Durchschnitt der einzelnen Regressionskoeffizienten b_j, wobei die A_j als Gewichte dienen.

Bilden wir, entsprechend dem Vorgehen in 611.5, den Ausdruck

$$D_1 = (C_I - b_I B_I) - \underset{j}{S}\,(C_j - b_j B_j)$$

so wird daraus wegen (3 c)

$$D_1 = \underset{j}{S}(b_j\, B_j) - b_I\, B_I\,,$$

oder, da nach (6) $B_j = b_j\, A_j$ und $b_I = B_I/A_I$, hat man weiter

$$D_1 = \underset{j}{S}(b_j^2\, A_j) - B_I^2/A_I\,.$$

Da aber nach (3 b) $B_I = \underset{j}{S}\, B_j$ und nach (6) $B_j = b_j\, A_j$, sowie nach (3 a) $A_I = \underset{j}{S}\, A_j$, wird

$$D_1 = \underset{j}{S}(A_j\, b_j^2) - (\underset{j}{S}\, A_j\, b_j)^2/(\underset{j}{S}\, A_j)\,.$$

Dies kann wegen (7) auch geschrieben werden als

$$D_1 = S\,(A_j\, b_j^2) - b_I(S\, A_j\, b_j)$$

was man auch schreiben kann als

$$D_1 = S\,(A_j\, b_j^2) - 2\, b_I(S\, A_j\, b_j) + b_I^2(S\, A_j)$$

oder

$$D_1 = S\, A_j(b_j^2 - 2\, b_j\, b_I + b_I^2)$$

und endlich

$$D_1 = \underset{j}{S}\, A_j(b_j - b_I)^2\,. \tag{8}$$

Der Ausdruck D_1 mißt demnach die Unterschiede zwischen den Regressions-koeffizienten. Um prüfen zu können, ob irgend einer der Unterschiede gesichert ist, muß man das Durchschnittsquadrat von D_1 zum Durchschnittsquadrat von $\underset{j}{S}(C_j - b_j\, B_j)$ ins Verhältnis setzen. Wenn die b_j untereinander nur zufällig abweichen, ist das Verhältnis verteilt wie F. Die Freiheitsgrade n_1 und n_2 für dieses F findet man unschwer. Zunächst ist $n_2 = N - 2\, M$, wie man aus der Übersicht auf Seite 222 ersieht. Sodann ist der Freiheitsgrad n_1 von D_1 wegen der Definition von D_1 gegeben durch

$$(N - M - 1) - (N - 2\, M) = M - 1\,.$$

Beispiel 50. Abhängigkeit der Länge von Lärchenzweigen vom Zweiggewicht (C. AUER, persönliche Mitteilung).

Länge und Gewicht der Lärchenzweige sind zwei gleichwertige Veränderliche. Das Gewicht läßt sich sehr viel rascher bestimmen, so daß die Frage berechtigt ist, wie man vom Gewicht auf die Länge schließen kann. Wir betrachten daher das Gewicht als die unabhängige, die Länge als die abhängige Veränderliche. Für 154 Proben liegen die Gewichte x in g und die Zweiglängen y in cm vor, und zwar gegliedert nach 5 Gebieten.

Gemeinde	Anzahl Proben N	T_x	T_y	T_y/T_x	S_{xx}	S_{xy}	b
Sils	18	16230	65185	4,016	3378550	8587883	2,542
St. Moritz	43	44775	173295	3,870	7297405	23525284	3,224
Celerina	30	36815	138278	3,756	6157634	21101828	3,427
Zuoz A	21	21505	88598	4,120	4299381	17771394	4,133
Zuoz B	42	19725	95963	4,865	1802570	6644092	3,686
Innerhalb	...	...	...	...	22935540	77630481	3,385
Zwischen	...	...	...	...	12169995	37883341	3,113
Insgesamt	154	139050	561319	4,037	35105535	115513822	3,290

Die Regressionskoeffizienten sind von Gebiet zu Gebiet verschieden; handelt es sich um gesicherte Unterschiede? Nebenbei kann noch festgestellt werden, daß die Verhältnisse $\bar{y}/\bar{x} = T_y/T_x$ ein unrichtiges Bild der Abhängigkeit der Zweiglänge vom Zweiggewicht geben.

Zur Berechnung von D_1 stellen wir die nötigen Angaben wie folgt zusammen:

Gemeinde	S_{yy}	Freiheitsgrad	S_{xy}^2/S_{xx} $= b S_{xy}$	$S_{yy} - b S_{xy}$	Freiheitsgrad	Durchschnittsquadrat
Sils	25501912	17	21829404	3672508	16	...
St. Moritz	91206606	42	77787125	13419481	41	...
Celerina	98304476	29	72314649	25989827	28	...
Zuoz A	85316083	20	73457654	11858429	19	...
Zuoz B	27773312	41	24489455	3283857	40	...
Innerhalb	328102389	149	262757780	65344609	148	...
Summe	...	...	...	58224102	144	404334
Unterschied D_1	...	...	...	7120507	4	1780127

Das Verhältnis F wird

$$F = 1780127/404334 = 4{,}403 ,$$

wozu wir aus der Tafel IV mit $n_1 = 4$, $n_2 = 144$ zum Vergleich einen Wert $F_{0,01}$ von rund 3,4 finden, während $F_{0,001}$ etwa gleich 4,9 ist. Wir schließen daraus, daß die Regressionskoeffizienten in den einzelnen Gebieten wesentlich voneinander abweichen.

622 Vergleich mehrerer Durchschnitte

Handelt es sich darum, festzustellen, ob die Durchschnitte $\bar{y}_j$ voneinander abweichen, wenn man den Einfluß der unabhängigen Veränderlichen ausschaltet, so kann man ein Verfahren anwenden, das wir zunächst formelmäßig beschreiben. Aus der Aufstellung auf Seite 222 können wir den Ausdruck

$$D_2 = (C - b\,B) - (C_I - b_I\,B_I) \tag{1}$$

bilden. Dieser Summe von Quadraten entsprechen

$$(N - 2) - (N - M - 1) = M - 1$$

Freiheitsgrade. Da $C = C_I + C_Z$ und $B = B_I + B_Z$, erhält man für D_2

$$D_2 = (C_Z - b_I\,B_Z) + B(b_I - b)\;. \tag{2}$$

Da $b = (B_I + B_Z)/(A_I + A_Z) = (A_I\,b_I + A_Z\,b_Z)/(A_I + A_Z)$ ist, folgt aus $b_I = b_Z$ ohne weiteres $b_I = b_Z = b$. In diesem Falle besteht D_2 nur mehr aus $C_Z - b_I\,B_Z$. Für den Ausdruck $C_Z - b_I\,B_Z$ läßt sich auf Grund der folgenden Überlegungen eine einleuchtende Deutung geben. Wir suchen ein Verfahren, um die Unterschiede zwischen den $\bar{y}_j$ zu beurteilen, wenn der Einfluß der unabhängigen Veränderlichen x ausgeschaltet wird.

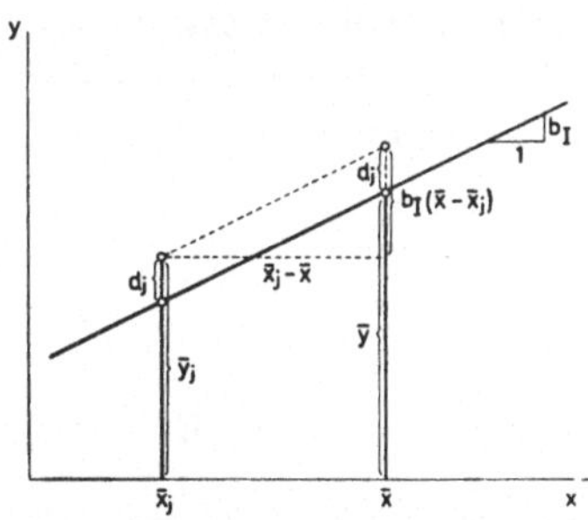

Figur 34

Abhängigkeit zwischen d_j und $\bar{x}_j - \bar{x}$

In der Figur 34 ist angegeben, wie man die Durchschnitte $\bar{y}_j$ unter Berücksichtigung der Regression „innerhalb der Gruppen" auf einen gleichen Durchschnitt $\bar{x}$ zurückführen kann, indem man lediglich die Abweichungen d_j von der Regressionsgeraden durch $\bar{x},\,\bar{y}$ betrachtet. Wie aus der Figur ersichtlich ist, hat man

$$d_j = \bar{y}_j + b_I(\bar{x} - \bar{x}_j) - \bar{y}$$

oder

$$d_j = \bar{y}_j - \bar{y} - b_I(\bar{x}_j - \bar{x})\;. \tag{3}$$

Die d_j sind die Abweichungen der $\bar{y}_j$ von ihrem Gesamtdurchschnitt, wenn der Einfluß der Unterschiede der $\bar{x}_j$ von $\bar{x}$ in Betracht gezogen wird, und zwar auf dem Wege über die Regression „innerhalb der Gruppen". Die Regression „innerhalb der Gruppen" wird hier verwendet, weil sie in der Regel durch Unterschiede zwischen den Gruppen nicht beeinflußt wird.

Bildet man die Summe der Quadrate der d_j, wobei zu bedenken ist, daß sie sich auf verschiedene Anzahlen N_j von Wertepaaren stützen, so findet man

$$\mathop{S}_{j} N_j\, d^2 = \mathop{S}_{j} N_j [\bar{y}_j - \bar{y} - b_I (\bar{x}_j - \bar{x})]^2$$
$$= \mathop{S}_{j} N_j (\bar{y}_j - \bar{y})^2 - 2\, b_I \mathop{S}_{j} N_j (\bar{x}_j - \bar{x})\,(\bar{y}_j - \bar{y}) + b_I^2 \mathop{S}_{j} N_j (\bar{x}_j - \bar{x})^2 ,$$

was nach den Formeln (4) von 621 geschrieben werden kann als

$$\mathop{S}_{j} N_j\, d_j^2 = C_Z - 2\, b_I\, B_Z + b_I^2\, A_Z . \tag{4}$$

Falls $b_I = b_Z$ ist, sieht man aus den Formeln (6) von 621, daß $b_I\, B_Z = b_I^2\, A_Z$, so daß man an Stelle von (4) erhält:

$$\mathop{S}_{j} N_j\, d_j^2 = C_Z - b_I\, B_Z , \tag{5}$$

was nach (2) nichts anderes ist als der in D_2 vorkommende Ausdruck. Dieser gibt also die Summe der Quadrate der Abweichungen der bereinigten Durchschnitte $\bar{y}_j$ vom Gesamtdurchschnitt, wenn der Einfluß der unabhängigen Veränderlichen ausgeschaltet wird, vorausgesetzt, daß die Regressionskoeffizienten b_I „innerhalb" und b_Z „zwischen" den Gruppen gleich sind.

Ob b_I von b_Z wesentlich abweicht, kann dadurch geprüft werden, daß man den Ausdruck

$$D_3 = D_2 - (C_Z - b_Z\, B_Z) \tag{6}$$

bildet, für den nach (1) wird

$$D_3 = C - b\, B - C_I + b_I\, B_I - C_Z + b_Z\, B_Z$$

oder, bei Berücksichtigung von (4) und (6) von 621 und nach einigen Umformungen

$$D_3 = A_I\, A_Z\, (b_I - b_Z)^2 / (A_I + A_Z) , \tag{7}$$

woraus deutlich ersichtlich ist, daß D_3 um so größer ist, je stärker b_Z von b_I abweicht. Der Freiheitsgrad von D_3 ist gleich 1.

Wenn die Regressionskoeffizienten zwischen und innerhalb der Gruppen nur zufällig voneinander abweichen, und wenn auch die bereinigten Durchschnitte nur zufällig voneinander abweichen, ist das Verhältnis des Durchschnittsquadrats von D_2 zum Durchschnittsquadrat von $\mathop{S}_{j}(C_j - b_j\, B_j)$ verteilt wie F mit $n_1 = M - 1$ und $n_2 = N - 2\, M$.

Ebenso ist das Verhältnis des Durchschnittsquadrats von D_3 zum Durchschnittsquadrat von $\mathop{S}_{j}(C_j - b_j\, B_j)$ verteilt wie F mit $n_1 = 1$ und $n_2 = {} = N - 2\, M$, falls b_Z nur zufällig von b_I abweicht.

Wenn b_Z von b_I wesentlich abweicht, kann D_2 nicht mehr einfach gedeutet werden; siehe hierzu FAIRFIELD SMITH (1957) und K. ABT (1959).

Die soeben erörterten Formeln können auch verwendet werden, wenn eine mehrfache und nicht bloß eine einfache Streuungszerlegung durchzuführen ist.

Bei der Anwendung der Mitstreuungszerlegung sind zwei Fälle sorgfältig auseinanderzuhalten, weil die Beurteilung der Ergebnisse für sie verschieden ist, nämlich a) wenn die unabhängige Veränderliche x von den Verfahren unbeeinflußt bleibt, und b) wenn die Verfahren nicht nur auf die abhängige, sondern auch auf die unabhängige Veränderliche einwirken. Wir betrachten zunächst ein Beispiel der ersten Art.

Beispiel 51. Einfluß von drei Sägetypen und des Sägezustandes auf die Einschneidezeit im Holzfällversuch, bei Berücksichtigung des Brusthöhendurchmessers (ZEHNDER, SOOM und AUER, 1951).

Die 180 im Versuch benutzten Bäume wurden nach dem Brusthöhendurchmesser in Klassen eingeteilt. Aus jeder dieser Klassen wurden gleichviele Bäume den einzelnen Verfahren (Sägetyp und Sägezustand) zufällig zugeteilt. Als Einschneidezeit wird die Zeit bezeichnet, die verwendet wurde, um den gefällten Stamm in einzelne Teile zu zerlegen. Von den drei Sägetypen waren S_1 und S_2 schmal, S_3 breit. Sägezustand Z_1 bedeutet eine frisch gefeilte Säge, Z_2 eine längere Zeit gebrauchte, von den Arbeitern als stumpf betrachtete Säge. Die Totale und die Durchschnitte sind nachstehend zusammengestellt; wobei

$x =$ Brusthöhendurchmesser in cm; $y =$ Einschneidezeit in Minuten.

| Säge-typ | Summen | | | | | | Durchschnitte | | | | | |
| | x | | | y | | | x | | | y | | |
	Z_1	Z_2	Zus.	Z_1	Z_2	Zus.	Z_1	Z_2	Zus.	Z_1	Z_2	Zus.
S_1	739	742	1481	102	116	218	24,6	24,7	24,7	3,40	3,87	3,63
S_2	745	800	1545	95	131	226	24,8	26,7	25,8	3,17	4,37	3,77
S_3	723	700	1423	60	64	124	24,1	23,3	23,7	2,00	2,13	2,07
Zus.	2207	2242	4449	257	311	568	24,5	24,9	24,7	2,86	3,46	3,16

Die Streuungszerlegung ging in der üblichen Weise vor sich, wobei die Unterschiede zwischen den drei Sägetypen in zwei orthogonale Vergleiche aufgeteilt wurden, nämlich zwischen den schmalen (S_1 und S_2) und der breiten Säge (S_3) einerseits und zwischen den beiden schmalen Sägen anderseits.

Die Formeln der Mitstreuungszerlegung müssen in diesem Beispiel so angewandt werden, daß an Stelle der Werte „insgesamt" jeweils die Summe von beispielsweise „zwischen Sägetypen" und „innerhalb der Gruppen" zu nehmen ist. Entsprechend müssen wir für jeden Vergleich, der uns beschäftigt, die Summe mit den Größen „innerhalb der Gruppen" oder „Rest" bilden.

Aus den beiden letzten Spalten ist zu ersehen, daß die Brusthöhendurchmesser x weder zwischen den Sägetypen noch zwischen den Sägezuständen irgendwelche Unterschiede aufweisen, was nach der Art der Zuteilung der

Streuung	Frei-heits-grad	S_{xx} (A)	S_{xy} (B)	S_{yy} (C)	S_{xx}/n	S_{yy}/n
$(S_1 + S_2)$ gegen S_3	1	90,000	98,000	106,711	90,000	106,711
S_1 gegen S_2	1	34,133	4,267	0,533	34,133	0,533
Sägetypen zusammen	2	124,133	102,267	107,244	62,066	53,622
Sägezustand	1	6,806	10,500	16,200	6,806	16,200
Wechselwirkung $S \cdot Z$	2	52,578	21,666	8,934	26,289	4,467
Rest	174	16 287,033	4190,500	1523,266	93,604	8,754
Insgesamt	179	16 470,550	4324,933	1655,644	. . .	. . .
$(S_1 + S_2)/S_3 +$ Rest	175	16 377,033	4288,500	1629,977	. . .	. . .
$S_1/S_2 +$ Rest	175	16 321,166	4194,767	1523,799	. . .	. . .
Sägetypen $+$ Rest	176	16 411,166	4292,767	1630,510	. . .	. . .
Sägezustand $+$ Rest	175	16 293,839	4201,000	1539,466	. . .	. . .
$S \cdot Z +$ Rest	176	16 339,611	4212,166	1532,200	. . .	. . .

Bäume in die verschiedenen Gruppen zu erwarten war. Die Einschneidezeiten y zeigen einen deutlich gesicherten Unterschied zwischen den beiden schmalen Typen (S_1 und S_2) und dem breiten Typ S_3. Der Sägezustand gibt, wenn die Einschneidezeiten y für sich gesondert betrachtet werden, keinen gesicherten Unterschied, ebensowenig die Wechselwirkung zwischen Sägetyp und Sägezustand.

Um feststellen zu können, ob bei Berücksichtigung des Einflusses der Stammdicke auf die Einschneidezeiten die Genauigkeit des Versuches erhöht wird und dadurch eine der genannten Wirkungen als gesichert erscheint, haben wir die Ausdrücke D_2 und D_3 nach den Formeln (1) und (6) zu berechnen. Zu diesem Zwecke sind die Größen

$$b\, B = B^2/A \quad \text{und} \quad C - b\, B = C - B^2/A$$

zu berechnen. Die Ergebnisse sind auf Seite 229 zusammengestellt.

Zunächst ist beachtenswert, daß die restliche Streuung mit 2,5728 erheblich kleiner ist als jene der unbereinigten Einschneidezeiten, die sich auf 8,754 belief. Das Verhältnis $8,754/2,5728 = 3,4$ kann dahin gedeutet werden, daß die Berücksichtigung des Brusthöhendurchmessers die Genauigkeit des Versuches bezüglich der Einschneidezeit etwa im gleichen Maße erhöht hat, wie wenn man statt 180 Bäumen deren $3,4 \cdot 180 = 612$ gefällt hätte.

Weiter stellt sich heraus, daß der Einfluß des Feilens der Sägen nunmehr als gesichert erscheint, indem

$$F = 11,243/2,5728 = 4,370$$

den Wert $F_{0,05}$ mit $n_1 = 1$, $n_2 = 173$, der etwa 3,9 beträgt, deutlich überschreitet.

Bezüglich des Sägezustandes ist $D_2 = D_3$, weil bei nur zwei Gruppen ($M = 2$)

Streuung	Frei-heits-grad	$C = S_{yy}$	$bB = S^2_{xy}/S_{xx}$	$C - bB$	Frei-heits-grad	Durch-schnitts-quadrat
$(S_1 + S_2)$ gegen S_3	1	106,711	106,711	0,000	—	...
S_1 gegen S_2	1	0,533	0,533	0,000	—	...
Sägetypen zusammen	2	107,244	84,253	22,991	1	...
Sägezustand	1	16,200	16,200	0,000	—	...
$S \cdot Z$	2	8,934	8,928	0,006	1	...
Rest	174	1523,266	1078,176	445,090	173	2,5728
$(S_1 + S_2)/S_3 +$ Rest	175	1629,977	1122,989	506,988	174	...
$S_1/S_2 +$ Rest	175	1523,799	1078,114	445,685	174	...
Sägetypen $+$ Rest	176	1630,510	1122,885	507,625	175	...
Sägezustand $+$ Rest	175	1539,466	1083,133	456,333	174	...
$S \cdot Z +$ Rest	176	1532,200	1085,849	446,351	175	...
D_2: $(S_1 + S_2)/S_3$	—	—	—	61,898	1	61,898
S_1/S_2	—	—	—	0,595	1	0,595
Sägetypen	—	—	—	62,535	2	31,268
Sägezustand	—	—	—	11,243	1	11,243
$S \cdot Z$	—	—	—	1,261	2	0,630
D_3: $(S_1 + S_2)/S_3$	—	—	—	61,898	1	61,898
S_1/S_2	—	—	—	0,595	1	0,595
Sägetypen	—	—	—	39,544	1	39,544
Sägezustand	—	—	—	11,243	1	11,243
$S \cdot Z$	—	—	—	1,255	1	1,255

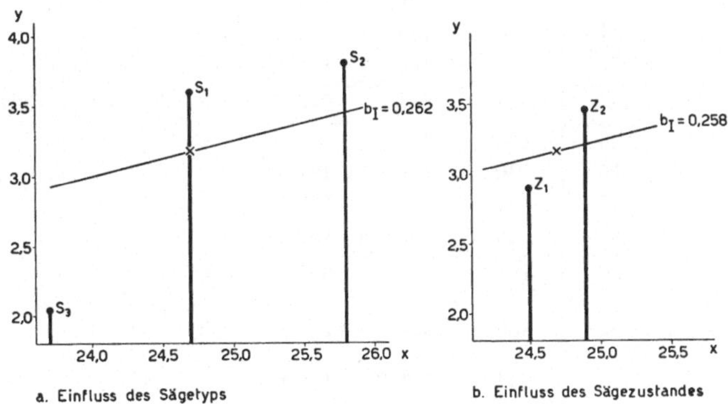

Figur 35

Einfluß von Sägetyp und Sägezustand auf die Einschneidezeit y
in Abhängigkeit vom Brusthöhendurchmesser x.

die Regressionsgerade zwischen den Gruppen durch die beiden Durchschnitte geht und daher $C_Z - b_Z B_Z$ gleich Null wird. Der Einfluß des Sägezustandes besteht demnach darin, daß b_Z von b_I verschieden ist; die Beziehung der Einschneidezeit y zum Brusthöhendurchmesser x ist zwischen den Gruppen anders als innerhalb der Gruppen. In der Tat ist für den Sägezustand

$$b_I = 4\,201{,}000/16\,293{,}839 = 0{,}258 \;,$$
$$b_Z = 10{,}500/6{,}806 = 1{,}543 \;.$$

Die Figur 35 zeigt anschaulich, welche Bedeutung den verschiedenen Prüfergebnissen beizumessen ist.

Ein zweites Beispiel soll zeigen, welche Schlüsse aus der Mitstreuungszerlegung gezogen werden können, wenn die unabhängige Veränderliche von Gruppe zu Gruppe Unterschiede aufweist.

Beispiel 52. Einfluß der Art der Trocknung und der Insertionshöhe auf die Dehnbarkeit von Tabakblättern, bei Berücksichtigung des Wassergehaltes (ANTON J. ARTHO, 1955).

W = Wassergehalt in % der Trockensubstanz; $\quad x = 10\,(W - 20{,}0)$
D = Dehnbarkeit in %; $\qquad\qquad\qquad\quad y = 10\,(D - 10{,}0)$

Die angegebenen Werte sind Durchschnitte von je 2 Messungen auf 25 Blättern.

Insertions-höhe	Lufttrocknung		Ofentrocknung		Zusammen		Durchschnitt	
	x	y	x	y	x	y	x	y
1	34	19	81	93				
	58	37	124	150				
	36	77	94	124				
	60	15	82	133				
	188	148	381	500	569	648	71,1	81,0
2	115	115	140	182				
	116	117	126	163				
	61	40	142	163				
	63	35	100	108				
	355	307	508	616	863	923	107,9	115,4
3	120	130	148	168				
	115	120	140	167				
	65	64	138	173				
	69	90	165	159				
	369	404	591	667	960	1071	120,0	133,9
Summe	912	859	1480	1783	2392	2642	...	...
Durchschnitt	76,0	71,6	123,3	148,6	...	...	99,7	110,1

Wie schon ein Blick auf diese Zahlen lehrt, steigt nicht nur die Dehnbarkeit y, sondern auch der Wassergehalt x mit zunehmender Insertionshöhe. Auch zwischen Luft- und Ofentrocknung zeigen sich deutlich gleichsinnige Unterschiede sowohl in den y wie in den x. Die Streuungszerlegung bestätigt diesen Eindruck.

Streuung	Freiheits-grad n	S_{xx}	S_{xy}	S_{yy}	S_{xx}/n	S_{yy}/n
Trocknung	1	13442,7	$+$ 21868,0	35574,0	13442,7	35574,0
Insertionshöhe	2	10363,6	$+$ 10858,3	11519,1	5181,8	5759,5
$T \cdot I$	2	300,0	$-$ 168,1	495,2	150,0	247,6
Rest	18	8799,0	$+$ 8810,5	16153,5	488,8	897,4
Insgesamt	23	32905,3	$+$ 41,368,7	63741,8	...	...
Trocknung $+$ Rest	19	22241,7	$+$ 30678,5	51727,5	...	...
Insertionshöhe $+$ Rest	20	19162,6	$+$ 19668,8	27672,6	...	...
$T \cdot I +$ Rest	20	9099,0	$+$ 8642,4	16648,7	...	...

Sowohl Trocknung als Insertionshöhe weisen gesicherte Unterschiede nicht nur in der Dehnbarkeit y, sondern auch im Wassergehalt x auf.

Berechnen wir auch hier $b\,B$ und $C - b\,B$, so ergibt sich, wenn wir anschließend noch D_2 und D_3 bestimmen:

Streuung	Freiheits-grad	$C = S_{yy}$	$b\,B = S_{xy}^2/S_{xx}$	$C - b\,B = S_{yy} - S_{xy}^2/S_{xx}$	Freiheits-grad	Durch-schnitts-quadrat
Trocknung	1	35574,0	35574,0	0,0	$-$	...
Insertionshöhe	2	11519,1	11376,6	142,5	1	...
$T \cdot I$	2	495,2	94,2	401,0	1	...
Rest	18	16153,5	8822,0	7331,5	17	431,26
Trocknung $+$ Rest	19	51727,5	42315,6	9411,9	18	...
Insertionsh. $+$ Rest	20	27672,6	20188,4	7484,2	19	...
$T \cdot I +$ Rest	20	16648,7	8208,7	8440,0	19	...
D_2: Trocknung	...	...	...	2080,4	1	2080,4
Insertionshöhe	...	...	...	152,7	2	76,4
$T \cdot I$	...	...	...	1108,5	2	554,3
D_3: Trocknung	...	...	...	2080,4	1	2080,4
Insertionshöhe	...	...	...	10,2	1	10,2
$T \cdot I$	...	...	...	707,5	1	707,5

Die Berücksichtigung des Wassergehalts bringt eine Herabsetzung der Versuchsstreuung von 897,4 auf 431,26 mit sich; durch den Einbezug der Abhängigkeitsbeziehung zwischen Dehnbarkeit und Wassergehalt wird die Genauigkeit des Versuchs etwa verdoppelt.

Aus den Größen D_3 ist zu ersehen, daß bezüglich der Insertionshöhe kein wesentlicher Unterschied zwischen b_I und b_Z besteht. Auch D_2 ergibt für die Insertionshöhe ein Durchschnittsquadrat, das kleiner ist als das restliche Durchschnittsquadrat. Der in der vorangehenden Streuungszerlegung festgestellte gesicherte Unterschied der Dehnbarkeit für die drei Insertionshöhen läßt sich demnach auf Unterschiede im Wassergehalt zurückführen. Die Sachlage wird in der Figur 36 in einleuchtender Weise ersichtlich.

Der Einfluß der Trocknung ergibt für $D_3 = D_2$ ein Durchschnittsquadrat, das zu einem Wert

$$F = 2080,4/431,26 = 4,824$$

führt, der um weniges größer ist als $F_{0,05} = 4,451$. Der Unterschied zwischen

$$b_I = +30\,678,5/22\,241,7 = +1,379$$

und

$$b_Z = +21\,868,0/13\,442,7 = +1,627$$

ist demnach knapp gesichert. Auch hier vermittelt die Figur 36 einen Einblick in die tatsächlichen Verhältnisse.

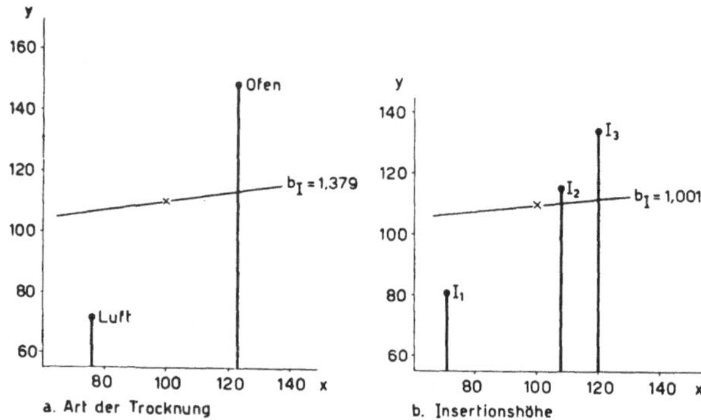

Figur 36

Einfluß der Art der Trocknung und der Insertionshöhe auf die Dehnbarkeit y
in Abhängigkeit vom Wassergehalt x.

Will man schließlich den Unterschied zweier Durchschnitte prüfen, wie etwa jene für die Insertionshöhen 1 und 2, so hat man als Streuung der Differenz den Ausdruck

$$s^2 \left(\frac{1}{N_j} + \frac{1}{N_k} + \frac{(\bar{x}_j - \bar{x}_k)^2}{A_I} \right) \tag{8}$$

zu benützen, wobei s^2 das Durchschnittsquadrat von $C_I - b_I B_I$ bedeutet.

Betrachten wir also den Unterschied der Durchschnitte der Dehnbarkeiten y, bereinigt vom Einfluß des Wassergehaltes x für die Insertionshöhen 1 und 2.

Nach der Figur 34 hat man für die auf den gemeinsamen Durchschnitt $\bar{x}$ bezogenen Durchschnitte $\bar{y}_j$ und $\bar{y}_k$:

$$\bar{y}_j - b_I(\bar{x}_j - \bar{x}) \quad \text{und} \quad \bar{y}_k - b_I(\bar{x}_k - \bar{x})$$

und demnach als Unterschied dieser Ausdrücke

$$d = \bar{y}_j - \bar{y}_k - b_I(\bar{x}_j - \bar{x}_k) . \tag{9}$$

In unserem Beispiel ist

$$b_I = 8\,810{,}5/8\,799{,}0 = 1{,}001$$

und $A_I = 8\,799{,}0$, sowie $s^2 = 431{,}26$ mit 17 Freiheitsgraden. Weiter sind $N_j = N_k = 8$.

Insertions-höhe	$\bar{x}_j$	$\bar{y}_j$
1	569/8 = 71,125	648/8 = 81,000
2	863/8 = 107,875	923/8 = 115,375
Unterschied	36,750	34,375

Der bereinigte Unterschied d wird nach (9) gleich

$$d = 34{,}375 - 1{,}001 \cdot 36{,}750 = -2{,}412 ,$$

und nach (8) findet man seine Streuung als

$$431{,}26\left(\frac{1}{8} + \frac{1}{8} + (36{,}750)^2/8\,799{,}0\right) = 174{,}01$$

und somit

$$F = (-2{,}412)^2/174{,}01 = 0{,}033 .$$

Dies ist mit $n_1 = 1$, $n_2 = 17$ nicht gesichert, was zu erwarten war.

63 Aufteilen beobachteter Größen

Wenn es sich darum handelt, eine beobachtete Größe nach gewissen Merkmalen aufzuteilen, läßt sich oft mit Vorteil ein Verfahren anwenden, das der mehrfachen Regression nahesteht. Kennt man beispielsweise die Kalorienmenge in der von bestimmten Familien verbrauchten Nahrung sowie die Zusammensetzung dieser Familien nach Alter und Geschlecht, so kann man sich die Aufgabe stellen, die Kalorien auf die Personen verschiedenen Alters und Geschlechts richtig zu verteilen. Das zu besprechende Verfahren läßt sich auch in jenen zahlreichen Fällen anwenden, in denen gesamthaft ermittelte Kosten auf Teilarbeiten aufgeteilt werden müssen.

Wir besprechen das Verfahren an einem Beispiel der Arbeitsbewertung. Für 132 Arbeitsplätze wurden einerseits die Anforderungen nach 4 Merkmalen mit 0 bis 8 Punkten bewertet und andererseits die Löhne ermittelt.

Bezeichnen wir mit x_1, x_2, x_3 und x_4 die Punktzahlen und mit y die Löhne, so handelt es sich darum, eine Formel zu finden, aus der wir mittels der Punktezahlen einen Lohn Y schätzen können, der dem festgestellten Lohn y möglichst gut entspricht. Als einfachste Formel wählen wir die lineare

$$Y = b_1\,x_1 + b_2\,x_2 + b_3\,x_3 + b_4\,x_3 \,. \tag{1}$$

Es steht aber nichts im Wege, neben den linearen Gliedern auch quadratische oder solche höheren Grades zu berücksichtigen.

Im Ansatz (1) fehlt das konstante Glied, weil anzunehmen ist, daß der Lohn Null sein müßte, wenn alle Punktezahlen gleich Null wären.

Um die Koeffizienten b bestimmen zu können, wollen wir in gewohnter Weise verlangen, daß

$$S(y - Y)^2 = \text{Minimum} \tag{2}$$

sei.

Wie aus (1) und (2) hervorgeht, handelt es sich, mathematisch betrachtet, um dieselbe Aufgabe wie beim Berechnen der mehrfachen Regression, mit dem einzigen Unterschied, daß in (1) kein konstantes Glied vorkommt. Die Bestimmungsgleichungen für b_1, b_2, b_3 und b_4 findet man auch hier, indem man (1) in (2) einsetzt und den so erhaltenen Ausdruck

$$S(y - b_1\,x_1 - b_2\,x_2 - b_3\,x_3 - b_4\,x_4)^2$$

nacheinander nach b_1, b_2, b_3 und b_4 ableitet. Man erhält so:

$$\left.\begin{aligned}
b_1\,S x_1^2 \;\;\;\; + b_2\,S x_1 x_2 + b_3\,S x_1 x_3 + b_4\,S x_1 x_4 &= S\,x_1\,y \\
b_1\,S x_1 x_2 + b_2\,S x_2^2 \;\;\;\; + b_3\,S x_{_} x_3 + b_4\,S x_2 x_4 &= S\,x_2\,y \\
b_1\,S x_1 x_3 + b_2\,S x_2 x_3 + b_3\,S x_3^2 \;\;\;\; + b_4\,S x_3 x_4 &= S\,x_3\,y \\
b_1\,S x_1 x_4 + b_2\,S x_2 x_4 + b_3\,S x_3 x_4 + b_4\,S x_4^2 \;\;\;\; &= S\,x_4\,y
\end{aligned}\right\} \tag{3}$$

woraus man die Koeffizienten b der Gleichung (1) bestimmen kann.

Beispiel 53. Punktzahlen (x) für Arbeitsbewertung und Löhne (y) von 132 Arbeitsplätzen (siehe Seite 235/236).

Die Produkt- und Quadratsummen sind in diesem Beispiel verhältnismäßig rasch berechnet. Man erhält für (3)

$$\begin{aligned}
3760\,b_1 + 1678\,b_2 + 2158\,b_3 + 1992\,b_4 &= 115\,866, \\
1678\,b_1 + 1252\,b_2 + 1361\,b_3 + 1278\,b_4 &= 70\,346, \\
2158\,b_1 + 1361\,b_2 + 2295\,b_3 + 2028\,b_4 &= 95\,866, \\
1992\,b_1 + 1278\,b_2 + 2028\,b_3 + 2046\,b_4 &= 89\,519
\end{aligned}$$

und daraus $b_1 = 9{,}802$, $b_2 = 19{,}910$, $b_3 = 12{,}145$, $b_4 = 9{,}736$.

Nr.	x_1	x_2	x_3	x_4	y	Nr.	x_1	x_2	x_3	x_4	y
1	4	3	4	4	174	47	8	3	5	6	190
2	6	2	4	3	190	48	2	0	6	4	175
3	2	2	2	4	171	49	8	4	0	2	213
4	0	0	6	6	150	50	8	2	2	2	204
5	0	4	4	4	134	51	8	4	2	2	206
6	4	2	4	6	202	52	2	2	2	2	122
7	2	2	4	4	128	53	2	2	2	2	111
8	0	0	2	6	126	54	8	2	5	6	220
9	0	0	8	6	137	55	0	0	7	6	140
10	2	4	6	4	135	56	8	4	2	2	218
11	0	0	4	4	139	57	8	4	2	2	230
12	2	0	6	2	193	58	0	0	0	2	108
13	8	4	4	4	233	59	6	2	6	4	172
14	2	4	4	4	190	60	0	4	4	2	269
15	8	2	6	4	210	61	2	4	4	4	190
16	6	2	4	4	202	62	0	2	4	4	147
17	6	2	6	5	211	63	4	0	6	4	153
18	2	2	6	4	126	64	8	4	3	4	209
19	2	2	2	4	167	65	2	4	4	4	208
20	0	4	2	2	138	66	8	4	6	6	233
21	2	2	4	2	183	67	8	4	4	4	212
22	2	2	2	2	199	68	4	4	4	4	206
23	6	2	4	3	195	69	6	6	2	2	213
24	2	2	2	2	195	70	0	4	2	2	183
25	8	5	3	2	178	71	8	4	4	4	230
26	2	3	4	4	173	72	8	2	4	4	182
27	8	3	4	4	214	73	8	4	4	4	207
28	8	2	6	5	233	74	8	4	6	4	272
29	8	2	6	4	232	75	0	4	6	4	218
30	2	4	4	4	203	76	8	4	4	2	215
31	8	2	4	2	236	77	8	4	6	4	230
32	8	2	4	2	244	78	0	4	4	4	230
33	0	2	6	8	149	79	8	2	4	6	219
34	2	4	4	4	151	80	8	4	4	4	219
35	2	2	4	6	207	81	4	4	6	6	186
36	8	2	4	4	185	82	4	6	4	4	208
37	2	2	2	2	166	83	4	4	2	4	186
38	8	4	2	4	203	84	8	4	4	4	209
39	2	3	5	4	236	85	4	4	4	4	198
40	2	2	6	4	165	86	4	4	2	4	164
41	0	0	2	6	114	87	4	4	4	4	201
42	6	2	2	6	186	88	8	4	2	2	236
43	8	2	4	4	188	89	2	4	2	4	193
44	2	4	4	6	177	90	4	4	4	6	223
45	2	0	2	2	131	91	0	4	2	2	183
46	0	2	6	5	142	92	4	4	4	4	203

Nr.	x_1	x_2	x_3	x_4	y	Nr.	x_1	x_2	x_3	x_4	y
93	4	6	4	2	221	113	2	2	2	2	188
94	4	4	2	2	183	114	2	2	4	4	194
95	0	2	4	4	120	115	2	3	4	2	192
96	4	4	6	4	201	116	8	4	4	2	211
97	4	4	4	4	165	117	2	0	4	2	136
98	0	2	4	6	136	118	8	2	2	2	234
99	0	2	4	4	139	119	0	4	4	2	126
100	4	4	4	4	160	120	8	2	4	4	205
101	0	2	6	4	162	121	8	2	4	4	178
102	8	4	2	4	202	122	0	2	4	2	126
103	0	2	4	4	160	123	8	2	0	0	209
104	8	2	5	6	233	124	8	2	0	0	235
105	8	2	8	6	208	125	2	2	4	4	193
106	8	4	2	2	148	126	2	0	4	7	186
107	8	2	4	2	214	127	0	2	2	0	134
108	8	2	6	6	201	128	8	2	4	2	182
109	4	6	6	4	221	129	8	2	4	2	192
110	8	2	4	2	239	130	2	4	2	2	152
111	8	1	4	2	209	131	2	4	6	4	156
112	8	2	2	2	193	132	4	2	4	4	206

Somit erhält man für (1)

$$Y = 9{,}802\, x_1 + 19{,}910\, x_2 + 12{,}145\, x_3 + 9{,}736\, x_4. \tag{4}$$

Setzen wir in (4) beispielsweise

$$x_2 = x_3 = x_4 = 0,$$

und lassen wir x_1 nacheinander die Werte 0, 1, 2 usw. bis 8 annehmen, so wird

x_1	Y	x_1	Y
0	0	5	49,010
1	9,802	6	58,812
2	19,604	7	68,614
3	29,406	8	78,416
4	39,208		

Entsprechend lassen sich die Löhne auch auf die Merkmale 2, 3 und 4 „aufteilen".
Aus den Werten von b ist ersichtlich, daß dem Merkmal 2 gegenüber den Merkmalen 1, 3 und 4 ungefähr das doppelte Gewicht zukommt.
Fragen wir uns wie groß die Summe der Quadrate der Abweichungen der beobachteten Löhne y von den berechneten Y sei, so finden wir

$$S(y - Y)^2 = S y^2 - 2\, S y\, Y + S\, Y^2. \tag{5}$$

Man hat aber

$$S y\, Y = S y (b_1 x_1 + b_2 x_2 + b_3 x_3 + b_4 x_4)$$
$$= b_1\, S x_1 y + b_2\, S x_2 y + b_3\, S x_3 y + b_4\, S x_4 y$$

oder, indem man $S x_1 y$ usw. aus (3) ersetzt,

$$S y\, Y = b_1^2\, S x_1^2 + b_2^2\, S x_2^2 + b_3^2\, S x_3^2 + b_4^2\, S x_4^2$$
$$+ 2 b_1 b_2\, S x_1 x_2 + 2 b_1 b_3\, S x_1 x_3 + 2 b_1 b_4\, S x_1 x_4$$
$$+ 2 b_2 b_3\, S x_2 x_3 + 2 b_2 b_4\, S x_2 x_4 + 2 b_3 b_4\, S x_3 x_4$$

und somit

$$S y\, Y = S(b_1 x_1 + b_2 x_2 + b_3 x_3 + b_4 x_4)^2$$
$$= S(Y^2)\,.$$

Aus (5) folgt demnach

$$S(y - Y)^2 = S y^2 - S\, Y^2$$

oder

$$S y^2 = S\, Y^2 + S(y - Y)^2\,. \tag{6}$$

Diese Beziehung läßt sich in Form einer Streuungszerlegung schreiben. Dabei wird das erste Glied der rechten Seite von (6) am einfachsten aus

$$S\, Y^2 = b_1\, S x_1 y + b_2\, S x_2 y + b_3\, S x_3 y + b_4\, S x_4 y \tag{7}$$

berechnet. Die $S y^2$ hat N Freiheitsgrade, die $S\, Y^2$ hat deren 4 und die $S(y - Y)^2$ deren $N - 4$.

Für unser Beispiel erhält man

$$S y^2 = 4\,798\,707\,, \quad S\, Y^2 = 4\,572\,157$$

und demnach

Streuung	Freiheitsgrad	Summe der Quadrate	Durchschnittsquadrat
Regressionswerte	4	4572157	1143039
Rest	128	226550	1770
Insgesamt	132	4798707	...

Man erkennt ohne weiteres, daß die Regression als Ganzes stark gesichert ist.

Unter den üblichen Voraussetzungen kann das Verhältnis der Durchschnittsquadrate mittels F geprüft werden. Ebenso können die Koeffizienten b_j nach den in 613.2 erörterten Verfahren geprüft werden.

64 Das Trennverfahren

Beim Vergleich von zwei oder mehr Gruppen von Gegenständen kommt es oft vor, daß für diese Gegenstände nicht nur ein einziges, sondern eine ganze Anzahl meßbarer Merkmale kennzeichnend sind. Wenn wir jedes der Merkmale einzeln für sich betrachten, erhalten wir jedesmal nur ein einseitiges Bild der Unterschiede zwischen den Gruppen. Unter diesen Umständen stellt sich die Frage, ob es möglich ist, die verschiedenen Merkmale derart zu einer Gesamtgröße zu verbinden, daß diese uns ein umfassendes Bild der Unterschiede zwischen den Gruppen vermittelt.

In der „discriminatory analysis" hat R. A. FISHER (1938 b) ein Verfahren geschaffen, das uns gestattet, ein gemeinsames Maß aus den Einzelmaßen zu gewinnen und damit zwei oder mehr Gruppen von Gegenständen mittels eines Indexes auseinanderzuhalten.

Am einfachsten gestaltet sich das Trennverfahren, wenn nur zwei Gruppen vorliegen. Wenn die Gegenstände sich auf mehr als zwei Gruppen verteilen, bestehen zwei Möglichkeiten; es können die Gruppen entweder in irgend einer Weise geordnet werden, oder eine solche Anordnung ist nicht durchführbar.

641 Trennverfahren mit zwei Gruppen

Das Trennverfahren läßt sich am besten an einem Beispiel erläutern.

Beispiel 54. Vergleich der Schädel von Lugnez und von St. Luzi (K. HÄGLER, 1946).

Das Trennverfahren soll in diesem Beispiel die Frage beantworten, ob sich die Schädel von Lugnez und von St. Luzi, gestützt auf neun Maße, auseinanderhalten lassen. (Die Zahlen sind auf Seite 239 zusammengestellt.)

Zunächst stellt man leicht fest, daß jedes der neun Maße, für sich allein betrachtet, dazu nicht ausreicht. Für die Maße 1 bis 5 zeigt dies die Figur 37.

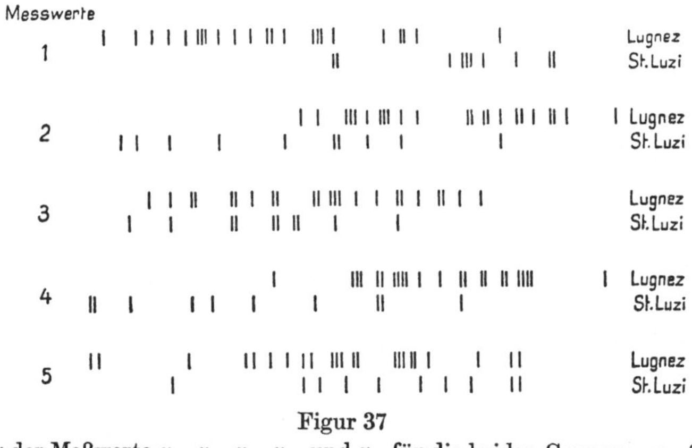

Figur 37

Verteilung der Meßwerte x_1, x_2, x_3, x_4, und x_5, für die beiden Gruppen von Schädeln.

Nr.	Meßwerte, mm								
	1	2	3	4	5	6	7	8	9
A. Schädel von Lugnez									
1	172	154	105	131	520	345	109	129	107
2	175	153	107	129	517	371	128	114	129
3	179	149	92	125	522	378	139	122	117
4	184	162	99	135	537	382	135	128	119
5	184	148	100	130	520	390	131	128	131
6	180	143	99	124	522	358	117	132	109
7	183	146	102	123	529	367	131	122	114
8	170	156	100	126	512	362	129	121	112
9	190	153	95	125	541	381	133	127	121
10	177	158	104	130	531	364	126	126	112
11	166	146	93	119	491	330	119	101	110
12	185	154	106	131	542	377	139	130	108
13	173	148	103	123	516	365	125	114	126
14	172	144	103	123	509	338	122	108	108
15	174	157	97	128	520	358	130	114	114
16	169	146	100	127	490	355	130	120	105
17	179	155	93	125	529	383	130	128	125
18	168	148	96	124	502	343	127	114	102
19	179	158	97	131	527	365	134	126	105
20	172	147	101	125	514	358	125	124	109
21	171	150	91	129	510	371	130	127	114
22	176	156	105	131	528	370	132	116	122
23	176	159	95	128	527	380	128	141	111
B. Schädel von St. Luzi									
1	189	145	103	124	533	379	132	126	121
2	191	155	97	128	542	373	134	124	115
3	193	145	98	124	536	394	131	128	135
4	193	147	97	118	541	382	121	137	124
5	188	133	95	110	516	369	126	118	125
6	187	135	98	112	521	362	120	121	121
7	188	138	100	116	525	375	130	127	118
8	188	142	92	121	530	381	130	122	129
9	180	132	90	110	500	363	117	116	130
10	180	149	95	115	518	366	126	118	122

Die Maße 1 bis 9 bedeuten:

1 Größte Hirnschädellänge;
2 größte Hirnschädelbreite;
3 kleinste Stirnbreite;
4 größte Stirnbreite;
5 Horizontalumfang über die Glabella;
6 Mediansagittalbogen;
7 mediansagittaler Frontalbogen;
8 mediansagittaler Parietalbogen;
9 mediansagittaler Okzipitalbogen.
Es ist $6 = 7 + 8 + 9$.

Für jedes der fünf Maße überschneiden sich die Bereiche der beiden Gruppen mehr oder weniger stark.

Die Anthropologen suchen sich dadurch zu helfen, daß sie verschiedene Schädelindizes berechnen. Sie verbinden also zwei oder mehr Meßwerte in einer Formel, in der Hoffnung, dadurch einen Ausdruck zu erhalten, der die Schädel der beiden Gruppen in ihrer Verschiedenheit besser auseinanderhält, als die einzelnen Maße es jedes für sich allein tun können.

Wenn man einen Schädelindex als Hilfsmittel zum Auseinanderhalten zweier Gruppen von Schädeln, also als eine Art von Trennformel betrachtet, so ergeben sich zwangsläufig zwei Fragen. Erstens: Sollen alle verfügbaren Maße in die Formel eingehen oder nur eine Auswahl, und wie sind allenfalls die Maße auszuwählen, die man verwenden will? Zweitens: Wie sind die Maße miteinander zu verbinden?

Wenden wir uns zunächst der zweiten Frage zu; auf die erste kommen wir später zurück. Die Maße, die in die Trennformel eingehen sollen, lassen sich auf unendlich viele Arten miteinander verbinden; welches ist die zweckmäßigste? Als einfachste bietet sich uns die *lineare* Trennformel dar. Nehmen wir außerdem an, wir hätten von den neun Maßen deren drei ausgewählt; das bedeutet keine Einschränkung der Allgemeinheit, aber die Formeln werden weniger umständlich. Eine lineare Trennformel lautet dann

$$X = b_1\, x_1 + b_2\, x_2 + b_3\, x_3 \,, \tag{1}$$

wobei b_1, b_2 und b_3 feste Größen sind. Das Trennverfahren von R. A. FISHER besteht nun darin, die Werte b_1, b_2 und b_3 so zu bestimmen, daß die nach (1) berechneten Werte X die Schädel der beiden Gruppen möglichst gut auseinanderzuhalten gestatten. Wenn wir die Werte, die sich auf die Lugnezer Schädel beziehen, mit dem Index A kennzeichnen, und jene der Schädel aus St. Luzi mit B, so können wir die Unterschiede d_1, d_2 und d_3 der Durchschnitte schreiben

$$d_1 = \bar{x}_{1A} - \bar{x}_{1B}\,; \quad d_2 = \bar{x}_{2A} - \bar{x}_{2B}\,; \quad d_3 = \bar{x}_{3A} - \bar{x}_{3B}\,; \tag{2}$$

und ebenso

$$d_X = \bar{X}_A - \bar{X}_B = b_1\, d_1 + b_2\, d_2 + b_3\, d_3 \,. \tag{3}$$

Zunächst sollen selbstverständlich die b derart bestimmt werden, daß der Unterschied d_X möglichst groß wird. Gleichzeitig sollte aber die Summe der Quadrate der Abweichungen der X von ihren Durchschnitten innerhalb der beiden Gruppen möglichst klein ausfallen; es soll demnach

$$T = S(X_A - \bar{X}_A)^2 + S(X_B - \bar{X}_B)^2 = S_{XX}^A + S_{XX}^B \tag{4}$$

möglichst klein sein.

Zusammenfassend wird man fordern, daß das Verhältnis d_X^2/T möglichst groß wird. Setzen wir die Ableitungen des Ausdrucks d_X^2/T nach b_1, b_2 und b_3 gleich Null, so ergibt sich

$$\frac{1}{2} \cdot \frac{\partial T}{\partial b_1} = \frac{T}{d_X} \cdot \frac{\partial d_X}{\partial b_1}\,, \tag{5a}$$

$$\frac{1}{2} \cdot \frac{\partial T}{\partial b_2} = \frac{T}{d_X} \cdot \frac{\partial d_X}{\partial b_2} , \tag{5b}$$

$$\frac{1}{2} \cdot \frac{\partial T}{\partial b_3} = \frac{T}{d_X} \cdot \frac{\partial d_X}{\partial b_3} . \tag{5c}$$

Aus (3) ersieht man sofort, daß

$$\frac{\partial d_X}{\partial b_1} = d_1 ; \qquad \frac{\partial d_X}{\partial b_2} = d_2 ; \qquad \frac{\partial d_X}{\partial b_3} = d_3 . \tag{6}$$

Ersetzt man in (4) die X durch die rechte Seite von (1), so wird

$$T = S[b_1(x_{1A} - \bar{x}_{1A}) + b_2(x_{2A} - \bar{x}_{2A}) + b_3(x_{3A} - \bar{x}_{3A})]^2$$
$$+ S[b_1(x_{1B} - \bar{x}_{1B}) + b_2(x_{2B} - \bar{x}_{2B}) + b_3(x_{3B} - \bar{x}_{3B})]^2 , \tag{7}$$

und daraus

$$\frac{\partial T}{\partial b_1} = 2[b_1 S_{11}^A + b_2 S_{12}^A + b_3 S_{13}^A + b_1 S_{11}^B + b_2 S_{12}^B + b_3 S_{13}^B$$

oder, wenn wir setzen

$$S_{11}^A + S_{11}^B = S_{11} , \quad S_{12}^A + S_{12}^B = S_{12} \text{ usw.,}$$

erhält man an Stelle von (5) die Gleichungen

$$b_1 S_{11} + b_2 S_{12} + b_3 S_{13} = d_1 , \tag{8a}$$

$$b_1 S_{12} + b_2 S_{22} + b_3 S_{23} = d_2 , \tag{8b}$$

$$b_1 S_{13} + b_2 S_{23} + b_3 S_{33} = d_3 . \tag{8c}$$

Wir haben dabei die Faktoren T/d_X in (5) fallengelassen. Dies darf man unbedenklich tun, da die Multiplikation aller b mit einer Konstanten das Verhältnis d_X^2/T nicht verändert, wie ein Blick auf (3) und (7) lehrt. Wichtig ist somit nur das Verhältnis der b zueinander, nicht aber ihr absoluter Betrag.

Die aus den drei Gleichungen (8) bestimmten Werte b_1, b_2 und b_3 ergeben die günstigste Trennformel (1). Damit wäre die Frage beantwortet, wie die Trennformel berechnet wird.

Wenden wir uns nunmehr der anderen Frage zu: Sind alle neun Maße in die Trennformel einzubeziehen oder sind einzelne wegzulassen? Je mehr Maße wir einbeziehen, um so größer wird der Aufwand an Rechenarbeit. Aber auch abgesehen davon, ist es vielfach weder notwendig noch zweckmäßig, alle Maße zu berücksichtigen. Wenn ein Maß sehr eng von einem zweiten abhängt, bringt der Einbezug dieses Maßes in die Trennformel zwar Rechenarbeit, dagegen aber keinen Beitrag zum Wirkungsgrad der Trennformel; ein derartiges Maß wird man daher nicht berücksichtigen.

Eine erste Übersicht betreffend des Nutzens der einzelnen Maße für die Trennung der beiden Gruppen in unserem Beispiel erhalten wir, indem wir den Unterschied zwischen den Durchschnitten für jedes einzelne Maß berechnen und prüfen. Wir verzichten dabei auf x_6, das nichts anderes als $x_7 + x_8 + x_9$ ist. Das t berechnen wir nach der Formel (2) von 422.

Maß	$\bar{x}_A$	$\bar{x}_B$	$d = \bar{x}_A - \bar{x}_B$	t
1	176,261	187,700	− 11,439	− 5,263*
2	151,739	142,100	9,639	4,194*
3	99,261	96,500	2,761	1,634
4	127,043	117,800	9,243	5,286*
5	519,826	526,200	− 6,374	− 1,253
7	128,217	126,700	1,517	0,614
8	122,261	123,700	− 1,439	− 0,468
9	114,348	124,000	− 9,652	− 3,387*

Gesicherte Unterschiede ergeben sich für die Maße x_1, x_2, x_4 und x_9. Daraus folgt nicht ohne weiteres, daß sich diese Maße für die Trennformel eignen; sowenig wie daraus folgt, daß sich die übrigen Maße nicht für die Trennformel eignen. Aber als ersten Anhaltspunkt benützen wir diese Ergebnisse trotzdem und berechnen die Trennformel mit x_1, x_4, x_2 und x_9.

Wir benötigen zu diesem Zwecke die Summen und Produkte innerhalb der Gruppen S_{jk} und die Unterschiede der Durchschnitte d_j der Gleichungen (8). Im übrigen handelt es sich bei der Bestimmung der b_j aus den Gleichungen (8) um dieselbe Aufgabe, die wir in 613.3 ausführlich erörtert haben. Wir benützen

	1	4	2
01	+ 1.020535	+ .334139	+ .305865
02		+ .660557	+ .662461
03			+ 1.141335
04			
05			
10	+ 1	+ .327415	+ .299710
11	+ .327415	+ .551155	+ .562316
12	+ .299710		+ 1.049664
13	+ .430081		
14	− .011209		
20	.594053	+ 1	+ 1.020250
21	− .034335	+ 1.020250	+ .475961
22	+ .493083	− .192423	
23	− .018925	+ .023565	
30	− .072138	+ 2.143557	+ 1
31	+ .491838	− .155432	− .036257
32	− .018938	+ .023960	− .000387
40	+ .318256	− .100576	− .023461
41	− .018225	+ .023735	− .000440

auch hier dasselbe Rechenschema, das sich für die Berechnung der Trennformel ebenfalls als zweckmäßig erweist.

Im folgenden Schema sind die S_{jk} und d_j durch 1000 dividiert; damit ergeben sich Größen S_{jj}, die zwischen 0,5 und 2,0 liegen, was für die Genauigkeit der Rechnungen vorteilhaft ist. Die Koeffizienten b_j werden durch diese Division nicht berührt.

Die Trennformel lautet, wenn alle vier Veränderliche x_1, x_2, x_4 und x_9 berücksichtigt werden:

$$X = -\,0{,}018\,225\,x_1 - 0{,}000\,440\,x_2 + 0{,}023\,735\,x_4 - 0{,}001\,449\,x_9 \,.$$

Anderseits ergibt sich aus dem Rechenschema unmittelbar die in (3) festgelegte Größe d_X wie aus dem Schema auf Seite 198/199 zu entnehmen ist. Man hat für die angegebene Trennformel

$$d_X = 0{,}437 \,.$$

Da die oben angegebenen b_j durch die Division durch 1000 nicht beeinflußt wurden, dagegen die d_j im Rechenschema ein Tausendstel der wirklichen Werte betragen, muß man 0,000437 mit 1000 multiplizieren, um $d_X = S\,b_j\,d_j$ zu erhalten.

9	d	Q	Probe
$+\ .438913$	$-\ .011439$	$+\ 2.088013$	...
$+\ .037652$	$+\ .009243$	$+\ 1.704052$	...
$+\ .006087$	$+\ .009639$	$+\ 2.125387$	...
$+\ 1.755217$	$-\ .009652$	$+\ 2.228217$	...
	0	$-\ .002209$	...
$+\ .430081$	$-\ .011209$	...	$+\ 2.045998$
$-\ .106055$	$+\ .012988$	$+\ 1.347819$	$+\ 1.020405$
$-\ .125460$	$+\ .013067$	$+\ 1.799297$	$+\ 1.499589$
$+\ 1.566449$	$-\ .004732$	$+\ 1.760283$	$+\ 1.330202$
	$-\ .000128$	$+\ .009986$	$+\ .021196$
$-\ .192423$	$+\ .023565$	...	$+\ 2.445445$
$-\ .017257$	$-\ .000184$	$+\ 1.444435$	$+\ .424185$
$+\ 1.546042$	$-\ .002233$	$+\ 1.827212$	$+\ 2.019634$
	$-\ .000434$	$+\ .001789$	$-\ .021775$
$-\ .036257$	$-\ .000387$	...	$+\ 3.034775$
$+\ 1.545416$	$-\ .002240$	$+\ 1.843325$	$+\ 1.879583$
	$-\ .000434$	$+\ .001961$	$+\ .002348$
$+\ 1$	$-\ .001449$	...	$+\ 1.192770$
$-\ .001449$	$-\ .000437$	$+\ .003184$	$+\ .004632$

Die Größe d_X gibt an, wie gut die Trennformel die beiden Gruppen auseinanderhält. In der Tat kann gezeigt werden, daß der Ausdruck d_X^2/T, auf den es ankommt, gleich d_X ist. Man findet nämlich für T, wenn man in (4) die X nach (1) ersetzt:

$$
\begin{aligned}
T &= S(b_1\,x_{1_A} + b_2\,x_{2_A} + b_3\,x_{3_A} - b_1\,\bar{x}_{1_A} - b_2\,\bar{x}_{2_A} - b_3\,\bar{x}_{3_A})^2 \\
&\quad + S(b_1\,x_{1_B} + b_2\,x_{2_B} + b_3\,x_{3_B} - b_1\,\bar{x}_{1_B} - b_2\,\bar{x}_{2_B} - b_3\,\bar{x}_{3_B})^2 \\
&= S[b_1(x_{1_A} - \bar{x}_{1_A}) + b_2(x_{2_A} - \bar{x}_{2_A}) + b_3(x_{3_A} - \bar{x}_{3_A})]^2 \\
&\quad + S[b_1(x_{1_B} - \bar{x}_{1_B}) + b_2(x_{2_B} - \bar{x}_{2_B}) + b_3(x_{3_B} - \bar{x}_{3_B})]^2
\end{aligned}
$$

oder, wenn wiederum $S(x_{1_A} - \bar{x}_{1_A})^2 = S_{11}^A$ sowie $S_{11}^A + S_{11}^B = S_{11}$ usw. gesetzt wird,

$$
T = b_1^2\,S_{11} + b_2^2\,S_{22} + b_3^2\,S_{33} + 2\,(b_1\,b_2\,S_{12} + b_1\,b_3\,S_{13} + b_2\,b_3\,S_{23}) \,.
$$

Dies kann auch als

$$
\begin{aligned}
T &= b_1(b_1\,S_{11} + b_2\,S_{12} + b_3\,S_{13}) + b_2(b_1\,S_{12} + b_2\,S_{22} + b_3\,S_{23}) \\
&\quad + b_3(b_1\,S_{13} + b_2\,S_{23} + b_3\,S_{33})
\end{aligned}
$$

geschrieben werden. Aus den Gleichungen (8) folgt aber, daß damit

$$
T = b_1\,d_1 + b_2\,d_2 + b_3\,d_3 \tag{9}
$$

und demnach

$$
d_X^2/T = d_X = b_1\,d_1 + b_2\,d_2 + b_3\,d_3 \tag{10}
$$

wird.

Um zu prüfen, ob die d_j wesentlich von Null abweichen, oder ob — anders ausgedrückt — die beiden Wertegruppen aus derselben normalen dreidimensionalen Grundgesamtheit stammen, hat man zu berechnen

$$
F = N_A N_B (N_A + N_B - p - 1)\,d_X/p(N_A + N_B) \,, \tag{11}
$$

wobei p die Anzahl der in die Trennformel einbezogenen Veränderlichen bedeutet, und $n_1 = p$, $n_2 = N_A + N_B - p - 1$ ist.

Für unser Beispiel war

$$
N_A = 23 \,, \quad N_B = 10 \,, \quad d_X = 0{,}437 \,, \quad p = 4
$$

und somit

$$
F = 230 \cdot 28 \cdot 0{,}437/4 \cdot 33 = 21{,}320 \,,
$$

was mit $n_1 = 4$, $n_2 = 28$ sehr stark gesichert ist. Man muß daher annehmen, daß mindestens eines der d_j von Null verschieden ist.

Was nun die Frage betrifft, ob es notwendig oder nützlich ist, alle vier Maße x_1, x_2, x_4 und x_9 in die Trennformel einzubeziehen, so stellen wir fest, daß im Rechenschema auf Seite 243 der Wert von d_X für die drei Maße x_1, x_4 und x_2 mit 0,434 nahezu gleich groß ist wie jener für alle vier Maße. Weiter zeigt das Schema, daß sogar mit den beiden Maßen x_1 und x_4 das d_X gleich 0,434 ist.

Man wird daraus schließen, daß der Einbezug von x_2 und x_9 in die Trennformel unnötig war. Um diese Vermutung zu prüfen, benützt man die folgenden, allgemeinen Formeln, in denen $d_{X(p)}$ das d_X gestützt auf p Maße und $d_{X(p+q)}$ die entsprechende, mit $p + q$ Maßen berechnete Größe bedeuten. In erster Linie bestimmt man die Hilfsgröße

$$R = [1 + N_A\, N_B\, d_{X(p+q)}/(N_A + N_B)]/[1 + N_A\, N_B\, d_{X(p)}/(N_A + N_B)] \quad (12)$$

und damit

$$F = (N_A + N_B - p - q - 1)\,(R - 1)/q\,, \tag{13}$$

wobei $n_1 = q$, $n_2 = (N_A + N_B - p - q - 1)$.

Mit $d_{X(4)} = 0{,}437$ und $d_{X(2)} = 0{,}434$ findet man

$$R = (1 + 230 \cdot 0{,}437/33)/(1 + 230 \cdot 0{,}434/33) = 4{,}0458/4{,}0248 = 1{,}0052$$

und somit

$$F = 28 \cdot 0{,}0052/2 = 0{,}073\,.$$

Da der berechnete Wert von F kleiner ist als 1, kann von vorneherein, ohne Vergleich mit dem entsprechenden Tafelwert, geschlossen werden, daß der Einbezug von x_2 und x_9 in die Trennformel unnötig war.

Lohnte es sich, x_4 zu berücksichtigen, oder hätte etwa das Maß x_1 allein genügt, um die beiden Gruppen von Schädeln zu trennen? Wenden wir die Formeln (12) und (13) nochmals an, indem wir diesmal

$$d_{X(2)} = 0{,}434\,, \quad d_{X(1)} = 0{,}128$$

setzen. Aus (12) wird

$$R = (1 + 230 \cdot 0{,}434/33)/(1 + 230 \cdot 0{,}128/33) = 4{,}0248/1{,}8921 = 2{,}1272$$

und aus (13)

$$F = 30 \cdot 1{,}1272/1 = 33{,}816\,.$$

Aus der Tafel IV entnehmen wir für $n_1 = 1$, $n_2 = 30$ einen Wert $F_{0{,}001} = 13{,}292$; der Einbezug von x_4 zu x_1 ergibt eine gesicherte Verbesserung der Trennung zwischen den beiden Gruppen.

Es wäre noch die Frage abzuklären, ob nicht eines der Maße, die bisher noch nicht berücksichtigt worden sind, nämlich x_3, x_5, x_7 und x_8 noch mit Vorteil zu x_1 und x_4 mitberücksichtigt werden sollte. Man könnte sich auch noch fragen, ob x_4 allein ebensogut die beiden Gruppen trennen würde, wie mit x_1 zusammen. Um die beiden Fragen miteinander beantworten zu können, berechneten wir die d_X, indem wir nacheinander die Maße x_4, x_1, x_5, x_2, x_3, x_7, x_8, x_9 in dieser Reihenfolge berücksichtigten. Es ergaben s ch dabei folgende Werte:

Berücksichtigte Maße	d_X
x_4	0,129
x_4, x_1	0,434
x_4, x_1, x_5	0,456
x_4, x_1, x_5, x_2	0,474
x_4, x_1, x_5, x_2, x_3	0,482
$x_4, x_1, x_5, x_2, x_3, x_7$	0,496
$x_4, x_1, x_5, x_2, x_3, x_7, x_8$	0,498
$x_4, x_1, x_5, x_2, x_3, x_7, x_8, x_9$	0,498

Auch hier lassen sich die Formeln (12) und (13), und zwar in verschiedenen Richtungen, anwenden. Dabei ergibt sich, daß die vier an letzter Stelle stehenden Maße keinen wesentlichen Beitrag zur Trennung der beiden Gruppen zu leisten vermögen. Sodann kann man feststellen, daß x_1 wesentlich zur Trennung der beiden Gruppen beiträgt, wenn man es dem Maß x_4 beifügt.

Wie man aus allen diesen Überlegungen schließen kann, wird am besten die Trennformel

$$X = -\,0{,}018\,925\,x_1 + 0{,}023\,565\,x_4$$

verwendet. Da es lediglich darauf ankommt, das Verhältnis der Koeffizienten von x_1 und x_4 beizubehalten, können wir den einen Koeffizienten gleich 1 setzen und finden so

$$X = x_1 - 1{,}245\,x_4 \tag{14}$$

als endgültige Trennformel. Von den in der Aufstellung Seite 239 angegebenen acht Maßen genügen somit zwei, nämlich die größte Hirnschädellänge und die größte Stirnbreite, um eine möglichst gute Trennung der Schädel in den beiden Fundorten zu erhalten.

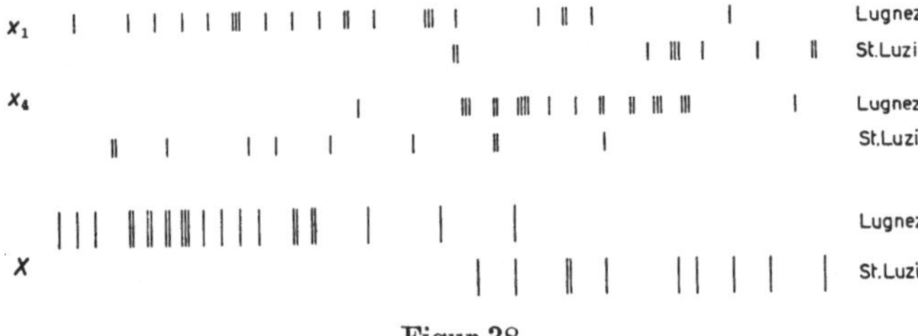

Figur 38
Wirkung der Trennformel $X = x_1 - 1{,}245\,x_4$.

Die Figur 38 zeigt, inwiefern es durch die Trennformel (14) gelingt, die beiden Gruppen voneinander zu trennen.

642 Trennverfahren mit mehreren geordneten Gruppen

Wenn mehr als zwei Gruppen von Gegenständen vorliegen, sind zwei Fälle zu unterscheiden. Zunächst betrachten wir das Trennverfahren, wenn die Gruppen sich irgendwie auf Grund einer meßbaren Größe anordnen lassen. Eine Möglichkeit besteht beispielsweise darin, die Gruppen zeitlich zu ordnen. So hat M. M. BARNARD (1935) vier Gruppen von Schädeln aus ägyptischen Königsgräbern auf Grund archäologischer Angaben zeitlich ordnen können. Ebenso konnte M. R. YARDI (1946) in seiner Untersuchung über die Chronologie der Shakespeareschen Schauspiele die zeitliche Reihenfolge als Ordnungsmerkmal benützen.

Nehmen wir also an, es seien N Gegenstände in M Gruppen eingeteilt, wobei die j. Gruppe N_j Gegenstände enthalte. Die M Gruppen lassen sich auf Grund einer Größe t — zum Beispiel der Zeit — anordnen, und zwar entspreche der j. Gruppe der Wert t_j. Von jedem der N Gegenstände seien mehrere Merkmale gemessen; der Einfachheit halber nehmen wir an, es seien deren drei: x_1, x_2, x_3. Wie in 641 bilden wir eine lineare Funktion

$$X = b_1\, x_1 + b_2\, x_2 + b_3\, x_3 \tag{1}$$

der drei Veränderlichen, mit festen Koeffizienten b_1, b_2, b_3, die zu bestimmen sind.

Die Koeffizienten b_1, b_2 und b_3 sind derart zu bestimmen, daß X eine möglichst gute Trennung der M Gruppen erlaubt. Die einfachste Art, dieser Forderung gerecht zu werden, besteht darin, die Regressionsgerade der X bezüglich t zu bestimmen, und zu verlangen, daß die Regressionsgerade möglichst steil verläuft. Dabei muß natürlich verlangt werden, daß die Streuung der X innerhalb der Gruppen nicht ebenfalls groß wird. Genauer gesagt fordern wir, daß das Verhältnis

(Durchschnittsquadrat auf Regression)/(Durchschnittsquadrat innerhalb Gruppen)

möglichst groß wird.

In Anlehnung an die Bezeichnungen in 641 schreiben wir für die Summe der Quadrate innerhalb der j. Gruppe

$$S'_{11} = \underset{i}{S}\,(x_{1ji} - \bar{x}_{1j})^2$$

und für die Summe der Quadrate innerhalb aller M Gruppen

$$S_{11} = \underset{j}{S}\,(S'_{11}) = \underset{j}{S}\,\underset{i}{S}\,(x_{1ji} - \bar{x}_{1j})^2\,.$$

In gleicher Weise sind die Summen der Produkte S_{12} usw. definiert.

Den Durchschnitt $\bar{X}_j$ der Trennfunktion für die j. Gruppe kann man berechnen aus den Durchschnitten $\bar{x}_{1j}$, $\bar{x}_{2j}$ und $\bar{x}_{3j}$ nach der Formel

$$\bar{X}_j = b_1\, \bar{x}_{1j} + b_2\, \bar{x}_{2j} + b_3\, \bar{x}_{3j} \tag{2}$$

und ebenso gilt für den Gesamtdurchschnitt $\overline{X}$ die Beziehung

$$\overline{X} = b_1\,\bar{x}_1 + b_2\,\bar{x}_2 + b_3\,\bar{x}_3 \; . \tag{3}$$

Für die Trennfunktion X lautet die Summe der Quadrate innerhalb der Gruppen

$$S_{XX} = \mathop{S}_{j}\,\mathop{S}_{i}\,(X_{ji} - \overline{X}_j)^2$$

und durch Einsetzen aus (1) und (2) wird

$$S_{XX} = b_1^2\,S_{11} + b_2^2\,S_{22} + b_3^2\,S_{33} + 2\,(b_1\,b_2\,S_{12} + b_1\,b_3\,S_{13} + b_2\,b_3\,S_{23}) \; . \tag{4}$$

Um den Regressionskoeffizienten von X bezüglich t berechnen zu können, benötigen wir S_{Xt}, das definiert ist durch

$$S_{Xt} = \mathop{S}_{j}\,N_j(\overline{X}_j - \overline{X})\,(t_j - \bar{t}) \; , \tag{5}$$

was man auch schreiben kann als

$$S_{Xt} = b_1\,S_{1t} + b_2\,S_{2t} + b_3\,S_{3t} \; , \tag{5a}$$

wo beispielsweise

$$S_{1t} = \mathop{S}_{j}\,N_j(\bar{x}_{1j} - \bar{x}_1)\,(t_j - \bar{t}) \text{ ist.}$$

Man hat weiter

$$S_{tt} = \mathop{S}_{j}\,N_j(t_j - \bar{t})^2 \; . \tag{6}$$

Der Regressionskoeffizient ist gegeben durch S_{Xt}/S_{tt}, und man hat für die Summe der Quadrate der Regressionswerte

$$SQ \text{ (auf Regression)} = S_{Xt}^2/S_{tt} \tag{7}$$

nach den Formeln von 611.

Die Koeffizienten b_1, b_2 und b_3 von (1) sollen nun so bestimmt werden, daß das Verhältnis

$$\text{(Durchschnittsquadrat auf Regression)/(Durchschnittsquadrat innerhalb Gruppen)}$$

möglichst groß wird; es muß also

$$n\,S_{Xt}^2/S_{tt}\,S_{XX} \tag{8}$$

ein Maximum werden. Der Faktor n ist der Freiheitsgrad der Summe der Quadrate innerhalb der Gruppen. Der Ausdruck (7) hat einen Freiheitsgrad.

Um die Werte von b_1, b_2 und b_3 zu finden, die den Ausdruck (8) zum Maximum machen, haben wir die Ableitungen von (8) gleich Null zu setzen. Wir bilden zunächst die Ableitung nach b_1:

$$\frac{\partial}{\partial b_1}\,[n\,S_{Xt}^2/S_{tt}\,S_{XX}] =$$

$$= \left[S_{tt}\,S_{XX}\,n\,2\,S_{Xt}\,\frac{\partial S_{Xt}}{\partial b_1} - n\,S_{Xt}^2\,S_{tt}\,\frac{\partial S_{XX}}{\partial b_1}\right]/S_{tt}^2\,S_{XX}^2 = 0 \; .$$

Aus (4) ist ersichtlich, daß

$$\frac{\partial S_{XX}}{\partial b_1} = 2\,(\,b_1\,S_{11} + b_2\,S_{12} + b_3\,S_{13})\,,$$

und aus (5a) folgt

$$\frac{\partial S_{Xt}}{\partial b_1} = S_{1t}\,,$$

so daß man findet

$$S_{tt}\,S_{XX}\,2\,S_{Xt}\,S_{1t} - S_{Xt}\,S_{tt}\,2\,(b_1\,S_{11} + b_2\,S_{12} + b_3\,S_{13}) = 0$$

oder

$$b_1\,S_{11} + b_2\,S_{12} + b_3\,S_{13} = (S_{XX}/S_{Xt})\,S_{1t}\,, \tag{9a}$$

und für die Ableitung nach b_2 und nach b_3

$$b_1\,S_{12} + b_2\,S_{22} + b_3\,S_{23} = (S_{XX}/S_{Xt})\,S_{2t}\,, \tag{9b}$$

$$b_1\,S_{13} + b_2\,S_{23} + b_3\,S_{33} = (S_{XX}/S_{Xt})\,S_{3t}\,. \tag{9c}$$

Die absolute Größe der b_1, b_2 und b_3 ist belanglos, wichtig ist einzig ihr gegenseitiges Verhältnis. Man kann daher in den Gleichungen (9) den Faktor $S_{XX}/S_{Xt} = 1$ oder $S_{XX} = S_{Xt}$ setzen.

Beispiel 55. Vergleich von vier Populationen von Drosophila melanogaster (H. BURLA, persönliche Mitteilung).

In Sevelen, Zürich, Hindelbank und Bex wurden Fliegen gefangen und von den unter gleichen Bedingungen gezüchteten männlichen Nachkommen je hundert zufällig ausgewählt. Die folgenden Merkmale wurden ermittelt:

$x_1 =$ Anzahl Borsten des fünften Abdominalsternits;
$x_2 =$ Anzahl Sternopleuralborsten;
$x_3 =$ Anzahl Haare im vorderen mittleren Stirnbereich;
$x_4 =$ Anzahl Geschlechtskammborsten;
$x_5 =$ Anzahl schwarzer Borsten im dritten Costalabschnitt;
$x_6 = 100$ (Flügellänge in Einheiten von 0,0137 mm — 1,00).

Die Summen der Werte für die 6 Merkmale und die Summen der Quadrate und Produkte innerhalb der Orte (Gruppen) sind nachstehend angegeben.

Ort	Anzahl Werte	Summe der Einzelwerte					
		x_1	x_2	x_3	x_4	x_5	x_6
Sevelen	100	1630	1632	1110	2203	2384	6094
Zürich	100	1815	1404	1208	2218	2223	6601
Hindelbank	100	1804	1307	1251	2232	2090	6855
Bex	100	1813	1354	1335	2142	2130	6747
Zusammen	400	7062	5697	4904	8795	8827	26297

Summe der Quadrate und Produkte innerhalb der Orte

	1	2	3	4	5	6
1	$+2709{,}0$	$+\ \ \ 71{,}0$	$+1060{,}1$	$+\ \ \ 448{,}6$	$+\ \ \ 273{,}5$	$+\ \ \ \ \ 459{,}4$
2		$+1970{,}5$	$+\ \ \ 416{,}1$	$+\ \ \ 404{,}0$	$-\ \ \ 447{,}0$	$-\ \ \ \ \ 385{,}5$
3			$+6025{,}0$	$+\ \ \ 672{,}4$	$-\ \ \ 339{,}4$	$-\ \ \ 1449{,}8$
4				$+1938{,}9$	$-\ \ \ 514{,}6$	$+\ \ \ 1888{,}6$
5					$+5838{,}5$	$-\ \ \ 2540{,}9$
6						$+19305{,}9$

Für jedes der sechs Merkmale ergeben sich Unterschiede zwischen den vier Fundorten; gesucht wird ein Ausdruck, in welchem die Ergebnisse aller sechs Merkmale verschmolzen werden. Dabei sollten die Orte auf Grund einer Meßgröße geordnet und ihre „Abstände" bestimmt werden. Die Wahl einer zweckmäßigen Meßgröße ist ein Problem, das teils biologische, teils statistische Überlegungen erfordert. Wir wollen uns damit hier nicht befassen, sondern annehmen, die Abstände zwischen den Orten, die man als annähernd gleich betrachten kann, ergäben eine geeignete Meßgröße. Um den Durchschnitt $\bar t$ gleich Null zu erhalten, wählen wir für die Meßgröße t folgende Werte:

Ort:	Sevelen	Zürich	Hindelbank	Bex
Wert von t:	$t_1 = -3$	$t_2 = -1$	$t_3 = +1$	$t_4 = +3$

Um die Gleichungen (9) aufzustellen, benötigen wir die Ausdrücke S_{1t} bis S_{6t}, die mit den gewählten Werten von t einfach zu berechnen sind. Man hat etwa für S_{1t}:

$$S_{1t} = (-3)\,(1630) + (-1)\,(1815) + (+1)\,(1804) + (+3)\,(1813) = +538$$

und entsprechend

$$S_{2t} = -931\,, \quad S_{3t} = +718\,, \quad S_{4t} = -169\,, \quad S_{5t} = -895\,, \quad S_{6t} = 2213\,.$$

Setzt man die oben angegebenen Werte

$$S_{11} = +2709{,}0\,, \quad S_{12} = +71{,}0\,, \quad \text{usw. bis} \quad S_{66} = +19305{,}9$$

und die $S_{1t}, \ldots, S_{6t}$ in die Gleichungen (9) ein, und löst das System der sechs Gleichungen etwa nach dem in 613.3 und 641 angegebenen Schema auf, so erhält man als Trennformel

$$X = 0{,}086214\,x_1 - 0{,}478737\,x_2 + 0{,}182450\,x_3 - 0{,}226725\,x_4 -$$
$$- 0{,}151596\,x_5 + 0{,}118946\,x_6\,.$$

Das Rechenschema liefert gleichzeitig, außer den Koeffizienten b_j auch die

Summe der Produkte S_{Xt}. Damit läßt sich der Regressionskoeffizient S_{Xt}/S_{tt} und die Summe der Quadrate der Regressionswerte S_{Xt}/S_{tt} bestimmen, da $S_{tt} = 2000$. Aus dem Rechenschema ergeben sich die folgenden Werte für S_{Xt}:

Einbezogene Veränderliche	S_{Xt}
x_1	53,423
x_1, x_2	500,189
x_1, x_2, x_3	612,977
x_1, x_2, x_3, x_4	618,004
x_1, x_2, x_3, x_4, x_5	840,495
$x_1, x_2, x_3, x_4, x_5, x_6$	1060,309

Die Werte von S_{Xt} lassen erkennen, daß sich der Einbezug der Veränderlichen x_1 und x_4 kaum lohnt.

Wir haben daher die Trennformel neu berechnet, indem wir Schritt für Schritt die Veränderlichen x_2, x_6, x_5 und x_3 in dieser Reihenfolge berücksichtigten, wiederum mittels des in 613.3 und 641 erörterten Schemas. Die dabei erhaltene Trennformel lautet

$$X = -\,0{,}521123\,x_2 + 0{,}170978\,x_3 - 0{,}140345\,x_5 + 0{,}098591\,x_6\,.$$

Die Werte von S_{Xt}, die bei jedem Schritt erhalten wurden, sind nachstehend zusammengestellt:

Einbezogene Veränderliche	S_{Xt}
x_2	439,869
x_2, x_6	654,341
x_2, x_6, x_5	782,016
x_2, x_6, x_5, x_3	951,719

Diese Zahlen zeigen, daß offenbar die Veränderlichen x_1 und x_4 unbedenklich weggelassen werden dürfen. Ein einfaches Prüfverfahren besteht hier nicht, weshalb wir uns mit einem Urteil begnügen, das nicht durch ein Prüfverfahren untermauert ist.

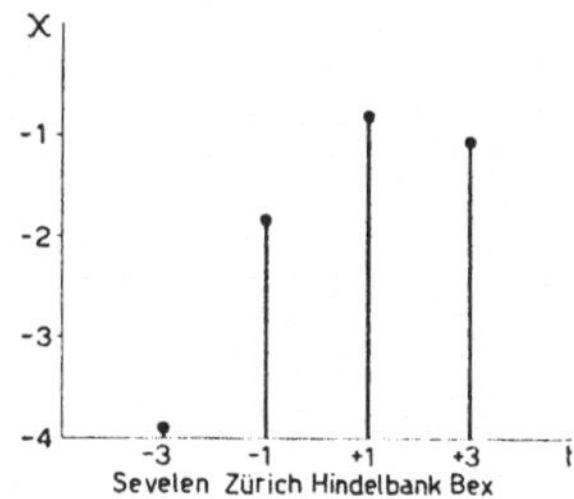

Figur 39

Werte der Trennfunktion für vier Populationen von Drosophila melanogaster.

Setzen wir in der Trennformel mit den Veränderlichen x_2, x_3, x_5 und x_6 die Durchschnitte für die vier Orte ein, so finden wir die Werte der Trennfunktion, die in Figur 39 dargestellt sind.

Ort	t	$\overline{X}_j$	Unterschied
Sevelen	-3	$-3{,}945$	$+2{,}082$
Zürich	-1	$-1{,}863$	$+1{,}016$
Hindelbank	$+1$	$-0{,}847$	$-0{,}264$
Bex	$+3$	$-1{,}111$	...

Es ergeben sich ausgeprägte Unterschiede in der Gesamtheit der einbezogenen Merkmale zwischen Sevelen, Zürich und Hindelbank, während Bex von Hindelbank nur wenig abweicht.

643 Trennverfahren mit mehreren ungeordneten Gruppen

Das Trennverfahren läßt sich ebenfalls anwenden, wenn die Gruppen sich nicht in Abhängigkeit von einer bestimmten Veränderlichen ordnen lassen. In diesem Falle ermittelt man die Koeffizienten der Trennfunktion durch die Forderung, daß die Summe der Quadrate zwischen den Gruppen im Verhältnis zur Summe der Quadrate innerhalb der Gruppen möglichst groß sein muß.

Wir erörtern das Trennverfahren für diesen Fall an Hand eines Beispiels, bei dem die Nasenbreite und die Nasenhöhe für Einwohner mehrerer Gebiete gemessen wurden. Es ist für diese beiden Maße x_1 und x_2 die Trennformel

$$X = b_1 x_1 + b_2 x_2 \tag{1}$$

zu bestimmen, die der obenerwähnten Forderung genügt. Wie üblich nehmen wir an, es sei M die Zahl der Gruppen (Gebiete) und N_j die Anzahl der gemessenen Personen in der j. Gruppe. Den Durchschnitt der Trennwerte für die j. Gruppe bezeichnen wir mit $\overline{X}_j$, den Gesamtdurchschnitt sämtlicher N Einzelwerte mit $\overline{X}$. Den i. Einzelwert in der j. Gruppe bezeichnen wir mit X_{ji}.

Die Summe der Quadrate der X-Werte *innerhalb* der Gruppen ist demnach gegeben durch

$$S^I_{XX} = \underset{j}{S}\,\underset{i}{S}\,(X_{ji} - \overline{X}_j)^2 \tag{2a}$$

und die Summe der Quadrate *zwischen* den Gruppen durch

$$S^Z_{XX} = \underset{j}{S}\,N_j\,(\overline{X}_j - \overline{X})^2 \tag{2b}$$

entsprechend den Ausführungen über die Streuungszerlegung in 513. Die b_1 und b_2 sollen so bestimmt werden, daß das Verhältnis der beiden Summen von Quadraten möglichst groß wird, also

$$m = S^Z_{XX} / S^I_{XX} = \text{Maximum}\,. \tag{3}$$

Um die b_1, b_2 zu bestimmen, ist m nach b_1 und nach b_2 abzuleiten und das Ergebnis gleich Null zu setzen. Man findet

$$\frac{\partial}{\partial b_1}(S_{XX}^Z) - \frac{S_{XX}^Z}{S_{XX}^I}\frac{\partial}{\partial b_1}(S_{XX}^I) = 0 \,, \tag{4a}$$

$$\frac{\partial}{\partial b_2}(S_{XX}^Z) - \frac{S_{XX}^Z}{S_{XX}^I}\frac{\partial}{\partial b_2}(S_{XX}^I) = 0 \,. \tag{4b}$$

Anderseits findet man für S_{XX}^I, indem man X aus (1) in (2a) einsetzt

$$S_{XX}^I = \underset{j}{S}\,\underset{i}{S}(b_1\,x_{1ji} + b_2\,x_{2ji} - b_1\,\bar{x}_1 - b_2\,\bar{x}_2)^2$$

$$= \underset{j}{S}\,\underset{i}{S}[b_1(x_{1ji} - \bar{x}_1) + b_2(x_{2ji} - \bar{x}_2)]^2$$

$$= b_1^2\,\underset{j}{S}\,\underset{i}{S}(x_{1ji} - \bar{x}_1)^2 + 2\,b_1\,b_2\,\underset{j}{S}\,\underset{i}{S}(x_{1ji} - \bar{x}_1)(x_{2ji} - \bar{x}_2) +$$

$$+ b_2^2\,\underset{j}{S}\,\underset{i}{S}(x_{2ji} - \bar{x}_2)^2$$

und damit

$$S_{XX}^I = b_1^2\,S_{11}^I + 2\,b_1\,b_2\,S_{12}^I + b_2^2\,S_{22}^I \,, \tag{5a}$$

wo die Summen der Quadrate und Produkte für x_1 und x_2 *innerhalb* der Gruppen mit dem Index I bezeichnet sind. In derselben Weise findet man für die Summe der Quadrate *zwischen* den Gruppen

$$S_{XX}^Z = b_1{}^2\,S_{11}^Z + 2\,b_1\,b_2\,S_{12}^Z + b_2\,S_{22}^Z \,. \tag{5b}$$

Infolgedessen ergibt sich für die partiellen Ableitungen nach b_1 und b_2

$$\frac{\partial}{\partial b_1}\,S_{XX}^I = 2\,b_1\,S_{11}^I + 2\,b_2\,S_{12}^I \,,$$

$$\frac{\partial}{\partial b_1}\,S_{XX}^Z = 2\,b_1\,S_{11}^Z + 2\,b_2\,S_{12}^Z, \text{ usw.}$$

Demnach wird aus (4a), wenn noch S_{XX}^Z/S_{XX}^I durch m ersetzt wird

$$b_1(S_{11}^Z - m\,S_{11}^I) + b_2(S_{12}^Z - m\,S_{12}^I) = 0 \,, \tag{6a}$$

$$b_1(S_{12}^Z - m\,S_{12}^I) + b_2(S_{22}^Z - m\,S_{22}^I) = 0 \,. \tag{6b}$$

Diese Gleichungen lassen sich nur dann nach b_1 und b_2 auflösen, wenn die Determinante der Koeffizienten gleich Null ist, d. h.

$$\begin{vmatrix} S_{11}^Z - m\,S_{11}^I & S_{12}^Z - m\,S_{12}^I \\ S_{12}^Z - m\,S_{12}^I & S_{22}^Z - m\,S_{22}^I \end{vmatrix} = 0 \,. \tag{7}$$

Die Beziehung (7) kann man auch schreiben in der Form

$$m^2\begin{vmatrix} S_{11}^I & S_{12}^I \\ S_{12}^I & S_{22}^I \end{vmatrix} - m\left\{\begin{vmatrix} S_{11}^Z & S_{12}^I \\ S_{12}^Z & S_{22}^I \end{vmatrix} + \begin{vmatrix} S_{11}^I & S_{12}^Z \\ S_{12}^I & S_{22}^Z \end{vmatrix}\right\} + \begin{vmatrix} S_{11}^Z & S_{12}^Z \\ S_{12}^Z & S_{22}^Z \end{vmatrix} = 0 \,. \tag{8}$$

Die größere der beiden Lösungen dieser quadratischen Gleichung gibt das gesuchte maximale Verhältnis S^Z_{XX}/S^I_{XX}; setzt man den Wert in (6) ein, so kann man daraus b_1 und b_2 ermitteln.

Beispiel 56. Nasenbreite und Nasenhöhe von Stellungspflichtigen der Kantone Appenzell und St. Gallen (O. SCHLAGINHAUFEN, 1946; A. A. WEBER, 1951).

Die Kantone Appenzell und St. Gallen wurden nach anthropologischen Gesichtspunkten in 14 Gebiete eingeteilt. Die nachstehende Übersicht enthält die Angaben für

x_1 = Nasenbreite in mm; x_2 = Nasenhöhe in mm.

Gebiete	Anzahl Werte N	Durchschnitte		Summe der Quadrate und Produkte		
		x_1	x_2	S_{11}	S_{12}	S_{22}
Appenzell						
1 Hinterland	272	33,143	53,298	1 529,41	514,39	5 498,88
2 Mittelland	190	32,742	53,295	1 392,36	519,54	3 311,79
3 Vorderland	207	32,614	53,357	1 085,08	34,60	3 545,55
4 Appenzell-Ort	146	33,034	53,295	832,83	88,53	2 558,34
5 Innerer Landesteil	76	32,829	53,579	350,78	45,23	1 244,53
6 Oberegg	39	32,538	53,949	183,69	− 58,92	681,90
St. Gallen						
7 Bodensee	160	33,393	53,881	1 306,19	− 36,52	3 144,74
8 St. Gallen Stadt	105	34,114	54,010	864,63	25,89	1 866,99
9 Fürstenland	293	33,423	54,106	1 915,52	286,88	5 189,72
10 Unteres Toggenburg	536	33,479	53,291	3 445,78	393,20	9 874,60
11 Oberes Toggenburg	256	33,266	52,961	1 531,94	− 227,34	4 047,61
12 Linthgebiet	291	33,639	53,141	1 895,11	− 58,21	4 783,22
13 Walenseetal	237	33,654	54,000	1 417,63	− 228,00	4 262,00
14 Rheintal	751	33,595	53,996	5 300,94	− 76,21	13 726,99
Summe (Innerhalb)	...	...	...	23 051,89	1 223,06	63 736,86
Zwischen Gebieten	...	...	...	419,53	207,27	562,94
Insgesamt	3559	33,366	53,579	23 471,42	1430,33	64 299,80

Für die Gleichung (8) findet man die folgenden Werte der verschiedenen Determinanten:

$$\begin{vmatrix} S^I_{11} & S^I_{12} \\ S^I_{12} & S^I_{22} \end{vmatrix} = \begin{vmatrix} 23\,051,89 & 1\,223,06 \\ 1\,223,06 & 63\,736,86 \end{vmatrix} = 1\,467\,759\,209$$

$$\begin{vmatrix} S^Z_{11} & S^I_{12} \\ S^Z_{12} & S^I_{22} \end{vmatrix} = \begin{vmatrix} 419,53 & 1\,223,06 \\ 207,27 & 63\,736,86 \end{vmatrix} = 26\,486\,021,23$$

$$\begin{vmatrix} S^I_{11} & S^Z_{12} \\ S^I_{12} & S^Z_{22} \end{vmatrix} = \begin{vmatrix} 23\,051.89 & 207,27 \\ 1\,223,06 & 562,94 \end{vmatrix} = 12\,723\,327,31$$

$$\begin{vmatrix} S^z_{11} & S^z_{12} \\ S^z_{12} & S^z_{22} \end{vmatrix} = \begin{vmatrix} 419{,}53 & 207{,}27 \\ 207{,}27 & 562{,}94 \end{vmatrix} = 193\,209{,}365\,3$$

Die Gleichung (8) wird demnach für unser Beispiel:

$$1\,467\,759\,209 \; m^2 - 39\,209\,348{,}54 \; m + 193\,209{,}365\,3 = 0$$

was man zweckmäßig in die Form

$$146\,775{,}920\,9\,(100 \text{ m})^2 - 392\,093{,}485\,4\,(100 \text{ m}) + 193\,209{,}365\,3 = 0$$

oder auch

$$(100 \text{ m})^2 - 2{,}671\,375\,(100 \text{ m}) + 1{,}316\,356 = 0$$

bringt. Die beiden Werte von m, die diese Gleichung erfüllen, sind

$$m_1 = 0{,}020\,195\,769 \quad \text{und} \quad m_2 = 0{,}006\,517\,979 \; .$$

Den größeren der beiden Werte haben wir in die Gleichungen (6) einzusetzen. Man findet

$$S^z_{11} - m\,S^I_{11} = 419{,}53 - (0{,}020\,195\,769)\,(23\,051{,}89) = -\,46{,}020\,645$$

$$S^z_{12} - m\,S^I_{12} = 207{,}27 - (0{,}020\,195\,769)\,(\,1\,223{,}06) = +\,182{,}569\,363$$

$$S^z_{22} - m\,S^I_{22} = 562{,}94 - (0{,}020\,195\,769)\,(63\,736{,}86) = -\,724{,}274\,901$$

und damit für die Gleichungen (6):

$$-\,46{,}020\,645\,b_1 + 182{,}569\,363\,b_2 = 0$$

$$182{,}569\,363\,b_1 - 724{,}274\,901\,b_2 = 0$$

Da es uns auf das Verhältnis von b_1 zu b_2 ankommt, können wir in diesen Gleichungen ohne weiteres $b_1 = 1$ setzen und den zugehörigen Wert von b_2 ermitteln; er beträgt $b_2 = +\,0{,}252\,072$, so daß die Trennformel lautet

$$X = x_1 + 0{,}252\,072\,x_2. \tag{9}$$

Um festzustellen, ob die Trennformel gesicherte Unterschiede zwischen den Gebieten ergibt, erinnern wir daran, daß das Verhältnis $m = S^z_{XX}/S^I_{XX}$, das zu dieser Trennfunktion gehört, ermittelt wurde. Wir hatten $m = 0{,}020\,195\,769$ erhalten. Daraus können wir ohne weiteres eine Streuungszerlegung der X-Werte ableiten. Für die Summe der Quadrate innerhalb der Gruppen ist der Freiheitsgrad $n_2 = N - M - 1$; für die Summe der Quadrate zwischen den Gruppen beläuft er sich auf $n_1 = M + p - 2$, wie R. A. FISHER (1938 b) gezeigt hat. Man hat demnach die folgende Streuungszerlegung:

Streuung	Freiheits-grad	Summe der Quadrate	Durchschnitts-quadrate
Zwischen Gebieten	14	$m = 0{,}020\,195\,769$	0,001\,442\,55
Innerhalb Gebieten	3544	$1 = 1{,}000\,000\,000$	0,000\,282\,17

Für das Verhältnis der Durchschnittsquadrate wird

$$F = 0{,}001\,442\,55/0{,}000\,282\,17 = 5{,}112 ,$$

was den Wert $F_{0,001}$ weit überschreitet. Es bestehen demnach gesicherte Unterschiede zwischen den Durchschnitten der Trennfunktionen für die verschiedenen Gebiete.

Die Werte m, welche die Gleichung (7) erfüllen, kann man auch dadurch finden, daß man mit einigen Werten von m die Determinante in (7) bestimmt, und dann durch Interpolation m_1 und m_2 ermittelt. Dies ist besonders dann zu empfehlen, wenn mehr als zwei Veränderliche in der Trennformel verwendet werden (siehe R. A. FISHER, 1954 a, § 49.2).

Die Trennformel $X = x_1 + 0{,}252\,072\,x_2$ gibt die beste Trennung zwischen den Gebieten, solange wir es mit *linearen* Funktionen zu tun haben. Die Anthropologen benützen nun aber vielerlei sogenannte Indices, insbesondere auch den Nasenindex, der berechnet wird als $100\,x_1/x_2$. Man kann sich fragen, ob der Nasenindex eine bessere Trennung zwischen den Gebieten ergibt als die oben berechnete Trennformel. Diese Frage läßt sich ziemlich leicht beantworten, wenn man sich überlegt, welches die geometrische Bedeutung der linearen Trennformeln ist.

Stellen wir die Gleichung $x_2 = (b_2/b_1)\,x_1$ in einem rechtwinkligen Koordinatensystem dar, wie etwa in der Figur 40, und denken wir uns die Durchschnitte $(\bar{x}_{1j}, \bar{x}_{2j})$ für einige Gebiete ebenfalls aufgetragen. Betrachten wir weiter die Projektionen $P_j{}'$ der Punkte P_j mit den Koordinaten $(\bar{x}_{1j}, \bar{x}_{2j})$ auf

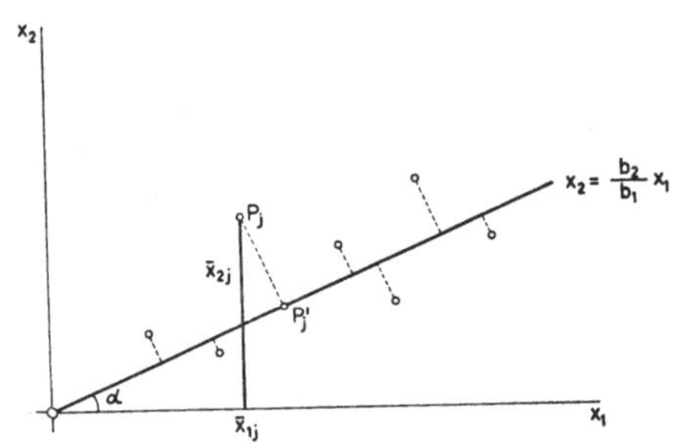

Figur 40

Geometrische Darstellung der Trennformel.

die Gerade $x_2 = (b_2/b_1)\,x_1$. Der Abstand der Projektion $P_j{}'$ vom Ursprung 0 ist

$$\overline{OP_j{}'} = \bar{x}_{1j} \cos \alpha + \bar{x}_{2j} \sin \alpha .$$

Anderseits ist $\operatorname{tg} \alpha = b_2/b_1$ und

$$\sin \alpha = b_2/\sqrt{b_1^2 + b_2^2} , \quad \cos \alpha = b_1/\sqrt{b_1^2 + b_2^2} ,$$

so daß also

$$\overline{OP_j{}'}\,\sqrt{b_1^2 + b_2^2} = b_1\,\bar{x}_{1j} + b_2\,\bar{x}_{2j} .$$

Die Bestimmung der Koeffizienten b_1 und b_2 der Trennformel, oder genauer gesagt, des Verhältnisses b_2/b_1, bedeutet, geometrisch betrachtet, die Bestimmung des Steigungsmaßes der Geraden, für welche die Projektion der N Einzelpunkte Abstände vom Ursprung ergibt, die $m = S_{XX}^z/S_{XX}^l$ zum Maximum machen.

Der Nasenindex $100\,x_1/x_2$ nimmt für die Durchschnitte der verschiedenen Gebiete Werte an, deren Verhältnis sich geometrisch deuten läßt. Verbindet man jeden Punkt P_j durch eine Gerade mit dem Ursprung und betrachtet die Schnittpunkte P_j^* dieser Geraden OP_j mit einer beliebigen Geraden, so sind die Abstände zwischen den P_j^* proportional zu den Differenzen zwischen den entsprechenden Indices. Weichen diese einzelnen Indices nicht zu stark voneinander ab, so kann man statt der Geraden OP_j durch die Punkte P_j Gerade legen, die zueinander parallel sind. Sie werden am wenigsten von den Richtungen OP_j abweichen, wenn wir sie parallel zu OP wählen, wenn P als Koordinaten die Gesamtdurchschnitte $\bar{x}, \bar{y}$ besitzt. Dies ist schematisch in der Figur 41 dargestellt.

Die genannten parallelen Geraden haben somit das Steigungsmaß $\bar{x}_2/\bar{x}_1$. Der linearen Trennformel, die dem Index $100\,x_1/x_2$ am nächsten kommt, entspricht eine Gerade, die normal zur Geraden durch O und P liegt, also ein Steigungsmaß $b_2/b_1 = -\,\bar{x}_1/\bar{x}_2$ aufweist.

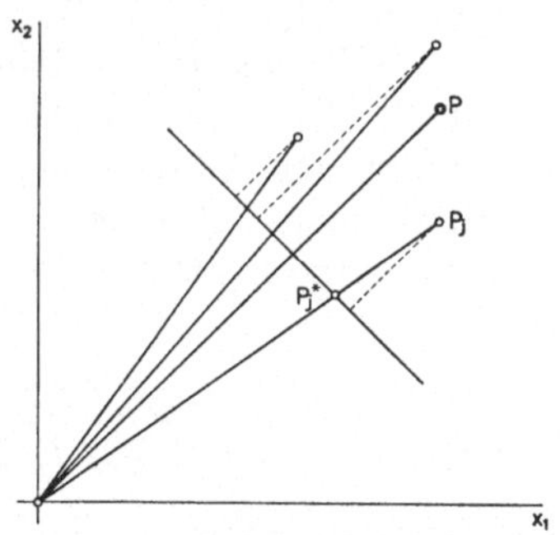

Figur 41

Geometrische Darstellung eines Index.

Die zugehörige Trennformel lautet somit

$$X = \bar{x}_2 \cdot x_1 - \bar{x}_1\,x_2 \,,$$

oder, wenn wir die Gesamtdurchschnitte von Seite 254 einsetzen,

$$X = 53{,}579\,x_1 - 33{,}366\,x_2$$

oder auch

$$X = x_1 - 0{,}622744\,x_2 \,. \tag{10}$$

In der Figur 42 sind die den Durchschnitten für die 14 Gebiete entsprechenden Punkte eingetragen, sowie die Geraden, welche den Trennformeln (9) und (10) entsprechen.

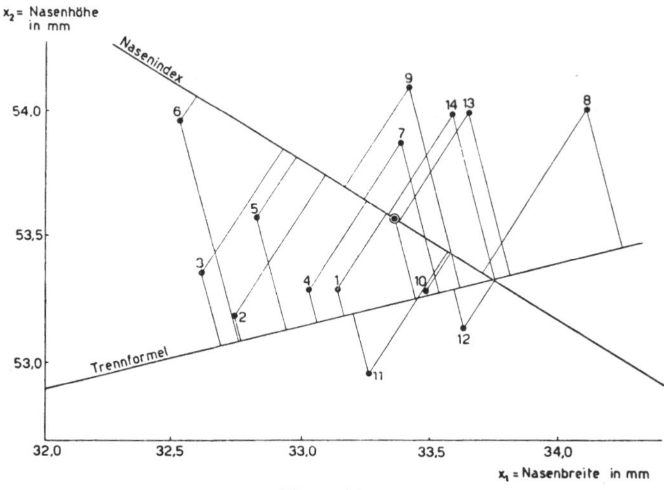

Figur 42
Darstellung der Trennformeln für Nasenbreite und Nasenhöhe.

Es ergeben sich nun zwei Fragen: Zuerst sollte man prüfen können, ob die beste lineare Trennformel (9), die mit X_L bezeichnet sei, und die dem Nasenindex entsprechende Trennformel (10), die wir X_N nennen wollen, sich voneinander wesentlich unterscheiden. Wenn dies der Fall ist, möchte man sodann noch wissen, in welchem Ausmaße X_L besser ist als X_N.

Beide Fragen lassen sich durch eine Anwendung der im Abschnitt 62 behandelten Verfahren der Mitstreuungszerlegung beantworten. Man muß zu diesem Zwecke die Summe der Quadrate von X_L und von X_N, sowie die Summe der Produkte von X_L mit X_N zwischen und innerhalb der Gebiete berechnen. Nach den Formeln (5) ist

$$S_{XX} = b_1^2 S_{11} + 2 b_1 b_2 S_{12} + b_2^2 S_{22}$$

was man auch schreiben kann als

$$S_{XX} = b_1(b_1 S_{11} + b_2 S_{12}) + b_2(b_1 S_{12} + b_2 S_{22}) \,. \tag{11a}$$

Nach dieser Formel können wir sowohl für X_L als für X_N die Summe der Quadrate innerhalb und zwischen den Gebieten sowie die Summe der Quadrate insgesamt berechnen. Bezeichnen wir die Koeffizienten der Trennformel X_L mit b_1, b_2, jene für X_N mit $b_1{}'$, $b_2{}'$, so können wir für die Summe der Produkte die Formel

$$S_{LN} = b_1{}'(b_1 S_{11} + b_2 S_{12}) + b_2{}'(b_1 S_{12} + b_2 S_{22}) \tag{11b}$$

verwenden. Für die Summe der Quadrate und Produkte *innerhalb* der Gebiete erhält man:

$$b_1 = 1\,, \quad b_2 = 0{,}252072\,, \quad b_1' = 1\,, \quad b_2' = -\,0{,}622744\,,$$

$$S_{11}^{I} = 23\,051{,}89\,, \quad S_{12}^{I} = 1\,223{,}06\,, \quad b_1 S_{11} + b_2 S_{12} = 23\,360{,}189\,,$$
$$b_1' S_{11} + b_2' S_{12} = 22\,290{,}237\,,$$
$$S_{12}^{I} = 1\,223{,}06\,, \quad S_{22}^{I} = 63\,736{,}86\,, \quad b_1 S_{12} + b_2 S_{22} = 17\,289{,}338\,,$$
$$b_1' S_{12} + b_2' S_{22} = -\,38\,468{,}687\,,$$
$$S_{LL} = 27\,718{,}347\,, \quad S_{NN} = 46\,246{,}381\,,$$
$$S_{LN} = 12\,593{,}357\,, \quad S_{NL} = 12\,593{,}358\,.$$

Entsprechend findet man die Summen der Quadrate und Produkte zwischen den Gebieten und insgesamt, worauf man die übliche Zusammenstellung erhält:

Streuung	Freiheitsgrad	Summe der Quadrate und Produkte			
		$S_{LL}(C)$	$S_{LN}(B)$	$S_{NN}(A)$	B^2/A
Zwischen Gebieten . . .	14	559,793	254,333	379,692	. . .
Innerhalb der Gebiete . .	3544	27718,347	12593,357	46246,381	3429,298
Insgesamt	3558	28278,140	12847,690	46626,073	3540,147

Daraus findet man schließlich

Streuung	C	B^2/A	$C - B^2/A$	Freiheitsgrad	Durchschnittsquadrat
Insgesamt	28278,140	3540,147	24737,993	3557	. . .
Innerhalb der Gebiete	27718,347	3429,298	24289,049	3543	6,856
Unterschied	. . .	. . .	448,944	14	32,067

Wie in 62 prüfen wir den Unterschied zwischen den Gebieten für X_L, nachdem der Einfluß von X_N ausgeschaltet wurde, indem wir

$$F = 32{,}067/6{,}856 = 4{,}677$$

rechnen. Für $n_1 = 14$ und $n_2 = 3543$ findet man einen Wert $F_{0,001}$, der sicher kleiner als 3 ist; die Unterschiede zwischen den Gebieten bleiben noch stark gesichert. Daraus ist zu schließen, daß die beste lineare Trennformel X_L dem Nasenindex überlegen ist.

Die obige Abhängigkeitszerlegung gibt uns gleichzeitig Antwort auf die zweite Frage, nämlich nach dem Maß der Überlegenheit von X_L gegenüber X_N. Die Summe der Quadrate von X_L innerhalb der Gebiete beläuft sich auf 27718,347; sie wird um 3429,298 vermindert, wenn man den Einfluß von X_N ausschaltet, das heißt im Verhältnis

$$3429{,}298/27\,718{,}347 = 0{,}123\,72\,.$$

Dies kann auch so ausgedrückt werden, daß man sagt, der Wirkungsgrad von X_N betrage 12,4% von X_L. Noch anders läßt sich sagen, daß man mit dem Nasenindex (oder X_N) 1000 Individuen benötigt, um die Gebiete ebensogut auseinanderzuhalten wie es die beste Trennformel X_L mit 124 Individuen zu tun vermag. Wer statt der Trennformel X_L den Nasenindex verwendet, verliert den Aufschluß von 876 auf 1000 Individuen.

Die Verfahren dieses Abschnittes können ohne weiteres auch bei mehr als zwei Veränderlichen benützt werden. Sie können ebenfalls verwendet werden, wenn man qualitative Veränderliche, wie etwa die Haarfarbe oder die Augenfarbe, in quantitative Veränderliche umwandeln möchte. Bemerkenswerte Beispiele dieser Art wurden von R. A. FISHER (1954 a, § 49.2) und von K. MAUNG (1941, a, b) behandelt.

65 Der verallgemeinerte Abstand

Im Abschnitt 641 ist dargelegt, wie man vorgehen kann, um festzustellen, ob zwei Stichproben mit mehreren Merkmalen voneinander abweichen; das Trennverfahren gestattet uns, die verschiedenen Merkmale in einen einzigen Ausdruck zu verschmelzen.

Wenn man indessen untersuchen will, ob eine Stichprobe A einer zweiten B nähersteht als einer dritten C, so versagt offenbar das Trennverfahren. Man muß in diesem Falle ein *Maß* einführen, das uns irgendwie den „Abstand" der Stichprobe A von B und von C zu ermitteln gestattet. Der von P. C. MAHALANOBIS (1925) eingeführte *verallgemeinerte Abstand* D^2 ist ein solches Maß, das grundsätzlich beliebig viele Merkmale zu einer Art Abstand zweier Stichproben zu verbinden gestattet.

Um den verallgemeinerten Abstand D^2 einzuführen, knüpfen wir an das in 641 besprochene Trennverfahren für zwei Stichproben A und B an, wobei wir wie dort beispielshalber drei Merkmale x_1, x_2 und x_3 für jedes Glied der beiden Stichproben annehmen wollen; die Verallgemeinerung auf mehr Merkmale wird nötigenfalls unschwer vorzunehmen sein.

Das Trennverfahren liefert uns eine Formel

$$X = b_1\, x_1 + b_2\, x_2 + b_3\, x_3 \tag{1}$$

derart, daß die Durchschnitte von X für die Stichproben A und B möglichst stark voneinander abweichen, während gleichzeitig die Streuung der Werte X innerhalb der beiden Stichproben möglichst klein wird; genauer gesagt, wird das Verhältnis der soeben genannten statistischen Maßzahlen möglichst groß ausfallen. Die b_1, b_2 und b_3 berechnet man aus den Gleichungen (8) von 641. In (8) haben wir auf der linken Seite Ausdrücke von der Form

$$S_{12} = S_{12}^A + S_{12}^B$$

wobei die Summe der Produkte der Abweichungen von den Durchschnitten getrennt für die Gruppen A und B berechnet und die beiden Ergebnisse zusammengezählt wurden. Da es, wie wir in 641 sahen, nur auf das Verhältnis der b_1, b_2 und b_3 zueinander ankommt, können wir die Quadrat- und Produktsummen durch ihren Freiheitsgrad $N_A + N_B - 2$ dividieren, wofür wir setzen

$$S_{12}/(N_A + N_B - 2) = s_{12} , \quad \text{usw.} \tag{2}$$

Somit können wir die Gleichungen (8) von 641 in der Form

$$b_1 s_{11} + b_2 s_{12} + b_3 s_{13} = d_1 \quad (3\,\text{a}) \qquad b_1 s_{12} + b_2 s_{22} + b_3 s_{23} = d_2 \quad (3\,\text{b})$$

$$b_1 s_{13} + b_2 s_{23} + b_3 s_{33} = d_3 \tag{3c}$$

schreiben. Wir erinnern daran, daß d_1 den Unterschied der Durchschnitte von x_1 für A und B bedeutet. Die in 641 definierten b_j unterscheiden sich von den Lösungen der Gleichungen (3) um den Faktor $N_A + N_B - 2$.

Wenn wir die Lösungen der Gleichungen (3) in Determinantenform schreiben, erhalten wir beispielsweise für b_1

$$b_1 = \frac{\begin{vmatrix} d_1 & s_{12} & s_{13} \\ d_2 & s_{22} & s_{23} \\ d_3 & s_{23} & s_{33} \end{vmatrix}}{\begin{vmatrix} s_{11} & s_{12} & s_{13} \\ s_{12} & s_{22} & s_{23} \\ s_{13} & s_{23} & s_{33} \end{vmatrix}} . \tag{4}$$

Die Determinante im Zähler wollen wir in bekannter Weise nach den Elementen der ersten Spalte entwickeln, wofür man erhält

$$\begin{vmatrix} d_1 & s_{12} & s_{13} \\ d_2 & s_{22} & s_{23} \\ d_3 & s_{23} & s_{33} \end{vmatrix} = d_1 \begin{vmatrix} s_{22} & s_{23} \\ s_{23} & s_{33} \end{vmatrix} - d_2 \begin{vmatrix} s_{12} & s_{13} \\ s_{23} & s_{33} \end{vmatrix} + d_3 \begin{vmatrix} s_{12} & s_{13} \\ s_{22} & s_{23} \end{vmatrix} . \tag{5}$$

Bezeichnen wir nun noch

$$\frac{\begin{vmatrix} s_{22} & s_{23} \\ s_{23} & s_{33} \end{vmatrix}}{\begin{vmatrix} s_{11} & s_{12} & s_{13} \\ s_{12} & s_{22} & s_{23} \\ s_{13} & s_{23} & s_{33} \end{vmatrix}} = s^{11}, \quad \text{usw.,} \tag{6}$$

so lassen sich b_1, b_2 und b_3 einfach schreiben als

$$b_1 = d_1 s^{11} + d_2 s^{12} + d_3 s^{13} , \tag{7a}$$

$$b_2 = d_1 s^{12} + d_2 s^{22} + d_3 s^{23} , \tag{7b}$$

$$b_3 = d_1 s^{13} + d_2 s^{23} + d_3 s^{33} . \tag{7c}$$

Dabei ist zu beachten, daß die Determinanten im Zähler, die den s^{12} und s^{23} entsprechen, mit dem negativen Vorzeichen zu versehen sind.

Bis hierher haben wir lediglich die Ergebnisse des Abschnitts 641 in eine andere Form gekleidet. Den Übergang zum verallgemeinerten Abstand D^2 vollziehen wir nun, indem wir in der Trennformel (1) an Stelle von x_1 den Unterschied d_1 der Durchschnitte für A und B einsetzen, an Stelle von x_2 den Unterschied d_2 und an Stelle von x_3 den Unterschied d_3; was man dabei erhält, ist nach (3) von 641 nichts anderes als $(N_A + N_B - 2)\, d_X$; MAHALANOBIS setzt dies gleich D^2 *. Wir erhalten also

$$D^2 = b_1\, d_1 + b_2\, d_2 + b_3\, d_3\,. \tag{8}$$

Wenn wir in (8) die b entsprechend den Formeln (7) ersetzen, finden wir D^2 in der von MAHALANOBIS gegebenen Form

$$D^2 = d_1^2\, s^{11} + d_2^2\, s^{22} + d_3^2\, s^{33} + 2\,(d_1\, d_2\, s^{12} + d_1\, d_3\, s^{13} + d_2\, d_3\, s^{23})\,. \tag{9}$$

Beispiel 57. Unterschiede zwischen den Bienenmilben *Acarapis woodi* innen, *Acarapis externus* und *Acarapis dorsalis*, gestützt auf die Länge der beiden letzten Tarsenglieder von Bein IV (x_1) und den Abstand der Stigmen (x_2) (MORGENTHALER, 1934).

Es handelt sich darum, anhand der Zahlen von Seite 263 zu untersuchen, ob die *A. externus* von den *A. woodi* innen stärker abweichen als die *A. dorsalis*.

Das Beispiel entspricht insofern nicht ganz den oben angegebenen Formeln, als wir es hier nur mit zwei Veränderlichen zu tun haben, während wir dort deren drei voraussetzten; obschon sich die Formeln für zwei Veränderliche vereinfachen ließen, wollen wir hier gleichwohl den obigen Formeln entsprechend verfahren, um damit den Gang der Rechnung im allgemeinen zu veranschaulichen.

In erster Linie berechnen wir die Summen, die Durchschnitte, die Summen der Quadrate und der Produkte der Abweichungen für jede der drei Milbenarten.

	A. woodi innen	A. externus	A. dorsalis
Anzahl, N	90	85	40
Durchschnitte			
Tarsen $\bar{x}_1$	7,517	11,486	7,511
Stigmenabstände x_2	12,808	16,250	16,255
S_{11}	23,455	26,076	10,155
S_{12}	10,040	17,894	3,514
S_{22}	48,906	328,369	64,768

---

*) Wir folgen hier den neueren Arbeiten der indischen Schule, wo im Gegensatz zu den früheren Untersuchungen nicht mehr $3\, D^2 = b_1\, d_1 + b_2\, d_2 + b_3\, d_3$ gesetzt wird, wie dies in der 2. Auflage dieses Buches ebenfalls getan wurde. Wir lassen also den Faktor 3 weg.

A. woodi innen				A. externus				A. dorsalis	
x_1	x_2	x_1	x_2	x_1	x_2	x_1	x_2	x_1	x_2
6,90	12,08	8,05	13,31	12,73	21,31	11,04	17,25	8,28	15,65
7,25	11,96	8,51	13,74	12,12	17,71	10,40	14,03	7,71	18,40
7,59	12,77	7,13	12,10	11,88	20,01	11,16	17,37	7,15	18,98
8,28	13,46	6,90	13,57	10,93	16,56	11,04	14,72	6,79	15,54
7,02	12,99	7,36	12,19	10,53	15,43	13,11	17,71	6,33	16,68
7,13	12,77	6,56	12,75	11,39	18,06	11,15	13,46	7,82	19,32
8,17	13,57	7,13	12,53	11,50	18,06	11,40	14,03	7,65	15,42
7,13	12,54	7,36	11,85	10,43	16,91	11,27	18,17	8,17	16,09
7,59	12,77	8,58	11,50	11,50	17,83	11,50	14,60	7,82	17,13
7,94	12,63	8,63	12,31	11,27	17,83	11,50	16,45	8,10	16,91
7,36	14,38	7,52	11,73	11,16	20,23	12,30	15,76	7,94	16,33
8,17	12,54	7,59	12,22	11,15	19,55	11,27	14,49	7,59	17,71
6,56	12,54	8,23	12,77	10,47	17,14	11,77	16,67	7,48	16,67
7,25	12,08	7,02	14,03	11,50	18,98	11,50	12,63	7,59	15,06
6,56	12,31	8,05	14,61	11,27	18,86	10,58	14,38	7,48	15,53
7,48	11,96	8,40	12,93	11,72	18,66	11,50	16,45	6,78	15,18
7,82	12,99	7,71	12,77	11,04	16,22	10,92	17,25	7,71	15,76
7,13	11,27	7,48	13,40	11,38	12,63	11,15	18,28	6,90	17,25
7,72	15,54	8,05	12,65	10,81	12,63	10,52	16,34	6,78	15,53
8,05	13,69	7,48	12,10	10,70	14,60	11,15	17,45	6,78	16,09
7,48	13,11	6,90	12,54	12,08	14,95	11,37	15,42	7,59	14,83
7,13	13,34	7,25	12,08	11,08	14,95	11,61	14,03	7,70	17,92
7,13	12,99	7,71	13,34	12,42	15,88	11,27	14,49	7,93	17,25
7,71	13,57	8,05	13,23	10,92	15,42	10,81	13,91	6,44	15,53
7,96	13,34	7,02	12,70	11,50	16,90	11,50	15,10	8,16	17,25
7,33	13 34	7 50	13,34	12,08	13,57	12,19	16,56	8,05	16,22
7,10	13,46	6,56	12,65	12,08	15,30	11,15	17,82	8,20	14,95
7,33	13,80	7,02	12,19	11,90	16,33	11,84	16,33	7,36	14,83
7,50	11,96	6,79	11,50	11,40	15,42	10,93	17,48	8,05	15,18
7,48	12,19	6,79	12,54	12,19	18,17	11,50	17,36	7,59	14,37
7,59	13,23	7,02	11,65	11,90	19,55	11,84	17,71	6,90	15,07
8,28	13,80	7,02	12,54	11,27	12,63	12,30	16,33	7,13	16,79
7,59	12,54	6,90	12,08	11,61	20,35	10,92	14,60	7,59	19,21
7,26	12,08	8,28	13,92	11,61	16,40	11,50	14,60	7,24	14,83
8,17	13,80	7,71	11,73	12,88	16,45	12,19	17,25	7,24	14,37
6,90	11,96	7,13	12,30	11,73	16,35	11,96	16,22	8,16	16,40
7,24	12,76	8,16	12,99	11,50	12,63	11,96	16,33	7,94	16,56
7,94	13,46	7,59	12,42	11,61	15,40	11,67	15,18	7,36	16,35
7,59	13,23	7,47	13,39	11,39	12,09	11,73	14,03	7,71	15,18
8,40	13,11	7,47	12,88	11,61	17,13	11,50	13,22	7,26	15,88
7,59	13,46	7,70	11,84	11,50	16,29				
7,56	13,04	7,71	13,46	12,88	16,11				
8,40	12,66	7,02	12,63	11,50	17,25				
7,02	12,66	7,02	12,77	11,15	16,90				
8,05	12,88	8,17	12,31	11,04	18,17				

Die Rechnungen wollen wir für den Unterschied zwischen *A. woodi* innen und *A. externus* vorführen; für den Abstand D^2 zwischen *A. woodi* innen und *A. dorsalis* werden wir nur das Ergebnis anführen.

Wir haben zunächst die mit d_1, d_2, s_{11}, s_{12} und s_{22} bezeichneten Größen auszurechnen. Man findet, wenn wir die *A. woodi* innen als Gruppe A und die *A. externus* als B betrachten,

$$d_1 = -\,3{,}969; \quad d_2 = -\,3{,}442;$$

$$s_{11} = 0{,}2863; \quad s_{12} = 0{,}1615; \quad s_{22} = 2{,}1808.$$

Wie ein Vergleich der Formeln (3) und (7) dieses Abschnittes mit den Formeln (2), (3) und (4) von 613.3 lehrt, sind die Größen s^{11}, s^{12} und s^{22} nichts anders als Multiplikatoren. Sie lassen sich nach dem in 613.3 gegebenen Rechenschema ermitteln, das wir auch für das Trennverfahren in 641 und 642 verwendeten. Das Rechenschema liefert uns die b_j und D^2 unmittelbar; wir brauchen die s^{jk} nicht unbedingt zu berechnen, wenn dazu nicht ein besonderer Grund vorliegt.

Um für die s_{jj} Werte zwischen 0,5 und 2,0 zu erhalten, multiplizieren wir s_{11} mit 4 und daher s_{12} und d_1 mit 2. Somit gehen die Rechnungen wie folgt vor sich:

	1	2	d_j	Q	Probe
01	$+\,1{,}1452$	$+\,0{,}3230$	$-\,7{,}9380$	$-\,6{,}4698$	$\ldots$
02		$+\,2{,}1808$	$-\,3{,}4420$	$-\,0{,}9382$	$\ldots$
03			$-\,0$	$-\,11{,}3800$	$\ldots$
10	$+\,1$	$+\,0{,}2820$	$-\,6{,}9315$	$\ldots$	$-\,5{,}6495$
11	$+\,0{,}2820$	$+\,2{,}0897$	$-\,1{,}2035$	$+\,1{,}1682$	$+\,0{,}8863$
12	$-\,6{,}9315$		$-\,55{,}0222$	$-\,63{,}1572$	$-\,56{,}2254$
20	$+\,0{,}1349$	$+\,1$	$-\,0{,}5759$	$\ldots$	$+\,0{,}5590$
21	$-\,6{,}7691$	$-\,0{,}5759$	$-\,55{,}7153$	$-\,63{,}0603$	$-\,62{,}4844$

In der Zeile 21 finden wir $b_1 = 2\,(-\,6{,}7691) = -\,13{,}5382$ und $b_2 = -\,0{,}5759$. In der Spalte der d_j findet man $-D^2$, so daß

$$D^2 = 55{,}7153 \quad \text{und} \quad D = 7{,}464.$$

Um zu prüfen, ob dieser Abstand D^2 gesichert von Null verschieden ist, berechnet man

$$F = N_A N_B (N_A + N_B - p - 1)\,D^2 / p\,(N_A + N_B)\,(N_A + N_B - 2), \qquad (10)$$

da dieser Ausdruck mit $n_1 = p$, $n_2 = N_A + N_B - p - 1$ wie F verteilt ist, wenn beide Stichproben aus derselben p-dimensionalen Grundgesamtheit stammen.

In unserem Beispiel ist $N_A = 90$, $N_B = 85$, $p = 2$, und daher

$$F = 1210{,}7,$$

was mit $n_1 = 2$, $n_2 = 172$ weit außerhalb $F_{0,001}$ liegt. Die beiden Merkmale ergeben somit einen Abstand, der gesichert von Null abweicht.

Aus der Zeile 12 des Rechenschemas folgt aber überdies, daß für das Merkmal x_1 allein der verallgemeinerte Abstand

$$D^2 = 55,0222$$

beträgt, also nur um einen unbedeutenden Betrag niedriger ist, als wenn beide Merkmale x_1 und x_2 berücksichtigt werden. Daß in der Tat der Einbezug von x_2 keine gesicherte Erhöhung des verallgemeinerten Abstandes mit sich bringt, kann mittels der folgenden Formeln geprüft werden, die den Formeln (12) und (13) in 641 entsprechen. Dabei ist D^2_{p+q} der verallgemeinerte Abstand berechnet auf Grund von $p + q$ Merkmalen (oder Veränderlichen) und D^2_p ein solcher mit p Merkmalen. Man berechnet zunächst

$$R = \frac{1 + N_A\, N_B\, D^2_{p+q}/(N_A + N_B)\,(N_A + N_B - 2)}{1 + N_A\, N_B\, D^2_p/(N_A + N_B)\,(N_A + N_B - 2)} \tag{11}$$

und sodann

$$F = (N_A + N_B - p - q - 1)\,(R - 1)/q\,, \tag{12}$$

das wie F verteilt ist mit $n_1 = q$, $n_2 = (N_A + N_B - p - q - 1)$, wenn die zusätzlichen q Veränderlichen in Wirklichkeit keinen wesentlichen Beitrag leisten.

Wenn wir in unserem Beispiel

$$D^2_{p+q} = 55,7140 \quad \text{und} \quad D^2_p = 55,0222$$

setzen, so erhält man

$$R = 1,0117 \quad \text{und} \quad F = 2,012\,,$$

während aus der Tafel IV für $n_1 = 1$, $n_2 = 172$ ein Wert $F_{0,05}$ in der Größenordnung von 3,9 zu entnehmen ist. Das Maß x_2 bringt demnach keinen wesentlichen Beitrag zum verallgemeinerten Abstand.

Auf gleiche Weise kann der verallgemeinerte Abstand zwischen *A. woodi* innen und *A. dorsalis* berechnet werden. Die Ausgangswerte lauten in diesem Falle

$$s_{11} = 0,2626\,, \quad s_{12} = +\,0,1059\,, \quad s_{22} = 0,8881\,,$$

$$d_1 = +\,0,006\,, \quad d_2 = -\,3,447\,.$$

Man erhält an Hand des Rechenschemas als verallgemeinerten Abstand mit beiden Maßen

$$D^2 = 14,0743 \quad \text{und} \quad D = 3,752\,.$$

Auch dieser Wert gibt nach der Formel (10) einen stark gesicherten Wert von $F = 193,4$, mit $n_1 = 2$, $n_2 = 127$.

Mit dem ersten Maß x_1 allein, ergibt sich ein $D^2 = 0,001$. Das bedeutet, daß das erste Maß x_1 nichts zum verallgemeinerten Abstand beiträgt.

Berücksichtigt man beide Merkmale x_1 und x_2, so stellt man fest, daß *A. externus* stärker von *A. woodi* innen entfernt ist als *A. dorsalis*. In diesem Fall ist der Unterschied so ausgeprägt, daß es kaum nötig ist, ihn zu prüfen. Es bestehen noch keine Tafeln, die es gestatten würden, diesen Unterschied ohne großen Aufwand an Rechenarbeit zu prüfen.

7 SCHÄTZEN VON PARAMETERN

70 Grundsätze für das Schätzen

Wie im Abschnitt 21 schon dargetan wurde, lassen sich die verschiedenen Schätzungen eines Parameters auf Grund von drei Kriterien beurteilen, die von R. A. Fisher (1921 a, 1954 a, 1956) angegeben wurden.

Betrachten wir etwa die von Rutherford und Geiger erhaltenen Werte über die Szintillationen von Polonium, die im Beispiel 5 zusammengestellt sind. Es ist naheliegend, diese Angaben als eine Stichprobe aus einer Poissonschen Grundgesamtheit aufzufassen. Die Poissonsche Verteilung ist durch die Formel

$$\varphi(x) = e^{-\lambda} \lambda^x / x! \tag{1}$$

gegeben. Die Wahrscheinlichkeiten $\varphi(x)$ können für alle Werte $x = 0, 1, 2, \ldots$ berechnet werden, wenn der Parameter λ bekannt ist. Für das erwähnte Beispiel muß man demnach aus den $N = 792$ beobachteten Werten eine Schätzung des Parameters λ finden, um die Wahrscheinlichkeiten $\varphi(x)$ ermitteln zu können.

In der Wahl der Schätzungen für den Parameter λ können wir uns von den verschiedensten Erwägungen leiten lassen. Im Abschnitt 903 wird beispielsweise gezeigt, daß der Durchschnitt μ der Grundgesamtheit, der durch die Beziehung

$$\mu = \sum_{x=0}^{\infty} x\, \varphi(x) \tag{2}$$

definiert ist, gleich dem Parameter λ ist. Daraus kann gefolgert werden, daß der Durchschnitt $\bar{x}$ der Stichprobe, der nach der Formel

$$\bar{x} = (\overset{M}{\underset{j=1}{S}} f_j\, x_j)/N \tag{3}$$

berechnet wird, als Schätzung von λ dienen kann.

In der Tat erfüllt der Durchschnitt $\bar{x}$ das erste der drei Fisherschen Kriterien, er ist eine *passende* Schätzung. Schreibt man nämlich die Formel für den Durchschnitt in der Form

$$\bar{x} = \overset{M}{\underset{j=1}{S}} (f_j/N)\, x_j\,, \tag{3a}$$

und ersetzt darin die relativen Häufigkeiten f_j/N durch die entsprechenden

Wahrscheinlichkeiten gemäß der Formel (1), so erhält man an Stelle von

$$S\,(f_j/N)\;x_j$$

den Ausdruck

$$\sum\,(x\,e^{-\lambda}\,\lambda^x/x!)\,,$$

da x_j die Werte 0, 1, 2 usw., also einfach x, annimmt. Man hat aber

$$\sum\,(x\,e^{-\lambda}\,\lambda^x/x!) = \lambda\,e^{-\lambda}\sum\,\{\lambda^{x-1}/(x-1)!\}$$

$$= \lambda\,e^{-\lambda}\left(1 + \lambda + \frac{\lambda^2}{2!} + \frac{\lambda^3}{3!} + \cdots\right)$$

$$= \lambda\,e^{-\lambda}\,e^{+\lambda} = \lambda\,.$$

Der Durchschnitt ist somit eine passende Schätzung von λ, da eine Schätzung dann als passend gilt, wenn sie gleich dem Parameter wird, falls man in ihr die relativen Häufigkeiten durch die theoretischen Wahrscheinlichkeiten ersetzt, wie in 941 dargelegt wird.

Der Durchschnitt $\bar{x}$ ist indessen nicht die einzige Schätzung von λ, welche als passend bezeichnet werden kann. Wie in 903 gezeigt wird, gilt auch für die Streuung σ^2 der Grundgesamtheit, die durch

$$\sigma^2 = \sum_{x=0}^{\infty} (x - \mu)^2\,\varphi(x) \tag{4}$$

gegeben ist, daß $\sigma^2 = \lambda$. Berechnet man also aus der Stichprobe von N Werten die Streuung s^2 nach der Formel

$$s^2 = \mathop{S}_{j=1}^{M}\,(x_j - \bar{x})^2\,f_j\,/(N-1) \tag{5}$$

so wird man erwarten dürfen, daß auch s^2 eine passende Schätzung von λ sei. Schreibt man die Streuung s^2 in der Form

$$s^2 = \mathop{S}_{j=1}^{M}\,(x_j - \bar{x})^2\,(f_j/N)\,N/(N-1)\,, \tag{5a}$$

und bedenkt man, daß bei großem N der Faktor $N/(N-1)$ gleich 1 wird, so kann die rechte Seite von (5a) auch geschrieben werden als

$$S\,(x_j - \bar{x})^2\,(f_j/N) = S\,(x_j^2\,f_j/N) - \bar{x}^2$$

$$= S\,(x_j^2\,f_j/N) - (S\,x_j\,f_j/N)^2\,.$$

Ersetzt man darin die relativen Häufigkeiten f_j/N durch die theoretischen Wahrscheinlichkeiten (1), so erhält man an Stelle von

$$(S\,x_j\,f_j/N)^2\,,$$

wie oben gezeigt wurde, den Wert λ^2. Für

$$S(x_j^2 f_j/N)$$

findet man

$$\sum (x^2 e^{-\lambda} \lambda^x/x!) = \lambda e^{-\lambda} \sum \{x \lambda^{x-1}/(x-1)!\}$$
$$= \lambda e^{-\lambda} \sum \{\lambda^{x-1}/(x-1)!\} + \lambda e^{-\lambda} \sum \{(x-1) \lambda^{x-1}/(x-1)!\}$$
$$= \lambda + \lambda^2 e^{-\lambda} \sum \{\lambda^{x-2}/(x-2)!\} = \lambda + \lambda^2 .$$

An Stelle von

$$S(x_j - \bar{x})^2 (f_j/N) = S(x_j^2 f_j/N) - (S x_j f_j/N)^2$$

ergibt sich demnach

$$\lambda + \lambda^2 - \lambda^2 = \lambda .$$

Die Streuung s^2 ist somit, wie der Durchschnitt $\bar{x}$, eine passende Schätzung des Parameters λ der Poissonschen Verteilung.

Trotzdem sind aber die beiden Schätzungen nicht gleichwertig, da sie sich in der Streuung unterscheiden. Wie im Abschnitt 941 gezeigt wird, läßt sich die Streuung der Schätzung T eines Parameters θ einfach berechnen, falls die Schätzung passend ist. Wenn die beobachteten Werte in M Klassen fallen und die Wahrscheinlichkeit mit π_j bezeichnet wird, daß ein Wert in die j. Klasse fällt, so lautet die Formel für die Streuung $V(T)$ der Schätzung

$$V(T) = \{(\sum k_j^2 \pi_j) - (\sum k_j \pi_j)^2\}/N , \tag{6}$$

wobei

$$k_j = [\partial T/\partial p_j]_{p_j = \pi_j} \tag{7}$$

ist. In der Formel (7) werden die relativen Häufigkeiten $f_j/N = p_j$ gesetzt. Nachdem T nach p_j abgeleitet ist, sind die relativen Häufigkeiten p_j durch die Wahrscheinlichkeiten π_j zu ersetzen.

Wenden wir zunächst die Formeln (6) und (7) auf den Durchschnitt $\bar{x}$ an, den wir in der Form

$$\bar{x} = \mathop{S}_{j=1}^{M} p_j x_j$$

schreiben. Man hat für k_j

$$k_j = [\partial \bar{x}/\partial p_j]_{p_j = \pi_j} = x_j$$

und somit für die Streuung von $\bar{x}$

$$V(\bar{x}) = \{(\sum x_j^2 \pi_j) - (\sum x_j \pi_j)^2\}/N . \tag{8}$$

Die π_j sind in diesem Falle durch die Formel (1) gegeben, so daß also

$$\pi_j = e^{-\lambda} \lambda^j/j! \tag{9}$$

Für die Poissonsche Verteilung entsprechen die x_j den Werten 0, 1, 2, … oder also einfach x. Durch Vergleich mit der Formel (12) in 903 ersieht man, daß aus (8) unmittelbar folgt

$$V(\bar{x}) = \lambda/N \ . \tag{10}$$

Schreiben wir (5a) in der Form

$$s^2 = \left(\mathop{S}_{j=1}^{M} (x_j - \bar{x})^2\, p_j \right) N/(N-1) \ ,$$

so finden wir an Stelle von (7)

$$k_j = [\partial s^2/\partial p_j] = (x_j - \bar{x})^2\, N/(N-1)$$

und demnach wird, da bei großen Werten von N der Faktor $N/(N-1)$ gleich 1 gesetzt werden kann, durch Einsetzen in (6)

$$V(s^2) = \left\{ \left(\sum (x - \bar{x})^4\, \pi_j \right) - \left(\sum (x - \bar{x})^2\, \pi_j \right)^2 \right\}/N \ .$$

Bedenkt man auch hier, daß die π_j entsprechend (1) definiert sind, und daß bei großen Stichproben das $\bar{x} = \lambda$ wird, so ergibt sich durch Vergleich mit den Formeln (12) und (14) von 903, daß

$$\sum (x - \lambda)^4\, \varphi(x) = 3\,\lambda^2 + \lambda$$
$$\sum (x - \lambda)^2\, \varphi(x) = \lambda$$

und demnach

$$V(s^2) = (\lambda + 2\,\lambda^2)/N \ . \tag{11}$$

Da der Parameter λ der Poissonschen Verteilung stets größer als Null ist, ergibt sich aus dem Vergleich von (10) und (11), daß die Streuung von s^2 stets größer ist als die Streuung von $\bar{x}$. Der Durchschnitt $\bar{x}$ ist also die genauere Schätzung von λ als die Streuung s^2. Die Formeln (10) und (11) sind für die Beurteilung der beiden Schätzungen um so wertvoller, als sowohl $\bar{x}$ wie s^2 normal verteilt sind mit dem Durchschnitt λ. Dies folgt aus der in 941 bewiesenen, allgemeinen Eigenschaft, daß passende Schätzungen bei großem Umfang N der Stichprobe normal verteilt sind.

Wie im Abschnitt 21 erwähnt wurde, kann die Schätzung, welche die kleinste Streuung aufweist, nach dem Verfahren der größten Mutmaßlichkeit ermittelt werden. Aus den Erörterungen in 941 folgt, daß diese Schätzung, welche gleichzeitig eine *wirksame* Schätzung ist, und die wir als *optimale* bezeichnen wollen, im allgemeinen aus der Beziehung

$$\partial \ln L/\partial \theta = \mathop{S}_{j=1}^{M} (\partial \pi_j/\partial \theta)\, f_j/\pi_j = 0 \tag{12}$$

ermittelt werden kann. Für die Poissonsche Verteilung sind die π_j durch (9) gegeben und man erhält

$$\partial \pi_j/\partial \lambda = (j\, e^{-\lambda}\, \lambda^{j-1} - e^{-\lambda}\, \lambda^j)/j!$$
$$\partial \pi_j/\partial \lambda = \pi_j[(j/\lambda) - 1] \ , \tag{13}$$

so daß die Gleichung (12) in der Form

$$S(j\,f_j)/\lambda - S\,f_j = 0$$

erscheint. Daraus folgt

$$N\,\bar{x}/\lambda = N\,,$$

so daß die Schätzung nach dem Verfahren der größten Mutmaßlichkeit, die wir mit $\hat{l}$ bezeichnen, gegeben ist durch

$$\hat{l} = \bar{x}\,.$$

Der Durchschnitt ist demnach die Schätzung, welche die kleinste Streuung aufweist, d. h. eine wirksame Schätzung.

Wie in 941 gezeigt wird, läßt sich die Streuung $V(T)$ der wirksamen Schätzung $\hat{T}$ aus der Formel

$$1/V(\hat{T}) = N \sum_{j=1}^{M} (\partial\pi_j/\partial\theta)^2/\pi_j \tag{14}$$

berechnen. Berücksichtigt man (13), so erhält man für (14)

$$1/V(\hat{T}) = N \sum \pi_j\,[(j/\lambda) - 1]^2$$

oder

$$1/V(\hat{T}) = N \sum \pi_j\,(j - \lambda)^2/\lambda^2\,,$$

was aber nach (12) von 903 nichts anderes ist als

$$1/V(\hat{T}) = N\,\lambda/\lambda^2 = N/\lambda\,.$$

Demnach ist

$$V(\hat{T}) = \lambda/N\,, \tag{15}$$

wie wir dies in (10) für den Durchschnitt $\bar{x}$ schon gezeigt haben.

Aus der Formel (14) ist zu entnehmen, daß die Streuung $V(\hat{T})$ einer wirksamen Schätzung unmittelbar berechnet werden kann. Die Streuung einer wirksamen Schätzung hängt nur von der Zahl der Beobachtungen und von der Verteilung der Grundgesamtheit ab; sie ist nicht eine Eigenschaft des Schätzungsverfahrens. Da $V(\hat{T})$ die kleinstmögliche Streuung einer Schätzung ist, kann man mit R. A. FISHER die mit Hilfe von (14) bestimmte Größe

$$I = 1/V(\hat{T}) \tag{16}$$

als die *Information* betreffend den Parameter θ bezeichnen, die in den beobachteten N Werten enthalten ist. Der Ausdruck

$$i = \sum (\partial\pi_j/\partial\theta)^2/\pi_j \tag{16a}$$

wird als Information bezüglich *eines* beobachteten Wertes bezeichnet. Eine wirksame Schätzung holt diese Information in großen Stichproben vollständig aus den Beobachtungen heraus.

Benützt man eine Schätzung, die nicht wirksam ist, so läßt man im Grunde einen Teil der Information, die in den Angaben vorhanden ist, unbenützt liegen. Das Verhältnis der Streuungen einer wirksamen Schätzung $\widehat{T}$ zu einer nicht wirksamen Schätzung T nennt man den *Wirkungsgrad* (efficiency) E der nicht wirksamen Schätzung. Es ist also

$$E(T) = V(\widehat{T})/V(T) \, .$$

Vergleichen wir die nicht wirksame Schätzung s^2 des Parameters λ der Poissonschen Verteilung mit der wirksamen Schätzung $\bar{x}$, so ist der Wirkungsgrad von s^2 gegeben durch

$$E(s^2) = V(\bar{x})/V(s^2) = \lambda/(\lambda + 2\,\lambda^2) = 1/(1 + 2\,\lambda) \, . \tag{17}$$

Dieses wichtige Ergebnis läßt sich folgendermaßen deuten. Nehmen wir an, wir hätten beispielsweise $N = 300$ Werte beobachtet. Wenn man den Durchschnitt $\bar{x}$ als Schätzung von λ verwendet, so benützt man die volle Information, die in den Beobachtungen steckt. Nimmt man dagegen die Streuung s^2 als Schätzung von λ, so wird nur ein Teil der Information bezüglich λ verwertet. Wenn etwa $\lambda = 1$ ist, so wird der Wirkungsgrad $E(s^2) = 1/3$. Um die gleiche Streuung zu erhalten, wie sie mit dem Durchschnitt erreicht wird, müßte somit die Schätzung s^2 auf Grund von 900 Werten berechnet werden. Man kann dies auch so ausdrücken: Schätzt man λ unter den angegebenen Umständen mittels s^2 statt mittels $\bar{x}$, so benützt man nur 1/3 der Information, die in den Angaben steckt; man verzichtet damit also auf 2/3 der Information; die Genauigkeit der Schätzung ist dieselbe, wie wenn man 200 Werte weglassen und nur aus den restlichen 100 den Parameter λ mittels $\bar{x}$ schätzen würde.

Der Durchschnitt $\bar{x}$ ist als Schätzung des Parameters λ der Poissonschen Verteilung nicht nur passend und wirksam, er ist auch *erschöpfend* (sufficient). Diese Eigenschaft ist besonders wertvoll, weil sie nicht nur für große, sondern auch für kleine Stichproben gilt. Wie im Abschnitt 941 dargelegt wird, nennt man eine Schätzung erschöpfend, wenn keine andere Schätzung imstande ist, uns über den zu schätzenden Parameter zusätzlichen Aufschluß zu geben.

Daß der Durchschnitt $\bar{x}$ eine erschöpfende Schätzung von λ ist, kann wie folgt gezeigt werden. Es sei eine Stichprobe von N Werten $x_1, x_2, \ldots, x_i,$ $\ldots x_N$ gegeben, die aus einer Poissonschen Grundgesamtheit mit dem Parameter λ stammen. Die Wahrscheinlichkeit, diese Stichprobe zu erhalten, ist gegeben durch den folgenden Ausdruck, der die Mutmaßlichkeit L darstellt, wenn man sie als Funktion von λ betrachtet

$$L = \varphi(x_1) \cdot \varphi(x_2) \ldots \cdot \varphi(x_N) = \frac{e^{-\lambda}\,\lambda^{x_1}}{x_1!} \cdot \frac{e^{-\lambda}\,\lambda^{x_2}}{x_2!} \ldots \cdot \frac{e^{-\lambda}\,\lambda^{x_N}}{x_N!}$$

$$= e^{-\lambda N} \cdot \lambda^{x_1 + x_2 + \ldots + x_N}/x_1!\,x_2! \ldots x_N!$$

$$= e^{-\lambda N}\,\lambda^{N\bar{x}}/x_1!\,x_2! \ldots x_N!$$

Andererseits kann man zeigen (siehe Abschnitt 903), daß die Summe von N

nach Poisson verteilten Werten einer Poissonverteilung mit dem Parameter λN gehorcht. Man hat also

$$\varphi(x_1 + x_2 + \cdots + x_N) = \varphi(N\bar{x}) = \frac{e^{-\lambda N}\,(\lambda N)^{N\bar{x}}}{(N\bar{x})!}\,.$$

Die Mutmaßlichkeit L kann nun auch geschrieben werden in der Form

$$L = \frac{e^{-\lambda N}\,(\lambda N)^{N\bar{x}}}{(N\bar{x})!} \cdot \frac{(N\bar{x})!}{x_1!\,x_2!\ldots x_N!}\left(\frac{1}{N}\right)^{N\bar{x}}, \tag{18}$$

wobei also der erste Faktor die Wahrscheinlichkeit angibt, daß $x_1 + x_2 +$ $+ \cdots + x_N$ den Wert $N\bar{x}$ annimmt. Der zweite Faktor gibt die Wahrscheinlichkeit dafür, daß sich das Total $N\bar{x}$ gerade in die Werte $x_1, x_2, \ldots x_N$ aufteilt. Der Faktor $\varphi(N\bar{x})$ enthält nur $\bar{x}$, λ und N, nicht aber die Einzelwerte x_i. Der zweite Faktor enthält $\bar{x}$, N und die Einzelwerte x_i, nicht aber den Parameter λ. Wenn der Durchschnitt $\bar{x}$ bekannt ist, so kann ein zusätzlicher Aufschluß über λ nur aus den Einzelwerten x_i stammen. Da aber die Verteilung der Einzelwerte völlig unabhängig ist von dem Wert λ, kann uns keine Schätzung, die aus den Einzelwerten x_i berechnet wird, irgendwelchen Aufschluß über λ geben, der über das hinausgeht, was uns der Durchschnitt $\bar{x}$ bietet. Der Durchschnitt $\bar{x}$ enthält demnach alle Aufschlüsse, die aus N Einzelwerten über λ entnommen werden können.

71 Schätzen eines einzigen Parameters

Der einfachste Fall für das Schätzen liegt vor, wenn aus den Beobachtungen ein einziger Parameter ermittelt werden muß. Wir erörtern zunächst das Schätzen eines Parameters, um dann in 72 die allgemeine Aufgabe des Schätzens mehrerer Parameter zu behandeln.

711 Einfache Schätzung

Wenn ein einziger Parameter zu schätzen ist, können wir es mit einer einfachen oder mit einer zusammengesetzten Schätzung zu tun haben. Wir betrachten als erstes ein Beispiel einer einfachen Schätzung.

Beispiel 58. Bestimmung des Austauschwertes zwischen den Genen „White apricot" (A) und „vermilion" (B) bei Drosophila melanogaster (R. GLOOR, persönliche Mitteilung).

Ein für beide Gene heterozygotes Weibchen (AB/ab) wurde mit einem doppelt rezessiven Männchen (ab/ab) gekreuzt. Für die weiblichen Nachkommen ergaben sich folgende Zahlen:

	Ohne Austausch		Mit Austausch	
Genotyp:	AB/ab	ab/ab	Ab/ab	aB/ab
Anzahl Weibchen:	667	639	346	370

Diese Zahlen kann man in Form einer Vierfeldertafel aufschreiben und entsprechend der in Beispiel 10 von Abschnitt 31 angegebenen Methode daraufhin untersuchen, ob

(a) die Häufigkeiten $A : a$ sich wie $1 : 1$ verhalten;

(b) die Häufigkeiten $B : b$ sich wie $1 : 1$ verhalten;

(c) die beiden Gene voneinander unabhängig weitergegeben werden.

Es ergeben sich die folgenden Werte für die entsprechenden χ^2:

$$\text{(a) } 0{,}01; \quad \text{(b) } 1{,}34; \quad \text{(c) } 172{,}16 \, ,$$

woraus zu ersehen ist, daß die Spaltungsverhältnisse für beide Merkmale nicht von $1:1$ abweichen, und daß sie nicht unabhängig, sondern gekoppelt sind.

Der Grad der Koppelung kann durch den Austauschwert θ gemessen werden, den wir so definieren, daß die Wahrscheinlichkeit eines Nachkommens, in eine der beiden Klassen mit Austausch zu fallen gleich $\theta/2$, dagegen für die Klassen ohne Austausch gleich $(1 - \theta)/2$ gesetzt wird.

Um die optimale Schätzung $\widehat{T}$ und deren Streuung $V(\widehat{T})$ zu finden, benützen wir die Gleichungen (12) und (14) des Abschnitts 70. Dies geschieht am besten an Hand des folgenden Schemas, in das wir vorerst an Stelle der beobachteten Anzahlen die Buchstaben f_1, f_2, f_3, f_4 einsetzen.

Genotyp	f_j	π_j	$\partial \pi_j / \partial \theta$	$(\partial \pi_j / \partial \theta)/\pi_j$	$(\partial \pi_j / \partial \theta)^2 / \pi_j$
AB/ab	f_1	$\pi_1 = (1 - \theta)/2$	$-1/2$	$-1/(1 - \theta)$	$1/2(1 - \theta)$
ab/ab	f_2	$\pi_2 = (1 - \theta)/2$	$-1/2$	$-1/(1 - \theta)$	$1/2(1 - \theta)$
Ab/ab	f_3	$\pi_3 = \theta/2$	$+1/2$	$+1/\theta$	$1/2\theta$
aB/ab	f_4	$\pi_4 = \theta/2$	$+1/2$	$+1/\theta$	$1/2\theta$

Nach der Formel (12) von 70 hat man die Summe der Ausdrücke $(\partial \pi_j / \partial \theta) f_j / \pi_j$ gleich Null zu setzen, was in unserem Beispiel zu der Gleichung

$$\frac{f_1 + f_2}{1 - \theta} - \frac{f_3 + f_4}{\theta} = 0$$

führt. Daraus wird

$$(f_1 + f_2 + f_3 + f_4)\,\theta = f_3 + f_4$$

und daher für die optimale Schätzung T:

$$\widehat{T} = (f_3 + f_4)/N \, . \tag{1}$$

Um die Streuung $V(\widehat{T})$ zu finden, haben wir die Summe der Ausdrücke $(\partial\pi_j/\partial\theta)^2/\pi_j$ mit N zu multiplizieren, was gleich $1/V(\widehat{T})$ ist. Man erhält somit

$$1/V(\widehat{T}) = N/\theta(1-\theta) \,,$$

und daraus

$$V(\widehat{T}) = \widehat{T}(1-\widehat{T})/N \,. \tag{2}$$

Mit $f_1 = 667$, $f_2 = 639$, $f_3 = 346$, $f_4 = 370$ und $N = 2022$ findet man für den Austauschwert die optimale Schätzung

$$\widehat{T} = 716/2022 = 0{,}354\,105$$

und für die Streuung dieser Schätzung

$$V(\widehat{T}) = 0{,}354\,105 \cdot 0{,}645\,895/2022 = 0{,}000\,113\,113 \,.$$

Als Standardabweichung der Schätzung $\widehat{T}$ erhält man die Wurzel aus der Streuung $V(\widehat{T})$, also

$$0{,}010\,635 \,,$$

womit man Vertrauensgrenzen für $\widehat{T}$ berechnen kann.

In der Tat können wir die Schätzung $\widehat{T}$ als normal verteilt betrachten und somit sind

$$0{,}354\,105 \pm 0{,}010\,635\, u_P$$

die Vertrauensgrenzen. Mit $P = 0{,}05$ ist $u_P = 1{,}959\,964$ und die Vertrauensgrenzen werden demnach gleich

$$0{,}333\,261 \quad \text{und} \quad 0{,}374\,949 \,.$$

In diesem Beispiel lassen sich sowohl $\widehat{T}$ als auch $V(\widehat{T})$ in einfacher Weise durch die Formeln (1) und (2) ausdrücken. In andern Fällen kann dagegen die Gleichung (12) von 70 nicht ohne weiteres nach θ aufgelöst werden; wie man dann vorzugehen hat, zeigen wir im nächsten Abschnitt 712.

Vielfach stammen die Angaben aus verschiedenen Gruppen; es ist dann wichtig, sich zu vergewissern, ob die Zahlenwerte von Gruppe zu Gruppe gleichartig sind. Auch in unserem Beispiel 58 stammen die Zuchten aus 7 Flaschen und es ist zu prüfen, ob die Versuchsergebnisse in dieser Richtung homogen seien.

Um die Homogenität zu prüfen, berechnet man zunächst für jede Gruppe einzeln den Wert von

$$S(\partial\pi_j/\partial\theta)\, f_j/\pi_j = d \tag{3}$$

indem wir θ durch die optimale Schätzung $\widehat{T}$ ersetzen. Wie in 941 gezeigt wird, ist

$$d^2/I = d(d/I) = d\,\delta T \tag{4}$$

verteilt wie χ^2, wobei I die Information

$$I = Ni = N\,S(\partial\pi_j/\partial\theta)^2/\pi_j \tag{5}$$

bedeutet. Berechnet man denselben Ausdruck (4) auch für das Total, so ergibt sich in der üblichen Weise ein Prüfverfahren für die Homogenität der Schätzung $\widehat{T}$ (siehe Abschnitt 941).

Beispiel 59. Homogenität der Austauschwerte von Beispiel 58.

Für die Beziehung (3) ergibt sich der Ausdruck

$$d = [(f_1 + f_2)/(1 - \widehat{T})] - (f_3 + f_4)/\widehat{T}$$

und für die Information $I = N\,i$, wobei

$$i = 1/\widehat{T}(1 - \widehat{T})\,.$$

Für die 7 Flaschen ergaben sich die folgenden Anzahlen $f_1 + f_2$ und $f_3 + f_4$, denen wir die mit $\widehat{T} = 0{,}354\,105$ berechneten Ausdrücke d und $d^2/N\,i$ gegenüberstellen.

Flasche	$f_1 + f_2$	$f_3 + f_4$	N	d	d^2/Ni	n
1	144	102	246	$-\,65{,}104$	3,941	1
2	160	83	243	$+\,13{,}324$	0,167	1
3	276	127	403	$+\,68{,}663$	2,676	1
4	170	109	279	$-\,44{,}618$	1,642	1
5	163	95	258	$-\,15{,}919$	0,225	1
6	196	102	298	$+\,15{,}405$	0,182	1
7	197	98	295	$+\,28{,}249$	0,619	1
χ^2_T	...	...	...	...	9,452	7
Summe	1306	716	2022	$+\,0{,}001$	0,000	1
χ^2_H	...	...	...	...	9,452	6

Die Werte d und d^2/Ni in der ersten Zeile ergeben sich wie folgt:

$$d = (144/0{,}645\,895) - (102/0{,}354\,105)$$
$$= 222{,}946 - 288{,}050 = -\,65{,}104\,,$$
$$i = 1/0{,}645\,895 \cdot 0{,}354\,105 = 4{,}372\,254\,,$$
$$d^2/Ni = (65{,}104)^2/246 \cdot 4{,}372\,254$$
$$= 4238{,}530\,816/1075{,}574\,484$$
$$= 3{,}941\,.$$

Da für die Totale der Wert von $\widehat{T}$ so bestimmt wurde, daß $d = 0$ herauskam, findet man in der vorletzten Zeile $d = +\,0{,}001$ und $d^2/Ni = 0{,}000$, was wir mit χ_C^2 bezeichnen wollen. Als Maß für die Heterogenität der Schätzungen findet man

$$\chi_H^2 = \chi_T^2 - \chi_C^2 \tag{6}$$

mit 6 Freiheitsgraden in unserem Beispiel. Mit $n = 6$ ergibt sich aus der Tafel II ein Wert $\chi_{0,05}^2 = 12{,}592$, so daß also $\chi_H^2 = 9{,}452$ als Hinweis auf Gleichartigkeit der Gruppen bezüglich des Austauschwertes aufgefaßt werden kann.

Wenn man an Stelle von T einen angenäherten Wert T_0 benützt, so können sich zwar χ_T^2 und χ_C^2 recht stark verändern, wogegen χ_H^2 verhältnismäßig wenig schwankt. In der folgenden Übersicht stellen wir die χ^2 für verschiedene Werte T_0 zusammen; in der Figur 43 sind die Verhältnisse graphisch dargestellt.

$1 - T_0$	$\chi_T^2\,(n = 7)$	$\chi_C^2\,(n = 1)$	$\chi_H^2\,(n = 6)$
0,60	26,743	17,746	8,997
0,62	14,920	5,755	9,165
0,64	9,677	0,305	9,372
0,645 895	9,452	0,000	9,452
0,66	11,415	1,793	9,622
0,68	20,731	10,808	9,923
0,70	38,468	28,186	10,282

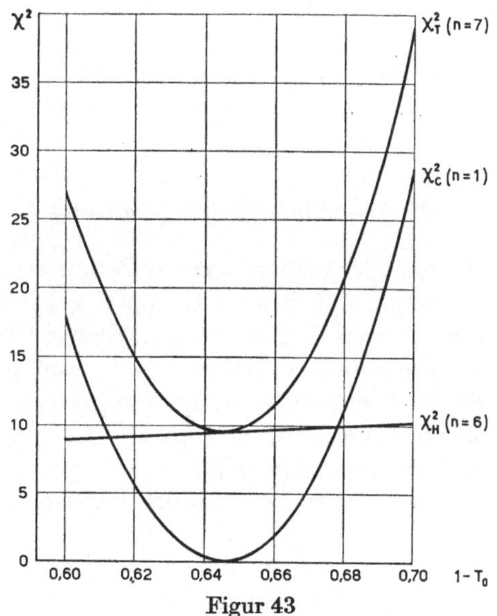

Figur 43

Abhängigkeit der χ^2 vom Schätzungswert T_0

Diese Ergebnisse können lediglich als Hinweis aufgefaßt werden, daß χ_H^2 verhältnismäßig unempfindlich ist, falls nur ein Wert von T in der Nähe von $\tilde{T}$ benützt wird.

Von den Werten d^2/Ni für die einzelnen Flaschen sind alle mit Ausnahme des ersten kleiner als $\chi_{0,05}^2 = 3{,}841$. Aus dem Umstand, daß der erste größer ist als $\chi_{0,05}^2$ darf noch nicht auf einen Widerspruch zum Ergebnis des auf χ_H^2 beruhenden Prüfverfahrens geschlossen werden. Dies kann durch folgende Überlegung, die von allgemeiner Bedeutung ist, klargestellt werden.

Wir betrachten in unserem Beispiel nicht einen einzigen Wert d^2/Ni, sondern deren sieben. Falls wir eine Sicherheitsschwelle P zugrundelegen, so vergleichen wir d^2/Ni mit χ_P^2. Wenn die Unterschiede zwischen den Gruppen nur zufälliger Art sind, wenn also derselbe Austauschwert θ für alle 7 Gruppen gilt, so ist für jedes einzelne der berechneten d^2/Ni die Wahrscheinlichkeit, *kleiner* als χ_P^2 zu sein, gleich $1 - P$. Die Wahrscheinlichkeit, daß dies für alle 7 zutrifft, ist gleich

$$(1 - P)^7$$

falls die Versuche voneinander unabhängig sind. Da P in der Regel klein gewählt wird, kann man annehmen, daß $(1 - P)^7$ ungefähr gleich $1 - 7P$ ist. Die Wahrscheinlichkeit, daß *mindestens einer* der sieben Werte d^2/Ni *größer* als χ_P^2 ist, beträgt

$$1 - (1 - P)^7 = 1 - (1 - 7P) = 7P \, .$$

Wenn wir also weiter bei einer Sicherheitsschwelle von 0,05 bleiben wollen, müssen wir für die einzelnen d^2/Ni mit einer Sicherheitsschwelle von $0{,}05/7 = 0{,}007$ rechnen. Der erste Wert 3,941 bleibt demnach noch durchaus im Rahmen des Zulässigen.

Die soeben angestellte Überlegung ist allgemein gültig und kann vielfach mit Vorteil angewandt werden.

712 Zusammengesetzte Schätzung

Im Abschnitt 711 haben wir gesehen, wie ein Parameter θ geschätzt werden kann, wenn die Ergebnisse in mehreren Gruppen getrennt vorliegen. Diese Gruppen waren jedoch in ihrem Gefüge vergleichbar, da für alle die gleichen Wahrscheinlichkeiten π_j anzunehmen waren. Es kommt jedoch vor, daß sich das Versuchs- oder Beobachtungsmaterial aus Gruppen zusammensetzt, die in ihrem Aufbau verschieden sind. Wie man in diesem Falle den unbekannten Parameter schätzt, soll an einem Beispiel erörtert werden.

Beispiel 60. Lokalisation eines Letalfaktors bei Drosophila melanogaster (ROSIN, 1948).

Im wesentlichen handelt es sich in diesem Beispiel ebenfalls, wie im Beispiel 58, um die Schätzung eines Austauschwertes. Der Unterschied besteht darin, daß hier der Austauschwert eines Gens l von zwei anderen b und pr

gleichzeitig zu ermitteln ist, wobei angenommen wird, daß die beiden Gene b und pr völlig genau bestimmt seien; ihr Abstand beträgt $k = 0{,}06$. Wie im Beispiel 58 zu ersehen war, kommt es für die Berechnung des Austauschwertes einzig auf die Summe der Werte in den Klassen ohne Austausch und in den Klassen mit Austausch an. Wir beschränken uns daher im folgenden auf diese Summen, denen wir die Wahrscheinlichkeiten π_j gegenüberstellen.

Versuch	Klassen	f_j	π_j	$\partial\pi_j/\partial\theta$	$(\partial\pi_j/\partial\theta)/\pi_j$	$(\partial\pi_j/\partial\theta)^2/\pi_j$
$b - l$	Ohne Austausch	726	$1 - \theta$	-1	$-1/(1 - \theta)$	$1/(1 - \theta)$
	Mit Austausch	27	θ	$+1$	$+1/\theta$	$1/\theta$
	Summe	753	1	...	...	$1/\theta(1 - \theta)$
$l - pr$	Ohne Austausch	2614	$1 - (k - \theta)$	$+1$	$+1/(1 - k + \theta)$	$1/(1 - k + \theta)$
	Mit Austausch	40	$k - \theta$	-1	$-1/(k - \theta)$	$1/(k - \theta)$
	Summe	2654	1	...	...	$1/(k - \theta) \cdot (1 - k + \theta)$

Da die beiden Versuche voneinander unabhängig sind, erhält man die Mutmaßlichkeit L, indem man die Wahrscheinlichkeiten für beide Versuche miteinander multipliziert. Man hat demnach die Ausdrücke für die Gleichungen (12) und (14) in 70 dadurch zu bilden, daß man die Summe über beide Versuche erstreckt. Für die optimale Schätzung findet man somit folgende Gleichung:

$$-\frac{726}{1 - \theta} + \frac{27}{\theta} + \frac{2614}{0{,}94 + \theta} - \frac{40}{0{,}06 - \theta} = 0 \, . \tag{1}$$

Statt diese Gleichung algebraisch aufzulösen, kann man die optimale Schätzung $\widehat{T}$ auch durch fortgesetzte Näherung finden, was am besten nach folgendem Schema geschieht:

T	0,04	0,05	0,045	0,04400	0,04406
$-726/(1 - T)$	$-756{,}25$	$-764{,}21$	$-760{,}21$	$-759{,}41$	$-759{,}46$
$+27/T$	$675{,}00$	$540{,}00$	$600{,}00$	$613{,}64$	$612{,}80$
$+2614/(0{,}94 + T)$	$2667{,}35$	$2640{,}40$	$2653{,}81$	$2656{,}50$	$2656{,}34$
$-40/(0{,}06 - T)$	$-2000{,}00$	$-4000{,}00$	$-2666{,}67$	$-2500{,}00$	$-2509{,}41$
Summe (d)	$+586{,}10$	$-1583{,}81$	$-173{,}07$	$+10{,}73$	$+0{,}27$

Wenn man lediglich den Austauschwert von b aus zu bestimmen hätte, so wäre dieser durch das Verhältnis $27/753 = 0{,}036$ gegeben. Wir beginnen daher die Rechnungen mit $T = 0{,}04$, dem nächstgelegenen runden Wert. Da d positiv ist, fahren wir mit $T = 0{,}05$ weiter, was einen negativen Wert gibt. Ein weiterer Versuch mit $T = 0{,}045$ ergibt einen erheblich kleineren negativen Wert für d. Gehen wir zu $T = 0{,}044$ über, so wird d wieder positiv, aber beträchtlich kleiner. Mit $T = 0{,}04406$ wird $d = 0{,}27$, so daß wir diesen Wert als optimale Schätzung $\hat{T}$ betrachten wollen.

Wie wir in 941 zeigen, läßt sich aus einem ersten Näherungswert T_0 eine bessere Näherung T der optimalen Schätzung $\hat{T}$ berechnen nach der Formel

$$T = T_0 + d/I = T_0 + \delta T \tag{2}$$

wobei d und I mittels der ersten Näherung T_0 berechnet werden.

Dabei muß I auf Grund folgender Überlegungen ermittelt werden. Wie schon erwähnt, ist die Mutmaßlichkeit zu berechnen, indem man die Mutmaßlichkeiten der beiden Versuche (Bestimmung des Austauschwertes von b und von pr aus) miteinander multipliziert. Die Logarithmen der Mutmaßlichkeiten sind demnach zu addieren. Die Information I ergibt sich demnach durch Addition der Informationen für die beiden Versuche. Man hat also

$$I = \frac{753}{\theta(1-\theta)} + \frac{2614}{(k-\theta)(1-k+\theta)} \ . \tag{3}$$

Benützt man beispielsweise für θ den ersten Näherungswert $T_0 = 0{,}04$, so wird $I = 137369$ und damit

$$T = 0{,}04 + 586{,}10/137369 = 0{,}04 + 0{,}0043 = 0{,}0443 \ .$$

Es wäre zweckmäßig gewesen, mit dieser Näherung weiterzurechnen.

Nach demselben Verfahren erhält man mit $T_0 = 0{,}04406$ für die Information nach (3) den Wert $I = 187074$ und als nächste Näherung von $\hat{T}$:

$$T = 0{,}04406 + 0{,}27/187074 = 0{,}04406 + 0{,}0000014 = 0{,}0440614 \ .$$

Die Information I läßt sich noch auf einem anderen Weg berechnen, der sich besonders auch dann eignet, wenn man die Berechnungen nach einem einfachen, stets gleichbleibenden Schema durchführen will. Daß beide Berechnungsarten gleichwertig sind, wird im Abschnitt 941 gezeigt. In der Tat hat man

$$I = N\,S\,(\partial \pi_j/\partial\theta)^2/\pi_j = -\,[\partial_2 \ln L/\partial\theta^2]_{f_j = N\pi_j} \tag{4}$$

woraus ersichtlich ist, daß die Information auch annähernd bestimmt werden kann, wenn man den Unterschied zweier Werte d durch $(T - T_0)$ dividiert.

Betrachten wir etwa die beiden letzten Näherungswerte im Schema auf Seite 279, so erhalten wir

$$T_0 = \quad 0{,}04400 \qquad\qquad d_0 = +\,10{,}73$$
$$T = \quad 0{,}04406 \qquad\qquad d = +\;0{,}27$$
$$\overline{T_0 - T = -\,0{,}00006} \qquad \overline{d_0 - d = +\,10{,}46}$$

und daraus wird für die Information I nach der Formel

$$I = -\,(d_0 - d)/(T_0 - T) \tag{5}$$

für die gewählten Näherungswerte

$$I = 10{,}46/0{,}00006 = 174\,333\;.$$

Damit kann nach (2) eine neue Näherung gefunden werden,

$$0{,}04406 + 0{,}27/174\,333 = 0{,}04406 + 0{,}0000015 = 0{,}0440615\;,$$

die mit der oben gefundenen gut übereinstimmt.

Wie bei der einfachen, so kann auch bei der zusammengesetzten Schätzung die Homogenität der Schätzungen geprüft werden. Wir benützen dabei die Formel (4) von 711 und die soeben angegebene Formel (5). Als Beispiel dienen dieselben Versuchsergebnisse wie oben, für welche die in der folgenden Aufstellung angegebene Gruppierung vorlag, zusätzlich zu der Aufteilung in zwei Versuche.

Beispiel 61. Homogenität der Schätzungen eines Austauschwertes nach Versuchen und Untergruppen.

Versuch	Gruppe	Anzahl der Nachkommen		Insgesamt
		Ohne Austausch	Mit Austausch	
$b - l$	1	151	6	157
	2	192	6	198
	3	214	8	222
	4	169	7	176
	Zusammen	726	27	753
$pr - l$	1	461	10	471
	2	554	8	562
	3	548	8	556
	4	544	11	555
	5	507	3	510
	Zusammen	2614	40	2654

Im folgenden Schema sind die nötigen Berechnungen zusammengestellt, und zwar für zwei nahe beieinanderliegende Schätzungen $T = 0{,}04406$ und $T = 0{,}04407$.

Versuch		$T = 0,04406$	$T = 0,04407$	I	d^2/I
$b - l$	$-\ 151/(1 - T)$	$-\ 157{,}959\,704$	$-\ 157{,}961\,357$		
	$+\ \ \ 6/T$	$+\ 136{,}177\,939$	$+\ 136{,}147\,038$		
		$-\ \ 21{,}781\,765$	$-\ \ 21{,}814\,319$	$3255{,}4$	$0{,}1457$
	$-\ 192/(1 - T)$	$-\ 200{,}849\,425$	$-\ 200{,}851\,526$		
	$+\ \ \ 6/T$	$+\ 136{,}177\,939$	$+\ 136{,}147\,038$		
		$-\ \ 64{,}671\,486$	$-\ \ 64{,}704\,488$	$3300{,}2$	$1{,}2673$
	$-\ 214/1 - T)$	$-\ 223{,}863\,422$	$-\ 223{,}865\,764$		
	$+\ \ \ 8/T$	$+\ 181{,}570\,585$	$+\ 181{,}529\,385$		
		$-\ \ 42{,}292\,837$	$-\ \ 42{,}336\,379$	$4354{,}2$	$0{,}4108$
	$-\ 169/1 - T)$	$-\ 176{,}789\,338$	$-\ 176{,}791\,187$		
	$+\ \ \ 7/T$	$+\ 158{,}874\,262$	$+\ 158{,}838\,211$		
		$-\ \ 17{,}915\,076$	$-\ \ 17{,}952\,976$	$3790{,}0$	$0{,}0847$
	Summe	$\ldots$	$\ldots$	$\ldots$	$1{,}9085$
	$\ldots$	$-\ 146{,}661\,164$	$-\ 146{,}808\,162$	$14\,699{,}8$	$1{,}4633$
$pr - l$	$+\ 461/(0{,}94 + T)$	$+\ 468{,}467\,369$	$+\ 468{,}462\,609$		
	$-\ \ 10/(0{,}06 - T)$	$-\ 627{,}352\,572$	$-\ 627{,}746\,390$		
		$-\ 158{,}885\,203$	$-\ 159{,}283\,781$	$39\,857{,}8$	$0{,}6334$
	$+\ 554/(0{,}94 + T)$	$+\ 562{,}973\,802$	$+\ 562{,}968\,081$		
	$-\ \ \ 8/(0{,}06 - T)$	$-\ 501{,}882\,057$	$-\ 502{,}197\,112$		
		$+\ \ 61{,}091\,745$	$+\ \ 60{,}770\,969$	$32\,077{,}6$	$0{,}1163$
	$+\ 548/(0{,}94 + T)$	$+\ 556{,}876\,613$	$+\ 556{,}870\,954$		
	$-\ \ \ 8/(0{,}06 - T)$	$-\ 501{,}882\,057$	$-\ 502{,}197\,112$		
		$+\ \ 54{,}994\,556$	$+\ \ 54{,}673\,842$	$32\,071{,}4$	$0{,}0943$
	$+\ 544/(0{,}94 + T)$	$+\ 552{,}811\,820$	$+\ 552{,}806\,202$		
	$-\ \ 11/(0{,}06 - T)$	$-\ 690{,}087\,829$	$-\ 690{,}521\,029$		
		$-\ 137{,}276\,009$	$-\ 137{,}714\,827$	$43\,881{,}8$	$0{,}4294$
	$+\ 507/(0{,}94 + T)$	$+\ 515{,}212\,487$	$+\ 515{,}207\,251$		
	$-\ \ \ 3/(0{,}06 - T)$	$-\ 188{,}205\,771$	$-\ 188{,}323\,917$		
		$+\ 327{,}006\,716$	$+\ 326{,}883\,334$	$12\,338{,}2$	$8{,}6669$
	Summe	$\ldots$	$\ldots$	$\ldots$	$9{,}9403$
	$\ldots$	$+\ 146{,}931\,805$	$+\ 145{,}329\,537$	$160\,226{,}8$	$0{,}1347$
Insgesamt		$+\ \ \ \ 0{,}270\,641$	$-\ \ \ \ 1{,}478\,625$	$174\,926{,}6$	$0{,}0000$

Aus diesem Schema lassen sich eine ganze Anzahl von Erkenntnissen gewinnen. Die gesamte Information, $I = 174\,926{,}6$, ist nahezu gleich groß wie jene, die wir auf Grund der Näherungswerte $0{,}044\,00$ und $0{,}044\,06$ berechneten; dagegen weicht sie von dem nach der Formel (3) bestimmten Wert etwas stärker ab. Als bessere Näherung von T kann man nach der Formel (2)

$$0{,}044\,06 + 0{,}270\,641/174\,926{,}6 = 0{,}044\,06 + 0{,}000\,0015 = 0{,}044\,0615$$

ermitteln.

Was die Homogenität der Ergebnisse betrifft, kann man einerseits den Unterschied zwischen den beiden Versuchen prüfen, was wie folgt geschieht:

Versuch	$d^2/I = \chi^2$	n
$b-l$	1,4633	1
$pr-l$	0,1347	1
Summe	1,5980	2
Insgesamt	0,0000	1
Homogenität	1,5980	1

Die beiden Versuche geben demnach offensichtlich im wesentlichen dieselbe Schätzung von θ.

Weiter läßt sich die Homogenität innerhalb der beiden Versuche prüfen. Zu diesem Zwecke hat man nur von der Summe der d^2/I für die Gruppen die Werte abzuziehen, die von den Totalen für jeden Versuch herrühren.

	Versuch $b-l$		Versuch $pr-l$	
	d^2/I	n	d^2/I	n
Summen	1,9085	4	9,9403	5
Total für Versuch	1,4633	1	0,1347	1
Homogenität	0,4452	3	9,8056	4

Für den Versuch $b-l$ liegt kein Anlaß vor, an der Homogenität zu zweifeln. Im Versuch $pr-l$ dagegen erreicht das $\chi^2 = 9,8056$ einen Wert, der knapp über $\chi^2_{0,05} = 9,488$ liegt, was eindeutig der letzten Gruppe zuzuschreiben ist. In einem derartigen Falle hat der Genetiker zu entscheiden, wie er diesem Hinweis auf eine allfällige Heterogenität Rechnung tragen will.

713 Vertrauensgrenzen

Im Abschnitt 23 wurde der Begriff der Vertrauensgrenzen eingeführt. Als Beispiel dienten die Vertrauensgrenzen des Durchschnitts, die mit Hilfe der t-Verteilung ermittelt wurden. Nach demselben Verfahren bestimmten wir im Abschnitt 611.4 die Vertrauensgrenzen eines Regressionswertes Y und im Abschnitt 611.5 jene des Abstandes zwischen zwei parallelen Regressionsgeraden. In 613.2 wurden die Formeln für die Vertrauensgrenzen eines Regressionswertes bei der mehrfachen linearen Regression angegeben.

In gleicher Art lassen sich auch die *Vertrauensgrenzen eines Verhältnisses* berechnen.

Beispiel 62. Bestimmung des p_H im Kammerwasser und im Blut bei Kaninchen (A. FALBRIARD und M. C. SANZ, Zentrallabor des Kantonsspitals, Genf, persönliche Mitteilung).

Bei neun Kaninchen wurde das p_H bestimmt, zunächst ohne und darauf nach Injektion von Diamox. Es handelt sich darum, die Unterschiede der p_H-Werte ohne und mit Diamox im Blut, mit den entsprechenden Unterschieden im Kammerwasser zu vergleichen.

Kaninchen	p_H-Werte					
	Blut			Kammerwasser		
	Ohne	Mit	Unterschied	Ohne	Mit	Unterschied
	Diamox		x	Diamox		y
1	7,35	7,22	0,13	7,58	7,38	0,20
2	7,39	7,16	0,23	7,49	7,36	0,13
3	7,28	7,16	0,12	7,49	7,32	0,17
4	7,32	7,23	0,09	7,39	7,36	0,03
5	7,26	7,22	0,04	7,43	7,32	0,11
6	7,28	7,25	0,03	7,44	7,32	0,12
7	7,18	7,17	0,01	7,41	7,32	0,09
8	7,28	7,26	0,02	7,47	7,39	0,08
9	7,24	7,24	0,00	7,45	7,45	0,00
...	...	...	$T_x = 0{,}67$	...	...	$T_y = 0{,}93$

Der Natur der Sache nach ist eher anzunehmen, daß das *Verhältnis* der Werte x und y konstant sei, als deren Differenz. Um prüfen zu können, ob das Verhältnis x/y wesentlich von 1 abweiche, sollen dessen Vertrauensgrenzen berechnet werden.

Wenn wir mit α das Verhältnis x/y im Durchschnitt aller Wertepaare der Grundgesamtheit bezeichnen, und mit

$$z = x - \alpha y$$

eine Größe, deren Durchschnitt für die Grundgesamtheit demnach gleich Null ist, dann ist z normal verteilt, wenn dies für x und y zutrifft, was wir annehmen dürfen. Infolgedessen ist

$$F = N(\bar{z})^2/s_z^2 \tag{1}$$

verteilt wie F mit $n_1 = 1$ und $n_2 = N - 1$. Setzen wir in (1) $F = F_P$, so erhalten wir die Vertrauensgrenzen α_u und α_0 bei einer Vertrauenswahrscheinlichkeit von P. Die Formel (1) können wir etwas anders schreiben, wenn wir bedenken, daß

$$\bar{z} = T_z/N = (T_x - \alpha T_y)/N \ ,$$

sowie

$$N(\bar{z})^2 = (T_x^2 - 2\,\alpha\,T_x T_y + \alpha^2 T_y^2)/N\,,$$

und

$$s_z^2 = S_{zz}/(N-1) = (S_{xx} - 2\,\alpha\,S_{xy} + \alpha^2 S_{yy})/(N-1)\,.$$

Man hat für (1)

$$F = (N-1)\,(T_x^2 - 2\,\alpha\,T_x T_y + \alpha^2 T_y^2)/N\,(S_{xx} - 2\,\alpha\,S_{xy} + \alpha^2 S_{yy})\,,$$

und wenn man $F = F_P$ setzt und nach α ordnet:

$$\alpha^2[F_P\,N\,S_{yy} - (N-1)\,T_y^2] - 2\,\alpha[F_P\,N\,S_{xy} - (N-1)\,T_x T_y] + {}$$
$$+ F_P\,N\,S_{xx} - (N-1)\,T_x^2 = 0\,. \tag{2}$$

In unserem Beispiel hat man, mit $P = 0{,}05$

$$N = 9\,, \quad T_x = 0{,}67\,, \quad T_y = 0{,}93\,, \quad n_1 = 1\,, \quad n_2 = 8\,,$$
$$F_{0,05} = t_{0,05}^2 = 5{,}317\,636\,, \quad N\,S_{xx} = 0{,}4088\,,$$
$$N\,S_{xy} = 0{,}1824\,, \quad N\,S_{yy} = 0{,}2844$$

und daraus

$$F_{0,05}\,N\,S_{yy} - (N-1)\,T_y^2 \quad = -5{,}406\,864\,,$$
$$F_{0,05}\,N\,S_{xy} - (N-1)\,T_x T_y = -4{,}014\,863\,,$$
$$F_{0,05}\,N\,S_{xx} - (N-1)\,T_x^2 \quad = -1{,}417\,350\,.$$

Für die Gleichung (2) hat man demnach

$$5{,}406\,864\,\alpha^2 - 2\cdot 4{,}014\,863\,\alpha + 1{,}417\,350 = 0$$

oder

$$\alpha^2 - 2\,(0{,}742\,549)\,\alpha + 0{,}262\,139 = 0\,,$$

Daraus findet man

$$\alpha_u = 0{,}205\,, \quad \alpha_0 = 1{,}280\,.$$

Da die Vertrauensgrenzen den Wert 1 einschließen, weicht das Verhältnis α nicht wesentlich von 1 ab.

Wie im Beispiel 58 (Abschnitt 711) gezeigt wurde, können die Vertrauensgrenzen einer Anteilziffer mittels der Normalverteilung bestimmt werden. Dieses Verfahren gilt indessen nur angenähert; es darf nicht benützt werden, wenn die Zahl der Beobachtungen klein ist, oder wenn die Anteilziffer sehr klein wird. Im Beispiel 58 hatten wir es mit insgesamt 2022 Werten zu tun und die Anteilziffer belief sich auf 0,354.

Wenn die Zahl der Beobachtungen klein ist, hat man, wie in 23 erwähnt wurde, die *Mutungsgrenzen* zu benützen. Die Überlegungen, die zur Berechnung der Mutungsgrenzen führen, lassen sich einfach erörtern, indem wir von einer Grundgesamtheit von sehr vielen roten und weißen Kugeln in einer Urne eine Anzahl Kugeln zufällig ziehen und feststellen, wie viele von ihnen rot sind.

Entnimmt man einem Bienenvolke eine Anzahl Bienen, um sie auf eine bestimmte Krankheit zu untersuchen, so haben wir ein Beispiel, das dem Urnenschema entspricht. Ebenso, wenn wir den Ausschuß betrachten, der sich beim maschinellen Herstellen eines Apparatenbestandteils ergibt.

Bezeichnen wir mit π den unbekannten Anteil der roten Kugeln in der Urne, und nehmen wir an, es werde N_2 mal zufällig eine Kugel gezogen, wobei N_1 mal eine rote Kugel erscheint. Man erhält die Mutungsgrenzen π_u und π_0 von π, indem man einerseits

a) die Häufigkeit π_u der roten Kugeln in der Urne bestimmt, für welche wir in $(100\ P)\%$ aller Serien von N_2 Zügen *mindestens* N_1 rote Kugeln erhalten, und anderseits

b) die Häufigkeit π_0 der roten Kugeln in der Urne bestimmt, für welche wir in $(100\ P)\%$ aller Serien von N_2 Zügen *höchstens* N_1 rote Kugeln erhalten.

Wie im Abschnitt 32 gezeigt wurde, beträgt die Wahrscheinlichkeit, aus einer Urne mit $(100\ \pi)\ \%$ roten Kugeln in N_2 Zügen N_1 rote Kugeln zu ziehen

$$\binom{N_2}{N_1}\pi^{N_1}(1-\pi)^{N_2-N_1}. \tag{3}$$

Die unter a) angegebene Wahrscheinlichkeit π_u, in N_2 Zügen *mindestens* N_1 rote Kugeln zu erhalten, ergibt sich aus der Summe der Ausdrücke (3), wo N_1 der Reihe nach $N_1,\ N_1+1,\ N_1+2,\ \dots N_2$ ist; nämlich aus

$$P=\sum_{N=N_1}^{N_2}\pi_u^{N}(1-\pi_u)^{N_2-N}. \tag{4}$$

Die unter b) festgelegte Wahrscheinlichkeit π_0, in N_2 Zügen *höchstens* N_1 rote Kugeln zu finden, ergibt sich entsprechend aus einer Summe der Ausdrücke (3), für die N_1 nacheinander gleich $0, 1, 2, \dots N_1$ zu setzen ist. Dies gibt

$$P=\sum_{N=0}^{N_1}\pi_0^{N}(1-\pi_0)^{N_2-N}. \tag{5}$$

Durch Vergleich mit der im Abschnitt 913 abgeleiteten Formel (20) zeigt sich, daß man π_u und π_0 nach folgenden Regeln berechnen kann:

a) In der Tafel IV suchen wir zu

$$n_1=2(N_2-N_1+1),\quad n_2=2\,N_1$$

den Wert von F_P, worauf wir π_u bestimmen können als

$$\pi_u=N_1/[N_1+(N_2-N_1+1)\,F_P]. \tag{6}$$

b) In der Tafel IV suchen wir zu

$$n_1=2(N_1+1),\quad n_2=2(N_2-N_1)$$

den Wert von F_P, worauf wir π_0 bestimmen können als

$$\pi_0=(N_1+1)\,F_P/[N_2-N_1+(N_1+1)\,F_P]. \tag{7}$$

Beispiel 63. Häufigkeit kranker Bienen in einem Bienenvolk (MORGEN-THALER, 1934).

Ein Bienenforscher untersucht aus einem Volk 16 Bienen; davon leiden 5 oder 31,25% an der Milbenkrankheit. In welchen Grenzen liegt der Anteil der erkrankten Bienen im ganzen Volk ?

Wir bestimmen die Mutungsgrenzen π_u und π_0, wobei wir $P = 0,05$ wählen. Da $N_2 = 16$ und $N_1 = 5$ ist, finden wir

$$\text{a) } n_1 = 24 \, , \quad n_2 = 10 \, , \quad F_{0,05} = 2,737 \, ,$$

$$\text{b) } n_1 = 12 \, , \quad n_2 = 22 \, , \quad F_{0,05} = 2,226 \, ,$$

und

$$\pi_u = 5/(5 + 12 \cdot 2,737) = 0,132 \, ,$$

sowie

$$\pi_0 = 6 \cdot 2,226/(11 + 6 \cdot 2,226) = 0,548 \, .$$

In einem Bienenvolke mit 13,2% kranken Bienen erhielten wir nur in 5% aller Stichproben von 16 Stück *mindestens* 5 kranke Bienen. In einem Bienenvolk mit 54,8% kranken Bienen erhielten wir nur in 5% aller Stichproben von 16 Stück *höchstens* 5 kranke Bienen.

Haben wir es mit *seltenen* Ereignissen zu tun, ist also in der Urne die Zahl roter Kugeln im Verhältnis zu den weißen Kugeln sehr klein, so kann die Formel (3) durch die im Abschnitt 32 angegebene Poissonsche Verteilung ersetzt werden. Die Wahrscheinlichkeit, in einer sehr großen Stichprobe N rote Kugeln festzustellen, beträgt dann

$$\lambda^N e^{-\lambda}/N! \tag{8}$$

wobei λ den Durchschnitt der Grundgesamtheit bedeutet.

Die Vertrauensgrenzen λ_u und λ_0 von λ bestimmen wir derart, daß

a) in $(100\,P)\%$ aller Stichproben das Ereignis *mindestens* Nmal auftritt, und

b) in $(100\,P)\%$ aller Stichproben das Ereignis *höchstens* Nmal auftritt.

Um den Wert λ_u zu finden, müssen wir eine Summe von Ausdrücken (8) bilden, wobei N die Werte N, $N + 1$, $N + 2 \ldots$ annimmt. Entsprechend finden wir λ_0, wenn wir eine Summe bilden, in der im Ausdruck (8) N nacheinander gleich $0, 1, 2, \ldots N$ gesetzt wird.

Durch Vergleich mit der Formel (12) von 911 ersehen wir, daß man λ_u und λ_0 wie folgt bestimmt.

a) Mit $n = 2\,N$ suchen wir in der Tafel II den Wert von χ^2, der zu $1 - P$ gehört und können dann berechnen

$$\lambda_u = \chi^2_{1-P}/2 \, . \tag{9}$$

b) Mit $n = 2(N + 1)$ suchen wir in der Tafel II den Wert von χ^2, der zu P gehört. Dann wird

$$\lambda_0 = \chi^2_P/2 \, . \tag{10}$$

Beispiel 64. Größte Überschwemmungen des Rheins in Basel (GHEZZI, 1926). In Basel hat der Rhein zwischen 1808 und 1925 fünfmal einen Pegelstand von 5,5 m überschritten.

a) Mit $n = 10$ finden wir in der Tafel II zu $P = 0,95$

$$\chi^2_{0,95} = 3,940.$$

und somit

$$\lambda_u = 1,970 \ .$$

b) Mit $n = 12$ finden wir bei $P = 0,05$

$$\chi^2_{0,05} = 21,026$$

und damit

$$\lambda_0 = 10,513 \ .$$

Mit einer durchschnittlichen Zahl von $\lambda_u = 1,970$ größten Überschwemmungen hätten wir nur in einem von 20 Jahrhunderten *mindestens* 5 solche Überschwemmungen zu erwarten. Mit einer durchschnittlichen Zahl von $\lambda_0 = 10,513$ größten Überschwemmungen hätten wir nur in einem von 20 Jahrhunderten *höchstens* 5 derartige Überschwemmungen zu erwarten.

STEVENS (1942) und vor allem FISHER und YATES (1957) geben Tafeln mittels deren die Mutungsgrenzen rasch und ohne besonderen Rechenaufwand ermittelt werden können.

72 Schätzen mehrerer Parameter

Wenn mehrere Parameter zu schätzen sind, müssen die in 71 verwendeten Formeln passend verallgemeinert werden. Wir stellen zunächst die Formeln zusammen, die bei zwei Parametern in Betracht kommen; sie werden im Abschnitt 942 abgeleitet. Diese Formeln können unschwer verallgemeinert werden für den Fall von drei oder mehr zu schätzenden Parametern. Die Anwendung der Formeln wird sodann an zwei Beispielen erläutert.

Wir gehen davon aus, daß die Beobachtungen in M Klassen fallen, wobei folgende Beziehungen verwendet werden:

$f_j =$ Anzahl der Beobachtungen in der j. Klasse;
$N =$ Gesamtzahl aller Beobachtungen;
$\pi_j =$ Wahrscheinlichkeit dafür, daß eine Beobachtung in die j. Klasse fällt;
$\theta_1, \theta_2 =$ die zu schätzenden Parameter;
$T_1, T_2 =$ Schätzungen von θ_1 und θ_2.

Für die Mutmaßlichkeit L erhält man den Ausdruck (siehe 21 und 942)

$$L = \frac{N!}{f_1! \, f_2! \dots f_M!} \, \pi_1^{f_1} \pi_2^{f_2} \dots \pi_M^{f_M}, \tag{1}$$

wobei vorausgesetzt wird, daß die Beobachtungen voneinander unabhängig sind. Die π_j sind Funktionen von θ_1 und θ_2. Entsprechend der Beziehung (12) von 70 können wir optimale Schätzungen $\widehat{T}_1$ und $\widehat{T}_2$ von θ_1 und θ_2 finden, indem wir die Gleichungen

$$\partial \ln L / \partial \theta_1 = \mathop{S}_{j=1}^{M} (\partial \pi_j / \partial \theta_1)\, f_j / \pi_j = 0 \tag{2a}$$

$$\partial \ln L / \partial \theta_2 = \mathop{S}_{j=1}^{M} (\partial \pi_j / \partial \theta_2)\, f_j / \pi_j = 0 \tag{2b}$$

nach θ_1 und θ_2 auflösen.

An Stelle der Beziehungen (16a) von 70 und (4) von 712, in denen die Information i für einen Parameter angegeben wurde, hat man für zwei Parameter eine Informationsmatrix, die bezüglich der Hauptdiagonale symmetrisch ist, und deren Elemente i_{11}, i_{12}, i_{22} durch folgende Beziehung gegeben sind:

$$N\, i_{11} = -[\partial_2 \ln L / \partial \theta_1^2]_{f_j\,=\,N\pi_j} = N\, S(\partial \pi_j / \partial \theta_1)^2 / \pi_j\,, \tag{3a}$$

$$N\, i_{12} = -[\partial_2 \ln L / \partial \theta_1\, \partial \theta_2]_{f_j\,=\,N\pi_j} = N\, S(\partial \pi_j / \partial \theta_1)\,(\partial \pi_j / \partial \theta_2) / \pi_j\,, \tag{3b}$$

$$N\, i_{22} = -[\partial_2 \ln L / \partial \theta_2^2]_{f_j\,=\,N\pi_j} = N\, S(\partial \pi_j / \partial \theta_2)^2 / \pi_j\,. \tag{3c}$$

Aus der Informationsmatrix läßt sich eine Streuungsmatrix berechnen, indem man zunächst die Determinante $|i|$ der Informationsmatrix bildet

$$|i| = i_{11}\, i_{22} - i_{12}^2\,, \tag{4}$$

und damit

$$v_{11} = i_{22} / |i|\,, \qquad v_{12} = -i_{12} / |i|\,, \qquad v_{22} = i_{11} / |i| \tag{5}$$

bestimmt.

Die optimalen Schätzungen der Parameter θ_1 und θ_2 kann man, wie bei einem einzigen Parameter, auch hier durch fortgesetzte Näherung erhalten. Setzt man in den Schätzungsgleichungen (2) vorläufige Schätzungen T_{10}, T_{20} der Parameter ein, so erhält man nicht genau Null, sondern d_{10}, d_{20} für die Ausdrücke in (2), also:

$$[S(\partial \pi_j / \partial \theta_1)\, f_j / \pi_j]_{\theta_1\,=\,T_{10},\,\theta_2\,=\,T_{20}} = d_{10} \tag{6a}$$

$$[S(\partial \pi_j / \partial \theta_2)\, f_j / \pi_j]_{\theta_1\,=\,T_{10},\,\theta_2\,=\,T_{20}} = d_{20}\,. \tag{6b}$$

Entsprechend der Beziehung (2) von 712 ergeben sich bessere Näherungen T_1, T_2 an die optimalen Schätzungen mittels folgender Formeln:

$$T_1 = T_{10} + \delta\, T_{10} = T_{10} + (d_{10}\, v_{11} / N) + (d_{20}\, v_{12} / N) \tag{7a}$$

$$T_2 = T_{20} + \delta\, T_{20} = T_{20} + (d_{10}\, v_{12} / N) + (d_{20}\, v_{22} / N) \tag{7b}$$

Endlich kann man auf ähnliche Weise, wie dies die Formel (4) in 711 angab, den Ausdruck

$$d_1\, \delta\, T_1 + d_2\, \delta\, T_2 \tag{8}$$

berechnen, der verteilt ist wie χ^2 mit dem Freiheitsgrad $n = 2$, wenn die angenäherten Schätzungen T_1, T_2 von den optimalen Schätzungen $\widehat{T}_1$, $\widehat{T}_2$ nur zufällig abweichen.

Als erstes Beispiel betrachten wir die Ermittlung der Genfrequenzen der
AB0-Blutgruppen.

Beispiel 65. Genfrequenzen der AB0-Blutgruppen für 1507 Einwohner Graubündens (IKIN u. a., 1957).

In der nachstehenden Zusammenstellung geben wir neben den beobachteten
Häufigkeiten f_j für die vier Klassen von Phänotypen A, B, AB, 0, die Wahrscheinlichkeiten π_j in Funktion der Genfrequenzen, die in der Regel mit p, q, r
bezeichnet werden, für die wir aber θ_1, θ_2 und $1 - \theta_1 - \theta_2$ schreiben werden,
da $p + q + r = 1$ ist. Außerdem fügen wir die Ableitung $\partial \pi_j/\partial\theta_1$ und $\partial\pi_j/\partial\theta_2$
bei, die in den Formeln (2), (3) und (6) auftreten.

Phäno-typ	f_j	Wahrscheinlichkeit π_j	$\partial\pi_j/\partial\theta_1$	$\partial\pi_j/\partial\theta_2$
A	557	$\pi_1 = p\,(p + 2\,r)$ $= \theta_1(2 - \theta_1 - 2\,\theta_2)$	$+\,2\,(1 - \theta_1 - \theta_2)$	$-\,2\,\theta_1$
B	70	$\pi_2 = q\,(q + 2\,r) =$ $= \theta_2(2 - 2\,\theta_1 - \theta_2)$	$-\,2\,\theta_2$	$+\,2\,(1 - \theta_1 - \theta_2)$
AB	37	$\pi_3 = 2\,pq = 2\,\theta_1\theta_2$	$+\,2\,\theta_2$	$+\,2\,\theta_1$
0	843	$\pi_4 = r^2$ $= (1 - \theta_1 - \theta_2)^2$	$-\,2\,(1 - \theta_1 - \theta_2)$	$-\,2\,(1 - \theta_1 - \theta_2)$
Summe	1507	1	0	0

Die optimalen Schätzungen von θ_1 und θ_2 finden wir durch fortgesetzte
Näherung; zu diesem Zwecke benötigt man erste Näherungen, die man am
einfachsten nach F. BERNSTEIN (1925) auf Grund der Formeln

$$T_{10} = 1 - \sqrt{(f_2 + f_4)/N} \qquad T_{20} = 1 - \sqrt{(f_1 + f_4)/N} \qquad (9)$$

erhält. Man findet mit den oben angegebenen Zahlen

$$T_{10} = 1 - \sqrt{913/1\,507} = 1 - 0{,}778 = 0{,}222$$

$$T_{20} = 1 - \sqrt{1\,400/1\,507} = 1 - 0{,}964 = 0{,}036$$

Mit diesen Werten berechnen wir die π_j und auf Grund von (6) die Werte d_{10}
und d_{20}. Ebenso bestimmen wir die Elemente der Informationsmatrix und der
Streuungsmatrix. Außer den für die Bestimmung dieser Ausdrücke notwendigen
Größen geben wir in der nachstehenden Zusammenstellung gleichzeitig noch die
beobachteten Häufigkeiten f_j und die theoretisch zu erwartenden Werte $N\,\pi_j$.
Als erstes berechnet man

$$\pi_1 = \theta_1(2 - \theta_1 - 2\,\theta_2) = 0{,}222 \cdot 1{,}706 = 0{,}378\,732$$

Phäno-typ	π_j	$\partial\pi_j/\partial\theta_1$	$\partial\pi_j/\partial\theta_2$	$(\partial\pi_j/\partial\theta_1)/\pi_j$	$(\partial\pi_j/\partial\theta_2)/\pi_j$	f_j	$N\,\pi_j$
A	0,378 732	$+\,1{,}484$	$-\,0{,}444$	$+\,3{,}918\,338$	$-\,1{,}172\,333$	557	570,749
B	0,054 720	$-\,0{,}072$	$+\,1{,}484$	$-\,1{,}315\,789$	$+27{,}119\,883$	70	82,463
AB	0,015 984	$+\,0{,}072$	$+\,0{,}444$	$+\,4{,}504\,505$	$+27{,}777\,778$	37	24,088
0	0,550 564	$-\,1{,}484$	$-\,1{,}484$	$-\,2{,}695\,418$	$-\,2{,}695\,418$	843	829,700
Summe	1,000 000	0,000	0,000	...	...	1507	1507,000

und entsprechend π_2, π_3 und π_4. Für die Ableitung hat man nach den oben angegebenen Formeln, z. B.

$$\partial\pi_1/\partial\theta_1 = +2\,(1 - \theta_1 - \theta_2) = 2 \cdot 0{,}742 = +1{,}484 \,.$$

Hierauf erhält man

$$(\partial\pi_1/\partial\theta_1)/\pi_1 = +1{,}484/0{,}378\,732 = +3{,}918\,338$$

und die übrigen entsprechenden Ausdrücke.

Als nächstes kann man nach der Formel (3 a) i_{11} berechnen, wofür man erhält:

$$i_{11} = (+1{,}484)\,(+3{,}918\,338) + (-0{,}072)\,(-1{,}315\,789) +$$
$$(+0{,}072)\,(+4{,}504\,505) + (-1{,}484)\,(-2{,}695\,418)$$
$$i_{11} = 10{,}233\,875 \,,$$

sowie

$$i_{12} = +2{,}307\,627 \,, \qquad i_{22} = 57{,}099\,756 \,.$$

Daraus wird für die Determinante $|i|$ nach (4)

$$|i| = i_{11}\,i_{22} - i_{12}^2 = 579{,}026\,623$$

und für die Elemente der Streuungsmatrix

$$v_{11} = 57{,}099\,756/579{,}026\,623 = 0{,}098\,613\,351 \,,$$
$$v_{12} = -2{,}307\,627/579{,}026\,623 = -0{,}003\,985\,356 \,,$$
$$v_{22} = 10{,}233\,875/579{,}026\,623 = 0{,}017\,674\,273 \,.$$

Endlich sind noch d_{10} und d_{20} nach den Formeln (6) zu ermitteln.

$$d_{10} = 557\,(+3{,}918\,338) + 70\,(-1{,}315\,789) + 37\,(+4{,}504\,505) +$$
$$+\,843\,(-2{,}695\,418)$$
$$= -15{,}161\,653$$

und ähnlich

$$d_{20} = +0{,}942\,741 \,.$$

Nach den Formeln (7) berechnen wir weiter die Korrekturglieder $\delta\,T_{10}$ und $\delta\,T_{20}$.

$$\delta\,T_{10} = [(0{,}098\,613\,351)\,(-\,15{,}161\,653) + (-\,0{,}003\,985\,356)\,(+\,0{,}942\,741)]/1\,507$$

$$\delta\,T_{10} = -\,0{,}000\,995\,,$$

$$d\,T_{20} = +\,0{,}000\,051\,.$$

Somit ergeben sich als neue Näherungen für die optimalen Schätzungen

$$T_1 = 0{,}222\,000 - 0{,}000\,995 = 0{,}221\,005\,,$$

$$T_2 = 0{,}036\,000 + 0{,}000\,051 = 0{,}036\,051\,.$$

Die nach den Formeln von BERNSTEIN ermittelten vorläufigen Schätzungen sind demnach schon recht gute Näherungen der optimalen Schätzungen.

Nachdem diese Schätzungen berechnet sind, kann man sich fragen, inwiefern die theoretischen Häufigkeiten $N\,\pi_j$ mit den beobachteten f_j übereinstimmen. Zu diesem Zwecke berechnen wir ein χ^2 nach der Formel (1) von Abschnitt 31. Man hat

Phänotyp	$f_j - N\,\pi_j$	$(f_j - N\,\pi_j)^2/N\,\pi_j$
A	$-\,13{,}749$	$0{,}3312$
B	$-\,12{,}463$	$1{,}8836$
AB	$+\,12{,}912$	$6{,}9213$
0	$+\,13{,}300$	$0{,}2132$
Summe	$0{,}000$	$\chi_T^2 = 9{,}3493$

Das $\chi_T^2 = 9{,}3493$ beruht im Grunde auf den vorläufigen Schätzungen T_{10} und T_{20}, die wir als frei gewählt betrachten können. Der Freiheitsgrad von χ_T^2 ist demnach gleich 3. Mit $n = 3$ findet man in der Tafel II $\chi_{0,05}^2 = 7{,}815$ und $\chi_{0,01}^2 = 11{,}345$. Die Abweichung der beobachteten von den theoretischen Häufigkeiten ist demnach an der Grenze dessen, was man üblicherweise noch als zufällig bezeichnet.

Nun ist aber das χ_T^2 nicht maßgebend, da in ihm noch ein Schätzungsfehler steckt, der dadurch bedingt ist, daß wir zur Berechnung von χ_T^2 die vorläufigen Schätzungen T_{10} und T_{20} benützten. In welchem Maße dieser Umstand von Bedeutung ist, kann auf zwei Arten untersucht werden. Die erste Möglichkeit besteht darin, den Ausdruck (8) zu berechnen. Man erhält hierfür

$$(-\,15{,}161\,653)\,(-\,0{,}000\,995) + (0{,}942\,741)\,(+\,0{,}000\,051) = 0{,}0151\,.$$

Dies können wir als χ_C^2 bezeichnen mit Freiheitsgrad $n = 2$. Man darf aus $\chi_C^2 = 0{,}0151$ schließen, daß die beiden vorläufigen Schätzungen gut mit den optimalen übereinstimmen, was wir bereits aus den kleinen Korrekturgrößen $\delta\,T_{10}$ und $\delta\,T_{20}$ schließen konnten.

Subtrahiert man χ_C^2 von χ_T^2, so erhält man ein χ^2, das uns angibt, wie weit die auf Grund der optimalen Schätzungen berechneten theoretischen Häufigkeiten von den beobachteten abweichen. Man hat also

	χ^2	n
Insgesamt	9,3493	3
Unterschied zwischen vorläufigen und optimalen Schätzungen	0,0151	2
Abweichung von Hypothese	9,3342	1

Da für $n = 1$ das $\chi_{0,01}^2 = 6{,}635$ ist, stimmen die theoretisch berechneten Werte schlecht mit den Werten überein, die man auf Grund der geltenden Theorie der AB0-Blutgruppen erhält.

Eine zweite Möglichkeit, die Abweichung der beobachteten Häufigkeiten f_j von den auf Grund der optimalen Schätzungen zu erwartenden theoretischen Häufigkeiten zu prüfen, besteht einfach darin, die $N\,\pi_j$ von den T_1, T_2 ausgehend zu berechnen, wobei wir wissen, daß die Schätzungen T_1, T_2 den optimalen Schätzungen $\widehat{T}_1$, $\widehat{T}_2$ gut entsprechen. Mit

$$T_1 = 0{,}221\,005 \quad T_2 = 0{,}036\,051$$

findet man

$$\pi_1 = 0{,}377\,232\,, \quad \pi_2 = 0{,}054\,867\,, \quad \pi_3 = 0{,}015\,935\,, \quad \pi_4 = 0{,}551\,966$$

und daraus

$$N\,\pi_1 = 568{,}489\,, \quad N\,\pi_2 = 82{,}685\,, \quad N\,\pi_3 = 24{,}014\,, \quad N\,\pi_4 = 831{,}813\,.$$

Die Unterschiede $f_j - N\,\pi_j$ lauten demnach

$$-11{,}489\,, \quad -12{,}685\,, \quad +12{,}986\,, \quad +11{,}187$$

und für χ^2 findet man

$$\chi^2 = S(f_j - N\,\pi_j)^2/N\,\pi_j = 9{,}3512\,.$$

Da die Schätzungen $\widehat{T}_1$, $\widehat{T}_2$ aus den beobachteten Häufigkeiten f_j auf Grund der beiden Gleichungen (2) ermittelt wurden, bleibt für dieses χ^2 nur ein Freiheitsgrad übrig. Es handelt sich hier wiederum im wesentlichen um dasselbe χ^2, das wir schon oben berechnet hatten. Die beiden Verfahren ergeben mit 9,3342 und 9,3512 praktisch dieselben Werte.

Daß die theoretisch berechneten Häufigkeiten mit den beobachteten schlecht übereinstimmen, kann wenigstens zum Teil auf die Heterogenität der Zahlen des Beispiels 65 zurückgeführt werden. In der Tat handelt es sich dabei um Angaben über zwei verschiedene Volksgruppen, nämlich die Walser und Romanen. Für die ersten liegen Angaben aus zwei Regionen vor, die außerdem noch aufgeteilt werden können in drei getrennt untersuchte Gruppen. Dieses Material benützen wir, um zu zeigen, wie die Homogenität geprüft werden kann, wenn zwei Parameter zu schätzen sind.

Beispiel 66. Homogenität der Genfrequenzen der AB0-Blutgruppen nach Rasse, Ortschaften und Untersuchern (IKIN u. a., 1957).

Rasse	Ort-schaft	Unter-sucher	A	B	AB	0	N	d_1	d_2
Walser	Vals	MOOR-JANKOWSKI	151	20	9	367	547	− 383,325	− 373,843
		MOURANT	12	5	1	32	50	− 41,308	+ 63,056
		HOLLÄNDER	10	5	—	32	47	− 53,649	+ 37,623
		Zusammen	173	30	10	431	644	− 478,281	− 273,164
	Safien, Tenna, Versam	MOOR-JANKOWSKI	97	1	2	136	236	+ 21,195	− 397,618
		MOURANT	43	1	2	54	100	+ 30,629	− 113,287
		HOLLÄNDER	19	—	—	27	46	+ 1,672	− 95,051
		Zusammen	159	2	4	217	382	+ 53,496	− 605,956
	Summe		332	32	14	648	1026	− 424,785	− 879,120
Romanen			225	38	23	195	481	+ 409,623	+ 880,063
Insgesamt			557	70	37	843	1507	− 15,162	+ 0,943

Wir gehen von den vorläufigen Schätzungen $T_{10} = 0{,}222$ und $T_{20} = 0{,}036$ aus, sowie von den zugehörigen, auf Seite 291 zusammengestellten Werten π_j, $\partial \pi_j / \partial \theta_1$ usw. In der ersten Zeile erhält man beispielsweise d_1 aus

$$d_1 = 151\,(+3{,}918\,338) + 20\,(-1{,}315\,789) + 9\,(+4{,}504\,505) +$$
$$367\,(-2{,}695\,418)$$
$$= -383{,}325\,.$$

Mittels der auf Seite 291 angegebenen Streuungsmatrix berechnen wir weiter nach den Formeln (7) für jede Zeile die Ausdrücke $N\,\delta\,T_{10}$, $N\,\delta\,T_{20}$, $\delta\,T_{10}$, $\delta\,T_{20}$, sowie nach der Formel (8) die χ^2, von denen jedes 2 Freiheitsgraden entspricht. Man hat also beispielsweise in der ersten Zeile

$$N\,\delta\,T_{10} = (+0{,}098\,613\,351)\,(-383{,}325) + (-0{,}003\,985\,356)\,(-373{,}843)$$
$$= -36{,}311\,,$$

und daraus

$$\delta\,T_{10} = -36{,}311/547 = -0{,}066\,38\,.$$

Schließlich erhält man für das χ^2 auf dieser ersten Zeile

$$\chi^2 = (-383{,}325)\,(-0{,}066\,38) + (-373{,}843)\,(-0{,}009\,287) = 28{,}9170\,,$$

was man auch aus

$$[(-383{,}325)\,(-36{,}311) + (-373{,}843)\,(-5{,}080)]/547 = 28{,}9178$$

mit etwas besserer Genauigkeit erhält.

In der nachstehenden Übersicht sind die Ergebnisse dieser Berechnungen zusammengestellt.

Rasse	Ort-schaft	Unter-sucher	$N\,\delta T_{10}$	$N\,\delta T_{20}$	δT_{10}	δT_{20}	χ^2
Wal-ser	Vals	Moor-Jankowski	$-36{,}311$	$-5{,}080$	$-0{,}06638$	$-0{,}00929$	$28{,}9178$
		Mourant	$-4{,}325$	$+1{,}279$	$-0{,}08650$	$+0{,}02558$	$5{,}1861$
		Holländer	$-5{,}440$	$+0{,}879$	$-0{,}11574$	$+0{,}01870$	$6{,}9132$
		Zusammen	$-46{,}076$	$-2{,}922$	$-0{,}07155$	$-0{,}00454$	$35{,}4588$
	Safien, Tenna, Versam	Moor-Jankowski	$+3{,}675$	$-7{,}112$	$+0{,}01557$	$-0{,}03014$	$12{,}3125$
		Mourant	$+3{,}472$	$-2{,}124$	$+0{,}03472$	$-0{,}02124$	$3{,}4697$
		Holländer	$+0{,}544$	$-1{,}687$	$+0{,}01183$	$-0{,}03667$	$3{,}5057$
		Zusammen	$+7{,}690$	$-10{,}923$	$+0{,}02013$	$-0{,}02859$	$18{,}4038$
	Summe		$-38{,}386$	$-13{,}845$	$-0{,}03741$	$-0{,}01349$	$27{,}7556$
Romanen			$+36{,}887$	$+13{,}922$	$+0{,}07669$	$+0{,}02894$	$56{,}8857$
Insgesamt			$-1{,}499$	$+0{,}077$	$-0{,}00099$	$+0{,}00005$	$0{,}0151$

Die χ^2 geben an, ob die vorläufigen Schätzungen T_{10}, T_{20} von den optimalen Schätzungen abweichen. Betrachten wir zuerst den Unterschied zwischen Walsern und Romanen. Man hat

	χ^2	n
Summe (Walser + Romanen)	84,6413	4
Insgesamt	0,0151	2
Unterschied (Homogenität)	84,6262	2

Es besteht demnach ein sehr stark gesicherter Unterschied zwischen Walsern und Romanen bezüglich der Genfrequenzen der AB0-Blutgruppen.

Bezüglich der Walser ergeben sich zwischen den Ortschaften folgende Werte für die χ^2.

	χ^2	n
Summe (Vals + Safien, Tenna, Versam) .	53,8626	4
Walser zusammen	27,7556	2
Unterschied (Homogenität)	26,1070	2

Der Unterschied der Genfrequenzen zwischen Vals einerseits und Safien, Tenna, Versam andererseits, ist ebenfalls stark gesichert.

Zwischen den Untersuchern findet man:

| | χ^2 | | n |
	Vals	Safien, Tenna Versam	
Summe (MOOR-JANKOWSKI + MOURANT + HOLLÄNDER)	41,0171	19,3055	6
Ortschaft zusammen	35,4588	18,4038	2
Unterschied	5,5583	0,9017	4

Sowohl in Vals, wie in Safien, Tenna und Versam sind die Unterschiede zwischen den Untersuchern nicht gesichert.

Die Ergebnisse der Berechnungen lassen sich demnach wie folgt zusammenfassen:

	$T_1\,(p)$	$T_2\,(q)$	$1 - T_1 - T_2\,(r)$
Vals	0,15045	0,03146	0,81809
Safien, Tenna, Versam . .	0,24213	0,00741	0,75046
Romanen	0,29869	0,06494	0,63637

Da die Unterschiede zwischen den Genfrequenzen recht erheblich sind, ist es angezeigt, mit diesen Werten als vorläufigen Schätzungen nochmals die Berechnungen durchzuführen, wobei auch die Informationsmatrix und die Streuungsmatrix für jede der drei Gruppen gesondert zu bestimmen sind. Man findet

	Walser in Vals	Walser in Safien, Tenna und Versam	Romanen
$\widehat{T}_1$	0,153653	0,242299	0,303051
$\widehat{T}_2$	0,031498	0,007868	0,065355
v_{11}	0,069549783	0,106390802	0,126711197
v_{12}	− 0,002363231	− 0,000896652	− 0,009626721
v_{22}	0,015481794	0,003691235	0,031400149

Ermittelt man mit diesen Schätzungen, die den optimalen sicher sehr nahekommen, die Wahrscheinlichkeiten π_j und die theoretischen Häufigkeiten $N\,\pi_j$, so läßt sich ein χ^2 berechnen, das uns zu prüfen gestattet, ob die Beobachtungen mit der zugrunde gelegten genetischen Theorie der AB0-Blutgruppen übereinstimmen. Man erhält

	χ^2	n
Walser in Vals	2,7757	1
Walser in Safien, Tenna, Versam	5,9062	1
Romanen	1,2740	1

Einzig in der Gruppe der Walser in Safien, Tenna und Versam ist das χ^2 groß genug, daß man an der Übereinstimmung zwischen Theorie und Beobachtung zweifeln müßte.

Den optimalen Schätzungen kann man unschwer eine Standardabweichung beifügen, da die Streuung von T_1 durch v_{11}/N und die Streuung von T_2 durch v_{22}/N gegeben ist (siehe Abschnitt 942). Die Streuung von $r = 1 - T_1 - T_2$ erhält man als $(v_{11} - 2v_{12} + v_{22})/N$, wie dies für einen Sonderfall die Formel (27) des Abschnitts 924 angibt. So findet man beispielsweise für die Romanen

$$v_{11}/N = 0{,}126\,711\,197/481 = 0{,}000\,263\,433 = (0{,}016\,23)^2$$
$$v_{22}/N = 0{,}031\,400\,149/481 = 0{,}000\,065\,281 = (0{,}008\,08)^2$$
$$(v_{11} - 2\,v_{12} + v_{22})/N = 0{,}138\,857\,904/481 = 0{,}000\,288\,686 = (0{,}016\,99)^2$$

und die entsprechenden Genfrequenzen sowie ihre Standardabweichungen können somit in der folgenden Weise angegeben werden:

	Genhäufigkeit	Standardabweichung
$\widehat{T}_1\,(p)$	0,30305	0,01623
$\widehat{T}_2\,(q)$	0,06536	0,00808
$1 - \widehat{T}_1 - \widehat{T}_2\,(r)$	0,63159	0,01699

Für weitere Anwendungen der Schätzungsverfahren in der Genetik sei beispielsweise auf die Arbeiten von A. KAELIN (1955, 1958) und STEVENS (1950, 1952) hingewiesen.

Als zweites Beispiel für die Schätzung zweier Parameter möge die *negative binomische Verteilung* dienen, welche im Abschnitt 32 erörtert wurde. Die negative binomische Verteilung ist gegeben durch

$$\varphi(x) = \binom{\varkappa + x - 1}{x} \; \pi^x/(1 + \pi)^{\varkappa+x}, \tag{10}$$

wobei $\varkappa$ und π die beiden Parameter sind und die Veränderliche x die Werte $0, 1, 2, \ldots$ annehmen kann.

Um die Beziehung mit den Formeln (1) bis (8) herzustellen, ersetzen wir in der Formel (10)

$$x \text{ durch } j$$
$$\varphi(x) \text{ durch } \pi_j$$
$$\pi \text{ durch } \theta_1$$
$$\varkappa \text{ durch } \theta_2$$

so daß wir die Formel für die negative binomische Verteilung als

$$\pi_j = \binom{\theta_2 + j - 1}{j} \theta_1^j / (1 + \theta_1)^{\theta_2 + j} \tag{10a}$$

schreiben können.

Wie gewohnt bezeichnen wir die beobachteten Häufigkeiten in der j. Klasse mit f_j und die Gesamtzahl der Beobachtungen mit N. Um die Schätzungsgleichungen (2) anschreiben zu können, benötigen wir die Ausdrücke

$$\partial \ln \pi_j / \partial \theta_1 = (\partial \pi_j / \partial \theta_1) / \pi_j \tag{11a}$$

und

$$\partial \ln \pi_j / \partial \theta_2 = (\partial \pi_j / \partial \theta_2) / \pi_j \,. \tag{11b}$$

Man findet für $\ln \pi_j$, da

$$\binom{\theta_2 + j - 1}{j} = (\theta_2 + j - 1)! / j! (\theta_2 - 1)!$$

$$\ln \pi_j = \ln(\theta_2 + j - 1)! - \ln j! - \ln(\theta_2 - 1)! + j \ln \theta_1$$
$$- (\theta_2 + j) \ln(1 + \theta_1). \tag{12}$$

Infolgedessen wird

$$\partial \ln \pi_j / \partial \theta_1 = (j/\theta_1) - (\theta_2 + j)/(1 + \theta_1) \,, \tag{13}$$

und für (2a) ergibt sich

$$\underset{j}{S} f_j (j/\theta_1) - \underset{j}{S} f_j (\theta_2 + j)/(1 + \theta_1) = 0$$

Da die Summe der f_j gleich N und die Summe der $j \, f_j$ gleich T oder gleich $N \, \bar{x}$ ist, wenn wir zu den Bezeichnungen von Formel (10) zurückkehren, so findet man

$$(N \, \bar{x} / \theta_1) - (N \, \theta_2 + N \, \bar{x})/(1 + \theta_1) = 0$$

Daraus wird

$$(\bar{x} - \theta_1 \, \theta_2) \, N / \theta_1 (1 + \theta_1) = 0 \,,$$

so daß die optimale Schätzung $\widehat{T}_1$ von θ_1 durch

$$\widehat{T}_1 = \bar{x} / \theta_2 \tag{14}$$

gegeben ist.

Um die Schätzungsgleichung (2b) zu finden, muß man (12) nach θ_2 ableiten; es treten dabei Ausdrücke auf, die wir mit $B(z)$ bezeichnen wollen. Es gilt

$$B(z) = d \ln z! / d z \,, \tag{15}$$

und da bekanntlich

$$z! = z(z - 1)! \,,$$

hat man für $B(z)$ auch

$$B(z) = d \ln z / d z + d \ln(z - 1)! / d z$$
$$= (1/z) + B(z - 1)$$

oder

$$B(z) - B(z - 1) = 1/z .$$

Andererseits erhält man durch Ableitung von (12) nach θ_2:

$$\partial \ln \pi_j/\partial\theta_2 = B(\theta_2 + j - 1) - B(\theta_2 - 1) - \ln(1 + \theta_1)$$

oder

$$\begin{aligned}
\partial \ln \pi_j/\partial\theta_2 = {} & B(\theta_2 + j - 1) - B(\theta_2 + j - 2) \\
& + B(\theta_2 + j - 2) - B(\theta_2 + j - 3) \\
& + \cdots \\
& + B(\theta_2) - B(\theta_2 - 1) - \ln(1 + \theta_1)
\end{aligned}$$

und damit

$$\begin{aligned}
\partial \ln \pi_j/\partial\theta_2 = {} & 1/(\theta_2 + j - 1) + 1/(\theta_2 + j - 2) + \cdots \\
& + (1/\theta_2) - \ln(1 + \theta_1)
\end{aligned} \tag{16}$$

Multipliziert man (16) mit f_j und summiert über j, so erhält man $\partial \ln L/\partial\theta_2$, also

$$\begin{aligned}
\partial \ln L/\partial\theta_2 = {} & \underset{j}{S} f_j [(1/\theta_2) + 1/(\theta_2 + 1) + \cdots \\
& + 1/(\theta_2 + j - 1) - \ln(1 + \theta_1)]
\end{aligned}$$

Setzen wir

$$F_j = f_{j+1} + f_{j+2} + f_{j+3} + \cdots \tag{17}$$

so ergibt sich

$$\partial \ln L/\partial\theta_2 = \underset{j}{S} F_j/(\theta_2 + j) - N \ln(1 + \theta_1) .$$

Ersetzen wir in diesem Ausdruck θ_1 durch die in (14) gegebene optimale Schätzung, und setzen $\partial \ln L/\partial\theta_2$ gleich Null, so erhalten wir die Schätzungsgleichung

$$\underset{j}{S} F_j/(\theta_2 + j) - N \ln(1 + \bar{x}/\theta_2) = 0 , \tag{18}$$

aus der die optimale Schätzung $\widehat{T}_2$ von θ_2 zu bestimmen ist.

Bevor wir an einem Beispiel zeigen, wie die Gleichung (18) zweckmäßig aufgelöst wird, sei noch erwähnt, daß θ_2 auch auf andere Art geschätzt werden kann. Eine Möglichkeit besteht darin, aus der Formel für die Streuung σ^2, die im Abschnitt 905 abgeleitet wird,

$$\sigma^2 = \varkappa \pi(1 + \pi) = \theta_1 \theta_2(1 + \theta_1) \tag{19}$$

eine Schätzung von θ_2 abzuleiten, wenn θ_1 durch (14) ersetzt wird. Dies ergibt, wenn an Stelle der theoretischen Streuung σ^2 die aus den beobachteten Werten errechnete s^2 eingesetzt wird:

$$T_2 = \bar{x}^2/(s^2 - \bar{x}) . \tag{20}$$

Diese Schätzung hat indessen einen kleineren Wirkungsgrad als die optimale Schätzung; wir haben auf sie nur hingewiesen, weil sie als vorläufige Schätzung benützt werden kann, wenn (18) aufgelöst werden soll.

Beispiel 67. Für die im Beispiel 15 des Abschnittes 32 angeführten Beobachtungsergebnisse sind die Parameter $\varkappa$ und π zu schätzen.

Als erstes muß θ_2 mittels (18) geschätzt werden, da die Schätzung von θ_1 nach (14) nur möglich ist, wenn schon eine Schätzung von θ_2 vorliegt. Einen ersten Näherungswert für T_2 finden wir nach (20). Man hat

$$\bar{x} = T/N = 142/311 = 0{,}456\,59 \,,$$

$$s^2 = S_{xx}/(N-1) = 0{,}900\,53 \,,$$

und somit

$$T_2 = (0{,}456\,59)^2/(0{,}900\,53 - 0{,}456\,59) = 0{,}469\,6 \,.$$

Wir rechnen daher mit einer ersten Näherung 0,47 die linke Seite von (18) aus. Zu diesem Zwecke stellen wir die Werte f_j und F_j, sowie $1/(0{,}47+j)$ zusammen.

j	f_j	F_j	$1/(0{,}47+j)$
0	226	85	2,127 66
1	52	33	0,680 27
2	19	14	0,404 86
3	10	4	0,288 18
4	1	3	0,223 71
5	1	2	0,182 82
6	1	1	0,154 56
7	1	0	. . .
8 und mehr	0	0	. . .
Summe	311	142	. . .

Man erhält

$$S\,F_j/(0{,}47+j) = 85 \cdot 2{,}127\,66 + 33 \cdot 0{,}680\,27 + \cdots + 1 \cdot 0{,}154\,56$$
$$= 211{,}312\,1$$

Den Ausdruck $N\ln(1 + \bar{x}/\theta_2)$ erhalten wir, indem wir $\log(1 + \bar{x}/\theta_2)$ mit $2{,}302\,585\,N$ multiplizieren. Es ist

$$\log(1 + 0{,}456\,59/0{,}47) = \log(1{,}971\,468) = 0{,}294\,789\,9 \,,$$
$$2{,}302\,585 \cdot 311 = 716{,}103\,9$$

und daher

$$N\ln(1 + \bar{x}/0{,}47) = 716{,}103\,9 \cdot 0{,}294\,789\,9$$
$$= 211{,}100\,2$$

Bezeichnen wir mit d den Wert, der sich für die linke Seite von (18) ergibt, so wird

$$d = 211{,}312\,1 - 211{,}100\,2 = +0{,}211\,9$$

In der nachstehenden Zusammenstellung sind für weitere Näherungswerte T_2 die Ergebnisse der Berechnungen angegeben.

T_2	$S\,F_j/(T_2 + j)$	$-\,N \ln (1 + x/\theta_2)$	d
0,47	211,3121	$-$ 211,1002	$+$ 0,2119
0,472	210,5096	$-$ 210,4517	$+$ 0,0579
0,473	210,1108	$-$ 210,1280	$-$ 0,0172
0,47277	210,2023	$-$ 210,2008	$+$ 0,0015

Aus den beiden letzten Werten erhält man durch lineare Interpolation

$$\widehat{T}_2 = \widehat{k} = 0{,}472\,788$$

und daraus

$$\widehat{T}_1 = \widehat{p} = \bar{x}/\widehat{k} = 0{,}491\,285 \,.$$

Im Abschnitt 32 wurde gezeigt, wie mittels dieser optimalen Schätzungen die theoretischen Häufigkeiten $N\,\pi_j = N\,\varphi(x)$ berechnet und die Abweichungen von den beobachteten Häufigkeiten f_j geprüft werden können. Weitere Einzelheiten über das Schätzen der Parameter der negativen binomischen Verteilung finden sich in den Arbeiten von C. I. BLISS und R. A. FISHER (1953), sowie von C. I. BLISS und A. R. G. OWEN (1958).

73 Beziehungen zwischen Anteilziffern. Transformationen

730 Allgemeines über Transformationen

Die Ergebnisse von Beobachtungen und Versuchen liegen gelegentlich als Anteilziffern vor. So beispielsweise, wenn der Einfluß angestrengter Sehtätigkeit auf den Anteil der Kurzsichtigen untersucht wird; oder wenn die Abhängigkeit des Anteils der an einem bestimmten Leiden Erkrankten von den verschiedenen Blutgruppen geprüft werden soll; oder wenn anzugeben ist, wie die Anteilziffer der Überschläge für einen Isolator mit steigender Spannung zunimmt.

In den beiden erstgenannten Beispielen wäre es erwünscht, wenn die Anteilziffern an Hand einer Streuungszerlegung kritisch ausgewertet werden könnten. Im letzten Beispiel sollte die Regression der Anteilziffer mit der Spannung berechnet werden.

Wie im Kapitel 5 erörtert wurde, liegt der Streuungszerlegung die Annahme zugrunde, daß die zu untersuchenden Einflüsse sich additiv verhalten. Da die Anteilziffern sich nur innerhalb der Grenzen 0 und 1 verändern, bewirken die Einflüsse in den seltensten Fällen additive Änderungen der Anteilziffern. Man wird infolgedessen versuchen, beobachtete Anteilziffern durch eine Transformation umzuformen, um aus ihnen Größen zu erhalten, in denen sich Einflüsse experimenteller oder anderer Art als additive Veränderungen geltend machen.

Selbstverständlich ist nicht von vorneherein zu erwarten, daß in jedem Falle eine Transformation gefunden werden kann, die in den transformierten Werten eine Additivität der Einflüsse mit sich bringt. Das additive Schema der Streuungszerlegung bringen wir von außen an die Zahlen heran, weil wir dadurch die Ergebnisse von Beobachtungen oder Versuchen einfach beurteilen können; in vielen Fällen wird man indessen zufrieden sein müssen, wenn dieses Schema angenähert der Wirklichkeit entspricht.

Was für die Streuungszerlegung gilt, trifft auch für die Regressionsrechnung zu: Anteilziffern erfüllen ihrem Wesen nach nicht die Bedingungen, die im Abschnitt 61 angegeben wurden. Daher wird man auch hier durch Transformationen versuchen, zu Größen überzugehen, die einer Regressionsrechnung zugänglich sind.

In der Streuungszerlegung sowohl wie in der Regressionsrechnung wird vorausgesetzt, daß die restlichen Streuungen konstant sind (Homoskedastizität). Man wählt daher die Transformationen gelegentlich auch von diesem Gesichtspunkt aus. Dabei sollte man allerdings nicht vergessen, daß die Additivität an erster Stelle zu fordern ist, da vor allem der Einfluß verschiedener Ursachen untersucht werden muß. Wenn eine Transformation außer der Additivität noch die Konstanz der restlichen Streuungen mit sich bringt, so ist dies natürlich zu begrüßen.

Im allgemeinen wird man eine Anteilziffer berechnen, wenn von N beobachteten Einheiten deren a ein bestimmtes Merkmal aufweisen, während es in b Einheiten nicht vorhanden ist ($a + b = N$). Den Anteil der a Einheiten an der Gesamtzahl N bezeichnen wir mit p; demnach ist

$$p = a/N, \quad 1 - p = b/N.$$

Die Wahrscheinlichkeit, mit der das betreffende Merkmal in einer Beobachtung zu erwarten ist, bezeichnen wir wie früher schon mit π. Die Wahrscheinlichkeit π soll, wie soeben erörtert wurde, in eine andere Größe transformiert werden, die wir z nennen wollen und die ihrerseits von gewissen Einflüssen in additiver Weise abhängt.

Wie in 32 gezeigt wurde, läßt sich die Wahrscheinlichkeit, in N Beobachtungen das fragliche Merkmal a mal zu finden, leicht berechnen. Die Mutmaßlichkeit $L(\pi)$ erhält man wie in 21 — siehe Formel (2) — als

$$L(\pi) = \pi^a (1 - \pi)^b \, N!/a!\, b! \tag{1}$$

und daraus

$$\ln L(\pi) = a \ln \pi + b \ln(1 - \pi) + \ln(N!/a!\, b!). \tag{2}$$

Wenn π durch eine bestimmte Transformation in z übergeführt wird, so läßt sich π als Funktion von z auffassen und die Ableitung der Formel (2) nach z

lautet dann

$$d \ln L/dz = (d\ln L/d\pi)\,(d\pi/dz)$$
$$= [(a/\pi) - b/(1 - \pi)]\,(d\pi/dz) = d \tag{3}$$

Die Wahrscheinlichkeit π ist nichts anderes als der Parameter θ der binomischen Verteilung. Der Ausdruck in der eckigen Klammer von (3) entspricht der linken Seite von Formel (3) in 711. Man kann daher den Ausdruck (3) auch gleich d setzen und als „wirksamen Punktwert" (efficient score) für die N Beobachtungen bezeichnen, wobei sich der Ausdruck hier auf die Größe z und nicht mehr auf π (oder θ) bezieht. Man kann die Größen

$$(d\pi/dz)/\pi \quad \text{und} \quad -(d\pi/dz)/(1 - \pi) \tag{4}$$

als wirksame Punktwerte für das Eintreten oder das Fehlen des betreffenden Merkmals auffassen. Da die Wahrscheinlichkeit für das Eintreten des Merkmals π, für das Fehlen $(1 - \pi)$ ist, wird im Durchschnitt ein wirksamer Punktwert von

$$\pi\,(d\pi/dz)/\pi - (1 - \pi)\,(d\pi/dz)/(1 - \pi) = 0$$

zu erwarten sein.

Aus der Formel (16a) von 70 folgt für die Information i bezüglich einer Beobachtung ein Ausdruck, den man auch als die mittlere quadratische Abweichung der Werte (4) erhält. Es wird

$$i = \pi \left(\frac{1}{\pi}\,\frac{d\pi}{dz} \right)^2 + (1 - \pi) \left(-\frac{1}{1 - \pi}\,\frac{d\pi}{dz} \right)^2$$

oder auch

$$i = (d\pi/dz)^2/\pi\,(1 - \pi)\,. \tag{5}$$

Wie im Abschnitt 712 erörtert wurde, kann aus einer ersten, angenäherten Schätzung eine verbesserte Schätzung gewonnen werden. Zu diesem Zwecke müssen wir hier von einem ersten Annäherungswert z_0 ausgehend eine verbesserte Schätzung z entsprechend der Formel (2) von 712 berechnen, indem wir

$$z = z_0 + \delta z = z_0 + d/Ni \tag{6}$$

bilden. Für d/Ni ergibt sich aus (3)

$$d/Ni = \frac{1}{Ni} \left(\frac{a}{\pi} - \frac{b}{1 - \pi} \right) \frac{d\pi}{dz} \tag{7}$$

oder, wenn i aus (5) eingesetzt wird,

$$d/Ni = [(a/N) - \pi]/(d\pi/dz)\,. \tag{8}$$

Im Ausdruck (8) sind N, π und $d\pi/dz$ feste Größen; die Streuung von a ist nach den Ausführungen in 902 gleich

$$N\,\pi(1 - \pi)\,,$$

und daher findet man für die Streuung von d/Ni nach der in 904 abgeleiteten Formel (24)

$$N\,\pi(1-\pi)/N^2\,(d\pi/dz)^2\,.$$

Wie der Vergleich mit (5) zeigt, ist die Streuung von d/Ni gleich $1/Ni$. Man gibt daher einer einzelnen Beobachtung das Gewicht i entsprechend der Formel (5).

Aus der Formel (7) ist zu ersehen, daß für eine einzelne Beobachtung, in der das fragliche Merkmal auftritt, die Verbesserung von z_0 nach der Formel

$$z_0 + (d\pi/dz)/i\,\pi$$

erfolgt, was infolge von (5) auch in der Form

$$z_0 + (1-\pi)/(d\pi/dz) \tag{9a}$$

geschrieben werden kann. Entsprechend findet man für eine einzelne Beobachtung, in der das betreffende Merkmal ausbleibt,

$$M = z_0 - \pi/(d\pi/dz)\,. \tag{9b}$$

Die Werte (9a) und (9b) nennt man den maximalen und den minimalen Rechenwert von z (working value). Der Unterschied zwischen (9a) und (9b) ist die Spannweite der Rechenwerte; er beträgt

$$R = (1-\pi)/(d\pi/dz) + \pi(d\pi/dz) = 1/(d\pi/dz)\,. \tag{10}$$

Vergleicht man (9b), (10) und (8) mit der Formel (6), so sieht man, daß man den verbesserten Wert z erhält, indem man zum minimalen Rechenwert das Produkt von a/N mit der Spannweite hinzuzählt. Es ist also

$$z = M + a\,R/N\,, \tag{11}$$

welche Formel wir in den Anwendungen benützen werden.

Damit sind die allgemeinen Formeln zusammengestellt, die für die verschiedenen Transformationen gelten, wie dies R. A. FISHER (1954b) gezeigt hat. Erwähnt sei noch, daß die Ausdrücke d^2/Ni wie χ^2 verteilt sind, wie in 941 gezeigt wird. Damit besteht die Möglichkeit, zu beurteilen inwiefern die Voraussetzungen zutreffen, von denen das hier beschriebene Verfahren ausgeht.

In den folgenden Abschnitten werden wir für vier Transformationen Anwendungsbeispiele besprechen.

A. Winkeltransformation (Arcus-sinus-Transformation)

Dieser erstmals von R. A. FISHER (1922a) benützten Transformation liegt die Beziehung

$$\pi = \sin^2 z \tag{12a}$$

oder

$$z = \arcsin \sqrt{\pi} \tag{12b}$$

zugrunde. Durch Ableiten von (12a) erhält man

$$d\pi/dz = 2 \sin z \cos z = \sin 2z \,. \tag{13}$$

Da aber

$$\sin z = \sqrt{\pi} \quad \text{und} \quad \cos z = \sqrt{1 - \pi}$$

wird

$$(d\pi/dz)^2 = 4\,\pi\,(1 - \pi)$$

und somit erhält man mit (5) für die Information i den Ausdruck

$$i = 4 \,.$$

Das Gewicht i ist demnach bei der Winkeltransformation konstant. Dies vereinfacht das Rechnen mit den transformierten Werten und bildet den Hauptgrund für die Beliebtheit der Winkeltransformation. Wenn die Werte im Winkelmaß statt im Bogenmaß ausgedrückt werden, erhält man statt $i = 4$ das Gewicht

$$i = 4 \cdot (3,141\,59/180)^2 = 1/820,7 = 0,001\,2185 \,. \tag{14}$$

Für den minimalen Rechenwert (9b) erhält man

$$z_0 - \pi/(d\pi/dz) = z_0 - \sin^2 z_0/2 \sin z_0 \cos z_0 = z_0 - (\operatorname{tg} z_0)/2 \,.$$

Im Winkelmaß ausgedrückt lautet der Wert

$$z_0 - (180/2 \cdot 3,141\,59)\,\operatorname{tg} z_0 = z_0 - 28,6479\,\operatorname{tg} z_0 \,. \tag{15}$$

Die Spannweite wird nach (10) und (13) gleich

$$1/(d\pi/dz) = 1/\sin 2z = \operatorname{cosec} 2z \,,$$

oder im Winkelmaß ausgedrückt

$$(180/3,141\,59)\,\operatorname{cosec} 2z = 57,2958\,\operatorname{cosec} 2z \,. \tag{16}$$

In der Tafel VI sind die Werte für (15) und (16) zusammengestellt, sowie die eigentliche Transformation (12b).

B. Probittransformation

Die Probittransformation wird besonders bei biologischen Wertbestimmungen ausgiebig benutzt; eine ausführliche Darstellung gibt D. J. FINNEY (1952a), während C. I. BLISS (1935a, b, 1937, 1938) und W. L. STEVENS (1937) das Verfahren erstmals beschrieben haben. Die Wahrscheinlichkeiten π und $1 - \pi$ werden mit einer standardisierten Normalverteilung in Zusammenhang gebracht, wie dies aus der folgenden Figur 44 hervorgeht. Um negative Werte möglichst zu vermeiden, wird die standardisierte Normalverteilung zwar wie

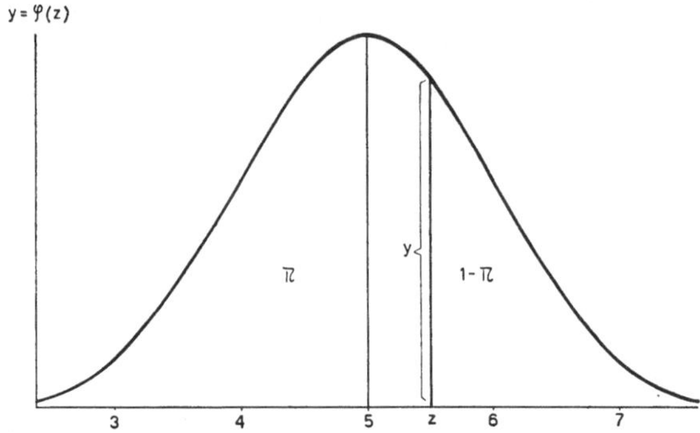

Figur 44
Probittransformation.

üblich mit der Standardabweichung 1 gewählt, aber der Durchschnitt wird gleich 5 gesetzt, statt gleich 0. Man hat somit

$$y = \varphi(z) = \frac{1}{\sqrt{2 \cdot 3{,}14159}}\, e^{-(z-5)^2/2} \tag{17}$$

und die Probittransformation, in der π mit z in Verbindung gesetzt wird, lautet

$$\pi = \int_{-\infty}^{z-5} \frac{1}{\sqrt{2 \cdot 3{,}14159}}\, e^{-u^2/2}\, du \,. \tag{18}$$

Für $d\pi/dz$ erhält man

$$d\pi/dz = \frac{1}{\sqrt{2 \cdot 3{,}14159}}\, e^{-(z-5)^2/2} = y$$

und somit für das Gewicht i nach (5)

$$i = (d\pi/dz)^2/\pi(1-\pi) = y^2/\pi(1-\pi) \,, \tag{19}$$

für den minimalen Rechenwert nach (9 b)

$$z_0 - \pi/(d\pi/dz) = z_0 - \pi/y \tag{20}$$

und für die Spannweite nach (10)

$$1/(d\pi/dz) = 1/y \,. \tag{21}$$

Die Transformation (18) und die Größen (19), (20) und (21) sind in der Tafel VII zusammengestellt.

C. Logittransformation

Der Logittransformation liegt die Beziehung

$$\pi = e^{2(z-5)}/(1 + e^{2(z-5)}) \tag{22}$$

zugrunde. Aus ihr folgt

$$1 - \pi = 1/(1 + e^{2(z-5)})$$

und somit

$$\pi/(1 - \pi) = e^{2(z-5)}$$

woraus folgt, daß

$$z = 5 + \frac{1}{2} \ln \left[\pi/(1 - \pi) \right] . \tag{23}$$

Aus (23) erhält man

$$dz/d\pi = 1/2 \, \pi(1 - \pi)$$

oder auch

$$d\pi/dz = 2 \, \pi(1 - \pi) ,$$

so daß aus (5) für das Gewicht i folgt

$$i = (d\pi/dz)^2/\pi(1 - \pi) = 4 \, \pi(1 - \pi) , \tag{24}$$

aus (9b) für den minimalen Rechenwert

$$z_0 - \pi/(d\pi/dz) = z_0 - 1/2(1 - \pi) \tag{25}$$

und aus (10) für die Spannweite

$$1/(d\pi/dz) = 1/2 \, \pi(1 - \pi) . \tag{26}$$

Die entsprechenden Werte sind in der Tafel VIII enthalten, wobei wie bei den Probits die Konstante 5 hinzugezählt wird, um negative Werte zu vermeiden.

D. Komplementäre Loglog-Transformation

Die *Loglog-Transformation* scheint erstmals von K. MATHER (1949) eingeführt worden zu sein. Er betrachtet eine Transformation

$$\pi = e^{-e^z}$$

oder

$$z = \ln (- \ln \pi) ,$$

für die er die nötigen Tafeln bereitstellt. FISHER und YATES (1957) gehen demgegenüber aus von den Beziehungen

$$\pi = 1 - e^{-e^z} \tag{27}$$

oder

$$z = \ln \left[- \ln (1 - \pi) \right] , \tag{28}$$

die als *komplementäre Loglog-Transformation* bezeichnet wird. Der Unterschied besteht darin, daß in der Loglog-Transformation mit größer werdenden π die

z-Werte abnehmen, während sie mit der komplementären Loglog-Transformation zunehmen.

Auf Grund der Formel (28) findet man

$$dz/d\pi = 1/(1 - \pi) \ln (1 - \pi) \,,$$

und damit für das Gewicht einer Beobachtung gemäß (5)

$$i = (d\pi/dz)^2/\pi(1 - \pi) = (1 - \pi) [\ln (1 - \pi)]^2/\pi \,, \qquad (29)$$

sowie für den minimalen Rechenwert nach (9b)

$$z_0 - \pi/(d\pi/dz) = z_0 - \pi/(1 - \pi) \ln (1 - \pi) \qquad (30)$$

und für die Spannweite entsprechend der Formel (10)

$$1/(d\pi/dz) = 1/(1 - \pi) \ln (1 - \pi) \,. \qquad (31)$$

Die Tafel IX enthält die Transformation (28) sowie die Werte, die aus den Beziehungen (29), (30) und (31) hervorgehen.

Im allgemeinen läßt sich über die Zweckmäßigkeit der vier Transformationen etwa folgendes sagen. Die Winkeltransformation hat den Vorteil, daß die Gewichte konstant sind. Für eine erste Untersuchung wird sie daher vielfach herangezogen, da die Rechnungen weniger umfangreich werden als bei den übrigen Transformationen.

Wenn angenommen werden darf, daß die Größe π normal verteilt ist, was in biologischen Wertbestimmungen sowie bei gewissen Überschlagswahrscheinlichkeiten der Fall sein dürfte, empfiehlt sich die Probit-Transformation. Die Logits geben im allgemeinen dasselbe Ergebnis wie die Probits; man müßte schon über ein sehr großes Zahlenmaterial verfügen, um aus den Zahlen selbst entscheiden zu können, ob die eine oder andere der beiden Transformationen richtig ist. Die (direkte oder komplementäre) Loglog-Transformation ist dann am Platze, wenn seltene Ereignisse, wie Mutationen, Wachstum von Bakterienkulturen, gewisse Unfälle zu untersuchen sind. Bezüglich der Vor- und Nachteile der verschiedenen Transformationen sei auf die Arbeiten von J. BERKSON (1951), D. J. FINNEY (1952 b), K. MATHER (1949) und F. YATES (1955) hingewiesen.

731 Streuungszerlegung von Anteilziffern

Als erstes betrachten wir ein einfaches Beispiel, in dem die *Winkeltransformation* genügt, um Additivität der Wirkungen zu ergeben.

Beispiel 68. Beziehung zwischen Kurzsichtigkeit und beruflicher Tätigkeit (J. D. BLUM, 1951).

Anläßlich der ärztlichen Untersuchung von 1051 Stellungspflichtigen wurden die Berufe nach zwei Richtungen in je zwei Klassen aufgeteilt, nämlich einerseits danach, ob der Beruf mehr geistige, oder aber mehr körperliche Tätigkeit verlangte, und anderseits danach, ob der Beruf eine mehr oder weniger ausgeprägte Sehtätigkeit forderte. Die Ergebnisse der dadurch erhaltenen Aufteilung der Stellungspflichtigen in Verbindung mit dem Anteil der Kurzsichtigen, findet sich in der folgenden Zusammenstellung.

Sehtätigkeit	Geistige Tätigkeit			Körperliche Tätigkeit			Insgesamt		
	N	a	p	N	a	p	N	a	p
Bedeutend	285	76	26,7	135	22	16,3	420	98	23,3
Unbedeutend	259	29	11,2	372	29	7,8	631	58	9,2
Zusammen	544	105	19,3	507	51	10,1	1051	156	14,8

N = Stellungspflichtige überhaupt; a = Kurzsichtige; $p = 100\,a/N$

Der Anteil der Kurzsichtigen ist höher in den Berufen mit vorwiegend geistiger Tätigkeit; er ist auch größer in den Berufen, in denen die Sehtätigkeit eine bedeutende Rolle spielt. Die beiden Faktoren wirken sich indessen auf die Anteilziffern nicht additiv aus. Der Unterschied beträgt beispielsweise

$$26,7 - 16,3 = 10,4$$

in der ersten Zeile, und

$$11,2 - 7,8 = 3,4$$

in der zweiten Zeile. Diese beiden Differenzen müßten gleich groß sein, damit man von Additivität der beiden Faktoren sprechen könnte.

Die Rechnungen, die mit der Winkeltransformation verbunden sind, stellen wir auf Seite 310 zusammen, wobei der Vollständigkeit wegen die obigen Zahlen nochmals aufgeführt sind.

Der erste Schritt besteht darin, zu den Werten p in der Tafel VI a die entsprechenden Winkelgrade aufzusuchen; sie sind in der Spalte „Beobachtete Winkelgrade" eingetragen.

Für die beobachteten Winkelgrade erhalten wir die folgenden Differenzen entsprechend den oben für die prozentualen Anteile berechneten:

$$31,12 - 23,81 = 7,31\,,$$
$$19,55 - 16,10 = 3,45\,.$$

Der Unterschied ist beträchtlich kleiner geworden als bei den Prozentzahlen, so daß einige Aussicht besteht, eine Additivität der Wirkungen für die transformierten Werte zu erhalten.

Der zweite Schritt besteht darin, von den beobachteten Winkelgraden zu den sogenannten „vorläufigen Winkelgraden" überzugehen. Man bezweckt dabei, mit den vorläufigen Winkelgraden möglichst an die bei Additivität der Wir-

Sehtätigkeit	Art der Arbeit	N	a	p	Beobachtete	Vorläufige
					Winkelgrade	
Bedeutend	Geistig	285	76	26,7	31,12	32,63
	Körperlich	135	22	16,3	23,81	25,09
Unbedeutend	Geistig	259	29	11,2	19,55	21,42
	Körperlich	372	29	7,8	16,21	13,88
Bedeutend	...	420	98	23,3	28,86	...
Unbedeutend	...	631	58	9,2	17,65	...
...	Geistig	544	105	19,3	26,06	...
...	Körperlich	507	51	10,1	18,52	...
Insgesamt		1051	156	14,8	22,63	...

Sehtätigkeit	Art der Arbeit	Rechenwerte			
		M	R	Nz	z
Bedeutend	Geistig	14,286	63,099	8867,034	31,11240
	Körperlich	11,676	74,607	3217,614	23,83418
Unbedeutend	Geistig	10,181	84,305	5081,724	19,62056
	Körperlich	6,800	123,082	6098,978	16,39510
Bedeutend	...	...	...	12084,648	28,77297
Unbedeutend	...	...	...	11180,702	17,71902
...	Geistig	...	...	13948,758	25,64110
...	Körperlich	...	...	9316,592	18,37592
Insgesamt		...	...	23265,350	22,13639

kungen zu erwartenden theoretischen Werte heranzukommen. Da die Einteilung nach der Sehtätigkeit mit einem größeren Unterschied der beobachteten Winkelgrade verbunden ist, begnügen wir uns damit, diese Werte bezüglich des Unterschiedes in der Art der Arbeit zu bereinigen. Man hat den Unterschied

$$26,06 - 18,52 = 7,54$$

und wir werden die Hälfte davon, also 3,77, benützen, um die aus der Gruppierung nach der Sehtätigkeit gefundenen Werte zu „bereinigen". Man findet in dieser Weise:

Sehtätigkeit	Art der Arbeit	Beobachtete Winkelgrade	Bereinigung	Vorläufige Winkelgrade
Bedeutend	Geistig	28,86	+ 3,77	32,63
	Körperlich	28,86	− 3,77	25,09
Unbedeutend	Geistig	17,65	+ 3,77	21,42
	Körperlich	17,65	− 3,77	13,88

Diese vorläufigen Winkelgrade sind die Werte, die in den Formeln von 730 jeweils mit z_0 bezeichnet wurden. Die Gleichung (11) jenes Abschnitts zeigt, wie man von den vorläufigen Werten z_0 zu den sogenannten „Rechenwerten" z übergehen kann. Man benötigt dazu die minimalen Rechenwerte und die Spannweiten. Diese entnehmen wir der Tafel VI b, indem wir zwischen den Tafelwerten linear interpolieren, wie dies in 82 beschrieben wird. Die so erhaltenen Werte sind in der Aufstellung auf Seite 310 eingetragen. Weiter berechnen wir in diesem dritten Schritt nach der Formel (11) von 730 die Rechenwerte z, indem wir zuerst

$$N\,z = N \cdot M + a\,R$$

ermitteln. Für die erste Zeile der Zusammenstellung auf Seite 310 erhält man beispielsweise

$$285 \cdot 14{,}286 + 76 \cdot 63{,}099 = 8867{,}034$$

und

$$8867{,}034/285 = 31{,}11240\,.$$

Entsprechend findet man die Rechenwerte z für die drei übrigen Gruppen. Durch Addition ergeben sich die fünf letzten Werte in der Spalte der Nz. Daraus erhält man die gewogenen Durchschnitte, z. B.

$$12084{,}648/420 = 28{,}77297\,.$$

Im vierten Schritt muß die Streuungszerlegung für die Rechenwerte z durchgeführt werden. Dies geschieht zweckmäßig nach dem in Abschnitt 514.2 an-

gegebenen Verfahren. Das auf Seite 121 angegebene Rechenschema sieht, was
den Anfang betrifft, wie folgt aus:

Sehtätigkeit	Art der Arbeit
(1) $\quad\quad G \quad\quad K$ $B \quad 420 = 285 + 135$ $U \quad 631 = 259 + 372$ $\overline{\quad\quad 1051}$	$\quad\quad B \quad\quad U$ $G \quad 544 = 285 + 259$ $K \quad 507 = 135 + 372$ $\overline{\quad\quad 1051}$
(2) $\;$ 12 084,648 $\quad$ 28,72997 $\quad\quad -11,05395$ $\quad$ 11 180,702 $\quad$ 17,71902 $\quad\quad\quad$ 0,00000 $\quad$ 23 265,350 $\quad$ usw.	13 948,758 9 316,592 23 265,350

Das Ergebnis dieser Rechnung läßt sich wie in der folgenden Übersicht zusammenfassen.

Sehtätigkeit	Art der Arbeit	Konstante	Totale ($N\,z$)
Bedeutend	...	+ 9,787785	12 084,648
Unbedeutend	...	0,000000	11 180,702
...	Geistig	+ 4,722525	13 948,758
...	Körperlich	0,000000	9 316,592
Insgesamt		+ 15,780616	23 265,350

Falls das additive Schema der Streuungszerlegung zulässig ist, könnte somit
der Unterschied in der Sehtätigkeit durch eine Veränderung der Winkelgrade
um 9,788 und der Unterschied in der Art der Arbeit durch 4,723 gekennzeichnet werden, wobei natürlich wie immer offen bleibt, ob die beiden Faktoren
die Ursache der unterschiedlichen Anteilziffer der Kurzsichtigkeit bilden, oder
die Kurzsichtigkeit die Wahl des Berufes bedingt, oder ob schließlich die Kurzsichtigkeit wie der Beruf von weiteren Ursachen gemeinsam beeinflußt werden.

Wie in 514.2 gezeigt wurde, kann durch eine Streuungszerlegung geprüft
werden, ob die beiden erwähnten Unterschiede gesichert sind; überdies können
wir feststellen, ob die theoretisch aus den Konstanten errechneten Winkelgrade
von den ursprünglichen Rechenwerten wesentlich abweichen. Die Ergebnisse
stellen wir wie folgt zusammen.
Die Summe der Quadrate insgesamt wird berechnet als

$$8867{,}034 \cdot 31{,}11240 + 3217{,}614 \cdot 23{,}83418 + 5081{,}724 \cdot 19{,}62056 +$$

$$+\, 6098{,}978 \cdot 16{,}39510 - 23265{,}350 \cdot 22{,}13639 = 37252{,}558;$$

Streuung	Freiheitsgrad	Summe der Quadrate		χ^2	n	Streuung
		Direkt berechnet	Unterschiede			
Sehtätigkeit	1	30811,370	5474,527	6,6706	1	Art der Arbeit
Art der Arbeit	1	13851,496	22434,401	27,3357	1	Sehtätigkeit
Konstante	2	36285,897	966,661	1,1778	1	Rest
Insgesamt	3	37252,558	...	...	...	...

die Summe der Quadrate für die Konstanten als

$$(+9{,}787785) \cdot 12084{,}648 + (+4{,}722525)(13948{,}758) + (+15{,}780616)$$
$$(23265{,}350) - 23265{,}350 \cdot 22{,}13639 = 36285{,}897;$$

die Summe der Quadrate für Sehtätigkeit und Art der Arbeit mit

$$12084{,}648 \cdot 28{,}77297 + 11180{,}702 \cdot 17{,}71902 - 23265{,}350 \cdot 22{,}13639 =$$
$$= 30811{,}370,$$

$$13948{,}758 \cdot 25{,}64110 + 9316{,}592 \cdot 18{,}37592 - 23265{,}350 \cdot 22{,}13639 =$$
$$= 13851{,}496.$$

Die Unterschiede

$$37252{,}558 - 36285{,}897 = \quad 966{,}661,$$
$$36285{,}897 - 13851{,}496 = 22434{,}401,$$
$$36285{,}897 - 30811{,}370 = \quad 5474{,}527,$$

werden entsprechend erhalten wie dies im Beispiel 33 gezeigt wurde. Dividiert man diese Summe der Quadrate durch den in der Formel (14) von 730 angegebenen Faktor 820,7, so erhält man Größen, die entsprechend χ^2 verteilt sind.

Die Unterschiede im Anteil der Kurzsichtigen sind demnach sowohl bezüglich der Sehtätigkeit als auch hinsichtlich der Art der Arbeit gesichert.

Das restliche χ^2 zeigt, daß das additive Schema der Streuungszerlegung für die Winkelgrade am Platze ist. Dies läßt sich auch direkt nachweisen, indem man auf Grund der Konstanten die theoretischen Werte Z zu den Rechenwerten z der Winkelgrade ermittelt. Man findet für die vier Gruppen:

Sehtätigkeit	Art der Arbeit	Theoretische Werte Z
Bedeutend	Geistig	$+15{,}780616 + 9{,}787785 + 4{,}722525 = 30{,}29093$
	Körperlich	$+15{,}780616 + 9{,}787785 + 0{,}000000 = 25{,}56840$
Unbedeutend	Geistig	$+15{,}780616 + 0{,}000000 + 4{,}722525 = 20{,}50314$
	Körperlich	$+15{,}780616 + 0{,}000000 + 0{,}000000 = 15{,}78062$

Die weitere Rechnung geht wie folgt vor sich

N	z	Z	$z-Z$	$N(z-Z)$	$N(z-Z)^2$
285	31,11240	30,29093	$+0,82147$	$+234,119$	192,322
135	23,83418	25,56840	$-1,73422$	$-234,120$	406,015
259	19,62056	20,50314	$-0,88258$	$-228,588$	201,738
372	16,39510	15,78062	$+0,61448$	$+228,587$	140,462
Summe	...	...	...	$-$ 0,002	940,537

Die mit N gewogene Summe der Abweichungen $z-Z$ ist — wie es sein soll — gleich Null, und die Summe der $N(z-Z)^2$ stimmt mit der restlichen Summe der Quadrate (966,661) ziemlich gut überein.

Wir gehen nun über zu einem Beispiel, in dem die *Logittransformation* zweckmäßig erscheint. Wie R. A. FISHER (1951, § 70) dargetan hat, kann der Austauschwert zweier Genfaktoren unter dem Einfluß verschiedener Sterblichkeit der beiden Kombinationen richtig berechnet werden, indem man das geometrische Mittel zweier Anteilziffern berechnet. Wenn π der gesuchte Austauschwert ist, erhält man aus dem genannten geometrischen Mittel eine Schätzung von $\pi/(1-\pi)$. Die Genauigkeit der Schätzung folgt aus der Untersuchung von $\log[\pi/(1-\pi)]$. Daraus ergibt sich der enge Zusammenhang mit der Logittransformation (23) von 730.

Wie B. WOOLF (1955) gezeigt hat, muß in ähnlicher Weise vorgegangen werden, wenn man untersuchen will, ob eine Beziehung zwischen der Häufigkeit einer Erkrankung und den Blutgruppen besteht. Das Verfahren von WOOLF ist auf den besonderen Fall zugeschnitten; man kann aber derartige Untersuchungen auch nach der im vorigen Beispiel dargelegten allgemeinen Methode auswerten; dies wird an Hand des Beispiels 69 dargelegt.

Beispiel 69. Unterschiedliche Häufigkeiten von Magenkrebs bei verschiedenen Blutgruppen (J. K. MOOR-JANKOWSKI, persönliche Mitteilung).

Die folgenden Angaben beziehen sich lediglich auf die beiden, im vorliegenden, aus Basel stammenden Material am häufigsten vorkommenden Blutgruppen A und 0 im System AB0, die in der gleichen Anordnung vorgeführt werden, welche im Beispiel 68 benützt wurde.

Geschlecht	Blutgruppe 0			Blutgruppe A			Insgesamt		
	N	a	p	N	a	p	N	a	p
Männer	520	98	18,8	601	138	23,0	1121	236	21,1
Frauen	488	68	13,9	548	99	18,1	1036	167	16,1
Zusammen	1008	166	16,5	1149	237	20,6	2157	403	18,7

N = Untersuchte insgesamt; a = Magenkrebskranke; $p = 100\,a/N$

Die Untersuchung kann in gleicher Weise durchgeführt werden wie im Beispiel 68; abgesehen davon, daß für die Logits die Gewichte nicht wie bei den Winkelgraden konstant sind und daher berücksichtigt werden müssen.

Als erstes sucht man in der Tafel VIIIa zu den Anteilziffern p die Logits auf. In der folgenden Zusammenstellung sind die so erhaltenen „Beobachteten Logits" eingetragen.

Gruppe	N	a	p	Beobach-tete Logits	Vor-läufige Logits	Rechenwerte		
						M	R	w
M O	520	98	18,8	4,2685	4,2723	3,6555	3,2625	0,61360
A	601	138	23,0	4,3958	4,4084	3,7551	2,7868	0,71795
F O	488	68	13,9	4,0882	4,1063	3,5226	4,0722	0,49139
A	548	99	18,1	4,2452	4,2424	3,6324	3,3866	0,59089
M ...	1121	236	21,1	4,3405	...	...	...	...
F ...	1036	167	16,1	4,1746	...	...	...	...
... O	1008	166	16,5	4,1893	...	...	...	...
... A	1149	237	20,6	4,3254	...	...	...	...
Insgesamt	2157	403	18,7	4,2652	...	...	...	...

Als zweites berechnet man aus den „Beobachteten Logits" die „Vorläufigen Logits". Zu diesem Zwecke wurde der Unterschied bezüglich des Geschlechts

$$4,3405 - 4,1746 = 0,1659$$

halbiert und das Ergebnis (0,0830) zu den beobachteten Logits für die beiden Blutgruppen hinzugezählt oder abgezogen.

$$4,1893 - 0,0830 = 4,1063 \,,$$

$$4,1893 + 0,0830 = 4,2723 \,,$$

$$4,3254 - 0,0830 = 4,2424 \,,$$

$$4,3254 + 0,0830 = 4,4084 \,.$$

Drittens entnimmt man aus der Tafel VIIIb zu den vorläufigen Logits die minimalen Rechen-Logits (M), die Spannweiten (R) und die Gewichte, die wir hier mit w bezeichnen. Nach der Formel (11) von 730 folgen daraus die eigentlichen Rechen-Logits z, wobei als Zwischenschritt $N\,z$ bestimmt wird. Für die Männer der Blutgruppe 0 hat man beispielsweise:

$$N\,z = 520 \cdot 3,6555 + 98 \cdot 3,2625 = 2220{,}5850$$

und

$$z = 2220{,}5850/520 = 4{,}2703558 \,.$$

Das weitere Vorgehen unterscheidet sich von demjenigen des Beispiels 68, indem jetzt die Gewichte $N\,w$ benützt werden, sowie die gewogenen Logitwerte $N\,w\,z$. In der ersten Zeile findet man zum Beispiel:

$$N\,w = 520 \cdot 0{,}61360 = 319{,}07200\,,$$

sowie

$$N\,w\,z = 319{,}07200 \cdot 4{,}2703558 = 1362{,}55097\,.$$

Als Fortsetzung der obenstehenden Zusammenstellung ergibt sich:

Gruppe	$N\,z$	z	$N\,w$	$N\,w\,z$
M O	2220,5850	4,2703558	319,07200	1362,55097
A	2641,3935	4,3949975	431,48795	1896,38846
F O	1995,9384	4,0900377	239,79832	980,78417
A	2325,8286	4,2442128	323,80772	1374,30887
M …	…	4,3420108	750,55995	3258,93943
F …	…	4,1786157	563,60604	2355,09304
… O	…	4,1929855	558,87032	2343,33514
… A	…	4,3303536	755,29567	3270,69733
Insgesamt	…	4,2719356	1314,16599	5614,03247

Aus den Werten $N\,w$ und $N\,w\,z$ der ersten vier Zeilen erhält man durch Addition die Werte für die weiteren fünf Zeilen.

Hierauf lassen sich die gewogenen Durchschnitte der z berechnen aus $(N\,w\,z)/(N\,w)$, also etwa für die Männer:

$$3258{,}93943/750{,}55995 = 4{,}3420108\,.$$

Viertens hat man die eigentliche Streuungszerlegung durchzuführen. Nach dem in 514.2 angegebenen Verfahren paßt man zunächst Konstanten an. Statt mit den Anzahlen N muß hier mit den Gewichten $N\,w$ gerechnet werden, so daß der Anfang des Rechenschemas folgendermaßen aussieht.

	O A		M F
(1) M 750,55995 = 319,07200 + 431,48795		O 558,87032 = 319,07200 + 239,79832	
F 563,60604 = 239,79832 + 323,80772		A 755,29567 = 431,48795 + 323,80772	
1314,16599		1314,16599	
(2) 3258,93943 4,3420108 −0,1633951		2343,33514 4,1929855	
2355,09304 4,1786157 0,0000000		3270,69733 4,3303536	
5614,03247 usw.		5614,03247	

Für die Konstanten findet man

Gruppe	Konstante	Totale ($N\,w\,z$)
M ...	$+\,0{,}1633457$	$3258{,}93943$
F ...	$0{,}0000000$	$2355{,}09304$
... O	$0{,}0000000$	$2343{,}33514$
... A	$+\,0{,}1373093$	$3270{,}69733$
Insgesamt	$+\,4{,}0997276$	$5614{,}03247$

Die eigentliche Streuungszerlegung kann ähnlich wie im Beispiel 68 durchgeführt werden.

Streuung	Freiheits-grad	Summe der Quadrate		n	Streuung
		Direkt berechnet	Unterschiede χ^2		
Geschlecht	1	$8{,}593785$	$6{,}055815$	1	Blutgruppe
Blutgruppe	1	$6{,}061053$	$8{,}588547$	1	Geschlecht
Konstante	2	$14{,}649600$	$0{,}068738$	1	Rest
Insgesamt	3	$14{,}718338$	...	...	...

Die Summe der Quadrate insgesamt erhält man als

$$4{,}2703558 \cdot 1362{,}55097 + \cdots + 4{,}2442128 \cdot 1374{,}30887 -$$
$$- 4{,}2719356 \cdot 5614{,}03247 = 14{,}718338;$$

die Summe der Quadrate der Konstanten als

$$(+\,0{,}1633457) \cdot 3258{,}93943 + (+\,0{,}1373093) \cdot 3270{,}69733 +$$
$$+ (4{,}0997276) \cdot 5614{,}03247 - 4{,}2719356 \cdot 5614{,}03247 =$$
$$= 14{,}649600;$$

die Summe der Quadrate für das Geschlecht als

$$4{,}3420108 \cdot 3258{,}93943 + 4{,}1786157 \cdot 2355{,}09304 -$$
$$- 4{,}2719356 \cdot 5614{,}03247 = 8{,}593785$$

und entsprechend die Summe der Quadrate für die Blutgruppen.

Die Differenzen zwischen den so berechneten Summen der Quadrate ergeben geradewegs die χ^2. Die beiden ersten zeigen, daß sowohl die Unterschiede zwischen den Blutgruppen, als auch jene zwischen den Geschlechtern gesichert sind. Das restliche χ^2 ist sehr klein, aber doch nicht so klein, daß es irgendwie ungewöhnlich erscheinen könnte.

Die Ergebnisse können somit dahin zusammengefaßt werden, daß der Unterschied zwischen den Logits der Blutgruppen 0,1373, zwischen den Logits für das Geschlecht 0,1633 beträgt, wobei diese Wirkungen addiert werden dürfen.

Auch hier läßt sich die restliche Streuung aus den Unterschieden zwischen den ursprünglichen Rechenlogits z und den aus den Konstanten zu ermittelnden theoretischen Werten Z ermitteln. Man hat lediglich die Summe der $N\,w\,(z - Z)^2$ zu bilden, wofür der Wert 0,068624 erhalten wird. Die Summe der $N\,w\,(z - Z)$ sollte Null sein; man erhält dafür $+ 0,000026$.

Beispiele, in denen die *komplementäre Loglog-Transformation* angepaßt erscheint, sind von F. YATES (1955) gegeben worden. Das von ihm entwickelte Verfahren ist auf den Fall zugeschnitten, in dem lediglich eine einzige Konstante anzupassen ist, also nur der Unterschied für *einen* Faktor zu prüfen wäre. Das nachstehende Beispiel 70 wurde von YATES durchgerechnet; wir werden es von einem etwas allgemeineren Standpunkt aus neu auswerten.

Beispiel 70. Abhängigkeit der Mutationsrate bei bestrahlten Spermatozoen von *Drosophila melanogaster* von Verfahren und Dosis der Bestrahlung (G. BONNIER and K. G. LÜNING, 1953).

Dosis	Versuch	Verfahren A			Verfahren B			Zusammen		
		N	a	p	N	a	p	N	a	p
960 r	1	844	29	3,44	1531	45	2,94	2375	74	3,12
	2	2700	78	2,89	1465	27	1,84	4165	105	2,52
	3	3285	110	3,35	4381	100	2,28	7666	210	2,74
	4	1063	25	2,35	2105	52	2,47	3168	77	2,43
	Zus.	7892	242	3,07	9482	224	2,36	17374	466	2,68
3000 r	5	370	31	8,38	550	43	7,82	920	74	8,04
	6	600	57	9,50	463	27	5,83	1063	84	7,90
	Zus.	970	88	9,07	1013	70	6,91	1983	158	7,97
Insgesamt		8862	330	3,72	10495	294	2,80	19357	624	3,22

N = Bestrahlte Spermatozoen; a = Mutanten; $p = 100\,a/N$

Die Wahrscheinlichkeit, daß unter gegebenen Verhältnissen x Mutationen stattfinden, kann (siehe 32 und 903) nach der Formel

$$\varphi(x) = \lambda^x\, e^{-\lambda}/x!$$

bestimmt werden, wobei λ die durchschnittliche Zahl der Mutationen bedeutet.

Die Wahrscheinlichkeit dafür, *keine* Mutation zu beobachten, ist demnach

$$\varphi(0) = e^{-\lambda}$$

und die Wahrscheinlichkeit, *mindestens eine* zu finden, gleich

$$1 - e^{-\lambda} .$$

Wenn die Bedingungen von einem Versuch zum andern ändern, kann dies dadurch zum Ausdruck gebracht werden, daß im Exponenten ein Faktor β eingeführt wird, der von Versuch zu Versuch ändern kann. Die Wahrscheinlichkeit π für das Eintreten mindestens einer Mutation lautet dann

$$\pi = 1 - e^{-\beta\lambda} .$$

Will man zwei Mutationsraten miteinander vergleichen, so bildet man am besten das Verhältnis

$$\beta\lambda_1/\beta\lambda_2 = \lambda_1/\lambda_2 ,$$

wodurch der Faktor wegfällt, wenn die Bedingungen der Versuche unverändert sind. Statt des Verhältnisses untersucht man dessen Logarithmus, also $\log \lambda_1 -$ $- \log \lambda_2$. Man wird daher zweckmäßig

$$\ln\left[-\ln\left(1-\pi\right)\right] = \ln\left[-\ln\left(e^{-\beta\lambda}\right)\right] = \ln\left[\beta\lambda\right] = \ln\beta + \ln\lambda$$

bilden. Das ist aber nichts anderes als die komplementäre Loglog-Transformation.

Im Beispiel 70 üben wir daher auf die Prozentzahlen die komplementäre Loglog-Transformation aus. Des weiteren wollen wir von der Annahme ausgehen, daß die Mutationsrate im wesentlichen nur von dem Verfahren und von der Strahlendosis beeinflußt wird. Die Auswertung wird uns gestatten, diese Annahmen nachzuprüfen.

Der erste Schritt zur Auswertung besteht darin, zu den Prozentzahlen p die sogenannten „beobachteten Loglog-Werte" aus der Tafel IX a herauszuschreiben. Wie in den Beispielen 68 und 69 finden wir daraus „vorläufige Loglog-Werte". Mit diesen ergeben sich aus der Tafel IX b die minimalen Rechenwerte M, die Spannweite R und die Gewichte w. Die Ergebnisse finden sich in der Zusammenstellung auf Seite 320 oben, wobei nur die Durchschnitte für die vier Gruppen berücksichtigt sind.

Mit den Größen M, R und w lassen sich Nz, z, Nw und Nwz unmittelbar berechnen. Diese Werte werden für die zwölf einzelnen Versuche ermittelt, wobei für alle vier Versuche der Dosis 960 und des Verfahrens A stets dieselben Werte von M, R und w verwendet werden. Die Ergebnisse sind in der Übersicht auf Seite 320 unten enthalten.

Dosis	Ver-fahren	p	Beobachtete Loglog	Vor-läufige Loglog	Rechenwerte		
					M	R	w
960	A	3,07	−3,4684	−3,8320	−4,8429	47,216	0,02146
	B	2,36	−3,7352	−4,1205	−5,1286	62,649	0,01612
3000	A	9,07	−2,3531	−2,7138	−3,7477	16,130	0,06414
	B	6,91	−2,6367	−3,0023	−4,0275	21,159	0,04846
960	…	2,68	−3,6065	…	…	…	…
3000	…	7,97	−2,4883	…	…	…	…
…	A	3,72	−3,2729	…	…	…	…
…	B	2,80	−3,5614	…	…	…	…
Insgesamt		3,22	−3,4196	…	…	…	…

Dosis	Ver-fahren	Nz	z	Nw	Nwz
960	A 1	− 2718,1436	− 3,220549	18,11224	− 58,331356
	2	− 9392,9820	− 3,478882	57,94200	− 201,573381
	3	− 10715,1665	− 3,261847	70,49610	− 229,947492
	4	− 3967,6027	− 3,732458	22,81198	− 85,144757
	B 1	− 5032,6816	− 3,287186	24,67972	− 81,126830
	2	− 5821,8760	− 3,973977	23,61580	− 93,848646
	3	− 16203,4966	− 3,698584	70,62172	− 261,200364
	4	− 7537,9550	− 3,580976	33,93260	− 121,511826
3000	A 5	− 886,6190	− 2,396268	23,73180	− 56,867753
	6	− 1329,2100	− 2,215350	38,48400	− 85,255529
	B 5	− 1305,2880	− 2,373251	26,65300	− 63,254259
	6	− 1293,4395	− 2,793606	22,43698	− 62,680082
960	A	…	− 3,395070	169,36232	− 574,996986
	B	…	− 3,648598	152,84984	− 557,687666
3000	A	…	− 2,284360	62,21580	− 142,123282
	B	…	− 2,565378	49,08998	− 125,934341
960	…	…	− 3,515338	322,21216	− 1132,684652
3000	…	…	− 2,408299	111,30578	− 268,057623
…	A	…	− 3,096667	231,57812	− 717,120268
…	B	…	− 3,385276	201,93982	− 683,622007
Insgesamt		…	− 3,231106	433,51794	− 1400,742275

Der nächste Schritt besteht darin, auf die so erhaltenen Größen eine Streuungszerlegung auszuüben. Dabei geht man von den Totalen der Nw und Nwz für die beiden Dosisgruppen und für die beiden Verfahrensgruppen aus.

Das Vorgehen entspricht genau jenem in Beispiel 69, so daß wir uns hier mit der Angabe der Ergebnisse begnügen können.

Dosis	Verfahren	Konstante	Totale $N\,w\,z$
960	...	$+\,0{,}008\,686$	$-\,1\,132{,}684\,652$
3 000	...	$+\,1{,}107\,039$	$-\,268{,}057\,623$
...	A	$+\,0{,}260\,527$	$-\,717{,}120\,268$
...	B	$0{,}000\,000$	$-\,683{,}622\,007$
Insgesamt		$-\,3{,}660\,963$	$-\,1\,400{,}742\,275$

Ob die Unterschiede zwischen den Dosen und zwischen den Verfahren gesichert sind, ergibt sich aus der Streuungszerlegung, die in der üblichen Weise zu berechnen ist. Man erhält:

Streuung	Freiheits-grad	Summe der Quadrate		Freiheits-grad	Streuung
		Direkt berechnet	Unter-schiede χ^2		
Dosis	1	101,386060	7,315337	1	Verfahren
Verfahren	1	8,985300	99,716097	1	Dosis
Konstante	2	108,701397	0,015650	1	$V \cdot D$
Gruppen	3	108,717047	13,495066	8	Rest
Insgesamt	11	122,212113	...	...	...

Die Unterschiede zwischen den Verfahren und zwischen den Dosen sind gesichert. Es besteht keine Wechselwirkung; man kann also annehmen, daß die komplementäre Loglog-Transformation zu additiven Wirkungen führt. Innerhalb der vier Gruppen unterscheiden sich die Mutationsraten nicht wesentlich, wie aus dem restlichen χ^2 zu ersehen ist.

Allgemein ist noch zu bemerken, daß aus den mit Hilfe der angepaßten Konstanten erhaltenen theoretischen Werten Z in einer zweiten Runde neue Rechenwerte M, R und neue Gewichte w bestimmt werden können. Diese ergeben neue Konstanten und eine neue Streuungszerlegung. Grundsätzlich handelt es sich ja bei dem hier erörterten Verfahren um schrittweise Annäherung an die optimale Lösung. In unseren Beispielen genügte die erste Annäherung, da Additivität erzielt wurde und das restliche χ^2 nicht zu groß ausfiel.

732 Regression mit Anteilziffern

Wenn die Anteilziffern mit einer Veränderlichen in Zusammenhang stehen, erreicht man vielfach mit einer passenden Transformation, daß die transformierten Werte linear von der in Frage stehenden Veränderlichen abhängen.

Das Verfahren entspricht völlig dem in 731 erörterten; lediglich bei der Ermittlung der vorläufigen Werte muß man etwas verschieden vorgehen, indem man an die beobachteten transformierten Werte eine Gerade anpaßt, wobei man entweder rechnerisch oder graphisch vorgehen kann.

Im Beispiel 71 geben wir zunächst ein einfaches Beispiel, in welchem eine einzige Regressionsgerade zu bestimmen ist.

Beispiel 71. Abhängigkeit der Häufigkeit der Überschläge von der Spannung bei einem 50 kV-Stützisolator (*Materialprüfanstalt des Schweizerischen Elektrotechnischen Vereins*; A. LINDER, 1952).

Die folgende Zusammenstellung enthält außer den Versuchsergebnissen die weiteren Rechengrößen; dabei bedeuten

$$x = \text{Spannung in kV minus } 250 \text{ kV}; \qquad N = \text{Zahl der Stromstöße};$$
$$a = \text{Zahl der Überschläge}; \qquad p = 100\,a/N.$$

x	N	a	p	Beobachtete Probits	Vorläufige	$N\,w$	Rechenprobits z	$N\,wx$	$N\,wz$
7	20	0	0	...	3,2	3,599	2,745	25,193	9,879255
8	20	3	15	3,96	3,4	4,751	4,258	38,008	20,229758
10	20	3	15	3,96	3,8	7,406	3,980	74,060	29,475880
11	20	7	35	4,61	3,9	8,095	4,884	89,045	39,535980
14	20	4	20	4,16	4,4	11,158	4,177	156,212	46,606966
15	20	4	20	4,16	4,6	12,010	4,207	180,150	50,526070
19	20	10	50	5,00	5,3	12,322	4,991	234,118	61,499102
22	20	14	70	5,52	5,8	10,052	5,496	221,144	55,245792
25	20	19	95	6,64	6,3	6,718	6,573	167,950	44,157414
27	20	17	85	6,04	6,6	4,751	5,742	128,277	27,280242
30	20	20	100	...	7,1	2,205	7,506	66,150	16,550730
Summe	..	..	..	...	...	83,067	...	1380,307	400,987189

Aus den Anteilziffern p der Überschläge findet man in der Tafel VII a die beobachteten Probits. Wir gehen von der Annahme aus, die Überschlagswahrscheinlichkeiten π seien von der Spannung abhängig, wie dies in der Figur 44 (Seite 306) angegeben ist, so daß die Probits linear mit x verbunden sind (siehe auch Figur 15, Seite 86). Vielfach erweist es sich als zweckmäßiger, die Probits mit dem Logarithmus der unabhängigen Veränderlichen in Beziehung zu setzen. In unserem Beispiel liegen die Spannungen zwischen 257 und 280 kV; der Übergang zu Logarithmen würde hier daher die Beziehung mit den Probits nicht verändern.

Für $\pi = 0$ und $\pi = 100$ (%) sind die Probits unendlich groß; daher sind für $p = 0$ und $p = 100$ keine beobachteten Probits eingesetzt. Zeichnet man die beobachteten Probits in Abhängigkeit zu den x-Werten auf, und zieht man von Auge eine Gerade durch die so erhaltenen Punkte, wobei man die extremen Werte weniger ins Gewicht fallen läßt, so erhält man vorläufige Probits; wir erhielten so die in der obigen Zusammenstellung eingesetzten Werte.

Von den vorläufigen Probits ausgehend, kann man die Gewichte Nw für die N Versuche ermitteln und in die Zusammenstellung eintragen. In der Regel kann dies ohne Schwierigkeit getan werden, da es genügt, die vorläufigen Probits auf eine Stelle nach dem Komma anzugeben, so daß die Gewichte w aus der Tafel VIIb ohne Interpolation entnommen und ohne weiteres mit N multipliziert werden können. In ähnlich einfacher Weise können die Rechenprobits z nach der Formel (11) von 730

$$z = M + p\,R/100$$

berechnet werden.

Weiter ermittelt man die Ausdrücke Nwx und Nwz, die ebenfalls in die obenstehende Zusammenstellung eingetragen werden. Damit sind die Unterlagen bereit, aus denen die für die Regressionsrechnung wesentlichen Größen berechnet werden können, wobei man den in 611 erörterten Verfahren folgt. An Stelle der Anzahl der Werte N treten jetzt allerdings die Gewichte Nw. Für die Summe der Quadrate der x erhält man

$$
\begin{array}{ll}
S\,Nwx^2 & 26\,049{,}867 \\
(S\,Nwx)^2/S\,Nw & 22\,936{,}273 \\
\hline
S_{xx} & 3\,113{,}594
\end{array}
$$

und entsprechend

$$S_{xz} = +\,428{,}829\,730\,, \quad S_{zz} = 76{,}922\,442\,,$$

Da andererseits

$$\bar{x} = 1380{,}307/83{,}067 = 16{,}616\,8\,,$$

$$\bar{z} = 400{,}987\,189/83{,}067 = 4{,}827\,3\,,$$

und

$$b = S_{xz}/S_{xx} = +\,428{,}829\,730/3113{,}594 = 0{,}137\,7\,,$$

findet man als Regressionsgleichung

$$Z = 4{,}827\,3 + 0{,}137\,7\,(x - 16{,}616\,8) = 2{,}538\,7 + 0{,}137\,7\,x\,.$$

Um zu beurteilen, ob der Regressionskoeffizient wesentlich von Null abweicht, und um die Unterschiede zwischen den Rechenprobits z und den Regressionswerten Z zu prüfen, kann man die S_{yy} in zwei Teile zerlegen, wie dies in 611.4 gezeigt wurde. Die Summe der Quadrate für die Regressionswerte ist gegeben durch

$$S_{xz}^2/S_{xx} = (428{,}829\,730)^2/3113{,}594 = 59{,}061\,951$$

und die Streuungszerlegung lautet

Streuung	Freiheits-grad	Summe der Quadrate $= \chi^2$	$\chi^2_{0,05}$	$\chi^2_{0,01}$
Regression	1	59,061951	3,841	6,635
Rest	9	17,860491	16,919	21,666
Insgesamt	10	76,922442	...	...

Das χ^2 für die Regression zeigt, daß eine deutliche Abhängigkeit der Probit-werte von der Spannung besteht. Die restliche Streuung ist etwas zu groß, als daß man die Unterschiede zwischen den Rechenwerten z und den Regressions-werten Z nur als zufällig betrachten könnte.

Es besteht die Möglichkeit, durch eine zweite Runde die Anpassung zu ver-bessern, da ja das ganze Rechenverfahren im wesentlichen auf fortgesetzten Näherungen beruht. Man kann demnach auf Grund der Beziehung

$$Z = 2,5387 + 0,1377\, x$$

zu jedem der elf x-Werte das Z berechnen, das nun als vorläufiger Probitwert benützt wird, um neue Gewichte Nw und Rechenprobits aus der Tafel VIIb zu entnehmen. Man erhält für diese zweite Runde:

x	p	Vor-läufige Probits	Nw	Rechen-probits z	Nwx	Nwz
7	0	3,50	5,3814	2,984	37,6698	16,0580976
8	15	3,64	6,3110	4,041	50,4880	25,5027510
10	15	3,92	8,2304	3,966	82,3040	32,6417664
11	30	4,05	9,1007	4,757	100,1077	43,2920299
14	20	4,47	11,4811	4,188	160,7354	48,0828468
15	20	4,60	12,0104	4,207	180,1560	50,5277528
19	50	5,15	12,7093	4,998	241,4767	63,5210814
22	70	5,57	11,2963	5,523	248,5186	62,3894649
25	95	5,98	8,9038	6,440	222,5950	57,3404720
27	85	6,26	6,9932	6,002	188,8164	41,9731864
30	100	6,67	4,3335	7,150	130,0050	30,9845250
Summe	...	...	96,7511	...	1642,8726	472,3139742

Auf Grund dieser Werte findet man

$$S_{xx} = 4266,3496\,, \quad S_{xz} = 605,845899\,, \quad S_{zz} = 99,387782\,,$$
$$\bar{x} = 16,9804\,, \qquad \bar{z} = 4,8817\,, \qquad b = 0,1420\,,$$

und somit die Regressionsgleichung

$$Z = 4{,}8817 + 0{,}1420\,(x - 16{,}9804) = 2{,}4704 + 0{,}1420\,x\,.$$

Die zugehörige Streuungszerlegung gestaltet sich wie folgt:

Streuung	Freiheitsgrad	Summe der Quadrate χ^2	$\chi^2_{0,05}$	$\chi^2_{0,01}$
Regression	1	86,033562	3,841	6,635
Rest	9	13,354220	16,919	21,666
Insgesamt	10	99,387782	...	...

Das restliche χ^2 ist kleiner als nach der ersten Runde; die Anpassung der Regressionswerte Z an die Rechenwerte z ist nunmehr befriedigend.

Wenn die Versuche, die zu den Angaben des Beispiels 71 führten, auch Aufschluß über die sogenannten Haltespannung geben sollen, so müßte — bei entsprechender Festlegung der Haltespannung — die Spannung bestimmt werden, die einer Überschlagswahrscheinlichkeit von 1% entspricht. Aus der Tafel VIIa entnimmt man zu 1% den Probitwert 2,6737. Aus der Gleichung

$$Z = 2{,}4704 + 0{,}1420\,x$$

folgt für $Z = 2{,}6737$:

$$x = (2{,}6737 - 2{,}4704)/0{,}1420 = 0{,}2033/0{,}1420 = 1{,}4317\,.$$

Die Haltespannung beträgt demnach 251,4 kV. Die zugehörigen Vertrauensgrenzen bestimmt man nach dem Verfahren von FIELLER, wie in 611.4 beschrieben, zu 247,0 und 254,4 kV, bei einer Vertrauenswahrscheinlichkeit von 5%.

Besonders häufig trifft man auf Angaben, bei denen zwei Reihen von Anteilziffern zu vergleichen sind, wobei jede der Reihen von einer bestimmten unabhängigen Veränderlichen abhängt. Wie man dabei vorzugehen hat, wird an folgendem Beispiel dargelegt; für ein ähnliches Beispiel aus der Genetik sei auf R. A. FISHER (1949) und FISHER und YATES (1957, Beispiel 7.1.1.) verwiesen.

Beispiel 72. Abhängigkeit der Steinkrankheit (Lithiasis) von Alter und Geschlecht (G. SIMON, persönliche Mitteilung).

Der Anteil der Fälle mit Steinbildung nimmt in beiden Geschlechtern mit dem Alter zu. In der folgenden Auswertung soll gezeigt werden, ob die Zunahme bei Männern und Frauen gleich groß ist, und ob die Anteile bei den Frauen wirklich höher sind als bei den Männern, wie aus den Werten p hervorzugehen scheint.

Der Einfachheit halber benützen wir die Winkeltransformation. Da der Einfluß des Alters viel ausgeprägter ist als der des Geschlechts, begnügen wir uns damit, die beobachteten Winkelgrade für beide Geschlechter zusammen aus der Tafel VIa zu entnehmen. Trägt man die beobachteten Winkelgrade in Funktion

Alter	Männer			Frauen			Insgesamt		
	N	a	p	N	a	p	N	a	p
10—19	7	—	—	6	1	16,7	13	1	7,7
20—29	12	1	8,3	16	3	18,8	28	4	14,3
30—39	21	2	9,5	25	3	12,0	46	5	10,9
40—49	58	3	5,2	58	13	22,4	116	16	13,8
50—59	193	24	12,4	116	24	20,7	309	48	15,5
60—69	258	54	20,9	219	83	37,9	477	137	28,7
70—79	284	55	19,4	347	116	33,4	631	171	27,1
80—89	133	35	26,3	200	97	48,5	333	132	39,6
90—99	14	4	28,6	24	11	45,8	38	15	39,5
Zusammen	980	178	18,2	1011	351	34,7	1991	529	26,6

N = Autopsien insgesamt; a = Fälle mit Steinbildung; $p = 100\,a/N$

des Alters auf, so findet man zeichnerisch vorläufige Winkelwerte, wie sie im folgenden Rechenschema eingetragen sind.

Aus den vorläufigen Winkelwerten ergeben sich in der Tafel VIb die minimalen Rechenwerte M und die Spannweiten R.

Alter	Beobachtete Winkelgrade	Vorläufige Winkelgrade	Rechenwerte	
			M	R
10—19	16,1	14,5	7,09	118,32
20—29	21,2	17,5	8,47	99,97
30—39	19,3	21,0	10,00	85,63
40—49	21,8	24,0	11,24	77,10
50—59	23,2	27,5	12,59	69,97
60—69	32,4	30,5	13,62	65,53
70—79	31,4	34,0	14,68	61,80
80—89	39,1	37,5	15,52	59,33
90—99	39,0	40,0	15,96	58,18

Um die Regression der Winkelwerte gegenüber dem Alter auf möglichst einfache Art zu rechnen, numerieren wir die Altersklassen von 50—59 ausgehend und bezeichnen diese Werte mit x.

Aus den Rechenwerten M und R findet man die Nz und z, indem man zuerst

$$Nz = NM + aR$$

bildet. Zur Berechnung der Regression benötigen wir weiter Nz^2, Nx, Nx^2 und Nxz. Es genügt, wenn wir in das folgende Schema die Werte Nz, z, Nx und Nz^2 aufnehmen, da sich danach die Summen von Nx^2 und von Nxz ohne weiteres mit der nötigen Genauigkeit ermitteln lassen.

Geschlecht	x	N	Nz	z	Nz^2	Nx
M	-4	7	49,63	7,090000	351,877	$-$ 28
	-3	12	201,61	16,800833	3387,216	$-$ 36
	-2	21	381,26	18,155238	6921,866	$-$ 42
	-1	58	883,22	15,227931	13449,613	$-$ 58
	0	193	4109,15	21,290932	87487,635	$-$
	$+1$	258	7052,58	27,335581	192786,375	$+$ 258
	$+2$	284	7568,12	26,648309	201677,606	$+$ 568
	$+3$	133	4140,71	31,133157	128913,378	$+$ 399
	$+4$	14	456,16	32,582857	14862,996	$+$ 56
	S	980	24842,44	25,349428	649838,562	$+$1117
F	-4	6	160,86	26,810000	4312,656	$-$ 24
	-3	16	435,43	27,214375	11849,955	$-$ 48
	-2	25	506,89	20,275600	10277,498	$-$ 50
	-1	58	1654,22	28,521034	47180,065	$-$ 58
	0	116	3139,72	27,066551	84981,393	$-$
	$+1$	219	8421,77	38,455570	323863,972	$+$ 219
	$+2$	347	12262,76	35,339365	433358,163	$+$ 694
	$+3$	200	8859,01	44,295050	392410,290	$+$ 600
	$+4$	24	1023,02	42,625833	43607,080	$+$ 96
	S	1011	36463,68	36,066943	1351841,072	$+$1429
Zusammen		1991	61306,12	30,791622	2001679,634	$+$2546

Weiter erhält man

	Männer	Frauen	Insgesamt
$S\,Nx^2$	3177,000	4189,000	7366,000
$(S\,Nx)^2/(S\,N)$	1273,153	2019,823	3255,709
S_{xx}	1903,847	2169,177	4110,291
$S\,Nxz$	33986,500	58998,670	92985,170
$(S\,Nx)\,(S\,Nz)/(S\,N)$	28315,312	51539,662	78395,470
S_{xz}	5671,188	7459,008	14589,700
$S\,Nz^2$	649838,562	1351841,072	2001679,634
$(S\,Nz)^2/(S\,N)$	629741,658	1315133,490	1887714,891
S_{zz}	20096,904	36707,582	113964,743

Damit kann zunächst eine einfache Streuungszerlegung aufgestellt werden, und zwar für S_{xx}, S_{xz} und S_{zz}. Wir fügen noch die Regressionskoeffizienten b und die Summe der Quadrate für die Regressionswerte bei.

Die weitere Auswertung geschieht entsprechend dem Verfahren der Mitstreuungszerlegung, das in 62 beschrieben wurde. Zunächst kann man beurteilen,

Streuung	Frei-heits-	S_{xx}	S_{xz}	S_{zz}	b	S^2_{xz}/S_{xx}
Männer	8	1903,847	5671,188	20096,904	2,979	16893,360
Frauen	8	2169,177	7459,008	36707,582	3,439	25648,806
Innerhalb Gruppen	16	4073,024	13130,196	56804,486	3,224	42327,776
Zwischen Gruppen	1	37,267	1459,504	57160,257	…	…
Insgesamt	17	4110,291	14589,700	113964,743	3,550	51786,928

ob die Regressionskoeffizienten für die beiden Geschlechter wesentlich voneinander abweichen.

Um diese Frage zu beantworten berechnen wir die Größe D_1 mittels der Formel von 621. Man hat hierfür

Streuung	S_{zz}	S^2_{xz}/S_{xx}	$S_{zz} - S^2_{xz}/S_{xx}$	n
Männer	20096,904	16893,360	3203,544	7
Frauen	36707,582	25648,806	11058,776	7
Summe	…	…	14262,320	14
Innerhalb Gruppen	56804,486	42327,776	14476,710	15
Unterschied	…	…	$D_1 = $ 214,390	1

Die Division durch 820,7 gibt ein χ^2; also

$$\chi^2 = 214,390/820,7 = 0,261 \, ,$$

woraus zu entnehmen ist, daß die Regressionskoeffizienten für die beiden Geschlechter nicht wesentlich voneinander abweichen.

Weiter kann man untersuchen, ob die Durchschnitte von z voneinander abweichen unter Berücksichtigung der Abhängigkeit von x und der Unterschiede in den Durchschnitten für x. Diese Frage wird mittels der Formel (1) von 622 beantwortet, indem man den Ausdruck D_2 berechnet.

Streuung	S_{zz}	S^2_{xz}/S_{xx}	$S_{zz} - S^2_{xz}/S_{xx}$	n
Insgesamt	113964,743	51786,928	62177,815	16
Innerhalb Gruppen	56804,486	42327,776	14476,710	15
Unterschied	…	…	$D_2 = $ 47701,105	1

Das D_2 liefert ein

$$\chi^2 = 47\,701{,}105/820{,}7 = 58{,}122\,,$$

welches keinen Zweifel läßt, daß ein gesicherter Unterschied zwischen den durchschnittlichen z-Werten besteht, auch bei Berücksichtigung des Unterschiedes in den Durchschnittsaltern und der Abhängigkeit der z vom Alter.

Schließlich liefert das S^2_{xz}/S_{xx} für die Zeile „insgesamt" (51 786,928) eine Möglichkeit, die Abweichung des Regressionskoeffizienten gegenüber Null zu prüfen.

Überdies erhält man eine restliche Summe der Quadrate mit 14 Freiheitsgraden, indem man die schon berechnete Summe

$$3203{,}544 + 11\,058{,}776 = 14\,262{,}320$$

heranzieht.

Dies alles kann in einer gemeinsamen Streuungszerlegung zusammengefaßt werden.

Streuung	Freiheitsgrad	Summe der Quadrate	χ^2	$\chi^2_{0,05}$
(1) Gemeinsame Regression	1	51 786,928	63,106	3,841
(2) Unterschied der Regressionskoeffizienten	1	214,390	0,261	3,841
(3) Unterschied der bereinigten Durchschnitte	1	47 701,105	58,122	3,841
(4) Rest	14	14 262,320	17,378	23,685
Insgesamt	17	113 964,743	. . .	. . .

Die restliche Streuung läßt darauf schließen, daß die Annahmen zutreffen, von denen unsere Auswertung ausgeht.

Der Zusammenhang zwischen den Summen der Quadrate, die in der obigen Streuungszerlegung herausgegriffen wurden, geht aus dem folgenden Schema hervor:

Streuung	n	S_{zz}	S^2_{xz}/S_{xx}	$S_{zz} - S^2_{xz}/S_{xx}$	n		
Insgesamt	17	113 965	51 787 (1)	62 178	16		
Zwischen Gruppen	1	57 160	. . .	. . .	. . .		
Innerhalb Gruppen	16	56 805	42 328	14 477	15	14 477	15
Unterschied	. . .	. . .	. . .	47 701 (3)	1		
Männer	8	20 097	16 893	3 204	7		
Frauen	8	36 708	25 649	11 059	7	14 262 (4)	14
Unterschied	. . .	. . .	. . .	. . .	. . .	215 (2)	1

Aus dem Schema ist ersichtlich, wie die Summen der Quadrate für die vier Streuungen (1), (2), (3) und (4) die Summe der Quadrate insgesamt ergeben.

Ein letztes Beispiel soll dazu dienen, eine etwas weitergehendere Auswertung vorzuführen.

Beispiel 73. Abhängigkeit des Trachoms vom Alter, und Einfluß zweier Behandlungen (A. A. WEBER, 1959).

Ein von der marokkanischen Verwaltung in Verbindung mit der Weltgesundheitsorganisation und der UNICEF in Marokko durchgeführter Versuch zeitigte folgende Ergebnisse für zwei Behandlungen. Jede der beiden Behandlungen wurde viermal wiederholt, wobei noch weitere Behandlungen benützt wurden, die aber den Vergleich nicht beeinträchtigen und von denen wir der Einfachheit halber absehen.

Alter	Behandlung A					Behandlung B					Beide Behandlungen
	1	2	3	4	zus.	5	6	7	8	zus.	
N = Personen insgesamt											
0	22	28	17	20	87	23	22	27	18	90	177
1	33	32	28	28	121	26	33	21	41	121	242
2	26	25	26	31	108	36	19	31	33	119	227
3	30	25	24	36	115	25	37	36	32	130	245
4	28	27	34	26	115	42	34	37	26	139	254
5	33	25	19	22	99	27	17	40	27	111	210
6	46	28	32	33	139	46	30	36	39	151	290
7	20	21	26	25	92	22	29	26	27	104	196
8	38	26	44	39	147	41	28	28	42	139	286
Summe	276	237	250	260	1023	288	249	282	285	1104	2127
a = Personen mit Trachom im Stadium der Vernarbung											
0	1	1	—	2	4	2	7	7	9	25	29
1	3	—	5	4	12	4	20	11	31	66	78
2	3	—	8	3	14	15	10	22	23	70	84
3	8	4	14	21	47	14	24	30	28	96	143
4	10	10	22	18	60	32	31	33	23	119	179
5	19	17	14	20	70	23	14	38	27	102	172
6	36	24	29	28	117	41	28	36	39	144	261
7	19	19	26	25	89	21	29	26	27	103	192
8	36	26	44	39	145	41	28	28	42	139	284
Summe	135	101	162	160	558	193	191	231	249	864	1422

Bis zum Alter von 8 Jahren weisen praktisch sämtliche Personen ein Trachom auf. Die Behandlungen können sich demnach nur dadurch unterscheiden, daß die Vernarbung mehr oder weniger stark vorgeschoben wird.

Nach A. A. Weber eignet sich in diesem Beispiel die Probittransformation. Als unabhängige Veränderliche wählt er einfach das Alter. Indem er für jede der acht Gruppen getrennt eine Probitgerade anpaßt, ergibt sich die nachstehende Streuungszerlegung für die Summen der Quadrate und Produkte.

Behandlung	Gruppe	Freiheitsgrad	S_{xx}	S_{xz}	S_{zz}	b
A	1	8	422,2	188,953	87,169	0,448
	2	8	329,8	193,142	125,323	0,586
	3	8	366,1	184,334	96,862	0,504
	4	8	333,0	188,323	118,391	0,566
Innerhalb Gruppen	32		1451,1	754,752	427,745	0,520
Zwischen Gruppen	3		85,6	− 13,743	3,455	...
Zusammen	35		1536,7	741,009	431,200	0,482
B	5	8	446,9	200,350	93,100	0,448
	6	8	370,8	122,695	49,647	0,331
	7	8	256,5	120,925	58,755	0,471
	8	8	209,9	79,169	35,953	0,377
Innerhalb Gruppen	32		1284,1	523,139	237,455	0,407
Zwischen Gruppen	3		103,8	− 36,630	13,358	...
Zusammen	35		1387,9	486,509	250,813	0,351
Innerhalb Behandlungen	70		2924,6	1227,518	682,013	0,420
Zwischen Behandlungen	1		251,9	− 112,639	50,366	...
Insgesamt	71		3176,5	1114,879	732,379	0,351

Die Regressionskoeffizienten scheinen im allgemeinen in den Gruppen der Behandlung A höher zu liegen als für die Behandlung B. Die Beurteilung der Ergebnisse würde sich einfacher gestalten, wenn man annehmen dürfte, daß die Probitgeraden 1—4 unter sich parallel sind, wie auch die Probitgeraden 5—8. Weiter wird man zu prüfen wünschen, ob die Anpassung der Probitgeraden genügend gut ist.

Die Verfahren, welche zur Beantwortung dieser Fragen benötigt werden, wurden im Zusammenhang mit den beiden vorangehenden Beispielen einläßlich erörtert. Es mag daher hier genügen, den Rechenvorgang gesamthaft anzugeben. Aus der obenstehenden Streuungszerlegung lassen sich die nötigen Angaben wie folgt ableiten.

Für die Behandlung A findet man zunächst

Gruppe	S_{xz}^2/S_{xx}	n	$S_{zz} - S_{xz}^2/S_{xx}$	n
1	84,565	1	2,604	7
2	113,110	1	12,213	7
3	92,814	1	4,048	7
4	106,503	1	11,888	7
Summe	396,992	4	30,753	28
Innerhalb Gruppen	392,565	1	35,180	31
Unterschied	4,427	3	...	...
Zusammen A	357,320	1	73,880	34
Unterschied	...	...	38,700	3

Entsprechende Rechnungen können für die Behandlung B durchgeführt werden. Selbstverständlich kann auch der Unterschied zwischen den Behandlungen A und B wie im Beispiel 72 untersucht werden. Die Ergebnisse dieser Berechnungen können wie folgt in einer Streuungszerlegung zusammengestellt werden, in der die gesamte Summe der Quadrate (732,379) nach den verschiedenen Gesichtspunkten aufgeteilt wird.

Streuung	Freiheits-grad	Summe der Quadrate $= \chi^2$	$\chi_{0.05}^2$
Gemeinsame Regression	1	391,297	3,841
Bereinigte Durchschnitte A/B	1	174,285	3,841
Regressionskoeffizienten A/B	1	12,643	3,841
Behandlung A			
Bereinigte Durchschnitte 1—4	3	38,700	7,815
Regressionskoeffizienten 1—4	3	4,427	7,815
Rest	28	30,753	41,337
Behandlung B			
Bereinigte Durchschnitte 5—8	3	55,944	7,815
Regressionskoeffizienten 5—8	3	4,163	7,815
Rest	28	20,167	41,337
Insgesamt	71	732,379	...

Aus den restlichen Streuungen ist ersichtlich, daß die Anpassung der Probitgeraden durchaus befriedigend ist. Die Unterschiede zwischen den Regressionskoeffizienten 1 bis 4 sind nicht gesichert, ebensowenig jene zwischen den

Gruppen 5 bis 8. Die Probitgerade für A weicht in ihrer Richtung wesentlich von derjenigen für B ab; das $\chi^2 = 12{,}643$ liegt weit über dem Wert $\chi^2_{0,05}$. Die Unterschiede zwischen den bereinigten Durchschnitten, die geprüft wurden, sind alle gesichert; wir verzichten darauf, diese näher zu untersuchen.

8 NUMERISCHES RECHNEN

In den früheren Kapiteln haben wir an den verschiedensten Stellen Hinweise eingeschaltet, die dem Anfänger die Durchführung der numerischen Rechnungen erleichtern sollen.

So wurde im Abschnitt 122 erwähnt, daß man vor der Berechnung von Sx_i^2 zunächst das einfache Total Sx_i bildet; wenn man dann Sx_i^2 bildet, so kann die Sx_i gleichzeitig berechnet werden, was eine Kontrolle bildet. Vorausgesetzt ist dabei, daß die Rechnungen auf einer Multiplikationsmaschine durchgeführt werden. Diese erwähnte Kontrolle ist besonders wirkungsvoll, wenn sie auf einer Maschine ausgeführt wird, auf der die x_i nur einmal eingestellt werden müssen, wenn man sie quadrieren muß, wie dies etwa bei der MADAS mit elektrischem Antrieb und Multiplikationstaste der Fall ist. Bei andern Maschinen erreicht man diese Kontrolle, indem man links außen im Einstellwerk eine 1 einstellt.

Im gleichen Abschnitt 122 wurde in Formel (3) angegeben, wie die Summe der Quadrate S_{xx} auf der Maschine rasch und sicher ermittelt wird. Ebenso wurde gezeigt, wie die Richtigkeit der Berechnung von Sx_i^2 nachgeprüft werden kann, indem man die Summe $S(x_i + 1)^2$ bildet (Formel 2). Derselbe Kunstgriff wurde im Beispiel 25 von 41 verwendet.

Erwähnt sei auch das Rechenschema, das in 613.3 erstmals im Zusammenhang mit der mehrfachen Regression eingeführt wurde, und welches auch für das Trennverfahren und den verallgemeinerten Abstand verwendet wird (siehe die Abschnitte 641, 642 und 65).

In den folgenden Abschnitten geben wir noch einige Winke für das Maschinenrechnen und für das Interpolieren. Schließlich fügen wir noch einige Bemerkungen über gewisse Rechenschemas an, die unter Umständen von Nutzen sein können.

81 Rechnen mit Multiplikationsmaschinen

Der wichtigste allgemeine Grundsatz für das Rechnen mit Maschinen ist der, alle Rechnungen so einzurichten, daß sich die einzelnen Schritte ohne Unterbruch folgen. Das Abschreiben von Ergebnissen und das erneute Einstellen brauchen viel Zeit und führen leicht zu Fehlern. Wenn also beispielsweise $a\,b/c$ zu rechnen ist, richte man die Multiplikation ab so ein, daß die Division durch c ohne neue Einstellung des Produktes unmittelbar angeschlossen werden kann.

Wenn die Rechnung lang ist, notiere man sich Zwischenergebnisse, ohne aber die Maschine zu löschen. Auf diese Weise läßt sich später leichter feststellen, wo allfällige Fehler eingetreten sind.

Gelegentlich erhält man auf der Maschine durch Subtraktion eine negative Größe, was dadurch ersichtlich wird, daß im Resultatwerk links lauter 9 erscheinen. Zur Erläuterung diene der in Beispiel 56, Seite 255 berechnete Wert

$$S_{11}^Z - m\,S_{11}^I = 419{,}53 - 0{,}020\,195\,769 \cdot 23\,051{,}89$$

der folgenden Wert gibt

$$999\,953{,}979\,355\;.$$

Stellt man im Einstellwerk diese Zahl ein und subtrahiert sie einmal, so erhält man im Resultatwerk an Stelle der angegebenen Zahl lauter Nullen, woraus die Richtigkeit der Einstellung folgt. Subtrahiert man die Zahl ein zweites Mal, so findet man

$$S_{11}^Z - m\,S_{11}^I = 000\,046{,}020\,645\;,$$

das gewünschte Ergebnis.

Hat man mehrere Zahlen stets durch die gleiche Zahl zu dividieren, wie etwa im Rechenschema des Beispiels 47, Seite 202/203, wo sechs Zahlen durch 1,190 586 zu dividieren sind, so multipliziert man besser diese Zahlen mit $1/1{,}190\,586 = 0{,}839\,923$.

Das folgende Verfahren zur Bestimmung der *Quadratwurzel* einer Zahl führt rasch zum Ziel und gestattet uns, die Kapazität der Rechenmaschine voll auszunützen. Im Beispiel 66, Seite 297 wird aus der Streuung s^2

$$0{,}000\,263\,433$$

die Standardabweichung s ermittelt. Aus der Tafel X ergibt sich durch lineare Interpolation als Quadratwurzel von 0,002 634 der Wert 0,016 229. Einen genaueren Wert findet man, indem man

$$0{,}000\,263\,433/0{,}016\,229 = 0{,}016\,232\,2386$$

bildet. Der Durchschnitt von 0,016 229 und 0,016 232 2386, also

$$(0{,}016\,229 + 0{,}016\,232\,2386)/2 = 0{,}016\,230\,6193$$

ist bereits auf 9 Stellen nach dem Komma genau. Bildet man nochmals

$$0{,}000\,263\,433/0{,}016\,230\,6193 = 0{,}016\,230\,619\,12$$

und

$$(0{,}016\,230\,6193 + 0{,}016\,230\,619\,12)/2 = 0{,}016\,230\,619\,21$$

so hat man eine Näherung, wie sie mit einer Maschine erreicht werden kann, die im Umdrehungszählwerk und im Einstellwerk 10 Stellen aufweist.

Die Formel (3) von 122 läßt sich sinngemäß auch verwenden, wenn man die verschiedenen *Summen der Quadrate* in einer *mehrfachen Streuungszerlegung* berechnet. Im Beispiel 32 des Abschnitts 514.1 hat man zur Bestimmung der Summe der Quadrate insgesamt

$$S\,x_i^2 = 25^2 + 25^2 + 42^2 + \cdots + 95^2 = 62\,666$$

$$N\,(S\,x_i^2) = 18 \cdot 62\,666 = 1\,127\,988$$

$$N\,(S\,x_i^2) - T^2 = 1\,127\,988 - 1006^2 = 115\,952$$

$$S\,Q\,(\text{insgesamt}) = 115\,952/18 = 6441{,}778$$

Die Summe der Quadrate zwischen den 9 Belichtungsdauer-Herkunftsort-Klassen läßt sich ebenfalls nach demselben Schema berechnen.

$$50^2 + 80^2 + \cdots + 183^2 = 125\,068$$

$$9\,(125\,068) = 1\,125\,612$$

$$1\,125\,612 - 1006^2 = 113\,576$$

$$S\,Q\,(\text{Belichtungsdauer-Herkunftsort-Klassen}) = 113\,576/18 = 6309{,}778\,.$$

Für die Summe der Quadrate bezüglich der Herkunftsorte hat man in ähnlicher Weise.

$$247^2 + 362^2 + 397^2 = 349\,662$$

$$3\,(349\,662) = 1\,048\,986$$

$$1\,048\,986 - 1006^2 = 36\,950$$

$$S\,Q\,(\text{Herkunftsorte}) = 36\,950/18 = 2052{,}778$$

Genau gleich ermittelt man die Summe der Quadrate für die drei Belichtungsdauern.

Das geschilderte Verfahren kann sinngemäß auf verwickeltere Streuungszerlegungen angewandt werden, selbstverständlich nur, wenn die Häufigkeiten in allen Fächern gleich groß sind.

In vielen Fällen lassen sich alle Ausdrücke, die bei der *einfachen Korrelation* benötigt werden, gleichzeitig berechnen, vorausgesetzt, daß die Maschine eine Kapazität von $10 \cdot 10 \cdot 20$ Stellen aufweist und daß die Werte x_i und y_i nicht mehr als dreistellig sind. Wenn beispielsweise $x_1 = 124$ und $y_1 = 297$, so stellt man in der Maschine die Zahl

$$1\,240\,000\,297$$

ein und multipliziert sie ebenfalls mit

$$1\,240\,000\,297\,;$$

dies ergibt im Produktzählwerk

$$01\,537\,600\,736\,560\,088\,209\,;$$

also

$$x_1^2 = 15\,376\,; \quad 2\,x_1\,y_1 = 73\,656\,; \quad y^2 = 88\,209\,.$$

Im Umdrehungszählwerk erhält man zudem $x_1 = 124$ und $y_1 = 297$. Indem man in dieser Weise fortfährt, erhält man im Umdrehungszählwerk — vorausgesetzt, daß dieses mit Zehnerübertrag versehen ist — $S\,x$ und $S\,y$ und im Produktzählwerk $S\,x^2$, $S\,x\,y$ und $S\,y^2$.

Für statistische Rechnungen eignen sich somit am besten Rechenmaschinen mit großer Kapazität $(10 \cdot 10 \cdot 20)$ und mit durchgehendem Zehnerübertrag in allen Zählwerken.

Sobald mehrere Veränderliche in der statistischen Auswertung auftreten, wie etwa im Beispiel 46 des Abschnitts 613.1, lohnt es sich, die „bereinigten" Werte x_1, x_2, y und Q auf einer schreibenden Additionsmaschine zu summieren und die weiteren Rechnungen mit Hilfe der passend zusammengehefteten Additionsstreifen auszuführen.

Die Summe der Quadrate und Produkte stellt man vorteilhaft im folgenden Schema zusammen:

	x_1	x_2	y	Q
x_1	1026186	593034	1252087	2871307
	866172,457	577658,057	1150439,372	2594269,886
	160013,543	15375,943	101647,628	277037,114
x_2		408800	824666	1826500
		385245,257	767238,171	1730141,485
		23554,743	57427,829	96358,515
y			2006577	4083330
			1527999,114	3445676,657
			478577,886	637653,343

In den ersten Zeilen sind die $S\,x_1^2$, $S\,x_1\,x_2$ usw. eingetragen. Es muß

$$S\,x_1^2 + S\,x_1\,x_2 + S\,x_1\,y = S\,x_1\,Q$$

sein; ebenso

$$S\,x_2\,x_1 + S\,x_2^2 + S\,x_2\,y = S\,x_2\,Q$$

und

$$S\,y\,x_1 + S\,y\,x_2 + S\,y^2 = S\,y\,Q\,.$$

Ähnliche Beziehungen gelten für die zweiten Zeilen, welche die Ausdrücke T_1^2/N, $T_1\,T_2/N$ usw. enthalten. Für die dritten Zeilen, in denen die gesuchten Ausdrücke S_{11}, S_{12} usw. enthalten sind, gilt ebenfalls

$$S_{11} + S_{12} + S_{1y} = S_{1Q}$$

und die beiden entsprechenden Gleichungen.

Mit einer Rechenmaschine genügend großer Kapazität können $S\,x_1^2$, $S\,x_1\,x_2$ und $S\,x_2^2$ in einem Arbeitsgang berechnet werden, wie oben gezeigt wurde. Man kann auch beispielsweise $S\,x_1\,y$ und $S\,x_1\,Q$ gleichzeitig ermitteln.

Die obigen Bemerkungen gelten für gewöhnliche Tischrechenmaschinen. In neuerer Zeit gewinnen elektronische Rechenmaschinen immer größere Verbreitung; wer sich über die Möglichkeiten Auskunft verschaffen will, die in diesen Rechenautomaten für die mathematisch-statistischen Berechnungen liegen, sei auf die Arbeiten von YATES und REES (1958) und von YATES, HEALY und LIPTON (1957) hingewiesen.

82 Interpolation

In diesem Abschnitt geben wir einige Hinweise, wie man zweckmäßig einfache Interpolationen ausführt; es kann sich in keiner Weise darum handeln, auf das an sich wichtige Gebiet der Interpolation näher einzugehen.

Im vorangehenden Abschnitt 81 haben wir durch Interpolation in der Tafel X einen ersten Näherungswert für die Wurzel aus $0{,}000\,263\,433$ gefunden. Die Tafel X liefert folgende benachbarte Werte für n und $\sqrt{n}$:

n	$\sqrt{n}$	Differenz
2,6	1,6125	0,0307
2,7	1,6432	

Um die Wurzel aus 2,634 zu erhalten, kann man *linear interpolieren*. Wenn die Differenz in der Tafel angegeben wäre, würde man

$$1{,}6125 + 0{,}34 \cdot 0{,}0307 = 1{,}6125 + 0{,}0104$$
$$= 1{,}6229$$

erhalten.

Da aber die Differenzen in der Tafel X nicht angegeben sind, rechnet man zweckmäßiger nach der gleichwertigen Formel

$$0{,}34 \cdot 1{,}6432 + 0{,}66 \cdot 1{,}6125 = 1{,}6229$$

Nach dieser Formel interpoliert man auch, wenn man aus einer der Tafeln VI, VII, VIII oder IX Werte herauszuschreiben hat, die durch lineare Interpolation gewonnen werden müssen. Als Beispiel sei die Ermittlung der Rechenwerte im Beispiel 68 von Abschnitt 731 erwähnt, in welchem aus Tafel VIb zum vorläufigen Winkelgrad 32,63 gehörige Werte durch lineare Interpolation gefunden werden müssen. In der genannten Tafel findet man

Vorläufiger Winkelgrad	Rechenwerte	
	M	R
32	14,099	63,747
33	14,396	62,718

und daraus wird

$$0{,}63 \cdot 14{,}396 + 0{,}37 \cdot 14{,}099 = 14{,}286 \ ,$$
$$0{,}63 \cdot 62{,}718 + 0{,}37 \cdot 63{,}747 = 63{,}099 \ .$$

Die Tafeln für die F-Verteilung sind so eingerichtet, daß man für größere Werte von n_1 und n_2 linear interpolieren kann, wenn man $1/n_1$ oder $1/n_2$ als Veränderliche betrachtet. In ähnlicher Weise sind die Tafeln für B und für t zur Interpolation bei höheren Freiheitsgraden vorgesehen. Ein oder zwei Beispiele genügen, um das Vorgehen zu schildern.

Suchen wir beispielsweise für $n_1 = 6$ und $n_2 = 160$ den Wert $F_{0,01}$ in der Tafel IV. Zunächst zeigt sich, daß die letzten fünf Werte bezüglich n_2 nahezu konstante Differenzen aufweisen. In der Tat hat man für $n_1 = 6$:

n_2	$1/n_2$	$F_{0,01}$	Differenz
30	4/120	3,474	0,183
40	3/120	3,291	0,172
60	2/120	3,119	0,163
120	1/120	2,956	0,154
∞	0	2,802	...

Man begeht daher keinen großen Fehler, wenn man linear interpoliert. Um den Wert von $F_{0,01}$ für $n_2 = 160$ zu erhalten, müssen wir zwischen 0 und $1/120$ beim Punkt $1/160$ interpolieren. Drückt man $1/160$ in $1/120$ aus, so wird

$$(1/160)/(1/120) = 120/160 = 0{,}75$$

und infolgedessen findet man für den gesuchten Wert

$$0{,}75 \cdot 2{,}956 + 0{,}25 \cdot 2{,}802 = 2{,}918 \ .$$

Ähnlich findet man $F_{0,01}$ für $n_1 = 6$ und $n_2 = 50$, indem man zunächst

$$(1/50)/(1/120) = 120/50 = 2{,}4$$

berechnet, und sodann den gesuchten Wert als

$$0{,}4 \cdot 3{,}291 + 0{,}6 \cdot 3{,}119 = 3{,}188$$

findet.

Wie man χ^2 für höhere Freiheitsgrade berechnen kann, ist im Abschnitt 32 (Formel 11) im Zusammenhang mit Beispiel 14 beschrieben.

83 Rechenschemas

Ab und zu erweist es sich als vorteilhaft, für die einfachen, immer wieder vorkommenden Prüfverfahren ein festes Schema angeben zu können, nach welchem die Rechnungen durchgeführt werden können. Die folgenden Rechenschemas sind vor allem aus dem Bestreben entstanden, die Reihenfolge und die Anordnung der einzelnen Schritte so zu wählen, daß die in 81 erwähnten Grundsätze berücksichtigt werden. Die Schemas werden zweckmäßig vervielfältigt oder gedruckt und stehen dann in dieser Form ohne weiteres zur Verfügung.

Ein oft vorkommendes Prüfverfahren ist die Berechnung von χ^2 für die Vierfeldertafel. Dafür kann das folgende Schema verwendet werden, wobei die Zahlen in Klammer die Reihenfolge der Rechenschritte angeben.

Berechnung von χ^2 für die Vierfeldertafel

(1)

$a =$	$b =$	$a + b =$
$c =$	$d =$	$c + d =$
$a + c =$	$b + d =$	$N =$

(2) $(a + b)\,(c + d)\,(a + c)\,(b + d) =$

(3) $(|a\,d - b\,c| - N/2)^2\,N =$

(4) $\chi^2 = (|a\,d - b\,c| - N/2)^2\,N/(a + b)\,(c + d)\,(a + c)\,(b + d) =$
  $\chi^2_{0,05} = 3{,}841\,,$ $\chi^2_{0,01} = 6{,}635\,,$ $\chi^2_{0,001} = 10{,}827$

Zu diesem Schema ist einzig zu bemerken, daß die Berechnung unter (3) in einem Zug ausgeführt werden sollte.

Das folgende Schema zeigt, wie der Unterschied zwischen einem berechneten Durchschnitt $\bar{x}$ und dem theoretischen Durchschnitt μ geprüft werden kann. Gleichzeitig enthält das Schema die Schritte, welche zur Berechnung der Vertrauensgrenzen führen. Um den Unterschied $\bar{x} - \mu$ zu prüfen, führt man die Schritte (1) bis (7) aus; will man die Vertrauensgrenzen berechnen, so können (5) und (6) weggelassen werden. Die Formel (5) des Schemas findet man unschwer aus der Formel (1) des Abschnitts 421 im Zusammenhang mit den Ausführungen in 511.

Prüfen des Unterschiedes $\bar{x} - \mu$ und Berechnung der Vertrauensgrenzen

(1) $N =$ $\mu =$ (2) $S\,x_i = T =$

(3) $S\,x_i^2 =$ ○ (4) $N\,S_{xx} = N\,(S\,x_i^2) - T^2 =$

(5) $F = (T - N\,\mu)^2\,(N - 1)/N\,S_{xx} =$

(6) $n_1 = 1, n_2 = N - 1 =$; $P =$; $F_P =$

(7) $\bar{x} = T/N =$ (8) $S_{xx} =$

(9) $s^2 = S_{xx}/(N - 1) =$ (10) $s^2/N =$

(11) $s =$ (12) $s/\sqrt{N} =$

(13) $n = N - 1 =$, $P =$, $t_P =$, $t_P\, s/\sqrt{N} =$

(14) $\bar{x} - t_P\, s/N =$; $\bar{x} + t_P\, s/\sqrt{N} =$

Der Kreis zwischen (3) und (4) soll benützt werden, um durch ein Zeichen zu bestätigen, daß bei der Berechnung der $S\,x_i^2$ die $S\,x_i$ mit dem in (2) gefundenen Wert übereinstimmen. (11) kann weggelassen werden, wenn man die Standardabweichung nicht zu berechnen für notwendig erachtet.

Für die Beurteilung des Unterschiedes zweier Durchschnitte dient das folgende Schema, bei dem die Prüfgröße F auf zwei Arten erhalten wird, so daß eine gewisse Kontrolle der Rechnungen besteht. Die Formel (17) des Schemas folgt einerseits aus der Formel (2) des Abschnitts 422, anderseits, was den Ausdruck rechts betrifft aus den Ausführungen des Abschnitts 512. Auf die Berechnung der Streuung unter (14) kann, wenn gewünscht, verzichtet werden.

Prüfen des Unterschiedes zweier Durchschnitte

(1) $N_1 =$ $N_2 =$ $N = N_1 + N_2 =$

(2) $T_1 =$ $T_2 =$ $T = T_1 + N_2 =$

(3) $S\,x_i'^2 =$ ◯ (6) $S\,x_i''^2 =$ ◯ (9) $S\,x_i^2 = S\,x_i'^2 + S\,x_i''^2 =$

(4) $N_1 S_{xx}' =$
$= N_1 S\,x_i'^2 - T_1^2 =$ (7) $N_2 S_{xx}'' =$ (10) $N S_{xx} = N S\,x_i^2 - T^2 =$

(5) $S_{xx}' =$ (8) $S_{xx}'' =$ (11) $S_{xx} =$

(14) $s_1^2 =$ $s_2^2 =$ (12) $S_{xx}' + S_{xx}'' =$

(15) $\bar{x}' =$ $\bar{x}'' =$ (13) $D = S_{xx} - (S_{xx}' + S_{xx}'') =$

(16) $[N_2(N_1 S_{xx}') + N_1(N_2 S_{xx}'')]\, N =$;

(17) $t^2 = F = \dfrac{(N_2 T_1 - N_1 T_2)^2\,(N - 2)}{[N_2(N_1 S_{xx}') + N_1(N_2 S_{xx}'')]N} =$ $= \dfrac{(N - 2)\,D}{S_{xx}' + S_{xx}''}$ ◯

(18) $n_1 = 1$, $n_2 = N - 2 =$, $P =$, $F_P =$.

Ein letztes Schema betrifft die Berechnung von Regressions- und Korrelationskoeffizienten.

Berechnung der Regressions- und Korrelationskoeffizienten

(1) $N =$ $\qquad\qquad\qquad\qquad\qquad\qquad$ $Q_i = x_i + y_i$

(2) $T_x = S\,x_i =$ $\quad$ (4) $T_y = S\,y_i =$ $\qquad$ (6) $T_Q = S\,Q_i =$ $\quad\bigcirc$

(3) $\bar{x} = T_x/N =$ $\quad$ (5) $\bar{y} = T_y/N =$ $\qquad$ (7) $Q = T/N =$ $\quad\bigcirc$

(8) $S\,x_i^2 =$ $\qquad\qquad$ (9) $N\,S_{xx} = N\,S\,x_i^2 - T_x^2 =$

(10) $S\,x_i\,y_i =$ $\qquad\quad$ (11) $N\,S_{xy} = N\,S\,x_i\,y_i - T_x\,T_y =$

(12) $S\,y_i^2 =$ $\qquad\qquad$ (13) $N\,S_{yy} = N\,S\,y_i^2 - T_y^2 =$

(14) $S\,Q_i^2 =$ $\quad\bigcirc\quad$ (15) $N\,S_{QQ} = N\,S\,Q_i^2 - T_Q^2 =$ $\qquad\qquad\bigcirc$

(16) $b_y = (N\,S_{xy})/(N\,S_{xx}) =$ $\qquad\qquad$ (17) $b_x = (N\,S_{xy})/(N\,S_{yy}) =$

(18) $(N\,S_{xx})\,(N\,S_{yy}) =$

(19) $B = r^2 = (N\,S_{xy})^2/(N\,S_{xx})\,(N\,S_{yy}) =$ $\qquad\qquad = b_x\,b_y$ $\quad\bigcirc$

(20) $r =$

(21) $Y = (\bar{y} - b_y\bar{x}) + b_y x =$

Die Summe von (8), 2(10) und (12) muß zur Kontrolle (14) ergeben, ebenso (9) + 2(11) + (13) = (15). Selbstverständlich ist auch (2) + (4) = (6) und (3) + (5) = (7). In (19) kann der Wert B durch das Produkt $b_x\,b_y$ nachgeprüft werden.

90 Einige Wahrscheinlichkeitsverteilungen

Bevor wir die sogenannte hypergeometrische Verteilung ableiten, wollen wir kurz die wichtigsten Regeln der Wahrscheinlichkeitsrechnung in Erinnerung rufen, die wir an einigen, den Würfel betreffenden Aufgaben erörtern werden.

Stellen wir uns einen idealen Würfel vor, von dem wir annehmen können, daß jede Seite bei einem Wurf mit gleicher Wahrscheinlichkeit erscheinen kann. Fragen wir, welche Wahrscheinlichkeit bestehe, bei einem Wurf die Zahl 6 zu erhalten, so können wir darauf nach der klassischen Definition der Wahrscheinlichkeit die Antwort erteilen. Nach dieser Definition ist die Wahrscheinlichkeit eines Ereignisses dadurch zu finden, daß man das Verhältnis der dem Ereignis günstigen, zu sämtlichen möglichen, gleichwahrscheinlichen Fällen bildet. Beim Würfel können 6 Ereignisse eintreten, nämlich die Zahlen 1 bis 6; wir betrachten sie als gleichwahrscheinlich, und daher ist die Wahrscheinlichkeit für das Auftreten der 6 gleich 1/6.

Dieselbe Wahrscheinlichkeit 1/6 gilt für das Eintreten jeder Würfelzahl. Diese Wahrscheinlichkeit kann man durch gleichgroße Flächen wie in Figur 45 darstellen.

Der *Additionssatz* der Wahrscheinlichkeiten besagt, daß man die Wahrscheinlichkeit dafür, daß *entweder* eines *oder* das andere von zwei Ereignissen eintritt, durch Addition der Wahrscheinlichkeiten für die beiden Einzelereignisse findet, vorausgesetzt, daß sich die beiden Ereignisse gegenseitig ausschließen.

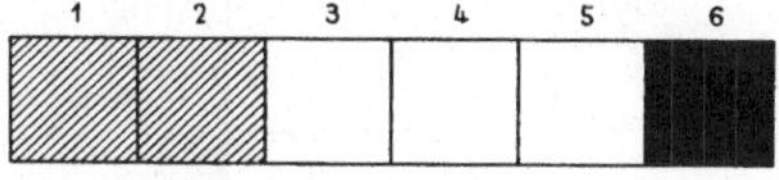

Figur 45
Wahrscheinlichkeiten beim Würfeln.

Die Wahrscheinlichkeit, mit einem Würfel entweder 1 oder 2 zu werfen, beträgt demnach

$$\frac{1}{6} + \frac{1}{6} = \frac{2}{6} = \frac{1}{3}.$$

Die beiden Ereignisse 1 und 2 können nicht gleichzeitig eintreten; sie schließen sich gegenseitig aus.

Der Additionssatz in der einfachen, oben angegebenen Form genügt für unsere Zwecke; er dürfte aber beispielsweise nicht benützt werden, wenn man die Wahrscheinlichkeit für das Auftreten entweder einer geraden Zahl oder einer durch drei teilbaren Zahl beim Würfeln ermitteln wollte. Denn in diesem Falle schließen sich die beiden Ereignisse nicht gegenseitig aus; die Zahl 6 gehört sowohl zu den geraden wie zu den durch drei teilbaren Zahlen.

Der *Multiplikationssatz* besagt, daß man die Wahrscheinlichkeit für das Eintreten eines ersten *und* eines zweiten Ereignisses durch Multiplikation der Wahrscheinlichkeiten der beiden Einzelereignisse findet, vorausgesetzt, daß die beiden Ereignisse voneinander unabhängig sind.

Die Wahrscheinlichkeit, mit zwei Würfeln gleichzeitig 6 zu werfen, beträgt

$$\frac{1}{6} \cdot \frac{1}{6} = \frac{1}{36} \cdot$$

Man kann dies auch aus der Definition der Wahrscheinlichkeit ohne Umweg ableiten. In der Tat hat man hier insgesamt 36 mögliche, gleichwahrscheinliche Ereignisse, nämlich die in der Figur 46 angegebenen. Davon entspricht ein einziges dem gesuchten Ereignis des gleichzeitigen Auftretens von 6 in beiden Würfeln. Daher erhält man als Wahrscheinlichkeit 1/36, wie mit dem Multiplikationssatz.

Der Multiplikationssatz war in unserem Beispiel anwendbar, weil wir voraussetzten, daß die Ergebnisse für die beiden Würfel voneinander unabhängig seien. Dies wäre beispielsweise nicht der Fall, wenn die beiden Würfel durch einen kurzen Faden miteinander verbunden wären. Diese Art von Abhängigkeit bezeichnet man im Gegensatz zur funktionalen als *stochastische* Abhängigkeit (oder Unabhängigkeit).

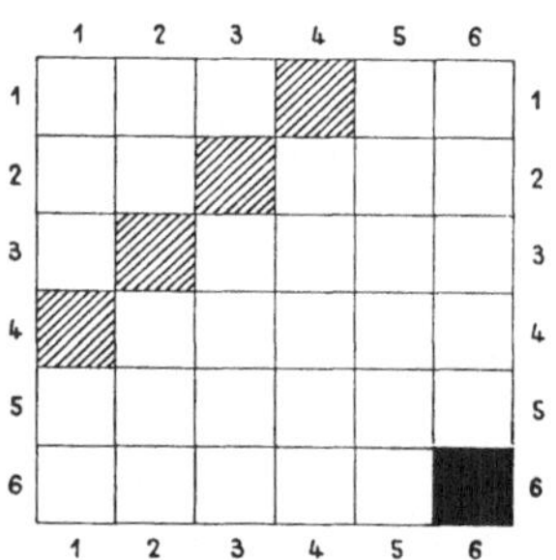

Figur 46
Wahrscheinlichkeiten beim Spielen mit zwei Würfeln.

Dieselbe Wahrscheinlichkeit erhält man auch, wenn man nach der Wahrscheinlichkeit frägt, mit einem Würfel zweimal nacheinander 6 zu werfen.

Wir können nun auch die Wahrscheinlichkeit bestimmen, mit zwei Würfeln zusammen 5 Augen zu werfen. Figur 46 zeigt uns, daß wir verschiedene Möglichkeiten haben, nämlich 4 + 1, 3 + 2, 2 + 3 und 1 + 4. Die Wahrscheinlichkeit für jede dieser Möglichkeiten beträgt nach dem Multiplikationssatz 1/36.

Die Wahrscheinlichkeit, in einem Wurf mit zwei Würfeln irgendeine der vier Möglichkeiten zu erhalten, beläuft sich bei Anwendung des Additionssatzes auf die Summe der vier eben genannten Wahrscheinlichkeiten, also auf 4/36 oder 1/9.

901 Die hypergeometrische Verteilung

In einer Urne befinden sich M Kugeln, von denen R rot und $M - R$ weiß sind. Aus den M Kugeln werden zufallsmäßig deren m herausgegriffen. Wie groß ist die Wahrscheinlichkeit $\varphi(x)$, daß unter den m herausgezogenen Kugeln deren x rot und $m - x$ weiß sind? Die m Kugeln können entweder alle miteinander herausgezogen werden oder eine nach der andern; im letzteren Fall sind die Kugeln aber nicht in die Urne zurückzulegen. Man spricht daher auch von Ziehungen ohne Zurücklegen.

Die gesuchte Wahrscheinlichkeit ist unschwer zu ermitteln, wenn man auf die Definition der Wahrscheinlichkeit zurückgeht. Zuerst bestimmt man die Zahl aller möglichen Ereignisse, das heißt die Zahl der möglichen Auswahlen von m Kugeln aus M. Sie ist bekanntlich gegeben durch den Binominalkoeffizienten

$$\binom{M}{m} = \frac{M!}{m!(M - m)!} \,.$$

Wir erinnern daran, daß $M!$ die Anzahl aller möglichen Anordnungen von M Gegenständen bedeutet. Der Ausdruck $m!(M - m)!$ gibt die Zahl der möglichen Anordnungen innerhalb der m herausgegriffenen und der $M - m$ zurückgelassenen Kugeln.

Im Zähler des Ausdruckes für die Wahrscheinlichkeit muß die Anzahl der „dem Ereignis günstigen Fälle" stehen. Die Anzahl der Möglichkeiten, aus den R roten Kugeln deren x und gleichzeitig aus den $M - R$ weißen deren $m - x$ herauszugreifen, ist gegeben durch

$$\binom{R}{x}\binom{M - R}{m - x} = \frac{R!}{x!(R - x)!} \cdot \frac{(M - R)!}{(m - x)!(M - R - m + x)!} \,.$$

Die gesuchte Wahrscheinlichkeit $\varphi(x)$ ist demnach gleich

$$\varphi(x) = \binom{R}{x}\binom{M - R}{m - x} \Big/ \binom{M}{m}, \tag{1}$$

welches die Formel für die *hypergeometrische Verteilung* ist. Sie kann auch in die Form

$$\varphi(x) = R!(M - R)!\,m!\,(M - m)! / x!(R - x)!\,(m - x)!\,(M - R - m + x)!\,M! \tag{2}$$

gebracht werden.

In diesen Formeln kann x die Werte 0, 1, 2, ... m annehmen. Bildet man die Summe der $\varphi(x)$ für alle Werte x, so findet man

$$\sum_{x=0}^{m} \varphi(x) = 1 \,, \tag{3}$$

da nach dem Additionssatz der Binominalkoeffizienten die Beziehung

$$\sum_{x=0}^{m} \binom{R}{x}\binom{M-R}{m-x} = \binom{M}{m} \tag{4}$$

besteht.

Stellt man $\varphi(x)$ in Abhängigkeit von x dar, so ergibt sich ein Bild der hypergeometrischen Wahrscheinlichkeitsverteilung.

Da die Summe der $\varphi(x)$ gleich 1 ist, kann man den Durchschnitt μ definieren durch

$$\mu = \sum_{x=0}^{m} x \cdot \varphi(x) \tag{5}$$

und entsprechend die Streuung σ^2 als

$$\sigma^2 = \sum_{x=0}^{m} (x-\mu)^2 \, \varphi(x) \tag{6}$$

und ebenso die Momente dritten Grades μ_3 und vierten Grades μ_4 durch die Beziehungen

$$\mu_3 = \sum_{x=0}^{m} (x-\mu)^3 \, \varphi(x) \, , \tag{7}$$

$$\mu_4 = \sum_{x=0}^{m} (x-\mu)^4 \, \varphi(x) \, . \tag{8}$$

Um den Durchschnitt μ für die hypergeometrische Verteilung zu finden, leiten wir vorerst eine äußerst nützliche Rekursionsformel ab, die es uns gestattet, aus $\varphi(x)$ den nächsten Wert $\varphi(x+1)$ zu berechnen. Entsprechend (2) findet man für $\varphi(x+1)$

$$\varphi(x+1) = R!(M-R)! \, m!(M-m)!/(x+1)! \, (R-x-1)! \, (m-x-1)!$$
$$(M-R-m+x+1)! \, M! \, ,$$

und da allgemein $N! = N(N-1)!$ ist, findet man

$$\varphi(x+1) = \frac{R! \, (M-R)! \, m! \, (M-m)! \, (R-x) \, (m-x)}{(x+1)x! \, (R-x)! \, (m-x)! \, (M-R-m+x+1) \, (M-R-m+x)! \, M!} \, ,$$

was durch Vergleich mit (2) geschrieben werden kann als

$$\varphi(x+1) = \frac{m-x}{x+1} \cdot \frac{R-x}{M-R-m+x+1} \cdot \varphi(x) \, . \tag{9}$$

Schreiben wir die Rekursionsformel (9) in der Form

$$(M-R-m)(x+1)\varphi(x+1) + (x+1)^2 \varphi(x+1) = m R \varphi(x) -$$
$$- (m+R) x \varphi(x) + x^2 \varphi(x) \, , \tag{10}$$

und summieren wir links und rechts über x von Null bis m, so erhält man

$$(M - R - m)\,\mu = m\,R - (m + R)\,\mu\,,$$

da $\varphi(m + 1) = 0$ ist. Man hat somit

$$\mu = m\,R/M\,. \tag{11}$$

Der Durchschnitt μ ist für die hypergeometrische Verteilung um so größer, je mehr Elemente m herausgegriffen werden, und je größer der Anteil R/M der roten Kugeln in der Urne ist.

Für die Streuung σ^2 kann man ebenfalls von der Rekursionsformel in der Form (10) ausgehen. Multipliziert man diese auf beiden Seiten mit $x + 1$, so wird

$$(M - R - m)\,(x + 1)^2\,\varphi(x + 1) + (x + 1)^3\,\varphi(x + 1) = m\,R\,x\,\varphi(x) -$$
$$- (m + R)\,x^2\,\varphi(x) + x^3\,\varphi(x) + m\,R\,\varphi(x) - (m + R)\,x\,\varphi(x) + x^2\,\varphi(x)\,.$$

Durch Summieren über x von 0 bis m folgt aus dieser Beziehung

$$(M - R - m)\sum x^2\,\varphi(x) = m\,R\,\mu - (m + R)\sum x^2\,\varphi(x) + m\,R -$$
$$- (m + R)\mu + \sum x^2\,\varphi(x)$$

oder

$$(M - 1)\sum x^2\,\varphi(x) = \frac{m^2\,R^2}{M} + m\,R - \frac{m^2\,R}{M} - \frac{m\,R^2}{M}\,.$$

Anderseits erhält man aus der Definitionsgleichung (6) die Beziehung

$$\sigma^2 = \sum x^2\,\varphi(x) - \mu^2 \tag{12}$$

oder

$$\sum x^2\,\varphi(x) = \sigma^2 + \mu^2\,, \tag{13}$$

so daß man findet

$$(M - 1)\,\sigma^2 = \frac{m^2\,R^2}{M} - \frac{m^2\,R}{M} - \frac{m\,R^2}{M} + m\,R - (M - 1)\frac{m^2\,R^2}{M^2}$$

oder

$$(M - 1)\,\sigma^2 = \frac{m^2\,R^2}{M^2} - \frac{m^2\,R}{M} - \frac{m\,R^2}{M} + m\,R$$

$$= \frac{m\,R}{M^2}\,(M - R)\,(M - m)$$

und damit für σ^2:

$$\sigma^2 = \frac{M - m}{M - 1}\cdot m\,\frac{R}{M}\left(1 - \frac{R}{M}\right)\,. \tag{14}$$

Nach demselben Verfahren ergibt sich nach etwas umständlicheren, aber grundsätzlich ebenso einfachen Rechnungen — siehe A. LINDER (1935) —

$$\mu_3 = \frac{M - m}{M - 1}\cdot\frac{M - 2m}{M - 2}\cdot m\left(\frac{R}{M}\right)\left(1 - \frac{R}{M}\right)\left(1 - \frac{2\,R}{M}\right) \tag{15}$$

und

$$\mu_4 = \frac{M-m}{M-1} \frac{m\left(\frac{R}{M}\right)\left(1-\frac{R}{M}\right)}{(M-2)(M-3)} \left[M(M+1) - 6m(M-m) + \right.$$

$$\left. + 3\left(\frac{R}{M}\right)\left(1-\frac{R}{M}\right)\{M^2(m-2) - Mm^2 + 6m(M-m)\}\right]. \qquad (16)$$

902 Die binomische Verteilung

In einer Urne befinden sich rote und weiße Kugeln. Der Anteil der roten Kugeln an der Gesamtzahl sei π, der Anteil der weißen daher $1 - \pi$. Wir entnehmen der Urne zufallsmäßig eine Kugel, merken uns die Farbe, und legen die Kugel in die Urne zurück. Wir ziehen ein zweites, drittes, m-tes Mal eine Kugel, merken uns jedesmal die Farbe, und legen die Kugeln zurück. Wie groß ist die Wahrscheinlichkeit, in m Ziehungen in beliebiger Reihenfolge x mal eine rote, $m - x$ mal eine weiße Kugel zu ziehen?

Das Ziehen *ohne* Zurücklegen ergab die hypergeometrische Verteilung; das Ziehen *mit* Zurücklegen wird uns die binomische Verteilung liefern. Die Formel für die binomische Verteilung erhalten wir einfach durch Anwendung der eingangs von 90 erwähnten Grundregeln für das Rechnen mit Wahrscheinlichkeiten.

Fragen wir uns zuerst, mit welcher Wahrscheinlichkeit wir x mal rote und $m - x$ mal weiße Kugeln in einer *bestimmten* Reihenfolge zu erwarten haben. Nehmen wir etwa an, es würden am Anfang nacheinander x mal rote und nachher nacheinander $m - x$ mal weiße Kugeln gezogen. Man hätte also die Reihenfolge

$$\underbrace{R\,R\,R\ldots R\,R}_{x}\,\underbrace{W\,W\,W\ldots W\,W}_{m-x}.$$

Die Wahrscheinlichkeit, eine rote Kugel zu ziehen, ist nach der S. 343 angegebenen Definition gleich π, und zwar ist sie bei jedem Zug unverändert dieselbe, da durch das Zurücklegen die Zusammensetzung der Urne unverändert erhalten bleibt. Die Wahrscheinlichkeit, eine weiße Kugel zu ziehen, beträgt $1 - \pi$ und verändert sich ebenfalls nicht von Ziehung zu Ziehung. Durch fortgesetzte Anwendung des Multiplikationssatzes erhält man als Wahrscheinlichkeit für die obenstehende Reihenfolge:

$$\underbrace{\pi \cdot \pi \cdot \pi \cdot \ldots \pi \cdot \pi}_{x}\,\underbrace{(1-\pi)(1-\pi)(1-\pi)\ldots(1-\pi)(1-\pi)}_{m-x}$$

$$= \pi^x (1-\pi)^{m-x}.$$

Betrachten wir nun eine andere, bestimmte Reihenfolge der x roten und $m - x$ weißen Kugeln. Als Beispiel können wir etwa jene betrachten, in welcher zunächst die $m - x$ weißen und am Ende die x roten Kugeln sich folgen. Man sieht ohne weiteres, daß für jede bestimmte Reihenfolge von x roten und $m - x$ weißen Kugeln die Wahrscheinlichkeit stets gleich

$$\pi^x (1 - \pi)^{m-x}$$

beträgt.

Wir suchen die Wahrscheinlichkeit $\varphi(x)$ für irgendeine, für eine beliebige Reihenfolge mit x roten und $m - x$ weißen Kugeln. Da jede dieser Reihenfolgen dieselbe Wahrscheinlichkeit besitzt, brauchen wir nur ihre Anzahl zu kennen, um $\varphi(x)$ bestimmen zu können. Die Anzahl der voneinander unterscheidbaren Anordnungen von x roten und $m - x$ weißen Kugeln beträgt nach der schon in 901 benützten Formel

$$\frac{m!}{x!\,(m - x)!} = \binom{m}{x}.$$

die Wahrscheinlichkeit $\varphi(x)$ lautet demnach

$$\varphi(x) = \binom{m}{x} \pi^x (1 - \pi)^{m-x}, \tag{1}$$

was die Formel für die *binomische* Verteilung darstellt, die nach ihrem Entdecker JAKOB BERNOULLI (1713) auch die *Bernoullische Verteilung* genannt wird.

Die binomische Verteilung läßt sich als Grenzfall aus der hypergeometrischen Verteilung ableiten. Geht man nämlich von der Formel (2) in 901 aus, so kann man diese in der Form

$$\varphi(x) = \frac{m!}{x!\,(m - x)!} \cdot \frac{R!\,(M - R)!\,(M - m)!}{(R - x)!\,(M - R - m + x)!\,M!}.$$

schreiben, was aber nichts anderes ist als

$$\varphi(x) = \binom{m}{x} \frac{R\,(R - 1)\cdots(R - x + 1)\,(M - R)\,(M - R - 1)\cdots(M - R - m + x + 1)}{M\,(M - 1)\cdots(M - x + 1)\,(M - x)\,(M - x - 1)\cdots(M - m + 1)}$$

Dividiert man Zähler und Nenner durch M^m, so erhält man

$$\varphi(x) = \binom{m}{x}$$

$$\frac{\dfrac{R}{M}\left(\dfrac{R}{M} - \dfrac{1}{M}\right)\cdots\left(\dfrac{R}{M} - \dfrac{x - 1}{M}\right)\left(1 - \dfrac{R}{M}\right)\left(1 - \dfrac{R}{M} - \dfrac{1}{M}\right)\cdots\left(1 - \dfrac{R}{M} - \dfrac{m - x - 1}{M}\right)}{1\left(1 - \dfrac{1}{M}\right)\cdots\left(1 - \dfrac{x - 1}{M}\right)\left(1 - \dfrac{x}{M}\right)\left(1 - \dfrac{x + 1}{M}\right)\cdots\left(1 - \dfrac{m - 1}{M}\right)}$$

Wenn m sehr klein ist gegen M, so können $(m - 1)/M$ und alle kleineren Größen vernachlässigt werden, und man erhält wiederum die Formel (1), wenn man

$$R/M = \pi \quad \text{und} \quad 1 - (R/M) = 1 - \pi$$

setzt.

Die Rekursionsformel, Durchschnitt, Streuung und Momente findet man für die binomische Verteilung, indem man in den entsprechenden Formeln für die hypergeometrische Verteilung die gleichen Annahmen trifft, die wir soeben benützten.

Aus der Formel (9) von 901 findet man als Rekursionsformel der binomischen Verteilung

$$\varphi(x+1) = \frac{m-x}{x+1} \cdot \frac{\pi}{1-\pi} \, \varphi(x) \,, \tag{2}$$

aus der Formel (11) von 901 erhält man für den Durchschnitt μ

$$\mu = m\,\pi \tag{3}$$

und für die Streuung σ^2

$$\sigma^2 = m\,\pi(1-\pi) \,. \tag{4}$$

Aus der Formel (15) von 901 erhält man für das Moment μ_3:

$$\mu_3 = m\,\pi(1-\pi)\,(1-2\,\pi) \tag{5}$$

und aus (16) findet man

$$\mu_4 = m\,\pi(1-\pi)\,[1 + 3\,\pi(1-\pi)\,(m-2)]$$

und daraus nach einigen Umformungen

$$\mu_4 = 3\,m^2\,\pi^2(1-\pi)^2 + m\,\pi(1-\pi)\,[1 - 6\,\pi(1-\pi)] \,. \tag{6}$$

903 Die Poissonsche Verteilung

Wir betrachten Ereignisse, die in zeitlicher Folge zufällig eintreffen. Angenommen, (a) die Wahrscheinlichkeit für das Eintreten eines Ereignisses im Zeitintervall t bis $t + dt$ sei unabhängig davon, was im Intervall 0 bis t geschehen ist, und (b) die Wahrscheinlichkeit des Eintretens eines Ereignisses im Intervall dt sei proportional dt, so kann man unschwer ableiten, mit welcher Wahrscheinlichkeit x Ereignisse im Zeitraum $t + dt$ eintreffen.

Die Wahrscheinlichkeiten seien wie folgt bezeichnet:

$\varphi(x;t)$ = Wahrscheinlichkeit für das Eintreffen von x Ereignissen im Zeitraum t;

$\varphi(x-1;t)$ = Wahrscheinlichkeit für das Eintreffen von $x-1$ Ereignissen im Zeitraum t;

$\varphi(x;t+dt)$ = Wahrscheinlichkeit für das Eintreffen von x Ereignissen im Zeitraum $t + dt$;

$\varphi(1;dt)$ = Wahrscheinlichkeit für das Eintreffen eines Ereignisses im Zeitraum dt;

$\varphi(0;dt)$ = Wahrscheinlichkeit für das Ausbleiben eines Ereignisses im Zeitraum dt.

Nach der Voraussetzung (b) hat man

$$\varphi(1;dt) = \alpha\,dt \,. \tag{1}$$

Da die Ereignisse nach Voraussetzung (a) gegenseitig unabhängig sind, erhält man als Wahrscheinlichkeit für das Eintreffen von 2 Ereignissen im Zeitraum dt den Ausdruck

$$\alpha^2 \, dt^2 \, ,$$

eine Größe, die wir vernachlässigen, ebenso wie alle Größen höheren Grades in dt. Das bedeutet, daß wir annehmen, im Zeitraum dt könne höchstens ein Ereignis eintreten.

Die Wahrscheinlichkeit $\varphi(0; dt)$ für das Ausbleiben eines Ereignisses im Zeitraum dt ist gleich

$$\varphi(0; dt) = 1 - \varphi(1; dt) = 1 - \alpha \, dt \, , \tag{2}$$

da ja nur entweder eines oder kein Ereignis im Zeitraum dt vorkommen kann.

Die gesuchte Wahrscheinlichkeit $\varphi(x; t + dt)$ für das Eintreffen von x Ereignissen im Zeitraum $t + dt$ findet man wie folgt. Die x Ereignisse können entweder alle im Zeitraum t stattfinden, oder $x - 1$ im Zeitraum t und eines im Zeitraum dt. Also ist

$$\varphi(x; t + dt) = \varphi(x; t) \cdot \varphi(0; dt) + \varphi(x - 1; t) \cdot \varphi(1; dt) \, ,$$

und wenn wir darin mittels (1) und (2) ersetzen:

$$\varphi(x; t + dt) = \varphi(x; t) (1 - \alpha \, dt) + \varphi(x - 1; t) \cdot \alpha \, dt$$
$$= \varphi(x; t) - \varphi(x; t) \alpha \, dt + \varphi(x - 1; t) \alpha \, dt \, .$$

Setzt man wie üblich

$$\frac{\varphi(x; t + dt) - \varphi(x; t)}{dt} = \frac{d\varphi(x; t)}{dt} \, ,$$

so ergibt sich

$$\frac{d\varphi(x; t)}{dt} = \alpha \, [\varphi(x - 1; t) - \varphi(x; t)] \, , \tag{3}$$

eine Differentialgleichung für $\varphi(x; t)$. Aus der Theorie der Differentialgleichungen folgt, daß

$$\varphi(x; t) = e^{-\alpha t} (\alpha t)^x / x! \tag{4}$$

die Lösung bildet. Durch Differenzieren von (4) läßt sich bestätigen, daß (4) eine Lösung von (3) ergibt. Setzen wir

$$\alpha t = \lambda \tag{5}$$

und lassen wir das t in $\varphi(x; t)$ weg, so ergibt sich

$$\varphi(x) = e^{-\lambda} \lambda^x / x! \tag{6}$$

was die übliche Form der Poissonschen Verteilung darstellt.

Aus (5) und (1) folgt, daß λ die mittlere Zahl der Ereignisse im betrachteten Zeitraum t bedeutet.

Selbstverständlich können die Überlegungen auch angewandt werden auf Ereignisse, die nicht zeitlich, sondern räumlich oder nach anderen Gesichtspunkten geordnet sind.

Die Ableitung der Poissonschen Verteilung, die wir soeben gaben, scheint im wesentlichen von T. C. Fry (1928) herzurühren. Demgegenüber hat S. D. Poisson (1837) gezeigt, daß die Verteilung (6) als Grenzfall der binomischen Verteilung betrachtet werden kann. Dies kann wie folgt gezeigt werden.

Wenn wir die Rekursionsformel (2) von 902 in der Form

$$\varphi(x+1) = \frac{m\pi}{(x+1)(1-\pi)}\,\varphi(x) - \frac{x\pi}{(x+1)(1-\pi)}\,\varphi(x) \qquad (7)$$

schreiben, und darin π gegen 0, gleichzeitig aber m gegen ∞ streben lassen, aber so, daß

$$m\pi = \lambda \qquad (8)$$

endlich bleibt, so erhalten wir für die Rekursionsformel

$$\varphi(x+1) = \frac{\lambda}{x+1}\,\varphi(x)\,. \qquad (9)$$

Durch fortgesetzte Anwendung der Rekursionsformel (9) finden wir

$$\varphi(x) = \lambda^x \cdot \varphi(0)/x!\,. \qquad (10)$$

Um $\varphi(0)$ zu bestimmen, bedenken wir, daß

$$\sum_{x=0}^{\infty} \varphi(x) = \varphi(0)\left(1 + \lambda + \frac{\lambda^2}{2!} + \frac{\lambda^3}{3!} + \cdots + \frac{\lambda^x}{x!} + \cdots\right) = 1$$

oder also

$$\varphi(0) = e^{-\lambda}$$

und damit

$$\varphi(x) = e^{-\lambda}\,\lambda^x/x!$$

wie in (6).

Aus der Formel (3) von 902 folgt mit (8), daß für die Poissonsche Verteilung der Durchschnitt μ gegeben ist durch

$$\mu = \lambda\,. \qquad (11)$$

Aus der Formel (4) von 902 folgt entsprechend

$$\sigma^2 = \lambda \qquad (12)$$

und aus (5) und (6)

$$\mu_3 = \lambda \qquad (13)$$

und

$$\mu_4 = \lambda(1 + 3\,\lambda)\,. \qquad (14)$$

Abschließend zeigen wir noch, daß die Summe zweier Veränderlicher x und y, von denen jede einer Poissonschen Verteilung gehorcht, ebenfalls einer Poissonschen Verteilung folgt.

Es sei

$$\varphi(x) = e^{-\lambda_1}\,\lambda_1^x/x! \qquad (15\,\mathrm{a})$$

$$\varphi(y) = e^{-\lambda_2}\,\lambda_2^y/y! \qquad (15\,\mathrm{b})$$

und gesucht sei die Verteilung von

$$z = x + y \tag{16}$$

unter der Voraussetzung, daß die Veränderlichen x und y voneinander stochastisch unabhängig seien.

Die Wahrscheinlichkeiten dafür, daß x und y bestimmte Werte annehmen, sind durch (15a) und (15b) gegeben. Die Wahrscheinlichkeit dafür, daß sie gleichzeitig eintreten, beträgt

$$\varphi(x) \cdot \varphi(y) \, .$$

Wir betrachten alle Wertepaare x und y, deren Summe gleich z ist; die Wahrscheinlichkeit dafür, daß irgendeines dieser Wertepaare eintritt, ist die gesuchte Wahrscheinlichkeit, die wir mit $\varphi(z)$ bezeichnen und für welche gilt:

$$\varphi(z) = \sum_{x+y=z} \varphi(x) \cdot \varphi(y) = \sum_{x+y=z} (e^{-\lambda_1}\lambda_1^x/x!)\,(e^{-\lambda_2}\lambda_2^y/y!)$$

oder

$$\varphi(z) = e^{-(\lambda_1 + \lambda_2)} \sum_{x+y=z} \lambda_1^x \, \lambda_2^y/x!\, y! \, .$$

Schreiben wir in dieser Beziehung für y den Ausdruck $z - x$ nach (16) und multiplizieren und dividieren durch $z!$, so wird

$$\varphi(z) = e^{-(\lambda_1 + \lambda_2)}\,(1/z!) \sum_{x=0}^{z} \lambda_1^x \, \lambda_2^{z-x}\, z!/x!\,(z - x)! \, ,$$

wobei die Summe jetzt über alle Werte von x von 0 bis z zu nehmen ist. Die Summe ist aber nichts anderes als

$$(\lambda_1 + \lambda_2)^z$$

und wenn wir

$$\lambda_1 + \lambda_2 = \lambda \tag{17}$$

setzen, so wird

$$\varphi(z) = e^{-\lambda}\, \lambda^z/z! \, ,$$

so daß also die Summe z einer Poissonschen Verteilung folgt, deren Parameter λ gleich der Summe der Parameter der Verteilungen von x und y ist.

904 Die normale Verteilung

Wie wir im Abschnitt 903 sahen, kann die Poissonsche Verteilung als Grenzfall der binomischen Verteilung betrachtet werden, wenn m gegen unendlich und gleichzeitig π gegen Null strebt. Nimmt man dagegen an, daß π nicht gegen Null (oder gegen 1) strebe, wenn m sehr groß wird, so erhält man einen anderen Grenzfall, die *Normalverteilung*, welche auch als *Gauß-Laplace-sche Verteilung* bezeichnet wird.

Um die normale Verteilung abzuleiten, gehen wir von der Rekursionsformel für die binomische Verteilung aus, die wir entsprechend der Formel (2) von 902 wie folgt schreiben können:

$$\frac{\varphi(x+1)}{\varphi(x)} = \frac{m\,\pi - x\,\pi}{x - x\,\pi + 1 - \pi}\,. \tag{1}$$

Wir erinnern daran, daß der Durchschnitt μ und die Streuung σ^2 der binomischen Verteilung nach den Formeln (3) und (4) von 902 gegeben sind durch

$$\mu = m\pi \tag{2}$$

und

$$\sigma^2 = m\pi(1-\pi)\,. \tag{3}$$

Wenn m gegen unendlich strebt, ohne daß π verschwindend klein wird, so werden demnach sowohl μ als σ^2 unendlich groß. Um das Verhalten der binomischen Verteilung für den neuen Grenzübergang untersuchen zu können, erscheint es daher angezeigt, erstens den Ursprung der Veränderlichen im Wert $\mu = m\pi$ zu wählen und zweitens den Maßstab dadurch zu verändern, daß man die Veränderliche $x - m\pi$ durch

$$\sigma = \sqrt{m\pi(1-\pi)}$$

dividiert. Wir gehen somit von der Veränderlichen x zu einer neuen Veränderlichen u über an Hand der Beziehung

$$u = \frac{x - m\,\pi}{\sqrt{m\,\pi(1-\pi)}}\,. \tag{4}$$

Die Aufgabe besteht darin, von

$$\varphi(x) = \binom{m}{x}\pi^x(1-\pi)^{m-x}$$

zu $\varphi(u)$ überzugehen, wenn m gegen ∞ strebt. Da wir die Beziehung (1) benützen wollen, sehen wir zunächst, was mit (4) geschieht, wenn wir x durch $x+1$ ersetzen. Dem Wert x entspricht u; dem Wert $x+1$ möge $u + \varDelta u$ entsprechen. Man hat gemäß (4)

$$u + \varDelta u = \frac{x+1 - m\,\pi}{\sqrt{m\,\pi(1-\pi)}}$$

und durch Vergleich mit (4)

$$\varDelta u = 1/\sqrt{m\pi(1-\pi)}\,. \tag{5}$$

Denken wir uns die Verteilungen $\varphi(x)$ und $\varphi(u)$ in der Form von Histogrammen aufgezeichnet, so entspricht dem Rechteck mit der Basis 1 und der Höhe $\varphi(x)$ im einen Histogramm ein Rechteck mit der Basis $\varDelta u$ und der Höhe $\varphi(u)$ im andern. Wir haben also die Beziehung

$$1 \cdot \varphi(x) = \varDelta u\,\varphi(u) = y \cdot \varDelta u = y/\sqrt{m\pi(1-\pi)}\,, \tag{6}$$

wenn wir der Einfachheit halber an Stelle von $\varphi(u)$ die Bezeichnung y benützen.

Nennen wir $\varDelta y$ die Änderung, welche y erfährt, wenn u in $u + \varDelta u$ übergeht, so hat man

$$\varphi(u + \varDelta u) = y + \varDelta y = \varphi(x + 1)\,\sqrt{m\pi(1 - \pi)}$$

und für das Verhältnis von $y + \varDelta y$ zu y wird, bei Berücksichtigung von (1)

$$\frac{y + \varDelta y}{y} = 1 + \frac{\varDelta y}{y} = \frac{\varphi(x + 1)}{\varphi(x)} = \frac{m\pi - x\pi}{x - x\pi + 1 - \pi} \cdot \tag{7}$$

Hieraus folgt

$$\frac{\varDelta y}{y} = \frac{m\pi - x - 1 + \pi}{x - x\pi + 1 - \pi}$$

und da nach (4)

$$x = m\pi + u\,\sqrt{m\pi(1 - \pi)}\,,$$

wird

$$\frac{\varDelta y}{y} = \frac{-u\,\sqrt{m\pi(1 - \pi)} - 1 + \pi}{m\pi(1 - \pi) + u(1 - \pi)\sqrt{m\pi(1 - \pi)} + 1 - \pi} \cdot$$

Daraus und mit (5) erhalten wir für $\varDelta y/\varDelta u$ die Formel

$$\frac{\varDelta y}{\varDelta u} = y\,\frac{-u\,m\pi(1 - \pi) - (1 - \pi)\,\sqrt{m\pi(1 - \pi)}}{m\pi(1 - \pi) + u(1 - \pi)\,\sqrt{m\pi(1 - \pi)} + 1 - \pi}$$

oder, wenn wir Zähler und Nenner durch $m\pi(1 - \pi)$ dividieren

$$\frac{\varDelta y}{\varDelta u} = y\,\frac{-u - (1 - \pi)/\sqrt{m\pi(1 - \pi)}}{1 + u(1 - \pi)/\sqrt{m\pi(1 - \pi)} + 1/m\pi} \cdot$$

Wenn wir darin m gegen ∞ streben lassen, so erhalten wir links dy/du und somit

$$dy/du = -yu$$

oder

$$dy/y = -u\,du\,,$$

und durch Integration

$$\ln y = -\frac{u^2}{2} + c_1$$

oder also

$$y = \varphi(u) = c_2\,e^{-u^2/2}\,. \tag{8}$$

Die Konstante c_2 erhalten wir aus der Bedingung, daß die Gesamtfläche der Rechtecke mit der Basis du und der Höhe $y = \varphi(u)$ gleich 1 sein muß. Man findet nach bekannten Formeln der Integralrechnung

$$\int_{-\infty}^{+\infty} \varphi(u)\,du = \int_{-\infty}^{+\infty} c_2\,e^{-u^2/2}\,du = c_2\,\sqrt{2\pi} = 1$$

und daraus

$$c_2 = 1/\sqrt{2\pi}\,,$$

so daß die endgültige Formel für die Verteilung von u lautet

$$\varphi(u) = \frac{1}{\sqrt{2\pi}}\, e^{-u^2/2}. \tag{9}$$

Die Konstante π in (9) ist die Kreiszahl $\pi = 3{,}14159$ und nicht zu verwechseln mit dem Parameter π der binomischen Verteilung.

Die Formel (9) stellt die *standardisierte Normalverteilung* dar, für welche der Durchschnitt μ gleich Null und die Standardabweichung σ gleich 1 ist. In der Tat bewirkt die Transformation (4), daß u den Durchschnitt $\mu = 0$ und die Standardabweichung $\sigma = 1$ hat.

Setzt man in (9) für u den Wert

$$u = (x - \mu)/\sigma$$

mit $du = dx/\sigma$ ein, so wird

$$\varphi(x) = \frac{1}{\sigma\sqrt{2\pi}}\, e^{-(x-\mu)^2/2\sigma^2}, \tag{10}$$

was die allgemeine Form der Normalverteilung darstellt.

Man bezeichnet $\varphi(x)$ und $\varphi(u)$ als *Wahrscheinlichkeitsdichte*; die Wahrscheinlichkeit, daß x einen Wert zwischen x und $x + dx$ annimmt, ist gegeben durch

$$d\Phi(x) = \varphi(x)\, dx = \frac{1}{\sigma\sqrt{2\pi}}\, e^{-(x-\mu)^2/2\sigma^2}\, dx. \tag{11}$$

Die normale Verteilung ist symmetrisch um $x = \mu$. Man zeigt unschwer, daß den Abszissenwerten $x = \mu - \sigma$ und $x = \mu + \sigma$ zwei Wendepunkte entsprechen.

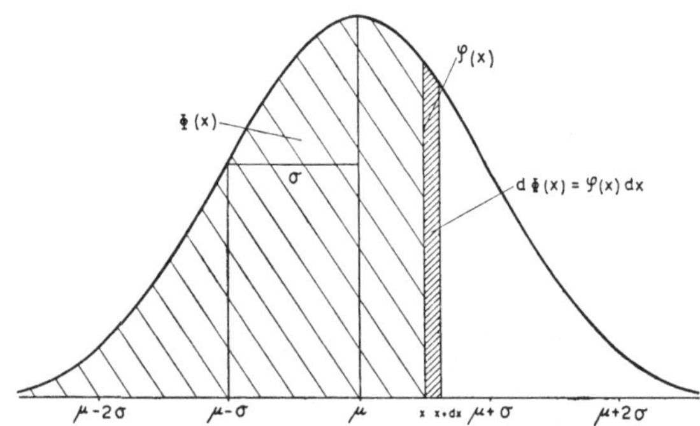

Figur 47
Normalverteilung (mit Bezeichnungen).

Weiter kann man beweisen, daß für den Durchschnitt gilt

$$\int_{-\infty}^{+\infty} x \cdot \varphi(x)\, dx = \int_{-\infty}^{+\infty} \frac{x}{\sigma\sqrt{2\pi}}\, e^{-(x-\mu)^2/2\sigma^2}\, dx = \mu \tag{12}$$

und für die Streuung

$$\int\limits_{-\infty}^{+\infty} (x - \mu)^2\, \varphi(x)\, dx = \int\limits_{-\infty}^{+\infty} \frac{(x - \mu)^2}{\sigma\,\sqrt{2\,\pi}}\, e^{-(x-\mu)^2/2\sigma^2}\, dx = \sigma^2\,, \tag{13}$$

sowie für das Moment μ_3

$$\mu_3 = \int\limits_{-\infty}^{+\infty} (x - \mu)^3\, \varphi(x)\, dx = \int\limits_{-\infty}^{+\infty} \frac{(x - \mu)^3}{\sigma\,\sqrt{2\,\pi}}\, e^{-(x-\mu)^2/2\sigma^2}\, dx = 0\,. \tag{14}$$

und für das Moment μ_4

$$\mu_4 = \int\limits_{-\infty}^{+\infty} (x - \mu)^4\, \varphi(x)\, dx = \int\limits_{-\infty}^{+\infty} \frac{(x - \mu)^4}{\sigma\,\sqrt{2\,\pi}}\, e^{-(x-\mu)^2/2\sigma^2}\, dx = 3\,\sigma^4\,. \tag{15}$$

Die Gültigkeit von (14) folgt unmittelbar aus der Symmetrie der normalen Verteilung. Die Formel (15) läßt sich durch partielle Integration ableiten, was wir hier übergehen.

Aus den Formeln in 41 findet man, daß die Kumulante 3. Grades gleich μ_3 und jene 4. Grades gleich $\mu_4 - 3\,\sigma^4$ wird. Demnach sind die Kumulanten 3. und 4. Grades für die normale Verteilung gleich Null.

Wenn in der binomischen Verteilung m genügend groß ist, kann die Normalverteilung benützt werden, um die Wahrscheinlichkeiten annähernd zu berechnen.

Durch eine einfache Umformung der Beziehung (4) kann die normale Verteilung noch auf andere Weise gedeutet werden, als dies bis hierher geschah. Wir können (4) auch schreiben in der Form

$$u = \frac{x\,\pi + x\,(1 - \pi) - m\,\pi}{\sqrt{m\,\pi\,(1 - \pi)}}$$

oder als

$$u = x\left(\frac{1 - \pi}{\sqrt{m\,\pi\,(1 - \pi)}}\right) + (m - x)\left(\frac{-\pi}{\sqrt{m\,\pi\,(1 - \pi)}}\right).$$

Wenn m groß wird, sind die Ausdrücke in den Klammern kleine Größen, von denen die eine positiv, die andere negativ ist. Für die normale standardisierte Veränderliche u kann man infolgedessen die folgende Erklärung geben. Man zieht m Mal eine Kugel aus einer Urne, in welcher der Anteil der roten Kugeln π, der weißen Kugeln $1 - \pi$ ist. Erscheinen in der Serie von m Ziehungen x rote und $m - x$ weiße Kugeln, so bildet man eine Summe aus x kleinen positiven und $m - x$ kleinen negativen Größen. Wird dieses Vorgehen sehr oft wiederholt, so ist u normal verteilt mit $\mu = 0$, $\sigma = 1$.

Diese Deutung ist wertvoll, weil man bei sorgfältig ausgeführten Versuchen annehmen darf, daß nur kleine Abweichungen vorkommen, und daß das Vorzeichen der Abweichungen zufällig gewählt wird, so daß man normal verteilte

Größen begegnen wird. Überdies wurde gezeigt, daß der Satz seine Gültigkeit unter bedeutend allgemeineren Bedingungen behält.

Die normale Verteilung wird auch durch die Poissonsche Verteilung angenähert, wenn der Parameter λ der Poissonschen Verteilung genügend groß ist. Dies kann ähnlich wie bei der binomischen Verteilung gezeigt werden, indem man von der Rekursionsformel (9) von 903

$$\varphi(x+1) = \frac{\lambda}{x+1}\, \varphi(x) \tag{16}$$

ausgeht. Die Veränderliche x ersetzen wir durch eine neue Veränderliche u entsprechend der Beziehung

$$u = (x - \lambda)/\sqrt{\lambda}\,. \tag{17}$$

Bezeichnen wir $\varphi(u)$ mit y, sowie den Wert von u, der $x+1$ entspricht, mit $u + \Delta u$, und den zugehörigen Wert von y mit $y + \Delta y$, so wird

$$\Delta u = 1/\sqrt{\lambda} \tag{18}$$

und

$$\frac{y + \Delta y}{y} = \frac{\varphi(x+1)}{\varphi(x)} = \frac{\lambda}{x+1}\,.$$

Daraus folgt

$$\frac{\Delta y}{y} = \frac{\lambda - x - 1}{x+1}$$

und wenn man darin x ersetzt durch

$$x = \lambda + u\sqrt{\lambda}$$

entsprechend (17), so wird

$$\frac{\Delta y}{y} = \frac{-u\sqrt{\lambda} - 1}{\lambda + u\sqrt{\lambda} + 1}\,.$$

Damit ergibt sich

$$\frac{\Delta y}{\Delta u} = \frac{-u\sqrt{\lambda} - 1}{\lambda + u\sqrt{\lambda} + 1} \cdot y\sqrt{\lambda}$$

oder also

$$\frac{\Delta y}{\Delta u} = -\frac{u + \dfrac{1}{\sqrt{\lambda}}}{1 + \dfrac{u}{\sqrt{\lambda}} + \dfrac{1}{\lambda}} \cdot y$$

Läßt man in der letzten Beziehung λ groß werden, so erhält man

$$\frac{dy}{du} = -u\,y\,,$$

was der Differentialgleichung entspricht, die (9) ergab, so daß also y selbst, oder $\varphi(u)$ der Wahrscheinlichkeitsdichte der normalen standardisierten Verteilung entspricht. Mit Rücksicht auf (17) kann man feststellen, daß die Poissonsche

Verteilung sich bei großem λ einer normalen Verteilung nähert, deren Durchschnitt μ und Streuung σ^2 gleich dem Parameter λ sind. Wie die Figur 48 zeigt, können diese Tatsachen schon bei verhältnismäßig kleinen Werten von λ benützt werden.

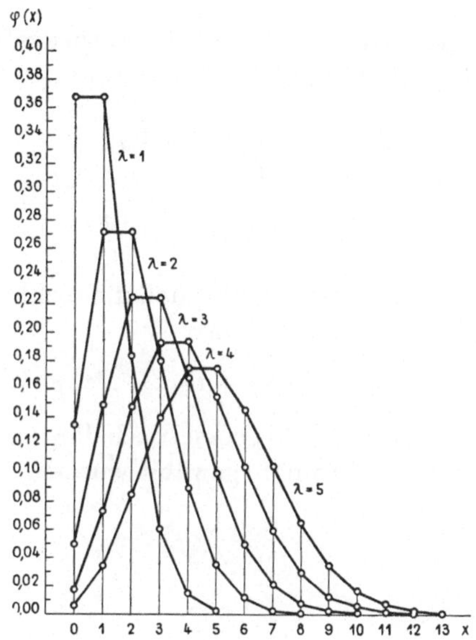

Figur 48
Poissonsche Verteilung.

Zum Abschluß dieser Besprechung der Normalverteilung beweisen wir noch den folgenden Satz: Es sei x eine normalverteilte Veränderliche mit Durchschnitt μ_1 und Streuung σ_1^2, y eine normalverteilte Veränderliche mit Durchschnitt μ_2 und Streuung σ_2^2; wenn die x und y gegenseitig stochastisch unabhängig sind, so ist

$$z = a_1\,x + a_2\,y \tag{19}$$

ebenfalls normal verteilt mit Durchschnitt $a_1\,\mu_1 + a_2\,\mu_2$ und Streuung $a_1^2\,\sigma_1^2 + a_2^2\,\sigma_2^2$.

Die Veränderlichen

$$u_1 = (x - \mu_1)/\sigma_1 \qquad u_2 = (y - \mu_2)/\sigma_2$$

folgen einer standardisierten normalen Verteilung, mit Durchschnitt 0 und Streuung 1. Da

$$x = \mu_1 + \sigma_1\,u_1 \qquad y = \mu_2 + \sigma_2\,u_2$$

hat man an Stelle von (19)

$$z = a_1\,\mu_1 + a_2\,\mu_2 + a_1\,\sigma_1\,u_1 + a_2\,\sigma_2\,u_2$$

und wenn wir setzen

$$a_1\,\mu_1 + a_2\,\mu_2 = b_0 \qquad a_1\,\sigma_1 = b_1 \qquad a_2\,\sigma_2 = b_2$$

so wird

$$z = b_0 + b_1\,u_1 + b_2\,u_2\,. \tag{20}$$

Der Beweis des obigen Satzes ist demnach zurückgeführt auf die Untersuchung der Verteilung $\varphi(z)$, wenn (20) gilt und wenn

$$d\Phi(u_1) = \frac{1}{\sqrt{2\,\pi}}\,e^{-u_1^2/2}\,du_1\,,$$

$$d\Phi(u_2) = \frac{1}{\sqrt{2\,\pi}}\,e^{-u_2^2/2}\,du_2\,.$$

Gesucht wird die Wahrscheinlichkeit dafür, daß die rechte Seite von (20) innerhalb der Grenzen z und $z + dz$ liegt, daß also

$$z < b_0 + b_1\,u_1 + b_2\,u_2 < z + dz\,. \tag{21}$$

Die Bedingung (21) ist in der Figur 49 geometrisch dargestellt, und zwar derart, daß u_1 als Abszisse und u_2 als Ordinate gewählt wurden.

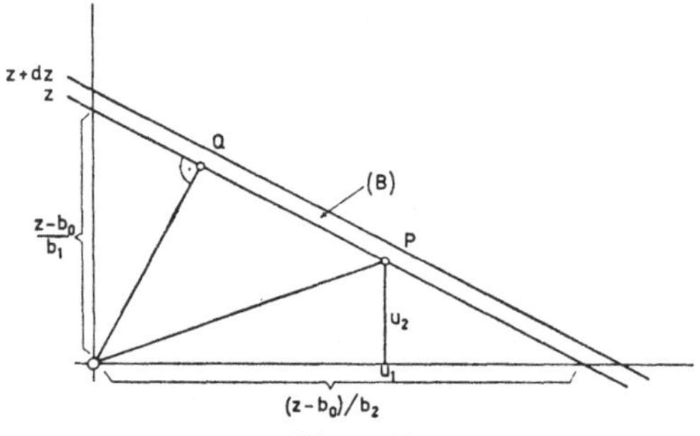

Figur 49
Darstellung der Ungleichungen (21).

Die Beziehung (20) ist in Figur 49 durch eine Gerade dargestellt; sie bildet die untere Grenze der Ungleichungen (21). Die obere Grenze in (21) ist durch eine dazu parallele Gerade gegeben. In dem Bereich zwischen den beiden Geraden liegen jene Punkte, deren Koordinaten die Beziehung (21) erfüllen. Wir nennen diesen Bereich (B).

Da u_1 und u_2 wie x und y voneinander unabhängig sind, beträgt die Wahrscheinlichkeit dafür, daß u_1 zwischen u_1 und $u_1 + du_1$ liegt, und gleichzeitig u_2 zwischen u_2 und $u_2 + du_2$

$$d\Phi(u_1) \cdot d\Phi(u_2)\,. \tag{22}$$

Dies ist anders gesagt die Wahrscheinlichkeit dafür, einen Punkt P mit *bestimmten* Koordinaten u_1 und u_2 zu erhalten.

Wir suchen die Wahrscheinlichkeit $\varphi(z)$ dafür, daß die Bedingungen (21) erfüllt sind, oder, geometrisch gesprochen, daß wir einen Punkt im Bereich (B) zwischen den beiden parallelen Geraden finden, und zwar einen *beliebigen* Punkt in diesem Bereich. Diese Wahrscheinlichkeit ist die Summe der Wahrscheinlichkeiten (22) für alle in Betracht fallenden Punkte, also in unserem Falle das Integral über den Bereich (B).

$$d\Phi(z) = \iint\limits_{(B)} d\Phi(u_1)\, d\Phi(u_2) = \frac{1}{2\pi} \iint\limits_{(B)} e^{-(u_1^2+u_2^2)/2}\, du_1\, du_2 \ . \tag{23}$$

Aus der Figur 49 ist zu entnehmen, daß wir

$$u_1^2 + u_2^2 = \overline{OP}^2 = \overline{OQ}^2 + \overline{PQ}^2$$

haben. Außerdem kann man

$$du_1\, du_2 = d(\overline{OQ})\, d(\overline{PQ})$$

setzen. Demnach finden wir

$$d\Phi(z) = \frac{1}{2\pi} \iint\limits_{(B)} e^{-\overline{OQ}^2/2} \cdot e^{-\overline{PQ}^2/2}\, d(\overline{OQ})\, d(\overline{PQ})$$

oder, da im Integrationsbereich (B) lediglich PQ variiert,

$$d\Phi(z) = \frac{1}{\sqrt{2\pi}}\, e^{-\overline{OQ}^2/2}\, d\,(OQ) \int\limits_{-\infty}^{+\infty} \frac{1}{\sqrt{2\pi}}\, e^{-\overline{PQ}^2/2}\, d(\overline{PQ})$$

Wie wir gesehen haben, ist aber das Integral gleich 1. Anderseits findet man für die Höhe $\overline{OQ}$ im Dreieck mit den Katheten $(z-b_0)/b_1$ und $(z-b_0)/b_2$

$$\overline{OQ}^2 = (z-b_0)^2/(b_1^2 + b_2^2)\ ,$$

somit

$$d\overline{OQ} = dz/\sqrt{b_1^2 + b_2^2}$$

und damit

$$d\Phi(z) = \frac{1}{\sqrt{b_1^2 + b_2^2}\,\sqrt{2\pi}}\, e^{-(z-b_0)^2/2\,(b_1^2+b_2^2)}\, dz\ . \tag{24}$$

Die Größe z ist demnach normal verteilt mit dem Durchschnitt $a_1\mu_1 + a_2\mu_2$ und der Streuung $b_1^2 + b_2^2$. Nach unseren Formeln ist aber

$$b_1^2 + b_2^2 = a_1^2\, \sigma_1^2 + a_2^2\, \sigma_2^2\ ,$$

womit der Satz bewiesen ist.

905 *Die negative binomische Verteilung*

In einer Urne befinden sich sehr viele Kugeln, rote und weiße. Der Anteil der roten sei π, der Anteil der weißen daher $1 - \pi$. Der Urne werden in z Ziehungen je eine Kugel entnommen. Gesucht wird die Wahrscheinlichkeit dafür, beim z-ten Zuge gerade die $\varkappa$-te rote Kugel zu ziehen.

Es werden also wie bei der binomischen Verteilung Kugeln (mit Zurücklegen) gezogen; während aber bei der binomischen Verteilung gefragt wird, mit welcher Wahrscheinlichkeit in m Ziehungen x rote und $m - x$ weiße Kugeln in beliebiger Reihenfolge erscheinen, wobei m eine feste Zahl und x die Veränderliche ist, sucht man bei der negativen binomischen Verteilung die Wahrscheinlichkeit, eine feste Zahl roter Kugeln $(\varkappa)$ beim z-ten Zuge zu erreichen. Hier ist z eine Veränderliche, die größer oder gleich $\varkappa$ sein muß. Wir halten fest, daß

$$\varkappa \geq 0 \quad \text{(ganze Zahl)},$$

und

$$z \geq \varkappa \quad \text{(ganze Zahl)}.$$

Da im z-ten Zuge die $\varkappa$-te rote Kugel gezogen wird, müssen in den vorangehenden $z - 1$ Zügen $\varkappa - 1$ rote Kugeln gezogen worden sein, und zwar in beliebiger Reihenfolge. Die gesuchte Wahrscheinlichkeit $\varphi(z)$ ist demnach gleich der Wahrscheinlichkeit, im z-ten Zuge rot zu ziehen, multipliziert mit der Wahrscheinlichkeit, in den $z - 1$ ersten Zügen $\varkappa - 1$ mal rot und $z - \varkappa$ mal weiß zu ziehen. Daher ist

$$\varphi(z) = \pi \cdot \binom{z-1}{\varkappa-1} \pi^{\varkappa-1} (1 - \pi)^{z-\varkappa}$$

oder

$$\varphi(z) = \binom{z-1}{\varkappa-1} \pi^{\varkappa} (1 - \pi)^{z-\varkappa}. \tag{1}$$

Dieser Ausdruck für die *negative binomische* Verteilung kann umgeformt werden, indem man an Stelle von z eine neue Veränderliche x wählt, mit

$$x = z - \varkappa, \tag{2}$$

so daß also x angibt, wieviele Züge mehr gemacht werden als rote Kugeln gezogen werden. Selbstverständlich gilt

$$x \geq 0 \quad \text{(ganze Zahl)}.$$

Setzen wir in (1) an Stelle von z nach (2) $x + \varkappa$, so wird

$$\varphi(x) = \binom{x + \varkappa - 1}{\varkappa - 1} \pi^{\varkappa} (1 - \pi)^{x}$$

oder, da nach der Definition des Binominalkoeffizienten

$$\binom{x + \varkappa - 1}{\varkappa - 1} = \binom{x + \varkappa - 1}{x},$$

folgt

$$\varphi(x) = \binom{x + \varkappa - 1}{x} \pi^{\varkappa} (1 - \pi)^{x}$$

Ersetzen wir in dieser Formel π mittels der Beziehung

$$\pi = \frac{1}{1 + \gamma} \tag{3a}$$

oder also

$$\gamma = \frac{1}{\pi} - 1 , \tag{3b}$$

so wird

$$\varphi(x) = \binom{x + \varkappa - 1}{x} \frac{\gamma^x}{(1 + \gamma)^{\varkappa + x}} \tag{4}$$

Da π alle Werte zwischen 0 und 1 annehmen kann, folgt aus (3b), daß γ zwischen 0 und $+\infty$ liegen kann. Es ist demnach

$$x \geq 0 , \quad \gamma \geq 0 , \quad \varkappa \geq 0 .$$

Dabei sind x und $\varkappa$ ganzzahlig, nicht aber γ.

Wie GREENWOOD und YULE (1920) gezeigt haben, kann die negative binomische Verteilung, die man auch als *Pascalsche Verteilung* bezeichnet, noch auf ganz anderem Wege abgeleitet werden.

Für einen Arbeiter einer Fabrik nehmen sie an, die Wahrscheinlichkeit, in einem bestimmten Zeitraum x Unfälle zu erleiden, betrage

$$e^{-\lambda}\lambda^x/x! . \tag{5}$$

Verschiedene Arbeiter zeigen erfahrungsgemäß einen verschiedenen Grad von Anfälligkeit für Unfälle; GREENWOOD und YULE nehmen daher an, der Parameter λ der Poissonschen Verteilung (5) folge ebenfalls einer Wahrscheinlichkeitsverteilung. Sie wählen dafür die χ^2-Verteilung, die wir in 911 ableiten werden, so daß die Wahrscheinlichkeit für einen Arbeiter, eine durchschnittliche Unfallhäufigkeit zwischen λ und $\lambda + d\lambda$ aufzuweisen, gegeben ist durch

$$\frac{\tau^\varkappa e^{-\tau\lambda} \lambda^{\varkappa-1} \, d\lambda}{(\varkappa - 1)!} , \tag{6}$$

wobei τ, λ und $\varkappa$ beliebige positive Zahlen sein können. Das Symbol $(\varkappa - 1)!$ ist in diesem Falle gleichbedeutend mit der Gammafunktion $\Gamma(\varkappa)$.

Die Wahrscheinlichkeit, daß ein *bestimmter* Arbeiter eine durchschnittliche Unfallhäufigkeit zwischen λ und $\lambda + d\lambda$ aufweist und in dem betrachteten Zeitraum x Unfälle erleidet, beträgt

$$\frac{\tau^\varkappa e^{-\tau\lambda} \lambda^{\varkappa-1} \, d\lambda}{(\varkappa - 1)!} \cdot \frac{e^{-\lambda} \lambda^x}{x!} , \tag{7}$$

da wir den Multiplikationssatz anwenden dürfen.

Nach dem Additionssatz der Wahrscheinlichkeiten ergibt sich für einen *beliebigen* Arbeiter der Fabrik die Wahrscheinlichkeit $\varphi(x)$ gerade x Unfälle zu erleiden, als die Summe (oder hier das Integral) der Wahrscheinlichkeiten (7). Somit erhalten wir

$$\varphi(x) = \int_0^\infty \frac{\tau^\varkappa e^{-\lambda(1 + \tau)} \lambda^{x+\varkappa-1}}{x!(\varkappa - 1)!} \, d\lambda$$

$$= \frac{\tau^\varkappa}{x!(\varkappa - 1)!(1 + \tau)^{x+\varkappa}} \int_0^\infty e^{-\lambda(1+\tau)} [\lambda(1 + \tau)]^{x+\varkappa-1} \, d[\lambda(1 + \tau)].$$

Das Integral ist nach der Definition der Gammafunktion in unserer Schreibweise gleich $(x + \varkappa - 1)!$ und somit findet man

$$\varphi(x) = \frac{(x + \varkappa - 1)!}{x!\,(\varkappa - 1)!} \cdot \frac{\tau^\varkappa}{(1 + \tau)^{x+\varkappa}} \tag{8}$$

für die gesuchte Wahrscheinlichkeit.

Ersetzen wir in (8) das τ durch γ mittels der Beziehung

$$\tau = 1/\gamma \tag{9}$$

so finden wir

$$\varphi(x) = \frac{(x + \varkappa - 1)!}{x!\,(\varkappa - 1)!} \cdot \frac{\left(\dfrac{1}{\gamma}\right)^\varkappa}{\left(1 + \dfrac{1}{\gamma}\right)^{\varkappa+x}}$$

oder

$$\varphi(x) = \frac{(x + \varkappa - 1)!}{x!\,(\varkappa - 1)!} \cdot \frac{\gamma^x}{(1 + \gamma)^{\varkappa+x}} \,. \tag{10}$$

Der Parameter γ kann nach (9) wie τ alle positiven Werte annehmen.

Der Ausdruck in (10) entspricht genau demjenigen in (4), mit dem einzigen Unterschied, daß der Parameter $\varkappa$ in (4) nur ganzzahlige Werte annimmt, in (10) dagegen irgendwelche positiven Werte.

Die Beziehungen zwischen den Parametern π in (1), γ in (4) und (10), sowie τ in (8) lassen sich einfach überblicken, wenn man die Formeln (3b) und (9) berücksichtigt. Man hat nämlich

$$\gamma = (1 - \pi)/\pi \quad \text{und} \quad \tau = \pi/(1 - \pi)\,,$$

wobei, wie erinnerlich, π der Anteil der roten und $1 - \pi$ der Anteil der weißen Kugeln im ursprünglich erörterten Urnenschema bedeutet.

Es gilt die Beziehung

$$\sum_{x=0}^{\infty} \varphi(x) = 1 \tag{11}$$

was nicht schwer zu beweisen ist. In der Tat kann (4) auch geschrieben werden als

$$\varphi(x) = \binom{x + \varkappa - 1}{x} \left(\frac{1}{1 + \gamma}\right)^\varkappa \left(\frac{\gamma}{1 + \gamma}\right)^x,$$

und daher hat man für die Summe in (11)

$$\sum \varphi(x) = \left(\frac{1}{1 + \gamma}\right)^\varkappa \left[1 + \binom{\varkappa}{1}\left(\frac{\gamma}{1 + \gamma}\right) + \binom{\varkappa + 1}{2}\left(\frac{\gamma}{1 + \gamma}\right)^2 + \cdots\right].$$

Den Ausdruck in der eckigen Klammer erhält man aber auch, indem man

$$\left(\frac{1}{1 + \gamma}\right)^{-\varkappa} = \left(1 - \frac{\gamma}{1 + \gamma}\right)^{-\varkappa}$$

binomisch entwickelt. Damit ist die Richtigkeit von (11) nachgewiesen. Gleichzeitig ist ersichtlich, weshalb man die Verteilung (4) als negative binomische

Verteilung bezeichnet: die Wahrscheinlichkeit $\varphi(x)$ entspricht der binomischen Entwicklung eines Ausdruckes mit negativem Exponenten.

Setzt man in (10) oder (4) an Stelle von x den nächsthöheren Wert $x + 1$ ein, so folgt die Rekursionsformel

$$\varphi(x + 1) = \frac{x + \varkappa}{x + 1} \cdot \frac{\gamma}{1 + \gamma}\, \varphi(x)\,. \tag{12}$$

Aus ihr berechnet man unschwer den Durchschnitt μ zu

$$\mu = \varkappa\,\gamma \tag{13}$$

und die Streuung σ^2 als

$$\sigma^2 = \varkappa\,\gamma\,(1 + \gamma)\,. \tag{14}$$

Da $\varkappa$ und γ positiv sind, ist die Streuung σ^2 *größer* als der Durchschnitt μ. Die Formeln zur Bestimmung höherer Momente für die negative binomische Verteilung sind bei LINDER (1935) zu finden.

Aus den Formeln (11) und (12) von 903 folgt, daß für die Poissonsche Verteilung $\mu = \sigma^2$. Nach den Formeln (3) und (4) von 902 ergibt sich für die binomische Verteilung, daß die Streuung σ^2 im allgemeinen *kleiner* ist als der Durchschnitt μ.

Die negative binomische Verteilung kann auch abgeleitet werden auf Grund eines Urnenschemas, bei dem die Ergebnisse der einzelnen Ziehungen nicht voneinander unabhängig sind. Wir verweisen dafür auf die Arbeiten von EGGENBERGER (1924) und von POLYA (1931).

906 Die multinomiale Verteilung

Die multinomiale Verteilung ergibt sich durch eine einfache Verallgemeinerung der Fragestellung, die zur binomischen Verteilung führt. In einer Urne befinden sich sehr viele Kugeln. An Stelle von roten und weißen Kugeln wie bei der binomischen Verteilung, kann jetzt eine Kugel irgendeine von M Farben aufweisen. Die Zusammensetzung der Urne bezüglich der Farbe der Kugeln ist gegeben durch die Anteile π_j der Kugeln der Farbe j.

Farbe	Anteil der Kugeln an der Gesamtzahl
1	π_1
2	π_2
. . .	. . .
j	π_j
. . .	. . .
M	π_M

Da wir in der Urne nur Kugeln mit den M Farben voraussetzen, ist

$$\sum_{j=1}^{M} \pi_j = 1 \ . \tag{1}$$

Wir ziehen aus der Urne zufällig eine Kugel, notieren die Farbe und legen die Kugel in die Urne zurück. Wie groß ist die Wahrscheinlichkeit, in N Ziehungen

$$
\begin{aligned}
&f_1 \quad \text{mal eine Kugel der Farbe} \quad 1 \ ,\\
&f_2 \quad \text{mal eine Kugel der Farbe} \quad 2 \ ,\\
&\cdots \qquad\qquad\qquad\qquad\qquad \cdots\\
&f_j \quad \text{mal eine Kugel der Farbe} \quad j \ ,\\
&\cdots \qquad\qquad\qquad\qquad\qquad \cdots\\
&f_M \quad \text{mal eine Kugel der Farbe} \quad M
\end{aligned}
$$

zu ziehen, und zwar in beliebiger Reihenfolge ?
Es ist also

$$\sum_{j=1}^{M} f_j = N \ . \tag{2}$$

Nach dem Multiplikationssatz beträgt die Wahrscheinlichkeit, diese Zahlen f_j in einer *bestimmten* Reihenfolge zu erhalten,

$$\pi_1^{f_1} \, \pi_2^{f_2} \dots \pi_j^{f_j} \dots \pi_M^{f_M} \ .$$

Die Zahl der möglichen Anordnungen der f_j Kugeln verschiedener Farbe in den N Ziehungen, ist bekanntlich

$$N!/f_1! \, f_2! \dots f_j! \dots f_M! \ .$$

Die gesuchte Wahrscheinlichkeit sollte etwa mit $\varphi(f_1, f_2, \dots f_j, \dots f_M)$ bezeichnet werden. An Stelle dieses schwerfälligen Ausdruckes benützen wir die einfachere Schreibweise $\varphi(f_j)$. Nach dem Additionssatz ergibt sich

$$\varphi(f_j) = \frac{N!}{f_1! \, f_2! \dots f_j! \dots f_M!} \, \pi_1^{f_1} \, \pi_2^{f_2} \dots \pi_j^{f_j} \dots \pi_M^{f_M} \tag{3}$$

als Formel für die *multinomiale Verteilung*.

Wir betrachten kurz einige Eigenschaften dieser Verteilung. Als erstes erwähnen wir, was sich ergibt, wenn der Ausdruck (3) über alle möglichen Anordnungen der f_j summiert wird. Man erhält dabei nichts anderes als die multinomiale Entwicklung von

$$(\pi_1 + \pi_2 + \cdots + \pi_j + \cdots + \pi_M)^N \ , \tag{4}$$

dessen allgemeines Glied (3) darstellt. Aus (1) folgt aber, daß der Ausdruck (4) gleich 1 ist. Daraus folgt, daß

$$\sum \varphi(f_j) = 1 \ , \tag{5}$$

wenn die Summe $\sum$ über sämtliche möglichen Anordnungen der f_j läuft.

Als zweites berechnen wir den Durchschnitt für f_j. Der Einfachheit halber führen wir den Beweis für f_1 durch; er gilt aber selbstverständlich allgemein. Der Durchschnitt μ_1 ist definiert durch

$$\mu_1 = \sum f_1 \, \varphi(f_j) = \sum f_1 \frac{N!}{f_1! \, f_2! \dots f_j! \dots f_M!} \, \pi_1^{f_1} \pi_2^{f_2} \dots \pi_j^{f_j} \dots \pi_M^{f_M} \,,$$

wobei die Summe $\sum$ wiederum alle möglichen Anordnungen der f_j erfaßt. Nehmen wir im letzten Ausdruck $N \, \pi_1$ vor die Summe, und beachten, daß $N! = N(N-1)!$, so wird

$$\mu_1 = N \, \pi_1 \sum \frac{(N-1)!}{(f_1-1)! \, f_2! \dots f_j! \dots f_M!} \, \pi_1^{f_1} \pi_2^{f_2} \dots \pi_j^{f_j} \dots \pi_M^{f_M} \,.$$

Der Ausdruck in der Summe bedeutet die Wahrscheinlichkeit, in $N-1$ Ziehungen $f_1 - 1$ mal die Farbe 1, f_2 mal die Farbe 2, usw. zu erhalten. Die Summe dieser Wahrscheinlichkeiten ist nach (5) gleich 1 und man erhält demnach für den Durchschnitt von f_1 die Beziehung $\mu_1 = N \, \pi_1$, allgemein also

$$\mu_j = N \, \pi_j \quad (j = 1, 2, \dots M) \,. \tag{6}$$

Weiter ermitteln wir den Durchschnitt des Produktes $f_j \, f_k$, den wir mit μ_{jk} bezeichnen. Nach Definition ist für μ_{12}

$$\mu_{12} = \sum f_1 \, f_2 \frac{N!}{f_1! \, f_2! \dots f_j! \dots f_M!} \, \pi_1^{f_1} \pi_2^{f_2} \dots \pi_j^{f_j} \dots \pi_M^{f_M} \,,$$

woraus man findet, indem man $N(N-1) \, \pi_1 \, \pi_2$ vor die Summe nimmt

$$\mu_{12} = N(N-1) \, \pi_1 \, \pi_2 \sum \frac{(N-2)!}{(f_1-1)! \, (f_2-1)! \, f_3! \dots f_j! \dots f_M!}$$
$$\pi_1^{f_1-1} \pi_2^{f_2-1} \pi_3^{f_3} \dots \pi_j^{f_j} \dots \pi_M^{f_M} \,.$$

Nach der gleichen Überlegung wie vorhin ist die Summe gleich 1 und daher allgemein

$$\mu_{jk} = N(N-1) \, \pi_j \, \pi_k \,. \tag{7}$$

Nach dem gleichen Verfahren können wir zeigen, daß der Durchschnitt von $f_j(f_j-1)$ gleich

$$N(N-1) \, \pi_j^2 \tag{8}$$

wird.

Da aber

$$f_j^2 = f_j(f_j-1) + f_j$$

ist, kann der Durchschnitt μ_{jj} von f_j^2 ohne weiteres berechnet werden zu

$$\mu_{jj} = N(N-1) \, \pi_j^2 + N \, \pi_j \,, \tag{9}$$

wenn man (8) und (6) berücksichtigt.

Für die Streuung σ_j^2 von f_j lautet die Definition

$$\sigma_j^2 = \sum (f_j - \mu_j)^2 \, \varphi(f_j) \,,$$

wofür man findet

$$\sigma_j^2 = \mu_{jj} - \mu_j^2$$

oder, aus (6) und (9)

$$\sigma_j^2 = N\,\pi_j(1 - \pi_j)\,. \tag{10}$$

Definieren wir $\sigma_{jk} = \mu_{jk} - \mu_j\,\mu_k$, so wird

$$\sigma_{jk} = -N\,\pi_j\,\pi_k\,. \tag{11}$$

Setzt man $M = 2$ und wählt $\pi_1 = \pi$, $\pi_2 = 1 - \pi$, $f_1 = x$, $f_2 = m - x$, so findet man die Formeln des Abschnitts 902 betreffend die binomische Verteilung.

91 Einige Prüfverteilungen

911 Die χ^2-Verteilung von Karl Pearson

Wir betrachten n voneinander stochastisch unabhängige, normal standardisiert verteilte Größen $u_1, u_2, u_3, \ldots, u_n$ und bilden

$$\chi^2 = u_1^2 + u_2^2 + \cdots + u_n^2 = \overset{n}{\underset{i=1}{S}}\, u_i^2\,. \tag{1}$$

Gesucht wird die Wahrscheinlichkeit $d\Phi(\chi^2)$ dafür, daß die Summe $u_1^2 + u_2^2 + u_3^2 + \cdots + u_n^2$ zwischen χ^2 und $(\chi + d\chi)^2$ liegt.

Nach unserer Voraussetzung haben wir für jede der Größen u_i

$$d\Phi(u_i) = \frac{1}{\sqrt{2\,\pi}}\, e^{-u_i^2/2}\, du_i\,. \tag{2}$$

Die Wahrscheinlichkeit dafür, daß u_1 zwischen u_1 und $u_1 + du_1$ *und* zugleich u_2 zwischen u_2 und $u_2 + du_2$ liegt, und so fort, entspricht dem *Produkt* der einzelnen Wahrscheinlichkeiten

$$d\Phi(u_1)\,d\Phi(u_2)\ldots d\Phi(u_n) = \left(\frac{1}{\sqrt{2\,\pi}}\right)^n e^{-\frac{1}{2}\overset{n}{\underset{i=1}{S}} u_i^2}\, du_1\,du_2\ldots du_n\,. \tag{3}$$

Der Ausdruck (3) stellt die Wahrscheinlichkeit für das Auftreten einer bestimmten Wertegruppe $u_1, u_2, u_3, \ldots, u_n$ dar, die der Gleichung (1) genügt. Die Gesamtheit aller Wertegruppen $u_1, u_2, u_3, \ldots, u_n$, welche die Gleichung (1) erfüllen, läßt sich als Oberfläche einer Hyperkugel in einem n-dimensionalen kartesischen Raum darstellen, deren Radius gleich χ ist. In diesem Raume stellen die Werte von $u_1, u_2, u_3, \ldots, u_n$, die der Ungleichung

$$\chi^2 < u_1^2 + u_2^2 + u_3^2 + \cdots + u_n^2 < (\chi + d\chi)^2 \tag{4}$$

genügen, die einer unendlich dünnen Kugelschicht angehörenden Punkte dar.

Die Wahrscheinlichkeit dafür, daß die Größen $u_1, u_2, u_3, \ldots, u_n$ *irgendeine* der durch die Ungleichung (4) gegebene Wertegruppe bilden, erhalten wir als die *Summe* aller Ausdrücke (3), für alle durch (4) gegebenen Wertegruppen. Wir finden dafür das n-fache Integral des Ausdrucks (3) in den durch (4) festgelegten Grenzen. Damit ist die gesuchte Wahrscheinlichkeit $d\Phi(\chi^2)$

$$d\Phi(\chi^2) = \int \cdots_{(n)} \int \left(\frac{1}{\sqrt{2\,\pi}}\right)^n e^{-\frac{1}{2}\,\overset{n}{\underset{i=1}{S}}\,u_i^2}\, du_1\, du_2 \ldots du_n. \tag{5}$$

Den Integranden können wir mit Hilfe von (1) umformen und finden

$$d\Phi(\chi^2) = \int \cdots_{(n)} \int \left(\frac{1}{\sqrt{2\,\pi}}\right)^n e^{-\frac{\chi^2}{2}}\, du_1\, du_2 \ldots du_n .$$

Im Integrationsbereich ist χ^2 konstant; der Faktor $e^{-\chi^2/2}$ läßt sich vor das Integral nehmen.

$$d\Phi(\chi^2) = \left(\frac{1}{\sqrt{2\,\pi}}\right)^n e^{-\frac{\chi^2}{2}} \int \cdots_{(n)} \int du_1\, du_2 \ldots du_n .$$

Das n-fache Integral über $du_1\, du_2 \ldots du_n$ in den durch (4) gegebenen Grenzen stellt nichts anderes als das Volumen der Kugelschicht innerhalb der Radien χ und $\chi + d\chi$ dar. Nach Ludwig Schläfli (1901) beläuft sich das Volumen der Kugel mit dem Radius χ im n-dimensionalen Raum auf

$$\frac{\pi^{\frac{n}{2}}}{\left(\frac{n}{2}\right)!}\, \chi^n,$$

wobei wir statt $\Gamma\left(\frac{n}{2} + 1\right)$ der Einfachheit halber $\left(\frac{n}{2}\right)!$ schreiben. Für die Kugelschicht innerhalb der Radien χ und $\chi + d\chi$ wird

$$\int \cdots_{(n)} \int du_1\, du_2 \ldots du_n = \frac{\pi^{\frac{n}{2}}}{\left(\frac{n}{2}\right)!}\, n\, \chi^{n-1}\, d\chi ,$$

wenn wir die Glieder mit $d\chi^2$, $d\chi^3$ usw. vernachlässigen. Schließlich erhält man für die χ^2-Verteilung von Karl Pearson (1900)

$$d\Phi(\chi^2) = \frac{1}{\left(\frac{n-2}{2}\right)!} \left(\frac{\chi^2}{2}\right)^{\frac{n-2}{2}} e^{-\frac{\chi^2}{2}}\, d\left(\frac{\chi^2}{2}\right). \tag{6}$$

Als Durchschnitt von χ^2 findet man unschwer

$$\overline{\chi^2} = n. \tag{7}$$

In der Tafel II sind die Größen

$$P = \int\limits_{\chi^2}^{\infty} d\Phi\,(\chi^2) \tag{8}$$

niedergelegt, und zwar in der Weise, daß zu bestimmten Werten von P die Werte von χ^2 angegeben sind, die sich nach der Beziehung (8) entsprechen. Diese Anordnung der Tafel stammt von R. A. FISHER.

Das Integral der χ^2-Verteilung kann als Teilsumme einer Poissonschen Verteilung dargestellt werden (R. A. FISHER, 1935). Dieser Zusammenhang wurde im Abschnitt 713 beim Prüfen seltener Ereignisse zu Hilfe genommen.

Wir betrachten das Integral

$$P = \int\limits_{\chi^2}^{\infty} d\Phi\,(\chi^2) = \int\limits_{\chi^2}^{\infty} \frac{1}{\left(\dfrac{n-2}{2}\right)!} \left(\frac{\chi^2}{2}\right)^{\frac{n-2}{2}} e^{-\frac{\chi^2}{2}} d\left(\frac{\chi^2}{2}\right). \tag{9}$$

Durch partielle Integration finden wir

$$\int\limits_{\chi^2}^{\infty} \frac{1}{\left(\dfrac{n-2}{2}\right)!} \left(\frac{\chi^2}{2}\right)^{\frac{n-2}{2}} e^{-\frac{\chi^2}{2}} d\left(\frac{\chi^2}{2}\right) = \frac{1}{\left(\dfrac{n-2}{2}\right)!} \left(\frac{\chi^2}{2}\right)^{\frac{n-2}{2}} e^{-\frac{\chi^2}{2}}$$

$$+ \int\limits_{\chi^2}^{\infty} \frac{1}{\left(\dfrac{n-4}{2}\right)!} \left(\frac{\chi^2}{2}\right)^{\frac{n-4}{2}} e^{-\frac{\chi^2}{2}} d\left(\frac{\chi^2}{2}\right). \tag{10}$$

Wenden wir die Beziehung (10) auf das Integral auf der rechten Seite an, so wird

$$\int\limits_{\chi^2}^{\infty} \frac{1}{\left(\dfrac{n-2}{2}\right)!} \left(\frac{\chi^2}{2}\right)^{\frac{n-2}{2}} e^{-\frac{\chi^2}{2}} d\left(\frac{\chi^2}{2}\right) = \frac{1}{\left(\dfrac{n-2}{2}\right)!} \left(\frac{\chi^2}{2}\right)^{\frac{n-2}{2}} e^{-\frac{\chi^2}{2}}$$

$$+ \frac{1}{\left(\dfrac{n-4}{2}\right)!} \left(\frac{\chi^2}{2}\right)^{\frac{n-4}{2}} e^{-\frac{\chi^2}{2}} + \int\limits_{\chi^2}^{\infty} \frac{1}{\left(\dfrac{n-6}{2}\right)!} \left(\frac{\chi^2}{2}\right)^{\frac{n-6}{2}} e^{-\frac{\chi^2}{2}} d\left(\frac{\chi^2}{2}\right). \tag{11}$$

Wir können in (11) das Integral auf Grund von (10) ersetzen, und — sofern n eine gerade Zahl ist — weiterfahren, bis wir die folgende Beziehung erhalten:

$$P = \int\limits_{\chi^2}^{\infty} d\Phi(\chi^2)$$

$$= e^{-\frac{\chi^2}{2}} \left[1 + \frac{\chi^2}{2} + \frac{1}{2!}\left(\frac{\chi^2}{2}\right)^2 + \frac{1}{3!}\left(\frac{\chi^2}{2}\right)^3 + \cdots + \frac{1}{\left(\dfrac{n-2}{2}\right)!}\left(\frac{\chi^2}{2}\right)^{\frac{n-2}{2}}\right]. \tag{12}$$

Das Integral der χ^2-Verteilung läßt sich demnach als die Summe der $n/2$ ersten Werte der Poissonschen Verteilung darstellen, deren Durchschnitt gleich $\chi^2/2$ ist.

912 Die t-Verteilung von „Student"

Der t-Verteilung von „STUDENT" liegt folgender Gedankengang zugrunde. Entsprechend dem Abschnitt 911 betrachten wir eine Größe χ mit n voneinander stochastisch unabhängigen Größen $u_1, u_2, u_3, \ldots, u_n$. Eine weitere Größe u sei normal verteilt und von χ stochastisch unabhängig. Wir fragen dann nach der Wahrscheinlichkeit $d\Phi(t)$, daß

$$t < \frac{u\sqrt{n}}{\chi} < t + dt. \tag{1}$$

Nach den Voraussetzungen haben wir

$$d\Phi\left(\frac{\chi^2}{2}\right) = \frac{1}{\left(\dfrac{n-2}{2}\right)!} \left(\frac{\chi^2}{2}\right)^{\frac{n-2}{2}} e^{-\frac{\chi^2}{2}} d\left(\frac{\chi^2}{2}\right) \tag{2}$$

und

$$d\Phi(u) = \frac{1}{\sqrt{2\pi}} e^{-\frac{u^2}{2}} du. \tag{3}$$

Die Wahrscheinlichkeit dafür, daß u zwischen u und $u + du$ und zugleich χ^2 zwischen χ^2 und $(\chi + d\chi)^2$ liegen, beträgt

$$d\Phi(u)\, d\Phi(\chi^2).$$

Die Werte von u und χ, welche der Gleichung

$$t = \frac{u\sqrt{n}}{\chi} \tag{4}$$

genügen, können wir als Gerade in einer Ebene darstellen.

Die Wahrscheinlichkeit $d\Phi(t)$ dafür, daß *irgendein* Wertepaar u und χ die Bedingung (1) erfüllt, entspricht dann dem Integral von

$$d\Phi(u)\, d\Phi(\chi^2)$$

über die Gesamtheit der durch (1) festgelegten Wertepaare u und χ.

$$d\Phi(t) = \int\!\!\int d\Phi(u)\, d\Phi(\chi^2) \tag{5}$$

oder

$$d\Phi(t) = \int\!\!\int \frac{1}{\sqrt{2\pi}} e^{-\frac{u^2}{2}} du\, \frac{1}{\left(\dfrac{n-2}{2}\right)!} e^{-\frac{\chi^2}{2}} \left(\frac{\chi^2}{2}\right)^{\frac{n-2}{2}} d\left(\frac{\chi^2}{2}\right)$$

oder nach einer kleinen Umwandlung

$$d\Phi(t) = \int\int \frac{1}{\sqrt{\pi}\left(\dfrac{n-2}{2}\right)!}\, e^{-\frac{(\chi^2+u^2)}{2}}\left(\frac{\chi^2}{2}\right)^{\frac{n-1}{2}} d\chi\, du. \tag{6}$$

Führen wir nun an Stelle der Koordinaten u und χ die Polarkoordinaten α und ξ ein, so finden wir

$$\chi = \xi \cos\alpha; \quad u = \xi \sin\alpha.$$

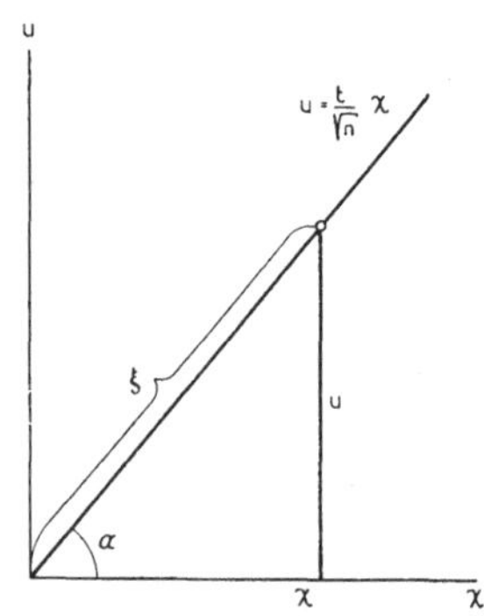

Figur 50
Übergang zu Polarkoordinaten.

Andererseits bestehen die Beziehungen

$$\sin\alpha = \frac{t}{\sqrt{n}\,\sqrt{1+\dfrac{t^2}{n}}}\ ; \qquad \cos\alpha = \frac{1}{\sqrt{1+\dfrac{t^2}{n}}}\ ,$$

$$\operatorname{tg}\alpha = \frac{t}{\sqrt{n}}\ ; \qquad\qquad \alpha = \operatorname{arc\,tg}\frac{t}{\sqrt{n}}\ ,$$

und daher auch

$$d\alpha = \frac{dt}{\sqrt{n}\left(1+\dfrac{t^2}{n}\right)}\ .$$

Für die Transformationsdeterminante erhalten wir

$$\Delta = \begin{vmatrix} \dfrac{\partial u}{\partial \alpha} & \dfrac{\partial \chi}{\partial \alpha} \\[2mm] \dfrac{\partial u}{\partial \xi} & \dfrac{\partial \chi}{\partial \xi} \end{vmatrix} = \begin{vmatrix} \xi\cos\alpha & -\xi\sin\alpha \\[2mm] \sin\alpha & \cos\alpha \end{vmatrix} = \xi$$

und demnach

$$d\chi\, du = \xi\, d\xi\, d\alpha = \xi\, d\xi\, \frac{dt}{\sqrt{n}\left(1+\dfrac{t^2}{n}\right)}\ .$$

Für χ haben wir noch

$$\chi = \xi\, \frac{1}{\sqrt{1+\dfrac{t^2}{n}}}\ .$$

Benützen wir die eben abgeleiteten Ausdrücke, so verwandelt sich (6) in

$$d\Phi(t) = \frac{1}{\left(\dfrac{n-2}{2}\right)! \sqrt{\pi}} \int \int e^{-\frac{\xi^2}{2}} \left(\frac{\xi^2}{2\left(1+\dfrac{t^2}{n}\right)}\right)^{\frac{n-1}{2}} \xi \, d\xi \frac{dt}{\sqrt{n}\left(1+\dfrac{t^2}{n}\right)}$$

oder, da in dem durch (1) definierten Winkelraum t konstant ist:

$$d\Phi(t) = \frac{1}{\sqrt{n\,\pi}\left(\dfrac{n-2}{2}\right)!} \cdot \frac{dt}{\left(1+\dfrac{t^2}{n}\right)^{\frac{n+1}{2}}} \int\limits_0^\infty e^{-\frac{\xi^2}{2}} \left(\frac{\xi^2}{2}\right)^{\frac{n-1}{2}} d\left(\frac{\xi^2}{2}\right).$$

Das Integral bedeutet nichts anderes als

$$\left(\frac{n-1}{2}\right)!\,,$$

so daß wir schließlich finden

$$d\Phi(t) = \frac{\left(\dfrac{n-1}{2}\right)!}{\left(\dfrac{n-2}{2}\right)! \sqrt{n\,\pi}} \cdot \frac{dt}{\left(1+\dfrac{t^2}{n}\right)^{\frac{n+1}{2}}}. \tag{7}$$

Die Verteilung von t ist symmetrisch. In der Tafel III finden wir die einander gemäß der Beziehung

$$P = 2 \int\limits_t^\infty d\Phi(t)$$

entsprechenden Werte von P und t.

913 Die F-Verteilung von R. A. Fisher

Für n_1 voneinander stochastisch unabhängige, normal standardisiert verteilte Größen haben wir

$$d\Phi(\chi_1^2) = \frac{1}{\left(\dfrac{n_1-2}{2}\right)!} e^{-\frac{\chi_1^2}{2}} \left(\frac{\chi_1^2}{2}\right)^{\frac{n_1-2}{2}} d\left(\frac{\chi_1^2}{2}\right) \tag{1}$$

und für n_2 voneinander stochastisch unabhängige, normal standardisiert verteilte Größen

$$d\Phi(\chi_2^2) = \frac{1}{\left(\dfrac{n_2-2}{2}\right)!} e^{-\frac{\chi_2^2}{2}} \left(\frac{\chi_2^2}{2}\right)^{\frac{n_2-2}{2}} d\left(\frac{\chi_2^2}{2}\right). \tag{2}$$

Wir fragen nach der Wahrscheinlichkeit $d\Phi(F)$, daß

$$F < \frac{\dfrac{\chi_1^2}{n_1}}{\dfrac{\chi_2^2}{n_2}} < F + dF. \tag{3}$$

Die Wahrscheinlichkeit dafür, daß χ_1^2 zwischen χ_1^2 und $(\chi_1 + d\chi_1)^2$ *und* gleichzeitig χ_2^2 zwischen χ_2^2 und $(\chi_2 + d\chi_2)^2$ liegen, beträgt

$$d\Phi(\chi_1^2)\,d\Phi(\chi_2^2).$$

Die Gesamtheit der Wertepaare χ_1 und χ_2, für die

$$F = \frac{\dfrac{\chi_1^2}{n_1}}{\dfrac{\chi_2^2}{n_2}} \tag{4}$$

oder

$$\chi_1 = \chi_2 \sqrt{\frac{n_1}{n_2}\,F}$$

gilt, bestimmt eine Gerade in dem durch χ_1 und χ_2 gegebenen Koordinatensystem.

Die Wahrscheinlichkeit $d\Phi(F)$ dafür, daß irgendein Wertepaar χ_1 und χ_2 die Ungleichung (3) erfüllt, erhalten wir durch Integration über das durch die

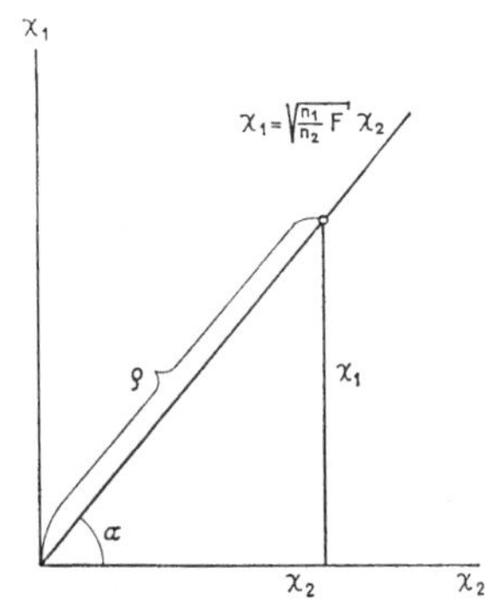

Figur 51
Übergang zu Polarkoordinaten.

Ungleichung (3) festgelegte Gebiet der Ebene. Es handelt sich dabei um einen unendlich schmalen Winkelraum um die Gerade.

Man erhält

$$d\Phi(F) = \int\!\!\int d\Phi(\chi_1^2)\,d\Phi(\chi_2^2)$$

oder also

$$d\Phi(F) = \int\!\!\int \frac{1}{\left(\dfrac{n_1 - 2}{2}\right)!\left(\dfrac{n_2 - 2}{2}\right)!}\left(\frac{1}{2}\right)^{\frac{n_1 + n_2 - 4}{2}} e^{-\frac{\chi_1^2 + \chi_2^2}{2}} \chi_1^{n_1 - 1}\,\chi_2^{n_2 - 1}\,d\chi_1 d\chi_2. \tag{5}$$

Gehen wir zu Polarkoordinaten über, so finden wir ähnlich wie im vorigen Abschnitt

$$\chi_1 = \varrho \sin \alpha; \quad \chi_2 = \varrho \cos \alpha,$$

$$\operatorname{tg} \alpha = \sqrt{\frac{n_1}{n_2} F}\,; \quad \alpha = \operatorname{arc\,tg} \sqrt{\frac{n_1}{n_2} F}\,,$$

$$d\alpha = \frac{\dfrac{n_1}{n_2}\, dF}{2\left(\dfrac{n_1}{n_2} F\right)^{1/2}\left(1 + \dfrac{n_1}{n_2} F\right)}\,,$$

$$d\chi_1\, d\chi_2 = \varrho\, d\varrho\, d\alpha.$$

Für $\sin \alpha$ und $\cos \alpha$ erhalten wir

$$\sin \alpha = \frac{\sqrt{\dfrac{n_1}{n_2} F}}{\sqrt{1 + \dfrac{n_1}{n_2} F}}$$

und

$$\cos \alpha = \frac{1}{\sqrt{1 + \dfrac{n_1}{n_2} F}}\,.$$

Durch Einsetzen in (5) wird

$$d\Phi(F) = \frac{1}{\left(\dfrac{n_1 - 2}{2}\right)!\left(\dfrac{n_2 - 2}{2}\right)!}\left(\frac{1}{2}\right)^{\frac{n_1 + n_2 - 4}{2}}$$

$$\times \int\int e^{-\frac{\varrho^2}{2}}\left(\varrho\,\frac{\sqrt{\dfrac{n_1}{n_2} F}}{\sqrt{1 + \dfrac{n_1}{n_2} F}}\right)^{n_1 - 1}\left(\frac{\varrho}{\sqrt{1 + \dfrac{n_1}{n_2} F}}\right)^{n_2 - 1} \varrho\, d\varrho\, d\alpha.$$

Die Integration berührt nur ϱ, nicht aber α, so daß wir den Ausdruck $d\alpha$ vor das Integral nehmen können.

$$d\Phi(F) = \frac{\dfrac{n_1}{n_2}\left(\dfrac{n_1}{n_2} F\right)^{\frac{n_1 - 2}{2}} dF}{\left(\dfrac{n_1 - 2}{2}\right)!\left(\dfrac{n_2 - 2}{2}\right)!\left(1 + \dfrac{n_1}{n_2} F\right)^{\frac{n_1 + n_2}{2}}} \int\limits_0^\infty \left(\frac{\varrho^2}{2}\right)^{\frac{n_1 + n_2 - 2}{2}} e^{-\frac{\varrho^2}{2}}\, d\left(\frac{\varrho^2}{2}\right),$$

wofür man schließlich hat

$$d\Phi(F) = \frac{\left(\dfrac{n_1 + n_2 - 2}{2}\right)! \, F^{\frac{n_1 - 2}{2}}\, n_1^{\frac{n_1}{2}}\, n_2^{\frac{n_2}{2}}\, dF}{\left(\dfrac{n_1 - 2}{2}\right)!\left(\dfrac{n_2 - 2}{2}\right)!\,(n_2 + n_1 F)^{\frac{n_1 + n_2}{2}}}\,. \tag{6}$$

In der Tafel IV sind die Werte zusammengestellt, für die

$$P = \int\limits_{F}^{\infty} d\Phi(F).$$

Wir leiten hier den von R. A. FISHER (1935) angegebenen Zusammenhang zwischen dem Integral der Verteilung von F und der Teilsumme einer binomischen Verteilung ab, den wir im Abschnitt 713 zum Prüfen der Häufigkeiten benützten.

Setzen wir in der Formel (6) für

$$\frac{n_1\, F}{n_1\, F + n_2} = q, \tag{7}$$

so erhalten wir, da überdies

$$p = 1 - q = \frac{n_2}{n_1\, F + n_2} \tag{8}$$

und

$$dq = \frac{n_2\, n_1\, dF}{(n_1\, F + n_2)^2} \tag{9}$$

für $d\Phi(F)$ den Ausdruck

$$d\Phi(F) = \frac{\left(\dfrac{n_1 + n_2 - 2}{2}\right)!}{\left(\dfrac{n_1 - 2}{2}\right)!\left(\dfrac{n_2 - 2}{2}\right)!}\left(\frac{n_1\, F}{n_1\, F + n_2}\right)^{\frac{n_1 - 2}{2}}\left(\frac{n_2}{n_1\, F + n_2}\right)^{\frac{n_2 - 2}{2}} dq$$

oder also, wenn wir noch

$$\frac{n_1 - 2}{2} = r, \qquad \frac{n_2 - 2}{2} = s \tag{10}$$

setzen:

$$d\Phi(q) = \frac{(r + s + 1)!}{r!\, s!}\, q^r (1 - q)^s\, dq. \tag{11}$$

Bei $F = \infty$ erhalten wir $p = 0$ und also $q = 1$. Somit erhalten wir für

$$\int\limits_{F}^{\infty} d\Phi(F) = P \tag{12}$$

den Ausdruck

$$P = \int\limits_{q}^{1} d\Phi(q). \tag{13}$$

Ersetzen wir q durch x und integrieren

$$P = \int\limits_{q}^{1} \frac{(r + s + 1)!}{r!\, s!}\, x^r (1 - x)^s\, dx \tag{14}$$

partiell, so erhalten wir

$$\int\limits_q^1 \frac{(r+s+1)!}{r!\,s!}\, x^r (1-x)^s \, dx$$

$$= \frac{(r+s+1)!}{r!\,(s+1)!}\, q^r (1-q)^{s+1} + \int\limits_q^1 \frac{(r+s+1)!}{(r-1)!\,(s+1)!}\, x^{r-1} (1-x)^{s+1} \, dx\,, \quad (15)$$

was man auch in folgender Form schreiben kann:

$$\int\limits_q^1 \frac{(r+s+1)!}{r!\,s!} \left(\frac{x}{1-x}\right)^r (1-x)^{r+s}\, dx = \frac{(r+s+1)!}{r!\,(s+1)!} \left(\frac{q}{1-q}\right)^r (1-q)^{r+s+1}$$

$$+ \int\limits_q^1 \frac{(r+s+1)!}{(r-1)!\,(s+1)!} \left(\frac{x}{1-x}\right)^{r-1} (1-x)^{r+s}\, dx\,. \qquad (16)$$

Nach der Formel (16) finden wir für das Integral auf der rechten Seite von (16)

$$\int\limits_q^1 \frac{(r+s+1)!}{(r-1)!\,(s+1)!} \left(\frac{x}{1-x}\right)^{r-1} (1-x)^{r+s}\, dx = \frac{(r+s+1)!}{(r-1)!\,(s+2)!} \left(\frac{q}{1-q}\right)^{r-1}$$

$$\times (1-q)^{r+s+1} + \int\limits_q^1 \frac{(r+s+1)!}{(r-2)!\,(s+2)!} \left(\frac{x}{1-x}\right)^{r-2} (1-x)^{r+s}\, dx\,. \qquad (17)$$

Setzen wir (17) in (16) ein, so wird

$$\int\limits_q^1 \frac{(r+s+1)!}{r!\,s!} \left(\frac{x}{1-x}\right)^r (1-x)^{r+s}\, dx = \frac{(r+s+1)!}{r!\,(s+1)!} \left(\frac{q}{1-q}\right)^r (1-q)^{r+s+1}$$

$$+ \frac{(r+s+1)!}{(r-1)!\,(s+2)!} \left(\frac{q}{1-q}\right)^{r-1} (1-q)^{r+s+1}$$

$$+ \int\limits_q^1 \frac{(r+s+1)!}{(r-2)!\,(s+2)!} \left(\frac{x}{1-x}\right)^{r-2} (1-x)^{r+s}\, dx\,. \qquad (18)$$

Durch fortgesetztes Ersetzen des Integrals erhalten wir schließlich

$$P = \int\limits_q^1 d\Phi(q) = (1-q)^{r+s+1} + \binom{r+s+1}{1} (1-q)^{r+s}\, q$$

$$+ \binom{r+s+1}{2} (1-q)^{r+s-1} q^2 + \cdots + \binom{r+s+1}{r} (1-q)^{s+1} q^r \qquad (19)$$

oder, wenn wir nach (10) r und s ersetzen,

$$P = \int_q^1 d\Phi(q) = \int_F^\infty d\Phi(F) = (1-q)^{\frac{n_1+n_2-2}{2}}$$

$$+ \binom{\frac{n_1+n_2-2}{2}}{1} (1-q)^{\frac{n_1+n_2-4}{2}} q + \binom{\frac{n_1+n_2-2}{2}}{2} (1-q)^{\frac{n_1+n_2-6}{2}} q^2 + \cdots$$

$$+ \binom{\frac{n_1+n_2-2}{2}}{\frac{n_1-2}{2}} (1-q)^{\frac{n_2}{2}} q^{\frac{n_1-2}{2}} . \tag{20}$$

Demnach läßt sich das Integral von $d\Phi(F)$ als Summe der $n_1/2$ ersten Glieder der Entwicklung von

$$(q+p)^{\frac{n_1+n_2-2}{2}}$$

darstellen, wobei

$$\frac{q}{p} = \frac{n_1}{n_2} F . \tag{21}$$

914 Beziehungen zwischen den Prüfverteilungen

In der Verteilung von F

$$d\Phi(F) = \frac{\left(\dfrac{n_1+n_2-2}{2}\right)! \, n_1^{\frac{n_1}{2}} \, n_2^{\frac{n_2}{2}} \, F^{\frac{n_1-2}{2}}}{\left(\dfrac{n_1-2}{2}\right)! \left(\dfrac{n_2-2}{2}\right)! \, (n_2+n_1 F)^{\frac{n_1+n_2}{2}}} \, dF$$

setzen wir $n_1 = 1$ und $n_2 = n$. Wir erhalten, da

$$\left(-\frac{1}{2}\right)! = \Gamma\left(\frac{1}{2}\right) = \sqrt{\pi} ,$$

für $d\Phi(F)$

$$d\Phi(F) = \frac{\left(\dfrac{n-1}{2}\right)! \, F^{-\frac{1}{2}} \, dF}{\sqrt{n\,\pi} \left(\dfrac{n-2}{2}\right)! \left(1+\dfrac{F}{n}\right)^{\frac{n+1}{2}}} .$$

Oder, wenn wir

$$F = t^2 , \quad dF = 2\,t\,dt$$

schreiben,

$$d\Phi(F) = 2 \, \frac{\left(\dfrac{n-1}{2}\right)! \, dt}{\left(\dfrac{n-2}{2}\right)! \, \sqrt{n\,\pi} \left(1+\dfrac{t^2}{n}\right)^{\frac{n+1}{2}}} = 2\,d\Phi(t) ,$$

wobei $2\,d\Phi(t)$ die Wahrscheinlichkeit bedeutet, daß der absolute Betrag $|t|$ einen bestimmten Wert annimmt (entweder $+t$ oder $-t$).

Die χ^2-Verteilung ergibt sich aus der F-Verteilung, wenn wir n_2 gegen ∞ streben lassen. Die Fakultäten ersetzen wir mittels der Formel

$$n! = n^n\, e^{-n}\, \sqrt{2\,n\,\pi}\,,$$

die bei großen Werten von n angenähert gilt. Wir finden

$$d\Phi(F) = \frac{\left(\dfrac{1}{2}\right)^{\frac{n_1}{2}}}{\left(\dfrac{n_1-2}{2}\right)!}\, e^{-\frac{n_1}{2}}$$

$$\times\ \sqrt{\frac{n_1+n_2-2}{n_2-2}}\cdot\frac{(n_1+n_2-2)^{\frac{n_1+n_2-2}{2}}\left(\dfrac{n_1}{n_2}\right)^{\frac{n_1}{2}}F^{\frac{n_1-2}{2}}\,dF}{(n_2-2)^{\frac{n_2-2}{2}}\left(1+\dfrac{n_1}{n_2}F\right)^{\frac{n_1}{2}}\left(1+\dfrac{n_1}{n_2}F\right)^{\frac{n_2}{2}}}\,.$$

Daraus ergibt sich

$$d\Phi(F) = \frac{\left(\dfrac{1}{2}\right)^{\frac{n_1}{2}}}{\left(\dfrac{n_1-2}{2}\right)!}\, e^{-\frac{n_1}{2}}$$

$$\times\ \sqrt{\frac{1+\dfrac{n_1-2}{n_2}}{1-\dfrac{2}{n_2}}}\cdot\frac{\left(1+\dfrac{n_1-2}{n_2}\right)^{\frac{n_1+n_2-2}{2}}n_1^{\frac{n_1}{2}}F^{\frac{n_1-2}{2}}\,dF}{\left(1-\dfrac{2}{n_2}\right)^{\frac{n_2-2}{2}}\left(1+\dfrac{n_1}{n_2}F\right)^{\frac{n_1}{2}}\left(1+\dfrac{n_1}{n_2}F\right)^{\frac{n_2}{2}}}\,,$$

und wenn wir nun n_2 gegen ∞ gehen lassen

$$d\Phi(F) = \frac{1}{\left(\dfrac{n_1-2}{2}\right)!}\left(\dfrac{n_1}{2}F\right)^{\frac{n_1-2}{2}}e^{-\frac{n_1}{2}F}\,d\!\left(\dfrac{n_1}{2}\cdot F\right).$$

Mit

$$F = \frac{\chi^2}{n_1}\quad\text{und}\quad n_1 = n$$

erhalten wir die χ^2-Verteilung

$$d\Phi(\chi^2) = \frac{1}{\left(\dfrac{n-2}{2}\right)!}\left(\dfrac{\chi^2}{2}\right)^{\frac{n-2}{2}}e^{-\frac{\chi^2}{2}}\,d\!\left(\dfrac{\chi^2}{2}\right).$$

Die χ^2-Verteilung kann nach Formel (6) von 911 auch in der Form

$$d\Phi(\chi) = \frac{\left(\dfrac{1}{2}\right)^{\frac{n-2}{2}}}{\left(\dfrac{n-2}{2}\right)!}\,\chi^{n-1}\,e^{-\frac{\chi^2}{2}}\,d\chi = \varphi(\chi)\,d\chi \tag{1}$$

geschrieben werden.

Sehen wir zu, was aus

$$\varphi(\chi) = \frac{\left(\dfrac{1}{2}\right)^{\frac{n-2}{2}}}{\left(\dfrac{n-2}{2}\right)!}\,\chi^{n-1}\,e^{-\frac{\chi^2}{2}} \tag{2}$$

wird, wenn n gegen ∞ strebt.

Zunächst stellen wir leicht fest, daß $\varphi(\chi)$ sein Maximum bei

$$\chi_0 = \sqrt{n-1}$$

erreicht. Logarithmieren wir in (2), so finden wir

$$\ln \varphi(\chi) = \ln k + (n-1)\ln \chi - \frac{1}{2}\,\chi^2 . \tag{3}$$

Wenn man

$$\ln \chi = \ln \chi_0 \left(1 + \frac{\chi - \chi_0}{\chi_0}\right) \tag{4}$$

in der Formel (3) in die logarithmische Reihe entwickelt, erhält man

$$\varphi(\chi) = \frac{1}{\left(\dfrac{n-2}{2}\right)!}\left(\frac{1}{2}\right)^{\frac{n-2}{2}} (n-1)^{\frac{n-1}{2}}\,e^{-\left[(\chi-\chi_0)^2 + \frac{n-1}{2}\right]} . \tag{5}$$

Ersetzen wir $\left(\dfrac{n-2}{2}\right)!$ nach der schon im vorigen Abschnitt verwendeten Formel, so finden wir, wenn wir zudem n gegen ∞ streben lassen,

$$\varphi(\chi) = \frac{1}{\sqrt{\dfrac{1}{2}\,2\pi}}\,e^{-\frac{(\chi - \sqrt{n-1})^2}{2 \cdot \frac{1}{2}}} . \tag{6}$$

Nach (6) ist demnach χ normal verteilt mit der Streuung

$$\sigma^2 = \frac{1}{2}$$

und dem Durchschnitt

$$\mu = \sqrt{n-1} .$$

Die Größe

$$\sqrt{2\,\chi^2} - \sqrt{2\,n - 2} \tag{7}$$

ist normal verteilt mit der Streuung 1 und dem Durchschnitt 0.

Lassen wir in der t-Verteilung

$$d\Phi(t) = \frac{\left(\dfrac{n-1}{2}\right)!\, dt}{\left(\dfrac{n-2}{2}\right)!\, \sqrt{n\,\pi}\left(1 + \dfrac{t^2}{n}\right)^{\frac{n+1}{2}}}$$

n gegen ∞ streben, so finden wir die normale Verteilung. Wir brauchen lediglich

$$\left(\frac{n-1}{2}\right)! \quad \text{und} \quad \left(\frac{n-2}{2}\right)!$$

durch ihre Annäherungswerte bei großem n zu ersetzen.

$$d\Phi(t) = \frac{\left(\dfrac{n-1}{2}\right)^{\frac{n-1}{2}} e^{-\frac{n-1}{2}} \sqrt{n-1}}{\left(\dfrac{n-2}{2}\right)^{\frac{n-2}{2}} e^{-\frac{n-2}{2}} \sqrt{n-2}\,\sqrt{n\pi}} \left(1 + \frac{t^2}{n}\right)^{-\frac{n+1}{2}} dt$$

oder

$$d\Phi(t) = \frac{1}{\sqrt{2\,\pi}} \sqrt{\frac{1-\dfrac{1}{n}}{1-\dfrac{2}{n}}} \cdot \frac{\left(1-\dfrac{1}{n}\right)^{\frac{n-1}{2}} e^{-\frac{n-1}{2}}}{\left(1-\dfrac{2}{n}\right)^{\frac{n-2}{2}} e^{-\frac{n-2}{2}}} \left(1 + \frac{t^2}{n}\right)^{\frac{n+1}{2}} dt\,.$$

Lassen wir nun n gegen ∞ streben, so wird

$$d\Phi(t) = \frac{1}{\sqrt{2\,\pi}} \cdot \frac{e^{-\frac{1}{2}}}{e^{-1}}\, e^{-\frac{1}{2}}\, e^{-\frac{t^2}{2}}\, dt\,,$$

oder schließlich

$$d\Phi(t) = \frac{1}{\sqrt{2\,\pi}}\, e^{-\frac{t^2}{2}}\, dt\,.$$

92 Anwendungen der Prüfverteilungen

920 Die Verteilung des Durchschnitts und der Streuung einer Stichprobe

Wir gehen aus von einer normalen Grundgesamtheit

$$d\Phi(x) = \frac{1}{\sigma\,\sqrt{2\,\pi}}\, e^{-\frac{(x-\mu)^2}{2\sigma^2}}\, dx\,.$$

Ihr entnehmen wir eine Stichprobe von N Werten, die voneinander stochastisch unabhängig sein mögen. Wir bezeichnen sie mit

$$x_1, x_2, x_3, \ldots, x_N$$

und haben also für jeden derselben die Wahrscheinlichkeit

$$d\Phi(x_i) = \frac{1}{\sigma\sqrt{2\pi}}\, e^{-\frac{(x_i-\mu)^2}{2\sigma^2}}\, dx_i\,. \tag{1}$$

Aus den N Einzelwerten berechnen wir den Durchschnitt $\bar{x}$ und die Streuung s^2 gemäß den Beziehungen

$$N\bar{x} = \mathop{S}_{i=1}^{N} x_i \tag{2}$$

$$(N-1)\,s^2 = \mathop{S}_{i=1}^{N} (x_i - \bar{x})^2\,. \tag{3}$$

Wir fragen nach der Wahrscheinlichkeit $d\Phi(\bar{x}, s^2)$ dafür, daß

$$N\bar{x} < \mathop{S}_{i=1}^{N} x_i < N(\bar{x} + d\bar{x}) \tag{4a}$$

und gleichzeitig

$$(N-1)\,s^2 < \mathop{S}_{i=1}^{N} (x_i - \bar{x})^2 < (N-1)\,(s+ds)^2 \tag{4b}$$

ist.

Die Wahrscheinlichkeit dafür, daß x_1 zwischen x_1 und $x_1 + dx_1$ liegt und x_2 zwischen x_2 und $x_2 + dx_2$ usw., wird gleich dem *Produkt*

$$d\Phi(x_1)\, d\Phi(x_2) \ldots d\Phi(x_N) = \left(\frac{1}{\sigma\sqrt{2\pi}}\right)^N e^{-\frac{1}{2\sigma^2} \mathop{S}_{i=1}^{N} (x_i-\mu)^2}\, dx_1\, dx_2 \ldots dx_N\,. \tag{5}$$

Um die gesuchte Wahrscheinlichkeit $d\Phi(\bar{x}, s^2)$ zu finden, haben wir sämtliche Ausdrücke von der Form (5) zu summieren, für welche die Werte $x_1, x_2, \ldots, x_N$ den Ungleichungen (4a) und (4b) genügen. Bezeichnen wir den Bereich der Werte $x_1, x_2, \ldots, x_N$, der durch die Ungleichungen (4a) und (4b) bestimmt ist, mit (G), so wird

$$d\Phi(\bar{x}, s^2) = \int_{(G)}^{(N)} \cdots \int \left(\frac{1}{\sigma\sqrt{2\pi}}\right)^N e^{-\frac{1}{2\sigma^2} \mathop{S}_{i=1}^{N} (x_i-\mu)^2}\, dx_1\, dx_2 \ldots dx_N\,. \tag{6}$$

Die Summe im Exponenten läßt sich in die Form

$$\mathop{S}_{i=1}^{N} (x_i - \mu)^2 = (N-1)\,s^2 + N(\bar{x} - \mu)^2$$

bringen. Da zudem im Gebiete (G) sowohl $\bar{x}$ als auch s^2 konstant sind, erhalten wir für (6)

$$d\Phi(\bar{x}, s^2) = \left(\frac{1}{\sigma\sqrt{2\pi}}\right)^N e^{-\frac{N-1}{2}\cdot\frac{s^2}{\sigma^2}} e^{-\frac{N(\bar{x}-\mu)^2}{2\sigma^2}} \int\overset{(N)}{\underset{(G)}{\cdots}}\int dx_1\,dx_2\ldots dx_N . \tag{7}$$

Es bleibt der Ausdruck

$$\int\overset{(N)}{\underset{(G)}{\cdots}}\int dx_1\,dx_2\ldots dx_N , \tag{8}$$

der das Volumen des Gebietes (G) darstellt, zu bestimmen.

In einem N-dimensionalen kartesischen Koordinatensystem stellt die Gleichung (2) eine Hyperebene durch den Punkt $(\bar{x}, \bar{x}, \ldots, \bar{x})$ und die Gleichung (3) eine Hyperkugel um denselben Punkt dar. Die Ebene hat vom Ursprung den Abstand $\bar{x}\sqrt{N}$; der Radius der Kugel beträgt $s\sqrt{N-1}$.

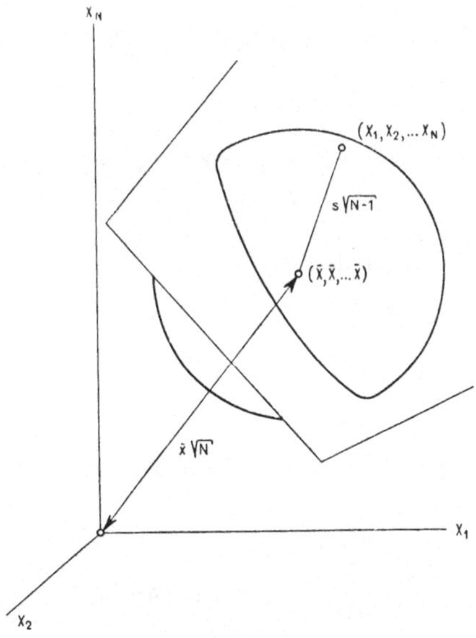

Figur 52
Geometrische Darstellung der Gleichungen (2) und (3) im N-dimensionalen Raum.

Das Gebiet (G) liegt zwischen zwei Hyperkugeln mit den Radien $s\sqrt{N-1}$ und $(s+ds)\sqrt{N-1}$ und zwischen zwei Ebenen, die vom Ursprung aus den Abstand $\bar{x}\sqrt{N}$ und $(\bar{x}+d\bar{x})\sqrt{N}$ haben.

In erster Näherung können wir dieses Gebiet durch einen Hyperzylinder ersetzen, dessen Basis eine Hyperkugelschicht von $N-1$ Dimensionen mit den Radien $s\sqrt{N-1}$ und $(s+ds)\sqrt{N-1}$ bildet und dessen Höhe $\sqrt{N}\,d\bar{x}$ beträgt.

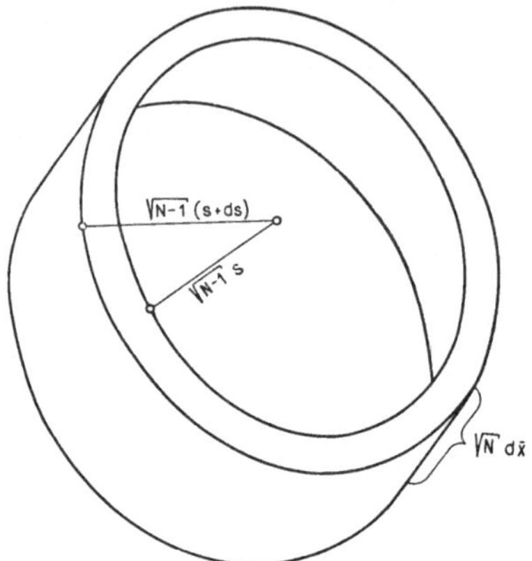

Figur 53

Inhalt des durch (4a) und (4b) festgesetzten Gebietes.

Das Volumen der Kugel vom Radius r im $(N-1)$-dimensionalen Raum beträgt

$$\frac{\pi^{\frac{N-1}{2}}}{\left(\dfrac{N-1}{2}\right)!}\, r^{N-1}\,, \tag{9}$$

das Volumen der Kugelschicht demnach

$$\frac{\pi^{\frac{N-1}{2}}}{\left(\dfrac{N-1}{2}\right)!}\, [(r+dr)^{N-1} - r^{N-1}]$$

oder, wenn wir binomisch entwickeln und die Differentiale zweiter und höherer Ordnung vernachlässigen,

$$\frac{\pi^{\frac{N-1}{2}}}{\left(\dfrac{N-1}{2}\right)!}\, (N-1)\, r^{N-2}\, dr\,. \tag{10}$$

Ersetzen wir r durch $s\,\sqrt{N-1}$, so wird aus (10)

$$\frac{\pi^{\frac{N-1}{2}}}{\left(\dfrac{N-1}{2}\right)!} \cdot \frac{N-1}{2}\, s^{N-2}(N-1)^{\frac{N-2}{2}}(N-1)^{\frac{1}{2}}\, 2\, ds\,,$$

oder

$$\frac{\pi^{\frac{N-1}{2}}}{\left(\dfrac{N-3}{2}\right)!}\, s^{N-2}(N-1)^{\frac{N-1}{2}}\, 2\, ds\,. \tag{11}$$

Der Inhalt des Hyperzylinders wird demnach gleich

$$\int \overset{(N)}{\underset{(G)}{\cdots}} \int dx_1 \, dx_2 \ldots dx_N = \frac{\pi^{\frac{N-1}{2}}}{\left(\dfrac{N-3}{2}\right)!} \, s^{N-2}(N-1)^{\frac{N-1}{2}} \, 2 \, ds \, \sqrt{N} \, d\bar{x} \qquad (12)$$

und somit nach einigem Umformen

$$d\Phi(\bar{x}, s^2) = \frac{\sqrt{N}}{\sigma \sqrt{2\pi}} \, e^{-\frac{N(\bar{x}-\mu)^2}{2\sigma^2}} \, d\bar{x}$$

$$\times \frac{1}{\left(\dfrac{N-3}{2}\right)!} \left(\frac{N-1}{2} \cdot \frac{s^2}{\sigma^2}\right)^{\frac{N-3}{2}} e^{-\frac{N-1}{2} \cdot \frac{s^2}{\sigma^2}} \, d\left(\frac{N-1}{2} \cdot \frac{s^2}{\sigma^2}\right). \qquad (13)$$

Aus der Gleichung (13) können wir dreierlei folgern:

1. Die Verteilung von $\bar{x}$ und die Verteilung von s^2 sind voneinander stochastisch unabhängig.

2. Die Verteilung des *Durchschnitts* einer Stichprobe lautet

$$d\Phi(\bar{x}) = \frac{\sqrt{N}}{\sigma \sqrt{2\pi}} \, e^{-\frac{N(\bar{x}-\mu)^2}{2\sigma^2}} \, d\bar{x} \, . \qquad (14)$$

Vergleichen wir (14) mit einer Normalverteilung, deren Streuung gleich 1 und deren Durchschnitt gleich 0 ist, also mit

$$d\Phi(u) = \frac{1}{\sqrt{2\pi}} \, e^{-\frac{u^2}{2}} \, du \, ,$$

so sehen wir, daß

$$u = \frac{\bar{x}-\mu}{\sigma} \sqrt{N} \qquad (15)$$

normal verteilt ist mit der Streuung 1 und dem Durchschnitt 0.

3. Die Verteilung der *Streuung* einer Stichprobe lautet

$$d\Phi(s^2) = \frac{1}{\left(\dfrac{N-3}{2}\right)!} \left(\frac{N-1}{2} \cdot \frac{s^2}{\sigma^2}\right)^{\frac{N-3}{2}} e^{-\frac{N-1}{2} \cdot \frac{s^2}{\sigma^2}} \, d\left(\frac{N-1}{2} \cdot \frac{s^2}{\sigma^2}\right), \qquad (16)$$

woraus wir bei Vergleich mit der χ^2-Verteilung

$$d\Phi(\chi^2) = \frac{1}{\left(\dfrac{n-2}{2}\right)!} \left(\frac{\chi^2}{2}\right)^{\frac{n-2}{2}} e^{-\frac{\chi^2}{2}} \, d\left(\frac{\chi^2}{2}\right)$$

finden:

$$\chi^2 = (N-1)\frac{s^2}{\sigma^2} = \frac{1}{\sigma^2} \overset{N}{\underset{i=1}{S}} (x_i - \bar{x})^2 \qquad (17\,\text{a})$$

und

$$n = N - 1 \; . \tag{17b}$$

Wir nennen n den Freiheitsgrad der Verteilung von χ^2. Demnach ist

$$\frac{1}{\sigma^2} \underset{i=1}{\overset{N}{S}} (x_i - \bar{x})^2$$

verteilt wie die Summe der Quadrate von $N - 1$ voneinander stochastisch unabhängigen, normal verteilten Werten mit der Streuung 1 und dem Durchschnitt 0.

Für den Durchschnitt von χ^2 erhalten wir

$$\int\limits_0^\infty \chi^2 \, d\Phi(\chi^2) = \frac{2}{\left(\dfrac{n-2}{2}\right)!} \int\limits_0^\infty \left(\frac{\chi^2}{2}\right)^{\frac{n}{2}} e^{-\frac{\chi^2}{2}} \, d\left(\frac{\chi^2}{2}\right)$$

oder also

$$\int\limits_0^\infty \chi^2 \, d\Phi(\chi^2) = n \; . \tag{18}$$

Da andererseits

$$(N - 1) \frac{s^2}{\sigma^2} = \chi^2 \, ,$$

ist demnach der Durchschnitt $\overline{s^2}$ der Streuung in allen Stichproben

$$\overline{s^2} = \sigma^2 \; . \tag{19}$$

Der Durchschnitt von

$$s^2 = \frac{1}{N-1} \underset{i=1}{\overset{N}{S}} (x_i - \bar{x})^2$$

aus allen Stichproben ist somit gleich der Streuung σ^2 der Grundgesamtheit. Aus diesem Grunde haben wir beim Berechnen von s^2 die Summe $\underset{i=1}{\overset{N}{S}} (x_i - \bar{x})^2$ stets durch $N - 1$ und nicht durch N dividiert.

921 Das Prüfen von Durchschnitten

Setzen wir eine normale Grundgesamtheit mit dem Durchschnitt μ und der Streuung σ^2 voraus, so ist nach Gleichung (14) von 920 der Durchschnitt einer Stichprobe wie folgt verteilt:

$$d\Phi(\bar{x}) = \frac{\sqrt{N}}{\sigma\sqrt{2\pi}} e^{-\frac{(\bar{x}-\mu)^2}{2\sigma^2} N} \, d\bar{x} \; . \tag{1}$$

Falls σ bekannt ist, können wir demnach den Unterschied $\bar{x} - \mu$ mit Hilfe der obigen Verteilung prüfen. Um die Normalverteilung der Tafel I benützen zu können, berechnen wir

$$u = \frac{\bar{x} - \mu}{\sigma} \sqrt{N} \,. \tag{2}$$

In den meisten Fällen kennen wir indessen die Streuung σ^2 der Grundgesamtheit nicht; es stehen uns einzig die Werte der Stichprobe zur Verfügung. Das durch (2) definierte u ist nach 920 normal verteilt mit der Streuung 1 und dem Durchschnitt 0. Zudem gehorcht

$$\chi^2 = (N - 1) \frac{s^2}{\sigma^2} \tag{3}$$

der χ^2-Verteilung mit $n = N - 1$ Freiheitsgraden. Da nach Gleichung (13) von 920 u und χ voneinander stochastisch unabhängig sind, folgt

$$t = \frac{u}{\chi} \sqrt{n}$$

der t-Verteilung. Wir erhalten

$$t = \frac{\bar{x} - \mu}{\sigma} \sqrt{N} \frac{\sigma}{s \sqrt{N - 1}} \sqrt{N - 1}$$

oder

$$t = \frac{\bar{x} - \mu}{s} \sqrt{N} \,. \tag{4}$$

Dabei ist

$$n = N - 1 \,, \tag{5}$$

das heißt, der Freiheitsgrad n der t-Verteilung ist um 1 niedriger zu nehmen als die Zahl N der Werte der Stichprobe.

Wenn N groß ist, geht die t-Verteilung in die normale Verteilung über, und s kann gleich σ gesetzt werden.

Den Ableitungen des Abschnitts 920 liegt die Annahme zugrunde, daß die Grundgesamtheit eine normale Verteilung sei. Man kann indessen beweisen, daß der Durchschnitt einer Stichprobe normal verteilt sein kann, auch wenn diese Annahme nicht zutrifft.

Wir wollen hier nur für einen besonderen Fall zeigen, daß der Durchschnitt einer Stichprobe annähernd normal verteilt ist, auch wenn die Grundgesamtheit von einer Normalverteilung stark abweicht.

Wählen wir eine sehr umfangreiche Grundgesamtheit derart, daß in ihr nur Werte R und W vorkommen, und zwar seien die Häufigkeiten r und w. Schreiben wir noch

$$\frac{r}{r + w} = p \quad \text{und} \quad \frac{w}{r + w} = q \,,$$

so haben wir als Wahrscheinlichkeit $\varphi(N_r)$, in einer Stichprobe von N Werten N_r Werte R zu erhalten,

$$\varphi(N_r) = \binom{N}{N_r} p^{N_r} q^{N - N_r} \,. \tag{6}$$

Die Verteilung (6) nähert sich sehr rasch der normalen Verteilung, wenn N wächst und wir voraussetzen, daß p nicht sehr klein ist (siehe auch 904). Die Verteilung $\varphi(N_r)$ ist gleichzeitig auch die Verteilung der Durchschnitte $\bar{x}$ aus allen Stichproben des Umfangs N.

Wir gehen nun über zur Betrachtung des Unterschiedes zwischen zwei Durchschnitten. Gegeben seien zwei Stichproben aus der gleichen normalen Grundgesamtheit, die erste von N_1, die zweite von N_2 Werten.

$$x_1', x_2', \ldots, x_{N_1}' \qquad \text{1. Stichprobe}$$

$$x_1'', x_2'', \ldots, x_{N_2}'' \qquad \text{2. Stichprobe}$$

Bezeichnen wir mit $\bar{x}'$ und $\bar{x}''$ die Durchschnitte und mit s'^2 und s''^2 die Streuungen aus den Stichproben.

Für jeden der N_1 und N_2 Werte ist

$$d\Phi(x_i) = \frac{1}{\sigma\sqrt{2\pi}}\, e^{-\frac{(x_i-\mu)^2}{2\sigma^2}}\, dx_i\,.$$

Alle N_1 und N_2 Werte seien des weitern voneinander stochastisch unabhängig.

Dann sind $\bar{x}' - \mu$ und $\bar{x}'' - \mu$ normal verteilt mit Streuungen

$$\frac{\sigma^2}{N_1} \quad \text{und} \quad \frac{\sigma^2}{N_2}\,.$$

Die Streuungen s'^2 und s''^2 gehorchen zwei χ^2-Verteilungen, wobei

$$\chi'^2 = (N_1 - 1)\frac{s'^2}{\sigma^2} \quad \text{und} \quad \chi''^2 = (N_2 - 1)\frac{s''^2}{\sigma^2}\,.$$

Der Unterschied $\bar{x}' - \bar{x}''$ ist nach der Formel (24) von **904** ebenfalls normal verteilt, und zwar mit der Streuung

$$\frac{\sigma^2}{N_1} + \frac{\sigma^2}{N_2} = \sigma^2 \frac{N_1 + N_2}{N_1 N_2}\,.$$

Überdies folgt die Summe

$$(N_1 - 1)\frac{s'^2}{\sigma^2} + (N_2 - 1)\frac{s''^2}{\sigma^2}$$

einer χ^2-Verteilung mit $n = N_1 + N_2 - 2$ Freiheitsgraden.

Demnach haben wir eine normal verteilte Größe

$$u = \frac{\bar{x}' - \bar{x}''}{\sigma\sqrt{\dfrac{N_1 + N_2}{N_1 N_2}}} \tag{7}$$

mit der Streuung 1 und dem Durchschnitt 0, sowie eine davon stochastisch unabhängige Größe

$$\chi^2 = (N_1 - 1)\frac{s'^2}{\sigma^2} + (N_2 - 1)\frac{s''^2}{\sigma^2}\,, \tag{8}$$

die mit $n = N_1 + N_2 - 2$ Freiheitsgraden einer χ^2-Verteilung gehorcht.

Somit erhalten wir entsprechend dem Abschnitt 912 eine t-Verteilung für

$$t = \frac{u \sqrt{n}}{\chi}$$

oder

$$t = \frac{\bar{x}' - \bar{x}''}{\sqrt{\dfrac{(N_1 - 1)\, s'^2 + (N_2 - 1)\, s''^2}{N_1 + N_2 - 2}}} \sqrt{\frac{N_1 N_2}{N_1 + N_2}} \tag{9}$$

was man auch in die Form

$$t = \frac{\bar{x}' - \bar{x}''}{\sqrt{\dfrac{S\,(x_i' - \bar{x}')^2 + S\,(x_i'' - \bar{x}'')^2}{N_1 + N_2 - 2}}} \sqrt{\frac{N_1 N_2}{N_1 + N_2}} \tag{10}$$

bringen kann.

Um den Beweis zu vervollständigen, haben wir noch zu zeigen, daß die Gleichung (8) zutrifft. Es ist also nachzuweisen, daß die Summe

$$\chi^2 = \chi_1^2 + \chi_2^2$$

so verteilt ist, daß

$$d\Phi(\chi^2) = \frac{1}{\left(\dfrac{n_1 + n_2 - 2}{2}\right)!} \left(\frac{\chi^2}{2}\right)^{\frac{n_1 + n_2 - 2}{2}} e^{-\frac{\chi^2}{2}}\, d\left(\frac{\chi^2}{2}\right),$$

wobei

$$\chi_1^2 = \overset{n_1}{\underset{i=1}{S}}\, u_i'^2 \quad \text{und} \quad \chi_2^2 = \overset{n_2}{\underset{i=1}{S}}\, u_i''^2$$

und wo für jedes u_i

$$d\Phi(u_i) = \frac{1}{\sqrt{2\pi}}\, e^{-\frac{u_i^2}{2}}\, du_i,$$

somit also

$$d\Phi(\chi_1^2) = \frac{1}{\left(\dfrac{n_1 - 2}{2}\right)!} \left(\frac{\chi_1^2}{2}\right)^{\frac{n_1 - 2}{2}} e^{-\frac{\chi_1^2}{2}}\, d\left(\frac{\chi_1^2}{2}\right),$$

$$d\Phi(\chi_2^2) = \frac{1}{\left(\dfrac{n_2 - 2}{2}\right)!} \left(\frac{\chi_2^2}{2}\right)^{\frac{n_2 - 2}{2}} e^{-\frac{\chi_2^2}{2}}\, d\left(\frac{\chi_2^2}{2}\right).$$

Da

$$\chi^2 = \chi_1^2 + \chi_2^2,$$

ist auch

$$\chi^2 < \overset{n_1}{\underset{i=1}{S}}\, u_i'^2 + \overset{n_2}{\underset{i=1}{S}}\, u_i''^2 < (\chi + d\chi)^2,$$

womit der Satz gemäß dem Abschnitt 911 bewiesen ist.

922 Das Prüfen von Streuungen

Nach der Gleichung (16) des Abschnitts 920 fanden wir für die Verteilung der Streuung einer Stichprobe

$$d\Phi(s^2) = \frac{1}{\left(\dfrac{N-3}{2}\right)!}\left(\frac{N-1}{2}\cdot\frac{s^2}{\sigma^2}\right)^{\frac{N-3}{2}} e^{-\frac{N-1}{2}\cdot\frac{s^2}{\sigma^2}}\, d\left(\frac{N-1}{2}\cdot\frac{s^2}{\sigma^2}\right). \tag{1}$$

Es handelt sich hier demnach um eine Verteilung von χ^2, wobei

$$\chi^2 = (N-1)\frac{s^2}{\sigma^2} \tag{2a}$$

und

$$n = N - 1 . \tag{2b}$$

Auf Grund der Beziehungen (1) und (2) kann die Abweichung der Streuung s^2 der Stichprobe von der Streuung σ^2 der Grundgesamtheit geprüft werden.

Da für die Streuungen s'^2 und s''^2 zweier voneinander stochastisch unabhängiger Stichproben aus der gleichen Grundgesamtheit

$$(N_1 - 1)\frac{s'^2}{\sigma^2} = \chi_1^2 \tag{3a}$$

und

$$(N_2 - 1)\frac{s''^2}{\sigma^2} = \chi_2^2 \tag{3b}$$

gesetzt werden können, wobei χ_1^2 und χ_2^2 je einer χ^2-Verteilung mit

$$n_1 = N_1 - 1 \quad \text{und} \quad n_2 = N_2 - 1$$

Freiheitsgraden gehorchen, folgt das Verhältnis

$$F = \frac{\chi_1^2\, n_2}{\chi_2^2\, n_1} = \frac{s'^2}{s''^2} \tag{4}$$

der im Abschnitt 913 abgeleiteten Verteilung von F mit

$$n_1 = N_1 - 1 \quad \text{und} \quad n_2 = N_2 - 1$$

Freiheitsgraden.

923 Das Prüfen von einfachen Regressionen

Die Grundgesamtheit sei so beschaffen, daß die Gleichung der Regressionsgeraden

$$Y = \alpha + \beta(x - \bar{x}) \tag{1}$$

laute und für jeden Wert y_i die Verteilung

$$d\Phi(y_i) = \frac{1}{\sigma\sqrt{2\pi}}\, e^{-\frac{[y_i - \alpha - \beta(x_i - \bar{x})]^2}{2\sigma^2}}\, dy_i \tag{2}$$

gelte.

Für eine Stichprobe aus der Grundgesamtheit lautet die Gleichung der Regressionsgeraden

$$Y = a + b(x - \bar{x}) . \tag{3}$$

Dabei ist

$$a = \bar{y} = \frac{1}{N} \underset{i=1}{\overset{N}{S}} y_i \tag{4}$$

und

$$b = \frac{1}{\underset{i=1}{\overset{N}{S}} (x_i - \bar{x})^2} \underset{i=1}{\overset{N}{S}} (x_i - \bar{x})(y_i - \bar{y}) , \tag{5a}$$

was wir auch in der Form

$$b = \frac{1}{\underset{i=1}{\overset{N}{S}} (x_i - \bar{x})^2} \underset{i=1}{\overset{N}{S}} (x_i - \bar{x}) y_i \tag{5b}$$

schreiben können. Die Streuung der Einzelwerte y_i um die entsprechenden Werte Y_i der Regressionsgeraden lautet

$$s^2 = \frac{1}{N-2} \underset{i=1}{\overset{N}{S}} (y_i - Y_i)^2 . \tag{6}$$

Wenn wir uns auf solche Stichproben beschränken, die alle den gleichen Wert von $S(x_i - \bar{x})^2 = S_{xx}$ ergeben, so können wir fragen, mit welcher Wahrscheinlichkeit $d\Phi(a, b, s^2)$ die Werte $y_1, y_2, y_3, \ldots, y_N$ die folgenden drei Ungleichungen gleichzeitig erfüllen.

$$N a < \underset{i=1}{\overset{N}{S}} y_i < N(a + da) , \tag{7a}$$

$$b \underset{i=1}{\overset{N}{S}} (x_i - \bar{x})^2 < \underset{i=1}{\overset{N}{S}} (x_i - \bar{x}) y_i < (b + db) \underset{i=1}{\overset{N}{S}} (x_i - \bar{x})^2 , \tag{7b}$$

$$(N - 2) s^2 < \underset{i=1}{\overset{N}{S}} (y_i - Y_i)^2 < (N - 2)(s + ds)^2 . \tag{7c}$$

Im N-dimensionalen kartesischen Raum mit den Koordinaten $y_1, y_2, y_3, \ldots, y_N$ kommt den drei Ungleichungen folgende geometrische Bedeutung zu:

Die Ungleichung (7a) bedeutet das Gebiet zwischen zwei parallelen, unendlich benachbarten Ebenen, wovon die eine durch den Punkt $(Y_1, Y_2, Y_3, \ldots, Y_N)$ geht und vom Ursprung den Abstand $a \sqrt{N}$ hat.

Die Ungleichung (7b) stellt zwei parallele, unendlich benachbarte Ebenen dar, deren eine ebenfalls durch $(Y_1, Y_2, Y_3, \ldots, Y_N)$ geht und die vom Ursprung den Abstand

$$b \sqrt{\overset{N}{\underset{i=1}{S}}(x_i - \bar{x})^2}$$

hat.

Die Ungleichung (7c) endlich stellt zwei unendlich benachbarte Kugelflächen dar, deren Ursprung im Punkte $(Y_1, Y_2, Y_3, \ldots, Y_N)$ liegt und deren Radien

$$s \sqrt{N-2} \quad \text{und} \quad (s+ds)\sqrt{N-2}$$

betragen.

Das Gebiet, das durch die Ungleichungen (7a), (7b) und (7c) festgelegt wird, wollen wir das Gebiet (G) nennen.

Die Wahrscheinlichkeit $d\Phi(a, b, s^2)$ finden wir als

$$d\Phi(a, b, s^2) = \int \overset{(N)}{\underset{(G)}{\cdots}} \int d\Phi(y_1)\, d\Phi(y_2) \ldots d\Phi(y_N) \tag{8}$$

oder, wenn wir die Werte von (2) einsetzen,

$$d\Phi(a, b, s^2) = \left(\frac{1}{\sigma \sqrt{2\pi}}\right)^N \int \overset{(N)}{\underset{(G)}{\cdots}} \int e^{-\frac{1}{2\sigma^2} \overset{N}{\underset{i=1}{S}} [y_i - \alpha - \beta(x_i - \bar{x})]^2} dy_1\, dy_2 \ldots dy_N. \tag{9}$$

Für die Summe im Exponenten finden wir

$$\overset{N}{\underset{i=1}{S}} [y_i - \alpha - \beta(x_i - \bar{x})]^2 = (N-2)\, s^2 + N(a-\alpha)^2 + (b-\beta)^2 \overset{N}{\underset{i=1}{S}}(x_i - \bar{x})^2. \tag{10}$$

Setzen wir dies in (9) ein und beachten dabei, daß s, a und b bei der Integration über den Bereich (G) als konstant zu gelten haben, so ergibt sich

$$d\Phi(a, b, s^2) = \left(\frac{1}{\sigma \sqrt{2\pi}}\right)^N e^{-\frac{N-2}{2} \cdot \frac{s^2}{\sigma^2}} e^{-\frac{(a-\alpha)^2}{2\sigma^2} N} e^{-\frac{(b-\beta)^2}{2\sigma^2} \overset{N}{\underset{i=1}{S}}(x_i - \bar{x})^2}$$

$$\times \int \overset{(N)}{\underset{(G)}{\cdots}} \int dy_1\, dy_2 \ldots dy_N. \tag{11}$$

Das N-fache Integral in (11) stellt das Volumen des Bereichs (G) dar. Der Bereich ist das Schnittgebilde der durch (7a), (7b) und (7c) festgelegten Gebilde; er besteht im wesentlichen aus einer Kugelschicht von $N-2$ Dimensionen, dem ein Zylinder mit den beiden „Dicken"

$$da \sqrt{N} \quad \text{und} \quad db \sqrt{\overset{N}{\underset{i=1}{S}}(x_i - \bar{x})^2}$$

„aufgesetzt" ist.

Für das Volumen dieses Bereiches erhält man

$$\frac{\pi^{\frac{N-2}{2}}}{\left(\frac{N-2}{2}\right)!} s^{N-3} (N-2)^{\frac{N-3}{2}} (N-2)^{\frac{3}{2}} ds \sqrt{\overset{N}{\underset{i=1}{S}}(x_i - \bar{x})^2}\, db \sqrt{N}\, da. \tag{12}$$

Durch Einsetzen in (11) findet man schließlich

$$d\Phi(a, b, s^2) = \frac{\sqrt{N}}{\sigma\sqrt{2\pi}}\, e^{-\frac{(a-\alpha)^2}{2\sigma^2}N}\, da\, \frac{\sqrt{\sum\limits_{i=1}^{N}(x_i - \bar{x})^2}}{\sigma\sqrt{2\pi}}\, e^{-\frac{(b-\beta)^2}{2\sigma^2}\sum\limits_{i=1}^{N}(x_i-\bar{x})^2}\, db$$

$$\times \frac{1}{\left(\dfrac{N-4}{2}\right)!}\left(\frac{N-2}{2}\cdot\frac{s^2}{\sigma^2}\right)^{\frac{N-4}{2}} e^{-\frac{N-2}{2}\cdot\frac{s^2}{\sigma^2}}\, d\left(\frac{N-2}{2}\cdot\frac{s^2}{\sigma^2}\right). \qquad (13)$$

Auf Grund der Gleichung (13) können wir feststellen:

1. Die Verteilungen von a, b und s^2 sind voneinander stochastisch unabhängig.

2. Die Größe $\dfrac{a-\alpha}{\sigma}\sqrt{N}$ ist normal verteilt mit der Streuung 1 und dem Durchschnitt 0.

3. Die Größe $\dfrac{b-\beta}{\sigma}\sqrt{\sum\limits_{i=1}^{N}(x_i-\bar{x})^2}$ ist normal verteilt mit der Streuung 1 und dem Durchschnitt 0.

4. Die Größe $(N-2)\,s^2/\sigma^2$ gehorcht einer χ^2-Verteilung mit $N-2$ Freiheitsgraden.

Aus dem letzten Satz ergibt sich sofort der Grund dafür, weshalb wir zum Berechnen von s^2 durch $N-2$ und nicht durch N oder durch $N-1$ dividierten. Da $(N-2)\,s^2/\sigma^2$ einer χ^2-Verteilung mit $N-2$ Freiheitsgraden folgt, ist der Durchschnitt von s^2 aus allen Stichproben von N Werten y_i gleich der Streuung σ^2 der Grundgesamtheit.

Um die Konstante a der Regressionsgleichung zu prüfen, berechnen wir

$$t = \frac{a-\alpha}{\sigma}\sqrt{N}\,\frac{\sigma}{s\sqrt{N-2}}\sqrt{N-2},$$

oder also

$$t = \frac{a-\alpha}{s}\sqrt{N}, \qquad (14\,\mathrm{a})$$

wobei aber die Zahl der Freiheitsgrade

$$n = N-2. \qquad (14\,\mathrm{b})$$

Den Regressionskoeffizienten b prüfen wir mittels

$$t = \frac{b-\beta}{\sigma}\sqrt{\sum\limits_{i=1}^{N}(x_i-\bar{x})^2}\,\frac{\sigma}{s\sqrt{N-2}}\sqrt{N-2}$$

oder

$$t = \frac{b-\beta}{s}\sqrt{\sum\limits_{i=1}^{N}(x_i-\bar{x})^2} \qquad (15\,\mathrm{a})$$

wiederum mit

$$n = N-2. \qquad (15\,\mathrm{b})$$

Um einen beliebigen Wert Y der Regressionsgeraden zu prüfen, haben wir zu beachten, daß erstens

$$Y = a + b(x - \bar{x})$$

und daß zweitens die Verteilungen von a und b normal und voneinander stochastisch unabhängig sind. Nach Formel (13) haben wir für die Streuungen von a und von b

$$\sigma_a^2 = \frac{\sigma^2}{N} \quad \text{und} \quad \sigma_b^2 = \frac{\sigma^2}{\overset{N}{\underset{i=1}{S}} (x_i - \bar{x})^2}. \tag{16}$$

Nach der Formel (24) von 904 erhalten wir für die Streuung von Y

$$\sigma_Y^2 = \sigma_a^2 + (x - \bar{x})^2\, \sigma_b^2 \tag{17}$$

und daraus in Verbindung mit (16) die erstmals von WORKING und HOTELLING (1929) angegebene Formel

$$\sigma_Y^2 = \sigma^2 \left[\frac{1}{N} + \frac{(x - \bar{x})^2}{\overset{N}{\underset{i=1}{S}} (x_i - \bar{x})^2} \right]. \tag{18}$$

Um den Unterschied zwischen zwei Regressionen zu beurteilen, gehen wir wie folgt vor. Aus einer Grundgesamtheit, deren Regressionsgerade

$$Y = \alpha + \beta(x_i - \bar{x}) \tag{19}$$

laute und deren Einzelwerte y_i um die Regressionsgerade normal verteilt seien mit der Streuung σ, haben wir zwei Stichproben entnommen, deren Werte

$$x_1', y_1', x_2', y_2', \ldots, x_{N_1}', y_{N_1}'$$

und

$$x_1'', y_1'', x_2'', y_2'', \ldots, x_{N_2}'', y_{N_2}''$$

seien. Die aus den Stichproben berechneten Regressionsgleichungen seien mit

$$Y' = a_1 + b_1(x_i' - \bar{x}') \tag{20a}$$

und

$$Y'' = a_2 + b_2(x_i'' - \bar{x}'') \tag{20b}$$

bezeichnet.

Nach (13) sind $a_1 - \alpha$ und $a_2 - \alpha$ normal verteilt mit den Streuungen

$$\frac{\sigma^2}{N_1} \quad \text{und} \quad \frac{\sigma^2}{N_2}.$$

Die Größe $a_1 - a_2$ ist nach dem in 904 bewiesenen Satz normal verteilt mit einer Streuung

$$\sigma^2 \left(\frac{1}{N_1} + \frac{1}{N_2} \right).$$

Da die Größen

$$(N_1 - 2)\, \frac{s_1^2}{\sigma^2} \quad \text{und} \quad (N_2 - 2)\, \frac{s_2^2}{\sigma^2}$$

zwei χ^2-Verteilungen entsprechend streuen, entspricht ihre Summe

$$(N_1 - 2)\,\frac{s_1^2}{\sigma^2} + (N_2 - 2)\,\frac{s_2^2}{\sigma^2} = \chi^2$$

ebenfalls einer χ^2-Verteilung mit $n = N_1 + N_2 - 4$ Freiheitsgraden.

Den Unterschied $a_1 - a_2$ können wir demnach mittels der t-Verteilung prüfen, indem wir nach 921 berechnen

$$t = \frac{a_1 - a_2}{\sigma \sqrt{\dfrac{N_1 + N_2}{N_1 N_2}}} \cdot \frac{\sigma}{\sqrt{(N_1 - 2)s_1^2 + (N_2 - 2)\,s_2^2}} \sqrt{N_1 + N_2 - 4}$$

oder, wenn wir bedenken, daß

$$(N_1 - 2)\,s_1^2 = \mathop{S}_{i=1}^{N_1} (y_i' - Y_i')^2$$

und

$$(N_2 - 2)\,s_2^2 = \mathop{S}_{i=1}^{N_2} (y_i'' - Y_i'')^2,$$

finden wir

$$t = \frac{a_1 - a_2}{\sqrt{\dfrac{\mathop{S}\limits_{i=1}^{N_1}(y_i' - Y_i')^2 + \mathop{S}\limits_{i=1}^{N_2}(y_i'' - Y_i'')^2}{N_1 + N_2 - 4}}} \sqrt{\frac{N_1 N_2}{N_1 + N_2}} \tag{21}$$

mit $n = N_1 + N_2 - 4$ Freiheitsgraden.

Um den Unterschied der Regressionskoeffizienten $b_1 - b_2$ zu prüfen, haben wir zu beachten, daß die beiden Größen b_1 und b_2 ebenfalls normal verteilt sind mit den Streuungen

$$\frac{\sigma^2}{\mathop{S}\limits_{i=1}^{N_1}(x_i' - \bar{x}')^2} \quad \text{und} \quad \frac{\sigma^2}{\mathop{S}\limits_{i=1}^{N_2}(x_i'' - \bar{x}_i'')^2}.$$

Auch der Unterschied $b_1 - b_2$ ist normal verteilt mit der Streuung

$$\sigma^2 \left[\frac{1}{\mathop{S}\limits_{i=1}^{N_1}(x_i' - \bar{x}')^2} + \frac{1}{\mathop{S}\limits_{i=1}^{N_2}(x_i'' - \bar{x}'')^2} \right],$$

so daß wir $b_1 - b_2$ prüfen können mit einem t, das wie folgt zu berechnen ist:

$$t = \frac{b_1 - b_2}{\sqrt{\dfrac{S(y_i' - Y_i')^2 + S(y_i'' - Y_i'')^2}{N_1 + N_2 - 4}}} \cdot \frac{1}{\sqrt{\dfrac{1}{S(x_i' - \bar{x}')^2} + \dfrac{1}{S(x_i'' - \bar{x}'')^2}}} \cdot \tag{22}$$

Die Zahl der Freiheitsgrade beträgt

$$n = N_1 + N_2 - 4.$$

Die hier hergeleiteten Prüfverfahren dürfen wir nur anwenden, wenn die Regression geradlinig ist. Um prüfen zu können, ob dies der Fall sei, nehmen wir an, die Größen x seien in M Klassen eingeteilt. Die Klassenmitten bezeichnen wir mit $x_1, x_2, \ldots, x_j, \ldots, x_M$, und in der j-ten Klasse mögen N_j Werte y_{jk} vorhanden sein. Demnach haben wir

$$\mathop{S}_{j=1}^{M} N_j = N \,, \tag{23}$$

wo N wie immer die Gesamtzahl der beobachteten Wertepaare bedeutet.

Den Durchschnitt der Werte y_{jk} in der Klasse j bezeichnen wir mit $\bar{y}_j$ und berechnen ihn wie folgt:

$$N_j \bar{y}_j = \mathop{S}_{k=1}^{N_j} y_{jk} \,. \tag{24}$$

Selbstverständlich wird dann

$$N \bar{y} = \mathop{S}_{j=1}^{M} N_j \bar{y}_j = \mathop{S}_{j=1}^{M} \mathop{S}_{k=1}^{N_j} y_{jk} \,. \tag{25}$$

Für die Werte Y_j der Regressionsgeraden, die den Werten x_j entsprechen, haben wir die Beziehung

$$Y_j = a + b(x_j - \bar{x}) \,, \tag{26}$$

wobei

$$a = \bar{y} \tag{27a}$$

und — in Anpassung an die Bezeichnungen dieses Abschnitts —

$$b \mathop{S}_{j=1}^{M} N_j (x_j - \bar{x})^2 = \mathop{S}_{j=1}^{M} N_j (x_j - \bar{x}) \bar{y}_j \,. \tag{27b}$$

Die Regression werden wir so lange als geradlinig betrachten dürfen, als die Abweichungen $\bar{y}_j - Y_j$ im Rahmen des Zufälligen bleiben.

Um dies zu prüfen, nehmen wir wiederum an, die Werte y_{jk} seien um die Regressionsgerade der Grundgesamtheit normal verteilt mit der Streuung σ^2.

Durch passendes Zerlegen der Summe der Quadrate der y um ihren Durchschnitt $\bar{y}$ finden wir unschwer, wie die Abweichungen $\bar{y}_j - Y_j$ geprüft werden können.

Zunächst zerlegen wir die Summe der Quadrate der y_{jk} um $\bar{y}$ in die Summe der Quadrate der y_{jk} um die Regressionswerte Y_j und die Summe der Quadrate der Regressionswerte Y_j um $\bar{y}$. In der Tat finden wir

$$\mathop{S}_{j=1}^{M} \mathop{S}_{k=1}^{N_j} (y_{jk} - \bar{y})^2 = \mathop{S}_{j=1}^{M} \mathop{S}_{k=1}^{N_j} (y_{jk} - Y_j)^2 + \mathop{S}_{j=1}^{M} N_j (Y_j - \bar{y})^2 \,. \tag{28}$$

Zum Beweise der Beziehung (28) brauchen wir nur zu zeigen, daß

$$\mathop{S}_{j=1}^{M} \mathop{S}_{k=1}^{N_j} (y_{jk} - Y_j)(Y_j - \bar{y}) = 0 \tag{29}$$

wird. Man hat

$$\mathop{S}_{j=1}^{M}\mathop{S}_{k=1}^{N_j}(y_{jk} - Y_j)(Y_j - \bar{y}) = \mathop{S}_{j=1}^{M}\mathop{S}_{k=1}^{N_j}[y_{jk} - \bar{y} - b(x_j - \bar{x})]\, b(x_j - \bar{x})$$

$$= b\mathop{S}_{j=1}^{M}\mathop{S}_{k=1}^{N_j}(x_j - \bar{x})\,y_{jk} - b\,\bar{y}\mathop{S}_{j=1}^{M}\mathop{S}_{k=1}^{N_j}(x_j - \bar{x}) - b^2\mathop{S}_{j=1}^{M}\mathop{S}_{k=1}^{N_j}(x_j - \bar{x})^2 \,.$$

Das erste und das dritte Glied sind gemäß (27 b) gleich, und da das mittlere Glied gleich 0 wird, ist (29) und damit (28) bewiesen.

Die Summe der Quadrate der Abweichungen der Einzelwerte von den Regressionswerten können wir weiter zerlegen in eine Summe der Quadrate der Abweichungen der Einzelwerte von den Klassendurchschnitten $\bar{y}_j$ und eine Summe der Quadrate der Abweichungen der Klassendurchschnitte von den entsprechenden Regressionswerten.

$$\mathop{S}_{j=1}^{M}\mathop{S}_{k=1}^{N_j}(y_{jk} - Y_j)^2 = \mathop{S}_{j=1}^{M}\mathop{S}_{k=1}^{N_j}(y_{jk} - \bar{y}_j)^2 + \mathop{S}_{j=1}^{M}N_j(\bar{y}_j - Y_j)^2. \tag{30}$$

Diese Beziehung wird auf gleiche Art bewiesen wie (28).

Für die Summen der Quadrate in (28) und (30) finden wir die Verteilungen durch folgende Überlegungen:

$$\text{a)} \quad \mathop{S}_{j=1}^{M}\mathop{S}_{k=1}^{N_j}(y_{jk} - \bar{y}_j)^2 \,.$$

Da die Größen y_{jk} um den Regressionswert normal verteilt sind mit der Streuung σ^2, ist

$$\frac{1}{\sigma^2}\mathop{S}_{k=1}^{N_j}(y_{jk} - \bar{y}_j)^2$$

nach 920 verteilt wie χ^2 mit $n = N_j - 1$. Nach 921 ist dann auch

$$\frac{1}{\sigma^2}\mathop{S}_{j=1}^{M}\mathop{S}_{k=1}^{N_j}(y_{jk} - \bar{y}_j)^2$$

wie χ^2 verteilt mit $n = N - M$.

$$\text{b)} \quad \mathop{S}_{j=1}^{M}N_j(\bar{y}_j - Y_j)^2 \,.$$

Da die y_{jk} normal um die Regressionswerte der Grundgesamtheit verteilt sind, ist $\bar{y}_j$ ebenfalls normal verteilt mit der Streuung

$$\frac{\sigma^2}{N_j} \,.$$

Im Ausdruck $N_j(\bar{y}_j - Y_j)^2$ wird die Abweichung $\bar{y}_j - Y_j$ nicht bloß einmal, sondern N_j-mal genommen. Daher haben wir es mit M Größen zu tun, die normal verteilt sind mit der Streuung σ^2.

Der Ausdruck

$$\frac{1}{\sigma^2} \mathop{S}_{j=1}^{M} N_j (\bar{y}_j - Y_j)^2$$

ist nach (13) verteilt wie χ^2 mit $n = M - 2$.

Da zudem die Verteilungen von a) und b) nach (30) voneinander unabhängig sind, kann die Abweichung der Klassendurchschnitte von den entsprechenden Regressionswerten mittels der F-Verteilung geprüft werden, indem wir

$$F = \frac{\mathop{S}\limits_{j=1}^{M} N_j (\bar{y}_j - Y_j)^2}{\mathop{S}\limits_{j=1}^{M} \mathop{S}\limits_{k=1}^{N_j} (y_{jk} - \bar{y}_j)^2} \cdot \frac{N - M}{M - 2} \tag{31}$$

mit $n_1 = M - 2, n_2 = N - M$ berechnen. Solange F unterhalb der Sicherheitspunkte bleibt, kann die Regression als linear angesehen werden.

924 Das Prüfen von mehrfachen linearen Regressionen

Um die Verteilung der Koeffizienten der mehrfachen linearen Regression abzuleiten, gehen wir von der Annahme aus, daß die Grundgesamtheit durch eine Regressionsgleichung

$$Y = \alpha + \beta_1 (x_1 - \bar{x}_1) + \beta_2 (x_2 - \bar{x}_2) + \cdots + \beta_p (x_p - \bar{x}_p) \tag{1}$$

sowie dadurch gegeben sei, daß für jede Wertegruppe der p „unabhängigen" Veränderlichen $x_1, x_2, x_3, \ldots, x_p$ die „abhängige" Veränderliche y normal verteilt sei mit der Streuung σ^2. Man hat demnach für jede Wertegruppe $x_{1i}, x_{2i}, \ldots, x_{pi}$ $(i = 1, 2, \ldots, N)$ als Verteilung von y_i

$$d\Phi(y_i) = \frac{1}{\sigma \sqrt{2\pi}} e^{-\frac{[y_i - \alpha - \beta_1 (x_{1i} - \bar{x}_1) - \beta_2 (x_{2i} - \bar{x}_2) - \cdots - \beta_p (x_{pi} - \bar{x}_p)]^2}{2\sigma^2}} dy_i. \tag{2}$$

Wenn uns eine Stichprobe von je N Werten der unabhängigen und der abhängigen Veränderlichen zur Verfügung steht, können wir eine Regressionsgleichung

$$Y = a + b_1 (x_1 - \bar{x}_1) + b_2 (x_2 - \bar{x}_2) + \cdots + b_p (x_p - \bar{x}_p) \tag{3}$$

berechnen, wobei

$$a = \bar{y} \tag{4}$$

und weiter, mit den in 613.1 eingeführten Bezeichnungen:

$$\left. \begin{aligned} b_1 S_{11} + b_2 S_{12} + \cdots + b_p S_{1p} &= S_{1y} \\ b_1 S_{21} + b_2 S_{22} + \cdots + b_p S_{2p} &= S_{2y} \\ \cdots\cdots\cdots\cdots\cdots\cdots\cdots\cdots\cdots\cdots\cdots \\ b_1 S_{p1} + b_2 S_{p2} + \cdots + b_p S_{pp} &= S_{py} \end{aligned} \right\} \tag{5}$$

Wie wir bereits in 613.2 gesehen haben, lassen sich die Regressionskoeffizienten $b_j (j = 1, 2, \ldots, p)$ mit Hilfe der Multiplikatoren $c_{jk} (j, k = 1, 2, \ldots, p)$ berechnen, da

$$b_j = c_{j1} S_{1y} + c_{j2} S_{2y} + \cdots + c_{jp} S_{py} \,. \tag{6}$$

Für die c_{jk} gelten p Systeme von je p Gleichungen, von denen eines als Beispiel lautet:

$$\left. \begin{aligned} c_{j1} S_{11} + c_{j2} S_{12} + \cdots + c_{jp} S_{1p} &= 0 \\ \cdots\cdots\cdots\cdots\cdots\cdots\cdots\cdots\cdots \\ c_{j1} S_{j1} + c_{j2} S_{j2} + \cdots + c_{jp} S_{jp} &= 1 \\ \cdots\cdots\cdots\cdots\cdots\cdots\cdots\cdots\cdots \\ c_{j1} S_{p1} + c_{j2} S_{p2} + \cdots + c_{jp} S_{pp} &= 0 \end{aligned} \right\} \tag{7}$$

Im Gleichungssystem (7) stehen auf der rechten Seite stets Nullen, ausgenommen in der j-ten Gleichung.

Die Streuung der beobachteten Werte y_i um die Regressionswerte Y_i berechnen wir nach der Formel

$$s^2 = \frac{1}{N - p - 1} \, S(y_i - Y_i)^2. \tag{8}$$

Die Verteilung der Konstanten a, der Regressionskoeffizienten b_j und der Streuung s^2 finden wir, indem wir nach der Wahrscheinlichkeit

$$d\Phi(a, b_1, b_2, \ldots, b_p, s^2)$$

fragen, daß die y_i den Ungleichungen

$$N\,a < S\,y_i < N\,(a + da)\,, \tag{9}$$

$$b_j < \underset{i}{S}(c_{j1}(x_1 - \bar{x}_1) + c_{j2}(x_2 - \bar{x}_2) + \cdots + c_{jp}(x_p - \bar{x}_p)]\,y_i < (b_j + db_j)\,, \tag{10}$$

$$(N - p - 1)\,s^2 < S(y_i - Y_i)^2 < (N - p - 1)\,(s + ds)^2 \tag{11}$$

gehorchen.

Nennen wir das durch die Ungleichungen (9), (10) und (11) im N-dimensionalen kartesischen Raum bestimmte Gebiet G, so erhalten wir

$$d\Phi(a, b_1, b_2, \ldots, b_p, s^2) \tag{12}$$

$$= \left(\frac{1}{\sigma \sqrt{2\,\pi}} \right)^N \int \cdots \int\limits_{G} e^{-\frac{1}{2\sigma^2} S\,[y_i - \alpha - \beta_1(x_1 - \bar{x}_1) - \cdots - \beta_p(x_p - \bar{x}_p)]^2} \, dy_1 \, dy_2 \ldots dy_N.$$

Für die Summe der Quadrate im Exponenten findet man

$$\left. \begin{aligned} S[y_i - \alpha - \beta_1(x_1 - \bar{x}_1) &- \beta_2(x_2 - \bar{x}_2) - \cdots - \beta_p(x_p - \bar{x}_p)]^2 = \\ = (N - p - 1)\,s^2 &+ N(a - \alpha)^2 + (b_1 - \beta_1)^2 S_{11} + \\ + (b_1 - \beta_1)(b_2 - \beta_2)&\,S_{12} + \cdots + (b_1 - \beta_1)(b_p - \beta_p)\,S_{1p} + \\ \cdots\cdots\cdots\cdots\cdots&\cdots\cdots\cdots\cdots\cdots\cdots\cdots\cdots\cdots \\ + (b_p - \beta_p)(b_1 - \beta_1)&\,S_{p1} + (b_p - \beta_p)(b_2 - \beta_2)\,S_{p2} + \\ + \cdots + (b_p - \beta_p)^2 &\,S_{pp} \end{aligned} \right\} \tag{13}$$

so daß die Integration in (12) lediglich über das Volumelement $dy_1\,dy_2\,dy_3 \ldots dy_N$ zu erstrecken ist. Das Volumen von G kann auf Grund geometrischer Überlegungen, die wir hier übergehen, ermittelt werden; es wird

$$\int \cdots_G \int dy_1\,dy_2 \ldots dy_N$$

$$= (N - p - 1)^{\frac{N-p+1}{2}} \frac{\pi^{\frac{N-p-1}{2}}}{\left(\dfrac{N-p-1}{2}\right)!} s^{N-p-2}\,ds\,da\,\sqrt{N}\,\frac{1}{\sqrt{|c_{jk}|}}\,db_1\,db_2 \ldots db_p, \tag{14}$$

wenn wir mit $|\,c_{jk}\,|$ die Determinante der c_{jk} bezeichnen.

Aus den Beziehungen (12), (13) und (14) folgt zunächst, daß

$$d\Phi(a, b_1, b_2, \ldots, b_p, s^2) = d\Phi(a)\,d\Phi(b_1, b_2, \ldots, b_p)\,d\Phi(s^2)\,, \tag{15}$$

wobei

$$d\Phi(a) = \frac{\sqrt{N}}{\sigma\,\sqrt{2\,\pi}}\,e^{-\frac{N(a-\alpha)^2}{2\,\sigma^2}}\,da\,, \tag{16}$$

$$d\Phi(b_1, b_2, \ldots, b_p)$$

$$= \frac{1}{\sigma^p (2\,\pi)^{p/2}\,\sqrt{|c_{jk}|}}\,e^{-\frac{1}{2\,\sigma^2}\sum_j \sum_k (b_j - \beta_j)(b_k - \beta_k)\,S_{jk}}\,db_1\,db_2 \ldots db_p\,, \tag{17}$$

$$d\Phi(s^2) \tag{18}$$

$$= \frac{1}{\left(\dfrac{N-p-3}{2}\right)!}\left(\frac{N-p-1}{2}\cdot\frac{s^2}{\sigma^2}\right)^{\frac{N-p-3}{2}} e^{-\frac{N-p-1}{2}\cdot\frac{s^2}{\sigma^2}}\,d\left(\frac{N-p-1}{2}\cdot\frac{s^2}{\sigma^2}\right).$$

Demnach ist die Konstante a der Regressionsgleichung normal um α verteilt mit der Streuung σ^2/N. Für die Streuung der Werte um die Regression gilt, daß $(N - p - 1)\,s^2/\sigma^2$ verteilt ist wie χ^2 mit $N - p - 1$ Freiheitsgraden. Die Werte $(b_1 - \beta_1)$, $(b_2 - \beta_2)$, $\ldots$, $(b_p - \beta_p)$ entsprechen einer p-fachen Normalverteilung.

Die drei Verteilungen $d\Phi(a)$, $d\Phi(b_1, b_2, \ldots, b_p)$ und $d\Phi(s^2)$ sind voneinander stochastisch unabhängig.

Da $\sqrt{N}(a - \alpha)/\sigma$ normal verteilt ist mit dem Durchschnitt 0 und der Streuung 1 und da $(N - p - 1)\,s^2/\sigma^2$ wie χ^2 verteilt ist, kann

$$t = \frac{(a - \alpha)\,\sqrt{N}}{\sigma}\cdot\frac{\sigma}{s\,\sqrt{N-p-1}}\,\sqrt{N-p-1} = \frac{a-\alpha}{s}\,\sqrt{N} \tag{19}$$

benützt werden, um $(a - \alpha)$ zu prüfen mit $n = N - p - 1$ Freiheitsgraden.

Das Prüfverfahren für die Regressionskoeffizienten b_j finden wir leicht durch folgende Überlegungen. Nach (6) und (10) ist b_j eine lineare Funktion der $y_1, y_2, \ldots, y_N$. Im Abschnitt 904 haben wir gezeigt, daß die Summe zweier normal verteilter, voneinander stochastisch unabhängiger Größen ebenfalls normal verteilt ist. Entsprechend läßt sich zeigen, daß eine lineare Kombination mit festen Koeffizienten von p normal verteilten, voneinander stochastisch unabhängigen Größen ebenfalls normal verteilt ist. Wenn also in

$$z = k_1\,x_1 + k_2\,x_2 + \cdots + k_p\,x_p \tag{20}$$

jede der voneinander stochastisch unabhängigen Größen x normal verteilt ist mit der Streuung σ^2, dann ist z normal verteilt mit der Streuung

$$(k_1^2 + k_2^2 + \cdots + k_p^2)\,\sigma^2\,. \tag{21}$$

Wenden wir (21) auf die b_j an, indem wir berücksichtigen, daß die $y_1, y_2, \ldots, y_N$ voneinander stochastisch unabhängig und normal verteilt sind mit der Streuung σ^2, so finden wir als Streuung von b_j

$$\sigma^2\,S[c_{j1}(x_1 - \bar{x}_1) + c_{j2}(x_2 - \bar{x}_2) + \cdots + c_{jp}(x_p - \bar{x}_p)]^2\,, \tag{22}$$

wofür wir unter Beachtung von (7) einfach

$$c_{jj}\,\sigma^2 \tag{23}$$

erhalten.

Da nun b_j normal verteilt ist mit der Streuung $c_{jj}\,\sigma^2$ und da nach (15) die Verteilung von b_j stochastisch unabhängig von der Verteilung von s^2 ist, kann $b_j - \beta_j$ geprüft werden mittels

$$t = \frac{b_j - \beta_j}{\sigma\,\sqrt{c_{jj}}} \cdot \frac{\sigma}{s\,\sqrt{N-p-1}}\,\sqrt{N-p-1}\,\cdot$$

oder

$$t = \frac{b_j - \beta_j}{s\,\sqrt{c_{jj}}}\,, \tag{24}$$

wobei

$$n = N - p - 1\,.$$

Will man den Unterschied zweier Regressionskoeffizienten aus ein und derselben Regressionsgleichung (3) prüfen, so ist zu beachten, daß beispielsweise b_j und b_k voneinander nicht stochastisch unabhängig sind, wie aus (17) ersichtlich ist. Eine nähere Untersuchung zeigt, daß man den Unterschied zweier Regressionskoeffizienten mit folgender Formel prüft:

$$t = \frac{b_j - b_k}{s\,\sqrt{c_{jj} - 2\,c_{jk} + c_{kk}}}\,, \qquad n = N - p - 1\,. \tag{25}$$

In der Tat kann man beweisen, daß sich für die Streuung von

$$l\,b_j + m\,b_k \tag{26}$$

der Ausdruck

$$(l^2\,c_{jj} + 2\,l\,m\,c_{jk} + m^2\,c_{kk})\,\sigma^2 \tag{27}$$

ergibt, wenn l und k zwei beliebige Konstante sind. Aus (6) folgt

$$l\,b_j + m\,b_k = l\left(\underset{h}{S}\,c_{jh}\,S_{hy}\right) + m\left(\underset{h}{S}\,c_{kh}\,S_{hy}\right)$$

$$= \underset{h}{S}(l\,c_{jh} + m\,c_{kh})\,S_{hy}\,,$$

wobei h von 1 bis p läuft. Weiter erhält man hierfür

$$l\,b_j + m\,b_k = \underset{h}{S}(l\,c_{jh} + m\,c_{kh})\,\underset{i}{S}(x_{hi} - \bar{x}_h)\,y_i$$

$$= \underset{i}{S}\,\underset{h}{S}\,(l\,c_{jh} + m\,c_{kh})\,(x_{hi} - \bar{x}_h)\,y_i\,,$$

wo i von 1 bis N zu nehmen ist. Da die Streuung der y_i gleich σ^2 ist, erhält man für die Streuung von $l\,b_j + m\,b_k$ den Ausdruck

$$\sigma^2\,\underset{i}{S}\left[\underset{h}{S}(l\,c_{jh} + m\,c_{kh})\,(x_{hi} - \bar{x}_h)\right]^2,$$

den man auch schreiben kann als — mit $g = 1, 2, \ldots p$ —

$$\sigma^2\,\underset{i}{S}\left[\underset{g}{S}\,\underset{h}{S}(l\,c_{jg} + m\,c_{kg})\,(l\,c_{jh} + m\,c_{kh})\,(x_{gi} - \bar{x}_g)\,(x_{hi} - \bar{x}_h)\right]$$

$$= \sigma^2\left[\underset{g}{S}\,\underset{h}{S}(l\,c_{jg} + m\,c_{kg})\,(l\,c_{jh} + m\,c_{kh})\left\{\underset{i}{S}(x_{gi} - \bar{x}_g)\,(x_{hi} - \bar{x}_h)\right\}\right]$$

$$= \sigma^2\,\underset{g}{S}\,\underset{h}{S}(l\,c_{jg} + m\,c_{kg})\,(l\,c_{jh} + m\,c_{kh})\,S_{gh}$$

$$= \sigma^2\,\underset{g}{S}(l\,c_{jg} + m\,c_{kg})\left\{\underset{h}{S}(l\,c_{jh} + m\,c_{kh})\,S_{gh}\right\}$$

$$= \sigma^2\,\underset{g}{S}(l\,c_{jg} + m\,c_{kg})\left\{l\,\underset{h}{S}(c_{jh}\,S_{gh}) + m\,\underset{h}{S}(c_{kh}\,S_{gh})\right\}$$

Berücksichtigt man die Beziehungen (7), so werden

$$\underset{h}{S}(c_{jh}\,S_{gh}) \quad \text{und} \quad \underset{h}{S}(c_{kh}\,S_{gh})$$

nur dann von Null verschieden sein, wenn einerseits $g = j$ und andererseits $g = k$. Infolgedessen findet man für die Streuung von $l\,b_j + m\,b_k$

$$\sigma^2\,[(l\,c_{jj} + m\,c_{kj})\,l + (l\,c_{jk} + m\,c_{kk})\,m]$$

$$= \sigma^2\,(l^2\,c_{jj} + 2\,m\,l\,c_{jk} + m^2\,c_{kk})\,,$$

womit die Richtigkeit von (27) bewiesen ist.

Setzt man $l = +1$, $m = 0$, so folgt die Formel (23), wählt man $l = +1$, $m = -1$, so ergibt sich

$$\sigma^2\,(c_{jj} - 2\,c_{jk} + c_{kk})$$

und damit (25).

925 Das Prüfen von Korrelationen

Um die Verteilung des Korrelationskoeffizienten in Stichproben berechnen zu können, müssen wir eine zweidimensionale Grundgesamtheit voraussetzen. Wir wählen dafür die Verteilung

$$d\Phi(x, y) = \frac{1}{\sigma_1\,\sigma_2\,2\,\pi\,\sqrt{1 - \varrho^2}}\,e^{-\frac{1}{2\,(1-\varrho^2)}\left(\frac{x^2}{\sigma_1^2} - \frac{2\,\varrho\,xy}{\sigma_1\,\sigma_2} + \frac{y^2}{\sigma_2^2}\right)}\,dx\,dy. \tag{1}$$

Für $\varrho = 0$ wird

$$d\Phi(x, y) = d\Phi(x)\, d\Phi(y)\,,$$

wobei sowohl $d\Phi(x)$ wie $d\Phi(y)$ Normalverteilungen sind mit den Streuungen σ_1 und σ_2. Wenn $\varrho = 0$ ist, sind demnach die beiden Verteilungen $d\Phi(x)$ und $d\Phi(y)$ voneinander stochastisch unabhängig.

Die durch (1) gegebene Verteilung können wir auch in den beiden folgenden Formen schreiben:

$$d\Phi(x, y) = \frac{1}{\sigma_1\sqrt{2\pi}}\, e^{-\frac{x^2}{2\sigma_1^2}}\, dx\; \frac{1}{\sigma_2\sqrt{2\pi(1-\varrho^2)}}\, e^{-\frac{\left(y-\varrho\frac{\sigma_2}{\sigma_1}x\right)^2}{2\sigma_2^2(1-\varrho^2)}}\, dy \qquad (2\,\mathrm{a})$$

und

$$d\Phi(x, y) = \frac{1}{\sigma_2\sqrt{2\pi}}\, e^{-\frac{y^2}{2\sigma_2^2}}\, dy\; \frac{1}{\sigma_1\sqrt{2\pi(1-\varrho^2)}}\, e^{-\frac{\left(x-\varrho\frac{\sigma_1}{\sigma_2}y\right)^2}{2\sigma_1^2(1-\varrho^2)}}\, dx. \qquad (2\,\mathrm{b})$$

Gemäß (2a) kann man zunächst die Wahrscheinlichkeit dafür betrachten, daß x zwischen x und $x + dx$ liegt. Diese Wahrscheinlichkeit besitzt eine normale Verteilung mit der Streuung σ^2. Ist x festgelegt, so finden wir als Wahrscheinlichkeit dafür, daß y zwischen y und $y + dy$ liegt, eine normale Verteilung mit dem Durchschnitt

$$\varrho\,\frac{\sigma_2}{\sigma_1}\,x$$

und der Streuung

$$\sigma_2^2(1-\varrho^2).$$

Die zu einem bestimmten Werte von x gehörende Verteilung der Werte y ist demnach normal und von x abhängig, indem ihr Durchschnitt bei positivem ϱ linear mit x zunimmt. Die Streuung ist für alle diese bedingten Verteilungen gleich.

Gemäß (2b) sind die zu jedem y gehörenden Werte x ebenfalls normal verteilt. Die Durchschnitte dieser Verteilungen liegen auf der Geraden

$$x = \varrho\,\frac{\sigma_1}{\sigma_2}\,y$$

und die Streuungen sind sämtliche gleich

$$\sigma_1^2\,(1-\varrho^2).$$

Die beiden Regressionskoeffizienten lauten demnach

$$\beta = \varrho\,\frac{\sigma_2}{\sigma_1} \qquad (3\,\mathrm{a})$$

und

$$\beta^* = \varrho\,\frac{\sigma_1}{\sigma_2} \qquad (3\,\mathrm{b})$$

während

$$\beta\,\beta^* = \varrho^2 \tag{4}$$

das Bestimmtheitsmaß, ϱ der Korrelationskoeffizient der Verteilung $d\Phi(x, y)$ ist.

Um die Verteilung des einfachen Korrelationskoeffizienten zu finden, betrachten wir N *Wertepaare* $x_1, y_1;\ x_2, y_2;\ \ldots;\ x_N, y_N$, von denen jedes mit der Wahrscheinlichkeit

$$d\Phi(x_i, y_i) = \frac{1}{\sigma_1\,\sigma_2\,2\,\pi\,\sqrt{1-\varrho^2}}$$

$$\times\, e^{-\frac{1}{2(1-\varrho^2)}\left[\frac{(x_i-\mu_1)^2}{\sigma_1^2} - \frac{2\,\varrho\,(x_i-\mu_1)\,(y_i-\mu_2)}{\sigma_1\,\sigma_2} + \frac{(y_i-\mu_2)^2}{\sigma_2^2}\right]}\,dx_i\,dy_i \tag{5}$$

im Intervall zwischen x_i und $x_i + dx_i$ sowie y_i und $y_j + dy_i$ erscheint.

Aus den N Wertepaaren berechnen wir die Durchschnitte, die Streuungen und den Korrelationskoeffizienten gemäß den Formeln

$$N\,\bar{x} = \overset{N}{\underset{i=1}{S}}\,x_i, \qquad N\,\bar{y} = \overset{N}{\underset{i=1}{S}}\,y_i, \tag{6a}$$

$$(N-1)\,s_1^2 = \overset{N}{\underset{i=1}{S}}\,(x_i - \bar{x})^2, \qquad (N-1)\,s_2^2 = \overset{N}{\underset{i=1}{S}}\,(y_i - \bar{y})^2. \tag{6b}$$

$$(N-1)\,r\,s_1\,s_2 = \overset{N}{\underset{i=1}{S}}\,(x_i - \bar{x})\,(y_i - \bar{y}). \tag{6c}$$

Mit $d\Phi(\bar{x}, \bar{y}, s_1^2, s_2^2, r)$ bezeichnen wir die Wahrscheinlichkeit dafür, daß die N Wertepaare den folgenden fünf Ungleichungen genügen:

$$N\,\bar{x} < \overset{N}{\underset{i=1}{S}}\,x_i < N\,(\bar{x} + d\bar{x})\,, \quad N\,\bar{y} < \overset{N}{\underset{i=1}{S}}\,y_i < N\,(\bar{y} + d\bar{y})\,, \tag{7a}$$

$$\left.\begin{aligned}
(N-1)\,s_1^2 &< \overset{N}{\underset{i=1}{S}}\,(x_i - \bar{x})^2 < (N-1)\,(s_1 + ds_1)^2\,, \\[2mm]
(N-1)\,s_2^2 &< \overset{N}{\underset{i=1}{S}}\,(y_i - \bar{y})^2 < (N-1)\,(s_2 + ds_2)^2\,,
\end{aligned}\right\} \tag{7b}$$

$$(N-1)\,s_1\,s_2\,r < \overset{N}{\underset{i=1}{S}}\,(x_i - \bar{x})\,(y_i - \bar{y}) < (N-1)\,s_1\,s_2\,(r + dr)\,. \tag{7c}$$

Um $d\Phi(\bar{x}, \bar{y}, s_1^2, s_2^2, r)$ berechnen zu können, müssen wir zunächst beachten, daß die Wahrscheinlichkeit dafür, daß

$$x_1 \text{ zwischen } x_1 \text{ und } x_1 + dx_1\,,$$
$$y_1 \text{ zwischen } y_1 \text{ und } y_1 + dy_1\,,$$
$$\cdots\cdots\cdots\cdots\cdots\cdots\cdots\cdots\cdots$$
$$x_N \text{ zwischen } x_N \text{ und } x_N + dx_N\,,$$
$$y_N \text{ zwischen } y_N \text{ und } y_N + dy_N$$

liegen, in Anbetracht der Unabhängigkeit der Verteilungen (5) gleich ist

$$d\Phi(x_1, y_1)\, d\Phi(x_2, y_2) \ldots d\Phi(x_N, y_N)$$

$$= \left(\frac{1}{\sigma_1\,\sigma_2\,2\,\pi\,\sqrt{1-\varrho^2}}\right)^{\!N} e^{-\frac{1}{2(1-\varrho^2)}\,\overset{N}{\underset{i=1}{S}}\left[\frac{(x_i-\mu_1)^2}{\sigma_1^2} - \frac{2\varrho\,(x_i-\mu_1)(y_i-\mu_2)}{\sigma_1\,\sigma_2} + \frac{(y_i-\mu_2)^2}{\sigma_2^2}\right]}$$

$$\times\, dx_1\, dy_1\, dx_2\, dy_2 \ldots dx_N\, dy_N\,. \tag{8}$$

Die gesuchte Wahrscheinlichkeit $d\Phi(\bar{x}, \bar{y}, s_1^2, s_2^2, r)$ finden wir, indem wir den Ausdruck (8) über den durch die Ungleichungen (7) gegebenen Wertebereich von $x_1, y_1, \ldots, x_N, y_N$ integrieren.

Die Summe im Exponenten können wir unschwer umformen. Wir finden

$$\overset{N}{\underset{i=1}{S}}\left[\frac{(x_i - \mu_1)^2}{\sigma_1^2} - \frac{2\,\varrho\,(x_i - \mu_1)(y_i - \mu_2)}{\sigma_1\,\sigma_2} + \frac{(y_i - \mu_2)^2}{\sigma_2^2}\right]$$

$$= \frac{(\bar{x} - \mu_1)^2}{\sigma_1^2}\,N + \frac{(\bar{y} - \mu_2)^2}{\sigma_2^2}\,N + (N-1)\,\frac{s_1^2}{\sigma_1^2} + (N-1)\,\frac{s_2^2}{\sigma_2^2}$$

$$- \frac{2\,\varrho\,N\,(\bar{x} - \mu_1)(\bar{y} - \mu_2)}{\sigma_1\,\sigma_2} - 2(N-1)\,\frac{s_1\,s_2}{\sigma_1\sigma_2}\,r\,\varrho\,. \tag{9}$$

Die Gleichung (9) zeigt, daß wir bei der Integration des Ausdrucks (8) über den Bereich (7) folgendes erhalten:

$$d\Phi(\bar{x}, \bar{y}, s_1^2, s_2^2, r) = \left(\frac{1}{\sigma_1\,\sigma_2\,\sqrt{2\,\pi\,(1-\varrho^2)}}\right)^{\!N} e^{-\frac{(\bar{x}-\mu_1)^2 N}{2(1-\varrho^2)\,\sigma_1^2}}\, e^{-\frac{(\bar{y}-\mu_2)^2 N}{2(1-\varrho^2)\,\sigma_2^2}}$$

$$\times\, e^{-\frac{N-1}{2(1-\varrho^2)}\cdot\frac{s_1^2}{\sigma_1^2}}\, e^{-\frac{N-1}{2(1-\varrho^2)}\cdot\frac{s_2^2}{\sigma_2^2}}\, e^{\varrho\,N\,\frac{(\bar{x}-\mu_1)(\bar{y}-\mu_2)}{\sigma_1\,\sigma_2(1-\varrho^2)}}\, e^{\frac{(N-1)\,s_1\,s_2}{\sigma_1\,\sigma_2(1-\varrho^2)}\,\varrho\,r}$$

$$\times \int^{(2N)}\!\!\!\cdots\int dx_1\, dy_1\, dx_2\, dy_2 \ldots dx_N\, dy_N\,. \tag{10}$$

Das in (10) vorkommende $(2N)$-fache Integral kann man mit Hilfe einer geometrischen Deutung im kartesischen Raum von $2N$ Dimensionen auswerten.

Wie im Abschnitt 920 ausgeführt wurde, lassen sich die beiden Ungleichungen

$$N\,\bar{x} < \overset{N}{\underset{i=1}{S}}\,x_i < N(\bar{x} + d\bar{x})$$

und

$$(N-1)\,s_1^2 < \overset{N}{\underset{i=1}{S}}(x_i - \bar{x})^2 < (N-1)\,(s_1 + ds_1)^2$$

im N-dimensionalen kartesischen Raum als Schnittgebilde einer N-dimensionalen Kugelschicht mit zwei unendlich benachbarten Ebenen deuten, was ein Gebilde ergibt, dessen Volumen nach Gleichung (12) von 920 gleich

$$c_1\,s_1^{N-2}\,d\bar{x}\,ds_1 \tag{11}$$

ist, wobei wir davon absehen können, die Konstante zu bestimmen.

Entsprechend finden wir für das durch die Ungleichungen

$$N\,\bar{y} < \mathop{S}_{i=1}^{N} y_i < N\,(\bar{y} + d\bar{y})$$

und

$$(N-1)\,s_2^2 < \mathop{S}_{i=1}^{N} (y_i - \bar{y})^2 < (N-1)\,(s_2 + ds_2)^2$$

festgelegte Gebiet im N-dimensionalen Raum ein Volumen von

$$c_2\,s_2^{N-2}\,d\bar{y}\,ds_2 \;. \tag{12}$$

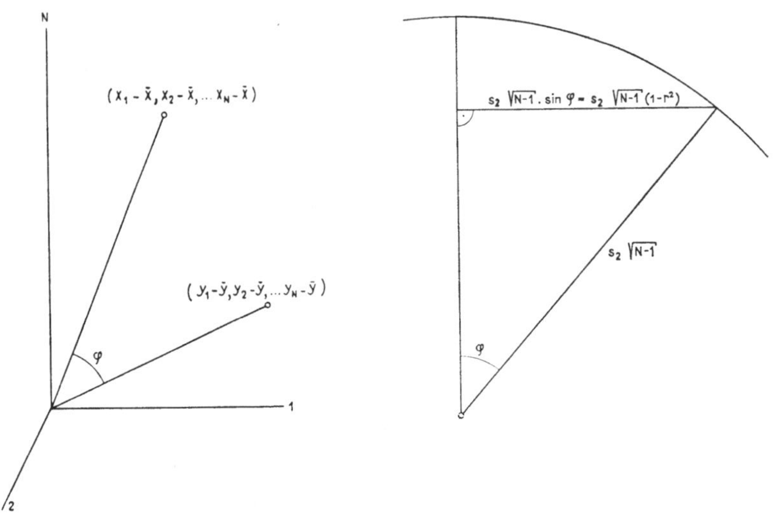

Figur 54   Figur 55

Figur 54. Geometrische Darstellung des Korrelationskoeffizienten im N-dimensionalen kartesischen Raum. — Figur 55. Geometrische Darstellung der Gleichungen (6a), (6b) und (6c).

Denkt man sich die Werte $x_1 - \bar{x}$, $x_2 - \bar{x}$, ... , $x_N - \bar{x}$ und $y_1 - \bar{y}$, $y_2 - \bar{y}$, ... , $y_N - \bar{y}$ als Koordinaten zweier Punkte in einem N-dimensionalen Raum, so läßt sich r nach der Gleichung (6c) als

$$r = \cos\varphi \tag{13}$$

deuten, wobei φ den Winkel zwischen den Vektoren vom Ursprung des N-dimensionalen Raumes zu den beiden Punkten darstellt.

Nehmen wir $x_1, x_2, \ldots, x_N$ als fest an, so liegen die mit (6c) festgelegten Punkte auf einem Kreiskegel, der aus der $(N-1)$-dimensionalen Hyperkugel mit dem Radius $s_2\sqrt{N-1}$ eine $(N-2)$-dimensionale Hyperkugel ausschneidet.

Bei unendlich kleiner Variation von r, s_2 und $\bar{y}$ erhalten wir ein Gebilde, dessen Volumen einerseits proportional

$$s_2^{N-3}(1 - r^2)^{\frac{N-3}{2}}\, ds_2\, dy$$

und sodann proportional einer „Dicke"

$$s_2\, d\varphi = s_2\, \frac{dr}{\sqrt{1 - r^2}}\,,$$

also insgesamt gleich

$$c_2\, s_2^{N-2}(1 - r^2)^{\frac{N-4}{2}}\, ds_2\, d\bar{y}\, dr$$

ist.

Die Ungleichungen (7a), (7b) und (7c) lassen sich demnach im kartesischen Raume von $2N$ Dimensionen derart darstellen, daß wir in einem Raume von N Dimensionen ein Gebiet des Inhalts (11)

$$c_1\, s_1^{N-2}\, ds_1\, d\bar{x}$$

haben und in einem dazu vollständig orthogonalen N-dimensionalen Raume ein Gebiet vom Inhalt

$$c_2\, s_2^{N-2}(1 - r^2)^{\frac{N-4}{2}}\, ds_2\, dr\, d\bar{y}\,.$$

Das gesamte durch die Ungleichungen bestimmte Gebiet, oder also das $(2N)$-fache Integral in (10), wird demnach gleich

$$c_3\, s_1^{N-2}\, s_2^{N-2}(1 - r^2)^{\frac{N-4}{2}}\, ds_1\, ds_2\, d\bar{x}\, d\bar{y}\, dr\,. \tag{14}$$

Setzen wir (14) in (10) ein, so erkennen wir zunächst, daß

$$d\Phi(\bar{x}, \bar{y}, s_1^2, s_2^2, r) = d\Phi(\bar{x}, \bar{y})\, d\Phi(s_1^2, s_2^2, r)\,. \tag{15}$$

Für den ersten Faktor auf der rechten Seite von (15) können wir

$$d\Phi(\bar{x}, \bar{y}) = c_4\, e^{-\frac{N}{2(1-\varrho^2)}\left[\frac{(\bar{x}-\mu_1)^2}{\sigma_1^2} - \frac{2\varrho\,(\bar{x}-\mu_1)(\bar{y}-\mu_2)}{\sigma_1\sigma_2} + \frac{(\bar{y}-\mu_2)^2}{\sigma_2^2}\right]}\, d\bar{x}\, d\bar{y} \tag{16}$$

schreiben, wobei

$$c_4 = \frac{N}{\sigma_1\,\sigma_2\, 2\,\pi\, \sqrt{1 - \varrho^2}}\,. \tag{16a}$$

Wir finden demnach für $\bar{x}$ und $\bar{y}$ eine zweidimensionale Normalverteilung mit den Streuungen

$$\frac{\sigma_1^2}{N} \quad \text{und} \quad \frac{\sigma_2^2}{N}$$

und dem Bestimmtheitsmaß ϱ^2.

Betrachten wir nun noch die Verteilung

$$d\Phi(s_1^2 s_2^2, r) = c_5\, e^{-\frac{N-1}{2(1-\varrho^2)}\left[\frac{s_1^2}{\sigma_1^2} - 2\varrho r\frac{s_1 s_2}{\sigma_1 \sigma_2} + \frac{s_2^2}{\sigma_2^2}\right]} s_1^{N-2} s_2^{N-2} (1-r^2)^{\frac{N-4}{2}} ds_1\, ds_2\, dr \,. \tag{17}$$

Durch die Substitutionen

$$\xi = \frac{s_1 s_2}{\sigma_1 \sigma_2} \tag{18a}$$

und

$$\eta = \ln\frac{s_1 \sigma_2}{s_2 \sigma_1} \tag{18b}$$

und durch Integration über ξ wird aus (17)

$$d\Phi(r, \varrho) = c_6 (1-r^2)^{\frac{N-4}{2}} \int\limits_0^\infty \frac{d\eta}{(\cosh\eta - \varrho r)^{N-1}}\, dr \,. \tag{19}$$

Für die Konstante c_6 findet man nach R. A. Fisher (1921 b)

$$c_6 = \frac{N-2}{\pi}(1-\varrho^2)^{\frac{N-1}{2}} \,, \tag{20}$$

so daß mit

$$r = \operatorname{tgh} z \,, \tag{21a}$$

$$\varrho = \operatorname{tgh}\zeta \tag{21b}$$

aus (19)

$$d\Phi(z, \zeta) = \frac{N-2}{\pi} \operatorname{sech}^{N-1}\zeta\, \operatorname{sech}^{N-2} z \int\limits_0^\infty \frac{d\eta}{(\cosh\eta - \varrho r)^{N-1}}\, dz \tag{22}$$

wird, eine Verteilung, von der durch Entwickeln des Integrals gezeigt werden kann, daß sie für alle Werte von N mit Ausnahme der kleinsten mit einer Normalverteilung praktisch übereinstimmt, deren Streuung

$$\sigma_z^2 = \frac{1}{N-3} \tag{23}$$

beträgt.

Die *Bestimmtheit B der mehrfachen linearen Regression* kann geprüft werden, indem man

$$F = \frac{(N-p-1)B}{p(1-B)} \tag{24}$$

berechnet.

Nach Definition ist

$$B = \frac{S(Y-\bar{y})^2}{S(y-\bar{y})^2} \,, \tag{25}$$

wobei

$$Y - \bar{y} = b_1(x_1 - \bar{x}_1) + b_2(x_2 - \bar{x}_2) + \cdots + b_p(x_p - \bar{x}_p) \,.$$

Außerdem folgt mittels (5) von 924 leicht, daß

$$S(y-\bar{y})^2 = S(y-Y)^2 + S(Y-\bar{y})^2 \,.$$

Somit ist

$$1 - B = \frac{S(y - Y)^2}{S(y - \bar{y})^2} \, ,$$

und damit läßt sich (24) auch in die Form

$$F = \frac{(N - p - 1)\, S(Y - \bar{y})^2}{p\, S(y - Y)^2} \tag{26}$$

bringen.

Um die Gültigkeit des auf (24) beruhenden Prüfverfahrens nachzuweisen, muß bewiesen werden, daß sowohl

$$\frac{S(Y - \bar{y})^2}{\sigma^2}$$

als auch

$$\frac{S(y - Y)^2}{\sigma^2}$$

verteilt sind wie χ^2, wobei σ^2 wie in 924 die Streuung der y um die Regression in der Grundgesamtheit angibt.

In 924 wurde gezeigt, daß dies für $S(y - Y)^2/\sigma^2$ zutrifft. Wir haben somit dasselbe noch für $S(Y - \bar{y})^2/\sigma^2$ zu zeigen. Zu diesem Zwecke werden wir zunächst eine wichtige, von R. A. FISHER (1925 a) gefundene Eigenschaft von χ^2 herleiten.

Es seien n voneinander stochastisch unabhängige Größen $u_1, u_2, \ldots, u_n$ gegeben, von denen jede normal verteilt ist mit der Streuung 1 und dem Durchschnitt Null. Von den Größen u_i können wir zu neuen Größen u_i^* übergehen mittels der Transformation

$$\left.\begin{aligned}
u_1^* &= a_{11} u_1 + a_{12} u_2 + \cdots + a_{1n} u_n \\
&\cdots\cdots\cdots\cdots\cdots\cdots\cdots\cdots\cdots\cdots \\
u_n^* &= a_{n1} u_1 + a_{n2} u_2 + \cdots + a_{nn} u_n \,.
\end{aligned}\right\} \tag{27}$$

Verlangen wir dabei, daß

$$\left.\begin{aligned}
a_{11}^2 + a_{12}^2 + \cdots + a_{1n}^2 &= 1 \\
&\cdots\cdots\cdots\cdots\cdots\cdots\cdots \\
a_{n1}^2 + a_{n2}^2 + \cdots + a_{nn}^2 &= 1
\end{aligned}\right\} \tag{28a}$$

so ist nach 904 auch jedes u_i^* normal verteilt mit der Streuung 1 und dem Durchschnitt Null. Verlangen wir weiter

$$a_{i1} a_{k1} + a_{i2} a_{k2} + \cdots + a_{in} a_{kn} = 0 \quad \text{für} \quad i \neq k \,, \tag{28b}$$

so sind die n Größen u_i^* voneinander stochastisch unabhängig. Da n^2 Koeffizienten a_{ik} vorhanden sind und die Zahl der Gleichungen (28) $n(n + 1)/2$ beträgt, bestehen zahlreiche Möglichkeiten, die a_{ik} den Bedingungen (28) entsprechend zu bestimmen.

In einem n-dimensionalen Raume bedeuten die Gleichungen (27) mit den

Bedingungen (28) den Übergang von einem kartesischen Koordinatensystem zu einem andern, wobei

$$S\,u_i^2 = S\,(u_i^*)^2 = \chi^2$$

unverändert bleibt.

Wenn nun von den n Werten u_i^* beispielsweise die h ersten gegeben sind, so daß die den Gleichungen (28) entsprechenden Bedingungen

$$\left.\begin{aligned}
a_{11}^2 + a_{12}^2 + \cdots + a_{1n}^2 &= 1 \\
&\cdots\cdots\cdots\cdots\cdots \\
a_{h1}^2 + a_{h2}^2 + \cdots + a_{hn}^2 &= 1
\end{aligned}\right\} \tag{29a}$$

und

$$\left.\begin{aligned}
a_{11}a_{i1} + a_{12}a_{i2} + \cdots + a_{1n}a_{in} &= 0 \\
&\cdots\cdots\cdots\cdots\cdots\cdots \\
a_{h1}a_{i1} + a_{h2}a_{i2} + \cdots + a_{hn}a_{in} &= 0
\end{aligned}\right\} \tag{29b}$$

für alle $i \leq h$ erfüllt sind, so sind diese u_i^* voneinander stochastisch unabhängig und jedes normal verteilt mit der Streuung 1 und dem Durchschnitt Null.

Wir werden zeigen, daß es dann stets möglich ist, weitere $n - h$ Größen u_i^* derart zu bestimmen, daß auch diese voneinander und von den gegebenen h Größen stochastisch unabhängig sind und jede den Durchschnitt 0 und die Streuung 1 aufweist.

Dies ergibt sich geometrisch ohne weiteres aus dem Umstand, daß es im n-dimensionalen Raume nach der Festlegung von h zueinander orthogonalen Koordinatenachsen immer möglich ist, weitere $n - h$ unter sich und zu den früheren orthogonale Achsen zu finden. Algebraisch ergibt sich die Möglichkeit durch folgende Überlegung: Die Zahl der Gleichungen (28), denen alle n^2 Koeffizienten a_{ik} zu genügen haben, beträgt $n(n + 1)/2$, und die Zahl der Gleichungen (29), denen die gegebenen $n\,h$ Koeffizienten genügen, beträgt $h(h + 1)/2$. Die zu bestimmenden $n(n - h)$ Koeffizienten müssen demnach

$$\frac{n(n + 1)}{2} - \frac{h(h + 1)}{2} = \frac{(n - h)(n + h + 1)}{2}$$

linearen Bedingungsgleichungen genügen. Die Bestimmung der $n(n - h)$ Koeffizienten bleibt solange möglich, als

$$\frac{(n - h)(n + h + 1)}{2} \leq n(n - h)$$

oder

$$h \leq n - 1. \tag{30}$$

Wir können damit folgendes Ergebnis festhalten: Wenn n voneinander stochastisch unabhängige und normal mit dem Durchschnitt Null und der Streuung 1 verteilte Größen u_i vorliegen und man $h \leq n - 1$ ebenfalls normal und voneinander stochastisch unabhängig verteilte Größen u_i^* mit dem Durchschnitt

Null und der Streuung 1 findet, die aus den u_i durch eine lineare Transformation hervorgehen, so entspricht

$$\mathop{S}_{i=1}^{n} u_i^2 - \mathop{S}_{i=1}^{h} (u_i^*)^2 \tag{31}$$

der Summe der Quadrate von $n - h$ voneinander unabhängigen, normal verteilten Größen mit dem Durchschnitt Null und der Streuung 1, die zudem von den Größen u_i^* stochastisch unabhängig sind. Anders ausgedrückt ist (31) eine Größe χ^2 mit $n - h$ Freiheitsgraden.

Ausgerüstet mit diesem wichtigen Ergebnis kehren wir nun zur Untersuchung der Verteilung von $S(Y - \bar{y})^2/\sigma^2$ zurück.

Wenn die Werte y in der Grundgesamtheit von den $x_1, x_2, \ldots, x_p$ unabhängig sind, so wird in der Formel (1) von 924

$$\beta_1 = \beta_2 = \cdots = \beta_p = 0.$$

In diesem Falle ist

$$\frac{S(y_i - \bar{y})^2}{\sigma^2}$$

verteilt wie χ^2 mit $N - 1$ Freiheitsgraden.

Wie andererseits aus den Formeln (3) und (6) von 924 hervorgeht, sind die $(y_i - Y_i)$ lineare Funktionen der $(y_i - \bar{y})$. Zudem ist nach Formel (18) des Abschnitts 924 $S(y_i - Y_i)^2/\sigma^2$ verteilt wie χ^2 mit $N - p - 1$ Freiheitsgraden.

Infolgedessen ist die Differenz

$$\frac{S(y_i - \bar{y})^2}{\sigma^2} - \frac{S(y_i - Y_i)^2}{\sigma^2}$$

oder also

$$\frac{S(Y_i - \bar{y})^2}{\sigma^2}$$

verteilt wie χ^2 mit $(N - 1) - (N - p - 1) = p$ Freiheitsgraden.

Damit ist gezeigt, daß der Ausdruck (24) entsprechend F verteilt ist, wenn in der Grundgesamtheit die y von den $x_1, x_2, \ldots, x_p$ unabhängig sind. Mit der Formel (24) läßt sich somit feststellen, ob B wesentlich von Null abweicht.

Die allgemeine Verteilung von B wurde von R. A. FISHER (1928) untersucht.

926 Abweichung der beobachteten von der theoretischen Verteilung

Wie wir in 904 sahen, geht die binomische Verteilung bei wachsender Zahl der Züge aus der Urne in die Normalverteilung über. Wir wollen auch für die in 906 erörterte multinomiale Verteilung untersuchen, was wir erhalten, wenn in erster Linie N, aber auch jedes einzelne f_j sehr groß werden. Wir hatten für die multinomiale Verteilung den Ausdruck

$$\varphi(f_j) = \frac{N!}{f_1! \, f_2! \ldots f_j! \ldots f_M!} \, \pi_1^{f_1} \, \pi_2^{f_2} \ldots \pi_j^{f_j} \ldots \pi_M^{f_M} \tag{1}$$

gegeben. Man kann die Fakultäten nach der Stirlingschen Formel

$$N! = \sqrt{2\,N\,\pi}\; e^{-N}\, N^N \tag{2}$$

ersetzen. Aus (1) wird sodann

$$\varphi(f_j) = \frac{\sqrt{2\,N\,\pi}\; e^{-N}\, N^N}{\displaystyle\prod_{j=1}^{M} \sqrt{2\,f_j\,\pi}\; e^{-f_j}\, f_j^{f_j}} \prod_{j=1}^{M} \pi_j^{f_j};$$

oder, wenn wir beachten, daß $N\,\pi_j = \varphi_j$, $\sum f_j = N$,

$$\varphi(f_j) = \frac{\sqrt{2\,N\,\pi}}{\displaystyle\prod_{j=1}^{M} \sqrt{2\,f_j\,\pi}} \prod_{j=1}^{M} \left(\frac{\varphi_j}{f_j}\right)^{f_j}.$$

Durch Logarithmieren finden wir daraus

$$\ln \varphi(f_j) = \ln \sqrt{2\,\pi\,N} - \sum_j \ln \sqrt{2\,\pi\,f_j} - \sum_j f_j \ln \frac{f_j}{\varphi_j}.$$

Führt man eine neue Größe ein, indem man die Abweichungen der beobachteten Häufigkeiten f_j von den theoretisch zu erwartenden φ_j durch $\sqrt{\varphi_j}$ dividiert, somit

$$u_j = \frac{f_j - \varphi_j}{\sqrt{\varphi_j}}, \tag{3}$$

so wird

$$\ln \varphi(f_j) = \ln \sqrt{2\,\pi\,N} - \sum_j \ln \sqrt{2\,\pi\,(\varphi_j + u_j \sqrt{\varphi_j})} - \sum_j (\varphi_j + u_j \sqrt{\varphi_j}) \ln \left(1 + \frac{u_j}{\sqrt{\varphi_j}}\right).$$

Wir können $\ln \varphi(f_j)$ auch in der Form

$$\ln \varphi(f_j) = \ln \sqrt{2\,\pi\,N} - \sum_j \frac{1}{2} \ln 2\,\pi\,\varphi_j - \sum_j \frac{1}{2} \ln \left(1 + \frac{u_j}{\sqrt{\varphi_j}}\right)$$

$$- \sum_j (\varphi_j + u_j \sqrt{\varphi_j}) \ln \left(1 + \frac{u_j}{\sqrt{\varphi_j}}\right)$$

schreiben. Wenn

$$\left| \frac{u_j}{\sqrt{\varphi_j}} \right| < 1,$$

konvergiert die Reihe

$$\ln \left(1 + \frac{u_j}{\sqrt{\varphi_j}}\right) = \frac{u_j}{\sqrt{\varphi_j}} - \frac{u_j^2}{2\,\varphi_j} + \frac{u_j^3}{3\,\varphi_j \sqrt{\varphi_j}} - \frac{u_j^4}{4\,\varphi_j^2} + - \cdots$$

Für $\ln \varphi(f_j)$ erhält man

$$\ln \varphi(f_j) = \ln \sqrt{2\,\pi\,N} - \sum_j \ln \sqrt{2\,\pi\,\varphi_j} - \sum_j \left(\frac{u_j}{2\sqrt{\varphi_j}} - \frac{u_j^2}{4\,\varphi_j} + - \cdots \right)$$

$$- \sum_j \left(u_j \sqrt{\varphi_j} + \frac{u_j^2}{2} - \frac{u_j^3}{6\sqrt{\varphi_j}} + \frac{u_j^4}{12\,\varphi_j} - + \cdots \right).$$

Aus der Gleichung (3) und aus $\sum \varphi_j = N$ folgt, daß

$$\sum_j u_j \sqrt{\varphi_j} = 0. \tag{4}$$

Wenn wir uns auf solche Werte u_j beschränken, für die

$$u_j < (\varphi_j)^{1/6}, \tag{5}$$

so wird mit wachsenden Werten von φ_j

$$\ln \varphi(f_j) = \ln \sqrt{2\,\pi\,N} - \sum_j \ln \sqrt{2\,\pi\,\varphi_j} - \sum_j \frac{u_j^2}{2},$$

und daraus

$$\varphi(f_j) = \sqrt{2\,\pi\,N} \prod_{j=1}^{M} \frac{1}{\sqrt{2\,\pi\,\varphi_j}}\, e^{-\frac{u_j^2}{2}}. \tag{6}$$

Die M durch (3) gegebenen Größen u_j sind somit bei genügend großem φ_j jede normal verteilt mit dem Durchschnitt Null und der Streuung 1; zudem sind sie scheinbar voneinander stochastisch unabhängig. In Wirklichkeit besteht indessen zwischen ihnen die lineare Beziehung (4).

Nach 911 ist

$$\chi^2 = \mathop{S}_{j=1}^{M} \frac{(f_j - \varphi_j)^2}{\varphi_j} \tag{7}$$

verteilt gemäß

$$d\Phi(\chi^2) = \frac{1}{\left(\dfrac{n-2}{2}\right)!} \left(\frac{\chi^2}{2}\right)^{\frac{n-2}{2}} e^{-\frac{\chi^2}{2}} d\left(\frac{\chi^2}{2}\right), \tag{8}$$

wobei die Zahl der Freiheitsgrade $n = M - 1$, wegen der Beziehung (4) um 1 kleiner ist als die Zahl der Klassen.

In den vorangehenden Betrachtungen wurden die Grundwahrscheinlichkeiten π_j als zum voraus gegeben angesehen. Es kommt aber öfter vor, daß die π_j aus den beobachteten Werten ermittelt werden müssen. Sie können von einem oder mehreren Parametern abhängen, die aus den Beobachtungen zu schätzen sind. Wenn die π_j von einem einzigen Parameter abhängen, wie dies für die Poissonsche Verteilung zutrifft, dann muß der Freiheitsgrad von χ^2 um 1 herabgesetzt werden, er beläuft sich demnach auf $M - 2$. Bei der binomischen und der negativen binomischen Verteilung sind die π_j durch zwei Parameter bestimmt; entsprechend lautet der Freiheitsgrad für das χ^2 in diesem Falle $M - 3$.

Wie in 32 gezeigt wurde, kann die Abweichung einer beobachteten von einer theoretischen Verteilung nach den soeben erörterten Formeln geprüft werden. Im gleichen Abschnitt wurde gezeigt, daß man bei der binomischen und der Poissonschen Verteilung auch prüfen kann, ob die Streuung einer Beobachtungsreihe der theoretisch zu erwartenden Streuung entspricht. Die Grundlagen für dieses Prüfverfahren ergeben sich durch folgende Überlegungen.

Nach den Erörterungen in 904 erhält man aus der binomischen Verteilung bei wachsendem m eine normale Verteilung. Anderseits ist nach der Formel (4) von 902 die Streuung der binomischen Verteilung durch

$$\sigma^2 = m\,\pi(1-\pi)$$

gegeben, wobei π die Wahrscheinlichkeit für das Eintreten des Ereignisses bei einem Versuch oder einer Beobachtung bedeutet. Im Durchschnitt erhält man theoretisch in m Versuchen

$$\mu = m\,\pi$$

Ereignisse. Setzt man in der Formel für σ^2 an Stelle des theoretischen Wertes μ den beobachteten Durchschnitt $\bar{x}$, und an Stelle von π die Schätzung p ein, so findet man für σ^2 den Ausdruck

$$\bar{x}(1-p). \tag{9}$$

Nach Abschnitt 920 ist aber für die normale Verteilung

$$(N-1)\,s^2/\sigma^2 = S_{xx}/\sigma^2 \tag{10}$$

verteilt wie χ^2 mit $N-1$ Freiheitsgraden. Ersetzen wir in dieser Formel σ^2 durch den Ausdruck (9), so wird

$$S_{xx}/\bar{x}(1-p) = \chi^2\,, \tag{11}$$

was in 32 verwendet wurde. Die Formel (11) ist, wie aus unserer Ableitung hervorgeht, nur angenähert gültig.

Für die Poissonsche Verteilung hat man

$$\mu = \sigma^2 = \lambda\,,$$

wie in 903 gezeigt wurde. Die Poissonsche Verteilung nähert sich bei wachsendem λ der normalen Verteilung, wie dies in 904 dargetan wurde.

Ersetzt man in (10) die Streuung σ^2 durch die Schätzung von λ, also durch $\bar{x}$, so ergibt sich

$$S_{xx}/\bar{x} = \chi^2 \tag{12}$$

mit $N-1$ Freiheitsgraden als angenäherte Formel. Im Beispiel 14 des Abschnittes 32 wurde Formel (12) benützt.

Die Formeln, die im Abschnitt 41 benützt wurden, um zu prüfen, ob eine beobachtete Verteilung wesentlich von der Normalverteilung abweicht, werden wir hier nicht ableiten; wir verweisen diesbezüglich auf die Arbeit von R. A. Fisher (1930), in der diese Formeln bewiesen wurden.

Das im Abschnitt 33 angegebene, genaue Verfahren zur Prüfung der Unabhängigkeit der Häufigkeiten einer 2×2-Felder-Tafel kann wie folgt begründet werden. Wir benützen die folgenden Bezeichnungen:

a	b		$a + b = m$
c	d		$c + d = n$
$a + c = r$	$b + d = s$		$a + b + c + d = N$

Im Abschnitt 906 wurde gezeigt, daß die Wahrscheinlichkeit, in N Beobachtungen die Anzahlen a, b, c und d zu erhalten, gleich ist

$$(N!/a!\,b!\,c!\,d!)\ \pi_1^a\,\pi_2^b\,\pi_3^c\,\pi_4^d\,, \tag{13}$$

wenn π_1, π_2, π_3 und π_4 die Wahrscheinlichkeiten bedeuten, bei einer Beobachtung das Ereignis in der betreffenden Klasse zu erhalten.

Bei Unabhängigkeit hat man

$$\pi_1/\pi_2 = \pi_3/\pi_4 \quad \text{oder} \quad \pi_1/\pi_3 = \pi_2/\pi_4$$

oder die ebenfalls gleichwertige Beziehung

$$\pi_1\,\pi_4 = \pi_2\,\pi_3\,.$$

Man kann demnach

$$\pi_1 = \pi_3 = k\,\pi \qquad \pi_2 = \pi_4 = k(1 - \pi) \tag{14}$$

setzen, wo k ein fester Faktor ist. Aus (13) wird daher

$$(N!/a!\,b!\,c!\,d!)\ k^N\,\pi^{a+c}\,(1 - \pi)^{b+d}$$

$$= (N!/a!\,b!\,c!\,d!)\ k^N\,\pi^r(1 - \pi)^s\,. \tag{15}$$

Bedenken wir, daß r, s, m und n in der Vierfeldertafel fest sind, und bestimmen wir die Summe der Wahrscheinlichkeiten (15) für alle möglichen Werte von a, b, c, d bei festen Randzahlen, so wird

$$\sum \frac{N!}{a!\,b!\,c!\,d!}\ k^N\,\pi^r\,(1 - \pi)^s = k^N\,\pi^r\,(1 - \pi)^s \sum \frac{N!}{a!\,b!\,c!\,d!}$$

$$= k^N\,\pi^r\,(1 - \pi)^s\,\frac{N!}{r!\,s!} \sum \frac{r!}{a!\,c!}\,\frac{s!}{b!\,d!}$$

$$= k^N\,\pi^r\,(1 - \pi)^s\,\frac{N!}{r!\,s!} \sum \binom{r}{a}\binom{s}{b}$$

$$= k^N\,\pi^r\,(1 - \pi)^s\,\frac{N!}{r!\,s!}\,\binom{N}{m}$$

oder also

$$\sum \frac{N!}{a!\,b!\,c!\,d!}\ k^N\,\pi^r\,(1 - \pi)^s = k^N\,\pi^r\,(1 - \pi)^s\,\frac{(N!)^2}{r!\,s!\,m!\,n!}\,. \tag{16}$$

Bei *Unabhängigkeit* hat man daher für die Wahrscheinlichkeit, gerade die Anzahlen a, b, c und d zu erhalten, das Verhältnis von (15) zu (16) oder

$$\frac{N!}{a!\,b!\,c!\,d!}\, k^N\, \pi^r\, (1-\pi)^s \cdot \frac{r!\,s!\,m!\,n!}{k^N\, \pi^r (1-\pi)^s\, (N!)^2}\,,$$

was sich auf die Formel (4) von 33

$$(r!\,s!\,m!\,n!)/(a!\,b!\,c!\,d!\,N!) \tag{17}$$

vereinfachen läßt.

Berechnet man mit Hilfe der Wahrscheinlichkeit (17) die durchschnittliche Häufigkeit μ_a bezüglich a

$$\mu_a = \sum a\, \frac{r!\,s!\,m!\,n!}{a!\,b!\,c!\,d!\,N!}$$

oder, nach dem schon in 906 verschiedentlich verwendeten Kunstgriff

$$\mu_a = \sum \frac{r(r-1)!\,s!\,m!\,n!}{(a-1)!\,b!\,c!\,d!\,N!} = r\, \frac{m!\,n!}{N!} \sum \binom{r-1}{a-1}\binom{s}{b}$$

$$= r\, \frac{m!\,n!}{N!} \binom{N-1}{m-1} = r\, \frac{m!\,n!(N-1)!}{N!(m-1)!\,n!}$$

$$\mu_a = r\,m/N\,. \tag{18}$$

In ähnlicher Weise findet man als Durchschnitt von $a\,(a-1)$

$$m\,(m-1)\,r\,(r-1)/N\,(N-1)\,. \tag{19}$$

und, wenn wir die Streuung von a mit σ_a^2 bezeichnen, wobei bekanntlich

$$\sigma_a^2 = \mu_{a^2} - \mu_a^2$$

ist, so findet man

$$\sigma_a^2 = m\,n\,r\,s/N^2(N-1)\,. \tag{20}$$

Entsprechend kann man σ_{ad} definieren als

$$\sigma_{ad} = \mu_{ad} - \mu_a\,\mu_d$$

und erhält

$$\sigma_{ad} = m\,n\,r\,s/N^2(N-1)\,. \tag{21}$$

Die Formel (20) gilt sowohl für a, als auch für b, c und d. Ebenso gilt (21) für zwei beliebige Häufigkeiten der Vierfeldertafel, wobei zu beachten ist, daß die Formeln (18), (20) und (21) für Unabhängigkeit ermittelt wurden.

927 Aufteilen beobachteter Größen

Wie in 63 dargelegt wurde, handelt es sich beim Aufteilen beobachteter Größen um folgende Frage. Wir kennen beispielsweise die „Gesamtkosten" y_t einer Anzahl p von „Erzeugnissen" in N „Fabrikationsperioden". Wir kennen weiter für jede „Fabrikationsperiode" die „Mengen" x_{1t}, x_{2t}, $\ldots$, x_{pt} der „Erzeugnisse". Wie können wir die „Gesamtkosten" auf die einzelnen „Erzeugnisse" aufteilen?

Wir setzen

$$Y = b_1 x_1 + b_2 x_2 + \cdots + b_p x_p \tag{1}$$

und verlangen, daß

$$\overset{N}{\underset{i=1}{S}} (y_i - Y_i)^2 = \text{Minimum.} \tag{2}$$

Die Koeffizienten b_j erhielten wir als Lösungen der Gleichungen

$$\left.\begin{aligned}
b_1\, S x_1^2 \;\;\;\, + b_2\, S x_2 x_1 + \cdots + b_p\, S x_p x_1 &= S x_1 y\,, \\
b_1\, S x_1 x_2 + b_2\, S x_2^2 \;\;\;\, + \cdots + b_p\, S x_p x_2 &= S x_2 y\,, \\
\cdots\cdots\cdots\cdots\cdots\cdots\cdots\cdots\cdots\cdots \\
b_1\, S x_1 x_p + b_2\, S x_2 x_p + \cdots + b_p\, S x_p^2 \;\;\;\, &= S x_p y\,.
\end{aligned}\right\} \tag{3}$$

Schließlich berechneten wir noch

$$B = \frac{1}{S y^2}\, (b_1\, S x_1 y + b_2\, S x_2 y + \cdots + b_p\, S x_p y). \tag{4}$$

In 63 wurden die Prüfverfahren für das Aufteilen entsprechend den Prüfverfahren für die mehrfache Regression angewandt.

Wir wollen zeigen, daß die beiden Prüfverfahren als gleichwertig zu betrachten sind. Zu diesem Zwecke bedienen wir uns wiederum der geometrischen Veranschaulichung.

Betrachten wir zunächst die mehrfache Regression. Wir gehen auch hier aus von N Werten y und ebenso vielen Werten der p unabhängigen Veränderlichen $x_1, x_2, \ldots, x_p$. An Stelle von (1) setzen wir aber (siehe 613.1)

$$Y - \bar{y} = b_1(x_1 - \bar{x}_1) + b_2(x_2 - \bar{x}_2) + \cdots + b_p(x_p - \bar{x}_p) \tag{5}$$

und finden die b_j aus der Forderung, daß

$$S(y_i - Y_i)^2 = \text{Minimum}\,. \tag{6}$$

Die mehrfache Bestimmtheit erhalten wir aus

$$\begin{aligned}
B &= \frac{S(Y - \bar{y})^2}{S(y - \bar{y})^2} \\
&= \frac{1}{S(y - \bar{y})^2}\, \{b_1\, S(x_1 - \bar{x}_1)\,(y - \bar{y}) + \cdots + b_p\, S(x_p - \bar{x}_p)\,(y - \bar{y})\}\,. \tag{7}
\end{aligned}$$

In einem N-dimensionalen Raum können wir die Werte y als Koordinaten eines Punktes P_0, die Werte $x_{j1}, x_{j2}, \ldots, x_{jN}$ als Koordinaten eines Punktes $P_j(j = 1, 2, \ldots, p)$ betrachten, oder auch als Komponenten der entsprechenden Vektoren $\overrightarrow{OP_0}, \overrightarrow{OP_1}, \ldots, \overrightarrow{OP_p}$, wobei O den Ursprung bezeichnet. Jeden dieser $p + 1$ Vektoren können wir in zwei Komponenten zerlegen, indem wir ihn auf die Symmetriegerade, die durch O und den Punkt $(1, 1, \ldots, 1)$ geht, projizieren. Nennen wir die Projektion von P_j auf die Symmetriegerade S_j, so hat $\overrightarrow{OS_j}$ die Komponenten $\bar{x}_j, \bar{x}_j, \ldots, \bar{x}_j$ und $\overrightarrow{S_j P_j}$ die Komponenten $x_j - \bar{x}_j$. Versetzen wir die Anfangspunkte der Vektoren $\overrightarrow{S_j P_j}$ in den Ursprung und nennen die so erhaltenen Vektoren $\overrightarrow{OQ_j}$, so spannen die Vektoren $\overrightarrow{OQ_j}\,(j = 1, 2, \ldots, p)$ einen p-dimensionalen Raum auf, der zudem orthogonal zur Symmetriegeraden liegt. Die lineare Kombination

$$b_1(x_1 - \bar{x}_1) + b_2(x_2 - \bar{x}_2) + \cdots + b_p(x_p - \bar{x}_p) = Y - \bar{y}$$

stellt somit einen Vektor in diesem p-dimensionalen Raum dar. Aus der Bedingung (6) folgt, daß der $Y - \bar{y}$ darstellende Vektor erhalten wird, indem man den Vektor $\overrightarrow{OQ_0}$ auf den genannten p-dimensionalen Raum projiziert.

Liegt $\overrightarrow{OQ_0}$ in dem durch $\overrightarrow{OQ_1}$, $\overrightarrow{OQ_2}$, $\ldots$, $\overrightarrow{OQ_p}$ aufgespannten Raum, so besteht vollständige lineare Abhängigkeit zwischen y und den x_j; steht dagegen $\overrightarrow{OQ_0}$ orthogonal zu diesem Raume, so sind alle $b_j = 0$, und y ist von den x_j unabhängig. Nach (7) ist B gleich dem $\cos^2$ des Winkels zwischen dem Vektor $\overrightarrow{OQ_0}$ und seiner Projektion auf den durch $\overrightarrow{OQ_1} \ldots \overrightarrow{OQ_p}$ aufgespannten Raum.

Legt man durch den Fußpunkt des Lotes durch Q_0 einen $(p - 1)$-dimensionalen Raum parallel zu den Vektoren $\overrightarrow{OQ_2}$, $\overrightarrow{OQ_3}$, $\ldots$, $\overrightarrow{OQ_p}$, so ist der Abstand des Schnittpunktes dieses Raumes mit der Geraden OQ_1 vom Ursprung das b_1-fache des Abstandes OQ_1. In dieser Weise läßt sich also der mehrfache Regressionskoeffizient b_j geometrisch darstellen.

Die Verteilung der Bestimmtheit B in allen Stichproben des Umfangs N aus einer gegebenen Grundgesamtheit kann man ebenfalls geometrisch leicht deuten, wenn man annimmt, daß die Bestimmtheit in der Grundgesamtheit gleich Null ist und wir es stets mit demselben Satz von Werten $x_1, x_2, \ldots, x_p$ der unabhängigen Veränderlichen zu tun haben. In diesem Falle werden alle möglichen Punkte P_0 und ebenso die daraus abgeleiteten Q_0 symmetrisch um den Punkt mit der größten Wahrscheinlichkeit verteilt sein, während der Raum der Vektoren $\overrightarrow{OQ_1}$, $\overrightarrow{OQ_2}$, $\ldots$, $\overrightarrow{OQ_p}$ fest ist.

Suchen wir nun eine entsprechende geometrische Veranschaulichung der Gleichungen (1) und (4), also des Aufteilungsproblems. Wenn wir wiederum die N Werte von x_j als Komponenten von p Vektoren im N-dimensionalen Raum auffassen, so spannen diese einen p-dimensionalen Raum auf. Die Bedingung (2) besagt, daß Y dargestellt werden kann als jener Vektor des p-dimensionalen Raumes, der durch Projektion von $\overrightarrow{OP_0}$ auf den Raum der $\overrightarrow{OP_1}$, $\overrightarrow{OP_2}$, $\ldots$, $\overrightarrow{OP_p}$ der Darstellung von $y_1, y_2, \ldots, y_N$ erhalten wird. Der $\cos^2$ des Winkels zwischen dem Vektor $\overrightarrow{OP_0}$ und seiner Projektion stellt wiederum die Bestimmtheit B dar.

Im Aufteilungsproblem sind nun die Größen $x_1, x_2, \ldots, x_p$ normal zufällig verteilt, während y nicht dem Zufall unterworfen ist. Es kann ja beispielsweise vorkommen, daß die „Gesamtkosten" in allen N „Perioden" genau gleich groß sind. Es ist demnach so, daß der Punkt P_0 als fest anzusehen ist, während der Raum der $\overrightarrow{OP_1}$, $\overrightarrow{OP_2}$, $\ldots$, $\overrightarrow{OP_p}$ zufällig verteilt ist.

Im einen Fall (Regression) wird die Verteilung von B durch die Verteilung des Winkels zwischen einer festen Ebene und einer zufällig angeordneten Richtung wiedergegeben, im andern Falle (Aufteilen) handelt es sich um die Verteilung des Winkels zwischen einer festen Richtung und einer zufällig angeordneten Ebene. Daraus folgt auf Grund weiterer Überlegungen, für die wir auf die Arbeit von HOTELLING (1931) verweisen, die Gleichheit der beiden Verteilungen.

928 Trennverfahren und verallgemeinerter Abstand

Wie aus 641 und 65 hervorgeht, besteht zwischen dem Trennverfahren mit zwei Gruppen und dem verallgemeinerten Abstand eine sehr enge Beziehung. Insbesondere verwendet man in beiden Fällen dasselbe Prüfverfahren, wenn man beurteilen will, ob die beiden Stichproben aus der gleichen Grundgesamtheit stammen. Wir gehen hier auf die theoretischen Grundlagen dieser Prüfverfahren nicht näher ein, sondern verweisen dafür auf die Arbeiten von R. A. FISHER (1938 b, 1940), W. L. STEVENS (1945), C. R. RAO (1946, 1948, 1952) und R. LANG (1960), in denen auch die Verfahren begründet werden, die beim Trennverfahren mit mehr als zwei Gruppen zu verwenden sind. Dagegen zeigen wir, wie der verallgemeinerte Abstand geometrisch gedeutet werden kann, und welches seine Verteilung im wichtigsten Spezialfall ist.

In 65 wurde gezeigt, wie der verallgemeinerte Abstand D^2 mit drei Veränderlichen zu berechnen ist. Wir wollen hier zunächst die Definitionen für den Fall von p Veränderlichen wiederholen.

Von p Veränderlichen $x_j (j = 1, 2, \ldots, p)$ sind zwei Gruppen von N_A und N_B Werten gegeben. Man berechnet für jede Gruppe getrennt die Summe der Quadrate und die Summe der Produkte; sie lautet z. B. für die Gruppe A

$$\underset{i}{S}(x_{jiA} - \bar{x}_{jA})(x_{kiA} - \bar{x}_{kA}) = S_{jk}^A. \qquad (j, k = 1, 2, \ldots, p) \qquad (1)$$

Man berechnet weiter die Summe der Ausdrücke (1) für die Gruppen A und B zusammen, was wie in 641 in der Form

$$S_{jk}^A + S_{jk}^B = S_{jk} \qquad (j, k = 1, 2, \ldots, p) \qquad (2)$$

geschrieben sei. Die Streuungen und die durchschnittlichen Summen der Produkte sind dann gegeben durch

$$s_{jk} = \frac{1}{N_A + N_B - 2} S_{jk}. \qquad (j, k = 1, 2, \ldots, p) \qquad (3)$$

Weiter bezeichnen wir die Unterschiede der Durchschnitte der beiden Gruppen abkürzend mit d_j, also:

$$d_j = \bar{x}_{jA} - \bar{x}_{jB}. \qquad (j = 1, 2, \ldots, p) \qquad (4)$$

Endlich sei s^{jk} die Unterdeterminante von s_{jk} dividiert durch die Determinante der s_{jk}.

Der verallgemeinerte Abstand D^2 ist dann definiert durch

$$D^2 = s^{11} d_1^2 + s^{22} d_2^2 + \cdots + s^{pp} d_p^2$$
$$+ 2(s^{12} d_1 d_2 + s^{13} d_1 d_3 + \cdots + s^{p-1, p} d_{p-1} d_p). \qquad (5)$$

R. C. BOSE und S. N. ROY (1938) gelang es, die Verteilung von D^2 abzuleiten unter der Voraussetzung, daß die beiden Grundgesamtheiten, aus denen die Stichproben A und B stammen, dieselben Streuungen und durchschnittlichen Produktsummen aufweisen und p-fache normale Verteilungen darstellen. Wenn wir für die Größen der Grundgesamtheiten an Stelle der soeben benützten lateinischen Buchstaben die entsprechenden griechischen verwenden, lautet die Definition des verallgemeinerten Abstandes $\varDelta^2$ für die Grundgesamtheiten

$$\varDelta^2 = \sigma^{11}\,\delta_1^2 + \sigma^{22}\,\delta_2^2 + \cdots + \sigma^{pp}\,\delta_p^2$$
$$+ 2(\sigma^{12}\,\delta_1\,\delta_2 + \sigma^{13}\,\delta_1\,\delta_3 + \cdots + \sigma^{p-1,\,p}\,\delta_{p-1}\,\delta_p). \qquad (6)$$

Man findet für D^2 eine geometrische Deutung auf folgende Art. Die N_A Werte der Veränderlichen x_j lassen sich als Komponenten eines Vektors $\overrightarrow{OP_j}$ in einem Raum $R(N_A)$ von N_A Dimensionen auffassen, ebenso die N_B Werte der Veränderlichen x_j als Komponenten eines Vektors $\overrightarrow{OP_j}$ im Raum $R(N_B)$ von N_B Dimensionen, wobei O den gemeinsamen Ursprung der beiden Räume bedeutet. Die Räume $R(N_A)$ und $R(N_B)$ seien zueinander vollständig orthogonal. Man erhält derart p Vektoren $\overrightarrow{OP_j}$ im $R(N_A)$ und p zu ihnen orthogonale Vektoren $\overrightarrow{OP_j}$ in $R(N_B)$.

Projizieren wir P_j auf einen $(N_A - 1)$-dimensionalen, orthogonal zur Symmetriegeraden des Raumes $R(N_A)$ liegenden und durch den Ursprung O gehenden Raum $R(N_A - 1)$, so erhalten wir einen Punkt Q_j. Die Komponenten des Vektors $\overrightarrow{OQ_j}$, sind aber gleich $x_{jA} - \bar{x}_{jA}$. Entsprechend finden wir im $R(N_B)$ Vektoren $\overrightarrow{OQ_j}$ deren Komponenten gleich $x_{jB} - \bar{x}_{jB}$ sind und die in einem $R(N_B - 1)$ liegen. Die p Vektoren $\overrightarrow{OQ_j}$ in $R(N_B - 1)$ sind ebenfalls orthogonal zu den p Vektoren $\overrightarrow{OQ_j}$ in $R(N_A - 1)$. Die Ausdrücke (1) lassen sich nun als Skalarprodukte von Vektoren schreiben in der Form

$$\overrightarrow{OQ_j} \cdot \overrightarrow{OQ_k} = \underset{i}{S}\,(x_{ji} - \bar{x}_j)\,(x_{ki} - \bar{x}_k). \qquad (7)$$

Führen wir einen Vektor $\overrightarrow{OV_j}$ ein als Summe des Vektors $\overrightarrow{OQ_j}$ in $R(N_A)$ und $\overrightarrow{OQ_j}$ in $R(N_B)$, so wird

$$(N_A + N_B - 2)\,s_{jk} = \overrightarrow{OV_j} \cdot \overrightarrow{OV_k}, \qquad (8)$$

weil wegen der Orthogalität von $R(N_A)$ und $R(N_B)$ die Skalarprodukte von $\overrightarrow{OQ_j}$ in $R(N_A)$ mit $\overrightarrow{OQ_k}$ in $R(N_B)$ und von $\overrightarrow{OQ_k}$ in $R(N_A)$ mit $\overrightarrow{OQ_j}$ in $R(N_B)$ gleich Null sind. Die Vektoren $\overrightarrow{OV_j}$ liegen im Raum $R(N_A + N_B - 2)$ gebildet aus $R(N_A - 1)$ und $R(N_B - 1)$.

Auf der Symmetriegeraden des Raumes $R(N_A)$ sei M_{jA} der Punkt, der vom Ursprung O den Abstand $\bar{x}_{jA}$ hat; auf der Symmetriegeraden von $R(N_B - 1)$ habe M_{jB} vom Ursprung den Abstand $\bar{x}_{jB}$. In der Ebene der beiden Symmetriegeraden sei S_j der Punkt, dessen Projektionen auf die beiden Symmetriegeraden gleich M_{jA} und M_{jB} sind. Weiter bezeichne OY die äußere Winkelhalbierende der beiden Symmetriegeraden und W_j die Projektion von S_j auf OY. Man ersieht unschwer, daß

$$O W_j = \frac{1}{\sqrt{2}} \, (\bar{x}_{jA} - \bar{x}_{jB}). \qquad (j = 1, 2, \ldots, p) \qquad (9)$$

Halten wir noch fest, daß die Ebene der Symmetriegeraden von $R(N_A)$ und von $R(N_B)$ orthogonal zu den Vektoren $\overrightarrow{OQ_j}$ sowohl von $R(N_A)$ als auch von $R(N_B)$ liegt; also liegt auch OY und damit der Vektor $\overrightarrow{OW_j}$ orthogonal zu den $\overrightarrow{OQ_j}$ und damit zu den $\overrightarrow{OV_j}$.

Bezeichnen wir mit H das *harmonische Mittel* von N_A und N_B. so ist

$$\frac{2}{H} = \frac{1}{N_A} + \frac{1}{N_B}. \qquad (10)$$

Für die geometrische Deutung des verallgemeinerten Abstandes benötigen wir nun noch den Vektor $\overrightarrow{OT_j}$, den wir als Summe von $\overrightarrow{OV_j}$ und $\sqrt{H}\,\overrightarrow{OW_j}$ definieren. Das Skalarprodukt $\overrightarrow{OT_j} \cdot \overrightarrow{OT_k}$ wird

$$\overrightarrow{OT_j} \cdot \overrightarrow{OT_k} =$$

$$\left(\overrightarrow{OV_j} + \sqrt{H}\,\overrightarrow{OW_j}\right)\left(\overrightarrow{OV_k} + \sqrt{H}\,\overrightarrow{OW_k}\right) = \overrightarrow{OV_j} \cdot \overrightarrow{OV_k} + H\,\overrightarrow{OW_j} \cdot \overrightarrow{OW_k},$$

da die übrigen Produkte wegen der Orthogonalität von $\overrightarrow{OV_j}$ und $\overrightarrow{OW_k}$ und von $\overrightarrow{OV_k}$ und $\overrightarrow{OW_j}$ verschwinden. Man hat somit nach (8), (9) und (4)

$$\overrightarrow{OT_j} \cdot \overrightarrow{OT_k} = (N_A + N_B - 2)\,s_{jk} + \frac{H}{2}\,d_j\,d_k. \qquad (11)$$

Auf der Winkelhalbierenden OY sei $\overrightarrow{OE}$ der Einheitsvektor, und F sei der Fußpunkt von E aus auf den Raum, der durch $\overrightarrow{OT_1}, \overrightarrow{OT_2}, \ldots, \overrightarrow{OT_p}$ aufgespannt wird. Der Abstand EF sei mit k bezeichnet. Man kann diesen Abstand auch schreiben als

$$k = \frac{\mathrm{Vol}(\overrightarrow{OE}, \overrightarrow{OT_1}, \overrightarrow{OT_2}, \ldots, \overrightarrow{OT_p})}{\mathrm{Vol}(\overrightarrow{OT_1}, \overrightarrow{OT_2}, \ldots, \overrightarrow{OT_p})}, \qquad (12)$$

da EF orthogonal zu den $\overrightarrow{OT_1}, \overrightarrow{OT_2}, \ldots, \overrightarrow{OT_p}$ nach Definition. Das Volumen im Zähler von (12) ist aber gleich dem Volumen des durch $\overrightarrow{OE}$ und die Projektionen von $\overrightarrow{OT_1}, \overrightarrow{OT_2}, \ldots, \overrightarrow{OT_p}$ auf den zu $\overrightarrow{OE}$ orthogonalen Raum $R(N_A + N_B - 2)$ aufgespannten Körpers. Die Projektionen der $\overrightarrow{OT_j}$ auf den zu $\overrightarrow{OE}$ orthogonalen Raum $R(N_A + N_B - 2)$ sind nach der Definition von $\overrightarrow{OT_j}$ nichts anderes als die Vektoren $\overrightarrow{OV_j}$. Also ist das Volumen im Zähler gleich dem Volumen von $(\overrightarrow{OV_1}, \overrightarrow{OV_2}, \ldots, \overrightarrow{OV_p})$. Somit wird

$$k^2 = \frac{\left|\overrightarrow{OV_j} \cdot \overrightarrow{OV_k}\right|}{\left|\overrightarrow{OT_j} \cdot \overrightarrow{OT_k}\right|} = \frac{\left|(N_A + N_B - 2)\,s_{jk}\right|}{\left|(N_A + N_B - 2)\,s_{jk} + \dfrac{H}{2}\,d_j\,d_k\right|}$$

und daraus

$$k^2 = \frac{\left|(N_A + N_B - 2)\, s_{jk}\right|}{\left|(N_A + N_B - 2)\, s_{jk}\right| + \dfrac{H}{2}\,(N_A + N_B - 2)^{p-1}\,|s_{jk}|\,\displaystyle\sum_j \sum_k s^{jk}\, d_j\, d_k} \tag{13}$$

und somit

$$k^2 = \frac{1}{1 + \dfrac{H}{2\,(N_A + N_B - 2)}\,\sum\sum s^{jk}\, d_j\, d_k}\; ; \tag{14}$$

woraus nach (5) folgt

$$k^2 = \frac{1}{1 + \dfrac{H}{2\,(N_A + N_B - 2)}\,D^2}\; . \tag{15}$$

Betrachten wir nun das Dreieck EOF, das in F einen rechten Winkel aufweist, dessen Seite OE die Länge 1 und dessen Seite EF die Länge k hat. Es ist $\sphericalangle EOF$ der Winkel zwischen OY und dem durch $\overrightarrow{OT}_1, \overrightarrow{OT}_2, \ldots, \overrightarrow{OT}_p$ aufgespannten Raume, und man hat

$$k = \sin \sphericalangle EOF, \tag{16}$$

und infolgedessen

$$D^2 = \frac{2(N_A + N_B - 2)}{H}\,\operatorname{ctg}^2 \sphericalangle EOF. \tag{17}$$

Was die weiteren Ableitungen und den Ausdruck für die Verteilung von D^2 selbst betrifft, verweisen wir auf die Arbeit von R. C. BOSE und S. N. ROY (1938). Wir geben hier einzig die Verteilung von D^2, wenn $\varDelta^2 = 0$ ist; in diesem Falle fanden BOSE und ROY

$$d\varPhi(D^2) = \left(\frac{H}{2\,(N_A + N_B - 2)}\right)^{\frac{p}{2}}$$

$$\times \frac{\left(\dfrac{N_A + N_B - 3}{2}\right)!\,(D^2)^{\frac{p-2}{2}}\,d(D^2)}{\left(\dfrac{p-2}{2}\right)!\left(\dfrac{N_A + N_B - p - 3}{2}\right)!\left(1 + \dfrac{H}{2}\cdot\dfrac{D^2}{N_A + N_B - 2}\right)^{\frac{N_A + N_B - 1}{2}}}\; . \tag{18}$$

Man stellt unschwer fest, daß sie mit den Beziehungen

$$F = \frac{H}{2}\cdot\frac{N_A + N_B - p - 1}{p\,(N_A + N_B - 2)}\,D^2 \tag{19}$$

und

$$n_1 = p, \quad n_2 = N_A + N_B - p - 1$$

einer F-Verteilung entspricht.

93 Die Streuungszerlegung

931 Einfache Streuungszerlegung

Die einfache Streuungszerlegung können wir anwenden, wenn N beobachtete
Werte y in M Klassen geordnet sind. Zudem müssen die Werte innerhalb jeder
Klasse aus einer normalen Grundgesamtheit stammen, deren Streuung σ^2 sich
von Klasse zu Klasse gleichbleibt. In der j-ten Klasse seien N_j Einzelwerte
vorhanden; für sie gilt demnach

$$d\Phi(y_{ji}) = \frac{1}{\sigma\sqrt{2\pi}}\, e^{-\frac{(y_{ji}-\alpha-\beta_j)^2}{2\sigma^2}}\, dy_{ji}, \tag{1}$$

wobei $i = 1, 2, \ldots, N_j$ und $j = 1, 2, \ldots, M$.

Da die β_j lediglich die Abweichungen der Durchschnitte der Grundgesamtheiten der M Klassen untereinander angeben sollen, setzen wir

$$\mathop{S}_{j} N_j\,\beta_j = 0. \tag{2}$$

Aus den beobachteten Werten y_{ji} seien Schätzungen der $M + 1$ Parameter
α, β_j zu bestimmen. Wir bezeichnen sie mit a, b_j und fordern, daß

$$\mathop{S}_{j}\mathop{S}_{i} (y_{ji} - a - b_j)^2 = \text{Minimum}, \tag{3}$$

wobei noch entsprechend (2) die Beziehung

$$\mathop{S}_{j} N_j\,b_j = 0 \tag{4}$$

bestehen soll. Setzen wir die Ableitungen von (3) nach a und nach b_j gleich
Null, so finden wir:

$$\mathop{S}_{j}\mathop{S}_{i} y_{ji} - N\,a - \mathop{S}_{j} N_j\,b_j = 0, \tag{5a}$$

$$\mathop{S}_{i} y_{ji} - N_j\,a - N_j\,b_j = 0, \quad (j = 1, 2, \ldots, M) \tag{5b}$$

und daraus

$$a = \frac{1}{N}\mathop{S}_{j}\mathop{S}_{i} y_{ji} = \bar{y}, \tag{6a}$$

$$b_j = \frac{1}{N_j}\mathop{S}_{i} y_{ji} - \bar{y} = \bar{y}_j. - \bar{y}. \quad (j = 1, 2, \ldots, M) \tag{6b}$$

Nach den Ausführungen in 51 gilt außerdem für die Summe der Quadrate insgesamt, innerhalb und zwischen den Klassen die Beziehung

$$\mathop{S}_{j}\mathop{S}_{i} (y_{ji} - \bar{y})^2 = \mathop{S}_{j}\mathop{S}_{i} (y_{ji} - \bar{y}_j.)^2 + \mathop{S}_{j} N_j\,(\bar{y}_j. - \bar{y})^2. \tag{7}$$

Wie in 920 gezeigt wurde, gilt für die Summe der Quadrate *innerhalb* jeder Klasse

$$\frac{1}{\sigma^2}\, S_i\, (y_{ji} - \bar{y}_{j\cdot})^2 = \chi_j^2, \quad n_j = N_j - 1 \,, \tag{8}$$

woraus infolge der Additivität von χ^2 unmittelbar folgt, daß

$$\frac{1}{\sigma^2}\, S_j\, S_i\, (y_{ji} - \bar{y}_{j\cdot})^2 = \chi^2, \quad n = N - M \,. \tag{9}$$

Diese Beziehung zwischen der Summe der Quadrate *innerhalb* der Klassen und der Verteilung von χ^2 gilt für beliebige Werte von β_j. Sie bildet die Grundlage für die in 51 geschilderte Anwendung der t-Verteilung zum Prüfen des Unterschiedes zwischen den Durchschnitten einzelner Klassen.

Für das weitere setzen wir voraus, daß

$$\beta_1 = \beta_2 = \cdots = \beta_M = 0 \,.$$

Zudem müssen die Einzelwerte nicht nur innerhalb jeder Klasse, sondern auch von einer Klasse zur andern voneinander stochastisch unabhängig sein.

Unter diesen Voraussetzungen hat man selbstverständlich für die Summe der Quadrate *insgesamt*

$$\frac{1}{\sigma^2}\, S_j\, S_i\, (y_{ji} - \bar{y})^2 = \chi^2 \,, \quad n = N - 1 \,, \tag{10}$$

und nach dem in 925 angegebenen Satz von R. A. Fisher folgt wegen (7) und (9) auch für die Summe der Quadrate *zwischen* den Klassen

$$\frac{1}{\sigma^2}\, S_j\, N_j (\bar{y}_{j\cdot} - \bar{y})^2 = \chi^2 \,, \quad n = M - 1 \,. \tag{11}$$

Aus (9) und (11) folgt, daß das in 513 benützte Prüfverfahren

$$F = \frac{S_j\, N_j (\bar{y}_{j\cdot} - \bar{y})^2}{S_j\, S_i\, (y_{ji} - \bar{y}_{\cdot})^2} \cdot \frac{N - M}{M - 1} \;; \quad n_1 = M - 1 \,, \quad n_2 = N - M \,, \tag{12}$$

zu Recht besteht.

932 Doppelte Streuungszerlegung

Es seien N Einzelwerte gegeben, die in s Spalten und z Zeilen geordnet werden können, wobei w Einzelwerte in jedem Fach der so gebildeten Tafel vorhanden sind. Demnach ist

$$N = s\, z\, w \,. \tag{1}$$

Im Beispiel 32 in 514.1 ist $s = z = 3$ und $w = 2$, also $N = 18$. Das nachstehende Schema gibt über unsere Bezeichnungen Aufschluß.

Zeile				Spalte			Durchschnitt
	1	2	...	k	...	s	
1							
2							
.							
.							
.							
j				y_{jki}			$\bar{y}_{j.}$
.							
.							
.							
z							
Durchschnitt				$\bar{y}_{.k}$			$\bar{y}$

Demnach zeigen an

$$i = 1, 2, \ldots, w \qquad \text{Einzelwert innerhalb eines Faches};$$
$$j = 1, 2, \ldots, z \qquad \text{Zeile};$$
$$k = 1, 2, \ldots, s \qquad \text{Spalte}.$$

Außerdem ist

$$w\,\bar{y}_{jk} = \mathop{S}_{i} y_{jki} , \tag{2a}$$

$$w\,s\,\bar{y}_{j.} = \mathop{S}_{k} \mathop{S}_{i} y_{jki} , \tag{2b}$$

$$w\,z\,\bar{y}_{.k} = \mathop{S}_{j} \mathop{S}_{i} y_{jki} , \tag{2c}$$

$$N\,\bar{y} = \mathop{S}_{j} \mathop{S}_{k} \mathop{S}_{i} y_{jki} . \tag{2d}$$

Das mathematische Modell, das der Streuungszerlegung zugrunde liegt, lautet in diesem Falle:

$$d\Phi(y_{jki}) = \frac{1}{\sigma\sqrt{2\pi}} e^{-\frac{(y_{jki}-\alpha-\beta_j-\gamma_k)^2}{2\sigma^2}} dy_{jki} , \tag{3}$$

mit

$$\mathop{S}_{j} \beta_j = \mathop{S}_{k} \gamma_k = 0 , \tag{4}$$

da die β_j und die γ_k nur die Unterschiede zwischen den Zeilen und den Spalten kennzeichnen sollen.

Wenn wir die N Einzelwerte als eine Stichprobe aus der durch (3) und (4) definierten Grundgesamtheit ansehen, können wir aus ihnen Schätzungen a, b_j, c_k von α, β_j, γ_k errechnen, indem wir verlangen, daß

$$\underset{k}{S}\,\underset{j}{S}\,\underset{i}{S}\,(y_{jki} - a - b_j - c_k)^2 = \text{Minimum}\,, \tag{5}$$

woraus man die gesuchten Werte a, b_j, c_k durch Ableiten und Nullsetzen erhält. Man findet

$$\frac{\partial}{\partial a}:\; \underset{k}{S}\,\underset{j}{S}\,\underset{i}{S}\,(y_{jki} - a - b_j - c_k) = 0\,, \tag{6a}$$

$$\frac{\partial}{\partial b_j}:\; \underset{k}{S}\,\underset{i}{S}\,(y_{jki} - a - b_j - c_k) = 0\,, \quad (j = 1, 2, \ldots, z) \tag{6b}$$

$$\frac{\partial}{\partial c_k}:\; \underset{j}{S}\,\underset{i}{S}\,(y_{jki} - a - b_j - c_k) = 0\,. \quad (k = 1, 2, \ldots, s) \tag{6c}$$

Berücksichtigt man die Beziehungen (2), so ergibt sich

$$N\,a = N\,\bar{y}\quad - w\,s\,\underset{j}{S}\,b_j - w\,z\,\underset{k}{S}\,c_k\,, \tag{7a}$$

$$w\,s\,b_j = w\,s\,\bar{y}_{j\cdot} - w\,s\,a\quad - w\,\underset{k}{S}\,c_k\,, \tag{7b}$$

$$w\,z\,c_k = w\,z\,\bar{y}_{\cdot k} - w\,z\,a\quad - w\,\underset{j}{S}\,b_j\,, \tag{7c}$$

oder

$$a = \bar{y}\quad - \frac{1}{z}\,\underset{j}{S}\,b_j - \frac{1}{s}\,\underset{k}{S}\,c_k\,, \tag{8a}$$

$$b_j = \bar{y}_{j\cdot} -\quad\quad a - \frac{1}{s}\,\underset{k}{S}\,c_k\,, \tag{8b}$$

$$c_k = \bar{y}_{\cdot k} -\quad\quad a - \frac{1}{z}\,\underset{j}{S}\,b_j\,. \tag{8c}$$

Da für die b_j und c_k entsprechend den Beziehungen (4) für die β_j und γ_k

$$\underset{j}{S}\,b_j = \underset{k}{S}\,c_k = 0 \tag{9}$$

gilt, erhalten wir

$$a = \bar{y}\,, \tag{10a}$$

$$b_j = \bar{y}_{j\cdot} - \bar{y}\,, \quad (j = 1, 2, \ldots, z) \tag{10b}$$

$$c_k = \bar{y}_{\cdot k} - \bar{y}\,, \quad (k = 1, 2, \ldots, s) \tag{10c}$$

Andererseits kann man unschwer zeigen, daß die Summe der Quadrate *insgesamt*

$$\mathop{S}_{j}\mathop{S}_{k}\mathop{S}_{i}(y_{jki} - \bar{y})^2 = SQ \text{ (insgesamt)}$$

zerlegt werden kann in:

a) die Summe der Quadrate *zwischen den Zeilen*

$$\mathop{S}_{j}\mathop{S}_{k}\mathop{S}_{i}(\bar{y}_{j.} - \bar{y})^2 = w\,s\,\mathop{S}_{j}(\bar{y}_{j.} - \bar{y})^2 = SQ \text{ (Zeilen)},$$

b) die Summe der Quadrate *zwischen den Spalten*

$$\mathop{S}_{j}\mathop{S}_{k}\mathop{S}_{i}(\bar{y}_{.k} - \bar{y})^2 = w\,z\,\mathop{S}_{k}(\bar{y}_{.k} - \bar{y})^2 = SQ \text{ (Spalten)},$$

c) die Summe der Quadrate der *Wechselwirkung*

$$\mathop{S}_{j}\mathop{S}_{k}\mathop{S}_{i}(\bar{y}_{jk} - \bar{y}_{j.} - \bar{y}_{.k} + \bar{y})^2 = w\,\mathop{S}_{j}\mathop{S}_{k}(\bar{y}_{jk} - \bar{y}_{j.} - \bar{y}_{.k} + \bar{y})^2 = SQ\,(S \cdot Z),$$

d) die *restliche* Summe der Quadrate

$$\mathop{S}_{j}\mathop{S}_{k}\mathop{S}_{i}(y_{jki} - \bar{y}_{jk})^2 = SQ \text{ (Rest)}.$$

Zu beachten ist, daß die Zerlegung nur in dieser Art vorgenommen werden kann, wenn die Zahl der Werte in jedem Fach der Tafel — in unserem Falle die Zahl w — gleich groß ist.

Wenn die Einzelwerte innerhalb jedes Faches normal verteilt und zudem voneinander stochastisch unabhängig sind, erhalten wir für die *restliche* Summe der Quadrate bei beliebigen Werten von β_j und γ_k,

$$\frac{1}{\sigma^2}\,\mathop{S}_{j}\mathop{S}_{k}\mathop{S}_{i}(y_{jki} - \bar{y}_{jk})^2 = \chi^2\,, \quad n = s\,z(w-1)\,. \tag{11}$$

Setzen wir weiter voraus, daß zwischen den Zeilen und zwischen den Spalten keine wesentlichen Unterschiede bestehen, daß also

$$\beta_1 = \beta_2 = \cdots = \beta_z = \gamma_1 = \gamma_2 = \cdots = \gamma_s = 0\,,$$

so können wir nach 931 eine Streuungszerlegung zwischen und innerhalb der Zeilen durchführen, wobei für die Summe der Quadrate *zwischen den Zeilen* die Beziehung

$$\frac{w\,s}{\sigma^2}\,\mathop{S}_{j}(\bar{y}_{j.} - \bar{y})^2 = \chi^2\,, \quad n = z - 1 \tag{12}$$

gilt. Entsprechend findet man für die Summe der Quadrate *zwischen den Spalten*

$$\frac{w\,z}{\sigma^2}\,\mathop{S}_{k}(\bar{y}_{.k} - \bar{y})^2 = \chi^2\,, \quad n = s - 1\,. \tag{13}$$

Endlich findet man nach dem schon in 931 benützten Satz von R. A. Fisher für die Summe der Quadrate der *Wechselwirkung*

$$\frac{1}{\sigma^2} \underset{j\,k\,i}{S\,S\,S}(\bar{y}_{jk} - \bar{y}_{j.} - \bar{y}_{.k} + \bar{y})^2 = \chi^2\,, \quad n = (s-1)\,(z-1)\,. \tag{14}$$

Der Freiheitsgrad ist nach dem genannten Satz

$$(s\,z\,w - 1) - [(z-1) + (s-1) + s\,z(w-1)] = (s-1)\,(z-1)\,.$$

Gestützt auf die soeben angegebenen Beziehungen zwischen den Summen der Quadrate und der Verteilung von χ^2 können die folgenden Verhältnisse mit der F-Verteilung geprüft werden.

Zunächst kann festgestellt werden, ob die *Wechselwirkung* S · Z von der restlichen Streuung abweicht, indem man rechnet

$$F = \frac{S\,Q\,(S \cdot Z)}{S\,Q\,(\text{Rest})} \cdot \frac{s\,z(w-1)}{(s-1)\,(z-1)}\,;$$
$$n_1 = (s-1)\,(z-1)\,, \quad n_2 = s\,z(w-1)\,. \tag{15}$$

Wenn das berechnete F kleiner als $F_{0,05}$ ausfällt, dürfen wir annehmen, unser Modell für die Grundgesamtheit treffe zu. In diesem Falle sind die Wirkungen, die zwischen den Spalten und zwischen den Zeilen bestehen, *additiv*.

Die Unterschiede zwischen den Zeilen und zwischen den Spalten werden geprüft, indem entweder (für die Zeilen)

$$F = \frac{S\,Q\,(\text{Zeilen})}{S\,Q\,(\text{Rest})} \cdot \frac{s\,z(w-1)}{z-1}\,; \quad n_1 = z-1\,, \quad n_2 = s\,z(w-1)\,, \tag{16}$$

oder (für die Spalten)

$$F = \frac{S\,Q\,(\text{Spalten})}{S\,Q\,(\text{Rest})} \cdot \frac{s\,z(w-1)}{s-1}\,; \quad n_1 = s-1\,, \quad n_2 = s\,z(w-1) \tag{17}$$

berechnet werden.

In den Formeln (16) und (17) kann man statt der restlichen Streuung — $SQ\,(\text{Rest})/s\,z\,(w-1)$ — auch das Durchschnittsquadrat kombiniert aus Wechselwirkung und Rest verwenden, falls die Wechselwirkung nicht wesentlich vom Rest abweicht. $SQ\,(\text{Rest})$ wäre in diesem Fall durch $SQ\,(\text{Rest}) + SQ\,(\text{Wechsel-}$ wirkung) und $n_2 = s\,z\,(w-1)$ durch

$$n_2 = s\,z\,(w-1) + (s-1)\,(z-1) = s\,z\,w - z - s + 1$$

zu ersetzen.

Wenn das Durchschnittsquadrat für die Wechselwirkung wesentlich größer ist als das restliche Durchschnittsquadrat, gilt das einfache additive Modell (3) nicht mehr; man muß dann die Unterschiede zwischen den Zeilen in jeder Spalte einzeln untersuchen.

933 Streuungskomponenten

In 931 und 932 gingen wir von der Voraussetzung aus, daß die Unterschiede zwischen den Gruppen den Gegenstand der Untersuchung bilden. Beispiele dazu wurden in den Abschnitten 511 bis 515 vorgeführt. Anderseits wurden in 521, 522 und 523 Beispiele gebracht, in denen es vor allem darauf ankam, die Streuungskomponenten herauszuschälen, die den einzelnen Gruppierungen zugeschrieben werden können.

Wir beschränken uns auch hier darauf, die Theorie für einen einfachen Fall darzustellen; eine ausführlichere Behandlung findet sich bei BENNETT und FRANKLIN (1954).

Wie in 521 angegeben wurde, haben wir bei der einfachen Streuungszerlegung N Werte, die in M Gruppen geordnet sind, wobei N_j Werte y_{ji} in die j. Gruppe fallen. Die gesamte Summe der Quadrate S_{yy} ist gegeben durch

$$S_{yy} = \underset{j}{S}\,\underset{i}{S}\,(y_{ji} - \bar{y})^2\,;$$

sie wird zerlegt entsprechend der Beziehung

$$S_{yy} = \underset{j}{S}\, N_j (\bar{y}_j - \bar{y})^2 + \underset{j}{S}\, (S_{yy}^j)\,, \tag{1}$$

wobei

$$S_{yy}^j = \underset{i}{S}\, (y_{ji} - \bar{y}_j)^2$$

die Summe der Quadrate innerhalb der j. Gruppe, $S\,(S_{yy}^j)$ die Summe der Quadrate innerhalb aller Gruppen und $S\, N_j\,(\bar{y}_j - \bar{y})^2$ die Summe der Quadrate zwischen den Gruppen bedeuten. Für die Freiheitsgrade hat man entsprechend zu (1)

$$N - 1 = (M - 1) + (N - M)\,. \tag{2}$$

Wie in 521 schon erwähnt wurde, nehmen wir an, es seien die y_{ji} zusammengesetzt gemäß

$$y_{ji} = \alpha + \beta_j + \gamma_{ji}\,, \tag{3}$$

wobei α eine Konstante, β_j eine normal verteilte zufällige Größe mit Durchschnitt 0 und Standardabweichung σ_1 bedeutet, und γ_{ji} ebenfalls normal zufällig verteilt ist mit Durchschnitt 0 und Standardabweichung σ_0.

Von diesen Voraussetzungen ausgehend wollen wir zeigen, daß der Erwartungswert des Durchschnittsquadrates *innerhalb* der Gruppen gleich σ_0^2 ist, also

$$E\left[\underset{j}{S}\,(S_{yy}^j)/(N - M)\right] = \sigma_0^2 \tag{4}$$

und daß der Erwartungswert des Durchschnittquadrats *zwischen* den Gruppen durch folgende Formel gegeben ist:

$$E\left[\underset{j}{S}\, N_j (\bar{y}_j - \bar{y})^2/(M - 1)\right] = \sigma_0^2 + \left\{ N - (\underset{j}{S}\, N_j^2)/N \right\}\, \sigma_1^2/(M - 1)\,. \tag{5}$$

Wir bemerken zunächst, daß aus (3) die Beziehung

$$\mathop{S}_{i} y_{ji} = N_j\,\alpha + N_j\,\beta_j + \mathop{S}_{i}\gamma_{ji}$$

folgt, und daraus

$$\bar{y}_j = (\mathop{S}_{i} y_{ji})/N_j = \alpha + \beta_j + (\mathop{S}_{i}\gamma_{ji})/N_j\,, \tag{6}$$

sowie weiter

$$\bar{y} = (\mathop{S}_{j} N_j\,\bar{y}_j)/N = \alpha + (\mathop{S}_{j} N_j\,\beta_j)/N + (\mathop{S}_{j}\mathop{S}_{i}\gamma_{ji})/N\,. \tag{7}$$

Somit findet man

$$y_{ji} - \bar{y}_j = \gamma_{ji} - (\mathop{S}_{i}\gamma_{ji})/N_j = \gamma_{ji} - (\gamma_{ji}/N_j) - (\mathop{S}_{k\,\neq\,i}\gamma_{jk})/N_j =$$

$$= (N_j - 1)\,\gamma_{ji}/N_j - (\mathop{S}_{k\,\neq\,i}\gamma_{jk})/N_j$$

$$= \Big[(N_j - 1)\,\gamma_{ji} - \mathop{S}_{k\,\neq\,i}\gamma_{jk}\Big]/N_j\,.$$

Da nach Voraussetzung der Durchschnitt (Erwartungswert) der γ_{ji} gleich 0 ist, wird

$$E(y_{ji} - \bar{y}_j) = 0\,. \tag{8}$$

Weiter bestimmen wir den Erwartungswert von $(y_{ji} - \bar{y}_j)^2$, also

$$E(y_{ji} - \bar{y}_j)^2 = E\Big[(N_j - 1)\,\gamma_{ji} - \mathop{S}_{k\,\neq\,i}\gamma_{jk}\Big]^2/N_j^2\,.$$

Treffen wir die zusätzliche Annahme, daß die γ_{ji} gegenseitig stochastisch unabhängig seien, so verschwinden die Erwartungswerte der Produkte $\gamma_{ji}\,\gamma_{jk}$ für alle $i \neq k$ und man erhält, da $E(\gamma_{ji}^2) = \sigma_0^2$,

$$E(y_{ji} - \bar{y}_j)^2 = [(N_j - 1)^2\,\sigma_0^2 + (N_j - 1)\,\sigma_0^2]/N_j^2$$

oder

$$E(y_{ji} - \bar{y}_j)^2 = (N_j - 1)\,\sigma_0^2/N_j\,.$$

Daraus folgt

$$E\Big[\mathop{S}_{i}(y_{ji} - \bar{y}_j)^2\Big] = E(S_{yy}') = (N_j - 1)\,\sigma_0^2\,,$$

sowie

$$E\Big[\mathop{S}_{j}\mathop{S}_{i}(y_{ji} - \bar{y}_j)^2\Big] = E\Big[\mathop{S}_{j}(S_{yy}')\Big] = (N - M)\,\sigma_0^2\,, \tag{9}$$

was mit der zu beweisenden Beziehung (4) übereinstimmt.

Um den Erwartungswert für das Durchschnittsquadrat zwischen den Gruppen zu finden, bilden wir zuerst aus (6) und (7)

$$\bar{y}_j - \bar{y} = \beta_j - (\mathop{S}_{j} N_j\,\beta_j)/N + (\mathop{S}_{i}\gamma_{ji})/N_j - (\mathop{S}_{j}\mathop{S}_{i}\gamma_{ji})/N =$$

$$= (N - N_j)\,\beta_j/N - (\mathop{S}_{k\,\neq\,j} N_k\,\beta_k)/N + (N - N_j)\,(\mathop{S}_{i}\gamma_{ji})/N\,N_j -$$

$$- (\mathop{S}_{k\,\neq\,j}\mathop{S}_{i}\gamma_{ki})/N\,.$$

Da nach Voraussetzung $E(\beta_j) = 0$ und $E(\gamma_{ji}) = 0$, ergibt sich

$$E(\bar{y}_j - \bar{y}) = 0 \,. \tag{10}$$

Treffen wir nun auch für die β_j die Annahme, daß sie unter sich stochastisch unabhängig seien, und weiter, daß auch die β_j und die γ_{ji} gegenseitig unabhängig seien, so erhält man, da $E(\beta_j^2) = \sigma_1^2$,

$$E(\bar{y}_j - \bar{y})^2 = (N - N_j)^2 \, \sigma_1^2/N^2 + (\underset{k \,\neq\, j}{S} N_k^2) \, \sigma_1^2/N^2 +$$

$$+ (N - N_j)^2 \, N_j \, \sigma_0^2/N^2 \, N_j^2 + (\underset{k \,\neq\, j}{S} N_k) \, \sigma_0^2/N^2 \,.$$

Nach einigen Umformungen wird daraus

$$E(\bar{y}_j - \bar{y})^2 = [1 - 2 \, N_j/N + (\underset{j}{S} N_j^2)/N^2] \, \sigma_1^2 + (N - N_j) \, \sigma_0^2/N \, N_j \,.$$

Durch Multiplikation mit N_j und Summieren über j erhält man

$$E[\underset{j}{S} N_j (\bar{y}_j - \bar{y})^2] = [N - (S \, N_j^2)/N] \, \sigma_1^2 + (M - 1) \, \sigma_0^2 \tag{11}$$

und daraus folgt die zu beweisende Formel (5).

94 Das Schätzen von Parametern

Im Abschnitt 21 wurden die von R. A. FISHER (1921 a) eingeführten Kriterien für das Schätzen von Parametern erwähnt. Im Kapitel 7 wurde anhand von Beispielen erläutert, wie die Methode der größten Mutmaßlichkeit (maximum likelihood) benützt werden kann, um in gewissem Sinne optimale Schätzungen zu finden.

In den folgenden Abschnitten wird eine Begründung der in 7 angewandten Schätzungsverfahren geboten. Dabei gehen wir schrittweise vor, indem wir zuerst in 941 den Fall eines einzigen zu schätzenden Parameters behandeln, um dann in 942 die Schätzung von zwei Parametern zu erörtern. Unser Ziel besteht nicht darin, die Schätzungsverfahren in möglichster Allgemeinheit und Strenge zu begründen, wie dies in den bekannten Darstellungen von H. CRAMÉR (1945), M. G. KENDALL (1946), C. R. RAO (1952), L. SCHMETTERER (1956) und B. L. VAN DER WAERDEN (1957) geschieht, vielmehr gehen wir darauf aus, nach dem Vorbilde von W. L. STEVENS (1944), mit den einfachsten mathematischen Hilfsmitteln auszukommen.

Wir gehen von der Annahme aus, daß die beobachteten Werte in M Klassen fallen. Die Wahrscheinlichkeit dafür, daß eine Beobachtung in die j Klasse fällt, sei π_j und man hat

$$\pi_1 + \pi_2 + \cdots + \pi_j + \cdots + \pi_M = 1.$$

Die Wahrscheinlichkeiten π_j mögen von einem oder mehreren Parametern abhängen, die wir mit $\theta_1, \theta_2, \ldots$ bezeichnen.

Im Beispiel 58 fallen die Beobachtungen in $M = 4$ Klassen, entsprechend den Genotypen $A\,B \mid a\,b$, $a\,b \mid a\,b$, $A\,b \mid a\,b$ und $a\,B \mid a\,b$, wobei ein Parameter θ, der Austauschwert, zu schätzen ist. Im Beispiel 65 werden ebenfalls 4 Klassen, entsprechend den Phänotypen A, B, $A\,B$ und 0 unterschieden. Es sind zwei Parameter θ_1 und θ_2 zu schätzen, die Genhäufigkeiten.

Eine Poissonsche Verteilung besitzt *einen* Parameter λ, der aus den Beobachtungen zu schätzen ist; man hat

$$\pi_j = \varphi\,(j-1) = e^{-\lambda}\,\lambda^{j-1}/(j-1)! \qquad (j = 1, 2, \ldots, M-1)$$

wobei für π_M die Summe aller Wahrscheinlichkeiten von $j = M$ an zu nehmen ist, also

$$\pi_M = \sum_{j=M}^{\infty} e^{-\lambda}\,\lambda^{j-1}/(j-1)!\,.$$

Bei kontinuierlichen Wahrscheinlichkeitsverteilungen einer zufälligen Veränderlichen x kann man sich die π_j als Summe der Wahrscheinlichkeiten zwischen zwei Werten x_j und x_{j+1} der Veränderlichen denken. Für die normale Verteilung wäre beispielsweise

$$\pi_j = \int\limits_{x_j}^{x_{j+1}} \frac{1}{\sigma\,\sqrt{2\,\pi}}\,e^{-\frac{(x-\mu)^2}{2\,\sigma^2}}\,dx.$$

Selbstverständlich wäre für π_1 die untere Grenze x_1 gleich $-\infty$ und für π_M die obere Grenze x_{M+1} des Integrals gleich $+\infty$. Wählt man die Zahl der Klassen genügend groß, so kann man die normale Verteilung mit beliebiger Annäherung in unser Schema einfügen. Für die normale Verteilung sind zwei Parameter, μ und σ, zu bestimmen.

941 Schätzen eines einzigen Parameters

In diesem Abschnitt untersuchen wir die Eigenschaften verschiedener Schätzungen im einfachsten Fall, in dem nur ein einziger Parameter θ zu schätzen ist.

Wie oben erwähnt, mögen die Beobachtungen in M Klassen fallen, wobei π_j die Wahrscheinlichkeit bedeutet, daß eine Beobachtung in die j. Klasse fällt. Es ist somit

$$\pi_1 + \pi_2 + \cdots + \pi_j + \cdots + \pi_M = 1. \tag{1}$$

Wir nehmen an, es seien N Beobachtungen gemacht worden, wovon f_j in die j. Klasse fallen. Man hat demnach

$$f_1 + f_2 + \cdots + f_j + \cdots + f_M = N. \tag{2}$$

Die Wahrscheinlichkeiten π_j seien von einem einzigen Parameter θ abhängig; es ist also

$$\pi_j = \pi_j(\theta), \qquad (j = 1, 2, \ldots M). \tag{3}$$

Jede Schätzung T des Parameters θ ist als Funktion der beobachteten Häufigkeiten f_j gegeben, wobei auch die Gesamtzahl N der Beobachtungen explizit vorkommen kann. Man hat demnach allgemein

$$T = T(f_1, f_2, \ldots f_j, \ldots f_M; N). \tag{4}$$

Als erstes wollen wir untersuchen, welches die Eigenschaften *passender* Schätzungen sind.

Eine Schätzung gilt nach R. A. FISHER (1956) dann als passend (consistent), wenn die Schätzung T gleich θ wird, falls man die beobachteten Häufigkeiten f_j durch ihre Erwartungswerte $N \pi_j$ ersetzt. In 906 wurde gezeigt, daß der Durchschnitt oder Erwartungswert von f_j gleich $N \pi_j$ ist. Für eine passende Schätzung gilt demnach bei beliebigem N:

$$T(N \pi_1, N \pi_2, \ldots N \pi_j, \ldots N \pi_M; N) = \theta. \tag{5}$$

Man kann anstelle der Häufigkeiten f_j auch die relativen Häufigkeiten p_j benützen, die definiert sind durch

$$p_j = f_j/N, \qquad (j = 1, 2, \ldots M) \tag{6}$$

und daher die Beziehung (4) auch in der Form

$$T = T(p_1, p_2, \ldots p_j, \ldots p_M; N) \tag{7}$$

schreiben. Entsprechend zu (5) hat man dann als Bedingung für die passende Schätzung

$$T(\pi_1, \pi_2, \ldots \pi_j, \ldots \pi_M; N) = \theta \tag{8}$$

da der Erwartungswert von p_j gleich π_j ist.

Durch Differenzieren von (8) nach θ ergibt sich die Beziehung

$$\frac{\partial T}{\partial \pi_1} \cdot \frac{\partial \pi_1}{\partial \theta} + \frac{\partial T}{\partial \pi_2} \cdot \frac{\partial \pi_2}{\partial \theta} + \cdots + \frac{\partial T}{\partial \pi_M} \cdot \frac{\partial \pi_M}{\partial \theta} = 1 \tag{9}$$

für eine passende Schätzung T.

Weiter können wir bei genügend großem N annehmen, daß die p_j von den π_j nur wenig abweichen, und daher kann T wie folgt entwickelt werden:

$$T = \theta + \frac{\partial T}{\partial \pi_1}(p_1 - \pi_1) + \frac{\partial T}{\partial \pi_2}(p_2 - \pi_2) + \cdots + \frac{\partial T}{\partial \pi_M}(p_M - \pi_M). \tag{10}$$

Für große Stichproben ist demnach die Schätzung T eine lineare Funktion der $(p_j - \pi_j)$. Setzt man

$$\partial T \mid \partial \pi_j = \lambda_j, \qquad (j = 1, 2, \ldots M) \tag{11}$$

so kann man die Bedingungen für eine passende Schätzung, bei großem Umfang N der Stichprobe, in der Form

$$T = \theta + \lambda_1 (p_1 - \pi_1) + \lambda_2 (p_2 - \pi_2) + \cdots + \lambda_M (p_M - \pi_M) \qquad (12)$$

mit

$$\lambda_1 \frac{\partial \pi_1}{\partial \theta} + \lambda_2 \frac{\partial \pi_2}{\partial \theta} + \cdots + \lambda_M \frac{\partial \pi_M}{\partial \theta} = 1 \qquad (13)$$

schreiben.

Um eine Schätzung T zu beurteilen, muß beachtet werden, daß die Zahl N der Beobachtungen nach freiem Ermessen kleiner oder größer gewählt werden kann. Die Genauigkeit der Schätzung ist im allgemeinen umso größer, je größer N. Will man verschiedene Schätzungsverfahren miteinander vergleichen, so wird man daher zweckmäßig den Umfang N der Stichprobe festhalten und untersuchen, wie die Schätzungen variieren, wenn man aus derselben Grundgesamtheit alle möglichen Zufallsstichproben entnimmt. Anders gesagt, man wird die Verteilung von T in allen Zufallsstichproben gleichen Umfangs N aus derselben Grundgesamtheit zu berechnen suchen. Diese Aufgabe wird dadurch wesentlich erleichtert, daß bei passenden Schätzungen aus großen Stichproben die T normal verteilt sind. Es genügt also, den Durchschnitt und die Standardabweichung der Verteilung zu kennen.

Nach den Ausführungen in 926 sind die $(p_j - \pi_j)$ bei großen N normal verteilt, wobei allerdings zwischen den M Größen $(p_j - \pi_j)$ eine lineare Beziehung besteht. Da die λ_j Konstante sind, in denen die f_j nicht vorkommen, ist nach dem in 904 bewiesenen Satz auch T normal verteilt.

Für die weiteren Untersuchungen ist es zweckmäßig, für den Durchschnitt von T aus allen möglichen Zufallsstichproben die Bezeichnung $E\,(T)$ einzuführen und als Erwartungswert von T zu definieren. Für die Streuung schreiben wir $V\,(T)$.

Zunächst stellen wir fest, daß man anstelle von (12) auch schreiben kann

$$T = \theta + \sum \lambda_j\, p_j - \sum \lambda_j\, \pi_j \qquad (14)$$

oder

$$T = \theta + \frac{1}{N} \sum \lambda_j\, f_j - \sum \lambda_j\, \pi_j \; . \qquad (14\mathrm{a})$$

Für den Erwartungswert $E\,(T)$ erhält man somit

$$E\,(T) = E\,(\theta) + \frac{1}{N} \sum \lambda_j\, E\,(f_j) - \sum \lambda_j\, E\,(\pi_j) \; .$$

Da aber θ und die π_j Konstanten sind, hat man

$$E\,(\theta) = \theta, \qquad E\,(\pi_j) = \pi_j$$

und in 906 wurde gezeigt, daß

$$E\,(f_j) = N\, \pi_j$$

ist. Demnach wird

$$E\,(T) = \theta\,. \tag{15}$$

Für die Streuung $V\,(T)$ hat man nach dem in 904 bewiesenen Satz bei Berücksichtigung von (14a), da $V\,(\theta) = 0$ und $V\,(\pi_j) = 0$

$$V\,(T) = \frac{1}{N^2}\,V\left(\sum \lambda_j\,f_j\right). \tag{16}$$

Andererseits gilt für die Streuung einer Zufallsveränderlichen x, wie schon früher gezeigt wurde,

$$\begin{aligned}
V\,(x) &= E\,[x - E\,(x)]^2 \\
&= E\,(x^2) - [E\,(x)]^2\,.
\end{aligned}$$

Zunächst berechnen wir den Erwartungswert von $\Sigma\,\lambda_j\,f_j$, wofür sich ergibt

$$E\,(\lambda_1\,f_1 + \lambda_2\,f_2 + \cdots + \lambda_M\,f_M) = \lambda_1\,N\,\pi_1 + \lambda_2\,N\,\pi_2 + \cdots + \lambda_M\,N\,\pi_M$$

oder

$$E\left(\sum \lambda_j\,f_j\right) = N\sum \lambda_j\,\pi_j\,. \tag{17}$$

Als nächstes ist der Erwartungswert von $(\Sigma\,\lambda_j\,f_j)^2$ zu bestimmen. Es ist

$$\begin{aligned}
\left(\sum \lambda_j\,f_j\right)^2 = \;&\lambda_1^2\,f_1^2 + 2\,\lambda_1\,\lambda_2\,f_1\,f_2 + \cdots + 2\,\lambda_1\,\lambda_M\,f_1\,f_M \\
&+ \lambda_2^2\,f_2^2 \qquad\quad\; + \cdots + 2\,\lambda_2\,\lambda_M\,f_2\,f_M \\
&\qquad\quad \cdots\cdots\cdots \\
&\qquad\qquad\quad + \lambda_M^2\,f_M^2
\end{aligned}$$

und daraus folgt, wenn man die in 906 abgeleiteten Formeln beachtet,

$$\begin{aligned}
E\left(\sum \lambda_j\,f_j\right)^2 = \qquad\qquad\qquad\qquad\qquad\qquad\qquad&\\
= N(N-1)\left\{\begin{array}{l}\lambda_1^2\,\pi_1^2 + 2\,\lambda_1\,\lambda_2\,\pi_1\,\pi_2 + \cdots + 2\,\lambda_1\,\lambda_M\,\pi_1\,\pi_M \\ \quad + \lambda_2^2 \qquad \pi_2^2 \quad + \cdots + 2\,\lambda_2\,\lambda_M\,\pi_2\,\pi_M \\ \qquad\qquad \cdots\cdots\cdots \\ \qquad\qquad\qquad + \lambda_M^2 \qquad \pi_M^2\end{array}\right\} + N\left\{\begin{array}{l}\lambda_1^2\,\pi_1 \\ \lambda_2^2\,\pi_2 \\ \cdots\cdots \\ \lambda_M^2\,\pi_M\end{array}\right\}&\\
= N\,(N-1)\left(\sum \lambda_j\,\pi_j\right)^2 + N\left(\sum \lambda_j^2\,\pi_j\right).&
\end{aligned}$$

Da aber

$$V\left(\sum \lambda_j\,f_j\right) = E\left(\sum \lambda_j\,f_j\right)^2 - \left[E\left(\sum \lambda_j\,f_j\right)\right]^2$$

erhält man

$$\begin{aligned}
V\left(\sum \lambda_j\,f_j\right) &= N\,(N-1)\left(\sum \lambda_j\,\pi_j\right)^2 + N\left(\sum \lambda_j^2\,\pi_j\right) - N^2\left(\sum \lambda_j\,\pi_j\right)^2 \\
&= N\left(\sum \lambda_j^2\,\pi_j\right) - N\left(\sum \lambda_j\,\pi_j\right)^2\,,
\end{aligned}$$

und damit gemäß (16)

$$V\,(T) = \frac{1}{N}\left[\sum (\lambda_j^2\,\pi_j) - \left(\sum \lambda_j\,\pi_j\right)^2\right] \tag{18}$$

als Streuung einer passenden Schätzung T bei großem Umfang N der Stichprobe.

Da also passende Schätzungen bei großen Stichproben normal verteilt sind mit der Streuung (18) — wobei immer die Bedingung (13) zu beachten ist —, können verschiedene Schätzungsverfahren dadurch verglichen werden, daß man die Streuungen $V(T)$ miteinander vergleicht. Ein gutes Schätzungsverfahren wird, bei gleichem Stichprobenumfang N, gegenüber einem weniger guten Schätzungsverfahren durch eine kleinere Streuung ausgezeichnet sein. Besonders wertvoll wird das (oder die) Schätzungsverfahren sein, bei welchem die Streuung $V(T)$ ein Minimum ist. Die entsprechende Schätzung nennt R. A. FISHER eine *wirksame* Schätzung (efficient estimate).

Man findet eine wirksame Schätzung, indem man in (18) die λ_j so bestimmt, daß $V(T)$ zum Minimum wird, mit Berücksichtigung der Beziehung (13). Nach LAGRANGE benützen wir einen Multiplikator, den wir mit i bezeichnen, und haben dann

$$i\left[\sum(\lambda^2\,\pi_j)-\left(\sum\lambda_j\,\pi_j\right)^2\right]-\left(\sum\lambda_j\,\frac{\partial\pi_j}{\partial\theta}\right)^2=\text{Minimum} \tag{19}$$

zu machen. Bilden wir die Ableitungen von (19) nach den λ_j, und setzen sie gleich Null, so wird

$$i\left[2\,\lambda_j\,\pi_j-2\,\pi_j\left(\sum\lambda_j\,\pi_j\right)\right]-2\,\frac{\partial\pi_j}{\partial\theta}\left(\sum\lambda_j\,\frac{\partial\pi_j}{\partial\theta}\right)=0$$

oder, im Hinblick auf (13)

$$i\left[\lambda_j\,\pi_j-\pi_j\left(\sum\lambda_j\,\pi_j\right)\right]-(\partial\pi_j/\partial\theta)=0$$

und schließlich

$$\lambda_j\,\pi_j-\pi_j\left(\sum\lambda_j\,\pi_j\right)=\frac{1}{i}\,\frac{\partial\pi_j}{\partial\theta}\cdot \qquad (j=1,2,\dots M) \tag{20}$$

Multipliziert man (20) mit λ_j und summiert über j, so erhält man

$$\sum(\lambda_j^2\,\pi_j)-\left(\sum\lambda_j\,\pi_j\right)^2=\frac{1}{i}\sum\left(\lambda_j\,\frac{\partial\pi_j}{\partial\theta}\right)=\frac{1}{i}$$

woraus durch Vergleich mit (18) folgt

$$V(T)=1/N\,i\,. \tag{21}$$

Das i läßt sich bestimmen, indem man die Gleichungen (20) mit $(\partial\pi_j/\partial\theta)/\pi_j$ multipliziert und dann über j summiert. Man findet

$$\sum\left(\lambda_j\,\frac{\partial\pi_j}{\partial\theta}\right)-\left(\sum\frac{\partial\pi_j}{\partial\theta}\right)\left(\sum\lambda_j\,\pi_j\right)=\frac{1}{i}\sum\frac{1}{\pi_j}\left(\frac{\partial\pi_j}{\partial\theta}\right)^2$$

woraus sich wegen (13) und $\sum(\partial\pi_j/\partial\theta)=\partial\left(\sum\pi_j\right)/\partial\theta=0$ ergibt:

$$i=\sum\left[(\partial\pi_j/\partial\theta)^2/\pi_j\right]\,. \tag{22}$$

Man nennt i die zu erwartende *Information* der wirksamen Schätzung, bezüglich *einer* Beobachtung; aus (22) folgt, daß diese Information von den Wahrscheinlichkeiten π_j und nicht von den beobachteten Werten f_j abhängt.

Für die M Unbekannten λ_j bestehen die M linearen Gleichungen (20); die Lösungen dieser Gleichungen lauten

$$\lambda_j = (\partial \pi_j / \partial \theta) / i\, \pi_j\,, \qquad (j = 1, 2, \dots M) \qquad (23)$$

was durch Einsetzen der Ausdrücke (23) in (20) leicht nachgeprüft werden kann. Setzt man λ_j nach (23) in die Schätzungsgleichung (14a) ein, so erhält man nach einigen einfachen Umformungen

$$N\, i\, (T - \theta) = \frac{1}{\pi_1} \frac{\partial \pi_1}{\partial \theta} f_1 + \frac{1}{\pi_2} \frac{\partial \pi_2}{\partial \theta} f_2 + \cdots + \frac{1}{\pi_M} \frac{\partial \pi_M}{\partial \theta} f_M \qquad (24)$$

als Schätzungsgleichung für die wirksame Schätzung.

Die Schätzungsgleichung (24) ist indessen praktisch nicht brauchbar, da die Größen π_j Funktionen von θ sind, das wir nicht kennen. Man kann indessen zeigen, daß man nach der Methode der *größten Mutmaßlichkeit* (maximum likelihood) von R. A. FISHER eine Schätzung von θ erhält, die wirksam ist.

Wenn wir fragen, welche Wahrscheinlichkeit dafür bestehe, daß gerade die Werte $f_1, f_2, \dots f_j, \dots f_M$ auftreten, so wissen wir nach den Erörterungen in 906, daß diese Wahrscheinlichkeit $\varphi\,(f_j)$ gegeben ist durch

$$\varphi\,(f_j) = \frac{N!}{f_1!\, f_2! \dots f_M!}\, \pi_1^{f_1}\, \pi_2^{f_2} \cdots \pi_M^{f_M}\,. \qquad (25)$$

Dabei wird vorausgesetzt, daß wir die π_j kennen; wir können dann die Wahrscheinlichkeit für irgendwelche Werte f_j berechnen.

Da wir aber hier die Frage der Schätzung von θ untersuchen, sind die Werte der π_j, welche Funktionen von θ sind, ebenfalls nicht bekannt; dagegen sind die beobachteten Werte f_j bekannt. Man kann den Ausdruck (25) in diesem Falle als Funktion von θ auffassen; man bezeichnet ihn nunmehr als die Mutmaßlichkeit (likelihood) L bezüglich θ, also

$$L\,(\theta) = \frac{N!}{f_1!\, f_2! \dots f_M!}\, \pi_1^{f_1}\, \pi_2^{f_2} \cdots \pi_M^{f_M}\,. \qquad (26)$$

Man nennt die Schätzung, die $L\,(\theta)$ zum Maximum macht, auch kurz die *optimale Schätzung* und bezeichnet sie mit $\widehat{T}$. Da L und $\ln L$ das Maximum für den gleichen Wert von θ erreichen, und da $\ln L$ sich besser für die Ermittlung dieses Maximums eignet, geht man in der Regel von

$$\ln L = \ln\,(N!/f_1!\, f_2! \dots f_M!) + f_1 \ln \pi_1 + f_2 \ln \pi_2 + \cdots + f_M \ln \pi_M \qquad (27)$$

aus, um $\widehat{T}$ zu bestimmen. Durch Ableiten nach θ und Nullsetzen erhält man

$$\frac{\partial \ln L}{\partial \theta} = \frac{1}{\pi_1} \frac{\partial \pi_1}{\partial \theta} f_1 + \frac{1}{\pi_2} \frac{\partial \pi_2}{\partial \theta} f_2 + \cdots + \frac{1}{\pi_M} \frac{\partial \pi_M}{\partial \theta} f_M = 0\,. \qquad (28)$$

In dieser Gleichung scheinen die Koeffizienten $(\partial \pi_j / \partial \theta) / \pi_j$ dieselben zu sein wie in der Schätzungsgleichung (24) für die wirksame Schätzung. In Wirklichkeit hat man aber in (28) den Wert von $(\partial \pi_j / \partial \theta)/\pi_j$ für den Schätzungswert $\theta = \widehat{T}$ zu nehmen, während in (24) dieser Ausdruck für den wahren Wert des Parameters θ zu berechnen wäre.

Man kann nun $(\partial \ln L / \partial \theta)$ für $\theta = \widehat{T}$ nach TAYLOR entwickeln, also

$$0 = \left[\frac{\partial \ln L}{\partial \theta} \right]_{\theta = |\widehat{T}} = \frac{\partial \ln L}{\partial \theta} + (\widehat{T} - \theta) \frac{\partial^2 \ln L}{\partial \theta^2} + \cdots , \tag{29}$$

wobei $\dfrac{\partial \ln L}{\partial \theta}$ und $\dfrac{\partial^2 \ln L}{\partial \theta^2}$ für den Wert θ zu berechnen sind. Wenn die optimale Schätzung $\widehat{T}$ wenig vom wahren Wert θ des Parameters abweicht, können wir die Entwicklung mit dem linearen Glied $(\widehat{T} - \theta)$ abbrechen. Außerdem hat man

$$\frac{\partial^2 \ln L}{\partial \theta^2} = \frac{\partial}{\partial \theta} \left(\sum \frac{1}{\pi_j} \frac{\partial \pi_j}{\partial \theta} f_j \right) = \sum \left(\frac{1}{\pi_j} \frac{\partial^2 \pi_j}{\partial \theta^2} f_j \right) - \sum \frac{1}{\pi_j^2} \left(\frac{\partial \pi_j}{\partial \theta} \right)^2 f_j$$

und wenn wir darin, für großes N, die beobachteten Häufigkeiten f_j durch ihre Erwartungswerte $N \pi_j$ ersetzen,

$$\frac{\partial^2 \ln L}{\partial \theta^2} = N \sum \left(\frac{\partial^2 \pi_j}{\partial \theta^2} \right) - N \sum \frac{1}{\pi_j} \left(\frac{\partial \pi_j}{\partial \theta} \right)^2 .$$

Da $\sum (\partial^2 \pi_j / \partial \theta^2) = \partial^2 \left(\sum \pi_j \right) / \partial \theta^2 = 0$ ist, findet man mit Rücksicht auf (22)

$$\partial^2 (\ln L) / \partial \theta^2 = - N i , \tag{30}$$

und für (29) ergibt sich

$$0 = \left[\frac{\partial \ln L}{\partial \theta} \right]_{\theta = \widehat{T}} = \frac{\partial \ln L}{\partial \theta} - (\widehat{T} - \theta) N i$$

und somit

$$N i \, (\widehat{T} - \theta) = \frac{\partial \ln L}{\partial \theta} = \frac{1}{\pi_1} \frac{\partial \pi_1}{\partial \theta} f_1 + \frac{1}{\pi_2} \frac{\partial \pi_2}{\partial \theta} f_2 + \cdots + \frac{1}{\pi_M} \frac{\partial \pi_M}{\partial \theta} f_M . \tag{31}$$

Die rechte Seite von (31) ist identisch mit der rechten Seite von (24), so daß also die optimale Schätzung eine wirksame Schätzung ist.

Aus der Herleitung von (30) geht in Verbindung mit (21) hervor, daß man durch Differenzieren von (28) nach θ und durch die Substitution von $N \pi_j$ anstelle von f_j sowie von $\widehat{T}$ anstelle von θ den Ausdruck $-1 / V (\widehat{T})$ erhält. Es ist also

$$[\partial^2 \ln L / \partial \theta^2]_{f_j = N \pi_j} = -1 / V (\widehat{T}) , \tag{32}$$

was ein Verfahren zur Bestimmung der Streuung $V (\widehat{T})$ der optimalen Schätzung ergibt.

Die Methode der größten Mutmaßlichkeit führt oft zu Gleichungen, aus denen die optimale Schätzung $\widehat{T}$ nicht explizit angegeben werden kann, weshalb man in der Regel von irgendwelchen Näherungsverfahren Gebrauch machen muß. In allen diesen Fällen ist es nützlich, ein Prüfverfahren zu kennen, das zu beurteilen gestattet, ob ein näherungsweise berechneter Schätzungswert der optimalen Schätzung gut entspricht.

Zunächst wollen wir zeigen, wie man durch fortgesetzte Näherung zu der optimalen Schätzung $\widehat{T}$ des Parameters θ gelangt. Nehmen wir an, wir hätten einen Näherungswert T_0 erhalten. Wenn wir T_0 anstelle des wahren Wertes θ in (28) einsetzen, so werden wir für $(\partial \ln L / \partial \theta)$ nicht Null erhalten. Wenn aber T_0 wenig von θ abweicht, wenn etwa $(T_0 - \theta)$ von gleicher Größenordnung ist wie $1/\sqrt{N}$, so wird $(\partial \ln L / \partial \theta)$ für $\theta = T_0$ einen kleinen Wert d ergeben; also

$$d = \left[\frac{\partial \ln L}{\partial \theta} \right]_{\theta = T_0} = \frac{\partial \ln L}{\partial \theta} + \frac{\partial^2 \ln L}{\partial \theta^2} (T_0 - \theta) + \cdots$$

oder, da wir nach den Voraussetzungen die Glieder in $(T_0 - \theta)^2$ usw. vernachlässigen können, und wenn wir $(\partial^2 \ln L / \partial \theta^2)$ aus (30) ersetzen,

$$d = \frac{\partial \ln L}{\partial \theta} - N\,i\,(T_0 - \theta) \,. \tag{33}$$

Da für die optimale Schätzung $\widehat{T}$ nach (29) der Ausdruck $\partial \ln L / \partial \theta$ gleich Null ist, kann man eine weitere Annäherung T_1 finden, indem man (33) nach θ auflöst, also

$$T_1 = T_0 + \frac{d}{N\,i} = T_0 + \frac{d}{I} = T_0 + \delta T \tag{34}$$

wobei $I = N\,i$ die zu erwartende Information bezüglich aller N Beobachtungen bedeutet.

Aus (34) folgt

$$N\,i\,(T_1 - T_0) = N\,i\,\delta T = d = \frac{\partial \ln L}{\partial \theta} - N\,i\,(T_0 - \theta)$$

und somit

$$N\,i\,(T_1 - \theta) = \frac{\partial \ln L}{\partial \theta} = \frac{1}{\pi_1} \frac{\partial \pi_1}{\partial \theta} f_1 + \frac{1}{\pi_2} \frac{\partial \pi_2}{\partial \theta} f_2 + \cdots + \frac{1}{\pi_M} \frac{\partial \pi_M}{\partial \theta} f_M$$

Wenn die vernachlässigten Größen genügend klein sind, und daher die letzte Gleichung zu Recht besteht, folgt aus einem Vergleich dieser Beziehung mit (24) und (31), daß T_1 praktisch bereits eine wirksame Schätzung ist.

Bei großem N kann also schon eine zweite Näherung T_1 wirksam sein, vorausgesetzt, daß T_0 nicht zu stark von θ abweicht. Genügt die Näherung T_1 noch nicht, so kann man aus T_1 eine dritte Näherung T_2 erhalten usw. Die Folge $T_0, T_1, T_2, \ldots$ konvergiert dann unter ziemlich allgemeinen Voraussetzungen gegen die optimale Schätzung $\widehat{T}$.

Um zu zeigen, wann dieses Näherungsverfahren abgebrochen werden kann, gehen wir von dem in 926 erörterten Verfahren aus, wonach die Abweichungen zwischen den beobachteten Häufigkeiten f_j und den theoretisch zu erwartenden $N\,\pi_j$ geprüft werden können, indem man

$$\chi^2 = \underset{j}{S}\,(f_j - N\,\pi_j)^2 / N\,\pi_j \tag{35}$$

bildet. Dieser Ausdruck ist nach χ^2 verteilt mit $M - 1$ Freiheitsgraden, wobei angenommen werden muß, daß man die π_j kennt. Anders gesagt, man muß den wahren Wert des Parameters θ kennen, um die π_j zu berechnen.

Wenn wir θ nicht kennen, sondern nur eine Schätzung T, so darf die Formel (35) nicht mehr ohne weiteres angewandt werden. Um in diesem Falle weiterzukommen, betrachten wir die Ausdrücke

$$u_j = (f_j - N\,\pi_j)/\sqrt{N\,\pi_j}\,, \qquad\qquad (j = 1, 2, \ldots M) \tag{36}$$

die wir schon in 926 eingeführt haben. Wir definieren nun zwei lineare Funktionen der u_j; einerseits

$$\xi = \sqrt{\pi_1}\,u_1 + \sqrt{\pi_2}\,u_2 + \cdots + \sqrt{\pi_M}\,u_M = \sum \sqrt{\pi_j}\,u_j \tag{37}$$

und anderseits

$$\eta = \sum \left(\frac{1}{\sqrt{i}}\, \frac{1}{\sqrt{\pi_j}}\, \frac{\partial \pi_j}{\partial \theta} \right) u_j\,, \tag{38}$$

wofür man wegen (36) auch schreiben kann

$$\eta = \frac{1}{\sqrt{N\,i}} \sum \frac{1}{\pi_j}\, \frac{\partial \pi_j}{\partial \theta}\, (f_j - N\,\pi_j)$$

$$= \frac{1}{\sqrt{N\,i}} \sum \frac{1}{\pi_j}\, \frac{\partial \pi_j}{\partial \theta}\, f_j$$

$$= \frac{1}{\sqrt{N\,i}}\, \frac{\partial \ln L}{\partial \theta}$$

wie aus (31) ersichtlich ist.

Für die Funktionen ξ und η findet man, daß die Summe der Quadrate der Koeffizienten gleich 1 und das Produkt der Koeffizienten gleich Null ist. In der Tat ist für die Summe der Quadrate der Koeffizienten

$$\sum \left(\sqrt{\pi_j} \right)^2 = \sum \pi_j = 1\,, \tag{39a}$$

$$\sum \left(\frac{1}{\sqrt{i}}\, \frac{1}{\sqrt{\pi_j}}\, \frac{\partial \pi_j}{\partial \theta} \right)^2 = \frac{1}{i} \sum \frac{1}{\pi_j} \left(\frac{\partial \pi_j}{\partial \theta} \right)^2 = 1 \tag{39b}$$

gemäß (22) und für das Produkt der Koeffizienten

$$\sum \frac{1}{\sqrt{i}}\, \frac{\partial \pi_j}{\partial \theta} = \frac{1}{\sqrt{i}} \sum \frac{\partial \pi_j}{\partial \theta} = \frac{1}{\sqrt{i}}\, \partial \left(\sum \pi_j \right) / \partial \theta = 0\,. \tag{39c}$$

Nach dem in 925 bewiesenen Satz ergibt sich, wenn die u_j voneinander unabhängig und normal verteilt sind, daß der Ausdruck

$$\sum (u_j^2) - \xi^2 - \eta^2 = \sum (u_j^2) - \xi^2 - \frac{1}{N\,i} \left(\frac{\partial \ln L}{\partial \theta} \right)^2 \tag{40}$$

verteilt ist wie χ^2 mit $M - 2$ Freiheitsgraden.

Da wir Stichproben gleichen Umfanges N betrachten, ist wegen $\sum f_j = N \sum \pi_j$ nach der Formel (4) von 926 $\xi = 0$. Wegen (39b) folgt η einer normalen standardisierten Verteilung; somit entspricht

$$\eta^2 = \frac{1}{N\,i} \left(\frac{\partial \ln L}{\partial \theta} \right)^2$$

der Verteilung von χ^2 mit einem Freiheitsgrad. Anstelle von (40) hat man demnach

$$\sum (u_j^2) - \frac{1}{N\,i}\left(\frac{\partial \ln L}{\partial \theta}\right)^2 = \chi^2 \tag{41}$$

mit Freiheitsgrad $M-2$.

Das in (41) enthaltene Ergebnis ist, wie jenes in (35), noch nicht unmittelbar zu verwenden, da auch hier der wahre Parameter θ als bekannt vorausgesetzt werden muß. Wir werden indes zeigen, daß man (41) auch verwenden darf, wenn der wahre Parameter θ durch gewisse Schätzungen ersetzt wird.

Bestimmen wir nämlich die Ableitung von (41) nach θ, so wird

$$\frac{\partial}{\partial \theta}\,(\chi^2) = \frac{\partial}{\partial \theta}\left[\sum (u_j^2) - \frac{1}{N\,i}\left(\frac{\partial \ln L}{\partial \theta}\right)^2\right] = 2 \sum \left(u_j\,\frac{\partial u_j}{\partial \theta}\right) - \frac{2}{N\,i}\,\frac{\partial \ln L}{\partial \theta}\,\frac{\partial^2 \ln L}{\partial \theta^2}$$

Man hat zunächst nach (36)

$$\frac{\partial u_j}{\partial \theta} = \frac{\partial}{\partial \theta}\left(\frac{f_j}{\sqrt{N\,\pi_j}} - \sqrt{N\,\pi_j}\right) = -\left(\frac{f_j}{2\sqrt{N}\,\pi_j^{3/2}} + \frac{\sqrt{N}}{2\sqrt{\pi_j}}\right)\frac{\partial \pi_j}{\partial \theta}$$

und wenn man hierin f_j durch $N\,\pi_j$ ersetzt, wird

$$\frac{\partial u_j}{\partial \theta} = -\sqrt{\frac{N}{\pi_j}}\,\frac{\partial \pi_j}{\partial \theta}\,.$$

Andererseits ist nach (30) $(\partial^2 \ln L / \partial \theta^2) = -N\,i$ und man findet

$$\frac{\partial}{\partial \theta}\,(\chi^2) = -2 \sum \frac{f_j - N\,\pi_j}{\sqrt{N\,\pi_j}}\,\sqrt{\frac{N}{\pi_j}}\,\frac{\partial \pi_j}{\partial \theta} + 2\,\frac{\partial \ln L}{\partial \theta}$$

$$= -2 \sum \left(\frac{f_j}{\pi_j}\,\frac{\partial \pi_j}{\partial \theta}\right) + 2\,N \sum \left(\frac{\partial \pi_j}{\partial \theta}\right) + 2\,\frac{\partial \ln L}{\partial \theta}$$

$$= -2\,\frac{\partial \ln L}{\partial \theta} + 2\,\frac{\partial \ln L}{\partial \theta} = 0$$

Die Ableitung von χ^2 nach θ ist demnach gleich Null, d. h. hängt nicht ab vom verwendeten Wert von θ, solange wir voraussetzen können, daß f_j durch $N\,\pi_j$ ersetzt werden darf, was bei passenden Schätzungen und großem N der Fall ist. Dann darf also in der Formel (41) der wahre Wert von θ durch eine passende Schätzung T ersetzt werden.

Der Ausdruck

$$\sum (u_j^2) = \sum (f_j - N\,\pi_j)^2 / N\,\pi_j$$

ist, wie aus (41) folgt, nur dann wie χ^2 mit $M-2$ Freiheitsgraden verteilt, wenn $\partial \ln L / \partial \theta = 0$, d. h. die zur Berechnung der π_j verwendete Schätzung T optimal ist. Wenn das benützte T nicht wirksam ist, muß man den Ausdruck

$$\frac{1}{N\,i}\left(\frac{\partial \ln L}{\partial \theta}\right)^2 = \frac{d^2}{N\,i} = d\,\delta T \tag{42}$$

— siehe (34) — subtrahieren, um ein χ^2 mit $M - 2$ Freiheitsgraden zu erhalten.

Aus (33) folgt, daß die Beziehung (42) nur dann richtig ist, wenn $T_0 = \theta$, wenn also die Schätzung T_0 gleich dem wahren Wert θ des Parameters ist. In diesem Falle folgt aus (35) und (41) in Verbindung mit (38) und (39b), daß der Ausdruck (42) einem χ^2 mit einem Freiheitsgrad entspricht. Hat man demnach eine Schätzung T_0 berechnet, so kann man annehmen, eine weitere Näherung sei notwendig, wenn $d^2/N\,i$ größer als beispielsweise $\chi^2_{0,05} = 3{,}841$ ist.

In 712 wurde gezeigt, wie beurteilt werden kann, ob eine Schätzung, die für verschiedene Gruppen berechnet wurde, *homogen* sei, oder ob zwischen den Gruppen wesentliche Unterschiede bestehen. Um das dort verwendete Verfahren zu begründen, gehen wir von der Annahme aus, es seien g Gruppen vorhanden, wobei folgende Bezeichnungen für die beobachteten Häufigkeiten benützt werden.

Gruppe	Klasse				Total
	1	2	...	M	
1	f_{11}	f_{12}	...	f_{1M}	N_1
2	f_{21}	f_{22}	...	f_{2M}	N_2
...	...	...	...	...	...
g	f_{g1}	f_{g2}	...	f_{gM}	N_g
Summe	f_1	f_2	...	f_M	N

Geht man von einer Schätzung T_0 des Parameters θ aus, so kann für jede der g Untergruppen die Ableitung von $\ln L$ nach θ für $\theta = T_0$ gebildet werden, was wir mit $d_1, d_2, \ldots d_g$ bezeichnen. Es ist

$$d_1 = \left[\frac{\partial \ln L_1}{\partial \theta}\right]_{\theta = T_0} = \frac{1}{\pi_1}\frac{\partial \pi_1}{\partial \theta}f_{11} + \frac{1}{\pi_2}\frac{\partial \pi_2}{\partial \theta}f_{12} + \cdots + \frac{1}{\pi_M}\frac{\partial \pi_M}{\partial \theta}f_{1M} \quad (43\mathrm{a})$$

$$d_2 = \left[\frac{\partial \ln L_2}{\partial \theta}\right]_{\theta = T_0} = \frac{1}{\pi_1}\frac{\partial \pi_1}{\partial \theta}f_{21} + \frac{1}{\pi_2}\frac{\partial \pi_2}{\partial \theta}f_{22} + \cdots + \frac{1}{\pi_M}\frac{\partial \pi_M}{\partial \theta}f_{2M} \quad (43\mathrm{b})$$

usw.

Für die Gesamtzahlen kann man $\partial \ln L/\partial \theta$ direkt aus den $f_1, f_2 \cdots f_M$ berechnen, oder als

$$d = d_1 + d_2 + \cdots + d_g . \quad (44)$$

Entsprechend der aus (38) erhaltenen Formel können wir die folgenden linearen Funktionen der beobachteten Häufigkeiten definieren:

$$\eta_1 = \frac{1}{\sqrt{N_1\,i}}\frac{\partial \ln L_1}{\partial \theta} \quad (45\mathrm{a})$$

$$\eta_2 = \frac{1}{\sqrt{N_2\,i}}\frac{\partial \ln L_2}{\partial \theta} \quad (45\mathrm{b})$$

usw.

Diese Ausdrücke entsprechen nach (39b) einer normalen standardisierten Verteilung. Sie sind außerdem voneinander unabhängig, da wir annehmen, die Beobachtungen der verschiedenen Untergruppen seien voneinander unabhängig. Bildet man den gewogenen Durchschnitt

$$\eta = \frac{\sqrt{N_1\,i}}{\sqrt{N\,i}}\,\eta_1 + \frac{\sqrt{N_2\,i}}{\sqrt{N\,i}}\,\eta_2 + \cdots + \frac{\sqrt{N_g\,i}}{\sqrt{N\,i}}\,\eta_g$$

so wird

$$\eta = \frac{1}{\sqrt{N\,i}}\,\frac{\partial \ln L}{\partial \theta}\,.$$

Die Summe der Quadrate der Koeffizienten

$$\left(\frac{\sqrt{N_1\,i}}{\sqrt{N\,i}}\right)^2 + \left(\frac{\sqrt{N_2\,i}}{\sqrt{N\,i}}\right)^2 + \cdots + \left(\frac{\sqrt{N_g\,i}}{\sqrt{N\,i}}\right)^2 = \frac{N_1\,i + N_2\,i + \cdots + N_g\,i}{N\,i} = 1\,,$$

so daß nach dem Satz von 925

$$(\eta_1^2 + \eta_2^2 + \cdots + \eta_g^2) - \eta^2 \tag{46}$$

einem χ^2 mit $g - 1$ Freiheitsgraden entspricht. Man kann (46) in eine für die Berechnungen zweckmäßige Form bringen, wenn man zunächst bedenkt, daß für η_k

$$\eta_k = \frac{1}{\sqrt{N_k\,i}}\,\frac{\partial \ln L_k}{\partial \theta}$$

auf Grund von (33) geschrieben werden kann als

$$\eta_k = \frac{d_k}{\sqrt{N_k\,i}} + \sqrt{N_k\,i}\,(T_0 - \theta)$$

und somit

$$\eta_k^2 = \frac{d_k^2}{N_k\,i} + 2\,d_k\,(T_0 - \theta) + N_k\,i\,(T_0 - \theta)^2\,.$$

Bilden wir die Summe über den Index k, so wird

$$\sum \eta_k^2 = \frac{1}{i}\sum\left(\frac{d_k^2}{N_k}\right) + 2\left(\sum d_k\right)(T_0 - \theta) + \left(\sum N_k\right) i\,(T_0 - \theta)^2$$

$$= \frac{1}{i}\sum\left(\frac{d_k^2}{N_k}\right) + 2\,d\,(T_0 - \theta) + N\,i\,(T_0 - \theta)^2\,.$$

Andererseits gilt selbstverständlich auch für das oben definierte η:

$$\eta^2 = \frac{d^2}{N\,i} + 2\,d\,(T_0 - \theta) + N\,i\,(T_0 - \theta)^2\,,$$

so daß man für den Ausdruck (46) erhält

$$\sum (\eta_k^2) - \eta^2 = \frac{1}{i}\left[\sum\left(\frac{d_k^2}{N_k}\right) - \frac{d^2}{N}\right] \tag{47}$$

oder die beiden gleichwertigen Formeln

$$\sum (\eta_k^2) - \eta^2 = i\left[\sum N_k\,(\delta T_k)^2 - N\,(\delta T)^2\right]$$

und

$$\sum (\eta_k^2) - \eta^2 = \sum (d_k \, \delta T_k) - d \, \delta T \; .$$

Wenn die beobachteten Werte in allen Gruppen homogen sind, entspricht (47) einem χ^2 mit $g - 1$ Freiheitsgraden. Bestehen dagegen Unterschiede von Gruppe zu Gruppe, so werden die Größen δT_k um so größer, je größer diese Unterschiede sind. Der Ausdruck (47) gibt daher ein Maß der Inhomogenität.

Wie in 70 dargelegt wurde, hat R. A. FISHER noch ein weiteres Kriterium für Schätzungen aufgestellt. Schätzungen sollten wirksam sein. Diese Eigenschaft setzt aber voraus, daß man es mit großen Stichproben zu tun hat. Die Forderung, daß eine Schätzung *erschöpfend* (sufficient, bzw. exhaustive) sein soll, geht dagegen tiefer, da sie sogar für endlichen Umfang N der Stichprobe gilt.

Bedeutet T eine erschöpfende Schätzung des Parameters θ, und ist T^* irgendeine andere Schätzung, so kann die Mutmaßlichkeit in der Form

$$L \, (T, \, T^*, \, \theta) = L_1 \, (T, \, \theta) \cdot L_2 \, (T^*; \, T)$$

geschrieben werden. Dabei dürfen in L_1 die beobachteten Häufigkeiten f_j nur in T vorkommen. In L_2 hat man die Wahrscheinlichkeit von T^* bei gegebenem T. Außerdem sind T und T^* nur Funktionen der f_j. Die angegebene Beziehung ist gleichwertig mit

$$L = L_3 \, (z, \, \theta) \cdot L_4 \, (f_1, f_2, \ldots f_M; \, T) \, , \tag{48}$$

wobei z eine Funktion nur von T, der erschöpfenden Schätzung, ist. Aus dieser Beziehung folgt, daß

$$\frac{\partial \ln L}{\partial \theta} = \frac{\partial \ln L_3}{\partial \theta} + \frac{\partial \ln L_4}{\partial \theta} \, ,$$

und da im zweiten Glied rechts θ nicht vorkommt, bleibt für die optimale Schätzung nur

$$\partial \ln L_3 / \partial \theta = 0 \, ,$$

woraus folgt, daß die optimale Schätzung eine Funktion von T, der erschöpfenden Schätzung sein muß, oder T selbst. Dabei darf es sich aber nur um ein-eindeutige Funktionen handeln.

Aus (48) ist ersichtlich, daß die Verteilung der f_j bei gegebenem T keinerlei Aufschluß über θ geben kann, da die Verteilung von θ nur mit $z = z \, (T)$ verbunden ist. Wenn man die erschöpfende Schätzung T kennt, so kann keine andere Schätzung irgendwelchen Aufschluß über θ geben. Anderseits haben wir soeben festgestellt, daß die erschöpfende Schätzung, falls eine solche besteht, nach dem Verfahren der größten Mutmaßlichkeit ermittelt werden kann.

942 Schätzen von zwei Parametern

Wie in 941 gehen wir davon aus, daß die Beobachtungen in M Klassen fallen können. Mit π_j bezeichnen wir wiederum die Wahrscheinlichkeit dafür, eine Beobachtung in der j. Klasse zu finden; die Anzahl beobachteter Werte in der *j*. Klasse wird mit f_j bezeichnet. Während aber die π_j in 941 von einem einzigen Parameter θ abhingen, seien sie jetzt Funktionen von zwei Parametern θ_1 und θ_2. Die Schätzungen von θ_1 und θ_2 seien mit T_1 und T_2 bezeichnet. Wenn wiederum $p_j = f_j/N$ gesetzt wird, haben wir entsprechend zu Gleichung (7) von 941:

$$T_1 = T_1\,(p_1, p_2, \ldots p_M;\, N)\,, \tag{1a}$$

$$T_2 = T_2\,(p_1, p_2, \ldots p_M;\, N)\,. \tag{1b}$$

Die Schätzungen T_1 und T_2 bezeichnen wir als passend, wenn

$$T_1\,(\pi_1, \pi_2, \ldots \pi_M;\, N) = \theta_1\,, \tag{2a}$$

$$T_2\,(\pi_1, \pi_2, \ldots \pi_M;\, N) = \theta_2\,, \tag{2b}$$

da wir eine Schätzung dann als passend betrachten, wenn durch die Substitution der π_j anstelle der p_j die T_1 und T_2 in die wahren Werte θ_1 und θ_2 übergehen. Leitet man die Gleichungen (2) nach θ_1 und θ_2 ab, so erhält man

$$\frac{\partial T_1}{\partial \theta_1} = \sum \frac{\partial T_1}{\partial \pi_j} \cdot \frac{\partial \pi_j}{\partial \theta_1} = 1, \tag{3a}$$

$$\frac{\partial T_1}{\partial \theta_2} = \sum \frac{\partial T_1}{\partial \pi_j} \cdot \frac{\partial \pi_j}{\partial \theta_2} = 0\,, \tag{3b}$$

$$\frac{\partial T_2}{\partial \theta_1} = \sum \frac{\partial T_2}{\partial \pi_j} \cdot \frac{\partial \pi_j}{\partial \theta_1} = 0\,, \tag{3c}$$

$$\frac{\partial T_2}{\partial \theta_2} = \sum \frac{\partial T_2}{\partial \pi_j} \cdot \frac{\partial \pi_j}{\partial \theta_2} = 1\,. \tag{3d}$$

Bei großen N weichen die p_j nur wenig von den π_j ab und T_1 und T_2 können demnach entwickelt werden wie folgt:

$$T_1 = \theta_1 + \sum \frac{\partial T_1}{\partial \pi_j}\,(p_j - \pi_j)\,, \tag{4a}$$

$$T_2 = \theta_2 + \sum \frac{\partial T_2}{\partial \pi_j}\,(p_j - \pi_j)\,. \tag{4b}$$

Setzt man

$$\lambda_{1j} = \partial T_1/\partial \pi_j$$

$$\lambda_{2j} = \partial T_2/\partial \pi_j$$

so wird aus (4)

$$T_1 = \theta_1 + \sum \lambda_{1j}\,(p_j - \pi_j) \tag{5a}$$

$$T_2 = \theta_2 + \sum \lambda_{2j}\,(p_j - \pi_j) \tag{5b}$$

als — lineare — Schätzungsgleichungen mit den Nebenbedingungen gemäß (3)

$$\sum \lambda_{1j}\, \partial \pi_j / \partial \theta_1 = 1 \,, \tag{6a}$$

$$\sum \lambda_{1j}\, \partial \pi_j / \partial \theta_2 = 0 \,, \tag{6b}$$

$$\sum \lambda_{2j}\, \partial \pi_j / \partial \theta_1 = 0 \,, \tag{6c}$$

$$\sum \lambda_{2j}\, \partial \pi_j / \partial \theta_2 = 1 \,. \tag{6d}$$

Bei großem Stichprobenumfang N sind die $p_j - \pi_j$ normal verteilt. Die Zufallsveränderlichen $T_1 - \theta_1$, $T_2 - \theta_2$ entsprechen daher einer zweidimensionalen Normalverteilung, wie sie in 925 und 612 erörtert wurde. Der Mittelpunkt der Verteilung ist durch die Werte θ_1 und θ_2 gegeben. Um sie vollständig beschreiben zu können, müssen wir noch die Streuungen von T_1 und T_2 sowie die Korrelation zwischen T_1 und T_2 kennen. Die Streuungen von T_1 und T_2 können entsprechend der Formel (18) von 941 geschrieben werden als

$$V(T_1) = \frac{1}{N}\left[\sum (\lambda_{1j}^2\, \pi_j) - \sum (\lambda_{1j}\, \pi_j)^2\right], \tag{7a}$$

$$V(T_2) = \frac{1}{N}\left[\sum (\lambda_{2j}^2\, \pi_j) - \sum (\lambda_{2j}\, \pi_j)^2\right]. \tag{7b}$$

Entsprechend der Streuung (variance) $V(x)$ für eine Variable x, die durch

$$V(x) = E\,[x - E\,(x)]^2$$
$$= E\,(x^2) - [E\,(x)]^2$$

gegeben ist, können wir die Mitstreuung (covariance) für zwei Variable x und y definieren als

$$\mathrm{Cov}\,(x, y) = E\,[x - E\,(x)]\,[y - E\,(y)]$$
$$= E\,(x\,y) - [E\,(x)]\,[E\,(y)]\,.$$

Analog zum Vorgehen, das die Formel (18) in 941 ergab, findet man

$$\mathrm{Cov}\,(T_1, T_2) = \frac{1}{N}\left[\sum (\lambda_{1j}\, \lambda_{2j}\, \pi_j) - \left(\sum \lambda_{1j}\, \pi_j\right)\left(\sum \lambda_{2j}\, \pi_j\right)\right] \tag{7c}$$

Die Wahrscheinlichkeitsverteilung der Schätzungen T_1, T_2 kann nach dem in 612 erörterten Verfahren graphisch dargestellt werden, indem man die Ellipsen gleicher Wahrscheinlichkeitsdichte aufzeichnet, außerhalb welcher beispielsweise ein Punkt mit einer Wahrscheinlichkeit von 50%, 20% oder 5% zu erwarten ist.

In 941 konnten wir passende Schätzungen dadurch miteinander vergleichen, daß wir die Streuungen zueinander in Beziehung setzten. Wenn aber die π_j von zwei — oder mehr — Parametern abhängig sind, läßt sich der Vergleich nicht mehr so einfach durchführen, indem nunmehr Ellipsen — oder Ellipsoide —

miteinander in Beziehung zu setzen sind. Um die Verhältnisse möglichst einfach und übersichtlich darstellen zu können, greifen wir auf die Gleichung (1) in 925 zurück. Man hat für die zweidimensionale Normalverteilung bezüglich zweier Veränderlicher x und y:

$$d\Phi\,(x,\,y) = \frac{1}{\sigma_1\,\sigma_2\,2\pi\,\sqrt{1-\varrho^2}}\,e^{-\frac{1}{2(1-\varrho^2)}\left(\frac{x^2}{\sigma_1^2} - \frac{2\varrho\,xy}{\sigma_1\,\sigma_2} + \frac{y^2}{\sigma_2^2}\right)}\,dx\,dy\,.$$

Setzen wir den Exponenten von e gleich $-\chi^2/2$, so ist

$$\chi^2 = \frac{1}{1-\varrho^2}\left(\frac{x^2}{\sigma_1{}^2} - \frac{2\,\varrho\,x\,y}{\sigma_1\,\sigma_2} + \frac{y^2}{\sigma_2{}^2}\right)$$

und führen wir darin die Substitutionen

$$\varkappa_{11} = 1/\sigma_1{}^2\,(1-\varrho^2), \qquad \varkappa_{12} = -\varrho/\sigma_1\,\sigma_2\,(1-\varrho^2)\,,$$

$$\varkappa_{22} = 1/\sigma_2{}^2\,(1-\varrho^2)$$

aus, so erhalten wir

$$\chi^2 = \varkappa_{11}\,x^2 + 2\,\varkappa_{12}\,x\,y + \varkappa_{22}\,y^2\,.$$

Wählen wir $\chi^2 = 1$, so erhalten wir die Gleichung der sogenannten *Standardellipse*. Wir stellen zunächst fest, daß

$$|\varkappa| = \varkappa_{11}\,\varkappa_{22} - \varkappa_{12}^2 = 1/\sigma_1{}^2\,\sigma_2{}^2\,(1-\varrho^2) > 0$$

und

$$v_{11} = \quad \varkappa_{22}/|\varkappa| = \sigma_1{}^2 \qquad , \tag{8a}$$

$$v_{12} = -\varkappa_{12}/|\varkappa| = \varrho\,\sigma_1\,\sigma_2\,, \tag{8b}$$

$$v_{22} = \quad \varkappa_{11}/|\varkappa| = \sigma_2{}^2 \qquad . \tag{8c}$$

Suchen wir in der Standardellipse

$$\varkappa_{11}\,x^2 + 2\,\varkappa_{12}\,x\,y + \varkappa_{22}\,y^2 = 1$$

das Maximum für x, so finden wir $x^2 = \varkappa_{22}/|\varkappa| = \sigma_1{}^2$. Zieht man also parallel zu der y-Achse Tangenten an die Standardellipse, so schneiden diese die x-Achse im Abstand $+\sigma_1$ und $-\sigma_1$ vom Ursprung. Entsprechend schneiden die Tangenten parallel zur x-Achse die y-Achse in den Abständen $+\sigma_2$ und $-\sigma_2$ vom Ursprung. Die Bezeichnung „Standardellipse" ist demnach gerechtfertigt, da man aus ihr durch einfache geometrische Konstruktion die Standardabweichungen für die beiden Veränderlichen erhält.

Zwei passende Schätzungen der beiden Parameter θ_1 und θ_2 können durch die beiden Standardellipsen gekennzeichnet werden. Es kann nun sehr wohl vorkommen, daß die Schätzung (I) für θ_1 eine kleinere Streuung aufweist, während die Schätzung (II) bezüglich θ_2 genauer ist, wie dies in der Figur 56 dargestellt ist.

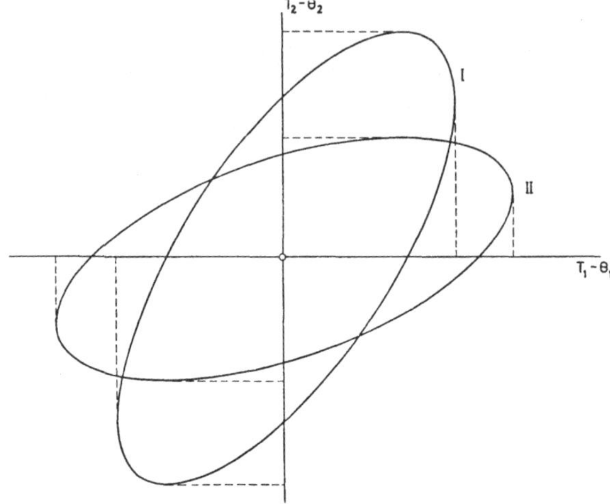

Figur 56
Vergleich zweier passender Schätzungen.

Eine weitere Schwierigkeit entsteht gelegentlich, weil man nicht nur die Schätzungen von θ_1 und von θ_2 vergleichen will, sondern auch von irgendeiner Funktion von θ_1 und θ_2. Im Beispiel 65 (S. 290) beispielsweise, bedeuten θ_1 und θ_2 zwei Genfrequenzen; der Ausdruck $1 - \theta_1 - \theta_2$ entspricht aber ebenfalls einer Genfrequenz, die möglichst genau ermittelt werden sollte. Die Standardabweichung der entsprechenden Schätzung $1 - T_1 - T_2$ kann geometrisch dargestellt werden, indem man die Tangenten senkrecht zur Winkelhalbierenden zwischen der T_1- und der T_2-Achse berücksichtigt. In der Figur 57 ist ein

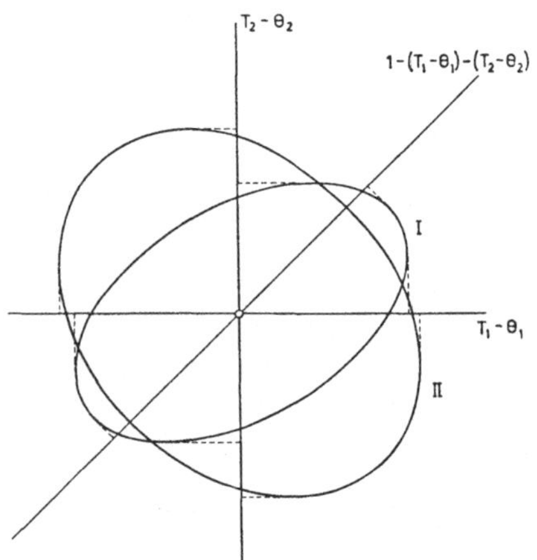

Figur 57
Vergleich zweier passender Schätzungen bezüglich θ_1, θ_2 und $1 - \theta_1 - \theta_2$.

Beispiel dargestellt, in welchem die Schätzungen (I) sowohl für θ_1 und θ_2 eine kleinere Streuung aufweisen als die Schätzungen (II), dagegen ist die Schätzung (II) für $1 - \theta_1 - \theta_2$ mit einer kleineren Streuung behaftet als die Schätzung (I).

Aus diesen Überlegungen folgt, daß eine Schätzung nur dann als „wirksam" bezeichnet werden darf, wenn ihre Standardellipse gänzlich innerhalb der Standardellipsen aller übrigen passenden Schätzungen liegt. Um diese wirksame Schätzung zu finden, gehen wir entsprechend vor wie in 941. Wir bestimmen zunächst die Koeffizienten λ_{1j} derart, daß $V(T_1)$ gemäß (7a) zum Minimum wird, mit Berücksichtigung der Bedingungen (6) für passende Schätzungen. Zu diesem Zwecke betrachten wir die Funktion

$$\frac{1}{2}\left[\sum (\lambda_{1j}^2 \, \pi_j) - \sum (\lambda_{1j} \, \pi_j)^2\right] - v_{11}\left[\sum \lambda_{1j} \, \partial \pi_j / \partial \theta_1\right]$$
$$- v_{12}\left[\sum \lambda_{1j} \, \partial \pi_j / \partial \theta_2\right], \tag{9a}$$

in der v_{11} und v_{12} LAGRANGEsche Multiplikatoren sind.

Differenzieren wir (9a) nach λ_{1j} und setzen gleich Null, so ergeben sich die Gleichungen

$$\lambda_{1j}\, \pi_j - \left(\sum \lambda_{1j}\, \pi_j\right) \pi_j = v_{11}\, (\partial \pi_j / \partial \theta_1) + v_{12}\, (\partial \pi_j / \partial \theta_2)\ (j = 1, 2, \ldots M).$$
$$\tag{10a}$$

Multipliziert man (10a) mit λ_{1j} und summiert über j, so wird

$$\sum (\lambda_{1j}^2\, \pi_j) - \left(\sum \lambda_{1j}\, \pi_j\right)^2 = v_{11} \sum \left(\lambda_{1j} \frac{\partial \pi_j}{\partial \theta_1}\right) + v_{12} \sum \left(\lambda_{1j} \frac{\partial \pi_j}{\partial \theta_2}\right)$$

wofür mit Rücksicht auf (6a) und (6b) wird

$$\sum (\lambda_{1j}^2\, \pi_j) - \left(\sum \lambda_{1j}\, \pi_j\right)^2 = v_{11} \tag{11a}$$

Multipliziert man (10a) mit λ_{2j} und summiert über j, so wird

$$\sum (\lambda_{1j}\, \lambda_{2j}\, \pi_j) - \left(\sum \lambda_{1j}\, \pi_j\right) \left(\sum \lambda_{2j}\, \pi_j\right) = v_{11} \sum \left(\lambda_{2j} \frac{\partial \pi_j}{\partial \theta_1}\right) + v_{12} \sum \left(\lambda_{2j} \frac{\partial \pi_j}{\partial \theta_2}\right),$$

was bei Beachtung von (6c) und (6d) gleich ist

$$\sum (\lambda_{1j}\, \lambda_{2j}\, \pi_j) - \left(\sum \lambda_{1j}\, \pi_j\right) \left(\sum \lambda_{2j}\, \pi_j\right) = v_{12}. \tag{11b}$$

Wie ein Blick auf (7a) und (7c) lehrt, hat man demnach

$$V(T_1) = v_{11}/N, \tag{12a}$$
$$\text{Cov}(T_1, T_2) = v_{12}/N. \tag{12b}$$

Multipliziert man nun die Gleichung (10a) mit $(\partial \pi_j / \partial \theta_1)/\pi_j$ und summiert über j, so erhält man

$$\sum \left(\lambda_{1j} \frac{\partial \pi_j}{\partial \theta_1}\right) - \left(\sum \lambda_{1j}\, \pi_j\right)\left(\sum \frac{\partial \pi_j}{\partial \theta_1}\right) = v_{11} \sum \left[\frac{1}{\pi_j}\left(\frac{\partial \pi_j}{\partial \theta_1}\right)^2\right] + v_{12} \sum \left[\frac{1}{\pi_j} \frac{\partial \pi_j}{\partial \theta_1} \frac{\partial \pi_j}{\partial \theta_2}\right]$$
$$\tag{13a}$$

Wie in 941 die Information i durch die Beziehung (22) definiert wurde, können wir jetzt eine Informationsmatrix (i) definieren durch

$$(i) = \begin{pmatrix} i_{11} & i_{12} \\ i_{12} & i_{22} \end{pmatrix}$$

wobei

$$i_{11} = \sum \left[(\partial \pi_j / \partial \theta_1)^2 / \pi_j \right] , \tag{14a}$$

$$i_{12} = \sum \left[(\partial \pi_j / \partial \theta_1)\,(\partial \pi_j / \partial \theta_2) / \pi_j \right] , \tag{14b}$$

$$i_{22} = \sum \left[(\partial \pi_j / \partial \theta_2)^2 / \pi_j \right] . \tag{14c}$$

In (13a) eingesetzt findet man

$$v_{11}\, i_{11} + v_{12}\, i_{12} = 1 . \tag{15a}$$

In ähnlicher Weise findet man durch Multiplikation von (10a) mit $(\partial \pi_j / \partial \theta_2) / \pi_j$ und Summieren über j

$$v_{11}\, i_{12} + v_{12}\, i_{22} = 0 . \tag{15b}$$

Aus (15a) und (15b) folgt

$$v_{11} = i_{22} / |i| \tag{16a}$$

$$v_{12} = -i_{12} / |i| \tag{16b}$$

mit $|i| = i_{11}\, i_{22} - i_{12}^2$.

Die Lösungen von (10a) sind

$$\lambda_{1j} = v_{11} \left(\frac{1}{\pi_j} \frac{\partial \pi_j}{\partial \theta_1} \right) + v_{12} \left(\frac{1}{\pi_j} \frac{\partial \pi_j}{\partial \theta_2} \right) , \qquad (j = 1, 2, \dots M) . \tag{17a}$$

Entsprechend zu (9a) können wir einen Ausdruck aus $V\,(T_2)$ und den Nebenbedingungen für die λ_{2j} aufstellen, nämlich

$$\frac{1}{2} \left[\sum (\lambda_{2j}^2\, \pi_j) - \sum (\lambda_{2j}\, \pi_j)^2 \right] - v_{21} \left[\sum \lambda_{2j}\, \partial \pi_j / \partial \theta_1 \right] - v_{22} \left[\sum \lambda_{2j}\, \partial \pi_j / \partial \theta_2 \right] . \tag{9b}$$

Man erhält daraus durch entsprechende Operationen mit der Beziehung

$$v_{22} = V\,(T_2)/N = i_{11} / |i| \tag{16c}$$

die Lösungen

$$\lambda_{2j} = v_{12} \left(\frac{1}{\pi_j} \frac{\partial \pi_j}{\partial \theta_1} \right) + v_{22} \left(\frac{1}{\pi_j} \frac{\partial \pi_j}{\partial \theta_2} \right) \qquad (j = 1, 2, \dots M) \tag{17b}$$

Man kann die Matrix (v) die *Streuungsmatrix* nennen; sie ist die Inverse der Informationsmatrix (i). Der Vergleich mit den Formeln (8) zeigt, daß die Informationsmatrix die Koeffizienten der Standardellipse liefert.

Setzen wir die Lösungen (17) für λ_{1j} und λ_{2j} in die Schätzungsgleichungen (5) ein, so ergibt sich

$$T_1 - \theta_1 = \sum \left(\frac{v_{11}}{N\,\pi_j} \frac{\partial \pi_j}{\partial \theta_1} + \frac{v_{12}}{N\,\pi_j} \frac{\partial \pi_j}{\partial \theta_2} \right) f_j , \tag{18a}$$

$$T_2 - \theta_2 = \sum \left(\frac{v_{12}}{N\,\pi_j} \frac{\partial \pi_j}{\partial \theta_1} + \frac{v_{22}}{N\,\pi_j} \frac{\partial \pi_j}{\partial \theta_2} \right) f_j \,, \tag{18b}$$

die man bei Berücksichtigung der Beziehungen (15a), (15b) und der entsprechend hergeleiteten Formeln

$$v_{12}\,i_{11} + v_{22}\,i_{12} = 0 \tag{15c}$$

$$v_{12}\,i_{12} + v_{22}\,i_{22} = 1 \tag{15d}$$

auch in die Form

$$N\,i_{11}\,(T_1 - \theta_1) + N\,i_{12}\,(T_2 - \theta_2) = \sum \left(\frac{1}{\pi_j} \frac{\partial \pi_j}{\partial \theta_1}\, f_j \right) = \frac{\partial \ln L}{\partial \theta_1} \tag{19a}$$

$$N\,i_{12}\,(T_1 - \theta_1) + N\,i_{22}\,(T_2 - \theta_2) = \sum \left(\frac{1}{\pi_j} \frac{\partial \pi_j}{\partial \theta_2}\, f_j \right) = \frac{\partial \ln L}{\partial \theta_2} \tag{19b}$$

bringen kann. Wie wir noch sehen werden, können die Schätzungen T_1 und T_2, die den Gleichungen (19) genügen, als wirksam angesprochen werden. Sie entsprechen aber auch den nach der Methode der größten Mutmaßlichkeit erhaltenen Schätzungen.

Um dies zu zeigen, betrachten wir die optimalen Schätzungen $\widehat{T}_1$ und $\widehat{T}_2$, die man als Lösungen der Gleichungen

$$\frac{\partial \ln L}{\partial \theta_1} = \sum \frac{1}{\pi_j} \frac{\partial \pi_j}{\partial \theta_1}\, f_j = 0 \tag{20a}$$

$$\frac{\partial \ln L}{\partial \theta_2} = \sum \frac{1}{\pi_j} \frac{\partial \pi_j}{\partial \theta_2}\, f_j = 0 \tag{20b}$$

erhält. Die Werte von $\partial \ln L / \partial \theta_1$ und $\partial \ln L / \partial \theta_2$ für $\theta_1 = \widehat{T}_1$ und $\theta_2 = \widehat{T}_2$ lassen sich entwickeln in Funktion der Ableitungen von $\ln L$. Man hat

$$\left[\frac{\partial \ln L}{\partial \theta_1} \right]_{\theta_1 = \widehat{T}_1} = \frac{\partial \ln L}{\partial \theta_1} + (\widehat{T}_1 - \theta_1) \frac{\partial^2 \ln L}{\partial \theta_1^2} + (\widehat{T}_2 - \theta_2) \frac{\partial^2 \ln L}{\partial \theta_1\,\partial \theta_2} + \cdots = 0$$

$$\left[\frac{\partial \ln L}{\partial \theta_2} \right]_{\theta_2 = \widehat{T}_2} = \frac{\partial \ln L}{\partial \theta_2} + (\widehat{T}_1 - \theta_1) \frac{\partial^2 \ln L}{\partial \theta_1\,\partial \theta_2} + (\widehat{T}_2 - \theta_2) \frac{\partial^2 \ln L}{\partial \theta_2^2} + \cdots = 0$$

Bildet man $\partial^2 \ln L / \partial \theta_1^2$, $\partial^2 \ln L / \partial \theta_1\,\partial \theta_2$ und $\partial^2 \ln L / \partial \theta_2^2$ und ersetzt darin f_j durch seinen Erwartungswert $N\,\pi_j$, so findet man entsprechend zu Formel (30) von 941:

$$\partial^2 \ln L / \partial \theta_1^2 \quad = -N\,i_{11}\,, \tag{21a}$$

$$\partial^2 \ln L / \partial \theta_1\,\partial \theta_2 = -N\,i_{12}\,, \tag{21b}$$

$$\partial^2 \ln L / \partial \theta_2^2 \quad = -N\,i_{22}\,. \tag{21c}$$

Für die vorangehenden Schätzungsgleichungen erhält man demnach, wenn man Glieder höheren Grades in $(\widehat{T}_1 - \theta_1)$ und $(\widehat{T}_2 - \theta_2)$ vernachlässigt:

$$N\, i_{11}\, (\widehat{T}_1 - \theta_1) + N\, i_{12}\, (\widehat{T}_2 - \theta_2) = \frac{\partial \ln L}{\partial \theta_1}\,,$$

$$N\, i_{12}\, (\widehat{T}_1 - \theta_1) + N\, i_{22}\, (\widehat{T}_2 - \theta_2) = \frac{\partial \ln L}{\partial \theta_2}\,.$$

Diese Gleichungen stimmen genau mit (19) überein. Die optimalen Schätzungen entsprechen demnach jenen, die wir als wirksame Schätzungen erhalten hatten. Wir erhielten die wirksamen Schätzungen, indem wir $V\,(T_1)$ und $V\,(T_2)$ zum Minimum machten. Es bleibt noch zu zeigen, daß damit auch die Streuung für irgend eine eindeutige Funktion von θ_1 und θ_2 minimal wird.

Es seien φ_1 und φ_2 zwei Parameter, die Funktionen von θ_1 und θ_2 seien; also

$$\varphi_1 = \varphi_1\,(\theta_1,\,\theta_2)$$

$$\varphi_2 = \varphi_2\,(\theta_1,\,\theta_2)\,.$$

Für diese lauten die Schätzungsgleichungen nach der Methode der größten Mutmaßlichkeit

$$\partial \ln L\,/\,\partial \varphi_1 = 0$$

$$\partial \ln L\,/\,\partial \varphi_2 = 0$$

was auch geschrieben werden kann in der Form

$$\frac{\partial \ln L}{\partial \theta_1}\cdot\frac{\partial \theta_1}{\partial \varphi_1} + \frac{\partial \ln L}{\partial \theta_2}\cdot\frac{\partial \theta_2}{\partial \varphi_1} = 0$$

$$\frac{\partial \ln L}{\partial \theta_1}\cdot\frac{\partial \theta_1}{\partial \varphi_2} + \frac{\partial \ln L}{\partial \theta_2}\cdot\frac{\partial \theta_2}{\partial \varphi_2} = 0\,.$$

Diese Gleichungen sind erfüllt, wenn

$$\partial \ln L\,/\,\partial \theta_1 = 0 \quad \text{und} \quad \partial \ln L\,/\,\partial \theta_2 = 0\,.$$

Das Verfahren der größten Mutmaßlichkeit bezüglich θ_1 und θ_2 gibt uns also auch die Lösungen bezüglich φ_1 und φ_2. Die Standardellipse der optimalen Schätzungen, oder gleichwertiger Schätzungen, liegt demnach gänzlich innerhalb der Standardellipse, die irgend ein anderes Verfahren zu liefern vermag.

Diese wichtige Eigenschaft wollen wir an einem Beispiel veranschaulichen. Wir wählen dazu die Angaben im Beispiel 65 (Seite 290), und zwar die Angaben für die Romanen. Wir erhielten für die optimalen Schätzungen die Werte

$$\widehat{T}_1 = 0{,}30305; \qquad \widehat{T}_2 = 0{,}06536; \qquad 1 - \widehat{T}_1 - \widehat{T}_2 = 0{,}63159$$

sowie

$$v_{11} = 0{,}126711197, \qquad v_{12} = -0{,}009626721, \qquad v_{22} = 0{,}031400149\,.$$

In den Formeln (5) und (7) von 612.1 können wir

$$S_{xx}/(N-1) = v_{11}$$

$$S_{xy}/(N-1) = v_{12}$$

$$S_{yy}/(N-1) = v_{22}$$

setzen, womit die Richtung und die Länge der Hauptachsen der Standardellipsen

$$(u/a)^2 + (v/b)^2 = 1$$

ohne Schwierigkeit zu ermitteln sind.

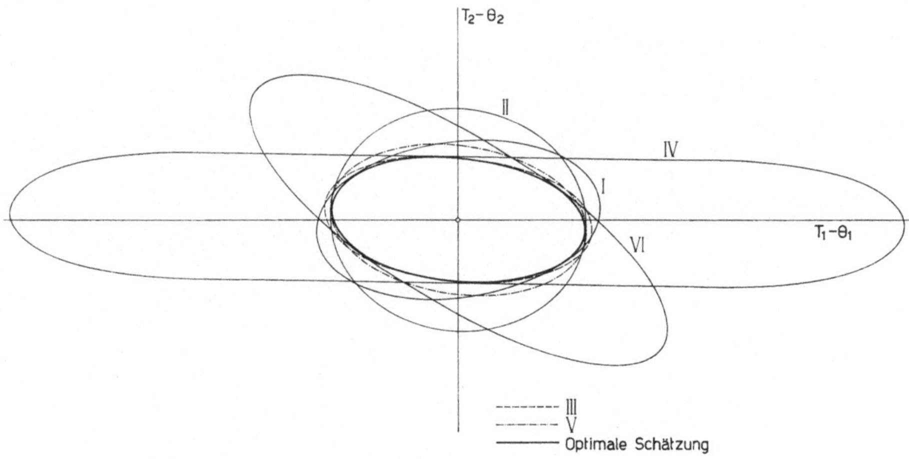

Figur 58
Standardellipsen der optimalen und von sechs passenden Schätzungen.

Wir bestimmen die Standardellipsen für die optimalen Schätzungen, die oben angegeben sind, sowie für die folgenden passenden Schätzungen, die alle nicht wirksam sind:

(I) $p_1 = \pi_1, p_2 = \pi_2$ (IV) $p_2 = \pi_2, p_3 = \pi_3$

(II) $p_1 = \pi_1, p_3 = \pi_3$ (V) $p_2 = \pi_2, p_4 = \pi_4$

(III) $p_1 = \pi_1, p_4 = \pi_4$ (VI) $p_3 = \pi_3, p_4 = \pi_4$.

Für jede dieser Schätzungen kann die Streuungsmatrix mittels der Formeln (11) berechnet werden, und daraus die Standardellipsen nach den obenerwähnten Formeln von 612.1 .

Die Figur 58 zeigt, daß einzelne dieser Schätzungen mit recht großen Streuungen behaftet sind. Die Standardellipse der optimalen Schätzungen liegt vollständig innerhalb derjenigen aller andern Schätzungen.

Wir brechen hier unsere Erörterungen über die Schätzungsverfahren ab. Wie W. L. STEVENS (1944) ausführlich zeigt, kann durch einfache Verallgemeinerung der in 941 angegebenen Gedankengänge gezeigt werden, wie die Übereinstimmung zwischen den beobachteten Werten und den auf Grund der Schätzungen ermittelten Erwartungswerten zu prüfen ist. Ebenso kann die Gültigkeit der in 72 angegebenen Methoden zur Beurteilung der Homogenität der Angaben bewiesen werden.

LITERATURVERZEICHNIS

ABT, KLAUS (1960). *Analyse de covariance et analyse par différences.* Metrika, *3*, 26—45.

ADE, G. et BRUN, R. (1955). *Recherches statistiques sur l'autodéviation du complément dans la réaction de Bordet-Wassermann.* Dermatologica, *111*, 366—381.

ANSCOMBE, F. J. (1948). *The transformation of Poisson, binomial and negative-binomial data.* Biometrika, *35*, 246—254.

ARTHO, ANTON J. (1955). *Über die physikalischen Eigenschaften getrockneter Tabakblätter.* Vierteljahresschrift der Naturforschenden Gesellschaft in Zürich, 87—113.

BALLMER, HANS (1939). *Körperentwicklung, Körperleistung und ihre Beziehungen.* Gesundheit und Wohlfahrt, 1—30.

BANERJEE, SUDHIR KUMAR (1933/34). *The one-tenth per cent level of the ratio of variances.* Sankhya, *2*, 425—428.

BARNARD, M. M. (1935). *The secular variations of skull characters in four series of Egyptian skulls.* Annals of Eugenics, *6*, 352—371.

BARTLETT, M. S. (1936). *The square-root transformation in analysis of variance.* Supplement to the Journal of the Royal Statistical Society, *3*, 68—78.
— (1947). *The use of transformations,* Biometrics, *3*, 39—52.

BENNETT, C. A. and FRANKLIN, N. L. (1954). *Statistical analysis in chemistry and the chemical industry.* New York, Wiley.

BERKSON, J. (1951). *Why I prefer logits to probits.* Biometrics, *7*, 327—339.

BERNOULLI, DANIEL (1752). *Quelle est la cause physique de l'inclination des plans des orbites des planètes par rapport au plan de l'équateur de la révolution du soleil autour de son axe.* Paris, Académie Royale des Sciences, Recueil des pièces qui ont remporté les prix de l'Académie, Tome 3, 1734—1737, 95—122.

BERNOULLI, JAKOB (1713). *Ars conjectandi.* Basel. (Deutsche Übersetzung in Ostwalds Klassiker, Nr. 107/108).

BERNSTEIN, F. (1925). *Zusammenfassende Betrachtungen über die erblichen Blutstrukturen des Menschen.* Zeitschrift für induktive Abstammungs- und Vererbungslehre, *37*, 237—270.

BLACK, S. (1951). *A statistical survey of 56122 case records of employees in Royal Ordnance factories examined by ophthalmic opticians, 1943—1946.* London, The Association of Optical Practioners.

BLISS, C. I. (1935 a). *The calculation of the dosage-mortality curve.* Appendix by R. A. Fisher. Annals of Applied Biology, *22*, 134—167.
— (1935 b). *The comparison of dosage-mortality data.* Annals of Applied Biology, *22*, 307—333.
— (1937). *The calculation of the time-mortality curve.* Annals of Applied Biology, *24*, 815—852.
— (1938). *The determination of the dosage-mortality curve from small numbers.* Quarterly Journal of Pharmacy and Pharmacology, *11*, 192—216.

BLISS, C. I. and FISHER, R. A. (1953). *Fitting the negative binomial distribution to biological data and note on the efficient fitting of the negative binomial.* Biometrics, *9*, 176—200.

BLISS, C. I. and OWEN, A. R. G. (1958). *Negative binomial distributions with a common k.* Biometrika, *45*, 37—58.

BLUM, JOHN D. (1951). *Myopie et profession.* Ophthalmologica, *121*, 163—166.

BONNIER, G. and LÜNING, K. G. (1953). *Sex linked lethals in drosophila melanogaster from different modes of X-ray irradiation.* Hereditas, *39*, 193—200.

BORTH, R., LINDER, A. and RIONDEL, A. (1957). *Urinary excretion of 17-Hydroxy-corticosteroids and 17-Ketosteroids in healthy subjects, in relation to sex, age, body weight and height.* Acta Endocrinologica, *25*, 33—44.

BOSE, R. C. and ROY, S. N. (1938). *The distribution of the studentized D^2-statistic.* Sankhya, *4*, 19—38.

BOWKER, ALBERT H. (1948). *A test for symmetry in contingency tables.* Journal of the American Statistical Association, *43*, 572—574.

BRUN, R. et GRASSET, N. (1956). *Expériences sur la transpiration.* Dermatologica, *112*, 357—363.

CAMERON, J. M. (1951). *The use of components of variance in preparing schedules for sampling of baled wool.* Biometrics, *7*, 83—96.

COCHRAN, W. G. (1940). *The analysis of variance when experimental errors follow the Poisson or binomial laws.* Annals of Mathematical Statistics, *11*, 335—347.

— (1952). *The χ^2 test of goodness of fit.* Annals of Mathematical Statistics, *23*, 315—345.

— (1953). *Sampling techniques.* New York, Wiley.

— (1954). *Some methods for strengthening the common χ^2 tests.* Biometrics, *10*, 417—451.

COCHRAN, W. G. and COX, G. M. (1957). *Experimental designs. 2nd ed.* (1st ed. 1950), New York, Wiley.

CRAMER, HARALD (1945). *Mathematical methods of statistics.* Uppsala, Almqvist and Wicksell.

DAVIES, O. L. (1956). *The design and analysis of industrial experiments.* 2nd ed. (1st ed. 1954), Edinburgh, Oliver and Boyd.

— (1958). *The design of screening tests in the pharmaceutical industry.* Bulletin de l'Institut International de Statistique, *36*, 3ème livr., 226—241.

— (1959). *Some statistical aspects of the economics of analytical testing.* Technometrics, *1*, 49—61.

DAY, BESSE B. (1937). *A suggested method for allocating logging costs to log sizes.* Journal of Forestry, *35*, 69—71.

DEMING, W. E. (1950). *Some theory of sampling.* New York, Wiley.

EGGENBERGER, FLORIAN (1924). *Die Wahrscheinlichkeitsansteckung. Ein Beitrag zur theoretischen Statistik.* Mitteilungen der Vereinigung Schweizerischer Versicherungsmathematiker, *19*, 31—144.

EGGENBERGER, JOHANN (1893). *Beiträge zur Darstellung des Bernoullischen Theorems, der Gamma-funktion und des Laplaceschen Integrals.* Mitteilungen der Naturforschenden Gesellschaft in Bern, 112—182.

EZEKIEL, MORDECAI (1930). *Methods of correlation analysis.* New York, Wiley.

FEDERIGHI, ENRICO T. (1959). *Extended tables of the percentage points of „Students"'s t-distribution.* Journal of the American Statistical Association, *54*, 683—688.

FIELLER, E. C. (1944). *A fundamental formula in the statistics of biological assay, and some applications.* Quarterly Journal of Pharmacy and Pharmacology, *17*, 117—123.

FINNEY, D. J. (1952 a). *Probit analysis.* 2nd ed. (1st ed. 1947), Cambridge University Press.

— (1952 b). *Statistical method in biological assay.* London, Griffin.

— (1958). *Statistical problems of plant selection.* Bulletin de l'Institut International de Statistique, *36*, 3ème livr. 242—267.

FISHER, R. A. (1915). *Frequency-distribution of the values of the correlation-coefficient in samples from an indefinitely large population.* Biometrika, *10*, 507—521.

— (1921 a). *On the mathematical foundations of theoretical statistics.* Philosophical Transactions of the Royal Society of London (A), *222*, 309—368.

— (1921b). *On the „probable error" of a coefficient of correlation deduced from a small sample.* Metron, *1*, part 4, 1—32.

— (1922a). *On the dominance ratio.* Proceedings of the Royal Society of Edinburgh, *42*, 321—341.

— (1922b). *The goodness of fit of regression formulae, and the distribution of regression coefficients.* Journal of the Royal Statistical Society, *85*, 597—612.

— (1924a). *On a distribution yielding the error functions of several well-known statistics.* Proceedings of the International Mathematical Congress, Toronto, 805—813.

— (1924b). *The distribution of the partial correlation coefficient.* Metron, *3*, 329—332.

— (1925a). *Applications of "Student's" distribution.* Metron, *5*, part 3, 90—104.

— (1925b). *Expansion of "Student's" integral in powers of n^{-1}.* Metron, *5*, part 3, 109—112.

— (1928). *The general sampling distribution of the multiple correlation coefficient.* Proceedings of the Royal Society of London (A), *121*, 654—673.

— (1930). *The moments of the distribution for normal samples of measures of departure from normality.* Proceedings of the Royal Society of London (A), *80*, 16—28.

— (1935). *The mathematical distributions used in the common tests of significance.* Econometrica, *3*, 353—365.

— (1938a). *Statistical theory of estimation.* Calcutta University Readership Lectures, University of Calcutta.

— (1938b). *The statistical utilization of multiple measurements.* Annals of Eugenics, *8*, 376—386.

— (1940). *The precision of discriminant functions.* Annals of Eugenics, *10*, 422—429.

— (1949). *A preliminary linkage test with Agouti and Undulated mice.* Heredity, *3*, 229—241.

— (1951). *The design of experiments,* 6th ed. (1st ed. 1935), Edinburgh, Oliver and Boyd.

— (1954a). *Statistical methods for research workers,* 12th ed. (1st ed. 1925), Edinburgh, Oliver and Boyd.

— (1954b). *The analysis of variance with various binomial transformations.* Biometrics, *10*, 130—139; with discussion, 140—151.

— (1956). *Statistical methods and scientific inference.* Edinburgh, Oliver and Boyd.

FISHER, R. A. and YATES, F. (1957). *Statistical tables for biological, agricultural and medical research,* 5th ed. (1st ed. 1938), Edinburgh, Oliver and Boyd.

FORNALLAZ, PAUL (1940). *Die Wahrscheinlichkeitsrechnung im Dienste der Arbeitsanalyse.* Industrielle Organisation, Nr. 3 und 4.

FRY, THORNTON C. (1928). *Probability and its engineering uses.* New York, van Nostrand.

GEIER, P. (1956). *Enseignements écologiques du recensement par sondage d'un grand ensemble de pontes de Cacoecia rosana L. exposées aux attaques d'un parasite et de prédateurs ornithologiques.* Mitteilungen der Schweizerischen Entomologischen Gesellschaft, *29*, 19—40.

GHEZZI, C. (1926). *Die Abflußverhältnisse des Rheins in Basel.* Mitteilungen des Eidgenössischen Amtes für Wasserwirtschaft, *19*.

458   Literaturverzeichnis

GRANDJEAN, E. und LINDER, A. (1947). *Die Auswertung von physiologischen Versuchsergebnissen durch die Streuungszerlegung.* Helvetica Physiologica et Pharmacologica Acta, *5*, 441—456.

GREENWOOD, M. and YULE, G. U. (1920). *An inquiry into the nature of frequency distributions representative of multiple happenings.* Journal of the Royal Statistical Society, *83*, 255—279.

GRUNDY, P. M., HEALY, M. J. R. and REES, D. H. (1956). *Economic choice of the amount of experimentation.* Journal of the Royal Statistical Society (B), *18*, 32—55.

HÄGLER, KARL (1946). *Schädel von St. Luzi in Chur.* Jahresbericht der naturforschenden Gesellschaft Graubündens, *80*, 21—58.

HAMAKER, H. C. (1955). *Experimental design in industry.* Biometrics, *11*, 257—286.

HANSEN, M. H., HURWITZ, W. N. and MADOW, W. G. (1953). *Sample survey methods and theory.* New York, Wiley.

HOTELLING, HAROLD (1931). *The generalization of "Student's" ratio.* Annals of Mathematical Statistics, *2*, 360—378.

HOVORKA, F. and CHAPMAN, G. H. (1941). *Antinomy electrode. I. Normal electrode potential. II. The potential of the antinomy electrode as a function of hydrogen ion concentration.* Journal of the American Chemical Society, *63*, 955—957.

IKIN, E. W., MOURANT, A. E., KOPEC, A. C., MOOR-JANKOWSKI, JAN K. and HUSER, H. J. (1957). *The blood group of the western Walsers.* Vox sanguinis, *2*, 159—174.

JOLLY, G. M. (1950). *The use of probits in combining percentage kills.* Annals of Applied Biology, *37*, 597—606.

KAELIN, A. (1955). *Statistische Prüf- und Schätzungsverfahren für die relative Häufigkeit von Merkmalsträgern in Geschwisterreihen bei einem der Auslese unterworfenen Material, mit Anwendung auf das Retinagliom.* Archiv der Julius-Klaus-Stiftung, *30*, 266—485.

KAELIN, A. (1958). *Estimation statistique de la fréquence des tarés en génétique humaine.* Journal de Génétique humaine, *7*, 67—91, 121—142, 243—295.

KARSCHON, RENE (1949). *Untersuchungen über die physiologische Variabilität von Föhrenkeimlingen autochthoner Populationen.* Mitteilungen der Schweizerischen Anstalt für das forstliche Versuchswesen, *26*, 205—244.

KELLERER, H. (1953). *Theorie und Technik des Stichprobenverfahrens.* Würzburg, Physika-Verlag.

KELLEY, TRUMAN L. (1923). *Statistical Method.* New York, Macmillan.

KENDALL, MAURICE G. (1946). *The advanced theory of statistics.* Vol. II. London, Griffin.

LAMPRECHT, HANS (1950). *Über den Einfluß von Umweltsfaktoren auf die Frostrißbildung bei Stiel- und Traubeneiche im nordostschweizerischen Mittelland.* Mitteilungen der Schweizerischen Anstalt für das forstliche Versuchswesen, *26*, 359—418.

LANG, R. (1960). *La comparaison et la simplification de fonctions discriminantes linéaires.* Thèse, Université de Genève.

LINDER, ARTHUR (1935). *Wahrscheinlichkeitsansteckung und Differenzengleichungen.* Metron, *12*, 3. Heft, 71—89.

— (1952). *Anwendung statistischer Methoden in der Elektrotechnik.* Bulletin des Schweizerischen Elektrotechnischen Vereins, *43*, 681—687.

— (1954). *Vertrauensgrenzen eines Extremums.* Statistische Vierteljahresschrift, *7*, 4—6.

— (1959). *Planen und Auswerten von Versuchen,* 2. Auflage (1. Auflage 1953), Basel, Birkhäuser.

LINDER, ARTHUR und GRANDJEAN, E. (1950). *Statistical analysis of some physiological experiments.* Sankhya, *10*, 1—12.

LORAINE, PHYLLIS K. (1952). *On a useful set of orthogonal comparisons.* Journal of the Royal Statistical Society (B), *14*, 234—237.

MAHALANOBIS, P. C. (1925). *Analysis of race mixture in Bengal.* Journal of the asiatic Society of Bengal, (New series), *23*, 301—333.

— (1930). *On tests and measures of group divergence.* Journal of the asiatic Society of Bengal, (New series), *26*, 541—588.

— (1932). *Auxiliary tables for Fisher's z-test in analysis of variance.* Indian Journal of agricultural Science, *2*, 679—693.

— (1944). *On large scale sample surveys.* Philosophical Transactions of the Royal Society (B), *231*, 329—451.

— (1946). *Recent experiments in statistical sampling in the Indian Statistical Institute.* Journal of the Royal Statistical Society, *109*, 325—378.

MARTY, F. (1957). *Les courbes de fréquence, en fonction de l'âge, de quelques altérations congénitales ou séniles fréquentes du segment antérieur.* Archives d'Ophtalmologie, *17*, 5—37.

MATHER, K. (1946). *Statistical analysis in biology.* 2nd ed. (1st ed. 1943), London, Methuen.

— (1949). *The analysis of extinction time data in bioassay.* Biometrics, *5*, 127—143.

MAUNG, KLINT (1941a). *Discriminant analysis of Tocher's eye colour data for Scottish school children.* Annals of Eugenics, *11*, 64—76.

— (1941b). *Measurement of association in a contingency table with special reference to the pigmentation of hair and eye colours of Scottish children.* Annals of Eugenics, *11*, 189—223.

MENDEL, G. J. (1865). *Versuche über Pflanzen-Hybriden.* Verhandlungen des Naturforschenden Vereins in Brünn, *4*, 1—47.

MORGENTHALER, OTTO (1934). *Krankheitserregende und harmlose Arten der Bienenmilbe Acarapis, zugleich ein Beitrag zum Species-Problem.* Revue suisse de Zoologie, *41*, 429—446.

MÜLLY, KARL (1933). *Körperentwicklung von Volksschülern.* Archiv der Julius-Klaus-Stiftung, *8*, 379—478.

NEYMAN, J. and PEARSON, E. S. (1928). *On the use and interpretation of certain test criteria for purposes of statistical inference.* Biometrika, *20 A*, 175—240, 263—294.

PEARSON, KARL (1900). *On the criterion that a given system of deviations from the probable, in the case of correlated system of variables, is such that it can be reasonably supposed to have arisen from random sampling.* Philosophical Magazine (5), *1*, 157—175.

POISSON, S. D. (1837). *Recherches sur la probabilité des jugements en matière criminelle et en matière civile, précédées des règles générales du calcul des probabilités.* Paris, Bachelier.

POLYA, G. (1931). *Sur quelques points de la théorie des probabilités.* Annales de l'Institut Henri Poincaré, *1*, 117—161.

RAO, C. RADHAKRISHNA (1946). *Tests with discriminant functions in multivariate analysis.* Sankhya, *7*, 407—414.

— (1948). *Tests of significance in multivariate analysis.* Biometrika, *35*, 58—79.

— (1952). *Advanced statistical methods in biometric research.* New York, Wiley.

ROBSON, D. S. (1959). *A simple method for constructing orthogonal polynomials when the independent variable is unequally spaced.* Biometrics, *15*, 187—191.

ROSENFELD, FELIX (1939). *L' application industrielle du contrôle statistique. Les diagrammes de contrôle.* Journal de la Société Statistique de Paris, 283—302.

ROSIN, S. (1948). *Die Anwendung der Methode des „maximum likelihood" (R. A. Fisher) bei der Genlokalisation.* Archiv der Julius-Klaus-Stiftung, *23*, 559—562.

RUTHERFORD, E. and GEIGER, E. (1910). *The probability variations in the distribution of α-particles.* Philosophical Magazine, (6), *20*, 298—707.

SAEMANN, RALPH (1959). *Über die Filtration mit periodischer Rückspülung.* Dissertation, Eidgenössische Technische Hochschule, Zürich.

SCHLÄFLI, LUDWIG (1901). *Theorie der vielfachen Kontinuität.* Neue Denkschriften der Allgemeinen Schweizerischen Gesellschaft für die gesamten Naturwissenschaften, *38*, (Siehe auch: Gesammelte Werke, Bd. 1., Basel, Birkhäuser, 1950.).

SCHLAGINHAUFEN, O. (1946). *Anthropologia Helvetica.* Archiv der Julius-Klaus-Stiftung, *21A, 21B.*

SCHMETTERER, LEOPOLD (1956). *Einführung in die mathematische Statistik.* Wien, Springer.

SCHOPFER, W. H. und BLUMER, S. (1943). *Zur Wirkstoffphysiologie von Trichophyton album Sab.* . Berichte der schweizerischen botanischen Gesellschaft, *53*, 409—456.

SHEPPARD, W. F. (1907). *Table of deviates of the normal curve.* Biometrika, *5*, 404—406.

SHEWHART, W. A. (1931). *Economic control of quality of manufactured product.* New York, van Nostrand.

SMITH, H. F. (1957). *Interpretation of adjusted treatment means and regressions in analysis of covariance.* Biometrics, *13*, 282—308.

SNEDECOR, G. W. and IRWIN, M. R. (1933). *On the Chi-square test for homogeneity.* Iowa State College Journal of Science, *8*, 75—81.

STANGL, E. (1950). *Klinische und experimentelle Untersuchungen über die Wirkung der Pantothensäure (Panthenol) bei Haarkrankheiten des Menschen.* Therapeutische Umschau, *7*, 9—14.

STEVENS, W. L. (1937). *The truncated normal distribution.* Annals of Applied Biology, *24*, 847—850.

— (1942). *Accuracy of mutation rates.* Journal of Genetics, *43*, 301—307.

— (1944). *Estimacao estatistica.* Revista da Faculdade de Ciencias da Universidade de Coimbra, *12*, nos. 1—2.

— (1945). *Analise discriminante.* Revista da Faculdade de Ciencias da Universidade de Coimbra, *13*, No. 1.

— (1948). *Statistical analysis of a non-orthogonal trifactorial experiment.* Biometrika, *35*, 346—367.

— (1950). *Statistical analysis of the ABO blood groups.* Human Biology, *22*, 191—217.

— (1951). *Asymptotic Regression.* Biometrics, *7*, 247—267.

— (1952). *ABO system in mixed populations.* Human Biology, *24*, 12—24.

STUART, A. (1953). *The estimation and comparison of strengths of association in contingency tables.* Biometrika, *40*, 105—110.

— (1954). *A simple presentation of optimum sampling results.* Journal of the Royal Statistical Society (B), *16*, 239—241.

„STUDENT" (1908). *The probable error of a mean.* Biometrika, *6*, 1—25.

— (1925). *New tables for testing the significance of observations.* Metron, *5*, part 3, 105—120.

SUKHATME, P. V. (1954). *Sampling theory with applications.* New Delhi, Indian Society of Agricultural Statistics.

VAN DER WAERDEN, B. L. (1957). *Mathematische Statistik.* Berlin-Göttingen-Heidelberg, Springer.

WAGNER, SIEGFRIED (1941). *Qualitätsprüfungen an Winterweizen.* Landwirtschaftliches Jahrbuch der Schweiz, *55*, 739—772.

WALD, A. (1950). *Statistical decision functions.* New York, Wiley.

WEBER, A. A. (1951). *Efficacité de l'indice céphalique et de l'indice nasal comparée à l'analyse discriminante.* Acta genetica et statistica medica, *2*, 351—363.

— (1959). *Problèmes de statistique mathématique posés par les programmes de santé publique.* Thèse, Université de Genève.

WOOLF, BARNET (1951). *Computation and interpretation of multiple regressions.* Journal of the Royal Statistical Society (B), *13*, 100—119.

— (1955). *On estimating the relation between blood groups and disease.* Annals of Human genetics, *19*, 251—253.

WORKING, H. and HOTELLING, H.(1929). *Applications of the theory of error to the interpretation of trends.* Journal of the American Statistical Association, *24*, 73—85.

YARDI, M. R. (1946). *A statistical approach to the problem of chronology of Shakespeare's plays.* Sankhya, *7*, 263—268.

YATES, F. (1934). *Contingency tables involving small numbers and the χ^2 test.* Supplement to the Journal of the Royal Statistical Society, *1*, 217—235.

— (1952). *Principles governing the amount of experimentation in developmental work.* Nature, *170*, 138.

— (1953). *Sampling methods for censuses and surveys,* 2nd ed. (1st ed. 1949), London, Griffin.

— (1955). *The use of transformations and maximum likelihood in the analysis of quantal experiments involving two treatments.* Biometrika, *42*, 382—403.

YATES, F., HEALY, M. J. R. and LIPTON, S. (1957). *Routine analysis of replicated experiments on an electronic computer.* Journal of the Royal Statistical Society (B), *19*, 234—254.

YATES, F. and REES, D. H. (1958). *The use of an electronic computer in research statistics: Four years' experience.* The Computer Journal, *1*, 49—58.

ZEHNDER, J., SOOM, E. und AUER, C. (1951). *Untersuchungen über Holzhauerei im Gebirge.* Mitteilungen der Schweizerischen Anstalt für das forstliche Versuchswesen, *27*, 76—246.

ZUMKELLER, RENE (1957). *A propos de la fréquence et de l'hérédité du ,,Naevus vasculosus nuchae (Unna)".* Journal de Génétique humaine, *6*, 1—12.

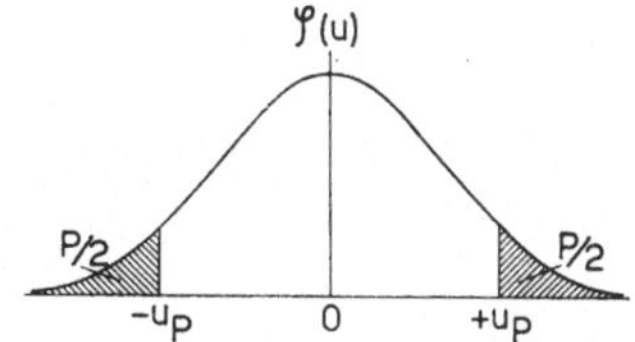

P	0,0	0,1	0,2	0,3	0,4	P
0,00	∞	1,644854	1,281552	1,036433	0,841621	0,00
0,01	2,575829	1,598193	1,253565	1,015222	0,823894	0,01
0,02	2,326348	1,554774	1,226528	0,994458	0,806421	0,02
0,03	2,170090	1,514102	1,200359	0,974114	0,789192	0,03
0,04	2,053749	1,475791	1,174987	0,954165	0,772193	0,04
0,05	1,959964	1,439531	1,150349	0,934589	0,755415	0,05
0,06	1,880794	1,405072	1,126391	0,915365	0,738847	0,06
0,07	1,811911	1,372204	1,103063	0,896473	0,722479	0,07
0,08	1,750686	1,340755	1,080319	0,877896	0,706303	0,08
0,09	1,695398	1,310579	1,058122	0,859617	0,690309	0,09

P	0,5	0,6	0,7	0,8	0,9	P
0,00	0,674490	0,524401	0,385320	0,253347	0,125661	0,00
0,01	0,658838	0,510073	0,371856	0,240426	0,113039	0,01
0,02	0,643345	0,495850	0,358459	0,227545	0,100434	0,02
0,03	0,628006	0,481727	0,345126	0,214702	0,087845	0,03
0,04	0,612813	0,467699	0,331853	0,201893	0,075270	0,04
0,05	0,597760	0,453762	0,318639	0,189118	0,062707	0,05
0,06	0,582841	0,439913	0,305481	0,176374	0,050154	0,06
0,07	0,568051	0,426148	0,292375	0,163658	0,037608	0,07
0,08	0,553385	0,412463	0,279319	0,150969	0,025069	0,08
0,09	0,538836	0,398855	0,266311	0,138304	0,012533	0,09

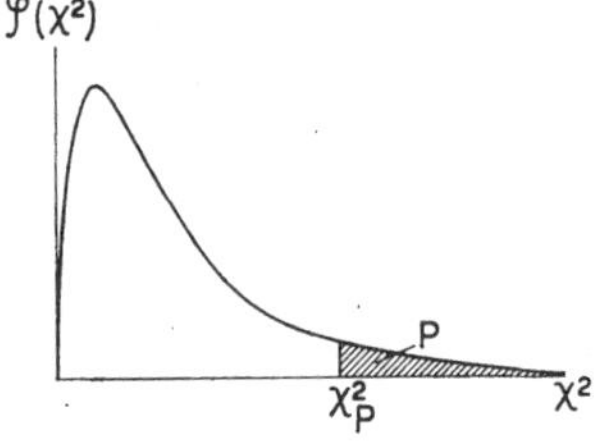

n	$P = 0{,}999$	$P = 0{,}99$	$P = 0{,}95$	$P = 0{,}05$	$P = 0{,}01$	$P = 0{,}001$	n
1	0,00000157	0,000157	0,00393	3,841	6,635	10,827	1
2	0,00200	0,0201	0,103	5,991	9,210	13,815	2
3	0,0243	0,115	0,352	7,815	11,345	16,268	3
4	0,0908	0,297	0,711	9,488	13,277	18,465	4
5	0,210	0,554	1,145	11,070	15,086	20,517	5
6	0,381	0,872	1,635	12,592	16,812	22,457	6
7	0,599	1,239	2,167	14,067	18,475	24,322	7
8	0,857	1,646	2,733	15,507	20,090	26,125	8
9	1,152	2,088	3,325	16,919	21,666	27,877	9
10	1,479	2,558	3,940	18,307	23,209	29,588	10
11	1,834	3,053	4,575	19,675	24,725	31,264	11
12	2,214	3,571	5,226	21,026	26,217	32,909	12
13	2,617	4,107	5,892	22,362	27,688	34,528	13
14	3,041	4,660	6,571	23,685	29,141	36,123	14
15	3,483	5,229	7,261	24,996	30,578	37,697	15
16	3,942	5,812	7,962	26,296	32,000	39,252	16
17	4,416	6,408	8,672	27,587	33,409	40,790	17
18	4,905	7,015	9,390	28,869	34,805	42,312	18
19	5,407	7,633	10,117	30,144	36,191	43,820	19
20	5,921	8,260	10,851	31,410	37,566	45,315	20
21	6,447	8,897	11,591	32,671	38,932	46,797	21
22	6,983	9,542	12,338	33,924	40,289	48,268	22
23	7,529	10,196	13,091	35,172	41,638	49,728	23
24	8,085	10,856	13,848	36,415	42,980	51,179	24
25	8,649	11,524	14,611	37,652	44,314	52,620	25
26	9,222	12,198	15,379	38,885	45,642	54,052	26
27	9,803	12,879	16,151	40,113	46,963	55,476	27
28	10,391	13,565	16,928	41,337	48,278	56,893	28
29	10,986	14,256	17,708	42,557	49,588	58,302	29
30	11,588	14,953	18,493	43,773	50,892	59,703	30

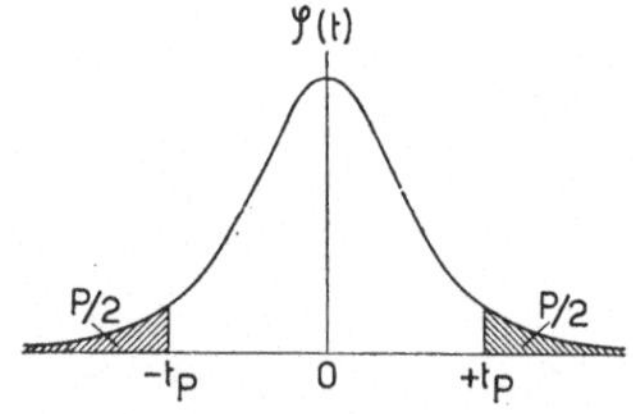

n	$P = 0,05$	$P = 0,01$	$P = 0,001$	n	$P = 0,05$	$P = 0,01$	$P = 0,001$
1	12,706	63,657	636,619	26	2,056	2,779	3,707
2	4,303	9,925	31,598	27	2,052	2,771	3,690
3	3,182	5,841	12,924	28	2,048	2,763	3,674
4	2,776	4,604	8,610	29	2,045	2,756	3,659
5	2,571	4,032	6,869	30	2,042	2,750	3,646
6	2,447	3,707	5,959	35	2,030	2,724	3,591
7	2,365	3,499	5,408	40	2,021	2,704	3,551
8	2,306	3,355	5,041	45	2,014	2,690	3,520
9	2,262	3,250	4,781	50	2,009	2,678	3,496
10	2,228	3,169	4,587				
				60	2,000	2,660	3,460
11	2,201	3,106	4,437	70	1,994	2,648	3,435
12	2,179	3,055	4,318	80	1,990	2,639	3,416
13	2,160	3,012	4,221	90	1,987	2,632	3,402
14	2,145	2,977	4,140	100	1,984	2,626	3,390
15	2,131	2,947	4,073				
				120	1,980	2,617	3,373
16	2,120	2,921	4,015	140	1,977	2,611	3,361
17	2,110	2,898	3,965	160	1,975	2,607	3,352
18	2,101	2,878	3,922	180	1,973	2,603	3,346
19	2,093	2,861	3,883				
20	2,086	2,845	3,850	200	1,972	2,601	3,340
				300	1,968	2,592	3,324
21	2,080	2,831	3,819	400	1,966	2,588	3,315
22	2,074	2,819	3,792	500	1,965	2,586	3,310
23	2,069	2,807	3,767				
24	2,064	2,797	3,745	1000	1,962	2,581	3,300
25	2,060	2,787	3,725				
				∞	1,960	2,576	3,291

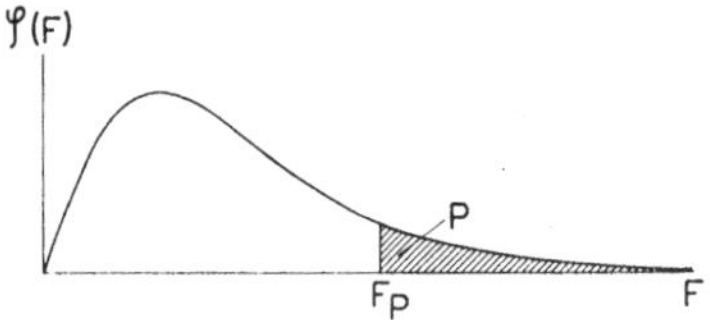

n_2	$n_1 = 1$	$n_1 = 2$	$n_1 = 3$	$n_1 = 4$	$n_1 = 5$	$n_1 = 6$	$n_1 = 8$	$n_1 = 12$	$n_1 = 24$	$n_1 = \infty$	n_2
1	161,45	199,50	215,72	224,57	230,17	233,97	238,89	243,91	249,04	254,32	1
2	18,512	18,999	19,163	19,248	19,298	19,329	19,371	19,414	19,453	19,496	2
3	10,129	9,552	9,276	9,118	9,014	8,941	8,844	8,744	8,638	8,527	3
4	7,710	6,945	6,591	6,388	6,257	6,164	6,041	5,912	5,774	5,628	4
5	6,607	5,786	5,410	5,192	5,050	4,950	4,818	4,678	4,527	4,365	5
6	5,987	5,143	4,756	4,534	4,388	4,284	4,147	4,000	3,841	3,669	6
7	5,591	4,737	4,347	4,121	3,972	3,866	3,725	3,574	3,410	3,230	7
8	5,317	4,459	4,067	3,838	3,688	3,580	3,438	3,284	3,116	2,928	8
9	5,117	4,256	3,863	3,633	3,482	3,374	3,230	3,073	2,900	2,707	9
10	4,965	4,103	3,708	3,478	3,326	3,217	3,072	2,913	2,737	2,538	10
11	4,844	3,982	3,587	3,357	3,204	3,094	2,948	2,788	2,609	2,405	11
12	4,747	3,885	3,490	3,259	3,106	2,999	2,848	2,686	2,505	2,296	12
13	4,667	3,805	3,410	3,179	3,025	2,915	2,767	2,604	2,420	2,207	13
14	4,600	3,739	3,344	3,112	2,958	2,848	2,699	2,534	2,349	2,131	14
15	4,543	3,683	3,287	3,056	2,901	2,790	2,641	2,475	2,288	2,066	15
16	4,494	3,634	3,239	3,007	2,853	2,741	2,591	2,424	2,235	2,010	16
17	4,451	3,592	3,197	2,965	2,810	2,699	2,548	2,381	2,190	1,961	17
18	4,414	3,555	3,160	2,928	2,773	2,661	2,510	2,342	2,150	1,917	18
19	4,381	3,522	3,127	2,895	2,740	2,629	2,477	2,308	2,114	1,878	19
20	4,351	3,493	3,098	2,866	2,711	2,599	2,447	2,278	2,083	1,843	20
21	4,325	3,467	3,072	2,840	2,685	2,573	2,421	2,250	2,054	1,812	21
22	4,301	3,443	3,049	2,817	2,661	2,549	2,397	2,226	2,028	1,783	22
23	4,279	3,422	3,028	2,795	2,640	2,528	2,375	2,203	2,005	1,757	23
24	4,260	3,403	3,009	2,777	2,621	2,508	2,355	2,183	1,984	1,733	24
25	4,242	3,385	2,991	2,759	2,603	2,490	2,337	2,165	1,965	1,711	25
26	4,225	3,369	2,975	2,743	2,587	2,474	2,321	2,148	1,947	1,691	26
27	4,210	3,354	2,961	2,728	2,572	2,459	2,305	2,132	1,930	1,672	27
28	4,196	3,340	2,947	2,714	2,558	2,445	2,292	2,118	1,915	1,654	28
29	4,183	3,328	2,934	2,702	2,545	2,432	2,278	2,104	1,901	1,638	29
30	4,171	3,316	2,922	2,690	2,534	2,421	2,266	2,092	1,887	1,622	30
40	4,085	3,232	2,839	2,606	2,449	2,336	2,180	2,004	1,793	1,509	40
60	4,001	3,151	2,758	2,525	2,368	2,254	2,097	1,918	1,700	1,389	60
120	3,920	3,072	2,680	2,447	2,290	2,175	2,016	1,834	1,608	1,254	120
∞	3,841	2,996	2,605	2,372	2,214	2,098	1,938	1,752	1,517	1,000	∞

n_2	$n_1 = 1$	$n_1 = 2$	$n_1 = 3$	$n_1 = 4$	$n_1 = 5$	$n_1 = 6$	$n_1 = 8$	$n_1 = 12$	$n_1 = 24$	$n_1 = \infty$	n_2
1	4052,1	4999,0	5403,5	5625,1	5764,1	5859,4	5981,4	6105,8	6234,2	6366,5	1
2	98,495	99,008	99,167	99,247	99,305	99,325	99,365	99,425	99,464	99,504	2
3	34,117	30,815	29,459	28,709	28,236	27,910	27,489	27,053	26,597	26,122	3
4	21,200	18,001	16,693	15,978	15,521	15,208	14,800	14,374	13,930	13,464	4
5	16,258	13,274	12,059	11,391	10,966	10,672	10,266	9,888	9,467	9,019	5
6	13,744	10,924	9,779	9,149	8,746	8,465	8,101	7,718	7,313	6,880	6
7	12,246	9,546	8,452	7,846	7,460	7,191	6,840	6,469	6,074	5,650	7
8	11,259	8,649	7,591	7,006	6,631	6,371	6,029	5,667	5,279	4,859	8
9	10,561	8,022	6,992	6,423	6,057	5,802	5,467	5,111	4,730	4,311	9
10	10,044	7,560	6,552	5,994	5,636	5,386	5,057	4,706	4,327	3,909	10
11	9,647	7,205	6,217	5,668	5,317	5,069	4,745	4,397	4,021	3,602	11
12	9,330	6,927	5,953	5,412	5,064	4,820	4,500	4,156	3,780	3,361	12
13	9,074	6,701	5,740	5,205	4,862	4,620	4,302	3,961	3,586	3,165	13
14	8,862	6,514	5,563	5,035	4,695	4,456	4,140	3,800	3,427	3,005	14
15	8,683	6,359	5,417	4,893	4,556	4,318	4,004	3,668	3,294	2,869	15
16	8,532	6,227	5,292	4,772	4,437	4,201	3,889	3,553	3,181	2,753	16
17	8,400	6,112	5,185	4,669	4,336	4,102	3,791	3,455	3,083	2,653	17
18	8,285	6,013	5,092	4,579	4,248	4,015	3,706	3,370	2,999	2,566	18
19	8,184	5,926	5,010	4,501	4,170	3,939	3,631	3,296	2,925	2,489	19
20	8,096	5,849	4,938	4,431	4,103	3,871	3,565	3,231	2,859	2,421	20
21	8,017	5,780	4,875	4,368	4,042	3,811	3,506	3,173	2,801	2,360	21
22	7,944	5,719	4,816	4,314	3,988	3,759	3,453	3,121	2,749	2,305	22
23	7,881	5,663	4,765	4,264	3,939	3,710	3,406	3,074	2,702	2,256	23
24	7,823	5,614	4,718	4,218	3,895	3,666	3,363	3,031	2,659	2,210	24
25	7,770	5,568	4,676	4,177	3,855	3,627	3,324	2,993	2,620	2,169	25
26	7,722	5,527	4,637	4,140	3,818	3,591	3,288	2,958	2,585	2,132	26
27	7,677	5,488	4,601	4,106	3,785	3,558	3,256	2,925	2,551	2,096	27
28	7,636	5,453	4,568	4,074	3,754	3,528	3,226	2,896	2,522	2,064	28
29	7,597	5,421	4,538	4,045	3,726	3,499	3,198	2,869	2,494	2,034	29
30	7,563	5,390	4,510	4,018	3,699	3,474	3,173	2,843	2,469	2,006	30
40	7,314	5,179	4,312	3,828	3,513	3,291	2,993	2,665	2,287	1,805	40
60	7,077	4,978	4,126	3,649	3,339	3,119	2,823	2,496	2,115	1,601	60
120	6,851	4,786	3,949	3,479	3,173	2,956	2,663	2,336	1,950	1,380	120
∞	6,635	4,605	3,782	3,320	3,017	2,802	2,511	2,182	1,791	1,000	∞

n_2	$n_1 = 1$	$n_1 = 2$	$n_1 = 3$	$n_1 = 4$	$n_1 = 5$	$n_1 = 6$	$n_1 = 8$	$n_1 = 12$	$n_1 = 24$	$n_1 = \infty$	n_2
1	405303	500019	536701	562530	576424	585956	598293	610535	623433	636539	1
2	998,44	999,04	999,24	999,24	999,24	999,24	999,45	999,45	999,45	999,45	2
3	167,46	148,50	141,11	137,08	134,58	132,84	130,61	128,30	125,94	123,49	3
4	74,126	61,240	56,181	53,428	51,706	50,521	48,998	47,407	45,768	44,052	4
5	47,039	36,612	33,201	31,087	29,748	28,835	27,638	26,416	25,143	23,783	5
6	35,509	26,998	23,702	21,902	20,809	20,029	19,029	17,989	16,891	15,746	6
7	29,218	21,688	18,772	17,188	16,206	15,521	14,634	13,708	12,733	11,695	7
8	25,416	18,493	15,828	14,388	13,485	12,858	12,044	11,194	10,302	9,335	8
9	22,855	16,385	13,901	12,561	11,714	11,127	10,369	9,570	8,723	7,813	9
10	21,039	14,906	12,553	11,282	10,481	9,924	9,204	8,445	7,637	6,762	10
11	19,687	13,813	11,560	10,346	9,577	9,047	8,354	7,625	6,847	5,998	11
12	18,641	12,972	10,805	9,633	8,892	8,378	7,711	7,005	6,248	5,419	12
13	17,814	12,312	10,208	9,072	8,354	7,855	7,206	6,519	5,782	4,967	13
14	17,143	11,780	9,730	8,623	7,922	7,435	6,802	6,130	5,408	4,604	14
15	16,586	11,338	9,335	8,253	7,567	7,092	6,470	5,812	5,101	4,307	15
16	16,119	10,970	9,005	7,944	7,272	6,804	6,195	5,548	4,846	4,059	16
17	15,721	10,659	8,727	7,683	7,022	6,563	5,962	5,324	4,631	3,850	17
18	15,379	10,389	8,487	7,459	6,807	6,355	5,763	5,132	4,448	3,671	18
19	15,080	10,157	8,280	7,264	6,609	6,176	5,590	4,967	4,286	3,515	19
20	14,820	9,952	8,098	7,102	6,461	6,018	5,440	4,823	4,150	3,378	20
21	14,588	9,773	7,937	6,946	6,318	5,880	5,308	4,697	4,026	3,257	21
22	14,379	9,612	7,796	6,814	6,192	5,758	5,190	4,583	3,918	3,151	22
23	14,194	9,469	7,669	6,695	6,079	5,648	5,086	4,482	3,822	3,054	23
24	14,027	9,339	7,555	6,589	5,976	5,550	4,991	4,393	3,735	2,968	24
25	13,875	9,222	7,450	6,493	5,885	5,462	4,907	4,311	3,657	2,890	25
26	13,738	9,116	7,356	6,406	5,802	5,382	4,829	4,238	3,586	2,820	26
27	13,612	9,020	7,272	6,326	5,726	5,308	4,759	4,170	3,521	2,754	27
28	13,498	8,930	7,194	6,253	5,656	5,240	4,694	4,109	3,462	2,695	28
29	13,391	8,852	7,121	6,187	5,592	5,179	4,645	4,053	3,407	2,640	29
30	13,292	8,774	7,054	6,124	5,533	5,122	4,581	4,000	3,358	2,589	30
40	12,614	8,251	6,600	5,698	5,128	4,731	4,207	3,642	3,012	2,233	40
60	11,972	7,765	6,172	5,307	4,757	4,373	3,865	3,315	2,694	1,896	60
120	11,377	7,312	5,793	4,947	4,415	4,041	3,546	3,016	2,396	1,561	120
∞	10,826	6,908	5,423	4,616	4,103	3,743	3,265	2,742	2,132	1,000	∞

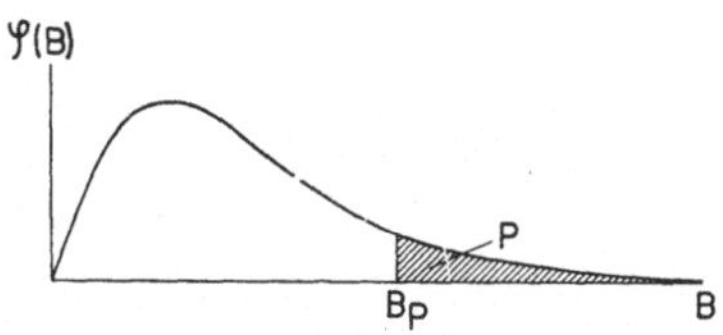

n_2	$p = 1$	$p = 2$	$p = 3$	$p = 4$	$p = 5$	$p = 6$
1	0,9938	0,9975	0,9985	0,9989	0,9991	0,9993
2	9025	9500	9664	9747	9797	9830
3	7715	8643	9027	9240	9376	9470
4	6584	7764	8317	8646	8866	9024
5	5692	6983	7645	8060	8347	8559
6	4995	6316	7040	7514	7853	8107
7	4440	5751	6507	7019	7394	7682
8	3993	5271	6040	6574	6974	7286
9	3625	4861	5629	6175	6592	6922
10	3318	4507	5266	5818	6245	6587
11	3057	4200	4945	5497	5929	6279
12	2835	3930	4660	5207	5641	5999
13	2642	3692	4404	4945	5378	5736
14	2473	3482	4174	4707	5137	5497
15	2325	3293	3966	4490	4916	5274
16	2193	3124	3778	4291	4713	5069
17	2075	2971	3607	4109	4525	4879
18	1969	2832	3450	3942	4351	4701
19	1874	2705	3305	3787	4190	4536
20	1787	2589	3173	3644	4040	4381
21	1708	2482	3050	3511	3900	4237
22	1635	2384	2937	3387	3769	4101
23	1569	2293	2831	3271	3646	3974
24	1507	2209	2733	3164	3532	3854
25	1451	2131	2641	3062	3424	3741
26	1398	2058	2555	2968	3322	3634
27	1349	1990	2476	2878	3226	3534
28	1303	1926	2400	2794	3136	3438
29	1261	1867	2328	2715	3050	3347
30	1221	1810	2261	2640	2969	3262
40	09266	1391	1755	2067	2344	2595
60	06251	09505	1212	1441	1648	1839
120	03184	04756	06279	07542	08711	09808

n_2	$p = 1$	$p = 2$	$p = 3$	$p = 4$	$p = 5$	$p = 6$
1	0,9998	0,9999	0,9999	1,0000	1,0000	1,0000
2	9801	9900	9933	0,9950	0,9960	0,9967
3	9192	9536	9672	9745	9792	9824
4	8413	9000	9260	9411	9510	9580
5	7648	8415	8786	9011	9164	9276
6	6961	7845	8302	8591	8793	8943
7	6363	7317	7837	8176	8420	8604
8	5846	6838	7400	7779	8056	8269
9	5399	6406	6998	7406	7709	7946
10	5011	6019	6628	7057	7381	7637
11	4672	5671	6290	6733	7073	7344
12	4374	5359	5981	6434	6785	7067
13	4111	5076	5698	6156	6516	6807
14	3876	4820	5438	5899	6264	6563
15	3666	4588	5200	5661	6030	6333
16	3478	4377	4981	5440	5810	6117
17	3307	4183	4778	5235	5605	5915
18	3152	4005	4591	5044	5413	5723
19	3011	3842	4417	4865	5232	5543
20	2882	3690	4255	4698	5064	5373
21	2763	3550	4105	4541	4904	5213
22	2653	3421	3964	4396	4754	5062
23	2552	3300	3833	4258	4613	4918
24	2458	3187	3710	4128	4480	4782
25	2371	3082	3594	4006	4353	4654
26	2290	2983	3486	3891	4234	4532
27	2214	2890	3383	3782	4121	4415
28	2143	2803	3286	3679	4013	4305
29	2076	2721	3195	3581	3911	4199
30	2013	2643	3108	3488	3814	4100
40	1546	2057	2444	2768	3125	3305
60	1055	1423	1710	1957	2177	2377
120	05401	07387	08985	1039	1168	1288

n_2	$p = 1$	$p = 2$	$p = 3$	$p = 4$	$p = 5$	$p = 6$
1	1,0000	1,0000	1,0000	1,0000	1,0000	1,0000
2	0,9980	0,9990	0,9993	0,9995	0,9996	0,9997
3	9824	9900	9930	9946	9956	9963
4	9488	9684	9768	9816	9848	9870
5	9039	9361	9522	9613	9675	9719
6	8555	9000	9222	9359	9455	9524
7	8067	8610	8894	9076	9205	9301
8	7606	8222	8558	8780	8939	9060
9	7175	7845	8225	8481	8668	8812
10	6778	7488	7902	8186	8398	8562
11	6415	7152	7592	7900	8132	8315
12	6084	6838	7298	7625	7875	8073
13	5781	6545	7020	7362	7626	7838
14	5505	6273	6759	7113	7389	7611
15	5251	6019	6512	6876	7161	7394
16	5019	5783	6280	6651	6944	7184
17	4805	5563	6063	6438	6738	6985
18	4607	5358	5858	6237	6541	6793
19	4425	5167	5666	6046	6349	6611
20	4256	4988	5485	5868	6176	6435
21	4099	4821	5314	5695	6007	6269
22	3953	4663	5153	5534	5846	6109
23	3816	4516	5001	5380	5692	5957
24	3689	4376	4857	5234	5546	5812
25	3569	4245	4720	5095	5407	5673
26	3457	4122	4591	4964	5274	5540
27	3352	4005	4469	4838	5147	5412
28	3253	3894	4353	4718	5025	5289
29	3159	3791	4242	4604	4909	5173
30	3070	3691	4136	4495	4798	5060
40	2397	2921	3311	3630	3906	4151
60	1663	2056	2358	2613	2839	3043
120	08660	1086	1265	1416	1554	1681

a) Transformation von Prozentzahlen in Winkelgrade

p (%)	0	10	20	30	40
0	0	18,43	26,57	33,21	39,23
1	5,74	19,37	27,27	33,83	39,82
2	8,13	20,27	27,97	34,45	40,40
3	9,97	21,13	28,66	35,06	40,98
4	11,54	21,97	29,33	35,67	41,55
5	12,92	22,79	30,00	36,27	42,13
6	14,18	23,58	30,66	36,87	42,71
7	15,34	24,35	31,31	37,46	43,28
8	16,43	25,10	31,95	38,06	43,85
9	17,46	25,84	32,58	38,65	44,43

p (%)	50	60	70	80	90
0	45,00	50,77	56,79	63,43	71,57
1	45,57	51,35	57,42	64,16	72,54
2	46,15	51,94	58,05	64,90	73,57
3	46,72	52,54	58,69	65,65	74,66
4	47,29	53,13	59,34	66,42	75,82
5	47,87	53,73	60,00	67,21	77,08
6	48,45	54,33	60,67	68,03	78,46
7	49,02	54,94	61,43	68,87	80,03
8	49,60	55,55	62,03	69,73	81,87
9	50,18	56,17	62,73	70,63	84,26

b) Rechenwerte

Vorläufige Winkelgrade	Rechenwerte		Vorläufige Winkelgrade	Rechenwerte	
	Minimum (M)	Spannweite (R)		Minimum (M)	Spannweite (R)
			45	16,352	57,296
1	0,500	1641,737	46	16,334	57,331
2	1,000	821,368	47	16,279	57,436
3	1,499	548,135	48	16,183	57,612
4	1,997	411,687	49	16,044	57,859
5	2,494	329,953	50	15,859	58,179
6	2,989	275,577	51	15,623	58,576
7	3,482	236,836	52	15,332	59,050
8	3,974	207,866	53	14,983	59,605
9	4,463	185,413	54	14,570	60,244
10	4,949	167,521	55	14,087	60,972
11	5,431	152,950	56	13,528	61,795
12	5,911	140,867	57	12,886	62,718
13	6,386	130,702	58	12,154	63,747
14	6,857	122,043	59	11,322	64,891
15	7,324	114,591	60	10,380	66,160
16	7,785	108,122	61	9,318	67,562
17	8,241	102,462	62	8,121	69,111
18	8,692	97,477	63	6,775	70,822
19	9,136	93,064	64	5,263	72,710
20	9,573	89,136	65	3,564	74,795
21	10,003	85,627	66	1,656	77,099
22	10,426	82,480	67	−0,490	79,650
23	10,840	79,650	68	−2,906	82,480
24	11,245	77,099	69	−5,630	85,627
25	11,641	74,795	70	−8,709	89,136
26	12,027	72,710	71	−12,200	93,064
27	12,403	70,822	72	−16,169	97,477
28	12,768	69,111	73	−20,703	102,462
29	13,120	67,562	74	−25,907	108,122
30	13,460	66,160	75	−31,915	114,591
31	13,787	64,891	76	−38,900	122,043
32	14,099	63,747	77	−47,088	130,702
33	14,396	62,718	78	−56,778	140,867
34	14,677	61,795	79	−68,381	152,950
35	14,941	60,972	80	−82,470	167,521
36	15,186	60,244	81	−99,876	185,413
37	15,412	59,605	82	−121,840	207,866
38	15,618	59,050	83	−150,318	236,836
39	15,801	58,576	84	−188,566	275,577
40	15,962	58,179	85	−242,447	329,953
41	16,097	57,859	86	−323,684	411,687
42	16,205	57,612	87	−459,634	548,135
43	16,285	57,436	88	−732,368	821,368
44	16,335	57,331	89	−1552,237	1641,737

a) Transformation von Prozentzahlen in Probits

p (%)	0	10	20	30	40
0	...	3,7184	4,1584	4,4756	4,7467
1	2,6737	3,7735	4,1936	4,5041	4,7725
2	2,9463	3,8250	4,2278	4,5323	4,7981
3	3,1192	3,8736	4,2612	4,5601	4,8236
4	3,2493	3,9197	4,2937	4,5875	4,8490
5	3,3551	3,9636	4,3255	4,6147	4,8743
6	3,4452	4,0055	4,3567	4,6415	4,8996
7	3,5242	4,0458	4,3872	4,6681	4,9247
8	3,5949	4,0846	4,4172	4,6945	4,9498
9	3,6592	4,1221	4,4466	4,7207	4,9749

p (%)	50	60	70	80	90
0	5,0000	5,2533	5,5244	5,8416	6,2816
1	5,0251	5,2793	5,5534	5,8779	6,3408
2	5,0502	5,3055	5,5828	5,9154	6,4051
3	5,0753	5,3319	5,6128	5,9542	6,4758
4	5,1004	5,3585	5,6433	5,9945	6,5548
5	5,1257	5,3853	5,6745	6,0364	6,6449
6	5,1510	5,4125	5,7063	6,0803	6,7507
7	5,1764	5,4399	5,7388	6,1264	6,8808
8	5,2019	5,4677	5,7722	6,1750	7,0537
9	5,2275	5,4959	5,8064	6,2265	7,3263

Tafel VII ist eine gekürzte Fassung der Tafel IX aus Fisher & Yates: Statistical Tables
for Biological, Agricultural and Medical Research, herausgegeben durch Oliver & Boyd Ltd.,
Edinburgh, die mit Erlaubnis der Verfasser und des Verlages abgedruckt wird.

b) Rechenwerte und Gewichte

| Vorläufige Probits | Rechenwerte | | Gewichte (w) | Vorläufige Probits | Rechenwerte | | Gewichte (w) |
	Minimum (M)	Spannweite (R)			Minimum (M)	Spannweite (R)	
1,1	0,8579	5034	0,00082	5,0	3,7467	2,5066	0,63662
1,2	0,9522	3425	0,00118	5,1	3,7401	2,5192	0,63431
1,3	1,0462	2354	0,00167	5,2	3,7186	2,5573	0,62742
1,4	1,1400	1634	0,00235	5,3	3,6798	2,6220	0,61609
1,5	1,2355	1146	0,00327	5,4	3,6203	2,7154	0,60052
1,6	1,3266	811,5	0,00451	5,5	3,5360	2,8404	0,58099
1,7	1,4194	580,5	0,00614	5,6	3,4220	3,0010	0,55788
1,8	1,5118	419,4	0,00828	5,7	3,2724	3,2025	0,53159
1,9	1,6038	306,1	0,01104	5,8	3,0794	3,4519	0,50260
2,0	1,6954	225,6	0,01457	5,9	2,8335	3,7582	0,47144
2,1	1,7866	168,00	0,01903	6,0	2,5230	4,1327	0,43863
2,2	1,8772	126,34	0,02459	6,1	2,1324	4,5903	0,40474
2,3	1,9673	95,96	0,03143	6,2	1,6429	5,1497	0,37031
2,4	2,0568	73,62	0,03977	6,3	1,0295	5,8354	0,33589
2,5	2,1457	57,05	0,04979	6,4	0,2606	6,6788	0,30199
2,6	2,2340	44,654	0,06169	6,5	−0,705	7,721	0,26907
2,7	2,3214	35,302	0,07563	6,6	−1,921	9,015	0,23753
2,8	2,4081	28,189	0,09179	6,7	−3,459	10,633	0,20774
2,9	2,4938	22,736	0,11026	6,8	−5,411	12,666	0,17994
3,0	2,5786	18,522	0,13112	6,9	−7,902	15,240	0,15436
3,1	2,6624	15,240	0,15436	7,0	−11,101	18,522	0,13112
3,2	2,7449	12,666	0,17994	7,1	−15,230	22,736	0,11026
3,3	2,8261	10,633	0,20774	7,2	−20,597	28,189	0,09179
3,4	2,9060	9,015	0,23753	7,3	−27,623	35,302	0,07564
3,5	2,9842	7,721	0,26907	7,4	−36,888	44,654	0,06168
3,6	3,0606	6,6788	0,30199	7,5	−49,20	57,05	0,04979
3,7	3,1351	5,8354	0,33589	7,6	−65,68	73,62	0,03977
3,8	3,2074	5,1497	0,37031	7,7	−87,93	95,96	0,03143
3,9	3,2773	4,5903	0,40474	7,8	−118,22	126,34	0,02458
4,0	3,3443	4,1327	0,43863	7,9	−159,79	168,00	0,01903
4,1	3,4083	3,7582	0,47144	8,0	−217,3	225,6	0,01457
4,2	3,4687	3,4519	0,50260	8,1	−297,7	306,1	0,01104
4,3	3,5251	3,2025	0,53159	8,2	−410,9	419,4	0,00828
4,4	3,5770	3,0010	0,55788	8,3	−571,9	580,5	0,00614
4,5	3,6236	2,8404	0,58099	8,4	−802,8	811,5	0,00451
4,6	3,6643	2,7154	0,60052	8,5	−1137	1146	0,00327
4,7	3,6982	2,6220	0,61609	8,6	−1625	1634	0,00235
4,8	3,7241	2,5573	0,62741	8,7	−2345	2354	0,00167
4,9	3,7407	2,5192	0,63431	8,8	−3416	3425	0,00118
5,0	3,7467	2,5066	0,63662	8,9	−5025	5034	0,00082

a) Transformation von Prozentzahlen in Logits

p (%)	0	10	20	30	40
0	...	3,9014	4,3069	4,5764	4,7973
1	2,7024	3,9546	4,3375	4,5999	4,8180
2	3,0541	4,0038	4,3672	4,6231	4,8386
3	3,2620	4,0495	4,3958	4,6459	4,8591
4	3,4110	4,0924	4,4237	4,6684	4,8794
5	3,5278	4,1327	4,4507	4,6905	4,8997
6	3,6242	4,1709	4,4770	4,7123	4,9198
7	3,7067	4,2072	4,5027	4,7339	4,9399
8	3,7788	4,2418	4,5278	4,7552	4,9600
9	3,8432	4,2750	4,5523	4,7763	4,9800

p (%)	50	60	70	80	90
0	5,0000	5,2027	5,4236	5,6931	6,0986
1	5,0200	5,2237	5,4477	5,7250	6,1568
2	5,0400	5,2448	5,4722	5,7582	6,2212
3	5,0601	5,2661	5,4973	5,7928	6,2933
4	5,0802	5,2877	5,5230	5,8291	6,3758
5	5,1003	5,3095	5,5493	5,8673	6,4722
6	5,1206	5,3316	5,5763	5,9076	6,5890
7	5,1409	5,3541	5,6042	5,9505	6,7380
8	5,1614	5,3769	5,6328	5,9962	6,9459
9	5,1820	5,4001	5,6625	6,0454	7,2976

Tafel VIII ist eine gekürzte Fassung der Tafel XI aus Fisher & Yates: Statistical Tables for Biological, Agricultural and Medical Research, herausgegeben durch Oliver & Boyd Ltd., Edinburgh, die mit Erlaubnis der Verfasser und des Verlages abgedruckt wird.

b) Rechenwerte und Gewichte

Vor-läu-fige Logits	Rechenwerte		Gewichte (w)	Vor-läu-fige Logits	Rechenwerte		Gewichte (w)
	Minimum (M)	Spannweite (R)			Minimum (M)	Spannweite (R)	
1,1	0,5998	1221,3	0,0016376	5,0	4,0000	2,0000	1,00000
1,2	0,6997	1000,1	0,0019998	5,1	3,9893	2,0201	0,99007
1,3	0,7997	818,99	0,0024420	5,2	3,9541	2,0811	0,96104
1,4	0,8996	670,72	0,0029819	5,3	3,8889	2,1855	0,91514
1,5	0,9995	549,32	0,0036409	5,4	3,7872	2,3375	0,85564
1,6	1,0994	449,92	0,0044452	5,5	3,6409	2,5430	0,78645
1,7	1,1993	368,55	0,0054267	5,6	3,4399	2,8107	0,71158
1,8	1,2992	301,92	0,0066242	5,7	3,1724	3,1509	0,63474
1,9	1,3990	247,38	0,0080849	5,8	2,8235	3,5774	0,55906
2,0	1,4988	202,72	0,0098660	5,9	2,3752	4,1074	0,48692
2,1	1,5985	166,15	0,012037	6,0	1,8055	4,7622	0,41997
2,2	1,6982	136,22	0,014683	6,1	1,0875	5,5679	0,35920
2,3	1,7977	111,71	0,017904	6,2	0,1884	6,5570	0,30502
2,4	1,8972	91,639	0,021825	6,3	−0,9319	7,7690	0,25743
2,5	1,9966	75,210	0,026592	6,4	−2,3223	9,2527	0,21615
2,6	2,0959	61,759	0,032384	6,5	−4,0428	11,068	0,18071
2,7	2,1950	50,747	0,039411	6,6	−6,166	13,287	0,15053
2,8	2,2939	41,732	0,047925	6,7	−8,782	15,999	0,12501
2,9	2,3925	34,351	0,058223	6,8	−11,999	19,313	0,10356
3,0	2,4908	28,308	0,070651	6,9	−15,951	23,362	0,085610
3,1	2,5888	23,362	0,085610	7,0	−20,799	28,308	0,070651
3,2	2,6863	19,313	0,10356	7,1	−26,743	34,351	0,058223
3,3	2,7833	15,999	0,12501	7,2	−34,025	41,732	0,047925
3,4	2,8796	13,287	0,15053	7,3	−42,942	50,747	0,039411
3,5	2,9751	11,068	0,18071	7,4	−53,855	61,759	0,032384
3,6	3,0696	9,2527	0,21615	7,5	−67,207	75,210	0,026592
3,7	3,1629	7,7690	0,25743	7,6	−83,536	91,639	0,021825
3,8	3,2546	6,5570	0,30502	7,7	−103,50	111,71	0,017904
3,9	3,3446	5,5679	0,35920	7,8	−127,91	136,22	0,014683
4,0	3,4323	4,7622	0,41997	7,9	−157,75	166,15	0,012037
4,1	3,5174	4,1074	0,48692	8,0	−194,21	202,72	0,0098660
4,2	3,5991	3,5774	0,55906	8,1	−238,77	247,38	0,0080849
4,3	3,6767	3,1509	0,63474	8,2	−293,22	301,92	0,0066242
4,4	3,7494	2,8107	0,71158	8,3	−359,75	368,55	0,0054267
4,5	3,8161	2,5430	0,78645	8,4	−441,02	449,92	0,0044452
4,6	3,8753	2,3375	0,85564	8,5	−540,32	549,32	0,0036409
4,7	3,9256	2,1855	0,91514	8,6	−661,62	670,72	0,0029819
4,8	3,9648	2,0811	0,96104	8,7	−809,79	818,99	0,0024420
4,9	3,9906	2,0201	0,99007	8,8	−990,80	1000,1	0,0019998
5,0	4,0000	2,0000	1,00000	8,9	−1211,9	1221,3	0,0016376

a) Transformation von Prozentzahlen in komplementäre Loglog

p (%)	0	10	20	30	40
0	...	−2,2504	−1,4999	−1,0309	−0,6717
1	−4,6001	−2,1496	−1,4451	−0,9914	−0,6394
2	−3,9019	−2,0570	−1,3925	−0,9528	−0,6075
3	−3,4914	−1,9714	−1,3418	−0,9151	−0,5760
4	−3,1985	−1,8916	−1,2930	−0,8782	−0,5450
5	−2,9702	−1,8170	−1,2459	−0,8422	−0,5144
6	−2,7826	−1,7467	−1,2003	−0,8068	−0,4842
7	−2,6232	−1,6802	−1,1561	−0,7721	−0,4543
8	−2,4843	−1,6172	−1,1132	−0,7381	−0,4248
9	−2,3612	−1,5572	−1,0715	−0,7046	−0,3955

p (%)	50	60	70	80	90
0	−0,3665	−0,0874	0,1856	0,4759	0,8340
1	−0,3378	−0,0602	0,2134	0,5073	0,8788
2	−0,3093	−0,0330	0,2413	0,5393	0,9265
3	−0,2810	−0,0058	0,2695	0,5721	0,9780
4	−0,2529	0,0214	0,2979	0,6057	1,0344
5	−0,2250	0,0486	0,3266	0,6403	1,0972
6	−0,1973	0,0759	0,3557	0,6761	1,1690
7	−0,1696	0,1032	0,3850	0,7131	1,2546
8	−0,1421	0,1305	0,4148	0,7515	1,3641
9	−0,1147	0,1580	0,4451	0,7918	1,5272

Tafel IX ist eine gekürzte Fassung der Tafel XII aus Fisher & Yates: Statistical Tables for Biological, Agricultural and Medical Research, herausgegeben durch Oliver & Boyd Ltd., Edinburgh, die mit Erlaubnis der Verfasser und des Verlages abgedruckt wird.

b) Rechenwerte und Gewichte

Vor-läufige Loglog	Rechenwerte		Gewicht (w)	Vor-läufige Loglog	Rechenwerte		Gewicht (w)
	Minimum (M)	Spannweite (R)			Minimum (M)	Spannweite (R)	
−7,5	−8,5003	1809,0	0,0005529	−2,5	−3,5422	13,2247	0,07876
−7,4	−8,4003	1637,0	0,0006111	−2,4	−3,4468	12,0699	0,08667
−7,3	−8,3003	1481,3	0,0006753	−2,3	−3,3518	11,0260	0,09532
−7,2	−8,2004	1340,0	0,0007465	−2,2	−3,2575	10,0825	0,10478
−7,1	−8,1004	1213,0	0,0008248	−2,1	−3,1638	9,2300	0,11511
−7,0	−8,0005	1097,6	0,0009115	−2,0	−3,0708	8,4599	0,12638
−6,9	−7,9005	993,28	0,001007	−1,9	−2,9787	7,7646	0,13866
−6,8	−7,8006	898,85	0,001113	−1,8	−2,8874	7,1370	0,15201
−6,7	−7,7006	813,41	0,001230	−1,7	−2,7972	6,5711	0,16650
−6,6	−7,6007	736,10	0,001359	−1,6	−2,7081	6,0611	0,18220
−6,5	−7,5008	666,14	0,001502	−1,5	−2,6203	5,6020	0,19916
−6,4	−7,4008	602,85	0,001660	−1,4	−2,5341	5,1893	0,21744
−6,3	−7,3009	545,57	0,001835	−1,3	−2,4495	4,8188	0,23708
−6,2	−7,2010	493,75	0,002027	−1,2	−2,3669	4,4870	0,25811
−6,1	−7,1011	446,86	0,002240	−1,1	−2,2865	4,1907	0,28054
−6,0	−7,0012	404,43	0,002476	−1,0	−2,2087	3,9270	0,30435
−5,9	−6,9014	366,04	0,002736	−0,9	−2,1339	3,6935	0,32951
−5,8	−6,8015	331,30	0,003023	−0,8	−2,0625	3,4880	0,35592
−5,7	−6,7017	299,87	0,003340	−0,7	−1,9950	3,3088	0,38345
−5,6	−6,6018	271,43	0,003691	−0,6	−1,9323	3,1544	0,41192
−5,5	−6,5020	245,69	0,004079	−0,5	−1,8751	3,0238	0,44107
−5,4	−6,4023	222,41	0,004506	−0,4	−1,8425	2,9163	0,47057
−5,3	−6,3025	201,34	0,004977	−0,3	−1,7817	2,8316	0,49999
−5,2	−6,2028	182,27	0,005501	−0,2	−1,7483	2,7697	0,52880
−5,1	−6,1031	165,02	0,006078	−0,1	−1,7263	2,7315	0,55638
−5,0	−6,0034	149,41	0,006715	0,0	−1,7183	2,7183	0,58198
−4,9	−5,9037	135,29	0,007419	0,1	−1,7275	2,7323	0,60473
−4,8	−5,8041	122,51	0,008196	0,2	−1,7584	2,7771	0,62369
−4,7	−5,7046	110,95	0,009053	0,3	−1,8164	2,8572	0,63780
−4,6	−5,6050	100,489	0,01000	0,4	−1,9094	2,9797	0,64598
−4,5	−5,5056	91,023	0,01105	0,5	−2,0476	3,1541	0,64716
−4,4	−5,4062	82,457	0,01220	0,6	−2,2456	3,3944	0,64034
−4,3	−5,3068	74,707	0,01348	0,7	−2,5235	3,7201	0,62471
−4,2	−5,2075	67,694	0,01488	0,8	−2,9108	4,1601	0,59975
−4,1	−5,1083	61,348	0,01644	0,9	−3,4097	4,7163	0,57071
−4,0	−5,0092	55,607	0,01815	1,0	−4,2071	5,5750	0,52204
−3,9	−4,9102	50,412	0,02004	1,1	−5,2809	6,7138	0,47080
−3,8	−4,8113	45,712	0,02212	1,2	−6,8309	8,3321	0,14342
−3,7	−4,7125	41,459	0,02442	1,3	−9,1174	10,6899	0,35223
−3,6	−4,6138	37,612	0,02695	1,4	−12,581	14,228	0,29005
−3,5	−4,5153	34,130	0,02974	1,5	−17,998	19,721	0,22985
−3,4	−4,4169	30,981	0,03282	1,6	−26,787	28,589	0,17448
−3,3	−4,3187	28,132	0,03621	1,7	−41,669	43,552	0,12622
−3,2	−4,2207	25,554	0,03994	1,8	−68,115	70,080	0,08653
−3,1	−4,1229	23,221	0,04404	1,9	−117,76	119,81	0,05587
−3,0	−4,0253	21,111	0,04856	2,0	−216,86	219,00	0,03376
−2,9	−3,9280	19,202	0,05352	2,1	−428,81	431,03	0,01895
−2,8	−3,8310	17,476	0,05898	2,2	−918,28	920,59	0,009805
−2,7	−3,7344	15,914	0,06497	2,3	−2149,7	2152,1	0,004635
−2,6	−3,6381	14,502	0,07155	2,4	−5556,5	5559,0	0,001983

n	n^2	$\sqrt{n}$	$\sqrt{10\,n}$	n	n^2	$\sqrt{n}$	$\sqrt{10\,n}$
1,0	1,00	1,000	3,162	5,5	30,25	2,345	7,416
1,1	1,21	1,0488	3,317	5,6	31,36	2,366	7,483
1,2	1,44	1,0954	3,464	5,7	32,49	2,387	7,550
1,3	1,69	1,1402	3,606	5,8	33,64	2,408	7,616
1,4	1,96	1,1832	3,742	5,9	34,81	2,429	7,681
1,5	2,25	1,2247	3,873	6,0	36,00	2,449	7,746
1,6	2,56	1,2649	4,000	6,1	37,21	2,470	7,810
1,7	2,89	1,3038	4,123	6,2	38,44	2,490	7,874
1,8	3,24	1,3416	4,243	6,3	39,69	2,510	7,937
1,9	3,61	1,3784	4,359	6,4	40,96	2,530	8,000
2,0	4,00	1,4142	4,472	6,5	42,25	2,550	8,062
2,1	4,41	1,4491	4,583	6,6	43,56	2,569	8,124
2,2	4,84	1,4832	4,690	6,7	44,89	2,588	8,185
2,3	5,29	1,5166	4,796	6,8	46,24	2,608	8,246
2,4	5,76	1,5492	4,899	6,9	47,61	2,627	8,307
2,5	6,25	1,5811	5,000	7,0	49,00	2,646	8,367
2,6	6,76	1,6125	5,099	7,1	50,41	2,665	8,426
2,7	7,29	1,6432	5,196	7,2	51,84	2,683	8,485
2,8	7,84	1,6733	5,292	7,3	53,29	2,702	8,544
2,9	8,41	1,7029	5,385	7,4	54,76	2,720	8,602
3,0	9,00	1,7321	5,477	7,5	56,25	2,739	8,660
3,1	9,61	1,7607	5,568	7,6	57,76	2,757	8,718
3,2	10,24	1,7899	5,657	7,7	59,29	2,775	8,775
3,3	10,89	1,8166	5,745	7,8	60,84	2,793	8,832
3,4	11,56	1,8439	5,831	7,9	62,41	2,811	8,888
3,5	12,25	1,8708	5,916	8,0	64,00	2,828	8,944
3,6	12,96	1,8974	6,000	8,1	65,61	2,846	9,000
3,7	13,69	1,9235	6,083	8,2	67,24	2,864	9,055
3,8	14,44	1,9494	6,164	8,3	68,89	2,881	9,110
3,9	15,21	1,9748	6,245	8,4	70,56	2,898	9,165
4,0	16,00	2,000	6,325	8,5	72,25	2,915	9,220
4,1	16,81	2,025	6,403	8,6	73,96	2,933	9,274
4,2	17,64	2,049	6,481	8,7	75,69	2,950	9,327
4,3	18,49	2,074	6,557	8,8	77,44	2,966	9,381
4,4	19,36	2,098	6,633	8,9	79,21	2,983	9,434
4,5	20,25	2,121	6,708	9,0	81,00	3,000	9,487
4,6	21,16	2,145	6,782	9,1	82,81	3,017	9,539
4,7	22,09	2,168	6,856	9,2	84,64	3,033	9,592
4,8	23,04	2,191	6,928	9,3	86,49	3,050	9,644
4,9	24,01	2,214	7,000	9,4	88,36	3,066	9,695
5,0	25,00	2,236	7,071	9,5	90,25	3,082	9,747
5,1	26,01	2,258	7,141	9,6	92,16	3,098	9,798
5,2	27,04	2,280	7,211	9,7	94,09	3,114	9,849
5,3	28,09	2,302	7,280	9,8	96,04	3,130	9,899
5,4	29,16	2,324	7,348	9,9	98,01	3,146	9,950

NAMENREGISTER